U0257882

甘肃农谚分类校录

吉顺平　编

熟出幽涼并烏丸地
河西語曰貸我東墻償我田粱
魏書曰烏丸地宜東墻能作白酒
果蓏
山海經曰平坵百果所在不周之山爰有嘉果
子如棗黃如桃黃花赤樹食之不飢
呂氏春秋曰常山之北投淵之上有百果焉羣
帝所食羣帝衆帝先升過者
臨海異物志曰楊桃似橄欖其味甜五月十月

（北魏）贾思勰《齐民要术》，宋刊本

麥苗易茂【法天生意】
護麥
防露傷麥但有沙霧將苘麻
散銼長繩上侵晨令兩人對
持其繩於麥上牽拽抹去
沙霧則不傷麥【農桑撮要】
刈麥
麥熟時帶青
割一半合熟
一半巷麥熟同時不比別田熟有先後若候
齊熟一遇風雨必致抛撒刈過即載歸曬乾
恐生蛾客客苦蓋以防雨不及載者坡下苫
之乘晴明旋刈旋打揚籽粒收起即未淨候
所收打遍將稭再打大抵農家之忙無過蠶
麥若遷延過時秋苗亦悞鋤治諺云收麥如
救火
貯麥
太平御覽云麥之爲蝶蝨濕也萬
信然
物之變皆有化也止麥之化區之
以灰法于伏天曬極乾乘熱覆以石灰則不
生虫又以蠶沙和之辟蠹蒼耳或艾曝乾剉
率同效亦不生

（明）王象晋《二如亭群芳谱》，明刊本

次年元宵多雨諺云雲掩中秋月雨打上元
九月自一日至九日凡北風則穀價賤以日占
月可知諺云重陽無雨一冬晴
十月一日宜晴諺云十月初一晴柴炭灰㨾平
○此月宜多雨諺云十月雨連連高山也是田
又云濃雨百蟲飲之藏蟄
春甲子雨赤旱千里夏甲子雨摇船入市秋甲
子雨禾生枯耳冬甲子雨雪飛千里此唐人俚

（明）郭子章《六语·谚语》，明万历刊本

潑至夜士民率其少壯者百餘人與位等巷戰經
俱擒獲之
雜記
安定八景曰晴嵐凝翠峽口晴烟香泉龍湫佛溝
水西湖夜月雙河春浪安西古城道院棲霞
唐詩中多言安西豈此地耶
田禾畏雹雨有番僧用呪止雨土人于將雲起時
鑼呌喊云逐去草地往往有驗
穀畏蚤霜七月白露則霜來遲諺曰露七不露八

（清）张尔介等《安定县志》，清康熙抄本

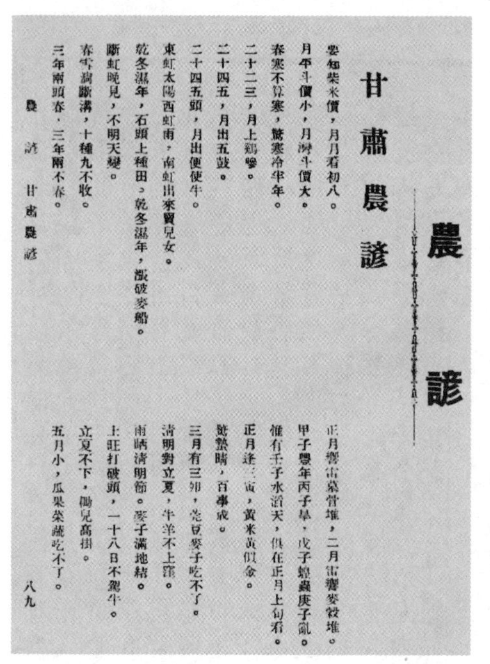

農諺

甘肅農諺

要知柴米價，月月看初八。
月平斗價小，月凋斗價大。
春寒不算寒，驚寒冷半年。
二十二三，月上雞鳴。
二十四五，月出五鼓。
二十四五頭，月出便使牛。
東虹太陽西虹雨，南虹出來賣兒女。
乾冬濕年，石頭上種田。乾冬濕年，漲破麥船。
斷虹晚見，不明天變。
春雪淌斷溝，十種九不收。
三年兩頭春，三年兩不春。

正月響雷墓骨堆，二月雷響麥穀堆。
甲子豐年丙子旱，戊子蝗蟲庚子亂。
惟有壬子水滔天，俱在正月上旬看。
正月逢三寅，黃米貴似金。
驚蟄晴，百事成。
三月有三卯，莞豆麥子吃不了。
清明對立夏，牛羊不上窪。
雨晴清明節，麥子滿地結。
土旺打破頭，一十八日不駕牛。
立夏不下，犂兒高掛。
五月小，瓜果菜蔬吃不了。

農諺　甘肅農諺　八九

李登瀛、司文明《甘肃农谚》，朱允明编《甘肃省立气象测侯所五周年纪念册》，1937

费洁心《中国农谚》，中华书局，1937

《农谚》，中共敦煌县委土壤普查办公室编印，1959

《农时农谚汇集》，中共山丹县委员会编，1959

前　言

甘肃地处西北内陆，陇南山地、陇中黄土高原、甘南高原、河西走廊等地形区域各具特色，气候类型复杂多样，农业资源互有差异，作物品种丰富。作为农耕文明的重要发祥地，甘肃农业历史悠久①，先民创举甚多②，但总体而言，农业生产的自然环境较差，除了河西绿洲农业和各地河谷农业外，大多数耕地为山地，时至今日依然延续着传统的耕作方式。历代躬耕于斯的陇原父老，通过对农业生产规律性的长期认知和总结，创造了丰富多彩的农谚，集中反映了他们关于农业生产活动的朴素智慧。

一　何谓农谚

农谚是农业非物质文化遗产的重要组成部分，也是民间文学谚语的大宗，更是中国谚学的中坚。当人类迈入农耕文明，随着农业知识的不断积累和传授需要，农谚随之产生并“口耳相传”开来，且随着农业文明的不断进步而渐次丰富，一直绵延至今。在古代典籍中，初无谚语的语义分类，通称之为“谚”或“语”，其前又加上“鄙”“俗”“俚”等字以明其民间性与通俗性，如：

谚曰：“子欲富，黄金覆。”（汉·氾胜之《氾胜之书·麦》）

里语曰：“黄栗留，看我麦黄葚熟。”（晋·陆玑《毛诗草木鸟兽虫鱼疏》卷下）

河西语曰：“贷我东墙，偿我田粱。”（北魏·贾思勰《齐民要术》卷十）

谚曰：“正月可栽大树。”（北魏·贾思勰《齐民要术》卷四）

谚云：“射的白，斛米百，射的玄，斛米千。”（北魏·郦道元《水经注》卷四十）

---

① 秦安大地湾一期文化（距今7800~7350年）H398灰坑中发现的碳化黍和油菜籽，刘长江鉴定后认为“是我国黍中距今最早的，与世界上较早的希腊阿尔基萨发现的黍年代相近”。刘长江：《大地湾遗址植物遗存鉴定报告》，见甘肃省文物考古研究所编著《秦安大地湾：新石器时代遗址发掘报告》，文物出版社，2006，第914页。

② 樊志民：《先周考古与先周农业史研究》，《西北农业大学学报》（自然科学版）1990年第1期。

鄙语曰："耕田摩劳。"（北魏·贾思勰《齐民要术》卷一）

语曰："夏苣秋堇滑如粉。"（北魏·贾思勰《齐民要术》卷十）

俗谚云："耕则问田奴，绢则问织婢。"（北齐·魏收《魏书》卷六十五《邢峦传》）

俗曰："木奴千，无凶年。"（唐·韩鄂《四时纂要》卷三）

汉唐以来，各家对"谚"有所定义。如东汉许慎《说文解字》云："谚，传言也。"梁刘勰《文心雕龙·书记》："谚者，直言也。"唐陆德明《礼记·大学》释文："谚，鱼变反，俗语也。"《春秋左氏传·隐公十一年》释文："谚，音彦，俗言也。"唐颜师古《汉书·五行志》注："谚，俗所传言也。"南宋蔡沈《书经集传·无逸》注："谚，凝战反，俚语曰谚。"从不同角度对谚语的含义进行了解释，可以看出，古人所关注者主要在谚语结构形式简练、语言通俗、传播方式为口耳相授等方面。今人温端政先生认为谚语是人民群众实践经验的总结，以传授经验为目的①。李耀宗先生的定义为："谚语是民众集体创作、广为口传、言简意赅并较为定型的艺术化语句，是民众丰富智慧和普遍经验的规律性总结。其特质，兼具语言、文学、语俗及百科文化载体等四性。"②

农谚连称，最早见于宋施元之《施注苏诗》卷十一《除夜大雪留潍州，元日早晴，遂行，中途雪复作》："除夜雪相留，元日晴相送……春雪虽云晚，春麦犹可种。敢怨行役劳，助尔歌饭瓮。"注谓："农谚：'霜淞打雾淞，穷汉备饭瓮。'"已经明确提出"农谚"之名③。其后宋元其他文献中，却少嗣响。托名为崔寔所撰的《农家谚》④，不见元以前文献著录，当为后人伪作，但至少在明代，对农谚已有自觉的独立整理。明清以降，农谚与其他谚语从语义上逐渐分离，为人所熟知并应用。明郭子章《六语·谚语》中有"《四民月令》引农谚"，明沈德符《夏日省农十二首·其三》有"菱歌催越艳，农谚想豳诗"之谓。至清代，"农谚"的称谓则广泛使用开来，如：

乾隆《御制诗集·二集》卷三十六《西岭晨霞》："今朝准为雨，农

---

① 温端政：《谚语》，商务印书馆，1985，第11页。

② 李耀宗：《中国谚学若干问题谭要》，《海南大学学报》（人文社会科学版）2000年第4期。

③ 范成大（1126～1193）《石湖居士诗集》卷十六《晓发飞乌晨霞满天少顷大雨吴谚云朝霞不出门暮霞行千里验之信然戏纪其事》："朝霞不出门，暮霞行千里。……我岂知天道，吴农谚云尔。……不如老农谚，响应捷如鬼。哦诗敢夸博，聊用醒午睡。""吴农谚""老农谚"则指的是"吴农""老农"之谚，与后世"农谚"之意义有别。

④ 《农家谚》仅为一卷，收录农谚24条。见《说郛》（一百二十卷本）卷七十四，《居家必备》卷四《治生下》。

谚有明征（农谚：晚霞晴，朝霞雨）。”①

李光庭《乡言解颐》卷一《天部》：“农谚曰：‘月牙儿仰，粮食长。月牙儿歪，粮食衰。’又：‘八月十五云遮月，正月元宵雪打灯。’乡人之占验也。然亦有应有不应。”

赵慎畛《榆巢杂识》下卷：“北方麦收最重，故农谚云：‘一麦抵三秋。’”

祁寯藻《马首农言·农谚》：“农之有谚，其来最古。”②

民国以来，随着农谚研究的不断深入，对其有了较为明确的定义，如：

农谚是一种流行民间最广的谚语，他是农民经验的结晶——邵仲香先生称它为农民界的内行话。（费洁心《谈农谚》）③

农谚，它是数千年来中国大部分纯良的老百姓们，对于自身生活所得的经验、思考底结晶，同时又是长远地亲切地教导他们生活的南针。（钟敬文《中国农谚》序）④

农谚是我国农民长期生产实践中所积累的经验的结晶，以歌谣谚语的形式，世世代代，口头相传保留下来，富有深刻的科学道理。（游修龄《论农谚》）⑤

农谚就是我国历代的劳动人民，以精炼生动的简短语言，交口相传，世代相袭，用以传授生产经验的农业谚语。（刘瑞龙《中国农谚》序）⑥

农谚：有关农业生产经验的谚语。农谚是农民在长期生产和生活实践中所得经验的概括。一般为通俗的韵语形式，便于记忆，对于传播生产经验和农业气象等方面的知识具有良好作用。（《辞海·经济分册》）⑦

通过这些定义我们可以看出，前贤对农谚进行了多方面的界说，其核心观点为：农谚是劳动人民关于农业生产、生活经验的规律性总结，语句通俗简练，世代以口耳相授的形式进行农业知识的传播与交流。

二　农谚的收集整理

农谚的传播方式主要有两种。一为民间之口耳相传，这种传播因为不同

① 乾隆《御制诗集》中，“农谚”一词入诗达52处之多，足见其使用之广泛和上层统治者对农谚的熟识和重视。

② 《马首农言》中以《农谚》名篇，收录农谚200多条，乃农书集中收录农谚之最者。

③ 费洁心：《中国农谚》，中华书局，1937，自序第3页。

④ 费洁心：《中国农谚》，中华书局，1937，钟序第3页。

⑤ 游修龄：《论农谚》，《浙江农业科学》1961年第4期。

⑥ 农业出版社编辑部编《中国农谚》上册，农业出版社，1980，序第1页。

⑦ 《辞海·经济分册》，上海辞书出版社，1980，第337页。

地域、不同历史时期文化、语言的差异而发生变异。另一种则为书面传播，指的是农谚被有识者收集整理后记载于文献后的传播，这种传播较为固定，能保留农谚的历史性，体现其语言及文化特点。甘肃农谚的传播也与此相同。古代农谚由于缺乏精确记载，大多已无从考证，但古代全国通用的农谚，或后世甘肃农谚文献中记录的古代农谚，以及甘肃古代文献中收录的相关农谚，当属甘肃农谚的范畴。自民国以来，甘肃农谚始有专门整理，此后则渐次丰富，收集整理步入正轨。

（一）古代农谚的收集整理

农之有谚，其来有自。《诗经》中的一些农事诗，引用农谚的痕迹较为明显，“《七月》一类农事生活诗的诗体，是以先周的农事谣谚为主体构成的”[①]。王洞泓认为《豳风·七月》中所出现的以夏历记月的诗句如“七月流火，九月授衣”等当是夏时流传下来的农事古谚，即《孟子》所谓之“夏谚”，并摘录出11条：

> 七月流火，九月授衣。
> 七月流火，八月萑苇。
> 七月鸣鵙，八月载绩。
> 四月秀葽，五月鸣蜩。
> 八月其获，十月陨萚。
> 五月斯螽动股，六月莎鸡振羽。
> 七月在野，八月在宇。九月在户，十月蟋蟀入我床下。
> 六月食郁及薁，七月亨葵及菽。八月剥枣，十月获稻。
> 七月食瓜，八月断壶，九月叔苴。
> 九月筑场圃，十月纳禾稼。
> 九月肃霜，十月涤场[②]。

这些产生于夏时的农谚后广泛流传于周人农耕区，甘肃陇东一带当在其范围之内。

汉晋以来，农谚搜集整理乏如。现存《氾胜之书》《四民月令》中引谚不多。至北魏贾思勰《齐民要术》方有大量农谚引入，但与甘肃关涉者寥寥，仅卷十所载河西语曰“贷我东墙，偿我田粱”则是明确的甘肃农谚。唐代黄

---

① 韩高年：《诗经分类辨体》，上海古籍出版社，2011，第48页。

② 王洞泓：《上古农谚范本：〈诗经·豳风·七月〉研究》之一、之二，《伊犁师范学院学报》2001年第1、4期。

子发《相雨书》当为综合农谚、物候等而撰成，其中既有一些对当时成熟农谚的化用，又有一些对天象、物候等的观测经验，而如“白虹降，恶雾遂散”，与后世甘肃农谚“白虹下降，恶雾必散”无异，只是后者语言更加通俗化而已。

宋元以降，又有零星农谚可以确知为甘肃农谚者，如：宋乐史《太平寰宇记》卷一百五十一《陇右道二·渭州》所载：“郎枢女枢，十马九驹；安阳大角，十牛九犊。”[①] 明梅鼎祚《古乐苑》卷五十谓：“四地名皆在陇西，言宜畜牧也。”宋罗大经《鹤林玉露》丙编卷三《占雨》中引录的谚语“日出早，雨淋脑；日出晏，晒杀雁”一条，在民国时期李登瀛、司文明采集的《甘肃农谚》中有收录[②]，则可确定为甘肃农谚。而元末明初的娄元礼所撰《田家五行》中所引农业气象谚语，如“日落云里走，雨在半夜后”，“日落云没，不雨定寒”，“明星照烂地，来朝依旧雨”，“东北风，雨太公”等，在后世甘肃流传颇多，亦可视之为甘肃古代农谚。

明清农书整理编撰较盛，农谚采集整理也比较广泛。明代除农书如冯应京《月令广义》、王象晋《二如亭群芳谱》、徐光启《农政全书》引录农谚，尚有杨慎《古今谚》、郭子章《六语·谚语》等谚语专书，收录农谚数量可观。清代以来甘肃农谚的搜集整理一为本地方志等文献的引录，如康熙《安定县志》卷五《风土·杂记》云：“谷畏早霜，七月白露则霜来迟，谚曰‘露七不露八’。”乾隆《静宁州志》卷一《疆域志》：“葛家洞……洞壁间时挂流云，谚云：‘云立则雨，云卧则晴。’”乾隆《甘肃通志》卷四十六《艺文》有“千镒而家藏，不若铢两而时入”。二为一些农书的引录，此类农谚大多通行于全国，且以农业气象谚为主。如梁章钜《农候杂占》、祁寯藻《马首农言》等。此外还有一些其他文献，间有所采，然对农谚的断代亦十分重要。潘荣陛《帝京岁时纪胜》：“五月喜旱，六月喜雨，谚云‘有钱难买五月旱，六月连阴吃饱饭’。”顾禄《清嘉录》卷八：“又以霜降日宜霜，主来岁丰稔，谚云：‘霜降见霜，米烂陈仓。’若未霜而霜，主来岁饥。”赵慎畛《榆巢杂识》卷下：“北方麦收最重，故农谚云：‘一麦抵三秋。’”这些农谚皆通行于陇，为后世甘肃农谚文献所采录，属于甘肃古代农谚的范畴。

---

① 《太平寰宇记》卷一百五十一《陇右道二·渭州》：“土产：青虫、鹦鹉、龙虚席、麝香。彼谚有曰：‘云云。’即谓其地宜于畜牧也。”（乾隆）《甘肃通志》卷二十二《古迹》：“云下田，在县北，《舆地纪胜》云：‘陇西有耕天村，其田曰云下田。’又古谚云：‘云云。’谓其地宜于畜牧也。”

② 朱允明编《甘肃省立气象测候所五周年纪念册》，甘肃省立兰州气象测候所，1937，第89～93页。

（二）“歌谣”运动与民国农谚的收集整理

民国以来，专门的农谚整理之作开始大量出现，始有“甘肃农谚”之名。在新文化运动的洪流中，北京大学歌谣征集处于1918年2月成立，1920年冬天成立了歌谣研究会，1922年12月《歌谣》周刊创刊。“歌谣研究会的成立和《歌谣》周刊的创刊”，使得“流传于下层老百姓中间、向来不登大雅之堂、不为圣贤文化所承认的歌谣、谚语、俚语等口碑文学”得到了征集和研究①。其在中国现代民间文学史上的意义重大，一些知识分子出于对农业的和民间文学的双重关注，开始收集整理流传于民间的农谚，有上百篇整理之作发表于各种报刊。经过积累，自20世纪30年代始，各种农谚专集开始编印出版，如：

朱雨尊《中华谚语全集》（世界书局，1933）

夏大山《中华农谚》（金陵大学，1933）

费洁心《中国农谚》（世界书局，1933）

张佛《农谚》（商务印书馆，1934）

其中所收全国通行的农谚亦多在甘肃流行，属于甘肃农谚的范畴。这些农谚集所收农谚多未注明通行和采集地域，但其首开风气，贡献甚大。甘肃地处西北内陆，歌谣谚语的整理较为滞后，但也偶有嗣响。《歌谣》周刊于1925年第82期发表了袁复礼先生整理的《甘肃的歌谣——话儿》，首次将甘肃通俗的民间文学进行了向外传播。其后直到1937年，也就是胡适主持《歌谣》复刊的第二年，朱允明先生编写了《甘肃省立气象测候所五周年纪念册》，其中便收录了由李登瀛、司文明搜集整理的“甘肃农谚”100多条，这也是目前文献中最早提出甘肃农谚者。其后，1947年陆泰安发表了《临洮农业及其歌谣》一文②，论述洮州农业概况，并节录有关之花儿、农谚若干条，民国时期专门的甘肃农谚的搜集整理大体如上，数量有限。

（三）1949年后农谚的收集整理

1949年以后，党和人民政府十分重视谚语的收集工作。伴随着气象化运动、农业气候调查和全国土壤普查等运动的进行，1958年，盛况空前的群众性的农谚收集活动在全国各地轰轰烈烈地开展起来。在土壤普查的过程中，为了发挥传统农谚的作用，各地县广泛搜集，分别于1959年整理编印成册，这类文献如：

---

① 刘锡诚：《北大歌谣研究会与启蒙运动》，《民间文化论坛》2004年第3期。

② 陆泰安：《临洮农业及其歌谣》，《西北通讯》1947年第10期。

《农谚汇集》（庆阳县人民公社联社农业部）

《定西专区农谚汇编》（临洮农学院）

《会宁县农谚汇集》（会宁县土壤普查办公室）

《农谚》（中共敦煌县委土壤普查办公室）

《千里农谚漫丰收》（天祝藏族自治县人民委员会）

同时，甘肃省群众艺术馆和农业厅也选录全省农谚，编印了三个农谚集：

《新农谚》（甘肃省群众艺术馆，1958）

《甘肃农谚选辑》（甘肃省农业厅，1959）

《肥多粮满仓——甘肃农谚集》（甘肃省群众艺术馆，1960）

因这些农谚文献皆为各部门内部编印，没有正式出版，故而流传不广。

在气象化运动和农业气候调查的过程中，各地气象站也纷纷搜集整理农业气象谚语，并编印成册，正式出版者仅有甘肃省气象研究所编著的《二十四节气与甘肃气候》（甘肃人民出版社，1960）。其余皆为1959年内部编印之作，有以“农谚志”命名者，如：

《甘肃静宁县农谚志》（甘肃静宁县工作组等）

《农谚志》（定西气候站）

《谚语志》（清水回族自治县中心气象站）

《民勤农谚志》（民勤气象站）

有径称“天气谚语”“看天经验”者，如：

《天气谚语》（高台县气象站）

《酒泉市地区农业及天气谚语》（酒泉气象站）

《泾川县天气农谚汇集资料》①（泾川县土壤普查办公室）

《群众看天经验汇编》（两当县革命委员会气象站）

有称“民谚”“谚语”者，如：

《甘肃省白银市民谚集》（白银市中心气象站）

《临洮谚语集》（临洮县气象站）

《文县谚语汇集》（文县中心气象站）

《甘肃省平凉专区农业气候志气候区划农谚》（平凉专员公署气象局）

而20世纪70年代张掖地区气象局编印的《张掖地区气象农谚汇编》，当也是前一阶段工作的延续。不管以何种形式命名，这些谚语集所采谚语多涉及时令天气，关乎农业气象各方面。

1962年，农业出版社在各地农、林等部门及农谚爱好者的协助下收集到农谚十余万条，通过整理筛选，于1965年编成《中国农谚》一书，收录农谚

---

① 该资料是在土壤普查所搜集农谚基础上改名，增加天气谚语所成。

3 万条，因故推迟至 80 年代才先后出版[1]。此外，兰州艺术学院文学系 55 级民间文学小组编有《中国谚语资料》（分为上、中、下三册，其中下册为农谚）[2]。这两部书中收有不少甘肃农谚，其中有的谚语也注明了其通行的区域。

80 年代以来，甘肃农谚整理可以说取得了较大成就。1984 年 5 月，由文化部、国家民委和中国民间文艺研究会（今中国民间文艺家协会）联合签发了《关于编辑出版〈中国民间故事集成〉、〈中国歌谣集成〉、〈中国谚语集成〉的通知》，在全国范围内展开了全面的普查与采录。接到通知后，甘肃省即动用数万人在全省各地展开了农谚的全面普查与采录。后由魏泉鸣担任主编，于 1994 年编纂完成《中国谚语集成・甘肃卷》[3]，从搜集到出版，前后历时 25 年，也可见其整理出版的艰难与编者付出的心血。该书从所采集的全省 55 个市、区、县的 55 种谚语资料本中，通过比对删重，取其精华收录谚语 2 万余条，按类排列，并注明流行区域。但将涉及农业气象和农业的谚语以"自然谚"与"农林谚"目之，未能以农谚统而视之，美中不足。在地方性农谚的整理出版方面，赵棠编注的《定西地区农谚集》（兰州大学出版社，1990）对农谚进行了解释说明，整理与研究并重。这一时期全国性的农谚整理文献还有杨亮才、董森主编的《谚海》第 2 卷《汉族农谚卷（1 ~ 3）》（甘肃少年儿童出版社，1991），熊第恕主编的《中国气象谚语》（气象出版社，1991），二书皆为全国性的谚语集，可看作全国谚语和天气谚语的总汇之书。这两种文献所收谚语基本注明通行地域，后者更是在正文前有概述和验证使用说明，较一般著作为优。八九十年代的集中整理之作大体如上，而一些散见于各种杂志、新修地方志中的农谚，本书不再选录。本书校录农谚的时间下限除上述几种 90 年代出版的农谚、谚语专书外，其他亦止于 80 年代末。

三 农谚与农耕技术

甘肃农业以传统的旱作农业为主。长期以来，围绕着旱地耕作，陇原父老总结积累了不少土壤保墒、粪土肥田、良种选育、农牧结合等适宜于旱地农业发展的耕作经验，有效保证了干旱区的农业生产和农民生活。这些耕作技术与方法，老百姓用他们自己的语言加以总结凝炼，历代相传并不断丰富，成为现存的珍贵的农业文化遗产——农谚。

---

① 农业出版社编辑部编《中国农谚》上册，农业出版社，1980；《中国农谚》下册，农业出版社，1987。

② 兰州艺术学院文学系 55 级民间文学小组编《中国谚语资料》，上海文艺出版社，1961。

③ 因分类不合理，送审时被退回重新编排，中间因为各种原因，一直推迟到 2009 年才由中国 ISBN 中心出版。

（一）粪土肥田

地贫力乏，传统农业多以粪肥之，保证生产而又使得地力常新壮。汉代《氾胜之书》谓："凡耕之本，在于趣时，和土，务粪泽，早锄早获。"① 王充《论衡》亦云："深耕细锄，厚加粪壤，勉致人工，以助地力。"② 指出了粪土肥田之重要性，其后历代农书中不乏精善之论。而农谚中有关各种农家肥料及其施肥管理的经验亦十分丰富，其主要表现在以下几个方面。一是对粪土肥田重要性的认识，如"庄稼一朵花，全靠粪当家"，"庄稼没有粪，来年没籽种"，"人靠饭养，苗凭粪长"，"十个会种的，不如一个上粪的"，通过使用农民自己所熟知的事物进行比喻、对比，突出了粪土对庄稼生长的重要作用。二是对各种农家肥料肥性及适应作物的认识，对肥性的认识如"马粪热，牛粪凉，猪粪上地三年壮"，"羊圈里土，上地如虎"，"灰土和炕土，都是地里虎"等，反映了农家主要肥料来源为马、牛、猪、羊粪，以及烧炕所产生的灰土和换炕所产生的炕土。在对肥性认识的基础上，农民也逐渐摸索出了农作物对肥料的适应性，如"大粪长瓜，鸡粪长辣，鸽粪长花"，"豌豆不要粪，只用灰来拼"，"豆地里上尿，不如调料"，"灰粪洋芋猪粪菜，羊粪麦子人人爱"，"要想韭菜盛，多多上灰粪"等。三是关于如何积肥、保肥的，农民勤于积肥，过去下田干活或赶牲口至泉中饮水时，都有拾粪习惯，如农谚所谓"拾粪如拾金，挖土如挖参"，"出门不空走，随带粪背篼"便是其事。在家中，亦是勤于垫圈积肥，如"庄稼汉再忙把圈垫着，买卖人再忙把账算着"。同时，还要把握好积肥之时节，如"大暑到立秋，割草沤肥正时候"，"伏天积满三圈粪，明年小麦收满囤"等。肥料积攒后还要善于保存，盖土防晒，以免失去肥力，如"积肥不保肥，两回顶一回"，"粪坑加个盖，肥劲全都在"，"粪堆拿土盖，不叫雨淋和日晒"。四是对如何施肥的认识，首先是要把握好施肥与追肥的时机，如"钢要加到刀刃上，粪要上到时节上"，"冬月金，腊月银，正月上粪人哄人"，"头遍追肥一尺高，二遍追肥齐腰高，三遍追肥出帽帽"；其次是要上好底肥，如"底肥要饱，追肥要早"，"三追不如一底"；再次，地里要上熟粪，如"生粪上地，庄稼断气"，"生粪上，虫兴旺；熟粪上，粮满仓"等。除此之外，农人亦十分重视绿肥使用，如"见青就是肥"，"种肥压青，谷打满囤"，"多沤绿肥地有劲，来年丰收扎下根"，"绿肥压三年，薄田变肥田"等，作为农家肥料的有益补充，绿肥的肥田作用十分明显。

---

① （汉）氾胜之撰，万国鼎辑释《氾胜之书辑释》，中华书局，1957，第21页。

② （汉）王充撰，张宗祥校注《论衡校注》，上海古籍出版社，2010，第36页。

（二）耕耱保墒

在旱作农业区，耕耱技术方法体系的应用，使土壤墒情得以发挥最大作用，在一定程度上保证了农作物在相对干旱少雨的时节能够按时播种并生长发育。汉代曾在关中教导农业的氾胜之，其农书中即有反映秋耕的："夏至后九十日，昼夜分，天地气和。以此时耕田，一而当五，名曰膏泽，皆得时功"，以及论述麦田耕作方法与作用的："凡麦田，常以五月耕，六月再耕，七月勿耕，谨摩平以待种时。五月耕，一当三。六月耕，一当再。若七月耕，五不当一。"① 其技术方法成熟较早，其后农书亦论述较多。与传统农书中记载相对应，农谚中对于耕地时机、方法技巧等都有较为明确的经验总结。通过农业实践，农民首先认识到了耕耱的重要性，认为耕翻土地既能保墒抗旱，又能除草净土，保证粮食丰产，如"隔年多翻一道犁，来年少锄三遍草"，"耕得细，耱得光，既抗旱，又保墒"，"土地翻一翻，粮食堆成山"等。其次，为了提高土壤肥力，发挥保墒、灭虫、除草之作用，在畜力有保障的前提下，传统农业比较重视深耕，如"深耕有三好：保墒、灭虫又除草"，"深翻一寸田，赛过水浇园；深翻加一寸，顶上一茬粪；冬耕加一寸，春天省堆粪"。再次，与农书记载相同，农谚中亦有很多关于耕作时机的经验总结，如反映伏耕益处的："伏里深耕田，赛过水浇田"，"伏秋深耕能蓄墒"，"三伏深翻好，灭虫又灭草"；反映秋耕耱地蓄墒的："三秋勤耕田，丰收在来年"，"今秋犁一驾，胜过明年犁半夏"，"秋耕不耱，不如家里闲坐"。除此之外，还有反映耕耱碾压方法者如："头遍划破皮，二遍按重犁"，"犁三遍，耱三遍，不怕来年天大旱"，"播后镇压能提墒，播前浅耕能踏墒"，"犁三遍，碾三遍，不怕老天晒半年"。这些农谚对如何耕地、耱地、碾地做了明确的指导说明。当前陇中农村山地农耕区，为图省便，一般翻耕一至两次，耕后待下雨蓄水，方耱地以使土地绵平蓄墒，碾压之法多已不见。

（三）中耕管理

以"精耕细作"为代表的传统农业，中耕管理是其重要内容之一，包括锄田、培土等措施方法。时至今日，依然延续，一至小麦返青，豆子、胡麻等出土，漫山遍野，皆见陇上农人锄田景象，蹲伏于田，甚是辛劳。农谚中对中耕管理经验的总结，主要表现在几个方面。一是对中耕在保墒、除草等方面作用的认识，如"锄头底下三件宝：防旱防涝除杂草"，"种地无他窍，关键勤锄草"，"夏田成在犁沟里，秋田成在锄头里"，"犁成的麦，锄

① （汉）氾胜之撰，万国鼎辑释《氾胜之书辑释》，中华书局，1957，第21、27页。

成的秋”，可见秋粮作物，更要勤加细锄。二是物性不同，各种作物中耕次数及方法亦有区别，如对比论述谷、糜、麦、瓜、豆等作物的锄田次数及作用：“谷锄三遍尽是米，糜锄三遍尽是秕”，“麦锄三遍面充斗，瓜锄三遍瓜上走”，“麦锄三遍无有沟，豆锄三遍圆溜溜”，“七遍谷子八遍糜，十遍萝卜不洗泥”，“谷锄三遍谷无糠，麻锄三遍马无缰”。另如以甘肃旱作农业的代表谷子为例，其锄田次数不同，所获也有差别：“谷锄三遍米汤甜，谷锄四遍颗颗圆”，“谷锄四次，二糠八米”，“谷锄七遍尽是米”，“谷锄九，饿死狗”。此外，在重视锄田次数的同时，还讲究中耕的深浅、培土等方法，如“锄糜糜，溜皮皮”，“庄稼培土一寸，等于上粪一寸”，“头遍锄，二遍围，三遍过来堆成堆”。三是各种作物中耕的时节及条件选择不同，根据作物生长态势者如“麦锄三节，谷锄八叶”，“糜锄两耳谷锄针，高粱不能过三寸”，“糜锄两耳谷锄针，麻子锄的四叶整”；根据土地干湿条件者如“湿锄糜子干锄谷，露水底里锄豆豆”，“旱锄地皮涝锄深，不旱不涝下半寸”，“旱锄田，涝锄园”，“雨后锄地，阴天培土”等，不同作物锄田选择干湿条件不同，旱锄、涝锄方法及作用亦有差别。可见，农谚对各种作物中耕管理的一系列环节基本都有涉及，其指导农事之作用显而易见。

（四）休耕轮作

休耕轮作乃传统农业保持地力、促进生产的有效措施。休耕主要是针对肥力不足、地力贫瘠的耕地进行，有一年两年者，其目的在于让地歇缓，陇中农民又谓之“铺地”“歇地”。轮作乃轮换种植不同的作物或复种组合，基本上是消耗地力大者接种消耗地力小的物种，如此轮流种植，让地力有所恢复，又叫“倒茬”，农民常有“茬口顺不顺”之谓。首先，农民认为在有富余耕地保障的前提下，要休耕以恢复地力，同时要经常倒茬，除了起到防虫防病的作用外，亦可以增加产量，如“你有万石粮，我有歇煞地”，“一犁二歇，保险多结”，“歇地不歇空，一年顶着两年功”，“轮作轮种，防虫防病”，“种地不倒茬，白把功夫花”，“茬不顺，不能种；茬口顺，顶上粪”，“茬口不换，半年变歉”等。其次，各种茬口优劣不同，要对应好各种作物之间的倒茬关系，如“糜茬三年没节，瓜茬三年不结”，“一年苜蓿三年田，再种三年用不完”，“谷子吃薄地，糜子吃厚地”，“麦种三年如火地，连年种麦必残地，轮种倒茬如歇地”，“胡麻豆茬，顶个歇茬”。这种倒茬及茬口好坏优劣经验，在农民中应用十分广泛，也是一个熟练庄稼汉必须掌握的技能之一。最后，土地休耕后，还要适时翻耕、施肥、除草，不然土地荒芜，来年无法种植，如“伏天歇地耕三遍，能叫穷山变富川”，“歇地加沙粪，明年好收成”，“要想庄稼好，勤犁歇地勤锄草”等。

（五）良种选育

传统农业比较重视良种的选育，《诗经・大雅・生民》中就有“诞降嘉种，维秬维秠”的记载。在农业生产实践的历史长河中，陇上劳动人民本着“好种出好苗，好苗结好籽”的美好愿望和生产原则，不断选育作物品种，保证了农业的可持续发展。在农谚中，关于作物选种的内容甚多，揭示了选种育种的重要性及相关技术方法。首先是反映种子重要性者，如“种子芽子粗，籽饱苗儿壮”，“种大苗肥，种强苗壮”，“好种出好苗，好母生好儿”等。有“好母生好儿”之经验，好种之重要性自不待言。其次是反映种子选育及保存的，如“一年选，二年繁，三年推广到大田”，“要想种子保险，自留自繁自选”，“家选不如场选，场选不如地选”，“种子经过晒，苗苗长得快”，“种子干，出苗全”，“籽种不晒病株多，种前不试危险多”等。可以看出，选种最好是田间选种，种子选取后，要晒种并妥善加以保存。最后是在种植之前，传统农业还十分重视浸种，以防止庄稼各种病虫害的发生，如“种子洗个澡，庄稼生病少”，“水浸五谷种，来年不出虫”，“盐水把种浸，麦苗绿又青”，“麦种浸得好，来年黑穗少”等。总之，在无化学农药介入的传统农业中，各种浸种经验的积累及实践，有效保证了作物的健康生长和收获，体现了陇人的生产智慧。

（六）农牧结合

郭文韬先生指出：中国传统农业生产结构的特点，总的看是“农牧结合”的。但是，在农区是“以农为主的农牧结合”；在牧区是“以牧为主的农牧结合”；在半农半牧区，则是农牧均衡发展的农牧结合①。甘肃历史上发生多次农牧进退变化，这三种形式都存在，也因此这方面的农谚内容也较丰富。总论畜牧重要者，如“畜是农家宝，时时离不了”，“农家第一宝，六畜挤满槽”，“牲口无价宝，庄稼少不了”，“要想富，养六畜”；反映养畜致富者，如“养羊偷偷富，养马抬门户”，“养羊拾金子，养马为的使”，“家养百只羊，顶个小银行”，“猪是聚宝盆，遍地是金银”；反映以牧补农者，如“养过百只羊，顶了一年粮”，“一亩地，十只羊，种下庄稼比人强”，“庄稼人不养猪，好比秀才不读书”，“猪多肥多，肥多粮多”等，牧业为农业提供了动力、肥料，同时还起到了备荒的作用；反映农牧互养者，如“猪养田，田养猪”，“人养猪，猪养地，地养人”，“一人一猪，一亩一猪”。这种农牧结合的生产方式如今虽然有些削弱，但依然延续。通过农谚我们也可以看出，农民对养羊较为

① 郭文韬：《中国传统农业思想研究》，中国农业科学技术出版社，2001，第293页。

钟爱的原因，一方面在于农牧结合的传统观念的影响；另一方面在于养羊成本较低，饲养方便，农忙时圈养，农闲时放养，互不耽误。此外，其既能食肉、贴补家用，又能补农肥田，一举数得，是以其风至今犹盛。

四 农谚中的农耕观念

农谚是劳动人民智慧的结晶，是最贴近日常生产、生活的民间文学艺术，集中反映了农耕从事者——老百姓自己的声音，蕴含了创作者们丰富的生产生活体验。在平凡而真实的农业生产生活过程中，逐渐形成了农民对天地、农业、畜力、生态等的认识，反映出其务实朴素的农耕观念。

（一）“敬天畏地”之天地观

“天”反映在农业中，主要指农时、降水与灾害等不可控因素；“地”主要表现在其为孕育万物之根本。对这些因素的敬畏与重视，反映了农民的天地观念。1. 农民世代躬耕于畎亩之间，面朝黄土背朝天，特别是干旱生境地区的劳动人民，对天的依赖性更强，于是有“靠天吃饭”之谓。农谚“有收无收在于天，收多收少在于管”，一语道出了其中真谛。农时要求按时劳作，如“庄稼不用问，随着节令种”，“增产措施千万条，不误农时最重要”，“种地如救火，时节不让人”，否则“庄稼失了节，口里饿出血”，足见农时之重要性。2. 降水直接关乎每年庄稼的长势与收成，如“水是庄稼命，时时都要用”，“水是庄稼娘，无娘命不长”，“人靠粮养，麦靠水长”，生动的比喻说明水的重要性。而农业灾害如旱、涝、冰雹等，或致一年颗粒无收，或致几年饥馑、饿殍遍野。如民国十八年及三年困难时期的旱灾，陇原大地深受其害，经历者至今记忆犹新。正因为农业灾害如此恐怖，所以农谚中关于这些灾害的预测亦较多，如“八月雷声旱三冬”，“春旱谷满仓，秋旱断种粮”，“旱在伏里，涝在秋里”，“西边起云东边接，雹雨来临必定恶”等。而农谚所云“天收一半，人收一半”，“播种要抢先，割麦要抢天”，“麦收时节停一停，风吹雨打一场空”，“收麦如救火，龙口把食夺”等，就是应对恶劣天气而进行作物抢收的反映。3. 土地是万物赖以生长的最基础条件，传统社会农民生财糊口之法有限，土地乃其衣食之源，于是有“万物土中生”之谓。“中国的农业文化，可以说是土地文化。”① 农民对土地的崇拜主要表现在忠于土地之本性，及时勤加养护，培肥地力，所谓“农人有三忌：一忌哄工夫，二忌哄牲口，三忌哄地皮”，“人养地，地养人，锄头底下埋着聚宝盆”，“人勤地是宝，收成年年好”。只有通过这种良性互动，尊重自然土地的本质属性，抱着一颗

① 邹德秀：《中国农业文化》，陕西人民出版社，1992，第130页。

敬畏、尊重之心，和谐共处，互为养护，才能实现农业生产的良性发展。

（二）“重农爱农”之农本观

中国传统社会是农业社会，历朝历代奠基开国后，无不重视农业之发展，从而实现物阜民丰、国泰民安。从《尚书》“洪范八政，以食为首”始，“农本”思想始终在我国传统经济思想中占有主导地位[①]。与统治阶级的重农爱农有所差异，广大农民站在自己的立场，亦非常重视这生计之本，同时又因祖祖辈辈从事之，对此又难以割舍，感情深厚，“安土重迁，黎民之性”[②]是也，“重农爱农”之农本观念深深根植民心。反映在农谚中，其主要表现在三个方面。一是农乃根本，“农业兴，百业兴，粮食不收断了根”，“农人不种田，世上无人烟”，“三百六十行，种地第一行”。二是重农轻商，如“家里种成一亩田，强比外头跑半年”，“种田钱，万万年；买卖钱，三十年；赌搏钱，一阵烟”等。三是重农轻官，如“做官富眼前，种田万万年”，“只有百年农庄，没有百年官宦”，“老百姓不种地，当官的断了气”。当然，这其中也流露出老百姓对暴富商人及为官者欺压百姓的一种讽刺和嘲弄。而“种田种田，越种越甜”则无疑是农民对本业的一种喜爱，一种苦尽甘来、获得丰收的喜悦与向往。当前，农村青年多数外出打工或求学工作，许多老人亦被迫随子女外出，离开农耕家园，而最令他们割舍不下的，还是那片心中爱长庄稼的肥沃土地和田间地头一起劳动的乡里乡亲。还有些老人，虽年过花甲，依然在山区坚守着那份执着，牵驴骡而荷犁耱，披星戴月，辛勤耕耘，是传统山地旱作农业的坚守者。

（三）“勤劳守信”之生产观

传统农民一生禁锢于土地之上，固守着先辈耕耘的土地，恪守着世代相传的农耕经验，艰辛劳作而仅能维持生计，农人自谓之“苦庄农”，道出其中艰辛，农谚亦有“只知油来香，哪知农夫苦”之说。在以旱作农业为主的甘肃黄土高原区，农民只有忠实于土性与物性，通过精耕细作、勤劳管护，方能有所收获，也因此形成了“勤劳守信”的农耕生产观念。这种观念与“民无信不立”之儒家文化相一致，或许最初这种观念的产生就来自农业，因为农业生产之周期较短，比现实社会更能清楚、直观地反映出不遵循规律、不守信之后果。甘肃农谚中，描写劳动者要勤劳者，如“庄稼老汉不知闲，放下锄头拿起镰”，“三分种，七分管，人勤奋，地不懒”，“要想庄稼好，勤犁

---

① 刘旭青：《农耕谚与农耕文化——以浙江为例》，《农业考古》2012 年第 3 期。

② （汉）班固：《汉书·元帝纪》第 1 册，中华书局，1962，第 292 页。

歇地勤锄草”，“土地不偷懒，只要经常管”等；正面描写勤劳之益处者，如“人勤地有恩，遍地出黄金”，“人勤地不懒，大囤小囤满”；反面反映者，如“一年不务农，十年跟不上人”，“一年失了农，十年不如人”，“春天不忙，秋天无粮”；反映诚信不欺土地者，如“人哄地一时，地哄人一年”，“人缺地的工，地缺人的粮”，“你哄地，地哄你，哄来哄去哄自己”。不守信之因果循环，短期内就可以反映出来，因此农民非常重视勤劳、守信，反感那些好吃懒做、不守信之人。

（四）“爱护家畜”之畜力观

传统农业中，人与自然是和谐共处的，除了人与人之间的和谐相处、互帮互助之外，在人与畜力之关系上，也体现出了和谐共处、爱护家畜的农耕观念。惠富平认为：“由于耕牛役畜的家庭饲养及其在传统农业生产生活中的重要作用，农民与牛马朝夕相伴，相互依赖，共同经受寒风烈日下的劳作之苦，所以人畜之间往往会产生一定的情感。”① 农谚，正是畜力的使用者——农民自己最真实的情感反映。首先反映在视牛、马等家畜如家人的认识上如“牛为农本”，“庄稼汉一头牛，性命在里头”，“牛马是忠臣，好比家里一口人”，“耕牛战马磨道驴，顶如家口善待哩”等，将其视为家中一分子，足见珍惜与爱护。正如邹德秀所言，“农民把牛当作伙伴，作为家庭的成员，对牛常做拟人化的理解，似乎牛也通人性，有高尚的品德”②。其次是在家畜的喂养上，要备好草料，按时按需喂养，如“水草按时到，胜似吃好料”，“一饮提三缰”，“干草切成细瓣瓣，牲口吃成肉蛋蛋”，“水开胃，草打底，料引路，盐收尾”等。再次反映在牲口的驭使方面，要根据天性，有节有度，方能长于时日，如“七分喂养，三分使唤”，“饿不急喂，渴不急饮，饱不加鞭，汗不挡风”，“耕牛有歇有跑，十七八年不老”等，其饲养、驭使之方法与观念，与北魏贾思勰《齐民要术》中提到大家畜的饲养原则“服牛乘马，量其力能；寒温饮饲，适其天性”相一致③。农书与农谚相互印证，认识一致，此例甚多。

（五）“种养结合”之备荒观

旱作农业“靠天吃饭”，灾害常伴，荒年常有，“五谷不登，果菜不熟”。农业歉收，特别是农谚所谓“不怕年荒，就怕连荒”，饥馑加身，轻

---

① 惠富平：《中国传统农业生态文化》，中国农业科学技术出版社，2014，第326页

② 邹德秀：《中国农业文化》，陕西人民出版社，1992，第91页。

③ （北魏）贾思勰著，缪启愉校释《齐民要术校释》（第2版），中国农业出版社，1998，第383页。

者节衣缩食，艰难度日，重者饿殍满地，更甚者易子而食，惨绝人寰。因此，农民在有限的能力范围内，充分利用物种多样性的特点，广泛种植多种作物，重视养殖与果树栽培等，从而在一定程度上保证了你歉它丰、互为补益。如干旱区较为丰产的杂粮作物糜谷之种植："天旱年，多种糜谷度荒年"；栽桑养蚕与果树栽培："栽上百棵桑，不怕遭年荒"，"无灾人养树，有灾树养人"，"树满村庄，不怕年荒"；蔬菜栽培："家有一亩菜园子，胜过十亩薄田子"，"不说年成荒得恶，只要园中有豆角"，"瓜菜葫芦半年粮"；家庭养殖："养上一群羊，不怕有灾荒"，"农家养了羊，省下三月粮"。除此之外，素以勤俭节约持家的农民亦非常重视日常节余之蓄积，如"积粮防饥，蓄水防旱"，"只有存粮，没有存粪"，"耕地抓住深细早，存粮莫忘干净饱"。而正因为饥荒常有，于是产生了一些经验性预测丰歉的农谚，如以十二生肖年份预测者，"羊马年，广收田，饥猴年，饿狗年"，"要吃饱肚子，直等哼哼年"，"鸡不荒，狗不饿，猪鼠二年难熬过"，"兔儿年上笑呵呵，狗娃娃吃的白面馍"，但说法亦不统一，或因经历者经验不同而有所差异。另有按时令物候预测者，如"十月宜下霜，没霜来年荒"，"腊月初一吹东风，六畜必定疾病多，但逢大雪旱年来，人畜灾荒更难躲"，"苍蝇多荒年，蚊子多丰年"等，虽不一定准确，但也反映了农民对时令物候与灾荒对应关系的认识。

（六）"植树护田"之生态观

传统农业基本上是一种生态农业，农民在生产生活过程中几乎不会产生生活垃圾，正如农谚所谓"万物生于土，万物归于土"，一切来源于土地，最后一切又归还于土地，实现着能量的循环守恒。传统农民本无现代所谓"生态"的概念，但是他们根据生产生活经验，会产生一些诸如植树绿化、适度开采等与生态有关的思想认识，这也构成了农民朴素的生态观念。甘肃地处黄土高原区，植被稀少，耕地坡度大，水土流失严重，虽然近几十年梯田化建设、退耕还林卓有成效，但总体局面未能改变，山多突兀，沟壑纵横。农谚中，关于栽植林木及植树造林益处的农谚较多，可以较为系统地反映农民的生态观念。首先反映在对树木改善生态小环境，能起到抗旱作用之认识上，如"有林泉不干，天旱雨淋山"，"要叫田增产，山山打绿伞"，"造林护田蓄水分，种上庄稼有保证"，"树木成片，旱神瞪眼"等。其次认为植树有利于保持水土，实现山清水秀，如"荒山造了林，治了灾害根"，"要保土，多植树"，"山上林草多，水土不下坡"，"绿化秀山头，浊水变清流"，"山头树木光，山下流泥浆"。再次则为抗风沙，保护生产安全，如"山头个个光，年年多灾荒"，"多栽树，风沙住"，"要想风沙住，山山多栽树”，“一堵防风墙，十年丰收粮”，主要反映了河西绿洲边缘风沙肆虐农耕区的应对之法。此外，植树护林还有保护动物生存环境的作用，如“多栽树，勤护林，林木繁多护生灵”，而“毁林开荒，世代遭殃”，“揭了山皮，饿了肚皮”的告诫，也是人们劫后痛定思痛的反省。他如“割糖割个空，蜂子过不了冬”以及前文牲口的驭使农谚，皆反映了人们取之有度、用之有节的生态观念。

五 农谚与俗农学

中国传统农业以“精耕细作”的农艺为代表，恪守着农业耕作的原理和方法：顺天之时，因地之宜，春种夏耘，秋收冬藏；辨土施肥，耕涝耱耙，轮作倒茬，人地互养。体现在传统农学中，则是日益得到概括和总结的时气论、土壤论、物性论、树艺论、畜牧论、耕道论、粪壤论、水利论、农器论、灾害论等农学理论①，而这些农学理论的核心即为“三才”思想②。“三才”思想深深根植于中国传统哲学和农学之中，与农艺互相促进发展，对传统农业的可持续发展起到了极为重要的指导作用。

农谚作为传统农业知识的民间表达，对农业生产与生活的各个方面皆有反映。但是，作为一种潜流文化，农谚的地位和作用一直得不到应有的重视和研究。游修龄先生在其《论农谚》一文中指出，农谚“是农民被剥夺了读书识字的权利以后，农民自己‘口写、口传’的‘农书’，它们对于指导历代农民从事生产，的确起了不可估量的作用”③。后其又在《中国农学史序》中写道：“除了大量反映气象内容的农谚以外，每种农作物从播种、施肥、田间管理到收获，每个环节都有指导性的农谚。这是一份极其宝贵的遗产。然而，这些饱含了农民丰富的生产技术经验和人生哲学的农谚，却被排除在历代农书之外，也不在现今农学史研究的视野以内。”④ 正是鉴于多年研究农史的思

---

① 郭文韬：《中国传统农业思想研究》，中国农业科学技术出版社，2001。

② 作为一个思想范畴，“三才”最早见于《周易·系辞下》：“有天道焉，有人道焉，有地道焉，兼三材而两之。”后广泛应用于政治、经济、文化和科技等领域。在中国传统农学中，“三才”理论被用来指称与农业生产密切相关的“天”“地”“人”“稼”诸因素的统一。这一理论的经典性表述，始见于《吕氏春秋·审时》：“夫稼，为之者人也，生之者地也，养之者天也”。在长期的实践中，传统农学不断加深并丰富着这些认识。北魏贾思勰《齐民要术》中说：“顺天时，量地利，则用力少而成功多，任情返道，劳而无获。”元代王祯《农书》云：“顺天之时，因地之宜，存乎其人。”明代马一龙《农说》云：“合天时、地脉、物性之宜，而无所差失，则事半而功倍矣。”此即农学中所谓的“三宜”论，发展强化了对“物性”的认识，指出了生物有机体和外界环境的和谐统一在提高农业产量、保证丰收方面的作用，完善了“三才”思想的内涵。

③ 游修龄：《论农谚》，《浙江农业科学》1961 年第 4 期。

④ 游修龄：《中国农学史序》，见曾雄生《中国农学史》，福建人民出版社，2008。

考，游先生才对农谚的价值和作用有了深入的认识，将其与农书相提并论，认为农谚应当成为农学研究的题中应有之义。而后杨建宏则提出“农谚为通俗的农业理论”的认识①。有鉴于此，我们提出“俗农学”的概念，将农业谣谚中所反映的农学以“俗农学”称之，与传统农书中所反映的所谓“雅农学”相提并论，一雅一俗，互为补充，庶几可为农学研究提供新的材料与视野。

作为俗农学的中坚，农谚所反映的农学知识与农学思想并重，前文“农谚与农耕技术”“农谚中的农耕观念”已对相关农学理论有所反映，下文将着重揭示农谚所反映的“三才”思想。“三才”思想作为传统农学的核心思想，在农谚中有较为详细全面的反映，但历来研究鲜有提及。一方面在于农谚在农学中长期被边缘化，研究者关注度较低；另一方面则是研究者多认为农谚自身系统性不是很强，一条农谚内涵有限，大多只反映“三才”思想一至两个方面的因素，缺乏综合性论述。众所众知，农谚有着较强的地域性，某一地域范围之内的农谚自成体系，对农业生产的各个环节及影响因素皆有较为系统的反映，如加以整体考量，则可补其系统性不足之憾。因此，我们便以甘肃作为一个区域整体，来讨论这一地区的农谚中所蕴含的“三才”思想。

（一）天

自然之天具有很强的时序性，反映到农业生产中，即为历代统治者和农民所重视的“农时”。《孟子·梁惠王上》中即云“不违农时，谷不可胜食也”。南宋陈旉《农书》中说农业生产“不先时而起，不后时而缩”②。元代王祯《农书》亦云：“四时各有其务，十二月各有其宜，先时而种，则失之太早而不生，后时而艺，则失之太晚而不成。故曰：虽有智者，不能冬种而春收。”③ 正是农业生产重视农时的反映。农业生产具有明显的季节性，数千年来中国农业积累了丰富的生产经验，而正确把握农时、耕耘收获，则无疑成了农民最为关注的事情，“农业千万条，不违农时最重要”，“务农争时机，岁月不待人”等农谚，正是对时令节气重视的反映。在具体的劳作中，劳动人民则是根据身边熟悉的事物和共有的知识来传播生产生活经验，对农时的掌握和利用也是综合运用传统农学指时的综合手段，择便而从。以农作物荞麦的种植生长而言，据天象者，如“天河南北，早种荞麦”；据物候者，如“柳絮潮，种苦荞”，“杏花白，种荞麦”，“杏子黄，荞种上；麦割开，荞出来”；据二十四节气者，如“小满糜谷，芒种荞麦”，“处暑秋社三十三，荞麦压折

① 杨建宏：《农耕与中国传统文化》，湖南人民出版社，2003，第165页。
② （宋）陈旉撰《农书》，中华书局，1985，第3页。
③ （元）王祯撰，缪启愉、缪桂龙译注《农书译注》上册，齐鲁书社，2009，第10页。

铁扁担”；据其他时令节气者，如“端午萝卜初伏菜，荞麦种在两夹里”，“头伏荞麦黑油光，二伏荞麦正赶上，三伏荞麦碰当当”等。农民根据所见之天河、杏花、柳絮等天象物候，以及所熟知的端午、伏日、谷雨等时令节气，从不同角度对这些作物的种植、生长、收获时节加以总结，用以更好地指导农事。与传统农学的指时手段相一致，农谚以二十四节气为主要的农时“指针”，兼及其他时令与小节气。根据农事活动的季节性安排，每个节气都有与之相对应的农事活动。以立夏而言，时处农历三四月，甘肃大部分地区其时正值部分杂粮、秋粮作物的播种期，反映这些内容的农谚如“春分种春麦，立夏种瓜豆”，“立夏高山糜，小满透土皮”，“立夏后，好点豆”，“立夏高粱小满谷”，“洋芋跟立夏，蛋子结得大”，“立夏燕麦，疙瘩连锤”等。

此外，农业生产的各个环节都有相应农谚作为指导，如反映耕耘的农谚有“春耕深一寸，顶上一遍粪”，“夏至犁地有三好：虫死、草死、土变好”，“伏里划道沟，胜过犁三秋”，“处暑不带耱，不如家里坐”，“白露地不耱，等于家里坐”，“秋耕不过霜降，春耕不过清明”等；反映种植管理的有“惊蛰春雷响，麦田管理忙”，“春分种春麦，立夏种瓜豆”，“清明谷雨忙种糜，小满糜子顶破皮”，“谷雨麦怀胎，立夏麦见芒”，“白露高山麦，寒露都出来”，“秋分种麦，十种九得”，“麦离立冬土，定要四十五”等；反映成熟收获的有“夏至十天麦梢黄，再过十天就上场”，“小暑大麦黄，大暑小麦紧跟上”，“秋分糜子寒露谷，到了霜降拔萝卜”等。可见，节气农谚从多个方面反映了劳动人民对农时的把握和利用，只有顺天而作、不违农时，才能最大限度趋利避害、获得丰收，体现了朴素的农时观念。

（二）地

土地乃农业生产之根本，周先祖弃就曾“相地之宜，宜谷者稼穑焉”（《史记·周本纪》）。在长期的农业生产过程中，劳动人民在认识土壤、地力，并通过增肥等手段保持土壤肥力方面做出了重要的贡献，陈旉《农书·粪田之宜篇》云：

> 或谓土敝则草木不长，气衰则生物不遂，凡田土种三五年，其力已乏。斯语殆不然也，是未深思也。若能时加新沃之土壤，以粪治之，则益精熟肥美，其力常新壮矣，抑何敝何衰之有。①

这就是传统农学中著名的“地力常新壮论”。正是用地与养地的结合，才使得传统农业有了可持续发展的潜力，也因此而有数千年农耕文明的延续。在长期的农业生产实践中，广大劳动人民积累了丰富的土壤知识，如“黑垆土，

① （宋）陈旉撰《农书》，中华书局，1985，第6页。

肥力大，各样作物适应它”，“红土肥，白土瘦，碱土地里种大豆”，“黄土宜禾，黑土宜麦，红土宜豆”等农谚，在各种土壤肥力认识的基础上，结合各种作物生长特点，总结出其适宜种植的作物品种。同时还有诸如“肥高山，不如瘦河滩”，“天旱三年，不舍阳山弯弯”，“宁种一个坑坑，不种一个坌坌”等对地势与地力的认识。在提高地力方面，对土地的改造如“黄泥配砂田，一年当两年”，“黄土掺沙，最会长瓜”，“沙地年年压，再晒也不怕”，“沙压土，刮金板，保水保肥能高产”，“碱地铺沙，种啥长啥”，“盐碱地上一层沙，顶住三年上油渣”等，对起源于甘肃兰州，世界上独有的一种施用保护性耕作方法的砂田在蓄水、保墒、压碱和保持地力等方面的作用进行了全面揭示。其他改良土壤、提高地力的方法有“多施农肥能养墒”，“土地无粪不长”，“歇地不歇空，一年顶着两年功”，“土地年年整，产量年年增”，“你有你的伏耕地，我有我的尿脬灰”，“耕得细，耱得光，既抗旱，又保墒”，“坡地修梯田，一年顶两年”等，则是通过施肥、歇地、浇灌、伏耕、修梯田等方式提高地力的一种持久而普遍的方法。在传统农业中，特别是西北干旱地区，正是因为综合利用了多种方法维持和提高地力，才保证了地力的常新壮和各项农业的顺利生产。

（三）人

在传统农学中，对人的作用的认识有一个逐渐加深的过程，南宋之后“人”发展为“三才”中最重要的因素①。从农业生产实际来看，人是农业生产中的主要生产力，王祯《农书》所谓“顺天之时，因地之宜，存乎其人”②，正指出了人在农业生产中所占的主导地位，农业生产一系列的活动都依赖于人的主动参与才得以顺利完成。清代张宗法提出的“禾既得天时，又得地利，若不得人和之功，终难期其茂实之极”③，亦是对这一观点的继承和发扬。反映在农谚中，总论人的经营管理重要性者，如“苗在田里长，根在人身上”，“不经七十二道手，粮食难得吃到口”，“一样的庄稼，百样的务作”，“庄稼不认人，功夫到了自然成”，“人勤地不懒，大囤小囤满”，“庄稼不收，管理不休”，“庄稼不懒，全凭人管”，“三分种，七分管，人勤奋，地不懒”等，充分说明了人这一农业生产的主要参与者在保障农业丰收方面的重要性。在具体的生产环节，人的各种主体作用则显得更加明晰。在农田水利方面，人要主动参与治理，因时因需灌溉，如“人治水，水利人，人不治

① 王振领：《中国古代农学中三才思想的发展轨迹》，《中国历史地理论丛》1999年第2期。
② （元）王祯撰，缪启愉、缪桂龙译注《农书译注》上册，齐鲁书社，2009，第41页。
③ （清）张宗法撰，邹介正等校释《三农纪校释》，农业出版社，1989，第675页。

水水害人”，“天旱浇田，下雨浇园”，“要想庄稼好，抗旱防涝不可少”，“头水到，二水泡，三水四水看需要”，“冬水老子春水娘，灌了秋水多打粮”，“修渠如修仓，储水如储粮”；在整地施肥方面，要根据节气犁地、打耱、施肥，保持地力，如“三犁三耱九车粪，庄稼不成人不信”，“大暑到立秋，割草沤肥正时候”，“一耕二种三上粪，这个秘诀不用问”，“人勤多耕地，墒好多打粮”，“犁两遍，耙三遍，不怕老天晒半年”等；在播种中耕方面，要按时令节气及时种植，轮作倒茬，并适时进行中耕管理，如“春分有雨万家忙，先种春麦后插秧”，“大豆西瓜清明前，玉米高粱谷雨间”，“麦子要种成，谷子要锄成”，“夏田种在牛领上，秋田锄在人手上”，“九里耱麦，强如上肥”，“麦锄三节，谷锄八叶”，“谷锄三遍尽是米，糜锄三遍尽是秕”等。反映农业收获的农谚，如“熟七分，收十分；熟十分，收七分”，“不怕不丰收，就怕地里丢”，“割到地里不算，拉进场里一半”，“拉到场里一半，收到仓里才算”，“一年庄稼两年务，按时收割没耽误”，“庄稼上了场，孩子老婆一起忙”，“收麦没大小，一人一镰刀”，“小麦遍山黄，绣女请下床”，“收麦有五忙：割、拉、碾、晒、藏”，“收麦如救火，龙口把食夺”。辛苦劳作的最终目的是为了收获，而及时收获加工，避免农业灾害侵袭，则成了农忙时节的头等大事，因此，所有劳力都上场抢收，保证粮食顺利入仓。

（四）稼

“三才”指的是“天”“地”“人”的有机统一。但将其应用到农业上，则无疑包含了对“稼”的认识，即对农作物生物学特性的认识和掌握。一定的农作物有其所适宜的生长环境，传统农学很早就对作物与环境相统一的原理有明确的认识，如生物对环境有所选择，土壤条件对农作物生长发育有影响等。反映在农谚中，如“高山谷，低山糜，荞麦胡麻梁顶去”，“阳坡糜子，阴坡洋芋”，“阳坡麦子阴坡谷”，“北山麦子南山荞”，“黄土宜禾，黑土宜麦，红土宜豆”，“沙土地，种棉花，生长旺盛棉桃大”等，说明了各种作物所适宜的生长环境及土壤条件。还有诸如“阴山种麦白露前，到了白露种平原，川地秋分前五天”，“小麦播种没顺序，记住先后就可以：先阴山，后阳山；先原边，后平川；先薄地，后肥地；先旱地，后水田”等同一作物在不同生长环境下的种植时间，也进一步说明了人们对于作物的环境适应性的认识。同时，不同作物其种植密度与深度有所不同，如“麦子稠，谷子稀，大豆地里卧下鸡”，“麦稀不黄，荞稀不长”，“麦种深，糜种浅，荞麦只种半个脸”，“深谷子，浅糜子，菜籽种在表皮子”；其收获时机也不尽一致，如“麦收嫩，谷收老，荞麦收割要趁早”，“豌豆要现收现拿，糜子要随黄随割”，“青稞青稞，麻黄就割，你若不割，要撒一坡”等，更从多个方面反映了生物的多样性和差异性，为进一步进行良种选育和生境选择提供了依据，也为农民进行作物种植与收获提供了指导。关于传统农业中选育嘉种的内容，前文已有论述，不再赘述。

通过上文论述可以看出，农谚与农书一样，内涵丰富，“三才”思想中的绝大部分内容都能从中找到依据。因此，研究传统农学及其思想，应该正视农谚这一重要题材，不断挖掘其丰富内涵，雅俗共赏，拓宽研究思路和方法，使农民自己的“农书”能够在传承创新中得到更多的关注和研究利用。

余　论

农谚的创造与传播主体是农民，他们世代躬耕于畎亩，在传统社会中，大多没有接受过正规的学校教育，没有文人眼里所谓的文化知识。但一个真正的农民，需要了解农时、土壤耕性、倒茬轮作等众多生产技能与方法，精通传统农艺也并非易事，正如农谚所谓“三年能中文武举，十年考不上个田秀才”，“三年学下个匠人哩，一辈子学不下个庄稼汉”，正是对真正的庄稼把式的肯定。这些农业生产的行家能手，将农业生产知识与日常生活中的所见所闻结合起来，编成群众喜闻乐见的顺口溜、“口诀儿”，并在历代口耳相授的基础上不断完善并定型，形成雅俗共赏、韵散结合的农谚。随着安土重迁观念的逐渐淡薄和年轻人迁离农耕家园，老一代农民守护的山区农家已有荒烟衰草之象，撂荒的土地和高科技农业已与农谚渐行渐远，这份农业文化遗产赖以生存的土壤正在遭到破坏，如何传承与活态保护，值得深思。党的十九大提出“乡村振兴计划”，绿色乡村、文化乡村当为题中应有之义，在乡村文化建设中，应充分发掘农谚在农业伦理、生态文明、知识传播等方面的价值。

凡　例

一　关于收录范围

1. 本书收录农谚16000多条，凡全国性农谚、谚语等文献中标注通行地域为甘肃及其市县，以及收录于甘肃地方文献中者，皆予以收录；古代农书等古文献及近代农谚、谚语专集中未注明通行地域，凡见于后世甘肃农谚文献者，亦予以收录，以溯其源。

2. 本书校录农谚所据文献编印、出版时间下限为20世纪60年代，部分70～80年代搜集整理于90年代初出版的重要谚语集亦在收录之列。

3. 现存各种农谚集，收录农谚标准宽窄不一，为保存文献，除个别确无谚语特征、编抄混乱难于辨识者，本书皆予以收录。

二　关于分类及排序

1. 根据农谚的内容，参考诸家分类成果，本书分为“农本编”、“气象编”、“农时编”、“农艺编”、“作物编”、“灾害编”、“畜牧编”、“林副渔编”共八编，并根据内容设置一至三级不等的子目。

2. 凡某条农谚指明了具体作物，或虽未指明具体作物，而通过考证确知为某种作物者，宜先入“作物编”相应类目；次与农时各类目有关者，入“农时编”；余则根据其所反映的具体内容，分别入相应各编类目。

3. 凡一条农谚反映两种以上作物或相关意义的，则以其出现的先后顺序或所反映的内容侧重点归入某一类，其他类目中不再重复归入。

4. 关于农谚的排序，每个小类下，除自然时序如数伏、数九、月令等先以时序相从，再按音序正序排列外，余则径按音序进行排列。

三　关于文献出处及通行地域

1. 关于文献出处，所有农谚皆于最后加（　）并依次按照成书或出版时间先后顺序注明所有文献来源，以明其流传。有些书名过长或相近难区分者，一律用省称或加姓氏、地域以别，为便于标识，仍加书名号。所有来源文献及其简称或改称以参考文献的形式附于书末。

2. 关于通行区域，皆于农谚后〔 〕中注出原通行区域。凡文献出处名称中有明确的地域名或通行于两地以上的农谚，原文献中标示的通行地域皆不保留。

四 关于注释

1. 凡保留原注内容者，一般标明“原注”，对整条农谚或某一句的注释，作“原注：云云”或“某文献注：云云”；对某一字词的注释则作“某某：原注云云”或“某某：某文献注云云”。新注释则主要是对一些方言词汇等的解释和说明，一般名物不再注释。

2. 关于反映土壤耕性的农谚，原文献中一般于其后标注土壤种类；凡农谚原文中未出现土壤名称者，皆于其后（ ）中予以注明。

3. 凡源于民国以前文献中的农谚，皆于脚注中注明原书卷次及用例，农谚原文则以“云云”略之；无卷次及用例者不注。

五 关于校记

1. 关于校记，因农谚的口传性质，整理者对方言的理解不同，多以音记字，用字随意，对于明显错误者，径改之，不再出校；对于需择善而从者，在校记中予以说明。

2. 凡农谚中一字、一词之差，意义相同或相近，且文献来源单一者，一般予以合并，并在校记中注明异文。其他意义或表达有别、文献来源在两种以上者，一般不予合并。

3. 关于异文的处理，不同文献中的异文，作“某某：某文献作某”，两种以上的异文则作“某文献又作某”；同一文献中的异文，则作“某某：又作某某”。

目录
CONTENTS

农本编

气象编

农时编

农艺编

作物编

灾害编

畜牧编

林副渔编

农本编

重　农

不种庄稼不得成，三寸喉咙不饶人。（《集成》）
春上人哄地，秋天地哄人。〔兰州〕（《甘肃选辑》）
春天人哄地，秋天地哄人。（《定西农谚》）
大地上虽出结籽的植物不少，但能当粮食的也只有五谷类。〔甘南〕（《集成》）
地种三年亲如母[①]。（《谚海》）
多种一垧田，强如货郎跑半年。〔甘南〕（《甘肃选辑》）
二月里人哄地，八月里地哄人。〔张掖〕（《甘肃选辑》《谚海》）
二月人哄地，八月地哄人。〔天水〕（《集成》）
工不枉费，地不哄人。〔天水〕（《甘肃选辑》《中国农谚》《谚海》）
工不枉费，地不瞒人。（《中国农谚》《谚海》）
及时种上一驾田，金行买卖跑半年。（《定西农谚》）
家里种成一亩田，强比外头跑半年。〔平凉〕（《集成》）
家有千万，长毛的不算。〔武山〕（《集成》）
紧手的庄稼，消停的买卖。（《集成》）
谨慎的庄稼，信誉的生意。（《集成》）
精细的庄稼，耍笑的买卖。（《酒泉农谚》《甘肃选辑》）
看天看人看庄稼。（《谚海》）
苦干不如巧干，迟干不如早干。（《集成》）
老百姓不种地，当官的断了气。（《集成》）
离土不离乡，务农又经商。（《谚语集》）
粮食宝中宝，顿顿[②]离不了。（《集成》）
粮食[③]宝中宝，人人离不了。（《集成》）
粮食是宝中宝，爱惜它了好上好。〔定西〕（《甘肃选辑》）
粮食一颗颗上石，钱是一个个上串，穿衣吃饭，离不了会算。（《谚海》）
没有手里老棒[④]，饿死城里皇上。（《集成》）
没有乡下泥腿，饿死城里油嘴。（《集成》）
你哄地，地哄你，哄来哄去哄自己。（《集成》）
农不离地，商不离市。（《定西农谚》）

---

① 母：又作“娘”。
② 顿顿：又作“一日”。
③ 食：又作“是”。
④ 老棒：原注指农业工具，泛指庄稼人。

农夫不努力，饿死州间人。（《集成》）

农活有百样，都要讲质量。〔华亭〕（《集成》）

农人爱粮，娃娃爱娘。〔武威〕（《集成》）

农人不种田，城里断炊烟。（《集成》）

农人不种田，世上无人烟。〔灵台〕（《集成》）

农人有三忌：一忌哄工夫，二忌哄牲口，三忌哄地皮。〔渭源〕（《集成》）

农是百行本。（《谚海》）

农业社里冬不闲，集体副业要上战，积肥送粪争模范。（《泾川汇集》）

农业是个牛百叶。（《定西农谚》）

农业兴，百业兴，粮食不收断了根①。（《集成》）

七十二行，庄稼为强②。〔甘南〕（《甘肃选辑》《集成》）

七十二行，庄稼为王。（《定西农谚》）

七十二行花买卖，不如农民翻土盖。〔陇南〕（《集成》）

千买卖，万买卖，不如地里打土块。〔张掖〕（《甘肃选辑》）

千买卖，万买卖，不如家里③翻土块。（《甘肃选辑》《集成》）

千生意，万买卖，不如庄稼人打土块。〔临夏〕（《甘肃选辑》）

人不顾地，地不顾人。（《定西汇编》）

人不哄地，地不哄人。〔定西〕（《甘肃选辑》《中国农谚》）

人不哄地皮，地不哄肚皮。（《甘肃选辑》《定西汇编》）

人不亏地皮，地不亏肚皮。（《山丹汇集》《定西农谚》）

人哄地，长着草；地哄人，吃不饱。〔天水〕（《甘肃选辑》）

人哄地，地哄人，人哄地一时，地哄人一年。（《白银民谚集》）

人哄地皮，地哄肚皮。（《张氏农谚》《宁县汇集》《静宁农谚志》《山丹汇集》《泾川汇集》《甘肃选辑》《会宁汇集》《甘肃农谚集》《中国农谚》《谚语集》《定西农谚》）

人哄地一寸，地哄人一斗。〔张掖〕（《甘肃选辑》）

人哄地一晌，地哄人一年。〔平凉〕（《甘肃选辑》《甘肃农谚集》《中国农谚》）

人哄地一时，地哄人一年。（《山丹汇集》《庆阳汇集》《泾川汇集》《甘肃选辑》《中国农谚》《谚语集》《定西农谚》《集成》）

人哄地一天，地哄人一年。（《岷县农谚选》《宁县汇集》《会宁汇集》《平凉气候谚》《平凉汇集》《中国农谚》）

人哄庄稼一天，地哄庄稼一年。（《静宁农谚志》）

---

① 断了根：又作“断百行”。

② 强：《集成》作“上”。

③ 家里：《集成》〔酒泉〕作“家乡”。

人哄庄稼一天，庄稼哄人一年。(《新农谚》《山丹汇集》)
人唬弄地，地唬弄人。(《谚海》)
人靠地，地养人。(《谚海》)
人靠地养，地靠人养。(《中国农谚》)
人养地，地养人。(《泾川汇集》《定西农谚》)
人养地，地养人，锄头底下埋着聚宝盆。(《集成》)
三百六十行，种地第一行。(《集成》)
三百六十行，庄家行为王。(《集成》)
三年能学个好秀才，十年学不会庄稼汉。(《定西农谚》)
三年能学买卖人，十年学不出庄稼人。〔张掖〕(《甘肃选辑》)
三年能中文武举，十年考不上个田秀才。〔兰州〕(《集成》)
三年能做个买卖人，做不了庄稼人。(《酒泉农谚》)
三年学会买卖人，十年学不会庄稼汉。〔甘南〕(《甘肃选辑》)
三年学下个匠人哩，一辈子学不下个庄稼汉。〔临夏〕(《集成》)
生意不如手艺，手艺不如种地。(《集成》)
生意买卖眼前花，锄头落地是庄稼。〔平凉〕(《集成》)
生意人不说实话，庄稼人没有谎言。〔临泽〕(《集成》)
生意实不得，庄稼虚不得。(《集成》)
十年学个买卖人，一辈子学不好个庄稼汉。(《集成》)
十年学个探花，十年不精庄稼。〔正宁〕(《集成》)
十年学个秀才，十年学不下个庄稼汉。〔永昌〕(《集成》)
耍笑[①]的买卖，谨慎的庄稼。〔武山〕(《集成》)
耍笑的买卖，务实的庄稼。〔武山〕(《集成》)
天下耕读为本。〔永登〕(《集成》)
土地是根本，土能生万物。(《谚语集》)
无粮自乱。(《集成》)
相公[②]好当，农艺难学。(《集成》)
养儿方知爹娘苦，种田方晓吃饭难。(《集成》)
一辈子学不下个庄稼人。(《谚语集》)
一年不务农，十年跟不上人。(《集成》)
一年学成个买卖人，十年学不成庄稼人。〔临夏〕(《甘肃选辑》)
一年学个泥水匠，三年学不下一个庄稼汉。(《定西农谚》)

---

① 耍笑：又作“消停”。
② 相公：原注指铺面站柜台售货的人。

只有百年农庄，没有百年官宦。（《集成》）
种地钱，万万年；做工钱，后代延；生意钱，眼面前。（《谚海》）
种田钱，万万年；买卖钱，三十年；赌博钱，一阵烟。（《集成》）
种田种田，越种越甜。（《集成》）
珠宝非宝，五谷为宝。（《集成》）
抓钱不忘粮，有粮心不慌。〔金塔〕（《集成》）
庄稼汉，全靠自己干。（《集成》）
庄稼无假戏无真。〔永昌〕（《集成》）
庄稼像个牛百叶。（《定西农谚》）
庄稼庄稼，一点不能作假。〔张掖〕（《甘肃选辑》）
做官富眼前，种田万万年。（《集成》）

勤　劳

半夜起来有钱汉，晌午起来焦穷汉[①]。（《定西农谚》）
遍地都是钱，看你看见看不见。（《集成》）
遍地是黄金，单等劳动人。（《甘肃选辑》《定西农谚》）
遍地是黄金，只等手勤人。〔张掖〕（《甘肃选辑》）
不怕肥料少，但怕心力少。〔平凉〕（《集成》）
不怕荒年，就怕靠天。（《山丹汇集》）
不怕家里穷，就怕出懒虫。（《定西农谚》）
不怕老天旱，就怕干瞪眼。（《中国农谚》）
不怕老天旱，就怕人不干。（《中国农谚》）
不怕歉收年，就怕人靠天。（《庆阳汇集》《甘肃选辑》《平凉气候谚》）
不怕天干，就怕靠天。（《中国农谚》）
不想出汗，没想吃饭。〔定西〕（《甘肃选辑》）
仓里要有粮，大小人儿都要忙。〔张掖〕（《甘肃选辑》）
吃饭要饱，作活要了。（《谚海》）
出多少力，打多少粮。（《岷县农谚选》）
春天不忙，秋天无粮。（《集成》）
春天不事闲，秋天粮食堆成山。〔张掖〕（《甘肃选辑》）
春天步子放得慢，年终落在人后面。〔天水〕（《集成》）
春天蹲一蹲，明年断粮根。（《集成》）

---

① 焦穷汉：原注称此乃岷县俗语，与“穷光蛋”同义。

春天看劲儿，秋天看囤儿。（《集成》）
春天起得早，秋天人马吃得饱。（《集成》）
春天若不忙，饿断肚里肠。〔陇南〕（《集成》）
春天站一站，冬天少顿饭；春天顿一顿，明年粮断根。（《谚海》）
大秋头上一坐，来年必定挨饿。（《谚语集》）
地里有黄金，少不了苦心人。〔张掖〕（《甘肃选辑》）
地在人种。〔兰州〕（《甘肃选辑》）
冻死闲人，饿死[1]馋人。（《谚海》）
冻死闲人，饿死懒人。〔定西〕（《甘肃选辑》）
高山平地出黄金，只怕人懒不精心。（《中国农谚》）
好汉种穷地，管饱吃肚子；懒汉种富地，饿断喉咙系。〔张掖〕（《甘肃选辑》）
靠山不能吃饭，靠手万事能干。（《谚海》）
连起三早顶一工，功夫下到庄稼成。〔酒泉〕（《集成》）
粮食多打一升，必须起个五更。〔张掖〕（《甘肃选辑》）
粮食年年增，必须起五更。〔张掖〕（《甘肃选辑》）
粮是金，牛是银，庄稼要好靠人勤。〔泾川〕（《集成》）
忙完农活就挣钱，一年四季花不完。〔武山〕（《集成》）
面朝黄土背朝天，衣食父母庄稼汉。（《集成》）
面朝黄土背朝天。（《定西农谚》）
男的想受贫，睡的太阳红；女的想受贫，不离娘家门。〔张掖〕（《甘肃选辑》）
农民通年忙，连年增加粮。〔张掖〕（《甘肃选辑》）
起鸡叫，睡半夜，披星星，戴月亮。（《定西农谚》）
勤劳多生产，家富国又强。〔张掖〕（《甘肃选辑》）
勤劳耕作啥都有，好吃懒做样样愁。（《新农谚》）
勤劳生产是摇钱树，俭省节约是聚宝盆。（《山丹汇集》）
勤是摇钱树，俭是聚宝盆。（《山丹汇集》《谚海》）
人勤地不懒。（《农谚和农歌》《定西农谚》）
人勤地不懒，大囤小囤满。（《泾川汇集》《集成》）
人勤地不懒，工夫不白费。（《谚语集》）
人勤地不懒，瑞雪兆丰年。〔华亭〕（《集成》）
人勤地才长，粪多苗才旺。〔天水〕（《甘肃选辑》）
人勤地肥，人懒地瘦。〔张掖〕（《甘肃选辑》）
人勤地生[2]宝，人懒地生草。（《定西农谚》《集成》）

---

① 死：又作“煞”。
② 生：《集成》〔合水〕作“是”。

人勤地是宝，收成年年好。〔灵台〕（《集成》）
人勤地犹旺，打得粮食没处藏。（《泾川汇集》）
人勤地有恩，遍地出黄金。（《集成》）
人缺地的工，地缺人的粮。〔酒泉〕（《集成》）
日出而作，日落而息。（《定西农谚》）
日头照着门栋子，星星睡的穷根子。〔张掖〕（《甘肃选辑》）
若要好，一年连起三百五十六个早。（《酒泉农谚》）
若要穷，睡到太阳红。〔定西〕（《甘肃选辑》）
若要庄家好，一年四季早。（《会宁汇集》）
三春靠一冬，三早顶一工。（《谚海》）
三春没有一秋忙。〔白银〕（《集成》）
三天不念口生，三天不做手生。（《谚海》）
瘦地出黄金，就怕不用心。〔天水〕（《甘肃选辑》《中国农谚》）
谁的命运好，五更半夜起得早。〔张掖〕（《甘肃选辑》）
谁家的街门升得早，谁家的生活过得好。〔张掖〕（《甘肃选辑》）
天过八月中，梳头洗脸是一工；天过八月半，懒婆娘难做三顿饭。〔定西〕（《集成》）
天夏流大汗，秋后粮万担。（《宁县汇集》）
田不勤耕，五谷不生。〔永昌〕（《集成》）
夏苦半月，秋忙四十；夏懒一天，冬饿三月。〔平凉〕（《集成》）
夏天一滴汗，秋后吃饱饭。（《宁县汇集》《静宁农谚志》《平凉气候谚》）
夏天一滴汗，秋后一[①]碗饭。（《新农谚》《甘肃选辑》《临洮谚语集》）
要吃称心饭，自己下手干。（《集成》）
要吃饭，大家[②]干，家里不养闲懒汉。（《新农谚》《谚海》）
要吃饭，多流汗。〔平凉〕（《集成》）
要吃田中饭，常在地边转。〔华亭〕（《集成》）
要得吃饭，手脚不好看。〔天水〕（《甘肃选辑》）
要得吃和穿，自己手动弹。（《定西农谚》）
要想吃个饱肚子，铁锨不离手腕子。（《山丹汇集》）
要有吃和穿，必须勤动弹。（《会宁汇集》）
一滴汗，一分粮，滴汗换来万石粮。（《集成》）
一滴汗珠万粒粮，万粒汗珠粮满仓。（《集成》）

---

① 一：《临洮谚语集》作“十”。
② 大家：《谚海》作“都得”。

一滴水，一滴油，不叫一滴白白流。〔酒泉〕（《集成》）

一滴水，一粒粮。（《新农谚》）

一滴水，一粒粮，水里就把粮食藏。〔庆阳〕（《集成》）

一点汗滴土，秋收万颗粮。〔天水〕（《集成》）

一粒饭，一滴汗。〔庆阳〕（《集成》）

一粒米珠，一滴血汗。（《谚海》）

一年能起三百五十个早，管保生活过得好。（《宁县汇集》）

一年收成二年盼。（《谚海》）

一日之计在于晨，一年之计在于春，一生之计在于勤①。〔天水〕（《药言》《甘肃选辑》）

一日之计在于晨，一年之计在于春，一生之计在于勤，事成不成在于人。（《谚海》）

一年之计在于春。（《泾川汇集》《甘肃选辑》《集成》）

一年之计在于春，春光一刻值千金。（《泾川汇集》《平凉汇集》《谚海》）

一年之计在于春，春光一秒值万金。（《庆阳汇集》《宁县汇集》《静宁农谚志》《平凉气候谚》）

一年之计在于春，地刚一开快抓耕。（《集成》）

一年之计在于春，一日之计在于晨。（《谚语集》）

一年之计在于春，一生之计在于勤。（《山丹汇集》）

一年庄稼两年苦，颗颗来得不容易。〔张掖〕（《甘肃选辑》）

一日之计在于晨，一年之计在于春。（《定西农谚》）

一样的米面，各人的手段。（《谚海》）

一样的庄稼，百样的务作。（《集成》）

有饭不嫌晚，有地不嫌忙②。（《定西农谚》《集成》）

有劳黄金土，无劳荒草滩。（《定西农谚》）

与其仰首求人，不如低头求土。（《会宁汇集》《定西汇编》）

早起三朝顶一工，早起三年顶一春。〔泾川〕（《集成》）

早起一时，消停一天。（《会宁汇集》）

早起一时一日松，早起三晨一日工。〔定西〕（《甘肃选辑》）

早起一时一天松，早起三晨顶一工。（《庆阳县志》）

---

① （明）姚舜牧《药言》："谚云：'一日之计在于晨，一年之计在于春，一生之计在于勤。'起家之人，未有不始于勤而后渐流于荒惰，可惜也。"《甘肃选辑》第一句与第二句互倒，今据《药言》及时序正之。

② 忙：《集成》〔临夏〕作"远"。

只要功夫深，遍地是黄金。〔陇南〕(《集成》)
只要功夫深，土里出黄金。〔兰州〕(《甘肃选辑》)
只要下功夫，土地出黄金。〔渭源〕(《集成》)
只有懒人，没有懒田。(《中国农谚》)
只知油来香，哪知农夫苦。(《集成》)
庄稼汗水换，日子全靠干。(《集成》)
庄稼靠的务劳，骡马靠的拴槽。〔天水〕(《甘肃选辑》)
庄稼老汉不知闲，放下锄头拿起镰。(《集成》)
庄稼人不离地头，买卖人不离路口①。(《白银民谚集》《谚语集》)
庄稼是棵向人草，谁下功夫谁就好。(《定西农谚》)
作田不用问，全靠手和粪。(《中国农谚》)
作田没有巧，只要工夫到。(《谚海》)
坐吃山也空，手勤不受贫。(《山丹汇集》《谚海》)
坐川扑山，生活不难。〔临夏〕(《甘肃选辑》)

节　俭

半年不忘百年苦，饱时不忘饿死难。(《泾川汇集》)
不怕吃不怕穿，只怕没打算。(《泾川汇集》)
不怕耙耙没齿，单怕匣匣没底。(《山丹汇集》)
不是留粮少，只怕不会吃。〔天水〕(《谚海》)
吃不穷，穿不穷，不会打算一世穷。(《新农谚》《谚海》)
吃不穷，穿不穷，打算不到一世穷②。(《宁县汇集》《泾川汇集》《甘肃选辑》《平凉气候谚》《庆阳县志》)
吃不穷，穿不穷，计划不到一辈子穷。(《山丹汇集》)
稠吃三年卖个牛，稀吃三年买个牛。(《山丹汇集》)
穿不穷，吃不穷，打算不周一辈子穷。〔张掖〕(《甘肃选辑》)
春不节省冬发愁，夏不劳动秋无收。(《定西农谚》)
粗茶淡饭布衣裳，省吃俭用靠得长。(《山丹汇集》)
定量饭有味，乱吃活受罪。(《谚海》)
冬不节约春发愁，夏不劳动秋无收。(《山丹汇集》)
囤尖省，常常有；囤底省，时时空。(《谚海》)

---

① 路口:《谚语集》作“市口”。
② 《庆阳县志》前两句互倒。打算:《甘肃选辑》〔定西〕作“计划”。

丰年不忘歉年苦，饱时不[1]忘饿时饥。（《山丹汇集》《甘肃选辑》）
丰收莫忘歉收年，饱时莫忘饥时难。（《新农谚》《谚海》）
擀薄切窄，多待几客；擀薄切短，多吃几碗。（《山丹汇集》）
钢要用在刀口上，钱要用在正路上。（《山丹汇集》）
光生产，不节约，好像一个没底锅。（《谚海》）
胡子上的饭粒，也不要轻易地弹掉。（《谚海》）
黄天不昧苦心[2]人，功到自然成。〔天水〕（《甘肃选辑》）
挥霍过日子，自寻吃黄连。（《山丹汇集》）
积不下荒年谷，防不了荒年饥。（《泾川汇集》）
积谷防饥，蓄水防旱。〔华池〕（《集成》《谚海》）
积家好比针挑土，浪费欲如水推沙。（《山丹汇集》）
积粮防饥，蓄水防旱。〔华池〕（《集成》）
家有粮米万担，也怕泼米扬面。〔定西〕（《甘肃选辑》）
家有千斤粮，不舍一粒米。（《山丹汇集》）
节约节约，积少成多，一点一滴汇成江河。（《新农谚》《山丹汇集》）
今天省把米，明天省滴油，转年买头大黄牛。（《新农谚》）
粒米蓄成箩，滴水滴成河。（《山丹汇集》）
两手紧，总不紧；两手松，总不松。（《谚海》）
每日省[3]一钱，三年并一千。（《新农谚》《山丹汇集》）
男人是个耙耙，女人是个匣匣。（《山丹汇集》）
年年防歉，夜夜防贼。（《谚海》）
宁在囤头省，不在囤底争。（《谚海》）
平时吃点糠，荒年心不慌。（《谚海》）
泼米扬面，自耗血汗。〔定西〕（《甘肃选辑》）
千零可以合整万，毛可以制成毡。（《泾川汇集》）
前细算，后不乱，保证人人都吃饭。（《谚海》）
钱是一个一个上万的，粮是一颗一颗上面的。（《泾川汇集》）
勤俭持家千般好，利国利社又利家。（《泾川汇集》）
勤俭持家细盘算，日子越过越舒坦。（《新农谚》）
勤俭是幸福之年，浪费是受罪苗。（《谚海》）
勤俭应像黄河水，年年日月有结余。（《泾川汇集》）

---

① 不：《甘肃选辑》〔定西〕作“莫”。
② 《甘肃选辑》〔张掖〕无“苦心”二字。
③ 每日省：《新农谚》作“每年节省”，据下句“三年并一千”，当以“每日省”为是。

勤俭之家，粪土如金；浪费之家，金银如土粪。〔张掖〕（《甘肃选辑》）
勤做俭用家富裕，大吃大喝乐一时。（《谚海》）
清汤好吃，断顿难挨。（《山丹汇集》）
人怕老来穷，秧怕老来红。（《泾川汇集》）
三分匠人七分主人，俭省节约全靠女人。（《山丹汇集》）
三年不吃烟，省个老驴钱。（《山丹汇集》）
三年不喝酒，买只大黄牛。（《山丹汇集》）
三碗面汤，顶一碗拌汤。（《山丹汇集》）
烧水低低头，一年买头牛。（《山丹汇集》）
少产多留，由稀变稠。（《谚海》）
少吃稠，多吃汤，细水长流度春荒。（《谚海》）
少年不节省，老来两手空。（《谚海》）
生产靠劳动，持家靠勤俭。（《山丹汇集》）
省吃俭用免求人。（《泾川汇集》）
手中有粮，心中不慌，脚踏实地，喜气洋洋。（《集成》）
握紧一个木杓把，能顶两亩好庄稼。（《谚海》）
惜衣常穿好，惜食常吃饱。（《新农谚》）
惜衣有衣穿，惜饭有饭吃。（《山丹汇集》）
细水长流，吃穿不愁。（《泾川汇集》）
细水长流，精打细算。（《山丹汇集》）
细水长流，粮不断头。（《谚海》）
细水长流不断源，闪电虽亮转眼完。（《谚海》）
小数怕长算，零数怕整算。（《谚海》）
兴家犹如针挑土，败家犹如水推沙。（《谚海》）
要省省在仓尖上，省到仓底着事慌。（《山丹汇集》）
一饱莫忘千日[1]饿，时时防灾要记牢。（《泾川汇集》《谚海》）
一饱忘了千年饥，到老没出息。（《谚海》）
一顿省一把，三年买匹马。（《谚海》）
一顿省一口，百顿[2]省一斗。（《谚海》）
一年节约一两粮，十年要拿仓来装。（《新农谚》）
一年省一把，十五买匹马。（《庆阳汇集》《甘肃选辑》）
一人节约三尺布，二人节约一条裤。（《新农谚》）

---

① 日：《谚海》作“年”。
② 百顿：又作“一年”。

一天节省一根线，百天就能把牛拴。(《山丹汇集》)
一天节约一两粮，一年要用仓来装。〔定西〕(《甘肃选辑》)
一天节约一两面，一家一年上九石。(《山丹汇集》)
一天省一把，三年一匹马。(《山丹汇集》)
一天省一把，十年买匹马。(《新农谚》)
一天省一把，一年买匹马。(《山丹汇集》《甘肃选辑》)
一天省一把，一年一匹马。(《岷县农谚选》)
一天省一口，一月省一斗。(《岷县农谚选》)
一月吃过头，一年都不够。(《山丹汇集》)
衣食俭中生，挥霍两手空。(《谚海》)
硬叫顿顿清，不叫一顿断。(《山丹汇集》)
有了穿上绫罗，没了衣服烂破。(《山丹汇集》)
有了大吃大喝，没了肚子饿着。(《山丹汇集》)
有了乱花钱，没了直瞪眼。(《山丹汇集》)
有米常想无米日，勿到饿时想有时。(《谚海》)
有时省一日，缺时当一年。(《谚海》)
增产就是摇钱树，节约就是聚宝盆[①]。(《新农谚》《甘肃选辑》)
只吃不算，海底也干。〔定西〕(《甘肃选辑》)
做饭便叫顿顿欠，不叫一顿断。(《山丹汇集》)

其　他

不会当家跑烂鞋，不会烧锅浪费柴。(《山丹汇集》)
不怕虎生三只口，只怕人怀两样心。(《新农谚》)
不怕力小怕孤单，众人合伙金不换。(《新农谚》)
吃饭看来访，穿衣亮家当。(《泾川汇集》)
大家拾材火焰高。(《定西农谚》)
大家一条心，黄土变成金。(《新农谚》《定西农谚》)
独门独户，养不活老鼠；三家一凑，买头大牛。(《新农谚》)
独门独户，养不住老鼠。(《山丹汇集》)
饭稠了人饱了，会过了人老了。(《谚海》)
合作社大门前，东西又好又省钱。(《新农谚》)
科技到地头，收成不用愁。〔天水〕(《集成》)

---

① 《甘肃选辑》〔定西〕无“就”字。

买下大碗吃搅团。(《岷县农谚选》)
年少吃肉，老了吃粥。(《谚海》)
宁吃水上漂，不吃火上烧。(《山丹汇集》)
全面承包，积极性就高。(《谚语集》)
人多主意好，柴多火焰高。(《新农谚》《山丹汇集》)
人人动手想办法，群众智慧胜孔明。(《山丹汇集》)
若要精，人前听。〔张掖〕(《甘肃选辑》)
三个臭皮匠，顶成个诸葛亮。(《新农谚》)
三个庄稼人，胜个吕洞宾。(《谚海》)
三人合一心，黄土变成金。(《山丹汇集》)
生产要打谱，劳动要合股。(《新农谚》)
生活要提高，完全靠老包。(《定西农谚》)
熟能生巧，巧能生精。〔张掖〕(《甘肃选辑》)
死腚儿①，吃了今天没明儿。(《集成》)
天时不如地利，地利不如人和，天时地利人和，三样都要结合。(《谚语集》)
想前想后，吃穿不愁。(《泾川汇集》)
吆车能打回头鞭，扬场能使左右锨。(《集成》)
要想庄稼好，常问八十老。〔武山〕(《集成》)
要要②自然，多吃稀饭；要要安然，少吃干面。(《山丹汇集》)
一改就灵，一包就赢，一调就顺，一放就活。(《谚语集》)
一根竹竿容易弯，三屡麻纱扯断难。(《新农谚》)
一盘算，没穷汉。(《山丹汇集》)
一人干活慢，二人干活快。(《山丹汇集》)
有科学土变金，无科学金变土。(《谚语集》)
越奸越巧越贫穷。(《谚海》)
越穷越为难，越吃嘴越馋。(《谚海》)
早修路，后运田，路不好，不安然。〔定西〕(《甘肃选辑》)
政策好，天帮忙，科技下乡多打粮。(《定西农谚》)
庄户人识了字，老虎长了翅膀；庄户人学了文，鲤鱼跃龙门。(《谚海》)
庄稼汉，没师傅，别人咋做我咋做。〔岷县〕(《集成》)
组织起来力量大，万众一心幸福多。(《山丹汇集》)
做多不如做少，做少不如做好。〔天水〕(《甘肃选辑》)

---

① 死腚儿：方言，指老成、呆板、不灵活。
② 要要：方言，要想的意思。

气象编

测雨雪

日

大日圆三天，小日圆当时下雨。(《文县汇集》)

大岁不过三日即雨，兽云吞落日必定有雨。〔定西〕(《甘肃选辑》)

大圆三天半，小圆当日下。(《两当汇编》)

单丹不算丹，双丹不过三①。〔泾川〕(《集成》)

单耳北，不到黑；单耳南，干半年。(《甘肃天气谚》)

单耳不过三，双耳一百天。(《两当汇编》)

单日耳，双日耳，耽不过一时儿。(《定西农谚》)

红火日头，白火雨。(《两当汇编》)

红日接黑云，必定有雨淋。〔定西〕(《甘肃选辑》《中国气象谚语》)

红太阳雨，白太阳风，明朗鲜艳大晴空。〔阿克塞〕(《集成》)

枷里无风连夜雨。(《集成》)

今日太阳笑，明天必定暴。(《集成》)

今晚黑云接日头，下雨就在明天后。(《中国气象谚语》)

日侧西边黑，风雨不可说。(《天祝农谚》)

日长耳，月生圈，有风有雨在后天。(《集成》)

日出穿蓑衣，风雨都不稀。(《集成》)

日出带红云，劝君未远行。(《文县汇集》)

日出单，不过三②。(《宁县汇集》《甘肃选辑》《平凉气候谚》《中国气象谚语》)

日出东南黑，无雨天也阴。(《集成》)

日出东南红，无雨必有风。〔玉门〕(《农谚和农歌》《中华农谚》《鲍氏农谚》《中国农谚》《集成》)

日出黑云升，不雨也刮风，风要刮不大，晚上一定下。(《集成》)

日出红云，劝君莫行。(《会宁汇集》《定西汇编》)

日出红云担，大雨在眼前。(《中国农谚》)

日出红云担，劝君莫远行；日落红云担，来日定晴明。(《定西农谚志》)

---

① 单丹、双丹：原注指太阳旁出现一个或两个太阳，是大气的一种光学现象，称为幻日。不过三：又作“在当天”。

② 单：《中国气象谚语》作“丹”。《平凉气候谚》下句前有“下雨”二字。

日出红云担，望[①]雨不过三。（《费氏农谚》《鲍氏农谚》《中国谚语资料》《中国农谚》《中国气象谚语》《集成》）

日出红云升，劝君[②]莫远行。（《酒泉农谚》《宁县汇集》《甘肃选辑》《中国农谚》《武都天气谚》《中国气象谚语》）

日出红云升，劝君莫远行；日落红云升，来日定天晴。（《庆阳汇集》《中国农谚》）

日出看东南，日落看西北。〔瓜州〕（《集成》）

日出卯遇云，无雨必天阴[③]。（《甘肃农谚》《集成》）

日出浓云长，有雨在后晌。〔皋兰〕（《集成》）

日出碰云障，晒煞老和尚。（《中华农谚》《集成》）

日出三竿，不急便宽。（《中华农谚》《费氏农谚》《鲍氏农谚》《中国农谚》）

日出三竿吹起风，不急便宽是真经。（《中国农谚》）

日出生耳，黑风催雨；日落生耳，红尘千里。（《中国农谚》《谚海》）

日出生耳，乌风[④]棚雨；日落生耳，红尘千里。（《中华农谚》《费氏农谚》《鲍氏农谚》《中国谚语资料》《中国农谚》《中国气象谚语》）

日出太阳红，明日天气晴。（《集成》）

日出太阳红又大，当日不下明日下。（《集成》）

日出天放红，劝君莫远行。〔永登〕（《集成》）

日出天色紫，下雨还不[⑤]止。（《鲍氏农谚》《两当汇编》《集成》）

日出天转晴，有雨紧相跟。〔榆中〕（《集成》）

日出胭脂红，不出三日雨淋淋；日落胭脂红，无雨便是风。〔山丹〕（《集成》）

日出胭脂红，不雨必有风。（《两当汇编》）

日出胭脂红，无雨便是风；日落胭脂红，来日天必晴。〔泾川〕（《集成》）

日出有雾气，白色风要起，红色好天气。（《集成》）

日出遇风云，无雨天必阴。（《费氏农谚》《中国农谚》《两当汇编》）

日出遇风云，无雨也[⑥]天阴。（《山丹天气谚》《高台天气谚》《张掖气象谚》《甘肃天气谚》）

---

① 望：《集成》作“有”。
② 君：《武都天气谚》作“你”。
③ 必天阴：《集成》作“天必阴”。
④ 风：《中国农谚》又作“云”。
⑤ 还不：《集成》作“没有”。
⑥ 也：《高台天气谚》作“亦”。

日出云如山，午后地不干。(《集成》)

日出云中云，落时大雨淋。(《谚海》)

日出早，雨淋脑。(《中华农谚》《中国农谚》)

日出早，雨淋脑；日出晏，晒杀雁[①]。(《鹤林玉露》《古今谚》《群芳谱》《三农纪》《甘肃农谚》《费氏农谚》《鲍氏农谚》)

日出朱红，阴雨定生；日出苍白，大风必来。〔兰州〕(《集成》)

日出紫云生，午后雷雨鸣。(《甘肃天气谚》《集成》)

日打洞，明朝晒背痛；日返坞，明朝水没路。(《鲍氏农谚》《中国谚语资料》《中国农谚》《谚海》《中国气象谚语》)

日打洞，雨落没蟹洞。(《中国农谚》)

日单不过三，太阳带来九连境，阴雨连绵好几天。(《庆阳汇集》)

日耳出在早，有雨不在少。(《集成》)

日耳单，不过三。(《中国谚语资料》《谚海》)

日耳单，不过三；日耳双，晒破缸，三个日耳老刮风[②]。(《甘肃天气谚》)

日耳单，不过三；日耳双，晒破缸[③]。(《甘肃农谚》《甘肃选辑》《白银民谚集》《天祝农谚》《中国农谚》《张掖气象谚》《武都天气谚》《甘肃天气谚》《谚语集》《中国气象谚语》《集成》)

日耳单，耽不过三。(《定西农谚》)

日耳南，等半年；日耳北，等不到黑。(《甘肃天气谚》)

日耳双，晒破缸；日耳单，不过三。(《中国谚语资料》《谚海》)

日耳双双早出来，稀泥晒成干土块。(《甘肃天气谚》)

日返坞，明朝水没路。(《谚海》)

日刮东风还雨，不下不依。(《甘肃天气谚》)

日光反照，大雨淹坝。(《张掖气象谚》《甘肃天气谚》)

日光生毛，大雨涛涛。(《鲍氏农谚》《中国谚语资料》《中国农谚》《定西农谚》《中国气象谚语》)

日和有西风，天变日当中。(《临洮谚语集》)

---

① (宋) 罗大经《鹤林玉露》丙编卷三《占雨》云："范石湖诗云：'朝霞不出门，暮霞行千里……'此诗援引占雨事甚详可喜。谚有云：'云云。'又云：'月如悬弓，少雨多风；月如仰瓦，不求自下。'二说尚遗，何也？余欲增补二句云：'日占出海时，月验仰瓦体。'"(明) 杨慎《古今谚》录同。(明) 王象晋《群芳谱·天谱》、(清) 张宗法《三农纪》末句作"晒杀南来雁"。晏：《三农纪》作"晚"。

② 风：原注指黑风。

③ 破：《集成》又作"干"。《甘肃选辑》注：日耳是指太阳旁边出现一块五色圈云，有时只一边有叫日耳"单"，有时在太阳左右各有一个叫日耳"双"。

日黄黄，雨淋淋；夜黄黄，晒死人。（《民勤农谚志》）

日黄无云座，明天好推磨。（《集成》）

日枷风，月枷[1]雨。〔平凉〕（《费氏农谚》《集成》）

日里风朝上，夜里风[2]朝下，每天都不下。（《高台天气谚》）

日落暗红，无风必雨。（《鲍氏农谚》《平凉汇集》）

日落暗红，无雨必风[3]。（《泾川汇集》《甘肃选辑》《平凉气候谚》《中国农谚》《武都天气谚》《中国气象谚语》《集成》）

日落暗红，纵然无雨，固然是风。（《文县汇集》）

日落暗云红，无风必雨淋。（《谚海》）

日落淡红，无雨必风。（《清水谚语志》）

日落多云障，半月有雨降。（《张掖气象谚》）

日落泛[4]黄，大水淹倒墙。（《中国谚语资料》《中国农谚》《中国气象谚语》）

日落风不煞，必定要大刮。（《集成》）

日落黑风起，风停便有雨。（《甘肃选辑》《中国农谚》《中国气象谚语》《集成》）

日落黑云接，风雨不过夜。（《山丹天气谚》）

日落黑云接，风雨不可说[5]。（《文县汇集》《中国气象谚语》《集成》）

日落黑云涨，半夜听雷响[6]。（《平凉汇集》《中国农谚》《张掖气象谚》《武都天气谚》《甘肃天气谚》）

日落黑云掌，半夜听雷响。（《张掖气象谚》《集成》）

日落黑云座，明日好推磨；日落烧云涨，明日好晒酱。（《平凉汇集》）

日落黄，雨水淹到墙。（《定西农谚》）

日落灰天，明天雨天。（《集成》）

日落接黑云，明日不要行。（《集成》）

日落三条线，隔日雨就现。（《集成》）

日落山头胭脂红，不是雨来便是风。（《集成》）

日落射出脚，三天内雨落。〔环县〕（《集成》）

日落时有红云彩，有风。（《甘肃天气谚》）

---

① 枷：方言，指日晕、月晕。

② 风：原注指正常山谷风。

③ 风：《中国农谚》作“云”。

④ 泛：《中国气象谚语》作“翻”。

⑤ 落：《中国气象谚语》作“没”。可：《集成》作“用”。

⑥ 黑：《中国农谚》作“乌”。响：《平凉汇集》作“声”，《张掖气象谚》作“鸣”。

日落天红，无雨则风。（《集成》）

日落天黄黄，大雨淹倒墙。（《集成》）

日落停风，明天还吹；半夜停风，明天无风。（《集成》）

日落乌云长，半夜听雷响。（《庆阳汇集》《宁县汇集》《静宁农谚志》《甘肃选辑》《平凉气候谚》）

日落乌云接，不雨也风颠。（《张掖气象谚》《甘肃天气谚》）

日落乌云接，风雨不过夜。（《两当汇编》）

日落乌云接，明日把工歇。（《集成》）

日落乌云接，下雨[①]不可说。（《甘肃农谚》《中国气象谚语》）

日落乌云接太阳，睡到半夜听雨响。〔秦安〕（《集成》）

日落乌云口，半夜大雨吼。（《两当汇编》）

日落乌云起，来日必有雨。〔临泽〕（《集成》）

日落乌云起，倾盆大雨就到哩。（《民勤农谚志》）

日落乌云起，无风便有雨。（《定西汇编》）

日落乌云升，半夜听雷声。（《中国气象谚语》）

日落乌云障，半夜有雨降。（《高台农谚志》）

日落乌云罩，半夜有雨到；日落少云罩，明日天气好。（《甘肃天气谚》）

日落乌云罩，明天好推磨。（《庆阳汇集》《平凉气候谚》）

日落乌云走，雨在半夜头。（《新农谚》《甘肃选辑》《民勤农谚志》《平凉汇集》《敦煌农谚》《定西汇编》《中国农谚》）

日落乌云座，明天好[②]推磨。（《中国农谚》《武都天气谚》）

日落西北暗，下雨半夜见。（《集成》）

日落西北满天红，不是下雨就刮风。（《集成》）

日落西方云，明朝雨纷纷。（《集成》）

日落西山胭脂红，不落雨来定刮风。（《中国谚语资料》《中国农谚》）

日落胭脂红，无雨便是风。（《中国农谚》《两当汇编》《定西农谚》《中国气象谚语》）

日落颜色白，不久雪就来。（《两当汇编》）

日落云吃火[③]，明日下雨没处躲。〔环县〕（《集成》）

日落云吹火，明天下雨人难躲。（《两当汇编》）

日落云接，风雨必添。（《集成》）

---

① 下雨：《中国气象谚语》作“风雨”。

② 好：《武都天气谚》作“要”。

③ 云吃火：原注指晚霞被黑云淹没。

日落云进山，必定有雨天。(《静宁农谚志》)

日落云里走，雨在半夜后①。(《田家五行》《农政全书》《中华农谚》《费氏农谚》《鲍氏农谚》《两当汇编》《甘肃天气谚》《集成》)

日落云连山，必定有雨天②。(《朱氏农谚》《中华农谚》《鲍氏农谚》《庆阳汇集》《宁县汇集》《甘肃选辑》《平凉气候谚》《两当汇编》《中国农谚》)

日落云连天，必有大雨临。(《中国农谚》)

日落云连天，大雨紧相连。(《集成》)

日落云连天，下雨在眼前。(《集成》)

日落云满山，定是阴雨天。(《集成》)

日落云没，不雨定寒③。(《田家五行》《农政全书》《朱氏农谚》《张氏农谚》《中国气象谚语》)

日落云迁雨，所定有雨天。(《宁县汇集》)

日落云头座，明天必推磨。(《临洮谚语集》)

日落云像火，阴雨不过明清早。〔天水〕(《甘肃选辑》《中国农谚》《中国气象谚语》)

日落张口天，下雨在眼前。(《甘肃天气谚》)

日落照红，无雨必云。(《庆阳汇集》)

日落猪相斗，大雨在后头。(《集成》)

日暮黑云接，风雨不可说④。(《中华农谚》《鲍氏农谚》《中国农谚》《谚海》)

日圈不过三朝雨。(《中华农谚》《鲍氏农谚》《中国农谚》)

日圈怕过午，打破龙王庙的鼓。(《中国农谚》)

日若当午现，三天不见面。〔合水〕(《鲍氏农谚》《中国农谚》《集成》)

日食不过三，过三得⑤百天。(《天祝农谚》《中国农谚》《集成》)

日食初一，月食十五。〔宁县〕(《集成》)

日食后要下雨。(《定西农谚志》)

日食三日不下，旱过百日不止。(《武都天气谚》《甘肃天气谚》《集成》)

---

① (元) 娄元礼《田家五行》卷中《天文类》:“谚云:‘乌云接日，明日不如今日。’又云:‘日落云没，不雨定寒。’又云:‘云云。’以上皆主雨。此言一朵乌云渐起，而日正落其中者。”(明) 徐光启《农政全书》卷十一《农事·占候》引同。后:《集成》〔西和〕又作“吼”。

② 有:《甘肃选辑》作“是”。天:《两当汇编》作“来”。

③ (元) 娄元礼《田家五行》卷中《天文类》:“谚云:……又云:‘云云。’”徐光启《农政全书》卷十一《农事·占候》引同。

④ 不可说:《中国农谚》又作“不停歇”。

⑤ 得:《集成》作“一”。

日食三日雨。(《甘肃天气谚》)

日食三天，无雨则风。(《集成》)

日食月食，不过三天就有雨。(《甘肃天气谚》)

日食月食，三天要下。(《集成》)

日食月食后，四五天有雨。(《张掖气象谚》)

日套大环没口雨，有口就要刮大风。(《集成》)

日套九环，兵马不闲。(《集成》)

日套九环，连下三天。(《集成》)

日头出得早，天气不牢靠①。(《两当汇编》《集成》)

日头出得早，天气难得靠；日头送了山，预备洗衣衫。(《中国谚语资料》《中国农谚》《中国气象谚语》)

日头打洞，落雨②无缝。(《费氏农谚》《中国农谚》《谚海》)

日头带丹，天变不过三。(《集成》)

日头戴大帽，风雨必定到。(《鲍氏农谚》《中国农谚》《两当汇编》《集成》)

日头掉在云里面，不在今天在明天。(《武都天气谚》《中国气象谚语》)

日头跌到云口里③，睡到半夜雷吼哩。(《定西农谚》《集成》)

日头拉拐棍④，明日雨必行。〔甘谷〕(《集成》)

日头落到云口里，半夜三更雨吼哩。〔定西〕(《甘肃选辑》《中国农谚》)

日头落在云口里⑤，睡到半夜雨吼哩。(《山丹天气谚》《会宁汇集》《中国谚语资料》《定西农谚》《谚海》)

日头热，麦秆响，一定下雨。(《岷县农谚选》)

日头伸腿，天降大雨。(《集成》)

日头照泥儿，晒不下一时儿。(《集成》)

日头吸水儿，下雨没准儿。(《集成》)

日晚暮云接，风雨不可说。(《中国农谚》)

日圆长江水，月圆候天干。(《文县汇集》)

日圆怕过午，打破龙王神的鼓。〔天水〕(《甘肃选辑》《中国气象谚语》)

日圆雨，月圆风。(《两当汇编》)

---

① 不牢靠：《集成》〔华亭〕作“好不了”。

② 落雨：《谚海》作“雨落”。

③ 跌：《定西农谚》作“钻”。到：《集成》作“进”。

④ 拐棍：原注指太阳在云缝中透出的光线。

⑤ 落：《会宁汇集》作“掉”，《定西农谚》又作“跌”“钻”。《会宁汇集》注：即日落到黑云里，晚上下雨，群众俗称“黑云接太阳”。在：《定西农谚》作“到”。

日月长毛，大水成潮。〔古浪〕（《集成》）

日月出圈圈，要有风雨天。（《集成》）

日月带虹圈，下雨在眼前。（《平凉汇集》《中国农谚》《谚海》）

日月破圈刮风。（《白银民谚集》）

日月全圈雨雪到，日月半圈风声叫。〔庆阳〕（《集成》）

日月生白毛，庄稼坐水牢。（《集成》）

日月圆圈，不过三天。（《白银民谚集》）

日月圆圈容易下。（《白银民谚集》）

日月周围有黄圈，下雨就在一半天。（《中国农谚》）

日月周围有黄圈，下雨就在一半天；日月旁边黄半圈，起风就在眼面[1]前。（《朱氏农谚》《费氏农谚》《两当汇编》）

日晕半夜雨，夜晕午时风。（《中国谚语资料》《中国农谚》《中国气象谚语》）

日晕必下三夜雨，月晕必吹一天风。（《集成》）

日晕不过午，晚雨打破鼓。（《武都天气谚》《甘肃天气谚》《中国气象谚语》）

日晕当夜雨，月晕午后[2]风。（《集成》）

日晕过了晌，半夜听雨响。〔高台〕（《集成》）

日晕千江水，月晕一场风。（《集成》）

日晕三更雨，月晕午时风。（《中华农谚》《费氏农谚》《定西汇编》《两当汇编》《甘肃天气谚》《定西农谚》）

日晕三更雨，月晕午时黄毛风。〔张掖〕（《集成》）

日晕三更雨。（《张掖气象谚》《甘肃天气谚》）

日晕三天雨，月晕一天风。（《平凉汇集》《中国农谚》）

日晕田中水，月晕井底干。（《集成》）

日晕有雨。（《清水谚语志》）

日晕有雨，月晕有风。（《武都天气谚》）

日晕雨，月晕风，晕圈破，大风过。〔华亭〕（《集成》）

日晕雨，月晕风。（《山丹天气谚》《张掖气象谚》《甘肃天气谚》）

日晕主雨，月晕主风[3]。（《升庵诗话》《中国农谚》《甘肃天气谚》《集成》）

---

① 面：《朱氏农谚》《费氏农谚》作“目”。

② 午后：又作“午时”。

③ （明）杨慎《升庵诗话》卷十三：“谚语：‘云云。’则梅圣俞所谓‘月晕每多风，灯花先作喜。明日挂归帆，春湖能几里’也。”

日在云中落，赶明家中坐。（《集成》）

申后日耳，明日必雨。（《中国农谚》）

双耳①有雨。（《甘肃天气谚》）

太阳不见面，走路带雨伞。（《文县汇集》）

太阳出宫，冻死秋蛉。（《集成》）

太阳出来结云台，向北走时雨定来。（《靖远农谚》）

太阳出来探一探，大雨必定落到暗。（《鲍氏农谚》《两当汇编》《谚海》）

太阳出来探一探，明日落雨落到暗。（《集成》）

太阳出上乌云起，恐怕阴雨到天顶。〔甘南〕（《甘肃选辑》《中国气象谚语》）

太阳打伞，两三天后②有雨下。（《张掖气象谚》《甘肃天气谚》）

太阳带胡子有雨。（《清水谚语志》）

太阳带圈三更雨，月亮带圈午时风。（《高台农谚志》）

太阳带上风曲连③，不过三天大雨来。〔永昌〕（《集成》）

太阳吊胡须，明日大雨淋死鸡。（《中国农谚》）

太阳吊胡须，明日大雨到。（《平凉汇集》）

太阳吊胡子④要下。（《临洮谚语集》）

太阳掉在云口里，睡到半夜雨吼哩。（《平凉汇集》）

太阳反照，淋得鬼叫。（《集成》）

太阳花冒⑤，冻出屎尿。〔玉门〕（《集成》）

太阳回头笑，等不到鸡叫。（《武都天气谚》《甘肃天气谚》）

太阳落，云彩长，半夜三更雷声响。（《中国气象谚语》）

太阳落到底，明天好天气。（《两当汇编》）

太阳落到云口里，睡到半夜雷吼哩。（《庆阳县志》）

太阳落得净，明天必定⑥晴。（《武都天气谚》《中国气象谚语》《集成》）

太阳落得净，明日必天晴。（《甘肃天气谚》）

太阳落地穿山，明早一定晴天。〔环县〕（《集成》）

太阳落黑云，必定雨淋淋。（《岷县农谚选》）

---

① 双耳：原注指假日。

② 《张掖气象谚》无“后”字。

③ 风曲连：原注指晕圈。

④ 吊胡子：原注指由于空中水汽多，太阳照射出来的霞光。

⑤ 太阳花冒：原注指太阳初升时刻。

⑥ 必定：《集成》作“准是”。

太阳落利①天晴，落不利天阴。(《高台农谚志》《中国气象谚语》)

太阳落入云，大雨下满盆。(《集成》)

太阳落山黑云赶，乱云在前等雨天。〔甘南〕(《甘肃选辑》《中国气象谚语》)

太阳落山黑云现，不到半夜雨声响。(《集成》)

太阳落山火烧红，明日生产早出门。(《庆阳县志》)

太阳落山时有黑云蔽就下雨。(《靖远农谚》)

太阳落山笑红脸，下雨不过两三天。(《集成》)

太阳落山云来抢，不等半夜雨声响。(《集成》)

太阳落西黑云布满天，不下雨要刮风。(《定西农谚志》)

太阳落云端，明日必阴天。(《集成》)

太阳落在云口里，风雨不过夜。(《张掖气象谚》)

太阳落在云口里，睡到半夜雨吼哩②。(《庆阳汇集》《宁县汇集》《静宁农谚志》《甘肃选辑》《平凉气候谚》《中国农谚》《中国气象谚语》)

太阳盘场定有雨，月亮盘场大风起。〔临夏〕(《甘肃选辑》《中国农谚》)

太阳披蓑衣，明天③雨凄凄。(《中华农谚》《鲍氏农谚》《中国农谚》《谚海》《中国气象谚语》)

太阳撒胡子，等不到天气明。(《集成》)

太阳撒胡子，晒破牛鼻子。(《集成》)

太阳晒胡须，明日大雨淋死鸡。(《谚海》)

太阳晒胡子，三日内雨来临。〔陇南〕(《集成》)

太阳晒腿④，要发大水。(《集成》)

太阳文照，晒得鬼叫。(《高台天气谚》)

太阳西落吐黑云，明日阴雨有九成。〔正宁〕(《集成》)

太阳下山多云洞，明天晒得腰腿痛。(《集成》)

太阳下山一片红，明日⑤天气必定晴。(《甘肃选辑》《敦煌农谚》《中国农谚》《中国气象谚语》)

太阳笑，淋破庙。(《两当汇编》《集成》)

太阳要落山，老云遮盖它，不是下雨下雪，也定要阴云。(《民勤农谚志》)

---

① 落利：《中国气象谚语》注指无云阻挡。

② 到：《中国气象谚语》作“在”。雨：《宁县汇集》作“水”。

③ 天：《中国农谚》《谚海》又作“朝”。

④ 腿：原注指太阳从云缝中射出的光线。

⑤ 明日：《敦煌农谚》作“明天”。

太阳一根线，三日不见面[①]。（《庆阳汇集》《宁县汇集》《甘肃选辑》《平凉气候谚》《中国农谚》《庆阳县志》）

太阳云中落，明天家中坐。（《中国农谚》）

太阳早晨愁，中午雨到。（《定西农谚志》）

太阳座圈当日唾，当日不唾晒出头。（《武都天气谚》《甘肃天气谚》）

晚单不过三，晚双晒破缸[②]。（《静宁农谚志》《临洮谚语集》）

阳光打手电，三天大雨见。〔庆阳〕（《集成》）

阳婆落云里，等不到明日起。〔兰州〕（《集成》）

阳圆出来长江水，阴圆出来草不生[③]。〔天水〕（《甘肃选辑》《中国气象谚语》）

阳圆对阳圆，有雨在眼前。〔天水〕（《甘肃选辑》《中国气象谚语》）

爷爷[④]晒胡子，淹死牛犊子。（《集成》）

一耳雨，二耳阴，三耳过来必定晴。（《中国农谚》）

有日耳不过五，日耳单不过三。（《民勤农谚志》）

晕口朝东，一日三桶；晕口朝西，晒死蚂蚁。（《集成》）

早晨日头红，不雨便是风。（《集成》）

早日盘场要下雨，晚日盘场是天晴。（《定西农谚志》）

早上刺如须，晚上遍地流。〔甘南〕（《甘肃选辑》《中国农谚》）

早上日头辣，下午有雨下。（《集成》）

早晚太阳晒胡子。（《静宁农谚志》）

月

月亮周围有雾要下，雾重下的大。（《武都天气谚》）

上钩有雨不过三，下钩大旱十八天。（《集成》）

八月十五云遮月，半年需防大水没。（《中国气象谚语》）

八月十五云遮月，正月十五雪打灯。（《马首农言》《朱氏农谚》《甘肃农谚》《费氏农谚》《甘肃选辑》《民勤农谚志》《中国农谚》《两当汇编》《张掖气象谚》《武都天气谚》《甘肃天气谚》《定西农谚》《集成》）

白天无太阳，晚上很明亮，不雨也会阴。（《张掖气象谚》《甘肃天气谚》）

初三不见月，连阴带下一个月。（《定西农谚》）

---

① 根：《平凉气候谚》作“条”。日：《庆阳县志》作“天”。

② 原注：傍晚的日耳出现一个，不过三天要下雨；出现两个，是晴天。

③ 草不生：《中国气象谚语》作“草木生”。据上句“阳圆出来长江水”，则下句“阴圆出来”当接“草不生”为上，“木”当为形近而误。圆指晕。

④ 爷爷：方言，指太阳。

初三不见月，连阴带雨[①]得半月。(《中国谚语资料》《谚海》)

初三不见月，晴半月下半月。(《甘肃天气谚》)

初三不见月，阴阴下下一个月。〔定西〕(《甘肃选辑》《中国农谚》《中国气象谚语》)

初三初四不见月，连阴带下[②]得半月。(《庆阳汇集》《宁县汇集》《泾川汇集》《甘肃选辑》《平凉汇集》《中国农谚》《甘肃天气谚》《定西农谚》《中国气象谚语》《集成》)

初三初四不见月，连阴带雨半个月。(《定西农谚》《岷县谚语》)

初三晚上不见月，连阴带下得半月；初四更比初三灵，一月只有四天晴。〔泾川〕(《集成》)

初三月下有横云，初四日里雨倾盆[③]。(《农政全书》《朱氏农谚》《费氏农谚》《两当汇编》)

初一初二不见月，连阴带雨得半月。(《静宁农谚志》)

黑狗吃月亮，大雨下一场。(《集成》)

今年中秋云遮月，明年元宵雪打灯。〔兰州〕(《集成》)

今夜月下有横云，明天大雨要倾盆。〔玉门〕(《集成》)

看到月儿盘，雨在黎明前。(《中国农谚》)

乌云接月一日晴。(《中国气象谚语》)

乌云遮月亮，有雨等不到天亮。(《中国气象谚语》)

月边发毛，等水烧茶。(《集成》)

月带圈，天要变。(《庆阳汇集》《宁县汇集》《甘肃选辑》《平凉气候谚》《中国农谚》《中国气象谚语》)

月带圆圈，刮风不过三天。(《中国气象谚语》)

月儿背弓，不是雨，就是风。(《庆阳汇集》《中国农谚》)

月儿带圆圈，下雨不过三。(《静宁农谚志》)

月儿明，星儿稀，明天是个鳖天气[④]。(《集成》)

月儿娘，雨水广。(《静宁农谚志》)

月儿盘华，黎明前下。(《武都天气谚》《甘肃天气谚》)

月儿有晕，关窗闭门。(《集成》)

月儿晕，一场空。(《集成》)

---

① 雨：《谚海》作“下”。

② 下：《庆阳汇集》《泾川汇集》作“雨”。

③ （明）徐光启《农政全书》卷十一《农事・占候》：“新月下，有黑云横截，主来日雨。谚云：‘云云。’”

④ 鳖天气：方言，指天气不好。

月光烧霞，等水烧茶。(《中国农谚》)

月红有雨。(《清水谚语志》)

月离于毕雨滂沱，月离于箕风扬沙。(《中国气象谚语》)

月亮长毛，大水嚎。(《高台天气谚》)

月亮长毛，晴也不牢。(《集成》)

月亮撑红伞，大雨在眼前；月亮撑黄伞，刮风一两天；月亮撑黑伞，多半是晴天。(《集成》)

月亮带瓜雨淋淋，太阳带瓜草不生。(《民勤农谚志》)

月亮带枷刮，太阳带枷①下。(《张掖气象谚》《甘肃天气谚》)

月亮带圆圈，下雨不过三。(《宁县汇集》《泾川汇集》《甘肃选辑》《中国农谚》《中国气象谚语》)

月亮戴耳环，庄稼不会旱。(《集成》)

月亮戴圆圈，大风在眼前。(《集成》)

月亮戴②圆圈，大雨在后边。(《集成》)

月亮戴圆圈，明天大风天。(《集成》)

月亮附近有星星，最近两三天有雨。(《甘肃天气谚》)

月亮灰蒙蒙，不雨就刮风。(《集成》)

月亮进宫，不雨就风。(《集成》)

月亮烤火，大火两天半，小火当时变。(《张掖气象谚》《甘肃天气谚》)

月亮烤火，大雨滂沱。(《集成》)

月亮烤火，下雨无处躲③。(《高台农谚志》《甘肃天气谚》《中国气象谚语》)

月亮毛东东，不下雨便起风。(《两当汇编》)

月亮朦胧，不雨就风。(《中国气象谚语》)

月亮朦胧，下雨刮风。(《中国气象谚语》)

月亮朦朦胧胧，无雨就是刮风。(《集成》)

月亮旁边风圈圆，不是下雨变风天。(《平凉汇集》)

月亮旁边生红圈，不下雨，也风颠。(《集成》)

月亮旁的大星到下面就下雨。(《靖远农谚》)

月亮清清现双圈，来日不雨也风颠。(《集成》)

月亮晌火，星星挤眼。(《泾川汇集》)

月亮上火，不过三日雨。(《甘肃天气谚》)

---

① 枷：原作“家”，据“日枷风，月枷雨”改。

② 戴：又作“缚”。

③ 烤火：原注指月亮附近没有云而带红圈。无处：《甘肃天气谚》作“没处”。

月亮生毛，大路推成槽。（《中国农谚》）
月亮生毛，大水[1]冲成槽。（《平凉汇集》《张掖气象谚》《甘肃天气谚》）
月亮生毛，大雨滔滔。（《中华农谚》《甘肃天气谚》《集成》）
月亮生双耳儿，庄田有雨水儿。〔民勤〕（《集成》）
月亮似火，不过三日雨。（《武都天气谚》）
月亮躺，斗价涨；月亮站，斗价贱；月亮睡，斗价贵。〔正宁〕（《集成》）
月亮像火，快要下雨。（《中国农谚》《谚海》）
月亮像火，下起雨来无处躲。（《文县汇集》）
月亮像火就下雨。（《文县汇集》）
月亮胭脂红，无雨就是风。〔金昌〕（《集成》）
月亮周围不干净，不下雨，便生风。（《集成》）
月亮周围带火圈，下雨就在两三天。（《两当汇编》）
月亮周围有黄圈，下雨便在近几天。（《集成》）
月亮周围有黄圈，下雨就在一半天。（《中华农谚》《集成》）
月茫茫，水满塘；月担枷，旱死虾。（《集成》）
月明烧边，不出三天。（《鲍氏农谚》《中国农谚》《谚海》）
月平斗价小，月弯斗价大。（《甘肃农谚》）
月圈不过三朝雨。（《集成》）
月圈对日圈，有雨在眼前。（《武都天气谚》《甘肃天气谚》）
月圈圆又圆，雨水要连绵。〔山丹〕（《集成》）
月日半个遮河，不过三天就有雨。（《静宁农谚志》）
月色胭脂红，无雨必有风。（《中国气象谚语》）
月色胭脂红，没雨也有风。（《中国气象谚语》）
月下周围有黄圈，下雨就在上半天。（《鲍氏农谚》《中国农谚》《谚海》）
月向火，当日沱。（《岷县农谚选》）
月牙儿挂，天不下；月牙儿躺，雨水广。（《中国谚语资料》《中国农谚》《谚海》《中国气象谚语》）
月牙儿下火，不阴就下。〔武山〕（《集成》）
月牙发毛，大雨滔滔。（《两当汇编》）
月牙尖，雨下半月天。（《集成》）
月牙躺，斗价涨；月牙爬，斗价塌。〔兰州〕（《集成》）
月牙躺，雨水广；春雨少，夏雨多。（《甘肃天气谚》）

---

① 水：《平凉汇集》作“雨”。

月牙躺①，雨水广；月牙立，雨水稀。（《甘肃天气谚》《定西农谚》）

月牙弯弓，少雨多风；月似仰瓦，不求自下。（《中华农谚》《集成》）

月牙仰，雨水广；月牙北头高，晒死墙头草。（《甘肃天气谚》《集成》）

月月看初八②。（《甘肃天气谚》）

月晕不过三，不雨难阴天。（《集成》）

月晕没有门，半夜雨沉沉。（《两当汇编》）

月晕无星即下雨。（《集成》）

月晕狭，戴葵笠；月晕阔，持雨伞。（《鲍氏农谚》《中国谚语资料》《中国农谚》《谚海》）

云罩中秋月，雪打上元节。（《甘肃农谚》）

中秋不见月，冬天多大雪。（《集成》）

中秋云遮月，元宵风搅雪。〔环县〕（《集成》）

星

半夜无星星，大雨要来临。〔天水〕（《集成》）

伴月星近，当月雨多；伴月星远，当月雨少。（《集成》）

北斗底下晃一晃，不是清晨是晚上。（《两当汇编》）

北斗星发红，必定雨来临。（《集成》）

大瓶灌小瓶，等不到明早晨③。（《两当汇编》《甘肃天气谚》）

大瓶星灌小瓶星，要下雨。（《酒泉农谚》）

大星高，小星低，不在今天在夜里④。（《中华农谚》《两当汇编》《集成》）

东斗葫芦西斗瓢，南斗簸箕北斗勺。（《集成》）

黄昏星，雨淋淋；半夜星，大天明。（《鲍氏农谚》《中国农谚》）

今夜星成团，天亮地成潭。〔景泰〕（《集成》）

久雨见天星，明天⑤雨更猛。（《武都天气谚》《甘肃天气谚》）

久雨见星光，来日雨更狂⑥。（《农谚和农歌》《中华农谚》《平凉汇集》《两当汇编》《集成》）

久雨见星星，来日雨更猛。（《平凉气候谚》）

---

① 躺：《定西农谚》作“仰”。

② 原注：初八月亮半圆形，该月雨多，如向里凹，这月雨少。

③ 明早晨：《甘肃天气谚》作“天明”。

④ 高、今：《集成》作“亮”“白”。

⑤ 明天：《甘肃天气谚》作“明日”。

⑥ 见：《农谚和农歌》《中华农谚》作“现”。来日：《集成》〔平凉〕作“天明”。狂：《平凉汇集》作“强”。

久雨现明星，天气将转晴。〔天水〕（《集成》）

久雨现星光，明朝雨更狂。（《中国农谚》）

落雨见星，难望天睛。（《鲍氏农谚》《中国农谚》《两当汇编》《集成》）

满天星星把眼闪，来日出门拿把伞。〔甘南〕（《甘肃选辑》《中国农谚》《中国气象谚语》）

满天星星眨眼，明天出门带伞。（《集成》）

密星无雨。（《鲍氏农谚》《中国农谚》《谚海》）

明星倒月亮，有雨等不亮。（《文县汇集》）

明星[①]明烂地，明朝晴不起。〔华亭〕（《集成》）

明星照烂地，来朝依旧雨[②]。（《田家五行》《张氏农谚》《费氏农谚》《鲍氏农谚》《中国农谚》《谚海》）

七星跳，大雨到。（《集成》）

晴雨看星光。（《集成》）

群星光闪忽，明晨雨丝急。（《中国气象谚语》）

三星晌午正半夜。〔玉门〕（《集成》）

闪烁星光，雨下风狂。（《中华农谚》《集成》）

疏疏星，密密雨。（《鲍氏农谚》《中国农谚》）

天低星密麻，大水溃篱笆。（《集成》）

天上星光闪，必有大雨来。〔华亭〕（《集成》）

天上星星把眼挤，地上快要下大雨。（《平凉汇集》《中国农谚》）

天上星星稠，要[③]雨不发愁。（《中国谚语资料》《中国农谚》《谚海》《定西农谚》《中国气象谚语》《集成》）

天上星星乱眨眼，下雨就在这两天。（《庆阳汇集》《中国农谚》）

天上星星密又密，地上下得烂如泥。（《集成》）

天上星星跳，有雨拿[④]盆倒。〔西峰〕（《集成》）

天上星星笑，有雨像水倒。〔靖远〕（《集成》）

晚上东南星星烟，不久雨要淋[⑤]。（《平凉汇集》《中国农谚》）

晚上星星稠，望雨不犯愁。（《定西农谚》）

小灌大，装不下；大灌小，装不了。（《庆阳汇集》《中国农谚》）

---

① 明星：又作“多星”。

② （元）娄元礼《田家五行》卷中《天文类》：“谚云：‘云云。’言久雨正当黄昏，卒然雨住云开，便见满天星斗，则岂但明日有雨，当夜亦未必晴。屡试屡验。”

③ 要：《定西农谚》作“望”。

④ 拿：又作“如”。

⑤ 《中国农谚》下句末有“破砖”二字。

小瓶套大瓶，要下雨；大瓶套小瓶，不下雨[①]。(《张掖气象谚》)

小瓶星灌大瓶星，要没有雨。(《酒泉农谚》)

星光闪闪如摇动，不落雨，便起风。(《鲍氏农谚》《中国谚语资料》《中国农谚》)

星光跳得凶，有雨在夜中。(《集成》)

星空见闪，雨在眼前。(《集成》)

星稀雨密，星密雨稀。(《集成》)

星星稠，遍地流；星星稀，晒死鸡。(《武都天气谚》《集成》)

星星稠，滥死牛。(《庆阳汇集》《中国农谚》)

星星稠，下的雨遍地流；星星稀，晒死鸡。(《文县汇集》)

星星稠，淹死牛；星星稀，晒死鸡。(《集成》)

星星稠，雨水流。〔武山〕(《朱氏农谚》《中华农谚》《费氏农谚》《集成》)

星星打闪，雷雨不远。〔灵台〕(《集成》)

星星低有雨，星星高没雨，星星亮没雨。(《甘肃天气谚》)

星星多，有雨落。(《高台天气谚》)

星星发红，阴雨定成。(《集成》)

星星挤眼，离下不远。(《张氏农谚》《中国农谚》《甘肃天气谚》)

星星挤[②]眼，离雨不远。(《中国农谚》《定西农谚》)

星星挤眼，塘溢窖满。(《集成》)

星星开眼，离下不远。(《宁县汇集》《甘肃选辑》《中国气象谚语》)

星星靠月，有雨不多。(《集成》)

星星乱眨眼，出门带雨伞。(《集成》)

星星闪烁要下雨。(《张掖气象谚》)

星星闪眼，有雨不远。(《中国气象谚语》)

星星水汪汪，下雨有希望。(《集成》)

星星稀，淋死鸡。(《甘肃天气谚》)

星星稀，雨点流。(《甘肃天气谚》)

星星向月亮靠近，不久雨雪来临。〔肃北〕(《集成》)

星星眨眼，快下雨点。(《中国农谚》)

星星眨眼，离下不远。(《泾川汇集》《清水谚语志》《中国谚语资料》《武都天气谚》《谚海》)

星星眨眼，离雨不远。(《两当汇编》《庆阳汇集》《平凉气候谚》《集成》)

---

① 原注：农历五月初一以后才见，在天河口两侧，相距约一公尺。

② 挤：《中国农谚》作“翻”，《定西农谚》又作“闪”。

星星眨眼，下雨不远。(《会宁汇集》《定西汇编》《中国农谚》)
星星眨眼雨不远，青蛙出水要变天。〔庆阳〕(《集成》)
星星眨眨眼，雨在两三天。〔天水〕(《集成》)
星星张眼，天雨不远。(《朱氏农谚》《中华农谚》《中国农谚》)
星月照烂地，明朝落不歇。(《两当汇编》)
星照烂地，等不到鸡啼。(《张氏农谚》《中国气象谚语》)
星子密，戴斗笠；星子稀，干断溪。(《集成》)
星子稀，淋死鸡；星子稠，晒死牛。〔兰州〕(《集成》)
夜间星密加闪，离雨一定不远。(《集成》)
夜晚星星少，大雨远不了。(《集成》)
雨夜显星光，天明雨更狂。〔泾川〕(《集成》)

天　河[①]

二更天河猪洗澡，明日大雨漫了桥。(《集成》)
黑母猪云会天河要下雨。(《酒泉农谚》)
黑云围天河，下雨涨黄河。〔兰州〕(《集成》)
黑猪攻天河，不久把雨落。(《两当汇编》)
黑猪攻天河，大雨紧跟着[②]。(《庆阳汇集》《宁县汇集》《甘肃选辑》《平凉汇集》《平凉气候谚》《临洮谚语集》《中国农谚》《集成》)
黑猪攻天河，雨点大如锅。〔天水〕(《甘肃选辑》《中国农谚》)
黑猪攻银河，大雨后边跟着。(《泾川汇集》)
黑猪拱[③]天河，大雨紧跟着。〔环县〕(《中国农谚》《集成》)
黑猪横天河，大雨紧跟着。(《甘肃选辑》《中国气象谚语》)
黑猪啄[④]天河，大雨紧跟着。(《静宁农谚志》《武都天气谚》)
黑猪啄天河，下雨涨洮河。(《定西农谚》)
江猪[⑤]过河，当夜滂沱。(《两当汇编》《集成》)
母猪过天河，赶快搭麦垛。(《集成》)
母猪毁天河。(《谚语集》)
天河白茫茫，雨水下满缸。(《集成》)
天河打坝，必定要下。(《中国谚语资料》《谚海》《中国气象谚语》《集成》)

---

① “测雨雪”类中涉“天河”者较多，故单列子目，其它类中则合于子目“星”中。
② 天：《庆阳汇集》作“出”，《中国农谚》又作“出”。《临洮谚语集》无下句。
③ 拱：《集成》注指堵挡或围着。
④ 啄：《武都天气谚》作“过”。
⑤ 江猪：《集成》作“母猪”，《两当汇编》注指天河中有黑云生。

天河打坝当日下，星星挤眼雨到来。（《静宁农谚志》）

天河打坝当日下①。（《平凉气候谚》《甘肃天气谚》《中国气象谚语》）

天河打坝要下②雨。（《张掖气象谚》《甘肃天气谚》）

天河打了坝，明天大雨下。（《集成》）

天河发浑，必有雨淋；天河挡坝，大雨要下。〔环县〕（《集成》）

天河合拢就下雨，合不拢不下雨。（《甘肃天气谚》）

天河回娘家，不过十七八③。（《张掖气象谚》）

天河架了桥④，雷雨不得饶。〔酒泉〕（《集成》）

天河口筑两道坝，三天内要下。（《张掖气象谚》《甘肃天气谚》）

天河连堵两条坝，三天就要下⑤。（《天祝农谚》《中国农谚》）

天河连堵三条坝，明天就要下。（《天祝农谚》《中国农谚》）

天河明，雨将行；星星稠，雨点流。（《谚海》）

天河上打坝，必定又要下。（《武都天气谚》）

天河顺，雨水广；天河斜，晒死兔。（《甘肃天气谚》）

天河顺，雨水盈；天河斜，晒鱼鳖。〔天水〕（《集成》）

天河顺，雨下⑥如棍；天河不顺，地上蛇晒死净。（《中国谚语资料》《中国农谚》《谚海》《中国气象谚语》）

天河崖上有黑云，不过三天有雨淋。（《集成》）

天河有坝，必定就下。（《天祝农谚》）

天河有坝，明天就下。（《中国农谚》）

天河有乌云，明日大雨淋。（《集成》）

天河障云打坝，老天爷必定下。〔民乐〕（《集成》）

天猪过河不过三，月亮围圈风雨天。（《集成》）

晚上黑斑云，过天河就下雨。（《民勤农谚志》）

乌云过银河，大雨不成河。（《甘肃天气谚》）

乌猪啃坝，啃通⑦就下。（《中国气象谚语》）

银河发暗，天气要变。（《集成》）

---

① 下：《甘肃天气谚》作“就下”。

② 要下：《甘肃天气谚》作“有”。

③ 原注：天河腊月初八走，十七、十八来，则来年雨水多，十九是平年，十九以后来则来年天旱。

④ 原注：满天无云，仅天河上有一块横云。

⑤ 《天祝农谚》注：指秋季。下句“天河连堵三条坝，明天就要下”注同。

⑥ 下：《中国气象谚语》作“水”。

⑦ 啃通：原注指越过天河。

云过天河，有雨来临。(《静宁农谚志》)

云猪会天河，要下雨。(《中国谚语资料》《谚海》)

猪会天河有雨。(《清水谚语志》)

虹

半截虹，泡塌炕。(《张掖气象谚》)

北海线，线打线[①]，三天大雨见。(《集成》)

长虹无大雨，短虹雨发狂。(《集成》)

朝虹雨，晚虹晴。(《中国谚语资料》《谚海》)

朝虹雨，夕虹晴。(《中华农谚》《鲍氏农谚》《中国农谚》)

出了西虹，等不得上炕。〔临洮〕(《集成》)

低虹晴，高虹雨。(《集成》)

东虹轰雷西虹雨，南虹荒旱北虹淹。(《费氏农谚》《中国谚语资料》《中国农谚》《谚海》)

东虹呼隆西虹雨，南虹出[②]来下大雨。(《宁县汇集》《靖远农谚》)

东虹呼隆西虹雨，南虹出来下大雨，北虹出来卖儿女。〔通渭〕(《集成》)

东虹呼隆西虹雨，南虹出来下大雨，北虹出来主[③]旱哩。〔平凉〕(《甘肃选辑》《中国农谚》《中国气象谚语》)

东虹拦路，天气要晴。(《集成》)

东虹晴，西虹雨，南虹北虹涨大水。(《中国农谚》)

东虹日头西虹雨[④]。(《六语》《洮州歌谣》《定西县志》《高台农谚志》《甘肃选辑》《白银民谚集》《临洮谚语集》《中国农谚》《谚语集》)

东虹日头西虹雨，虹在南面下大雨。(《酒泉农谚》《两当汇编》)

东虹日头西虹雨，南虹北虹卖儿女。(《会宁汇集》)

东虹日头西虹雨，南虹北虹下大雨。(《民勤农谚志》)

东虹日头西虹雨，南虹北虹涨大水。〔甘南〕(《甘肃选辑》)

东虹日头[⑤]西虹雨，南虹出来卖儿女。(《张氏农谚》《甘肃农谚》)

东虹日头西虹雨，南虹出来无[⑥]处避。(《张掖气象谚》《甘肃天气谚》《集成》)

---

① 线：原注指虹。

② 出：《靖远农谚》作“过”。

③ 主：《中国气象谚语》作“会”。

④ (明) 郭子章《六语·谚语》卷七。

⑤ 日头：《甘肃农谚》又作“太阳”。

⑥ 无：《甘肃天气谚》作“没”。

东虹日头西虹雨，南虹出来下大雨，北虹出来卖儿女。(《天祝农谚》)

东虹日头西虹雨，南虹出来有[①]大雨。(《甘肃选辑》《文县汇集》《定西农谚》《中国气象谚语》)

东虹日头西虹雨，南虹向里涨大水。(《中国农谚》)

东虹日头西虹雨，缺落日头发大水。(《民勤农谚志》)

东虹日头西虹雨，水缸一潮定下雨。(《中国谚语资料》《谚海》《中国气象谚语》)

东虹响雷西虹雨，南虹过去行雷雨，北虹主旱百余天。(《中国谚语资料》《谚海》《中国气象谚语》)

短虹快收，雨在后头。(《集成》)

断虹傍晚挂，不出三天有雨下。(《集成》)

断虹晚见，不明天变[②]。(《三农纪》《甘肃农谚》《费氏农谚》《甘肃天气谚》)

对日虹，不到明。(《张氏农谚》《两当汇编》《集成》)

海久[③]不过三，过三不得干。(《集成》)

虹吃雨，下一指；雨吃虹，下十寸。(《中国农谚》)

虹高日头低，大水漫过溪；虹低日头高，大溪[④]无水挑。(《中华农谚》《鲍氏农谚》《中国农谚》《两当汇编》)

虹高日头低，早晚披蓑衣。(《两当汇编》)

虹见东，有雨一场空；虹见西，早晚披蓑衣。〔陇西〕(《集成》)

虹落两个山头，要下雨。(《张掖气象谚》)

虹在东，有雨落空；虹在西，行人穿蓑衣。(《中国农谚》)

三更夜放虹，大雨在黎明。(《集成》)

天上晴虹要下雨。(《临洮谚语集》)

西虹光彩往下照，它是发雨好根苗。(《静宁农谚志》《平凉气候谚》)

西虹光彩向下照，它是发雨的好根苗。(《定西农谚志》)

西虹雨，东虹晴，南虹河里水洪洪。〔岷县〕(《集成》)

雨吃虹，下塌坑；虹吃雨，下一泼。〔漳县〕(《集成》)

雨前虹，落不停；雨后虹，天转晴。(《集成》)

早虹现西，晚上水齐牛肚皮。(《两当汇编》)

---

① 有：《文县汇集》作“发”，《定西农谚》又作“下”，《中国气象谚语》作“下”。

② （清）张宗法《三农纪》卷一《虹·占应》。

③ 海久：原注指虹脚入江河时间长久。海，此处泛指江河。

④ 大溪：《两当汇编》作“溪里”。

早虹雨，水漫牛肚皮。(《集成》)

早虹雨，晚虹晴。(《中国农谚》《集成》)

早虹雨滴滴，晚虹晒破衣。〔定西〕(《集成》)

早虹雨淋淋，晚虹晒破脸。(《高台农谚志》《中国气象谚语》)

霞

彩云包月亮，要把场里收拾光。〔甘谷〕(《集成》)

彩云吃了火，下雨下的没处躲。(《两当汇编》)

朝起红霞晚落雨，晚起红霞晒死鱼。〔白银〕(《集成》)

朝霞不出门，晚霞晒死人。(《中国气象谚语》)

朝霞不出门，晚霞行千里。(《中华农谚》《中国气象谚语》《甘肃农谚》)

初一满天红，初二初三戴斗篷。(《集成》)

东面一道霞，妨不着喝茶。(《宁县汇集》《甘肃选辑》《中国农谚》《中国气象谚语》)

东霞西暗，等不到端饭。(《集成》)

关山一通霞，半夜雨垮塌。(《清水谚语志》)

黑吃红，雨等不到明；红吃黑，雨等不到黑。(《两当汇编》《集成》)

红云变黑云，必定大雨淋。(《鲍氏农谚》《平凉汇集》《两当汇编》《定西农谚》《集成》)

红云变黑云，必然大雨淋。(《宁县汇集》《静宁农谚志》《甘肃选辑》《平凉气候谚》《甘肃天气谚》)

红云日出生，劝君莫远行；红云日没起，晴明不可期。(《两当汇编》)

红云日初升，远路切莫行。(《集成》)

红云日处升，劝君莫远行。(《定西农谚》)

红云上天顶，蓑衣不离颈。(《集成》)

火烧黑云盖，有雨来得快。(《张掖气象谚》《甘肃天气谚》)

火烧乌云盖，大雨来得快。(《中国农谚》)

火烧霞，烧不起，三日内，要下雨。(《集成》)

火烧紫云盖，有雨来得快。〔民乐〕(《集成》)

青霞漫天过，塘底都打破。(《中华农谚》《费氏农谚》《鲍氏农谚》《中国气象谚语》)

清早烧云不到夜，黄昏烧云迟半月。(《集成》)

烧北不烧南，明日是好天；烧南不烧北，必定雨连天。(《集成》)

烧红到顶，下雨满井。(《集成》)

烧起东南云，雨止一时辰。(《文县汇集》)

晚烧不过三，过三十八天。〔景泰〕（《集成》）

晚霞烧过天，明朝起青烟。（《集成》）

夏天红紫云，必有雨水沉。（《集成》）

夜烧十里红，早烧不出门。（《朱氏农谚》《鲍氏农谚》《集成》）

阴天有霞，雨水必下。（《集成》）

早朝不出门，晚朝晒死人。（《甘肃选辑》《庆阳县志》）

早晨东云长，有雨不过晌。〔高台〕（《集成》）

早晨放霞，等水烧茶；晚上放霞，干死青蛙①。（《高台天气谚》《两当汇编》）

早晨红赤赤，等不到吃早饭时。（《山丹天气谚》）

早晨红丢丢，晌午雨溜溜；晚来红丢丢，明朝大日头。（《朱氏农谚》《中国农谚》）

早晨红兮兮，耐不过食时②去。（《甘肃天气谚》）

早晨红霞雨涟涟，晚上红霞火烧天。（《谚海》）

早晨红云雨洒洒，晚上红云晒裂瓦。（《中国农谚》）

早晨起红云，大雨就临门。〔兰州〕（《集成》）

早晨起霞，等水烧茶；晚上放霞，旱死青蛙。（《集成》）

早出红霞雨绵绵，晚出红霞火烧天。（《集成》）

早起红霞雨涟涟，晚起红霞火烧天③。（《甘肃选辑》《中国农谚》《两当汇编》《集成》）

早起红云雨淋淋，晚起红云日晒壁。〔泾川〕（《集成》）

早上红赤赤，等不到吃饭时。（《张掖气象谚》）

早上红丢丢，午后雨溜溜；晚上红丢丢，早上晒墙头。〔镇原〕（《集成》）

早上红云雨洒洒，晚上红云晒裂豆。（《谚海》）

早上火烧不到中，晚上火烧一场空。（《中华农谚》《鲍氏农谚》《中国农谚》）

早上烧，不到中；晚上烧，一场空。（《集成》）

早上太阳里有红云，晚上有大雨或大风。（《定西农谚志》）

早烧变黑云，等不得④你出门。（《平凉汇集》《谚海》《中国农谚》）

早烧不出门，晚烧到千里。（《定西农谚志》《泾川汇集》《定西农谚》）

---

① 青蛙：《两当汇编》作“蛤蟆”。

② 食时：古人朝食之时，即每天7至9时，为辰时。

③ 晚起：《两当汇编》作“傍晚”。《甘肃选辑》无“火”字。

④ 得：《中国农谚》作“到”。

早烧不出门，晚烧晒死人。（《朱氏农谚》《中华农谚》《文县汇集》《中国气象谚语》）

早烧不出门，晚烧行千里[①]。（《宁县汇集》《静宁农谚志》《甘肃选辑》《中国农谚》《武都天气谚》）

早烧不出门，晚烧一堂红[②]。（《两当汇编》《定西农谚》）

早烧不出门，晚烧一天云。（《集成》）

早烧淋死鸡，晚烧晒死牛。〔武威〕（《集成》）

早烧晚烧，雨儿远掉。〔古浪〕（《集成》）

早烧晚笑，淋得鬼叫。（《集成》）

早烧下雨不到晚，晚烧红云晒破伞。（《集成》）

早烧有雨晚烧晴，上午烧了刮大风。（《甘肃农谚》）

早烧云，不出门；晚烧云，晒死人。〔张掖〕（《集成》）

早霞不出门，晚霞千里行，午霞刮大风。（《平凉气候谚》）

早霞不出门，晚霞千里行。（《甘肃选辑》《清水谚语志》《平凉汇集》）

早霞不出门，晚霞热死人。（《天祝农谚》《中国农谚》）

早霞不出门，晚霞晒死人，红霞日边升，劝君莫远行。（《山丹天气谚》）

早霞不出门，晚霞行千里[③]。（《六语》《朱氏农谚》《费氏农谚》《岷县农谚选》《定西汇编》《中国农谚》《甘肃天气谚》《集成》）

早霞不过三日雨。（《中华农谚》《鲍氏农谚》《集成》）

早霞不过晚间，晚霞不过明天。〔民勤〕（《朱氏农谚》《集成》）

早霞不过午，晚霞是晴天。（《集成》）

早霞红，晚霞灰，行人路上雨纷纷。（《集成》）

早霞满天红，劝君莫远行。〔白银〕（《集成》）

早霞晴不到黑，晚霞晴半月。（《鲍氏农谚》《中国农谚》）

早霞三日雨，晚霞半年晴。（《集成》）

早霞天阴晚霞晴，黑夜烧了不等明。（《集成》）

早霞天阴晚霞晴，黑夜烧霞等天明。（《中华农谚》《两当汇编》）

早霞晚雾，下雨不住。（《两当汇编》）

早霞晚雨，晚霞早雨。（《集成》）

早霞阴雨晚上晴，中午有霞刮大风。（《平凉汇集》）

早霞阴雨晚霞晴，中午必定刮大风。（《谚海》）

---

① 行千里：《武都天气谚》作“千里行”。

② 一堂红：《定西农谚》作“天爷晴”“一天明”。

③ （明）郭子章《六语 · 谚语》卷七。

早霞有雨淋，晚霞来日晴。(《集成》)

早霞有雨晚霞晴，中午霞了刮大风。(《甘肃选辑》《定西汇编》《中国谚语资料》《中国农谚》《中国气象谚语》)

早霞有雨晚霞晴，中午有霞刮大风。(《中国谚语资料》《张掖气象谚》《谚海》《中国气象谚语》《集成》)

早霞有雨晚霞晴。(《甘肃选辑》《天祝农谚》《中国农谚》)

早霞雨，晚霞晴，中霞刮大风。(《清水谚语志》)

早[1]霞雨，晚霞晴。(《中国农谚》《中国气象谚语》)

早霞雨淋淋，晚霞晒死人。(《朱氏农谚》《费氏农谚》《鲍氏农谚》《两当汇编》)

早霞云，晚霞晴；云烧顶，下满井。(《宁县汇集》《甘肃选辑》《中国气象谚语》)

早云起红丝，等不到吃饭时。(《集成》)

早云烧，后晌浇。(《集成》)

早照不出门，晚照行千里。(《洮州歌谣》《庆阳汇集》)

早照雨，晚照晴。(《洮州歌谣》)

风

白天东风急，夜晚湿布衣。〔清水〕(《集成》)

傍晚黑风起，不是刮风就是雨。〔天水〕(《甘肃选辑》《中国农谚》)

暴风过后要变天，不下也要变了天。(《酒泉农谚》)

北风吹到南，大水打成潭；南风吹到北，没有水磨墨。(《中国农谚》)

北风吹向南，吹了几天滚，以后有雨到。(《静宁农谚志》)

北风倒南风，大雨后面跟；南风倒北风，星月照人行。〔陇南〕(《集成》)

北风回云雨，南风连阴雨。(《集成》)

北风怕回头。(《集成》)

北风一堵墙，南风无处藏。〔清水〕(《集成》)

北风有雨南风晴。(《甘肃天气谚》)

北风雨，西风晴。(《甘肃天气谚》)

北风雨头尖。(《鲍氏农谚》《集成》)

北风云冒泡，不久雨就到。〔成县〕(《集成》)

北风撞南墙，花子没处藏。(《集成》)

不刮春风，难得秋雨。(《两当汇编》)

---

① 早：《中国气象谚语》作“朝”。

不刮东风不下雨，不吹西风天不晴。(《新农谚》《民勤农谚志》《平凉汇集》《敦煌农谚》《中国农谚》)

不刮东风不下雨，不刮西风不晴天。(《甘肃选辑》《中国农谚》《武都天气谚》《甘肃天气谚》《定西农谚》《谚海》《中国气象谚语》《集成》)

不刮东风天不潮，不刮南风雨不到。(《张掖气象谚》《集成》)

不怕东南风刮几天，单怕东南风把头转。(《集成》)

不怕南风刮得大，倒了北风就要下。(《武都天气谚》《甘肃天气谚》《庆阳县志》《中国气象谚语》《集成》)

不怕南风刮得大，转个北风就得下。(《集成》)

不怕天不下，就怕东风吹①不大。(《甘肃天气谚》《集成》)

不行东风，难得秋雨。(《集成》)

苍龙风急，大雨将来；朱雀风回，烈日晴燥；白虎风生，必有雨雾；玄武风紧，雨水相随②。(《中国气象谚语》)

初一刮南风，当月雨不停；初一刮北风，当月无雨情。(《集成》)

初一刮南风，前半月有雨；十五刮南风，后半月有雨。(《靖远农谚》)

初一十五刮南风，吹上云，三天内有雨。(《甘肃天气谚》)

吹北风，北面上，吹不过三天就有雨。(《靖远农谚》)

吹北风，紧上云③，三天不下憋死人。(《集成》)

吹风不下雨，下雨不刮风。(《中国谚语资料》《中国农谚》《谚海》《中国气象谚语》)

吹南风，上上云，天不下你放心。(《靖远农谚》)

吹南风，上上云，天气坏。(《靖远农谚》)

吹啥风，落啥雨。(《中国气象谚语》)

春长多秋雨。〔景泰〕(《集成》)

春吹东风雨咚咚，冬吹东风雨无踪，秋吹东风毛毛雨，夏吹东风雨蹦蹦。(《两当汇编》)

春东风，雨通通。(《武都天气谚》《甘肃天气谚》)

春东风，雨祖宗。(《中华农谚》《张氏农谚》《费氏农谚》《张掖气象谚》《甘肃天气谚》)

春东风，雨祖宗；夏东风，热烘烘④；秋东风，晒死湖底老虾公；冬东

---

① 《甘肃天气谚》无“吹”字。

② 苍龙、朱雀、白虎、玄武：分别指东、南、西、北四方。

③ 上云：原注指云向西北行。

④ 热烘烘：《两当汇编》前有“日头”一词。

风，雪花白蓬蓬。（《两当汇编》《集成》）

春东风，雨祖宗；夏东风，雨孙孙。（《集成》）

春东夏西，打马送蓑衣。（《集成》）

春东夏西秋北雨。（《集成》）

春发东风连夜雨，夏发西风有大水。〔榆中〕（《集成》）

春风百日化作雨。（《集成》）

春风百日雨。（《甘肃天气谚》）

春风不着地，夏雨隔田埂。（《两当汇编》）

春风多，夏秋雨多。（《甘肃天气谚》）

春风发得早，今年雨水好。（《集成》）

春风换秋雨。（《甘肃天气谚》）

春刮东南夏刮北，秋刮西南[①]不到黑。（《两当汇编》《集成》）

春刮南风不由天，夏刮南风井底干。〔武山〕（《集成》）

春季南风是雨娘，夏季南风干禾秧，秋季南风当日雨，冬季南风彗茫茫。（《集成》）

春看东南风，不必问天公。（《甘肃天气谚》）

春南风，夏北风，不是雨，就是风。（《集成》）

春南风，雨咚咚；夏南风，一场空。〔天水〕（《集成》）

春南夏北，有风必雨。（《两当汇编》）

春南夏北，有风必雨；春东夏西，雨随风起。〔景泰〕（《集成》）

春南夏北有风，三天之内必有雨。（《张掖气象谚》《甘肃天气谚》）

春天断云[②]刮上云风，十天内有透雨。（《武都天气谚》《甘肃天气谚》）

春天风多，秋天雨多。（《集成》）

春天干风大，夏天猛雨多。（《集成》）

春夏南风天，秋冬北风雪[③]。（《宁县汇集》《甘肃选辑》《集成》）

春夏南风雨，秋冬北风多。（《甘肃天气谚》）

春夏南风雨，秋冬北风雪。（《静宁农谚志》《甘肃天气谚》）

春有场大风，秋有场大雨。（《武都天气谚》《甘肃天气谚》《中国气象谚语》）

春雨在风前，冬雨在风后。（《两当汇编》《集成》）

大风不过午，过午大如鼓。（《新农谚》《甘肃选辑》《临洮谚语集》《民

---

① 西南：《集成》〔永昌〕作“西风”。

② 《甘肃天气谚》“断云”下有“上”字。

③ 雪：《集成》作“水”。

勤农谚志》《中国农谚》《武都天气谚》《中国气象谚语》）

大风不过午，过午连夜吼。（《泾川汇集》《平凉气候谚》《清水谚语志》《平凉汇集》《中国农谚》）

大风不过午，过午三天鼓。（《谚海》）

大旱三年，吃不住东风一场。〔景泰〕（《集成》）

倒过风头就是雨。（《甘肃天气谚》）

地面旋风起，三日必有雨。（《会宁汇集》《定西汇编》《张掖气象谚》《甘肃天气谚》）

顶风背太阳，阴雨顺风放。（《集成》）

顶雨风，顺风船。（《甘肃农谚》）

东北风，不得空。（《中国农谚》《武都天气谚》《中国气象谚语》）

东北风，降雨雪；西南风，看日月。（《中华农谚》《鲍氏农谚》《集成》）

东北风，雨太公[①]。（《田家五行》《农政全书》《朱氏农谚》《中华农谚》《费氏农谚》《鲍氏农谚》《中国农谚》《集成》）

东北风，雨太公；西南风，燥烘烘。（《高台天气谚》）

东北风不变，阴雨连不断；东北风不倒，下到佛爷老。（《集成》）

东风半夜起，风强时间短。〔定西〕（《谚海》）

东风逼，不过夜。（《甘肃天气谚》）

东风不倒，别嫌雨小。〔永昌〕（《集成》）

东风不过三，过三没好天。（《武都天气谚》《定西农谚》《集成》）

东风不冷不下雨，东风不刮天不晴。（《集成》）

东风不下西风下[②]。（《甘肃天气谚》）

东风不转，阴雨不断；东风一停，天气转晴。〔秦安〕（《集成》）

东风吹，西风顶，天下不完别远行。（《集成》）

东风吹，西风逆，不下雨，不得行。〔华亭〕（《集成》）

东风吹，云打架，瓦沟流水大雨下。（《两当汇编》《集成》）

东风吹得大，转了西风就要下。（《武都天气谚》《甘肃天气谚》《中国气象谚语》《集成》）

东风大雨西风晴。（《谚海》）

东风多，当年雨水多。（《甘肃天气谚》）

---

① （元）娄元礼《田家五行》卷中《天文类》："谚云：'云云。'言艮方风雨，卒难得晴。俗名曰'牛筋风雨'，指五位故也。"（明）徐光启《农政全书》卷十一《农事·占候》云："谚云：'云云。'"太公：《集成》又作"祖宗"。

② 原注：指冬季。

东风多，天闷，几日雨要下。（《张掖气象谚》《甘肃天气谚》）

东风多湿西风干，南风吹暖北风寒。〔陇南〕（《集成》）

东风多雨北风凉，东北风吹得水汪汪。（《集成》）

东风换喜雨，老娘接闺女。〔靖远〕（《集成》）

东风急，备蓑衣。（《集成》）

东风急，雨打壁。（《鲍氏农谚》《中国农谚》《两当汇编》）

东风急溜溜，难熬五更天。（《集成》）

东风紧，大雨滚。〔泾川〕（《集成》）

东风紧，雨儿稳。（《中华农谚》《鲍氏农谚》《中国农谚》）

东风紧，雨儿稳；东风凉，浇倒墙。（《集成》）

东风卯起云，雨下巳时辰。（《集成》）

东风起，雨将临；西风起，天欲晴。（《集成》）

东风上午过，西风怕日落；东风不过午，过午如捣鼓。（《甘肃天气谚》）

东风生黑云，倒过西风即雨辰。〔甘谷〕（《集成》）

东风湿沾沾，雨在连畔畔①。（《白银民谚集》）

东风下雨西风晴，北风起来冷冰冰。（《两当汇编》）

东风下雨西风晴，北风一到霜来临。（《甘肃选辑》《清水谚语志》《中国农谚》《集成》）

东风下雨西风晴，南风连阴北风冻。〔永昌〕（《集成》）

东风下雨西风晴，转了南风下不成。（《集成》）

东风下②雨西风晴。（《中华农谚》《张氏农谚》《庆阳汇集》《宁县汇集》《泾川汇集》《甘肃选辑》《平凉气候谚》《清水谚语志》《中国农谚》）

东风续两天，阴雨连绵绵。（《集成》）

东风有雨西风旱。（《集成》）

东风有雨西风晴，北风刮，一阵云。（《定西农谚》）

东风有雨西风晴，北风刮来一场空。〔定西〕（《甘肃选辑》《中国农谚》《中国气象谚语》）

东风雨，南风云，西北风起天必晴。〔天水〕（《集成》）

东风雨，西风晴，北风刮来冷死人。〔白银〕（《集成》）

东风雨，西风晴，北风起来冻死人。（《山丹天气谚》《泾川汇集》《集成》）

东风雨，西风晴，北风霜来临。（《武都天气谚》《甘肃天气谚》）

东风雨，西风晴，西风不晴阴雨绵。（《武都天气谚》）

---

① 原注：指中部地区。

② 下：《甘肃选辑》〔甘南〕作“阴”。

东风转北风，不下也要阴。(《集成》)
东刮西扯，有雨不过夜。(《两当汇编》)
东南风，滴溜转，有雨难过五更天。〔礼县〕(《集成》)
东南风，雨祖宗，西北风，连夜晴。(《会宁汇集》)
东南风，雨祖宗。(《武都天气谚》)
东南风多雨少，西北风少雨大。(《文县汇集》)
东南风起要下雨，西北风停要下霜。(《集成》)
东南起风云，不下也要阴。(《集成》)
东西风来回顶，常下雨。(《甘肃天气谚》)
冬春东风硬，夏季雨水盛。(《集成》)
冬春风热，夏秋雨多。(《集成》)
冬季风多，来年雨多。(《甘肃天气谚》)
冬日南风三日雪。(《中国农谚》)
冬天风大，夏天雨大。(《集成》)
冬天南风大，必有大雪下。〔张掖〕(《集成》)
冬天南风来，家家准备柴。(《集成》)
冬天南风三日雪。(《中华农谚》《费氏农谚》《平凉汇集》《集成》)
对头风，没好雨。(《集成》)
二十四五刮南风，下月雨纷纷。(《集成》)
二月狂风，六月大水。(《集成》)
方向是东南，一定要变天。(《宁县汇集》)
风不刮，雪不下。(《高台天气谚》)
风吹不稳日头。(《中国气象谚语》)
风吹上元灯，雨打寒食坟。(《朱氏农谚》《鲍氏农谚》《集成》)
风吹云朝南，大雨下成潭。〔天水〕(《甘肃选辑》《中国气象谚语》)
风大雨点小。(《集成》)
风倒八遍，不用掐算。(《集成》)
风倒八遍，天气要变。(《集成》)
风刮大年头，一年少水流。(《集成》)
风刮一把雪，雪打十天晴。(《集成》)
风刮一条，雨下一方。(《酒泉农谚》《高台天气谚》《集成》)
风和雨逆行，必定雨淋淋。(《平凉汇集》)
风急雨落，水过田肥。(《甘肃农谚》)
风急云起，愈急必雨。(《中国气象谚语》)
风静气沉，一定雨淋。(《定西农谚》)

风静天热人又闷，有风有雨不用问。〔清水〕（《集成》）

风来雨到。（《集成》）

风热风大，天气不下。（《中国气象谚语》）

风是舅舅，雨在后头。（《中国气象谚语》《集成》）

风是雨的脚，风收雨就落。〔岷县〕（《集成》）

风是雨头。（《朱氏农谚》《张氏农谚》《中国气象谚语》）

风是雨头，水在后头。〔庆阳〕（《集成》）

风是雨头儿，屁是屎头儿。（《集成》）

风向不定要下。（《张掖气象谚》《甘肃天气谚》）

风向乱，天泛滥。（《甘肃天气谚》）

风向是东南，一定要变天。〔平凉〕（《甘肃选辑》）

风要刮不大，晚上一定下。（《集成》）

风与云逆行，一定雨淋淋①。（《中国谚语资料》《中国农谚》《谚海》《中国气象谚语》）

风雨不过午。（《集成》）

风在雨前连阴雨，风在雨后天快晴。（《甘肃天气谚》）

风在雨前天要下，风在雨后天要晴。（《高台天气谚》）

干风树上叫，水风地上扫。（《张掖气象谚》《甘肃天气谚》）

刮北风，不下雨，东南风，不过三天定下雨。（《中国谚语资料》《谚海》）

刮北风，上上云，天不下雨最放心。（《会宁汇集》）

刮东风，上上云，天不下，也放心②。（《甘肃选辑》《白银民谚集》《中国农谚》《甘肃天气谚》《中国气象谚语》）

刮东还西，必定下雨。（《集成》）

刮东还西，不下不依。（《张掖气象谚》）

刮东又刮北，天气等不到黑。（《张掖气象谚》《甘肃天气谚》《集成》）

刮风不刮风，当看月当中。（《集成》）

刮风不下雨，下雨不刮风。（《定西农谚》《集成》）

刮风之际云块厚，风停之后必有雨。（《张掖气象谚》《甘肃天气谚》）

刮南风，打丈云，三天不下必胀人。（《会宁汇集》）

刮南风，接黑云，明天有雨淋。（《集成》）

刮上风，上上云，不下雨③，也放心。（《谚海》《中国气象谚语》）

---

① 逆：《中国谚语资料》作“游”。一定：《谚海》作“必定”。

② 也放心：《甘肃天气谚》作“我不信”。

③ 雨：《中国气象谚语》作“下”。

刮西上风，天要下雨。(《高台天气谚》)

几天南风刮，风停雨就下。〔庆阳〕(《集成》)

交进十月节，风来就是雪。〔庆阳〕(《集成》)

久旱盼东风。(《集成》)

久旱西风更不雨，久雨东风更不晴。(《张氏农谚》《鲍氏农谚》《两当汇编》《集成》)

久旱西风更无雨。(《集成》)

开门风，闭门站，闭门不站要吼三半天。(《平凉气候谚》)

开门风越刮越大，闭门雨越下越怕。(《集成》)

腊月二十四吹北风，正月初四下。(《集成》)

腊月南风，大雪将临。(《集成》)

腊月南风半夜天[①]，六月北风雨倾盆。〔甘南〕(《甘肃选辑》《甘肃天气谚》《中国农谚》)

腊月南风正月雪，正月南风落不歇[②]。(《集成》)

来雨先刮[③]风，有雨也不凶。〔民乐〕(《集成》)

离了东风不下，离了西风不晴。(《集成》)

连吹三日西北风，秋雨不用问天公。(《两当汇编》《集成》)

连吹三日西南风，下雨不用问天公。(《集成》)

连发三日东北风，定有大水后面跟。(《中国农谚》《谚海》《集成》)

连发三日东北风，定有大水后头跟。(《鲍氏农谚》《中国谚语资料》)

连日风小，闷热无云，近期出门，定要留神。(《集成》)

两风并一举，必定连阴雨。(《武都天气谚》《甘肃天气谚》《中国气象谚语》)

六月北风，水淹鸡笼。(《集成》)

六月北风当时雨，好似[④]亲娘看闺女。(《两当汇编》《集成》)

六月北风及时雨。〔两当〕(《集成》)

六月北风雨绵绵。(《集成》)

六月西，雨凄凄。〔环县〕(《集成》)

六月西风暂时雨。(《武都天气谚》《中国气象谚语》)

每月十五吹南风，不过三天有雨淋。〔清水〕(《集成》)

南风不过三，不雨也阴天。〔武山〕(《集成》)

---

① 天：《中国农谚》作“雪”。

② 正月：原注指正月初一。落不歇：又作“落不多”。

③ 刮：又作“有”。

④ 似：《集成》作“像”。

南风不过晌，过晌听雨响。(《集成》)

南风吹，潮气大，北风吹来就下下。(《定西农谚志》)

南风吹得呼呼的大，三天以上必是下，只怕南风吹不大，吹得大来下得多，田间麦苗笑呵呵。(《白银民谚集》)

南风吹过来没处藏，北风吹来一道墙。(《靖远农谚》)

南风吹来潮气大，北风吹来天要下。〔定西〕(《甘肃选辑》《中国农谚》《中国气象谚语》)

南风吹来是应验，只怕南风吹不大，西风来就是雨。(《白银民谚集》)

南风吹暖西风变，东风多水北风寒。(《集成》)

南风刮到底，北风送来雨。(《集成》)

南风呼北雨，好比亲娘叫闺女。(《集成》)

南风猛过头，坑沟大水流。(《集成》)

南风暖，北风凉，东北风吹得水汪汪。(《集成》)

南风暖，东风潮，北风过来没处逃。〔平凉〕(《中华农谚》《鲍氏农谚》《集成》)

南风湿沾沾，雨在连畔畔①。(《白银民谚集》)

南风跳站子，雨就在眼畔子。(《靖远农谚》)

南风下雨北风晴，三十初一看上云。(《静宁农谚志》)

南风歇，雨来接。〔皋兰〕(《集成》)

南风雨，北风雷，东风连阴不短墒。(《谚海》)

南风雨，北风霜。(《集成》)

南风雨是肥雨，北风雨是瘦雨。(《靖远农谚》)

南风雨水多，北风好晴天。(《甘肃天气谚》)

南风转北风，有雨在夜中。〔西峰〕(《集成》)

南风转北风，雨点向下堆。(《静宁农谚志》)

南风转西北风②，雨点向下堆。(《宁县汇集》《甘肃选辑》《平凉气候谚》)

偏北风，雨太公。(《高台农谚志》《中国气象谚语》)

七月北风雨，八月北风凉。(《集成》)

起怪风，下恶雨。(《集成》)

秋吹东风毛毛雨，冬吹东风雨无踪。(《集成》)

秋冬北风雪，春夏东南雨。(《集成》)

秋风大，春雨多。〔渭源〕(《集成》)

---

① 原注：指二阴地区。

② 《平凉气候谚》无“风”字。

秋刮东风水连天，夏刮东风海底干。〔张掖〕（《集成》）

秋刮东风水淹山。（《武都天气谚》《甘肃天气谚》《中国气象谚语》）

秋来北风多，南风是雨窝。（《两当汇编》）

秋天风，八月闪，江河灌得满。（《集成》）

三场东风不由天。（《张氏农谚》《中国农谚》）

三日东风必有雨。（《山丹天气谚》《张掖气象谚》）

三日东风一日雨。（《甘肃天气谚》）

三日南风不由天，不雨也风颠。（《甘肃天气谚》）

三日南风刮，不久雨哗哗。（《集成》）

三日南风一日雨，一日北风三日晴。（《定西农谚》）

三日南风雨淋淋。（《甘肃天气谚》）

三天东风不由天，晚上晴天没好天。（《中国气象谚语》）

三天东南风，不必问天公。（《两当汇编》《集成》）

三天南风，不问天公。〔会宁〕（《集成》）

三天南风刮，风转雨就下。（《集成》）

三天南风换北雨。（《集成》）

三月南风不过三，四月南风只一天，五月南风下大雨，六月南风遍地干。〔民乐〕（《集成》）

三月三的风，四月四的雨。（《集成》）

三月西南风，秋雨落无穷。（《集成》）

十二月南风现报①。〔庆阳〕（《集成》）

十月东北风吹好天，孤孀娘娘好种田。〔西峰〕（《集成》）

顺风云彩戗风雨。（《集成》）

四季东风是雨娘。〔泾川〕（《费氏农谚》《集成》）

四季东风四季下，只怕东风起②不大。（《中华农谚》《费氏农谚》《临洮谚语集》《集成》）

四月九，大风吼，河鱼游到家门口。（《集成》）

岁朝西北风，天事害农工。（《甘肃农谚》）

天暴热有大风，大风过后阴了天，不是下雨就下雪。（《民勤农谚志》）

天吹西南风，生云起层层。（《静宁农谚志》）

天刮东风像恶鬼，一斗东风三斗水。（《集成》）

天旱东风要下，雨到西风不晴。（《临洮谚语集》）

---

① 现报：原注指月内天要下雨。

② 起：《临洮谚语集》作“吹”。

天旱东南风，不必问天公。（《集成》）

天旱九载，只盼东风一摆。〔张家川〕（《集成》）

天旱南风不下，雨滞北风不晴。（《甘肃天气谚》）

天旱南风下不了，天旱北风人放心。（《白银民谚集》）

天冷西风刮，不回就要下。（《张掖气象谚》《甘肃天气谚》）

天冷西风刮，不日就要下。（《高台农谚志》《中国农谚》《谚海》）

天热刮热风，没雨定刮风。（《张掖气象谚》《甘肃天气谚》）

头年秋风大，来年雨水多。（《集成》）

晚上北风起，不是阴天就是雨。（《甘肃天气谚》）

乌头风，白头雨。（《中华农谚》《鲍氏农谚》《两当汇编》《中国农谚》《集成》）

五月南风雨，六月南风晴。（《集成》）

午前东南风，雨在初七八。（《靖远农谚》）

午夜东南风，雨在十九日。（《靖远农谚》）

西北风，来得凶，下雨却稀松。（《集成》）

西北风，雨祖宗。（《张掖气象谚》《集成》）

西北风是[①]开天锁。（《张氏农谚》《中国农谚》《集成》）

西北天开锁，午后阳如火。（《集成》）

西风不过酉，过酉连夜吼。（《费氏农谚》《鲍氏农谚》《谚海》）

西风不过酉，过酉连夜走。（《高台农谚志》《中国气象谚语》）

西风刮不停，半月没雨情。（《集成》）

西风烈，雨不急。（《集成》）

西风烈，雨水缺。（《集成》）

西南风，送好雨。（《集成》）

下雨吹东南风，雨要下大；下雨吹西北风，雨就下不大。（《甘肃天气谚》）

下雨先起风，必定一场空。〔武威〕（《集成》）

夏刮东风，冬刮北风，天要下。（《甘肃天气谚》）

夏季东风连日雨，秋季西风连日霜。（《集成》）

夏季碰头风，不烦问天公。（《集成》）

夏季早晨无风，下午开始有雨。（《张掖气象谚》《甘肃天气谚》）

夏季正南刮大风，明日午后听雨声。（《集成》）

夏里西风雨，冬里西风阴。（《高台农谚志》）

夏天吹了东南风，下雨不在夜间在明天。（《甘肃天气谚》）

---

① 《集成》无“是”字。

夏天刮南风，多半雨淋人。(《平凉汇集》)

夏天西风雨，秋天东风雨。(《张掖气象谚》《甘肃天气谚》)

夏雨北风生，无雨也[1]风凉。(《朱氏农谚》《两当汇编》)

行得春风望夏雨。(《甘肃农谚》)

雪趁风威。(《集成》)

雪后南风还有雪，雪后北风天转晴。(《集成》)

要吃好酒亲家公，要落好雨东北风。(《中华农谚》《集成》)

要问雨远近，但[2]看东南风。(《中华农谚》《鲍氏农谚》《中国农谚》《集成》)

一场大风过，必有大雨落。(《集成》)

一场东风一场雨，场场东风日日雨。(《高台天气谚》)

一场秋风一场雨[3]，一场寒露一场霜。(《费氏农谚》《两当汇编》)

一年三季东风雨，唯有夏季东风晴。(《集成》)

一年四季东风雨，唯有夏日东风晴。(《甘肃天气谚》)

一日东风三日雨。〔会宁〕(《集成》)

一日东风三日雨，三日东风一场空。(《甘肃天气谚》)

一日狂风三日雨，三日狂风九日晴。〔天水〕(《集成》)

一日南风，三日送门。(《集成》)

一阵东风一阵雨，雨后东风雨更凶。(《集成》)

阴天西南风发凉，很快就要下一场。〔通渭〕(《集成》)

有雨风助雨，无雨雨助风。〔静宁〕(《集成》)

雨过来东风，来日雨更凶。(《集成》)

雨过生东风，夜里雨更凶。(《两当汇编》)

雨后东南风，三天不落空。(《两当汇编》《集成》)

雨后刮东风，再来雨更凶。(《集成》)

雨后生东风，未来雨更凶。(《武都天气谚》《甘肃天气谚》)

雨前刮风雨不久，雨后刮风雨不停。(《集成》)

雨前一阵风，必定一场空。〔武威〕(《集成》)

雨天东北风，下雨没个晴。(《集成》)

月月南风月月下，就怕南风起不大。(《集成》)

月月农历二十八，看到下月初一日；南风雨水多，北风之前半月旱。〔宁

---

① 也：《朱氏农谚》作“亦”。

② 但：《集成》作“只”。

③ 雨：《两当汇编》原作“风”，据《费氏农谚》正之。

县〕(《集成》)

早晨东南风，雨在初三四。(《靖远农谚》)

早风不过午，过午如擂鼓。〔岷县〕(《集成》)

早风雨，晚风晴；雨前风，一场空。(《集成》)

早刮东风水长流，夜刮东风晒死牛。(《集成》)

早起东风当日雨。(《集成》)

早晚南风午北风，只等下雨一场空。(《集成》)

正月初一刮北风，前半年湿，后半年干。(《集成》)

正月里一场风，一百天后一场雨。(《甘肃天气谚》)

正月南风多，一年雨水多。(《甘肃天气谚》)

正月西风多，一年雨水多。〔清水〕(《集成》)

知道二月风，便知六月雨。〔甘谷〕(《集成》)

云

白天黑云跟太阳，半夜雨声响。(《文县汇集》《甘肃天气谚》《中国气象谚语》)

白天无云天还好，夜间无云天不保。(《甘肃天气谚》)

白云变黑云，大雨要来临。(《甘肃天气谚》)

白云彩，雨点多；黑云彩，怕死老婆。(《集成》)

白云穿梭，有雨不多。(《集成》)

白云黑云跟太阳，半夜雨声响。(《武都天气谚》)

白云开花，雷雨要下。(《集成》)

北面黑云雷雨真，善爱下雨旱田是幸福。(《白银民谚集》)

北面云彩过了河，麻雀老鸦不得活。〔兰州〕(《集成》)

北云撑到南，平地冲做潭；西云撑到东，日头赤烘烘。(《中国农谚》《谚海》)

薄云雨多，瘦人尿多。〔通渭〕(《集成》)

薄云雨多。(《清水谚语志》)

擦黑阴云掉小雨，关起门来歇一宿。(《集成》)

层层云，雨倾盆。(《集成》)

朝发黄云就落雨，晚出黄云晒狗腿。(《集成》)

朝看东南黑，即是有大雨。(《中国气象谚语》)

朝看东南黑，势必午前雨；晚看西北黑，半夜听风雨。(《鲍氏农谚》《中国农谚》)

朝看南黑，热极午后雨。(《武都天气谚》)

朝看南云涨，夜看北云摊，朝云不过雨来黑。(《谚海》)

朝有棉花云，下午雷雨鸣。(《集成》)
朝有炮台云，午后雨淋淋。(《集成》)
稠云南北成了条，两三天内雨准到。(《集成》)
出了探海云，大雨准来临。(《集成》)
打架不在人肥瘦，下雨不在云薄厚。(《集成》)
大黄山上戴帽帽，雨水下得起泡泡。(《山丹天气谚》)
大鳞云，不过五；小鳞云，不过三。(《集成》)
大头云过了河，虾蚂老鼠不得活。(《白银民谚集》)
大瓦云，小瓦雨。(《集成》)
低密厚云到，阴雨飞雾兆。(《集成》)
低烧云，雨淋淋；高烧云，晒死人。(《集成》)
低云不见走，落雨不会久。(《集成》)
低云要下雨，闷热必生风。〔金塔〕(《集成》)
东北乌云下大雨。(《集成》)
东方边上一块黑，农家场上莫晒麦。(《集成》)
东方发一发，淹死多少鸡和鸭。(《两当汇编》)
东方走黑云，要挨大雨淋。(《集成》)
东海潮云翻，下雨不过三。(《甘肃天气谚》)
东南起黑云，不下就天阴。(《中国气象谚语》)
东南起黑云，不下也要[1]阴。(《中国农谚》《武都天气谚》《甘肃天气谚》)
东南起云有雨，正南走云无雨。(《静宁农谚志》)
东南山上有云盖，要下雨[2]。(《定西农谚志》)
东跑云彩西跑雨，南跑北跑好天气。(《集成》)
冬来天上一片云，不久定是雪纷纷。(《集成》)
冬天云走北下，云走南晴。(《岷县农谚选》《武都天气谚》《甘肃天气谚》)
豆荚云，雨来临。(《集成》)
断云不过三日雨。(《武都天气谚》《甘肃天气谚》)
断云三日必有雨。(《定西农谚》)
断云三日雨。(《甘肃天气谚》)
断云有后雨。〔武山〕(《集成》)
二八月，云过雨就过。(《集成》)
皋兰上戴帽，骆驼蓬戴孝。(《甘肃农谚》)

---

① 也要：《中国农谚》作“就是”。
② 原注：指定西城关西巩一带。

高山戴帽，吃饭睡觉。（《清水谚语志》）

高山戴帽，下雨发泡。（《武都天气谚》《中国气象谚语》）

高山戴帽，有雨来到。〔泾川〕（《集成》）

高山戴帽，雨水下得起泡。（《张掖气象谚》《甘肃天气谚》）

高山戴帽，在家睡觉。（《宁县汇集》《静宁农谚志》《甘肃选辑》《平凉气候谚》《中国气象谚语》）

高山顶上有云绕，无雨也有三天阴。〔天水〕（《集成》）

疙瘩云，一阵阵；城墙云，雨淋淋。（《集成》）

公太子山的云向母太子山走，当天有大雨。〔临夏〕（《甘肃天气谚》）

钩钩云，泡塌城。（《平凉气候谚》《中国农谚》《武都天气谚》《中国气象谚语》）

钩钩云，泡塌城；瓦渣云，晒死人；云碰云，雨淋淋；洼洼云，太阳红。（《定西农谚》）

钩钩云，要下雨。（《白银民谚集》）

钩钩云，雨淋淋。（《武都天气谚》《集成》）

钩云不过三，不雨也风颠。（《集成》）

钩云往上弯，必定是雨天；钩云往下弯，必定是风天。（《集成》）

瓜趟子云泡死人，瓦碴子云晒死人。（《民勤农谚志》）

关山戴帽，长工睡觉。（《平凉汇集》《中国农谚》）

光有黑，有雨没测。（《泾川汇集》）

海云满天，大雨连绵。（《甘肃天气谚》）

旱云似烟，雨云似波。（《集成》）

河口[①]不开，天阴雨来。（《定西农谚》《集成》）

河口潮云必有雨。（《靖远农谚》）

黑锅底，大雨起；黄咕隆，一场风。（《集成》）

黑云不过雨早，三天必是雨到。（《定西农谚志》）

黑云缠月亮，有雨等不亮。（《文县汇集》）

黑云打架，不久要下。〔民乐〕（《集成》）

黑云滚滚，大雨倾盆。（《集成》）

黑云交加，不远就下。（《集成》）

黑云接的低，有雨在夜里；黑云接的[②]高，有雨在明朝。（《鲍氏农谚》《谚海》）

---

① 《定西农谚》注：河口，岷县城以西10公里处，清水乡一带。

② 的：《谚海》作“地”。

黑云接了驾，决定把雨下。(《中华农谚》《中国气象谚语》)

黑云接日，雨在来日。(《庆阳汇集》《宁县汇集》《甘肃选辑》《中国农谚》《中国气象谚语》)

黑云接太阳，必定有一场。(《甘肃选辑》《定西汇编》《中国农谚》《定西农谚》《中国气象谚语》)

黑云接太阳，天变不久常。(《清水谚语志》)

黑云接太阳，晚上滴漏①淌。(《临洮谚语集》《定西农谚》《集成》)

黑云接一丈，等不到天亮②。(《定西农谚》《集成》)

黑云接月一丈，有雨等不到天亮。〔兰州〕(《集成》)

黑云密布，大雨漫布。(《集成》)

黑云虽不大，不能小看它。(《谚海》)

黑云镶金边，下雨不过三。(《集成》)

黑云遮日，雨在来日。(《静宁农谚志》《泾川汇集》)

黑云遮日头，半夜听雷吼。(《平凉汇集》《谚海》)

黑云遮日头，有雨在后头。(《集成》)

黑云遮太阳，不是今天就是明后晌。(《天祝农谚》《中国农谚》)

黑云遮太阳，不是三天就是后两晌。(《甘肃天气谚》)

黑云遮阳婆，月亮像火红③。(《中国谚语资料》《谚海》)

黑云遮月亮，有雨不到亮。(《清水谚语志》《定西农谚》《集成》)

黑云遮月亮，有雨等不到天亮。(《武都天气谚》《甘肃天气谚》)

华林山戴帽，不是今日就是明早④。(《甘肃选辑》《甘肃天气谚》《中国农谚》《中国气象谚语》)

黄瓜云，淋煞人；茄子云，晒死人。(《朱氏农谚》《中华农谚》《两当汇编》)

黄瓜云，淋死人。(《集成》)

黄昏起云半夜开，半夜起云雨就来。(《集成》)

黄昏上云半夜消，黄昏消云半夜浇。(《鲍氏农谚》《武都天气谚》《甘肃天气谚》《中国气象谚语》)

黄昏上云五更浇。(《朱氏农谚》《中国农谚》《谚海》)

黄云雨多，黑云吓死老婆。(《中国农谚》《集成》)

---

① 滴漏：《集成》〔兰州〕作“滴滴”。

② 等：《定西农谚》又作“有雨”。天亮：《集成》〔临夏〕作“天大亮”。

③ 火红：《谚海》作“红火”。

④ 日、早：《甘肃天气谚》作“朝”。

灰白头，天无雨。(《张掖气象谚》)

回头云，不留情。〔兰州〕(《集成》)

回云日头上云雨。(《甘肃天气谚》)

回云雨，十八洒，放羊娃，泡塌垮。〔甘谷〕(《集成》)

尖岗山戴帽，必定有雨到。〔通渭〕(《甘肃天气谚》)

尖山戴帽，晌午不到雨就到。(《甘肃天气谚》)

江猪一群一群翻，下午找个停船湾。〔甘南〕(《甘肃选辑》《中国农谚》)

蛟云一出现，大雨在眼前。(《集成》)

今晚黑云接日头，下雨就在明天后。(《中国谚语资料》《中国农谚》)

空中出现龙卷云，三日五日雨淋淋。(《集成》)

蓝天把雨水聚在云头，闪电把脚根栽在地上①。〔甘南〕(《集成》)

懒龙②出窝，大雨瓢泼。〔兰州〕(《集成》)

老君山上戴帽帽，雨水下得起泡泡。(《山丹天气谚》)

老龙斑，不过三。(《集成》)

老云搭上坪子头，不上三天雨就有。(《甘肃天气谚》)

六月云行西，定下连阴雨。(《集成》)

龙首山上戴帽帽，雨水下得起泡泡。(《山丹天气谚》)

乱交云，雨淋淋。(《中国农谚》)

乱云打顶绞，风雨来不小。(《文县汇集》)

乱云满天搅③，风雨少不了。(《集成》)

乱云天顶搅，风雨来不少。(《两当汇编》)

马尾云撅起，必定是风雨。(《集成》)

满天黄腾腾，不雨便是风。(《集成》)

帽帽山戴帽，老虎山发潮；老虎山不潮，帽帽山干燥。(《天祝农谚》《中国农谚》)

蒙亮天发黑，铁拐李要偷锅去。(《集成》)

棉花云，泡死人；钩钩云，泡塌城。(《甘肃天气谚》)

棉花云，雨来临。(《集成》)

墨吃红雨等不到明，红吃墨雨等不到黑。(《张掖气象谚》)

墨黑西南，老龙出潭。(《集成》)

南北云相摩，大雨落成河。(《两当汇编》《集成》)

---

① 原注指雷电雨水过后，虹脚落在地上。

② 懒龙：原注指乌黑浓厚的云。

③ 搅：又作“跑”。

南里云，缸里米。〔泾川〕（《集成》）

南山不戴帽，北山虚热闹。（《中国气象谚语》）

南山戴帽，长工汉睡觉。〔灵台〕（《集成》）

南山戴帽，大雨就到。（《临洮谚语集》《甘肃天气谚》）

南山戴帽，屋里[①]睡觉。（《中国农谚》《两当汇编》）

南山戴上帽，大雨就来到。〔兰州〕（《集成》）

南山头顶黑云翻，放羊娃娃披上毡。（《集成》）

南山头上戴白帽，来年不怕没水浇。（《集成》）

逆风顶云天下雨。（《甘肃天气谚》）

逆风行云天要变。（《集成》）

牛头岅山戴帽，庄稼人睡觉。（《天祝农谚》《中国农谚》）

炮台云，雨淋淋。（《集成》）

跑马云彩没有雨。（《集成》）

七圣[②]戴帽，大雨就到。（《定西农谚》）

七圣山戴帽，不是今晚就是明早。（《定西农谚》）

祁连山戴帽，庄稼人睡觉。（《中国农谚》《中国气象谚语》）

祁连山顶云，大雨必临。（《谚海》）

祁连山头戴了帽，吃过午饭就睡觉。〔张掖〕（《集成》）

祁连山云[③]戴帽，庄稼人睡觉。（《中国谚语资料》《中国农谚》《谚海》）

墙头云，淹死人。〔泾川〕（《集成》）

青云罩山头，甘雨自可来。（《中国气象谚语》）

清晨起海云[④]，风雨霎时辰。（《费氏农谚》《山丹天气谚》《高台天气谚》《谚海》）

清晨起海云，风雨霎时临。（《中国农谚》《两当汇编》）

清早宝塔云，下午雨倾盆。（《集成》）

清早观天，东明西暗，等不得端碗。（《中国气象谚语》）

秋夜黑茫茫，来日雨一场。〔瓜州〕（《集成》）

三层云彩下大雨。（《集成》）

扫帚云，大雨泡死人。（《集成》）

扫帚云，泡死人。（《白银民谚集》《中国农谚》《集成》）

---

① 屋里：《两当汇编》作“拉被”。

② 七圣：七圣山，位于渭源县城东北 5 公里处，海拔 2400 米。

③ 《中国农谚》无“云”字。

④ 海云：《谚海》作“云海”。

扫帚云，泡塌城。(《静宁农谚志》)

扫帚云，吓死人。(《中国气象谚语》)

扫帚云，吓死人；瓦渣云，晒死人。(《宁县汇集》《甘肃选辑》)

扫帚云，雨淋盆。(《庆阳汇集》《宁县汇集》《泾川汇集》《甘肃选辑》《平凉气候谚》《平凉汇集》)

扫帚云，雨倾盆。(《中国农谚》《甘肃天气谚》)

山戴帽，蛇过道，蚂蚁出洞大雨到。〔临夏〕(《集成》)

山戴帽，睡大觉。(《白银民谚集》)

山顶戴帽将有雨，云上高山好晒衣。(《集成》)

山顶起了蘑菇云，当日下午雨倾盆。(《集成》)

山尖戴帽，长工短工睡觉。(《中国农谚》)

山尖雾，冲断路；山根雾，晒破肚。(《集成》)

山上长毛团，就要下雨。(《民勤农谚志》)

上午若黑云遮地，下午就晒干河水。〔天祝〕

上午云高冒，下午雷雨到。〔临泽〕(《集成》)

上云三日雨，回云多时晴。(《武都天气谚》《甘肃天气谚》《中国气象谚语》)

兽云吞落日，必定有雨。(《中国气象谚语》)

兽云吞落日，次日必有雨。(《岷县农谚选》)

水泉尖山戴帽，明日雨来到。〔靖远〕(《甘肃天气谚》)

天边云不明，不久雨就停。(《集成》)

天边云不明，不久雨就停；天边云光明，雨水难得晴。(《两当汇编》)

天边云光明，阴雨难得行。(《集成》)

天低白云多，明天要砸锅。(《集成》)

天低必多雨，天高必多云。(《平凉汇集》《中国农谚》《谚海》)

天低有雨天高旱。(《农谚和农歌》《定西汇编》《张掖气象谚》《甘肃天气谚》《集成》)

天顶除了炮台云，不过三日雨淋淋。(《甘肃天气谚》)

天高不下雨，地高没收成。(《中国农谚》)

天高不下雨，云低雨不停。(《集成》)

天公乌幢幢，幢幢要起风，起风要下雨，下雨难做工。(《谚海》)

天旱不望朵朵雨。(《中国农谚》)

天旱不望朵朵云，久雨不望西方晴。(《高台天气谚》)

天黑时一亮，下雨就长。(《武都天气谚》《甘肃天气谚》)

天际[1]灰布悬，雨丝定连绵。(《鲍氏农谚》《临洮谚语集》《两当汇编》《中国气象谚语》)

天脚吊乌云，大雨似倾盆[2]。(《中国谚语资料》《中国农谚》《中国气象谚语》《集成》)

天空出现钩钩云，出门远走挨雨淋。〔天水〕(《甘肃选辑》《中国农谚》)

天空灰布悬，雨丝连绵绵。(《张掖气象谚》《甘肃天气谚》)

天空灰云悬，定有雨连绵。〔兰州〕(《集成》)

天空乱翻云，雷雨下不停。(《集成》)

天起疙瘩云，大雨快来临。〔永登〕(《集成》)

天起扫帚云，三天雨淋淋。(《两当汇编》)

天起鱼鳞壳，有雨定不歇。(《中国谚语资料》《中国农谚》《谚海》《中国气象谚语》)

天气时阴时亮，雨下一天一场。(《文县汇集》)

天上布满点，细雨定连绵。(《集成》)

天上出来扫帚云，不上三日雨淋淋。(《中国气象谚语》)

天上出现钩钩云，来日不下也要阴。〔西和〕(《集成》)

天上出现钩钩云，三五日内大雨淋。(《集成》)

天上出现扫帚云，不上三日雨将淋。〔甘南〕(《甘肃选辑》)

天上出现条条云，不下也要阴。(《酒泉农谚》)

天上吊吊云，地下水淋淋。(《集成》)

天上勾搭云，地上雨淋淋。(《集成》)

天上钩钩云，地上泡[3]死人。(《定西农谚》《集成》)

天上钩钩云，地下[4]雨淋淋。(《两当汇编》《张掖气象谚》《定西农谚》)

天上钩钩云向东，地上三日雨打钟。〔临夏〕(《集成》)

天上钩云，地下水成河。(《高台天气谚》)

天上灰布点，细雨定连绵。(《中国气象谚语》)

天上灰布衫，阴雨又连绵。(《定西农谚》《集成》)

天上灰布悬，雨丝定连绵。〔敦煌〕(《集成》)

天上卷卷云，地上雨淋淋。(《集成》)

天上泡泡云，不过三天雨来临。〔陇南〕(《集成》)

---

① 天际：《临洮谚语集》作“天空”。

② 大雨：《集成》作“雨来”。似：《中国农谚》作“要”。

③ 泡：《集成》作“淋”。

④ 下：《定西农谚》作“上”。

天上起了包头云，不过三天大雨淋。（《集成》）

天上起了钩钩云，三五日内有雨淋。（《甘肃天气谚》）

天上起了炮头云，三五日里雨淋淋。（《中国气象谚语》）

天上起了扫帚云，不过三日雨淋淋。〔西和〕（《集成》）

天上起了鱼鳞斑，大雨不久落田间。（《集成》）

天上起了鱼鳞斑，下雨就在这几天。（《集成》）

天上撒瓦瓦，地下打滑滑。（《中国农谚》《集成》）

天上扫帚云，三日雨淋淋①。（《新农谚》《山丹天气谚》《民勤农谚志》《高台天气谚》《中国农谚》《张掖气象谚》《武都天气谚》《甘肃天气谚》《定西农谚》《中国气象谚语》）

天上扫帚云，三五天里不出门。（《集成》）

天上扫帚云，下雨天不晴。（《临洮谚语集》）

天上扫帚云，雨点泼满头。（《定西农谚》）

天上丝丝云，不过五天要下雨。（《张掖气象谚》）

天上丝丝云，不久风雨跟。（《集成》）

天上铁砧砧，地下雨淋淋。（《集成》）

天上无云不下雨，地上无媒不成婚。（《甘肃农谚》）

天上无云不下雨，田中无粪不长粮。（《甘肃农谚集》）

天上西北云，云底有层层，方向是东南，一定要变天。（《庆阳汇集》）

天上悬球云，雷雨下不停。（《集成》）

天上羊肚云，穷汉不进富汉门。（《集成》）

天上有了钩钩云，三五日里雨淋淋。（《中华农谚》《中国农谚》《中国气象谚语》）

天上有了扫帚云，不过三天雨来临。（《中国农谚》）

天上有了扫帚云，三日雨来临。（《中国农谚》）

天上有雨四边亮。〔武威〕（《集成》）

天上有雨四面亮，天上无雨天开窗。（《甘肃天气谚》）

天上鱼鳞斑，不雨也风癫。（《定西农谚》）

天上云宝塔，不久雨哗哗。〔永登〕（《集成》）

天上云打坝，必定又要下。（《庆阳汇集》《泾川汇集》《平凉气候谚》《中国农谚》《张掖气象谚》）

天上云翻滚，下午雨淋淋。（《甘肃天气谚》）

天上云赶羊，地下雨不强。（《定西农谚》）

---

① 淋淋：《中国气象谚语》作“将淋”。

天上云赶羊，有雨也不强。(《集成》)

天上云如城堡，雷雨即将来到。(《集成》)

天上云像梨，地上雨淋泥。(《集成》)

天上爪爪云，地上泡死人。〔山丹〕(《集成》)

天要下，当中化；天要晴，四角明。(《定西农谚》)

天有波浪滚轴云，再加吹的东北风，天就下雨或下雪。(《酒泉农谚》)

天有钩钩云，来日天不晴。(《酒泉农谚》)

天有紫红云，雷雨将来临。(《高台农谚志》《清水谚语志》《平凉汇集》《中国农谚》《张掖气象谚》《甘肃天气谚》《中国气象谚语》)

娃娃云相跟，无雨也生风。〔民乐〕(《集成》)

瓦瓦云湾头，大雨满地流。(《岷县农谚选》)

晚出黑细云，明天不雾定雨淋。(《集成》)

晚看东南，早看西北。(《谚语集》)

晚看西北黑，半夜看风雨。(《白银民谚集》)

晚看西北黑压压，半夜起水泡蛤蟆。(《集成》)

晚起鱼鳞斑，明日河里大浪翻。(《集成》)

晚上天起鲤鱼斑，明日河水白浪翻。(《平凉气候谚》)

晚上天气雨一般，明日①沟内白浪翻。(《庆阳汇集》《静宁农谚志》《宁县汇集》《甘肃选辑》《中国气象谚语》)

晚上天阴黑沉沉，刮风打雷雨淋淋。(《集成》)

晚云行千里，云遮午必有雨。(《天祝农谚》)

万里晴空日，三天必有雨。(《集成》)

万里无云不过三，不是下雨就阴天。〔临潭〕(《集成》)

乌云白云跑疙瘩，人人出门把伞搭。(《平凉汇集》《中国农谚》)

乌云吹向西，打马送蓑衣。〔皋兰〕(《集成》)

乌云挡坝，半夜②雨下。(《集成》)

乌云东，下雨凶；乌云南，河水翻潭。(《两当汇编》)

乌云东南，不雨就风。〔兰州〕(《集成》)

乌云飞，白头雨。(《平凉汇集》)

乌云接得早，有雨在明早；乌云接得迟，有雨在夜里。(《集成》)

乌云接驾，不阴就下。(《甘肃天气谚》)

乌云接落日，不雨也风颠。(《武都天气谚》)

---

① 明日：《静宁农谚志》作“来日”。

② 半夜：又作“来朝”。

乌云接落日半夜雨，乌云接月一日晴。(《甘肃天气谚》)

乌云接日，明朝不如今日。(《中华农谚》《张氏农谚》《甘肃农谚》)

乌云接日，霎时雨来①。(《甘肃农谚》《平凉汇集》《中国农谚》)

乌云接日，有雨不出明日。(《鲍氏农谚》《中国农谚》)

乌云接日，有雨明日；日落云接，明必得歇。(《两当汇编》)

乌云接日半夜雨。(《中国气象谚语》)

乌云接日半夜雨，乌云接月一日晴，乌云拉西路成溪。(《武都天气谚》)

乌云接日头，半夜雨稠稠。(《中国农谚》)

乌云接太阳，猛雨两三场。(《鲍氏农谚》《两当汇编》)

乌云接太阳，下雨在后晌。(《集成》)

乌云接头，大雨在明天。(《民勤农谚志》)

乌云结掌，半夜雷响。(《集成》)

乌云截日，定有大雨。(《民勤农谚志》)

乌云拦东，不下雨，就起风。(《中国农谚》)

乌云如鸟，落雨不小。(《鲍氏农谚》《谚海》《中国气象谚语》《集成》)

乌云四起遮②太阳，大雨到来水满江。(《武都天气谚》《甘肃天气谚》)

乌云像鸟飞，大雨定不小。(《两当汇编》)

乌云像鸟飞，下雨定不成。(《平凉汇集》)

乌云有雨，黄云有风。(《集成》)

乌云在东，有雨不凶。(《庆阳汇集》《宁县汇集》《甘肃选辑》《平凉气候谚》《中国农谚》《中国气象谚语》)

乌云在东，有雨不凶；雷公先说，有雨不多。(《集成》)

乌云遮东，不是雨就是风。(《两当汇编》)

乌云遮东，有雨不凶；乌云遮西，大道成溪。(《集成》)

乌云遮落日，不下③今日下明日。〔民乐〕(《张掖气象谚》《集成》)

乌云遮日遮得高，有雨出现④在明朝。〔甘南〕(《甘肃选辑》《中国农谚》)

乌云遮西，大道成溪；乌云遮东，有雨不凶。〔环县〕(《集成》)

无雨四下亮，有雨顶上光⑤。(《朱氏农谚》《费氏农谚》《鲍氏农谚》《中国农谚》)

五月十六一点云，一十八天不出门。(《集成》)

---

① 来：《平凉汇集》作“下”。

② 遮：《甘肃天气谚》作“接”。

③ 下：《张掖气象谚》作“落”。

④ 《中国农谚》无“出现”一词。

⑤ 《朱氏农谚》前后两句互倒。

午后云遮，夜雨滂沱。(《集成》)

午后云遮日，夜雨淋死鸡。(《中国农谚》)

武当山[①]穿衣裳，等不到中午吃干粮。(《定西农谚》)

武当山戴帽儿，等不到吃饭睡觉了。(《定西农谚》)

西北疙瘩云，大雨下一阵。(《集成》)

西北过来没好雨。(《集成》)

西北黑咕隆咚，不是下雨就刮风。(《中国农谚》)

西北黑云起，一定要下雨。(《高台农谚志》《平凉汇集》《中国农谚》《张掖气象谚》《甘肃天气谚》《谚海》《中国气象谚语》)

西北黑云生[②]，雷雨必震声。(《张氏农谚》《平凉汇集》《两当汇编》《武都天气谚》《甘肃天气谚》《中国气象谚语》《集成》)

西北乌云连，大雨在眼前。(《集成》)

西北乌云升，老农快歇工。(《集成》)

西北乌云升，雷雨必震声。(《张掖气象谚》《甘肃天气谚》)

西北乌云雨连绵，东南乌云雨不见。(《天祝农谚》《中国农谚》《甘肃天气谚》)

西南起云墙，大雨后边藏。(《集成》)

西南山戴帽，必然有雨。(《靖远农谚》)

下午云来接，明天把工歇。〔酒泉〕(《集成》)

夏天黑猪攻天河，便有大雨紧跟着。(《集成》)

夏云遮日[③]挂金边，下雨不过两三天。(《集成》)

兴山戴帽云，庄稼水浇完。(《靖远农谚》)

悬球[④]云，雨来临。(《集成》)

雪山的云，晒得发红，天要下雨。(《高台天气谚》)

眼看西边黑，风雨不可说。(《甘肃天气谚》)

要得下，天顶化；要得晴，四山明。(《甘肃天气谚》)

一更上云二更开，三更不开雨就来。(《集成》)

一黑一暗，石头泡软；一黑一亮，石头泡胀；一亮一黑，石头泡碎。(《清水谚语志》)

一黑一亮，地变池塘。〔兰州〕(《集成》)

---

① 原注：武当山位于漳县城以东25公里处，海拔2516米。

② 生：《集成》〔环县〕作“升”。

③ 夏云遮日：又作“乌云接日”。

④ 悬球：又作“迫点”。

一黑一亮，石头泡胀。（《庆阳汇集》《宁县汇集》《静宁农谚志》《甘肃选辑》《平凉气候谚》《平凉汇集》《中国农谚》《谚海》）

一黑一亮，石头泡胀；一黑一暗，雨如鞭杆。（《甘肃天气谚》）

一黑一亮，石头泡胀；一明一暗，石头泡软。（《两当汇编》）

一明一暗，大水上岸。（《集成》）

一明一亮，石头[1]泡胀。（《高台天气谚》《张掖气象谚》《甘肃天气谚》）

迎山云起，大雨千里。（《集成》）

有雨山戴帽，无雨云拦腰。〔西和〕（《集成》）

鱼鳞天，不雨也风颠[2]。（《农政全书》《费氏农谚》《中国农谚》《张掖气象谚》《武都天气谚》《甘肃天气谚》《中国气象谚语》）

鱼鳞云，不下也生风。（《集成》）

鱼鳞云，不雨也风颠。（《高台天气谚》《两当汇编》《武都天气谚》）

榆木山戴帽，雨下的发泡。（《高台农谚志》）

雨后云恋山，必定雨连天。（《集成》）

雨未晴，看云灵。（《朱氏农谚》《中国气象谚语》）

云变黑，有雨色。（《集成》）

云不遮午，遮了午，下的没处躲。（《甘肃天气谚》）

云布半山顶，霎时雨来临。〔兰州〕（《集成》）

云布满地，云霄雨乱飞。（《文县汇集》）

云布满山，连雨绵绵。〔榆中〕（《集成》）

云布满山底，连雷带雨滴。（《集成》）

云布满山底，连宵[3]雨乱飞。（《鲍氏农谚》《两当汇编》）

云彩白边，不过三天。（《集成》）

云彩打绺，下雨莫走；云彩夹脖，雨水满河；云彩放炮，风雨要到。（《集成》）

云彩顶风走，有雨。（《甘肃天气谚》）

云彩发红黄，必定有雷降。（《张掖气象谚》《甘肃天气谚》）

云彩分了层，大雨不到明。（《集成》）

云彩黄，赶快办。〔定西〕（《甘肃选辑》《中国农谚》《中国气象谚语》）

云彩乱交头，下得没了牛。（《集成》）

云彩南行，雨停夜晴。（《集成》）

---

① 石头：《高台天气谚》作“木头”。

② （明）徐光启《农政全书》卷十一《农事·占候》：“谚云：‘云云。’此言细细如鱼鳞斑者。”

③ 宵：《两当汇编》作“雷”。

云彩往南跑旱船。〔天水〕(《甘肃选辑》《中国农谚》《中国气象谚语》)

云彩往西，王母娘娘穿蓑衣。(《集成》)

云彩往西走，泡死鸡和狗。(《中国谚语资料》《中国农谚》《谚海》《中国气象谚语》《集成》)

云彩匀，水淹城；云彩不匀，没雨有风。(《集成》)

云层灰黑雨后风，云层灰白大雨跟。(《集成》)

云层乱，上下翻，不下好雨下冰蛋。(《集成》)

云长胡子下雨，云长头发打雷。(《集成》)

云朝东，一场红；云朝南，雷声响；云朝西，有雨滴；云朝北，一场雪。(《高台农谚志》《中国气象谚语》)

云朝南，水上船；云朝北，好晒麦；云朝西，水汲汲；云朝东，刮大风。(《谚海》)

云朝南北溜，不下明天下后天。(《武都天气谚》《中国气象谚语》)

云朝西，泡死鸡；云朝南，冲翻船。(《中国谚语资料》《中国气象谚语》)

云朝西，泡塌房；云朝东，空一场。〔临泽〕(《集成》)

云扯南，下成潭；云扯北，晒成灰。(《中国谚语资料》《中国农谚》《谚海》《中国气象谚语》)

云成瓦片，一月晒满。(《集成》)

云吃虹，下不停；虹吃云，下不成。(《集成》)

云吃火，没处躲；火吃云，晒死人。(《集成》)

云吃雾下，雾吃云晴。(《两当汇编》《集成》)

云从东方起，必定有风雨。(《甘肃天气谚》)

云从东南涨，下雨不过晌。(《两当汇编》)

云从林中起，雨靠绿林落。(《集成》)

云从南边长，大雨不过晌。(《集成》)

云打架，大雨下；云交云，雨淋盆。(《静宁农谚志》)

云打架，雨水下。(《集成》)

云到半山腰，必定大雨浇。(《集成》)

云低多雨，云高天晴。(《平凉气候谚》)

云低下大雨，云高晒太阳。(《平凉汇集》《中国农谚》)

云低有雨，云高天旱。(《集成》)

云翻翻，雨忙忙。(《高台天气谚》)

云赶云，大雨淋。(《集成》)

云高天转晴，云低雨淋淋。〔兰州〕(《集成》)

云后云，雨淋淋。(《集成》)

云回头，雨不愁。(《集成》)

云交叉，还要下。(《集成》)

云交云，风刮东风，天气定有雨。(《张掖气象谚》)

云交云，雨将淋。(《中国气象谚语》)

云交云，雨淋淋。(《费氏农谚》《鲍氏农谚》《山丹天气谚》《高台天气谚》《临洮谚语集》《张掖气象谚》《甘肃天气谚》《集成》)

云交云，雨淋盆。(《庆阳汇集》《宁县汇集》《泾川汇集》《甘肃选辑》《平凉汇集》)

云接阳婆烟扑地，狗打滚儿定下雨。(《集成》)

云卷云，雨淋淋。(《集成》)

云开又合，大雨瓢泼。(《集成》)

云块顶牛，雨降临。(《张掖气象谚》)

云拦东，不下雨，就起风。(《谚海》《中国气象谚语》)

云里钻太阳，必定下一场。(《集成》)

云立则雨，云卧则晴①。(《静宁州志》)

云乱翻，淋倒山。(《集成》)

云摞云，路难行。(《集成》)

云没根，雨没心。(《高台农谚志》《文县汇集》《张掖气象谚》)

云没根，雨无心②。(《武都天气谚》《集成》)

云跑北，下不多。(《定西汇编》)

云跑北，下不多；云跑南，下不完。〔定西〕(《甘肃选辑》《中国农谚》《中国气象谚语》)

云跑东，日头红；云跑南，雨翻船；云跑西，下死鸡；云跑北，晒成灰。(《定西农谚》)

云跑东，一场空，云跑西，水汲汲；云跑北，下不多；云跑南，下不完。(《白银民谚集》)

云跑东，一场空；云跑南，下不完。(《谚语集》)

云跑东，一场空；云跑西，淋死鸡。(《甘肃天气谚》《中国气象谚语》)

云跑东，一场空；云跑西，泡死鸡；云跑南，水翻船；云跑北，等不黑。〔天水〕(《甘肃选辑》《中国气象谚语》)

云跑西，淋死鸡。(《定西汇编》)

云跑西，披蓑衣。(《中国谚语资料》《中国农谚》)

---

① (乾隆)《静宁州志》卷一《疆域志》:“葛家洞……洞壁间时挂流云，谚云：‘云云。’”

② 心：《集成》又作“踪”。

云跑西，水汲汲；云跑北，下着黑。(《谚语集》)

云碰云，雨淋淋。(《两当汇编》《武都天气谚》)

云起西山，大雨下川[1]。(《临洮谚语集》)

云烧顶，下满井。〔定西〕(《甘肃选辑》《中国农谚》)

云生云，雨淋淋。(《集成》)

云似冒烟，大雨连天。〔兰州〕(《集成》)

云似炮车型，没雨定有风。(《朱氏农谚》《两当汇编》)

云随风雨疾，风雨霎时息。(《张氏农谚》《两当汇编》《集成》)

云腾致雨。(《鲍氏农谚》《中国谚语资料》《中国农谚》《中国气象谚语》)

云条当[2]空挂，当天有雨下。(《白银民谚集》《甘肃天气谚》)

云往北，一场空；云跑西，雨汲汲，云跑西，白雨泼。(《靖远农谚》)

云往东，车马通；云往西，披蓑衣；云往南，涝池闲；云往北，淋死鸡。〔敦煌〕(《集成》)

云往东，太阳红；云往西，下死鸡。(《临洮谚语集》)

云往东，一场空。(《甘肃天气谚》)

云往东，一场空；云往南，水漂船；云往西，水汲汲；云往北，晒干麦。(《泾川汇集》)

云往东，一场空；云往南，水行船；云往西，淋死鸡；云往北，石头瓦块晒成灰。(《定西农谚》)

云往东，一场空；云往西，泡死鸡。(《定西农谚志》)

云往东，一场空；云往西，水汲汲；云往南，晒干椽；云往北，淋死鸡。〔广河〕(《集成》)

云往东，一场空；云往西，雨淋淋；云往南，水漂船；云往北，晒干麦。(《谚海》)

云往东，有雨也不凶。(《张掖气象谚》《甘肃天气谚》)

云往高山爬，大雨哗哗下。(《集成》)

云往南，水撑船。(《集成》)

云往南，水漂船，云往北，晒成灰。(《谚海》)

云往南，水漂船；云往北，晒成灰；云往东，一场空；云往西，水沉沉。(《平凉汇集》)

云往南，水漂船；云往北，晒干麦；云往西，水滴滴；云往东，刮大风。(《庆阳汇集》《中国农谚》)

---

① 原注：从西面来的云，一般是沿川来云，降水也如此。

② 当：《甘肃天气谚》作“天”。

云往南，雨点甜。(《集成》)

云往西，钩天下；云往东，钩天晒。(《中国农谚》)

云往西，泡死鸡。(《张掖气象谚》)

云往西，泡死鸡；云朝南，冲翻船。(《中国农谚》)

云往西，水淹瓦房基。(《集成》)

云往西，雨淋鸡；云往东，一场空。(《平凉气候谚》)

云往西走，泡死鸡狗。(《会宁汇集》)

云雾搭桥下大雨。(《白银民谚集》)

云下日光，晴朗无妨。(《甘肃农谚》《鲍氏农谚》《平凉汇集》《甘肃天气谚》《谚海》)

云下山，地不干。(《集成》)

云下山，天有雨；云上山，好晒衣。〔泾川〕(《集成》)

云下山顶将有雨，云上高山好晒衣。(《集成》)

云下月光，晴朗无妨。(《平凉气候谚》)

云相交，雨相飘。(《中国农谚》)

云向北，发大水。(《集成》)

云向北，耙耙推；云向南，小河飘上船；云向西，水汲汲；云向东，一场风。〔泾川〕(《集成》)

云向东，涝池空；云向西，涝池埋；云向南，涝池闲；云向北，涝池溢。〔瓜州〕(《集成》)

云向东，漂起船。(《集成》)

云向东，有雨变成风。(《集成》)

云向东南行，雨过天必晴。〔西和〕(《集成》)

云向南，水翻船；云向西，晒死鸡。(《清水谚语志》)

云向南，水飘船；云向北，涝坝溢；云向西，水淋鸡；云向东，一场空。(《庆阳县志》)

云向南，水飘沿；云向北，晒干麦；云向西，水淋淋①；云向东，一场风。(《宁县汇集》《甘肃选辑》《中国农谚》)

云向西，湿地皮。(《谚海》)

云向西，下地披蓑衣。〔永靖〕(《集成》)

云像鳞片，雨落②明天。(《鲍氏农谚》《两当汇编》《谚海》《中国气象谚语》)

---

① 水淋淋：《宁县汇集》作“水淋鸡”。

② 雨落：《中国气象谚语》作“落雨”。

云像磨，水成河。(《集成》)

云像磨，水成河；云推磨，大雨落。(《集成》)

云行东，雨无踪，马车通；云行南，水满潭，好乘船；云行北，雨便住，好晒谷；云行西，雨缠绵，披蓑衣。(《两当汇编》)

云行东，雨无踪。(《庆阳汇集》《中国农谚》)

云行急，雨来迟。〔环县〕(《集成》)

云行南，水涨潭；云行北，好晒麦。(《高台农谚志》)

云行南，雨潺潺，水涨潭；云行北，雨便足，好晒谷①。(《朱氏农谚》《中国农谚》)

云行逆风天气变。(《集成》)

云咬云，下满盆。(《集成》)

云在东，有雨也不凶。(《武都天气谚》)

云在西南，掀翻水潭。(《集成》)

云遮山顶，雾在山腰；若有雨降，即在明朝。(《集成》)

云遮午，必有②雨。(《新农谚》《甘肃选辑》《平凉汇集》《民勤农谚志》《中国农谚》《甘肃天气谚》《中国气象谚语》)

云遮午，雨淹鼠。(《中国农谚》《谚海》)

云中日头，后娘的舌头。(《谚海》)

云自东北起③，必定有风雨。(《中华农谚》《集成》)

云自东方来，必是有风雨。(《集成》)

云走北，晒成灰；云走南，下成潭。(《中国农谚》)

云走北，晒成灰；云走南，下成潭；云往西，钩④天下；云往东，钩天晒。(《中国气象谚语》)

云走东，两路空；云走西，跑死鸡；云跑南，水翻船；云跑北，晒成灰。(《洮州歌谣》)

云走东，天爷晴；云走南，雨潺潺；云走西，马舔泥；云走北，晒出灰。(《定西农谚》)

云走东，一场空；云走西，淋死鸡；云走南，晒瓦檐；云走北，不空回。〔康乐〕(《集成》)

云走南，水翻船，云走北，晒出⑤灰。(《岷县农谚选》《文县汇集》)

---

① 《朱氏农谚》“行南”“行北”分为两条农谚。

② 《甘肃天气谚》无“有”字。

③ 东北起：又作“东方来”。

④ 钩：原注指有些地区方言“九”读如“钩”。

⑤ 出：《文县汇集》作“成”。

云走南，水翻船；云走北，晒出头。〔定西〕（《甘肃选辑》《中国农谚》《中国气象谚语》）

云走西，淹死鸡；云走东，一场空。（《中国谚语资料》《中国农谚》《谚海》）

云走西，雨淅淅。（《文县汇集》）

早晨东南暗，下午把雨见；晚上西北黑，半夜风雨吹。〔环县〕（《集成》）

早晨东南黑，午前多有雨；晚上西边明，来日定放晴。（《集成》）

早晨绝了云，三日有雨淋[①]。（《张掖气象谚》《甘肃天气谚》）

早晨乌云盖，无雨也风来。（《两当汇编》）

早晨云如山，中午下满湾。（《集成》）

早晨云锁坝，三天有雨下。（《集成》）

早看东，晚看西，晌午看的当中哩。（《定西农谚》《集成》）

早看东南，晚看西北[②]。（《六语》《甘肃农谚》《费氏农谚》《鲍氏农谚》《两当汇编》《庆阳汇集》《高台农谚志》《宁县汇集》《山丹天气谚》《泾川汇集》《静宁农谚志》《甘肃选辑》《定西农谚志》《民勤农谚志》《清水谚语志》《平凉汇集》《临洮谚语集》《中国农谚》《张掖气象谚》《甘肃天气谚》《庆阳县志》《定西农谚》《集成》）

早看东南城墙云，晚看西北雾沉沉。（《甘肃天气谚》）

早看东南黑，雨势午前急；晚看西北黑，半夜有风雨。（《集成》）

早看东南晚看西，便知近日有没雨。（《集成》）

早看东南云，晚看西北晴。（《清水谚语志》《武都天气谚》《甘肃天气谚》《中国气象谚语》）

早怕南云潮，晚怕北云推。（《谚海》）

早怕南云涨，夜怕北云摊。（《中国农谚》）

早起白云转黑色，下雨就在眉梢睫。（《集成》）

早上不见云，午后雨临门。〔张家川〕（《集成》）

早上断了云，下午泡死人。（《集成》）

早上发海云，就要下雨了。（《定西农谚志》）

早上刮南风，白天必定晴。〔武威〕（《集成》）

早上冒青烟[③]，请君莫远行。（《泾川汇集》）

早上南来疙瘩云，不出三日雨淋淋。（《集成》）

早上乌云盖，无雨风也来。（《武都天气谚》《中国气象谚语》《集成》）

---

① 原注：指春季。

② （明）郭子章《六语·谚语》卷七。

③ 原注：指有絮状高积云出现。

早上絮状云，下午雷声鸣。（《定西农谚》）

早上云成堡，大雨快来到。（《集成》）

早上正南起黑云，三天之内雨搅风。（《集成》）

早有白云带，下午雷①雨来。（《平凉气候谚》《平凉汇集》《中国农谚》《谚海》）

早有破絮云，午有雷雨淋。（《集成》）

早云不多，一天的啰嗦。（《定西汇编》）

中午出现钩钩云，不过三天雨必临。（《甘肃天气谚》）

阴　晴

夜晴没好天，晴不到鸡叫唤。（《谚海》）

八月初一难得晴，九月初一难得雨。（《集成》）

八月十五晴，雪山扎老林。（《岷县农谚选》）

八月十五阴一阴，正月十五雪打灯。（《宁县汇集》《泾川汇集》《平凉汇集》《文县汇集》《中国农谚》《谚海》《中国气象谚语》《集成》）

碧蓝天气大霹雷。（《中国气象谚语》）

病怕猛好，雨怕猛晴。〔宁县〕（《集成》）

不怕初一下，单怕初二阴，初三若不晴，就是半月根。（《集成》）

不怕初一下，就怕初二晴。（《集成》）

不怕初一阴，就怕初二下，初三初四不晴天，沥沥拉拉二十天。（《集成》）

初一不晴，本月有雨；初一不明，半月不停；初一下雨，一月不住。〔天水〕（《集成》）

初一阴，初二下，初三下起没招架。〔徽县〕（《集成》）

大年初一晴，这一年雨水多；天红，则雨水不调。（《张掖气象谚》《甘肃天气谚》）

东明西暗，等不到吃饭。（《中华农谚》《鲍氏农谚》《中国农谚》《甘肃天气谚》《谚海》《集成》）

东明西暗，下雨等不到吃早饭。（《两当汇编》）

东晴西暗，等不到洗碗；一暗一亮，老婆上炕。（《两当汇编》）

东晴西暗，等不得端碗。（《中国农谚》《庆阳县志》《中国气象谚语》）

东阴西暗，下雨不到吃饭。（《平凉汇集》）

二月二日晴，蓑衣满地坪；二月二日雨，蓑衣高挂起。（《集成》）

二月二日晴一晴，乌云猛雨到清明。（《集成》）

---

① 雷：《中国农谚》《谚海》作“暴”。

干晴无大汛，雨落无小汛①。(《鲍氏农谚》《中国农谚》)

黑了晴，挣不到明。(《定西农谚》)

久晴必有久雨，久雨必有②久晴。(《定西农谚志》《中国气象谚语》《集成》)

久晴必有雨，久雨必有晴。(《中国气象谚语》)

久晴东风不下，久雨西风不晴。(《甘肃天气谚》)

久晴东风雨，久雨东风晴。(《张掖气象谚》《甘肃天气谚》)

久晴东风雨，久雨西风晴。(《武都天气谚》《甘肃天气谚》《中国气象谚语》)

久晴鹊噪雨，久雨鹊噪晴。(《集成》)

久晴天射线，不久有雨见。(《集成》)

久晴蛙忽叫，预知雨来到；久雨蛙忽叫，必然晴天到。(《集成》)

久晴西风雨，久阴③西风晴。(《张掖气象谚》《甘肃天气谚》《集成》)

久晴响雷必大雨，久雨响雷天快晴。(《集成》)

久晴有久雨。(《清水谚语志》)

久晴有久雨，久雨有④久晴。(《两当汇编》《武都天气谚》《甘肃天气谚》)

久阴猛晴没好天。〔泾川〕(《集成》)

久雨猛一晴，明天雨更猛。(《清水谚语志》)

久雨天边亮，还要下一丈。〔华池〕(《集成》)

久雨天射线，不久有雨见。〔华亭〕(《集成》)

腊月三十正月初一晴，当年不旱不涝雨水均。〔临夏〕(《集成》)

蓝线通天，过不了三天。(《集成》)

落雨怕天亮。(《中国气象谚语》)

猛晴不算晴。(《张掖气象谚》《甘肃天气谚》)

猛晴的天爷路不见干。(《民勤农谚志》)

猛晴没好天，等不到鸡叫唤。(《宁县汇集》《静宁农谚志》《甘肃选辑》《中国气象谚语》)

猛晴没好天，晴不了半天⑤。(《武都天气谚》《甘肃天气谚》《中国气象谚语》)

猛晴没好天，晴了都是两三天⑥。(《集成》)

---

① 汛：《鲍氏农谚》误作“汎”。
② 《定西农谚志》无“有”字。
③ 阴：《集成》〔华亭〕作“雨”。
④ 《两当汇编》无“有”字。
⑤ 半天：《甘肃天气谚》作“一半天”。
⑥ 两三天：又作“一半天”。

猛晴没好天，晴天没半天[①]。（《定西农谚》《集成》）

猛晴天，路不干。（《甘肃天气谚》）

七阴八下九不晴，初十下到大天明。〔天水〕（《甘肃选辑》）

七阴八下九不晴，初十下个大天明，十一十二四方雨，再看十三十四晴不晴。（《谚海》《中国气象谚语》）

七阴八下九日晴，九日不晴害死人。（《谚海》）

晴天下雨，后有大雨。（《集成》）

晴晚没好天，晴不到鸡叫唤。〔定西〕（《甘肃选辑》）

上午有雨中午晴，明天还有雨来临。（《武都天气谚》《甘肃天气谚》《中国气象谚语》《集成》）

通夜雨转晴，不过三日雨仍来。（《张掖气象谚》《甘肃天气谚》）

晚晴没好天，晴[②]不到鸡叫唤。（《岷县农谚选》《临洮谚语集》）

无过雨不下，无过雨不晴。（《甘肃天气谚》）

夜暗没好天，等不到鸡叫唤。（《中国农谚》）

夜暗无好天。（《中国农谚》）

夜晴没好天，等不到鸡叫唤[③]。（《卜岁恒言》《宁县汇集》《平凉气候谚》《平凉汇集》《两当汇编》《甘肃天气谚》《定西农谚》《集成》）

夜晴没好天，明朝还一般。（《集成》）

夜晴没好天，明朝雨连绵。（《集成》）

夜晴没好天，晴不到鸡叫唤。（《庆阳汇集》《泾川汇集》《清水谚语志》《谚海》《定西农谚》）

夜晴没好天，下雨在明天。（《会宁汇集》）

夜晴无好天，明朝还要雨连绵。（《两当汇编》）

夜晴无好天。（《朱氏农谚》《张氏农谚》《费氏农谚》《山丹天气谚》《张掖气象谚》《甘肃天气谚》）

有雨当天亮，无雨四下晴。（《民勤农谚志》）

有雨四边晴，无雨天顶开。〔临泽〕（《集成》）

有雨四方亮，无雨顶上[④]光。（《费氏农谚》《平凉气候谚》《临洮谚语集》《中国农谚》）

有雨四角亮，无雨光亮上。（《庆阳汇集》）

---

① 《定西农谚》一无下句。

② 《岷县农谚选》无此“晴”字。

③ （清）吴鹄《卜岁恒言》卷一《雨》：“久雨云黑忽然明亮，主大雨。谚云：‘云云。’”到：《平凉汇集》作“得”。

④ 顶上：《平凉气候谚》作“天顶”。

有雨四山清，无雨四山光。〔庆阳〕（《集成》）

有雨天边亮，无雨顶[1]上光。（《文县汇集》《中国农谚》《两当汇编》《张掖气象谚》《武都天气谚》《集成》）

有雨天顶开，无雨四山开。（《山丹天气谚》）

有雨天顶亮，没雨明四方。（《高台农谚志》《中国气象谚语》）

有雨天顶亮，无雨四边光。（《集成》）

有雨天顶亮，无雨照四方。（《甘肃天气谚》）

雨后夜晴没好天。（《集成》）

正月初一东南阴，西北晴，全年雨水多；东南晴，西北黄，雨水少。（《张掖气象谚》）

中午亮一亮，晚上下一丈。（《两当汇编》）

中午露一露，下午下个够。（《集成》）

雨 雪

八月初一滴一点，直等来年五月满。（《集成》）

八月十五下，直到[2]来年立了夏。（《甘肃选辑》《中国农谚》《定西农谚》《中国气象谚语》）

八月十五下一点，一百廿天不见面。〔清水〕（《集成》）

八月十五下一点，直到明年五月满。（《宁县汇集》《甘肃选辑》《中国农谚》《中国气象谚语》）

八月十五下一阵，正月十五雪打灯。〔通渭〕（《集成》）

八月十五下一阵，直到明年五月春。（《庆阳汇集》《中国农谚》）

八月十一下一阵，好雪降在立冬中。（《集成》）

闭门雨到明早起。（《集成》）

病人怕肚胀，雨落怕天亮[3]。（《田家五行》《农政全书》《卜岁恒言》《中华农谚》《甘肃农谚》《费氏农谚》《鲍氏农谚》《平凉汇集》《平凉气候谚》《中国农谚》）

病人怕肚胀，雨落怕天亮；望晴看天边，望雨看天黄。（《甘肃天气谚》）

不怕一五下，就怕二六晴。（《集成》）

---

① 顶：《两当汇编》作“头”。

② 直到：《定西农谚》作“只等”。

③ （元）娄元礼《田家五行》卷中《天文类》：“谚云：‘云云。’亦言久雨正当昏黑，忽自明亮，则是雨候也。”《农政全书》卷十一《农事·占候》引同。（清）吴鹄《卜岁恒言》卷一《雨》亦云：“久雨云黑忽然明亮，主大雨。谚云：‘亮一亮，下一丈。’又云：‘云云。’”雨落：《平凉汇集》作“落雨”，《平凉气候谚》作“下雨”。

吃过早饭下，下到鸡上架。(《文县汇集》)
臭雪，秋雨多。(《张掖气象谚》)
初八十八二十八，山水发在四月八。〔酒泉〕(《集成》)
初二初三，路儿不干。(《张掖气象谚》《甘肃天气谚》《定西农谚》)
初二初三路不干，一下就是七八天。(《集成》)
初秋涝，冬雪多。(《张掖气象谚》)
初五不下等十五，十五不下等二十五。(《甘肃天气谚》)
初一十五滴雨点，十天半月路不干。(《集成》)
初一十五二十三，阴天下雨湿布衫。(《集成》)
初一十五下一点，一月路不干。(《集成》)
初一下一阵，直到来年三月近。(《静宁农谚志》)
初一下雨十五止，十五不止下到底。(《张掖气象谚》《甘肃天气谚》)
春里雪少，冬里雪多。(《张掖气象谚》)
春缺雨，秋多淋。(《集成》)
春天的雨是奶油，秋天的雨是刀子。〔天祝〕(《集成》)
春夏雨少，秋里雨多。(《张掖气象谚》《甘肃天气谚》)
春雪大，夏水广。(《张掖气象谚》《甘肃天气谚》)
春雪多，秋雨多。(《甘肃天气谚》)
春雪化得早，收成一定好。(《集成》)
春雪落一尺，河水涨一丈。(《集成》)
春雪如跑马，有雪下不大。(《集成》)
春雪压平川，冬雪压高山。(《集成》)
春雨多，秋雨少。(《甘肃天气谚》)
春雨多，夏雨少。(《集成》)
春雨多，夏雨少；春雨少，夏雨多。(《甘肃天气谚》)
春雨发得早，今年雨水好。(《集成》)
春雨贵如油，莫让白白流。(《集成》)
春雨寒，冬雪暖。(《谚海》)
春雨少，秋雨少。(《武都天气谚》《中国气象谚语》)
春雨早，春雨多。(《甘肃天气谚》)
此处落雨此处安。(《谚语集》)
大雨不过三，小雨不过五。(《集成》)
大雨发不发，就看六月二十八。(《集成》)
大雨一过午，以后没干土。(《武都天气谚》《中国气象谚语》)
冬半年少雪，夏半年少雨。(《甘肃天气谚》《集成》)

冬春雪多，夏秋雨少。（《集成》）

冬日雪花六出，春日雪花五出①。〔康县〕（《集成》）

冬水枯，春水补；春水补，夏水枯。（《集成》）

冬天不下大雪，春天靠定下大雪。（《张掖气象谚》《甘肃天气谚》）

冬天三场雨，三个更顶一天。（《谚海》）

冬天下雪多，来年雨水广②。（《酒泉农谚》《甘肃天气谚》）

冬天雪多，春夏雨多。（《张掖气象谚》《甘肃天气谚》）

冬天雪多，麦后③雨多。（《集成》）

冬天有奇寒，夏天有奇雨。（《集成》）

冬雪饱地皮，春雪薄地皮。（《集成》）

冬雪多，春寒有雨。（《武都天气谚》）

冬雪多④，春雪少。（《张掖气象谚》《甘肃天气谚》）

冬雪落山不落川，春雪落川不落山。（《酒泉农谚》）

冬雪少，春雪多。（《甘肃天气谚》）

冬雪早，春有雨；夏旱，秋雨广。（《甘肃天气谚》）

冬雪早，春雨多。（《武都天气谚》《中国气象谚语》）

冬雪中午降，白不了牛脊梁；秋雨下午落，过不了夜不止。（《集成》）

端午无好日，中秋无好天。（《集成》）

端午下雨雨水多。（《集成》）

二三月雨多，四五月雨少。（《张掖气象谚》《甘肃天气谚》）

二十五不应，二十六一定⑤。（《集成》）

二月干一干，三月雨水宽。（《集成》）

二月三月下雪多，四月五月雨水少。（《张掖气象谚》《甘肃天气谚》）

二月下雨早，一年雨水少。〔张家川〕（《集成》）

发雨大发三天，小发七天。（《定西农谚志》）

肥不过春雨，瘦⑥不过秋霜。〔天水〕（《甘肃选辑》《中国气象谚语》《集成》）

肥不过雨，瘦不过风。（《甘肃选辑》《定西汇编》）

封地有大雪，来年雨不缺。〔临泽〕（《集成》）

---

① 六出、五出：原注指雪花形成图案中的叶瓣数。

② 广：《甘肃天气谚》作“多”。

③ 麦后：原注指麦收以后。

④ 多：《甘肃天气谚》作“广”。

⑤ 原注：指天旱转雨。

⑥ 瘦：《集成》〔庆阳〕作“苦”。

公雨发三场，母雨连七天。(《武都天气谚》《中国气象谚语》)
过雨一日发三次。(《集成》)
坏了初二三，半月不得干。(《集成》)
甲子雨，已卯风，四十五天不放空。〔庆阳〕(《集成》)
今年春雨少，来年夏雨多。(《张掖气象谚》《甘肃天气谚》)
今年雪下得早，明年雨下得早。(《张掖气象谚》《甘肃天气谚》)
今年雨下在秋，明年雨下在春。(《集成》)
九月初一十五下了雨，叫你半月脚湿泥。(《集成》)
九月初一十五下了雨，叫你和上半月泥。(《集成》)
九月里的雪，闹①老鼠的药。(《天祝农谚》)
九月里下雪春雪少，三月四月雨水多。(《张掖气象谚》)
九月里雪，请下的客。(《集成》)
九月十月，雨雨雪雪。〔永靖〕(《集成》)
九月下雪春雪少，三四月雨水多。(《甘肃天气谚》)
开门雨，下一天；闭门雨，落一宿。〔平凉〕(《集成》)
开头泡，一阵子；末尾泡，大雨到。〔合水〕(《集成》)
腊雪是被子，春雪是刀子。(《集成》)
腊月多雪，六月多雨。(《集成》)
腊月里雪，五月的客。(《集成》)
腊月三场雪，老牛水上漂。(《集成》)
腊月有雪秋雨广。(《甘肃天气谚》)
雷雨不过犁沟。〔天水〕(《甘肃选辑》《中国农谚》)
雷雨不走，地下成河。(《平凉气候谚》)
雷雨连三场。(《集成》)
雷雨三后晌。(《集成》)
雷雨下西北，有雨后面追。(《集成》)
雷雨下西南，农人好种田。(《集成》)
雷雨追旧路②，有雨也不久。(《集成》)
六月里下了雨，腊月里有雪。(《甘肃天气谚》)
六月六，雨水臭。(《酒泉农谚》)
六月六落雨，一百二十场毛毛雨。(《集成》)
六月天，畦不干。〔华亭〕(《集成》)

---

① 闹：方言，有两种用法，作为形容词，形容味道苦；作为动词，指下毒、毒害。
② 追旧路：原注指雷雨一般连下几场，多从原路发起。

六月有庚申，七月有雨淋。(《集成》)
六月雨多，腊月雪多。(《集成》)
六月雨淋头，七月雨不愁。(《集成》)
毛毛雨，磨人天，一磨十八天。(《集成》)
毛雨接大雨，屋满用盆盛。〔定西〕(《甘肃选辑》)
毛雨接大雨，屋满用盆盛；大雨接毛雨，天气定然晴。(《中国气象谚语》)
明雪暗雨，不是真晴。(《临洮谚语集》)
南面①的雨，锅里的米。(《谚语集》《集成》)
南面过雨不过河，遇河喜鹊老鸦不得活。(《甘肃农谚》)
南山雪厚，来年雨水多。(《酒泉农谚》)
南雨不过河，过河了不得。〔皋兰〕(《谚语集》《集成》)
南雨不过河，过河鹰雀不得活。〔兰州〕(《集成》)
南雨十八阵。〔镇原〕(《集成》)
跑山雨，淹死鸭子淋死鸡。(《集成》)
七月半，河②水乱。(《甘肃选辑》《民勤农谚志》《中国气象谚语》)
七月初一难得下，八月初一难得晴。(《集成》)
七月初一有雨下，七月十七紧相连。〔正宁〕(《集成》)
七月七，连阴带下十月一。(《会宁汇集》《集成》)
七月七，下给者③八月哩。〔东乡〕(《集成》)
七月七日滴一点，秋雨下到九月满。〔庆阳〕(《集成》)
七月天，瓦沟儿水不干。(《集成》)
前半年的雨水涝，冬季雪就少。(《甘肃天气谚》)
前半年多，后半年少；前半年少，后半年多。(《甘肃天气谚》)
前半年雨涝，后半年雨少。〔宁县〕(《集成》)
前半年雨少，后半年雨多。(《甘肃天气谚》)
前冬大雪，夏季雨缺。〔永靖〕(《集成》)
前毛毛不晴，后毛毛不下④。〔灵台〕(《集成》)
前毛毛不下⑤，后毛毛不晴。(《泾川汇集》《清水谚语志》《中国农谚》)
前毛毛雨不大，后毛毛雨不晴。(《庆阳汇集》《平凉气候谚》《武都天气谚》)

---

① 南面：《谚语集》作“南头子”。
② 河：《民勤农谚志》作“雨”。
③ 下给者：方言，一直下到的意思。
④ 前、后：原注指早、晚。
⑤ 下：《清水谚语志》作“雨”。

前蒙蒙雨不下，后蒙蒙雨不停[①]。(《宁县汇集》《甘肃选辑》《中国农谚》《中国气象谚语》)

前年春雨少，后年春雨多。(《甘肃天气谚》)

前月二十五，后月没干土。(《甘肃选辑》《文县汇集》)

前月二十五，后月无干土。(《费氏农谚》《中国农谚》《张掖气象谚》《甘肃天气谚》)

前月廿五后，月末干土。(《高台天气谚》)

前月下到二十五，后月出去没干土。〔天水〕(《甘肃选辑》《中国农谚》)

前月下了二十七，下月拉得两脚泥。(《甘肃天气谚》)

前月下了二十五，下月地里无干土。〔徽县〕(《集成》)

倾盆大雨欢，雨过地皮干。(《两当汇编》)

倾时大雨就来到，庄稼人不信拔艾蒿。(《岷县农谚选》)

秋里无雨，冬里无雪。〔酒泉〕(《甘肃天气谚》《集成》)

秋天下到戊子日，踩泥带水四十日。〔甘谷〕(《集成》)

秋雨多，春水少。〔平凉〕(《集成》)

秋雨多，春雨多。(《张掖气象谚》)

秋雨多，春雨少。(《甘肃天气谚》)

秋雨多，春雨少；春雨多，秋雨少。(《集成》)

秋雨多，冬冷而旱。(《张掖气象谚》)

秋雨多，冬没雪。〔平凉〕(《集成》)

秋雨多，冬雪少，春水也少。(《甘肃天气谚》)

秋雨多，冬雪少。〔平凉〕(《集成》)

秋雨多，冬雪少；夏雨多，冬雪少。(《甘肃天气谚》)

秋雨多，来年夏雨也多。(《张掖气象谚》《甘肃天气谚》)

秋雨多，立夏有好雨。(《张掖气象谚》《甘肃天气谚》)

秋雨多，夏雨多。(《甘肃天气谚》)

秋雨少，春雨多。(《武都天气谚》《中国气象谚语》)

去得快，来得快，久晴有久雨。(《甘肃天气谚》)

去冬没雪，今春少雨。(《甘肃天气谚》)

壬子癸丑甲寅下，四十五天不上山[②]。(《定西农谚》《集成》)

壬子癸丑甲寅下，四十五天泥里欻[③]；壬子癸丑甲寅晴，四十五天不见

---

① 《宁县汇集》上下句皆无“雨”字。

② 原注：每月逢壬子、癸丑、甲寅日如下雨，则为连阴雨。山：《集成》作“坬”。

③ 欻（chuā）：象声词，指在泥里活动的声音，方言亦指发出声音的这种动作。

云。〔陇西〕（《集成》）

入冬雨封地，来春雨不多。（《集成》）

三江水涨，来年雨水充沛①。（《临洮谚语集》《甘肃天气谚》）

三月里雨水贵如油②。〔泾川〕（《集成》）

三月田中水，贵如篓中油。〔庆阳〕（《集成》）

三月雨贵如金，四月雨贵如银。（《酒泉农谚》）

山水要发大，就得把雨下。（《甘肃选辑》《民勤农谚志》）

上年九月十三下了雨，次年雨水多。（《张掖气象谚》）

十一十二没好天，十三下得鸡叫唤。（《集成》）

十月初一下了雪，第二年雨水多。（《张掖气象谚》）

十月初一下了雪，九里雪多。（《张掖气象谚》《甘肃天气谚》）

十月的雪，四月里的雨；十一月的雪，五月里的雨。（《甘肃天气谚》）

水掩中秋月，雪打元宵节。（《集成》）

四季甲子不要雨。（《定西农谚》）

四五六七月雨不大，冬天落雪少，春上雪花大。（《张掖气象谚》《甘肃天气谚》）

四月初一滴一点，只等来年五月满。（《集成》）

四月初一关门雨。（《定西农谚志》）

四月初一下一滴，下雨等到五月满。（《甘肃天气谚》）

四月初一下一天，耕牛要得停半年。（《集成》）

四月初一下一阵，单等来年五月尽。〔正宁〕（《集成》）

四月的雨水是挤不完的乳汁。〔阿克塞〕（《集成》）

四月少雨，十月多雨。（《张掖气象谚》《甘肃天气谚》）

四月五月不落雨，六月七月落雨多。（《甘肃天气谚》）

四月下雨，夏天雨水多。（《张掖气象谚》《甘肃天气谚》）

天旱独怕麻花雨。（《中华农谚》《集成》）

天爷下了七月七，阴阴淡淡十月一。（《定西农谚》）

天雨下到七月七，断断续续十月一。〔天水〕（《甘肃选辑》《中国农谚》）

头年秋雨多，来年春雪多。（《甘肃天气谚》）

头雪大，冬雪就要多。（《甘肃天气谚》）

头雨夹雪，无休无息。（《甘肃天气谚》）

晚雨必大，晏雨不晴。（《鲍氏农谚》《中国谚语资料》《谚海》《中国气

---

① 《临洮谚语集》注：阴历五月五、六月十三、八月十五洮河水位上升，明年雨水多。

② 油：又作“金”。

象谚语》)

晚雨必大。(《中国农谚》)

晚雨到天明，早雨半天晴。〔平凉〕(《甘肃选辑》《中国农谚》)

晚雨到天明，早雨一天晴。(《宁县汇集》《静宁农谚志》《平凉气候谚》)

未时落雨早歇工。(《集成》)

未雨先毛，到夜不牢；未雨先风，来也不凶。(《中华农谚》《两当汇编》)

五月二十八，大雨赶到家。(《集成》)

五月壬子破，水从房檐过。(《甘肃农谚》)

五月十三的磨刀雨[①]。〔武威〕(《朱氏农谚》《集成》)

五月十三滴一点，六月十三发大水。(《集成》)

五月十三下雨，夏雨多。(《张掖气象谚》《甘肃天气谚》)

五月下雨，月月有雨。(《张掖气象谚》《甘肃天气谚》)

午时落雨两头空[②]。(《中国农谚》《集成》《中国气象谚语》)

午时三刻没好雨。〔泾川〕(《集成》)

戊年不下看庚申，庚申不下两月空。(《定西农谚》《集成》)

戊午甲子头，四十五天不驾牛。(《洮州歌谣》)

戊午无雨看庚申，庚申无雨半月空。(《甘肃农谚》)

戊戌不下等庚申，庚不下雨两月空。(《定西农谚志》)

西南来雨连阴雨，西北来雨雷雨天。(《集成》)

西南雨不来，来了没锅台。(《集成》)

西南阵，单过也落三寸。(《中国农谚》)

下了甲子头，一十八天不套牛。〔华亭〕(《集成》)

下了六月六，大雨下一秋。(《集成》)

下了七月七，连阴带下十月一。(《甘肃天气谚》)

下了七月七，阴阴拉拉十月一。〔陇南〕(《集成》)

下午雷，上午雨，正午响雷没好雨。〔金塔〕(《集成》)

下雨不下雨，要看初一和十五。(《靖远农谚》)

下雨初一二三，一月路不干。(《集成》)

下雨冒泡，大河出槽。〔环县〕(《集成》)

夏北春南，大雨成潭。(《集成》)

夏秋雨少，冬雪多。(《张掖气象谚》)

---

① 磨刀雨：张焘《津门杂记》卷上云“十三相传为关公磨刀赴会之期，是日必雨。谚云‘大旱不过五月十三’”。

② 空：《中国气象谚语》作“风”。

夏秋雨水多，冬季雪量大。(《甘肃天气谚》)

夏天不落秋天落，秋天不落冬雪多。(《甘肃天气谚》)

夏天下到甲子日，就是没雨日。〔甘谷〕(《集成》)

夏天雨水广，来年春雪多。(《甘肃天气谚》)

夏雨对春雪。(《集成》)

夏雨多，冬雪少。(《甘肃天气谚》)

夏雨隔牛背，秋雨隔灰堆。(《朱氏农谚》《两当汇编》《集成》)

夏雨少，冬雪多。(《张掖气象谚》)

夏雨少，秋雨多。(《张掖气象谚》)

先毛不下，后毛不晴。(《甘肃天气谚》《定西农谚》)

先毛毛不下，后毛毛不罢。(《临洮谚语集》)

先毛毛雨不下，后毛毛雨不晴。(《中国气象谚语》)

先毛无大雨，后毛不晴天[①]。(《两当汇编》《定西农谚》)

先濛濛不下，后濛濛[②]不晴。(《中华农谚》《费氏农谚》《鲍氏农谚》《中国农谚》)

先下急雨没大雨，后下小雨连阴天。(《集成》)

先下霖雨[③]儿不下，后下霖雨儿不晴。〔甘谷〕(《集成》)

先下毛毛不大，后下毛毛下不完[④]。(《白银民谚集》《平凉汇集》)

先下毛毛无大雨，后下毛毛无[⑤]晴天。(《岷县农谚选》《甘肃选辑》《定西汇编》《中国农谚》《中国气象谚语》)

先下毛毛下不了雨，后下毛毛晴不起。〔临夏〕(《集成》)

先下毛毛雨不大，后下毛毛雨不晴。(《中国农谚》《谚海》)

先下毛雨没大雨，后下毛雨没晴天。(《宁县汇集》《甘肃选辑》《中国农谚》)

先下毛雨没大雨，后下毛雨天不晴。(《甘肃农谚》《中国农谚》)

先下毛雨无大雨，后下毛雨无晴天。(《中国农谚》《谚语集》《集成》)

先下牛毛没大雨，后下牛毛没[⑥]晴天。(《甘肃选辑》《中国农谚》《中国气象谚语》)

先下雾雨没大雨，后下雾雨没晴天。(《集成》)

---

① 不晴天：《定西农谚》作“天不晴”。

② 濛濛：《中国农谚》作“蒙蒙”。

③ 霖雨：原注指连绵的大雨。

④ 下不完：《平凉汇集》作“不晴”。

⑤ 无：《中国气象谚语》此字作“不”。

⑥ 没：《中国气象谚语》此字作“不”。

先下细雨无大雨，后下细雨没晴天。(《定西农谚》)

先下小雪有大雪，先下大雪后晴天。(《集成》)

先下小雨没大雨，后下小雨天不晴。〔西和〕(《集成》)

斜雨雨快停，直雨连天淋。(《集成》)

卸牛雨，停不住。〔庄浪〕(《集成》)

雪打正月节，二月不得歇。〔民乐〕(《集成》)

雪打正月节，二月雨不歇。〔民乐〕(《集成》)

雪姑娘拜年，雨见六月天。〔环县〕(《集成》)

雪花落水春雨多。(《集成》)

雪花飘飘东风吹，明天更大雨雪飞。(《甘肃天气谚》)

雪落高山呆涯地。(《静宁农谚志》)

雪下到前半冬，春天雨早。(《甘肃天气谚》)

雪下高山，霜落平川。(《定西农谚志》)

夜雨不过午。(《高台天气谚》)

一尺春雪三尺水。(《中国农谚》)

一点一滴一个泡，一直下到鸡儿叫。(《中国谚语资料》《中国农谚》)

一点一个灯，必定扯连阴。(《集成》)

一点一个钉，七天七夜雨不停。(《天祝农谚》)

一点一个钉，落到明早也不停。〔庄浪〕(《集成》)

一点一个泡，大雨还会[1]到。(《宁县汇集》《甘肃选辑》《集成》)

一点一个泡，大雨还没[2]到。(《庆阳汇集》《静宁农谚志》《平凉气候谚》《中国农谚》《定西农谚》)

一点一个泡，三天不脱[3]帽。(《甘肃农谚》《临洮谚语集》《甘肃天气谚》)

一点一个泡，下到鸡儿叫[4]。(《山丹天气谚》《张掖气象谚》《甘肃天气谚》《定西汇编》《集成》)

一点一个泡，下到明天鸡儿叫。(《天祝农谚》《中国农谚》)

一点一个泡，下着[5]鸡儿叫。(《甘肃农谚》《中国农谚》)

一点一个雨泡，三天不捡草帽。〔通渭〕(《集成》)

一点一个雨泡儿，三天不脱[6]草帽儿。(《定西农谚》)

---

① 会：《集成》〔临泽〕作“要”。

② 没：《庆阳汇集》《中国农谚》作“未”。

③ 脱：《临洮谚语集》作“抹”。

④ 《定西汇编》下句前有“一直”二字。

⑤ 着：《中国农谚》作“的”。

⑥ 脱：又作“抹”或“摘”。

一点一个雨泡儿，一直下到明早儿。(《定西农谚》)

一点一个雨泡子，三天不抹草帽子。(《中国谚语资料》《中国农谚》《谚海》《中国气象谚语》)

一点雨是个钉，落到明朝也不晴。(《甘肃农谚》)

一落一个泡，还有大雨到。(《鲍氏农谚》《谚海》)

一落一根针，落到明朝不肯停。(《集成》)

一落一只钉，七日七夜雨不停。(《中国农谚》)

一下一亮，石头泡胀。(《武都天气谚》)

有钱难买六月雨。〔甘南〕(《甘肃选辑》《中国农谚》)

有雨下在山里，有风刮在川里。(《中国农谚》《中国气象谚语》)

雨从西南来，老乡乐开怀；雨从西北到，一定山水叫。〔庆阳〕(《集成》)

雨打的嘴嘴，霜打的窝窝。(《定西农谚志》)

雨打二十五，下月无干土。(《集成》)

雨打高山，霜落[①]平川。〔临潭〕(《洮州歌谣》《甘肃选辑》)

雨打三更鼓，行人要吃苦；雨打五更头，行人要发愁。(《集成》)

雨点成泡，大雨将到。(《两当汇编》)

雨点发热还要继续下。(《临洮谚语集》)

雨点起泡，连雨预兆。(《集成》)

雨夹雷，难晴天。(《集成》)

雨夹雪，半个月。〔山丹〕(《集成》)

雨来慢，去时慢；雨来快，去时快。(《张掖气象谚》《甘肃天气谚》)

雨落二十五，后月无干土。〔泾川〕(《集成》)

雨落鸡鸣头，行人莫要愁[②]。(《朱氏农谚》《两当汇编》)

雨落甲子头[③]，四十五天不套牛。(《集成》)

雨脉呼呼叫，大雨顷刻到。(《集成》)

雨前生毛[④]没大雨，雨后生毛不晴天。(《集成》)

雨洒五月十三，一夏道路不干。(《集成》)

雨洒中，一场空[⑤]。(《两当汇编》)

雨水打成泡，天气晴不了。(《两当汇编》)

雨下二十三，一月九天干。(《文县汇集》)

---

① 落：《甘肃选辑》作“杀”。

② 《朱氏农谚》注：破晓时下雨，主当日无大雨。

③ 原注：专指秋甲子日。

④ 生毛：原注指池塘水面发霉。

⑤ 原注：天空当中下雨，四周天好，雨不长久。

雨下七月七，连阴带下十月一。(《定西农谚》)

雨下戊子日，踩泥踩水四十日。(《定西农谚》)

雨雪连绵四九天。(《谚海》)

雨雪年年有，不在三九在四九。(《中华农谚》《谚海》)

雨雪同伴，断下不息。(《岷县农谚选》)

遇了壬子破[①]，水从房上过。〔徽县〕(《集成》)

月头望初三，月尾望十六[②]。(《农谚和农歌》《朱氏农谚》《费氏农谚》《鲍氏农谚》《两当汇编》)

早晨下雨地边走，午时下雨到天黑。〔西峰〕(《集成》)

早下毛毛不成，晚下毛毛不晴；先下毛毛下不下，后下毛毛下不罢。(《会宁汇集》)

早下毛毛不下，晚下毛毛不晴[③]。(《定西农谚》《集成》)

早下下不多，晚下下到黑。(《中国谚语资料》《中国农谚》《谚海》)

早雨不成，成了不晴。(《中国谚语资料》《中国农谚》《谚海》)

早雨不大，一天麻搭。(《谚语集》)

早雨不多，吃饭上坡。(《两当汇编》)

早雨不多，饭罢如勺泼。〔西和〕(《集成》)

早雨不多，饭后[④]勺泼。(《宁县汇集》《甘肃选辑》《平凉汇集》《中国农谚》《谚海》《中国气象谚语》)

早雨不多，晚雨成河。(《庆阳汇集》《静宁农谚志》《泾川汇集》《甘肃选辑》《平凉气候谚》《平凉汇集》《中国谚语资料》《中国农谚》《甘肃天气谚》《中国气象谚语》)

早雨不多，午雨涨河。〔庆阳〕(《集成》)

早雨不多，下不到太阳跌窗。(《临洮谚语集》)

早雨不多，一天的啰嗦。(《山丹天气谚》《甘肃选辑》《甘肃天气谚》)

早雨不多，一天啰嗦。(《庆阳汇集》《白银民谚集》《中国农谚》《谚语集》《张掖气象谚》《中国气象谚语》)

早雨不多晚雨大。(《靖远农谚》)

早雨不过午，过午连夜吼。(《两当汇编》)

早雨不过午，晚雨到天明。(《清水谚语志》《甘肃天气谚》《集成》)

---

① 破：原注指下雨。

② 以初三、十六是否有雨来判定上半月与下半月雨水多寡。

③ 《集成》“早”“晚”后无“下”字。

④ 饭后：《谚海》作“午后”。

早雨不过午，夜雨到天明。（《武都天气谚》《中国气象谚语》）

早雨没多的，磨镰烧喝的。〔灵台〕（《集成》）

早雨没多的，收拾烧喝的。（《两当汇编》）

早雨豕多，晚雨成河。（《宁县汇集》）

早雨晚晴，晚雨落的成。（《张掖气象谚》《甘肃天气谚》）

早雨下不长，下长淋塌房。（《集成》）

早雨下不大。（《集成》）

早雨一杯茶，晚雨下倒麻。〔天水〕（《甘肃选辑》《中国农谚》）

早雨至多到吃喝[①]。〔甘南〕（《中国谚语资料》《中国农谚》《谚海》）

正二月雪多，秋天雨多。（《甘肃天气谚》）

正月不要雪，二月不要热。（《朱氏农谚》《集成》）

正月二十三，下月路不干。（《张掖气象谚》《甘肃天气谚》）

正月里，夜雨好；二月里，夜雨宝；三月里，夜雨草。（《两当汇编》）

正月十五雪打灯，春上就不缺雨水。（《甘肃天气谚》）

正月十五雪打灯，清明时节雨淋淋。（《集成》）

正月下了雪，七月狠下雨。（《张掖气象谚》）

中暑不下看十三，十三不下一冬干。（《白银民谚集》）

重阳落一天，下到九里边[②]；重阳晒一天，旱到二月间。〔环县〕（《集成》）

重阳无雨看十三，十三无雨一冬干[③]。〔天水〕（《朱氏农谚》《甘肃选辑》《谚海》）

骤雨不终朝，迅雷不终日[④]。（《月令广义》《古谣谚》《中华谚海》《朱氏农谚》《费氏农谚》《鲍氏农谚》《两当汇编》）

自古起[⑤]，四季不要甲子雨。（《费氏农谚》《集成》）

雾露霜

八月初一雾一雾，来年秋雨用不完。（《集成》）

巴米山拉雾要下。〔临夏〕（《甘肃天气谚》）

白雾不要怕，灰雾雨要下。（《集成》）

傍晚拉起雾，半夜冲断路。（《武都天气谚》《甘肃天气谚》《中国气象谚语》《集成》）

---

① 到吃喝：到中午吃饭时间。

② 原注：指冬雪多。

③ 无雨：《谚海》均作“不下”。

④ （明）冯应京《月令广义》卷二十三《昼夜令·占候·雨占》。

⑤ 《费氏农谚》无“自古起”句。

傍晚拉起雾，半夜雨来吼。(《甘肃天气谚》)

北山根起雾，天要下雨。(《张掖气象谚》《甘肃天气谚》)

不怕南山烟雾罩，就怕北山戴上帽[①]。(《定西农谚》)

不怕南山烟雾罩，就怕北山猴戴帽[②]。〔武山〕(《集成》)

不怕南山云雾罩，只怕北山戴上帽。(《中国农谚》《中国气象谚语》)

朝雾消，晒麦不用瞧；朝雾散，必定雨连绵。(《谚海》)

晨间草叶无霜露，雨或风；霜露多则晴，霜消速则雨。(《鲍氏农谚》《中国谚语资料》)

晨雾不过晌，过晌听雨响。(《集成》)

晨雾罩不开，有雨即将来。(《集成》)

吃过午饭雾沉沉，午后天要肚子疼。(《甘肃天气谚》)

春霜不白，春雨就来。(《集成》)

春霜不出二日雨。(《集成》)

春霜连三日，雨来好种田。〔康乐〕(《集成》)

春天露多，夏天雨多。(《集成》)

春天起雾天要变，绵绵细雨地不干；夏天起雾挂山顶，放心大胆洗衣衫；秋天起雾空中荡，白天太阳火炎炎；冬天起雾暖洋洋，大风大雪在夜间。(《集成》)

春雾降霜夏雾雨，秋雾狂风冬雾雪。(《集成》)

春雾日头夏雾雨，秋雾凉风冬雾雪。(《两当汇编》《山丹天气谚》《张掖气象谚》《甘肃天气谚》)

春雾一雾一雨，夏雾一雾一水，秋雾一雾一晴，冬雾一雾一雪。(《集成》)

春雾雨，夏雾热，秋雾风，冬雾雪。(《武都天气谚》《中国气象谚语》)

春雾雨，夏雾热，秋雾凉风[③]，冬雾雪。(《泾川汇集》《武都天气谚》《集成》)

春雾雨濛濛，冬雾雪蓬蓬，秋雾送凉风，夏雾晒坏老虾公。(《集成》)

春雾雨绵绵，夏雾出晴天。(《集成》)

大雾不过三，一过十八天。(《中华农谚》《张氏农谚》《费氏农谚》《谚海》)

大雾不过三日雨。(《中国气象谚语》)

大雾漫山头，泡死老犍牛。〔华亭〕(《集成》)

大雾三日必有雨。(《集成》)

---

① 原注：南山、北山指通渭县南北山系。

② 南山：原作“南风”。猴：《集成》又作“山”。

③ 凉风：《集成》作“凉”。

大雾三月，必有大雨。(《集成》)
地上雾气生，要有大雨倾。(《集成》)
东方一道露，等不到吃口茶。(《甘肃天气谚》《集成》)
冬季经常雾气大，夏天雨水广。(《甘肃天气谚》)
冬霜重来年雨水多。(《甘肃天气谚》)
冬天起雾飞满天，大雪纷飞追后边。(《集成》)
冬天霜挂树，来年雨水大。(《集成》)
冬雾大，春雨多。(《集成》)
高山见雾，平川有雨。(《集成》)
河上拉雾，天要下雨。(《武都天气谚》《甘肃天气谚》)
后晌拉起雾，半夜冲①断路。(《定西农谚》《集成》)
九月雾露，雨到半路。(《集成》)
久旱大雾必有雨，久雨大雾必有晴。〔武山〕(《集成》)
久旱起露水，就要下雨水。(《集成》)
久旱早晨出大露水，就要下雨。(《文县汇集》)
久晴傍晚起浓雾，来日阴雨天不晴。(《集成》)
拉黑雾，雨不住。(《甘肃天气谚》)
腊月里雾露，无水做醋酒。(《集成》)
腊月三场雾，河里淌成路。〔酒泉〕(《集成》)
腊月三场雾，来年夏季雨水多。(《集成》)
腊月有雾露，无水做酒醋。(《甘肃天气谚》)
六月的露汽大，象征天气就要下。(《高台天气谚》)
六月雾气大，天气就要下。(《甘肃天气谚》)
露水轻，雨当真。(《集成》)
露水上草尖，大雨水撑船。〔武山〕(《集成》)
露水上草尖，又是阴雨天。(《集成》)
露水升到田苗间，不到下午要变天。(《临洮谚语集》《定西农谚》)
露水挑草尖，雷雨在今天。〔靖远〕(《集成》)
露水在叶尖，快到大雨天；露水在中间，莫盼下雨天。(《武都天气谚》)
露水在叶尖，快到下雨天。(《两当汇编》)
南山②的烟雾罩，不如北山猴戴帽。(《中国谚语资料》《谚海》《中国气象谚语》)

---

① 冲：《集成》岷县作“水”。
② 《中国气象谚语》“南山”后有“上”字。

南山尖上有雾，赶忙修好水库。（《中国谚语资料》）
南山上有雾，赶快修水库。（《中国气象谚语》）
南山乌烟瘴气，先是风后是雨。（《酒泉农谚》）
南山雾，快关户。（《酒泉农谚》）
南山雾气雾几天，阴雨连绵好几天。（《酒泉农谚》）
南山烟雾罩，不如北山猴戴帽。（《中国农谚》）
南山有雾雨淋淋。（《靖远农谚》）
牛营大山烟雾罩，今日不下是明朝[①]。（《定西农谚》）
浓雾包山头，泡死老犍牛。（《平凉汇集》）
七月雾，水淹路。（《集成》）
前山后山烟雾罩，今日不下在明朝。（《集成》）
青雾绕山不过三。（《集成》）
青烟绕山，不过三天。（《集成》）
青烟罩山顶，昔日雨来临。（《庆阳汇集》）
晴天露水溅人腰，不过三天大雨到。〔临夏〕（《甘肃选辑》《中国农谚》《中国气象谚语》）
晴天下雾要下雨，雨天下雾要晴天。（《集成》）
秋季雾儿漫，背土填牛圈。（《集成》）
秋拉雾不下，夏拉雾不晴。〔陇西〕（《集成》）
秋雾不晴，夏雾不雨。（《靖远农谚》）
秋雾多，冬雪大。（《集成》）
秋雾接春雨。（《集成》）
三四月的雾，七八月的雨。（《甘肃天气谚》）
三天有露水，必定要下雨。（《甘肃天气谚》）
三月天雾有大雨。（《集成》）
三早雾露起西风，若无西风雨不空。（《集成》）
山峰夏天拉雾不雨，冬季拉雾不晴。（《张掖气象谚》《甘肃天气谚》）
山尖雾戴帽，下到鸡儿叫。〔永登〕（《集成》）
山上毛糊糊，天气靠不住。（《高台农谚志》《甘肃天气谚》《中国气象谚语》）
山头拉烟雾，必有大雨到。〔西和〕（《集成》）
山头有雾，阴雨连天。（《静宁农谚志》）
山雾雨，河雾晴。（《集成》）

---

① 朝：又作“早”。

山罩蓝烟，有雨不远。（《集成》）

山罩雨，河罩晴。（《集成》）

上云烟雾罩，当天雨来到。（《定西农谚》）

十里弥雾，雨在半路。（《集成》）

十月三场雾，来年水上树。（《定西农谚》）

十月三朝雾，老牛满冈渡。（《集成》）

霜后南风连夜雨，霜前东风一日晴。（《集成》）

霜雪百日下大雨。（《集成》）

霜早，秋雨少。（《武都天气谚》）

水雾不过三，旱雾十八天。（《集成》）

四月里无霜八月里来，七月里雨来跷破鞋。〔定西〕（《甘肃选辑》）

四周雾大，肯定不刮。（《白银民谚集》）

太婆八十八，未曾见过收雾①有雨发。（《鲍氏农谚》《中国农谚》《两当汇编》）

太子山拉雾下哩。〔临夏〕（《甘肃选辑》）

天旱露水大，雨水就要下。（《平凉汇集》）

天旱生露水，下雨近几天。（《平凉气候谚》）

天旱有露水，不过三日雨。（《清水谚语志》《武都天气谚》）

天旱早起有露水，必然要下雨。（《静宁农谚志》）

天旱早上有露水，必然下雨。（《定西农谚志》）

天起土雾，必定天变。（《平凉汇集》）

天起土雾，必有变故。（《中国农谚》）

天上起雾浪，一定下大雨。（《张掖气象谚》）

土雾不过三日雨。（《武都天气谚》）

土雾绕山，就要变天。（《集成》）

土雾绕山，雨不过三。〔庆阳〕（《集成》）

土雾三日雨。（《定西农谚》）

晚雾阴雨早雾晴，中午有雾刮大风。（《定西农谚》）

五月满山雾，大水浸了路；若要不浸路，井底种葫芦。（《中国农谚》）

五月起弥雾，撑船不问路。（《集成》）

五月雾，水漫路。（《集成》）

五月雾，鱼有路；六月雾，干死树。（《集成》）

午间起雾，下也不大。（《集成》）

---

① 收雾：《两当汇编》作“雾收”。

雾包山峁，吃饭睡觉。（《庆阳汇集》《中国农谚》）

雾包山峁，天不晴。（《集成》）

雾缠山，地[①]不干；雾落川，晴一天。（《武都天气谚》《定西农谚》《中国气象谚语》《集成》）

雾到底，不下雨；雾到顶，下满井。（《集成》）

雾里生虹有大雨。〔兰州〕（《集成》）

雾露不收即是雨[②]。（《农政全书》《中华农谚》《集成》）

雾露在山腰，有雨在今朝。（《中国谚语资料》《谚海》《中国气象谚语》《集成》）

雾漫祁连，不是今天就是明天。（《谚海》）

雾门当日雨。（《集成》）

雾气超过红线楼，庄稼人睡着莫抬头[③]。（《白银民谚集》）

雾气绕山天就下。（《高台天气谚》）

雾气重，大雨凶；雾气轻，隔天晴。（《集成》）

雾山有雨雾河晴。（《集成》）

雾上山，放羊娃披坝草[④]。（《中国谚语资料》《中国农谚》《谚海》）

雾上山头有大雨，雾下河谷艳阳天。（《集成》）

雾上有云要下雨，雾上无云则天晴。（《集成》）

雾收不起，细雨不止[⑤]。（《三农纪》《鲍氏农谚》《宁县汇集》《静宁农谚志》《甘肃选辑》《平凉气候谚》《中国农谚》《甘肃天气谚》《中国气象谚语》）

雾收不起，细雨绵绵。（《武都天气谚》《中国气象谚语》）

雾往天间跑，有雨很快到。〔甘南〕（《甘肃选辑》《中国气象谚语》）

雾下山，地不干。（《集成》）

雾烟缠山，地下不干。〔定西〕（《甘肃选辑》《中国农谚》）

雾在山上戴个帽，水在田里冲个窖。（《集成》）

雾总绕山头，下雨满山流。（《甘肃天气谚》）

西山雾云罩，大雨就来到。（《中国农谚》）

西山雾云罩。（《平凉汇集》）

下不离雾，晴不离风。〔陇南〕（《集成》）

---

① 地：《定西农谚》《集成》作“路”。

② （明）徐光启《农政全书》卷十一《农事·占候》：“凡重雾三日，主有风。谚云：‘三朝雾露起西风。’若无风，必主雨。又云：‘云云。’”

③ 原注：水川南面山有一座庙，雾气超过这庙，下雨把握很大。

④ 山：《中国农谚》作“山峁”。娃：《中国谚语资料》作“娃娃”。

⑤ （清）张宗法《三农纪》卷一《雾·占应》。不止：《静宁农谚志》作“来临”。

下拉雾不下，晴拉雾不晴。〔天祝〕（《集成》）

夏拉雾不下，秋拉雾不晴。（《中国谚语资料》《中国农谚》《中国气象谚语》《集成》）

夏露不过三，春露一百天。〔天水〕（《集成》）

夏雾多不下，秋雾多不晴。（《集成》）

晓雾不怕，细雨长浇。（《集成》）

雪后下霜多，不久[1]又下雪。（《张掖气象谚》《甘肃天气谚》）

烟雾裹庄山戴帽，必然大雨到。〔通渭〕（《集成》）

烟雾拉山头，泡死大犍牛。（《中国谚语资料》《中国农谚》《谚海》《定西农谚》《中国气象谚语》）

烟雾盘山头，泡死老犍牛。（《定西农谚志》《临洮谚语集》《甘肃天气谚》《定西农谚》）

烟雾盘山走，泡死瞎母狗。〔兰州〕（《集成》）

烟雾盘[2]山走，泡死猪和狗。（《定西农谚》）

烟雾上山头，吓死老犍牛。（《庆阳汇集》《宁县汇集》《甘肃选辑》《平凉气候谚》《中国农谚》）

烟雾下山就有雨，烟雾上山就晴起。（《集成》）

烟雾沿山边，日落雨里边。（《庆阳汇集》《宁县汇集》《静宁农谚志》《泾川汇集》《甘肃选辑》《中国农谚》《中国气象谚语》）

一场树挂[3]，一场雪下。（《集成》）

一朝大雾三场雨，三朝大雾起狂风。〔清水〕（《集成》）

一日春霜三日雨，三日春霜九日晴。（《集成》）

一日浓霜三日雪，三日浓霜顶场雪。（《中国农谚》）

一日雾露三日雨，三日雾露没有雨[4]。（《朱氏农谚》《费氏农谚》《鲍氏农谚》《中国农谚》《集成》）

一雾抵三雨[5]。（《中国谚语资料》《中国农谚》《谚海》）

一夜春霜三日雨，三夜春霜九日晴[6]。（《月令广义》《中华农谚》《费氏农谚》《两当汇编》）

雨后雾大，下次雨小；雨后雾小，下次雨大。（《集成》）

---

① 不久：原注指五至七天之内。

② 盘：又作“拉”。

③ 树挂：原注指雾霜在树枝上形成的冰凌。

④ 没有雨：《集成》作“转晴天”。

⑤ 原注：指天旱时言。抵：《中国农谚》作“提”，当为形近而误。

⑥ （明）冯应京《月令广义·二月令》：“是月宜连霜。谚曰：‘云云。’”

雨后雾小雨，晴天雾大风。(《集成》)

雨后中午露不干，明天下雨已保险。(《集成》)

雨来临时烟漫地，烟管不住拉稀呢。(《定西农谚志》)

雨前蒙蒙终不雨，雨后蒙蒙终不晴。(《两当汇编》《中国气象谚语》《集成》)

雨前夜无露。(《中国气象谚语》)

早晨东南有雾要下，下午西南有雾要下。(《张掖气象谚》《甘肃天气谚》)

早晨雾到底，晚上下大雨。〔环县〕(《集成》)

早晨蒸气旺，未来五天内没有雨[①]；晚上蒸气旺，未来三天内必有雨。(《张掖气象谚》《甘肃天气谚》)

早饭吃罢雾沉沉，午后天要肚子疼。(《临洮谚语集》)

早看东南云雾起，若逢东风便下雨。(《两当汇编》)

早露不出门，晚露行千里。(《甘肃天气谚》)

早露不过三，不下也阴天。〔天水〕(《甘肃选辑》《中国农谚》《中国气象谚语》)

早露暮雨晚霞晴。(《谚海》)

早露有雨晚露晴，中午有露刮大风。(《甘肃天气谚》)

早山若有青蓝气，定主近日有雨情。(《集成》)

早上露水大，午后大雨下。(《集成》)

早上露水特别大，三两天内有雨下。〔会宁〕(《集成》)

早晚烟扑地，苍天有雨意。〔陇南〕(《集成》)

正月有雾，雨水没路。(《集成》)

重雾三日必[②]大雨。(《鲍氏农谚》《中国农谚》《集成》)

重雾三日有风起，重雾三日雨淋沥。(《谚海》)

雷　闪

八月雷，不空回。(《集成》)

八月雷多，来年雨少。(《集成》)

北面火闪，下雨不远。(《朱氏农谚》《集成》)

碧蓝天气大霹雷。〔甘南〕(《甘肃选辑》)

不雷不闪雨面宽。(《集成》)

不怕雷跟雷，只怕一声雷。(《集成》)

---

① 早晨、五天内：《甘肃天气谚》作“早上”“五天”。

② 必：《集成》作“有”。

沉雷响，河水涨；沉雷颠，把河淹。(《集成》)

初雷日后百日雨。(《集成》)

初雷早，雨水多；初雷晚，雨水少。(《武都天气谚》《中国气象谚语》《集成》)

春雷发得早，今年雨水好。(《集成》)

春天打雷早，夏天雨水少。(《甘肃天气谚》)

春天打雷早，夏天雨水少；夏天打雷多，雨水也较多。(《甘肃天气谚》)

大火不见面，小火当时现。(《张掖气象谚》)

当头雷无雨。(《集成》)

电光闪天顶，下雨靠得稳；电光闪天边，明日是晴天。(《集成》)

电急闪，雷猛轰，大雨往下冲。(《两当汇编》)

电闪天顶，十有九成。〔武都〕(《集成》)

东南闪电，等不到吃饭。〔清水〕(《集成》)

东闪西闪，细雨几点。〔平凉〕(《集成》)

东闪雨濛濛，西闪日头红，南闪长流水，北闪好起风。(《集成》)

二月打雷，遍地是水。(《集成》)

干打雷，不下雨。(《中国农谚》)

干响的炸雷不下雨。(《集成》)

旱打独雷不下雨，涝打独雷不晴天。(《集成》)

九月的[1]雷不空回。(《中国谚语资料》《中国农谚》《中国气象谚语》《集成》)

开雷早，春雨多。(《集成》)

开雷早，雨水多。(《甘肃天气谚》)

看闪先，听雷后，后边随着大雨溜。(《中国农谚》)

拉磨雷，不空回。〔平凉〕(《集成》)

雷打东，一场空；雷打西，披蓑衣。(《集成》)

雷打天边，大雨连天。(《武都天气谚》《甘肃天气谚》《中国气象谚语》)

雷打天边，大雨连天；雷打天顶，有雨不狠。〔皋兰〕(《集成》)

雷打正月节，二月雨不歇。(《武都天气谚》《甘肃天气谚》《中国气象谚语》)

雷打正月节，二月雨不歇，三月桃花水，四月田埂裂。(《集成》)

雷大下散雨。(《集成》)

雷电乱鸣，无雨必风。(《集成》)

---

① 《集成》“月”后无“的”字。

雷赶雷，雨来急。（《集成》）

雷公先唱歌，有雨也不多。（《庆阳汇集》《宁县汇集》《静宁农谚志》《甘肃选辑》《中国气象谚语》）

雷轰北到南，有雨不可推。〔民勤〕（《集成》）

雷轰天顶，虽雨不猛；雷轰天边，大雨连天。（《朱氏农谚》《两当汇编》《中华农谚》）

雷轰天顶，有雨不凶；雷打天边，大雨涟涟。（《谚海》）

雷夹南风连夜雨，霜下东风一日晴。（《集成》）

雷声不断云头红，大雨马上就来临。〔皋兰〕（《集成》）

雷声大，雨点稀。（《集成》）

雷声当顶传，有雨不久远。（《集成》）

雷声就地闪，大雨难保险。（《集成》）

雷声连成片，雨下河沟漫。〔古浪〕（《集成》）

雷声绕天转，有雨不久远。（《两当汇编》）

雷声先唱歌，有雨也不多。（《武都天气谚》）

雷声转圈圈，有雨在眼前。（《谚海》）

雷未鸣前鸟先啼，鸟未叫前雏先喊，下雨不会远。（《集成》）

雷响头顶，虽雨不紧；雷响天边，大雨连天。（《定西农谚》）

雷雨三场。（《中国气象谚语》）

雷炸没多雨，雷沉水如注。〔清水〕（《集成》）

亮光光，泡塌炕。〔张掖〕（《集成》）

亮一亮，下一晌。（《甘肃天气谚》《谚语集》《中国气象谚语》《集成》）

亮一亮，下一丈①。（《群芳谱》《卜岁恒言》《中华谚海》《中华农谚》《费氏农谚》《泾川汇集》《白银民谚集》《清水谚语志》《中国农谚》《定西农谚》《中国气象谚语》）

亮一亮，下一丈；晃一晃，下半晌。（《集成》）

亮一亮，下一丈；亮一亮，下一晌。（《武都天气谚》）

亮一亮，雨一丈。（《庆阳汇集》《宁县汇集》《甘肃选辑》《平凉汇集》《中国农谚》《谚海》）

南闪十年，北闪眼前。（《集成》）

七月七动雷，八月八大水。（《费氏农谚》《集成》）

清早雷声震九天，就是落雨没几点。（《集成》）

---

① （明）王象晋《群芳谱·天谱三》：“久雨久黑，忽然明亮，主大雨。谚云：‘云云。’”（清）吴鹄《卜岁恒言》卷一《雨》引同。

晴天[①]鼓响，雨落钟鸣。(《中国谚语资料》《谚海》)

三月开雷发大水。〔正宁〕(《集成》)

闪电无雷不下雨。(《谚海》)

十闪不怕一闪怕，一闪闪过雨到家。(《集成》)

双日起雷当日雨。(《甘肃天气谚》)

天打雷，地有幸；地长草，畜有幸。〔阿克塞〕(《集成》)

天空打闪，风雨不远。(《两当汇编》《集成》)

听到天水响，把家搬到山顶上。〔华池〕(《集成》)

听见云幕响，大雨落成行。〔高台〕(《集成》)

头年雷多，来年雨多。(《集成》)

西南十二轰，大雨来，往下冲。(《谚海》)

先打雷后吹风，有雨也不凶。(《武都天气谚》)

先看闪，后听[②]雷，大雨后边随。(《中国农谚》《两当汇编》《集成》)

先雷后刮风，有雨也不凶。(《定西农谚》《集成》)

先雷后雨不大，先雨后雷不罢。(《定西农谚》)

先雷后雨雨不大，先雨后雷雨哗哗[③]。(《集成》)

先年终雷迟，来年透雨早。(《定西农谚》)

夜雷三日雨，阴天十八日。(《集成》)

一日春雷十日雨。(《武都天气谚》《甘肃天气谚》《集成》)

一夜汗不干，雷雨在明天。(《集成》)

一夜雷声三夜雨。(《定西农谚》)

一夜起雷三日雨[④]。(《便民图纂》《古今医统大全》《群芳谱》《农政全书》《张氏农谚》《甘肃农谚》《费氏农谚》《武都天气谚》《甘肃天气谚》)

一夜起雷三夜雨，雷自夜起必连阴。〔岷县〕(《集成》)

雨中一声雷，天降万斤肥。〔通渭〕(《集成》)

早晨空心雷，不过午时雨。(《集成》)

早雷不过午，夜雷十有九[⑤]。(《张掖气象谚》《甘肃天气谚》《集成》)

---

① 晴天：《中国谚语资料》作“晴午”。

② 听：《集成》作“见”。

③ 大：又作“长”。雨哗哗：又作“下不停”。

④ （明）邝璠《便民图纂》卷六《杂占类》：“雷自夜起，主连阴。或云：‘云云。’”（明）徐春甫《古今医统大全》卷九十八《通用诸方・天时类第三》：“夜雷。东州人云：‘云云。’言雷自夜起必连日阴雨。”（明）王象晋《群芳谱・天谱三》：“雷自夜起，必至连阴。谚云：‘云云。’”（明）徐光启《农政全书》卷十一《农事・占候》：“东州人云：‘云云。’言雷自夜起，必连阴。”

⑤ 十有九：《集成》又作“三日雨”。

早雷三日雨，无雨九日晴。〔灵台〕（《集成》）
早雷晚雾，下起来没个住。（《集成》）
炸雷雨不长，闷雷雨量大。〔武威〕（《集成》）
直闪雨小，横闪雨大。（《集成》）

气 温

白天闷死人，夜间雨淋淋。（《集成》）
暴热五到六天后有好雨。（《张掖气象谚》《甘肃天气谚》）
沉闷必有雨，干热必有风。（《平凉汇集》）
春寒多有雨，夏寒井底干。（《集成》）
春寒多雨，春热多风。（《集成》）
春寒多雨水，春暖百花香。〔正宁〕（《集成》）
春寒多雨水，春暖少雨水。〔静宁〕（《集成》）
春寒隔年春雨多。（《集成》）
春寒秋雨多，春风唤秋雨。（《武都天气谚》《甘肃天气谚》）
春寒天下雨，夏寒骤晴。（《岷县农谚选》）
春寒易雨。（《集成》）
春寒易雨，冬雾易雪。（《两当汇编》）
春寒有雨夏寒晴，晴上几天雨淋淋。（《甘肃天气谚》）
春寒有雨夏寒晴，秋寒有雨冬寒晴。（《两当汇编》《集成》）
春寒有雨夏寒晴①。（《六语》《庆阳汇集》《宁县汇集》《静宁农谚志》《泾川汇集》《甘肃选辑》《中国农谚》《张掖气象谚》《甘肃天气谚》《集成》）
春寒雨，夏寒旱。（《集成》）
春寒雨绵绵，夏寒火烧天。（《集成》）
春寒雨如泉，冬寒云四散。（《集成》）
春季天气寒，后夏雨涟涟。（《集成》）
春暖夏雨多，冬暖春旱。（《甘肃天气谚》）
春天回暖早，夏天雨不少。（《集成》）
春天解冻早，夏秋雨水少。〔宁县〕（《集成》）
冬不冷，夏不热，大雨下到七八月。（《集成》）
冬寒春雨多，冬暖春雨少。（《武都天气谚》）
冬寒春雨少。〔临洮〕（《集成》）
冬寒下雪少，麦熟雨水多。（《集成》）

---

① （明）郭子章《六语·谚语》卷七。晴：《集成》作“天晴”，又作“无云”。

冬寒夏雨多。(《张掖气象谚》《甘肃天气谚》)

冬寒易雪。(《集成》)

冬冷春雪多。(《甘肃天气谚》)

冬冷冬雪多，春天雨水也多。(《张掖气象谚》《甘肃天气谚》)

冬冷冬雪多。(《张掖气象谚》《甘肃天气谚》)

冬冷秋雨多。(《张掖气象谚》《甘肃天气谚》)

冬暖春寒，秋雨涟涟。(《集成》)

冬暖春雨多。(《集成》)

冬暖春雨少。(《两当汇编》)

冬暖多雪，春寒多雨。(《两当汇编》《集成》)

冬热有雪，夏热有雨。〔和政〕(《集成》)

冬深春雨多。(《武都天气谚》)

冬天刮北风冷，来年雨水多；冬天刮东南风暖，来年雨水少。(《甘肃天气谚》)

冬天冷，来年雨水多。(《甘肃天气谚》)

过头热，雨水到。(《张掖气象谚》)

寒冷见猛热，猛热见大雪。〔华亭〕(《集成》)

忽冷忽热，风雨折磨。(《集成》)

今年秋冷，明年秋雨多。(《张掖气象谚》《甘肃天气谚》)

今天闷得很，明天下雨靠得稳[①]。(《张掖气象谚》《甘肃天气谚》《集成》)

今天热得很，明天下雨靠不稳。(《山丹天气谚》)

腊月不辣[②]，六月不下。(《集成》)

冷得早，春雨多。(《集成》)

冷极生雨，冷雨生雪。〔西和〕(《集成》)

冷晴热雨燥生风。(《集成》)

冷生雨，热生风。(《平凉气候谚》)

冷雨热雪[③]。(《朱氏农谚》《甘肃天气谚》《集成》)

六月天气闷死人，必定起云有雨行。(《甘肃天气谚》)

隆冬时间暖烘烘，瑞雪纷纷下一冬。(《集成》)

美美热几天，稳稳下一场。(《集成》)

闷热不过三。(《张掖气象谚》)

---

① 天：《集成》上下句皆作“日”。

② 辣：方言，谓寒冷。

③ 雪：《集成》作“霜”。《甘肃天气谚》注：夏季阴天变冷则雨，冬天阴天变热则雪。

闷热三日汗不干，定有大雨在后边。(《集成》)
闷热天气如蒸，不下雨就刮风。(《集成》)
闷热有雨，干热有风。(《武都天气谚》《中国气象谚语》《集成》)
闷一闷，下一阵。(《集成》)
偶热必有风雨来。(《民勤农谚志》)
沤热有滂雨。〔甘谷〕(《集成》)
前几天猛热，以后早上凉，中午热，要下雨。(《甘肃天气谚》)
秋里热，冬雪多。(《张掖气象谚》《甘肃天气谚》)
秋里热，明年春夏雨水多。(《张掖气象谚》《甘肃天气谚》)
秋热，冬冷，冬雪多；透雨迟，夏雨多。(《张掖气象谚》《甘肃天气谚》)
秋热，冬冷。(《张掖气象谚》《甘肃天气谚》)
秋热，冬雪多。(《张掖气象谚》)
热得很，下得稳。(《武都天气谚》)
热极生雨，冷极必晴。(《甘肃天气谚》)
热生雨。(《张掖气象谚》)
热时要热，冷时要冷，不冷不热，五谷不结。(《定西汇编》)
日里热得跳，夜里闷得叫，风雨淋破庙。〔庆阳〕(《集成》)
日里晒破砖，夜里汗不干，半月没好天。(《集成》)
上午闷热，下午有雷雨。(《清水谚语志》)
天不凉不下，天不凉不晴。(《张掖气象谚》《甘肃天气谚》)
天烘烘，地明明，天不下雨刮大风。(《静宁农谚志》)
天闷热，人迷就下雨。(《文县汇集》)
天闷燥，雨要到。(《集成》)
天气闷极有雨。(《清水谚语志》)
天气闷热，不久雨急。(《张掖气象谚》)
天气闷热，大雨要落。(《集成》)
天气闷热蚊子咬，大雨就要到。〔两当〕(《集成》)
天气热如蒸，不雨就是风。(《甘肃天气谚》)
天热人发闷，雷雨就来临。(《集成》)
天热人胸①闷，有雨不用问。(《集成》)
田野闷热，大雨不歇。〔徽县〕(《集成》)
头日天气突热，明日不风也下。(《张掖气象谚》《甘肃天气谚》)
头一二天闷热，以后必定要下雨。(《张掖气象谚》)

① 胸：又作“又”。

未雨先热，四十五日阴湿。(《中国谚语资料》)

夏不热，冬雪少。(《张掖气象谚》《甘肃天气谚》)

夏寒少雨，冬寒缺雪。(《集成》)

夏凉雨水少，秋凉天干燥。(《集成》)

夏热雨不断，秋热阴雨连。(《集成》)

一日冷，一日热，风不起来雨便落。〔崇信〕(《集成》)

早晨冷，晌午热，落雨也得半个月。(《中国谚语资料》《中国农谚》)

早晨冷，下午热，下雨①还得半个月。(《庆阳汇集》《宁县汇集》《泾川汇集》《甘肃选辑》《平凉气候谚》《平凉汇集》《中国农谚》《中国气象谚语》)

早晨凉，晌午热，下雨还得半个月。(《谚海》)

早晨凉，中午热，过不上三天天要变。(《张掖气象谚》《甘肃天气谚》)

早晨闷热必有雨，夜间闷热几日晴。(《张掖气象谚》《甘肃天气谚》)

早晨太冷，下午有雨。(《清水谚语志》)

早凉午热，等雨得半月。(《甘肃天气谚》)

早暖有风。(《张掖气象谚》)

早上冷，后晌②热，下雨就在七八月。(《谚语集》《集成》)

早上冷，下午热，有雨还得等半月。〔天水〕(《集成》)

早晚冷，中午热，要③下雨还得半个月。(《两当汇编》《定西农谚》)

扎扎热几天，美美的下一场。(《甘肃天气谚》)

物 候

艾蒿出水根，不久雨淋淋。(《集成》)

白蒿生白芽，必有大雨下。(《集成》)

白鸟飞上庄，海得大精光。(《中国气象谚语》)

白糖黑糖潮就要下雨。(《静宁农谚志》)

白天猫头鹰叫，不久雨将到。〔榆中〕(《集成》)

白天猫头鹰叫，天空就定有雨了。〔庆阳〕(《集成》)

白杨树叶往下垂要下雨。(《高台天气谚》)

白杨树叶往下掉会下雨。(《酒泉农谚》)

白蚁飞满天，来日雨绵绵。〔兰州〕(《集成》)

白玉鸟，吼吼叫，天空就定有雨了。(《庆阳汇集》)

---

① 下雨：《泾川汇集》作“落雨”。

② 后晌：《谚语集》作“晚上”。

③ 《定西农谚》无“要”字。

白玉鸟，吼吼叫，天空有雨到。(《中国农谚》)

斑鸠钻天蛇过道，蚂蚁迎香花猫叫。(《中国谚语资料》《中国农谚》《谚海》)

半夜闻鸡闹，是个风雨兆。(《集成》)

傍晚羊儿吃得欢，不下雨，必阴天。(《集成》)

傍晚羊贪青，明日雨紧跟。(《集成》)

蝙蝠扑脸，下雨不远。〔兰州〕(《集成》)

冰草头朝下，亮明星上得早，有病的人不痒，就不下雨。(《谚语集》)

玻璃瓶内糖潮，胶鞋雨伞准备好。〔甘南〕(《甘肃选辑》)

布谷虫叫唤三五声，下雨就在明早晨。(《定西农谚》)

布谷鸟叫，有雨临到。(《清水谚语志》)

布谷鸟叫乌鸦发狂，天气变幻云彩翻浪。〔临夏〕(《集成》)

菜缸响，雨临降。(《清水谚语志》)

苍岭山不潮，帽帽山干燥。(《天祝农谚》《中国农谚》)

苍蝇嗡嗡炕上转，那天必定雨连天。(《泾川汇集》)

厕所臭，天要漏。〔华亭〕(《集成》)

茶棒直立，将要下雨。〔甘南〕(《甘肃选辑》《中国农谚》)

茶叶杆，水中立，不过三天雨来到。(《静宁农谚志》)

柴火打蛋，雨水见面。(《集成》)

蝉搬家，水浇瓜。〔张家川〕(《集成》)

蝉儿叫得响，雨来不过晌。(《集成》)

蝉儿叫声停①，阴雨要来临。(《集成》)

长脖雁飞得高不下雪，飞得低冷，雪多。(《张掖气象谚》《甘肃天气谚》)

长虫出了洞，龙把雨来送。(《集成》)

长虫当②道，雨打青苗。(《庆阳汇集》《泾川汇集》《甘肃选辑》《平凉气候谚》《中国谚语资料》《中国农谚》)

长虫过道，旱青蛙喊叫。(《白银民谚集》)

长虫过道水缸津，不信拔看艾蒿根。(《集成》)

长虫过路。(《高台农谚志》)

长虫过路蛤蟆叫，老牛大吼雨就到。(《集成》)

尘灰吸桌面，定是阴雨天；尘灰易掸掉，准是太阳红。(《集成》)

城门潮湿，定有雨下。(《靖远农谚》)

池水浑，阴雨淋；池水清，日头红。(《集成》)

---

① 叫声停：又作“叫叫停”。

② 虫：《平凉气候谚》作“蛇”。当：《庆阳汇集》《中国农谚》作“过”。

池塘起泡天要闹，池塘翻水要发水。（《集成》）

臭味进门，大雨来临。（《集成》）

锄把出水，天要下雨。（《集成》）

锄柄潮，雨要到。〔金昌〕（《集成》）

锄头潮湿有雨。（《清水谚语志》）

础润有雨。（《清水谚语志》）

疮疤发痹，有雨下降。（《清水谚语志》）

疮疤发痒，河水要涨。（《集成》）

疮疤痒，听雨响；筋骨痛，天不晴。（《集成》）

炊烟不出门，不久雨倾盆。（《两当汇编》）

炊烟满地跑，天气不会好。（《集成》）

炊烟漫地，烟筒嗞响。（《平凉汇集》）

炊烟向下跑，离雨不远了。（《平凉气候谚》）

春季柳树旺，伏天河水涨。（《集成》）

春山青，雨来临；夏山青，日日晴；秋山青，阴雨绵；冬山青，热转冷。（《集成》）

春天井水降得多，夏天雨水降得少。（《集成》）

刺猬乱叫。（《临洮谚语集》）

刺猬[①]鸣，不出门。（《清水谚语志》）

打狗不出门，明朝雪铺地。〔康县〕（《集成》）

大蛇过河要涨水。（《集成》）

大蜈蚣出洞，雪打雨相送。（《集成》）

大雁搭高窝，必有大水发。（《中国农谚》）

灯光围彩晕，不久阴雨淋。（《集成》）

灯花落了下大雨，灯花飞了刮大风。（《会宁汇集》）

灯心落了天下雨，灯心飞了吹大风。（《平凉汇集》）

羝胡角对角，老驴脖对脖，风雨就发作。（《集成》）

羝羊打头，羔羊乱跳。（《白银民谚集》）

地动有雨。（《甘肃天气谚》）

地返潮，有雨到。（《集成》）

地牛吼叫下大雨。〔静宁〕（《集成》）

地皮返潮，大雨将到。〔白银〕（《集成》）

地上不出水，天上不下雨。（《岷县农谚选》）

---

① 猬：原作“雨”，据《天水市文化志》所收谚语改。

吊吊霉[①]落，就要下雨。(《文县汇集》)
东山戴帽，长工睡觉。(《定西农谚志》)
东山[②]戴帽儿，不上一会儿。(《定西农谚》)
东山戴帽子，下雨不上一会子。〔岷县〕(《集成》)
冬寒天雀群飞，翅重，必有雨雪。(《中国气象谚语》)
冬天河里冰宽亮，来年雨水用不完。〔天水〕(《集成》)
冬天黄猴古[③]聚集有雨落。(《张掖气象谚》)
动物打滚。(《高台农谚志》)
动物在地上打滚也要下雨。(《文县汇集》)
毒瘤胀得疼，风雨下到明。(《集成》)
二蚓交，阴天到。(《集成》)
饭时有雨停不住。(《集成》)
房子内烟不出屋，就要下雨。(《文县汇集》)
飞虫绕灯，天雨濛濛。(《集成》)
飞蛾扑面，大雨相见。(《集成》)
粪缸臭，下雨透。(《集成》)
粪水臭发泡，就要下雨。(《文县汇集》)
蜂不出门，当天有雨。(《武都天气谚》《甘肃天气谚》)
蜂窝响，雨就淌。(《中国农谚》)
蜂窝响有雨。(《清水谚语志》)
蜂窝有响。(《高台农谚志》《平凉汇集》)
蜂子不出窝，明天有雨落。(《集成》)
蜂子早出门，天晴太阳红。(《集成》)
干河蛤蟆叫。(《平凉汇集》)
干活时潮腾腾的，闷热就要下。(《张掖气象谚》)
干兰花烟发潮就要下雨。(《文县汇集》)
缸出汗，雨不断。〔永登〕(《集成》)
缸出水，铁出汗，雨水马上就见面。(《岷县农谚选》)
缸穿裙，山戴帽，燕子钻天蛇过道，不过三天雨就到。(《甘肃天气谚》)
缸发湿，盐发潮，大雨不久就来到。(《集成》)
缸罐返潮，大雨难逃。(《集成》)

① 吊吊霉：屋顶上的蜘蛛网与灰尘等的混合物。
② 原注：东山在岷县城以东3公里处。
③ 黄猴古：原注谓鸟名。

缸里馍馍软溜溜，两三天内雨淋头。〔民勤〕（《集成》）
高粱尿床，雨水大涨。（《集成》）
鸽子不出笼，天下雨不停。（《集成》）
鸽子上树，要下大雨。（《甘肃天气谚》）
鸽子往房钻，水道修通免遭患。（《平凉气候谚》）
蛤蟆干叫。（《高台农谚志》）
蛤蟆集中跳，要有大雨到。（《集成》）
蛤蟆今晚叫，明天要下雨。（《酒泉农谚》）
蛤蟆抢道，大雨必到。（《集成》）
蛤蟆入地深，春雨贵如金；蛤蟆入地浅，沟岔都灌满。（《集成》）
蛤蟆上山羊贪草，阴雨不会少。（《集成》）
蛤蟆哇哇叫，大水漫锅灶。（《集成》）
蛤蟆哇哇叫，大雨就来到。（《山丹天气谚》）
各山驼云满，雨滴淋不停。（《高台农谚志》《中国气象谚语》）
工具潮湿，就要下雨。（《文县汇集》）
工具潮湿。（《高台农谚志》）
公鸡愁，大雨流。（《武都天气谚》《甘肃天气谚》）
公鸡愁，浇破头；母鸡愁，晒破头。〔武都〕（《集成》）
公鸡叫鸣迟兆雨。（《武都天气谚》）
公鸡晒脚，还有雨落。（《集成》）
公牛抵架，大雨哗哗。（《集成》）
沟叫唤，山冒烟，海子把家搬。（《谚海》）
狗吃草，猫洗脸，有雨爪爪冷。（《两当汇编》）
狗吃草，鹊洗澡，三天不下跑不了。〔武都〕（《集成》）
狗吃青草蛤蟆叫，蚂蚁搬家山戴帽，大雨就来到。（《集成》）
狗吃青尖，雨不过三。（《集成》）
狗打滚，驴甩耳，不是刮风要下[①]雨。（《甘肃天气谚》《集成》）
狗打滚，猫撒欢，不下雨，就阴天。（《集成》）
狗打喷嚏一二三，不是下雨就阴天。（《集成》）
狗吐舌头鸡张嘴，乌云遮天要下雨。〔西和〕（《集成》）
狗洗澡，雨要到[②]。〔泾川〕（《集成》）
狗用爪搔地，不久有大雨。（《集成》）

---

① 要下：《集成》永昌作“就是”。
② 雨要到：又作“雷雨到”。

古巴山戴帽，不是今日，就是明日[1]。〔甘南〕（《甘肃选辑》《中国气象谚语》）

骨头发痛，不雨便风。（《集成》）

关节冰，腰腿痛，不是下雨便是风。（《集成》）

龟晒壳，河水涨得快。〔陇南〕（《集成》）

锅底出汗，有雨不过三四天。〔武山〕（《集成》）

锅底墨着火要下雨。（《武都天气谚》）

锅底有墨半个落，必定有次大雨过；锅底有墨全部落，清风细雨半月多。（《中国农谚》）

锅底有墨半个落，必然要有大雨到；锅底有墨整个落，清风细雨半个月。（《静宁农谚志》）

锅底有墨全部[2]落，清风细雨半月多。（《定西农谚志》《平凉汇集》《谚海》）

锅灰发红[3]，三天有雨。（《甘肃天气谚》）

锅灰见红，必有大雨淋。〔平凉〕（《集成》）

锅墨着火。（《临洮谚语集》）

锅墨着，姜窝潮，天阴下雨就来到。〔岷县〕（《集成》）

锅烟墨燃，就要下雨。（《文县汇集》）

寒号鸟乱叫，天气要变了。（《高台农谚志》）

汗珠往眼内流，就要下雨。（《文县汇集》）

旱地里癞蛤蟆叫天要下。（《甘肃天气谚》）

旱地青蛙叫，三天大雨到。（《集成》）

旱蝗脑袋吱吱响，不过三天雨一场。〔张掖〕（《甘肃选辑》《中国农谚》）

旱天树根蘑菇起，不久就要下大雨。（《集成》）

旱烟潮，晴不牢。〔华亭〕（《集成》）

旱烟袋响。（《临洮谚语集》）

旱烟发潮，雨雪预告。〔泾川〕（《集成》）

旱烟泛潮盐出汗，大气一定要变换。（《集成》）

旱烟杆里发响，有雨不出三后晌。（《中国农谚》《谚海》）

旱烟管淌水要下雨。（《武都天气谚》）

旱烟锅子出了水，今明两天有大雨。（《集成》）

河里泛青苔，必有大雨来。（《中国气象谚语》《集成》）

---

① 《甘肃选辑》注：古巴山，临洮山名，山顶有云，有下雨的征兆。

② 全部：《平凉汇集》作“半个”。

③ 红：又作“火”。

河里鱼打花，明天有雨下。（《集成》）

河里鱼儿打头翻，天上雨水落满川。（《集成》）

河水猛消，大雨在明朝。（《集成》）

河水泡发，三天雨下。（《清水谚语志》）

河水飘花花①，一定天要下。（《庆阳汇集》《宁县汇集》《甘肃选辑》《平凉气候谚》《中国农谚》）

河水起沫泡，小鱼水上跳，河道边发潮，不久雨就到。（《两当汇编》）

河水起泡要下雨。（《武都天气谚》《甘肃天气谚》）

河水雾气大，必定有雨下。〔秦安〕（《集成》）

黑白粒发潮，阴雨天来到。（《平凉气候谚》）

黑佬②爬地，雨快落地。（《中国农谚》）

黑蜜蜂来十天发大水。（《张掖气象谚》《甘肃天气谚》）

黑蜻蜓成群，阴雨天气要来临。〔泾川〕（《集成》）

红柳开花密，冬季雪量大。（《甘肃天气谚》）

蝴蝶往屋飞，后面风雨催。（《集成》）

花柳花儿密，冬季雨量大。〔张家川〕（《集成》）

槐树吐黄枝，大雨小雨常接湿。（《集成》）

槐树叶子卷，雨在明天晚。（《集成》）

槐子粒多冬雪少，槐子粒少冬雪多。〔庆阳〕（《集成》）

黄狗扒地，天流眼泪。（《集成》）

黄蚂蚁挡路不过三。（《张掖气象谚》《甘肃天气谚》）

黄鳝起翻，螃蟹爬岸天要下。（《武都天气谚》《甘肃天气谚》）

黄鼠搬家老牛吼，不出二日雨就到。（《集成》）

黄莺起，下大雨。（《集成》）

火柴潮，大雨到。（《集成》）

火星子串锅底，今明定有雨。（《集成》）

火烟不出，狗打不出。（《张掖气象谚》）

火烟不出门，必有大雨淋。（《集成》）

火烟烧梁大雨到。（《高台天气谚》）

火烟向下埋，不久有雨来。（《集成》）

火烟向下埋，不久有雨来；火烟笔直上，望雨是空想。（《中国农谚》《两当汇编》）

---

① 花花：《平凉气候谚》作“泡花”。

② 黑佬：方言，指乌鸦。

鸡不回笼又不上架，表示天气要坏了。(《张掖气象谚》《甘肃天气谚》)

鸡不入笼阴雨来，蜜蜂出窝天放晴。(《集成》)

鸡不上架，准有雨下；鸡不进窝，大雨滂沱。(《集成》)

鸡不上架羊抢草，风变雨，跑不了。〔华亭〕(《集成》)

鸡迟鸭早，大雨要到。(《集成》)

鸡愁的叫。(《临洮谚语集》)

鸡愁鸭子闹，风雨就来到。(《集成》)

鸡愁雨，鸭愁风。(《集成》)

鸡打愁声，天雨淋淋。(《岷县农谚选》《甘肃选辑》《定西汇编》《中国农谚》)

鸡斗雨，鸭斗晴。(《集成》)

鸡儿迟上架，次日雨就下。(《平凉汇集》《中国农谚》)

鸡儿抢食不上架，明天定有大雨下。(《集成》)

鸡儿上架晚，有雨也不远；鸡儿出笼早，当天雨就到。(《集成》)

鸡儿上架早，明天天气好；鸡儿上架迟，明天雨淋淋。〔武山〕(《集成》)

鸡发愁，迟上架，阴雨明天下。〔清水〕(《集成》)

鸡禽出笼早，当天雨就到。(《集成》)

鸡晒翅，天下雨。(《集成》)

鸡晒翅有雨。(《武都天气谚》《甘肃天气谚》)

鸡晒翎膀要下雨，鸡登高明天要晴。(《两当汇编》)

鸡上架迟有雨，雨中上架要晴。(《武都天气谚》)

鸡上树，狗上墙，大水来了无处藏。(《集成》)

鸡往高处跳，大雨快来到。(《集成》)

鸡早。(《临洮谚语集》)

鸡早进笼晴，鸡迟进笼雨。(《集成》)

鸡找蚕子就要下雨。(《文县汇集》)

鸡啄身上虱，大雨不出日。(《集成》)

家雀吵，风雨到。(《集成》)

家兔抢水喝，雨打南山坡。〔定西〕(《集成》)

家中不出烟，必然雨涟涟。(《岷县农谚选》《甘肃选辑》《中国气象谚语》)

碱地返潮要下雨。(《山丹天气谚》)

脚心发痒，天要变坏。(《高台天气谚》)

今年的斗上潮气大，来年的雨水定是多。(《白银民谚集》)

今晚蚊子恶，明天有雨落。(《中国农谚》)

筋骨酸痛。(《高台农谚志》)

筋骨疼也要下雨。(《文县汇集》)
筋骨痛，雨打洞。(《集成》)
精神迷，腰腿困，不过二天雨来临。〔华亭〕(《集成》)
井里气不消，大雨漫了桥。〔渭源〕(《集成》)
井里罩雾气，晴天将下雨；井里吐雾气，阴天将晴起。〔白银〕(《集成》)
井水泉水①涨，一定雨水广。(《平凉气候谚》《平凉汇集》)
井水上涨又发浑，风雨来到快又准。(《集成》)
井下泉涨，一定雨水广。(《中国农谚》)
井中泥水翻，不雨也阴天。(《集成》)
井中青蛙叫，各沟各岔把水冒。(《集成》)
镜子雾，窗纸松，有雨还很猛。(《集成》)
鸠唤雨，雀唤晴，牛虻虫一叫雨快临。(《两当汇编》)
鸠鸣天下雨，雀嚷天放晴。〔西和〕(《集成》)
炕火回烟，必定变天。(《集成》)
癞蛤蟆干叫，是下雨的征象。(《文县汇集》)
老鹅叫，雨就到。(《集成》)
老猫坐墙叫，大雨就来到。(《集成》)
老猫坐屋脊，明天雨淅淅。(《两当汇编》)
老牛大叫咽发痒，大雨不过一半晌。〔两当〕(《集成》)
老牛叫，雨来到。(《集成》)
老人筋骨痛，不雨也起风。(《两当汇编》)
老石旧砖，出汗闹天。(《集成》)
老鼠搬家，不过三天有雨下。〔白银〕(《集成》)
老鼠搬家，大水没人家。(《集成》)
老头腰疼要阴天，鸡晒翅膀要下雨。〔平凉〕(《集成》)
老鸦窝高。(《高台农谚志》)
老鹰低飞定下雨。(《集成》)
老鹰叫，大雨到。(《高台天气谚》)
老鹰叫唤必有雨。(《张掖气象谚》)
老鹰啼叫，要下雨。(《甘肃天气谚》)
梁上掉灰。(《高台农谚志》)
粮食发软。(《临洮谚语集》)
蝼蛄唱歌，有雨不多。〔兰州〕(《集成》)

① 泉水：《平凉气候谚》作“升泉”。

蝼蛄扑灯，阴雨必生。(《集成》)
炉餐起火雨淋淋，锅子起火草不生。(《民勤农谚志》)
驴打耳光，天要下。(《高台天气谚》)
驴打喷嚏蛇过道，不过三天大雨到。(《集成》)
驴甩耳朵猪垫窝，天阴下雨定没错。(《甘肃天气谚》)
驴甩耳朵猪垫窝，天阴下雨没走脱。〔永昌〕(《集成》)
绿头棚上戴白帽，不到几天大雨到。(《定西农谚志》)
骆驼蓬戴孝，大雨来到。(《集成》)
骆驼蓬戴孝必有雨。(《会宁汇集》《定西汇编》)
骆驼蓬出汗人发烧。(《中国农谚》)
麻雀成群叫得欢，不下小雪就阴天。〔民乐〕(《集成》)
麻雀打滚，赤脚出门。(《集成》)
麻雀囤食要下雪，蜜蜂出窝天放晴。(《集成》)
麻雀儿乱跳，明日雪飘飘。〔酒泉〕(《集成》)
麻雀乱叫，次日有雪到。(《甘肃天气谚》)
麻雀闹，老牛叫，鱼儿跳跃雨之兆。(《集成》)
麻雀踏步要下雨。(《甘肃天气谚》)
蚂蝗翻浪有雨。(《清水谚语志》)
蚂蟥爬上岸，保险没好天。(《两当汇编》)
蚂蚁搬家。(《高台农谚志》《临洮谚语集》)
蚂蚁搬家，不阴就下；蚂蚁赶集，三日必雨；蚂蚁排队，大桥被摧。(《集成》)
蚂蚁搬家，定有雨下。〔白银〕(《集成》)
蚂蚁搬家，蚂蚁盖庙。(《白银民谚集》)
蚂蚁搬家，有雨不差。〔白银〕(《集成》)
蚂蚁搬家报雨淋，蜘蛛结网报天晴。(《集成》)
蚂蚁搬家到高处，要下大雨。(《酒泉农谚》)
蚂蚁搬家蛤蟆叫，不到三日大雨到。(《平凉气候谚》)
蚂蚁搬家山戴帽，必定大雨到。(《定西农谚》)
蚂蚁搬家山戴帽，猪儿拉窝蛇过道，家刚搬完大雨到。〔山丹〕(《集成》)
蚂蚁搬家蛇过道，不到三天大雨到。(《清水谚语志》)
蚂蚁搬家蛇过道，大雨就来到。(《新农谚》《中国农谚》《集成》)
蚂蚁搬家蛇过道，缸穿裙子山戴帽，不出三日大雨到。(《集成》)
蚂蚁搬家蛇过道，老牛大叫，大雨就来到。(《民勤农谚志》)
蚂蚁搬家蛇过道，蚯蚓滚沙有雨到。(《武都天气谚》)
蚂蚁搬家蛇过道，三天不过大雨到。〔天水〕(《集成》)

蚂蚁搬家蛇过道，大雨马上就来到。〔天水〕(《甘肃选辑》《中国农谚》)
蚂蚁搬家蛇过道，眼看大雨就来了。(《定西农谚》)
蚂蚁搬家蛇过道，猪拉草，老牛叫，有雨。(《甘肃天气谚》)
蚂蚁搬家鱼翻花，路上行人快回家。〔灵台〕(《集成》)
蚂蚁搬家蚰发潮，不时大雨就来到。〔武山〕(《集成》)
蚂蚁搬家猪拉窝，不出三天有雨落。(《集成》)
蚂蚁搬家猪咬柴，燕子扑地雨就来。(《甘肃天气谚》)
蚂蚁搬窝。(《平凉汇集》)
蚂蚁搬窝，大雨就落。(《中国农谚》)
蚂蚁搬窝，雨水必多。(《定西农谚》)
蚂蚁不出洞，有雨不到中。(《集成》)
蚂蚁成群，明天不晴。〔平凉〕(《集成》)
蚂蚁成群封上窝，倾盆大雨要路过。〔环县〕(《集成》)
蚂蚁成群爬上墙，大江大河上涨。(《两当汇编》)
蚂蚁成群爬上墙，雨水淋湿大屋梁。(《集成》)
蚂蚁成阵要下雨，蜻蜓点水要刮风。(《集成》)
蚂蚁堵上门，早晨不淋晚上淋。(《集成》)
蚂蚁拉线，有雨来临。(《武都天气谚》)
蚂蚁拦路，大雨如①注。(《鲍氏农谚》《中国气象谚语》《集成》)
蚂蚁垒高窝，降雨机会多。(《集成》)
蚂蚁垒窝，要防雨下。(《集成》)
蚂蚁垒窝有雨。(《张掖气象谚》)
蚂蚁路上跑，天要下雨了。(《酒泉农谚》)
蚂蚁乱翻腾，不久大雨必生成。(《两当汇编》)
蚂蚁排队要下雨。(《集成》)
蚂蚁迁居天将雨。(《中国气象谚语》)
蚂蚁迁窝洪水多。(《定西农谚》)
蚂蚁牵线，大雨立见。(《集成》)
蚂蚁牵线，晴天要变。(《中国农谚》)
蚂蚁上树，不阴就雨；老鼠搬家，不冲就塌。(《集成》)
蚂蚁上树，天气要阴。(《集成》)
蚂蚁上树大雨来。(《谚海》)
蚂蚁烧香蛇过道，不到三天大雨到。(《定西农谚志》)

---

① 如：《集成》作“就”。

蚂蚁素线，晴天要变。(《泾川汇集》《甘肃选辑》)

蚂蚁素线，天气要变。(《庆阳汇集》《宁县汇集》《甘肃选辑》《中国谚语资料》)

蚂蚁往高处爬天不好。(《山丹天气谚》)

蚂蚁行香蛇过道，骡打喷嚏山戴帽。(《定西农谚志》)

蚂蚁行香蛇当道，刹时大雨就来到。(《定西农谚》)

蚂蚁行香在路上成群跑，就要下雨。(《文县汇集》)

蚂蚁寻窝山戴帽，必定要有大雨到。(《集成》)

蚂蚁筑坝下雨，乱跑要刮风。(《张掖气象谚》)

蚂蚁筑坝阵，雷雨落盈寸。(《高台天气谚》《中国气象谚语》《集成》)

蚂蚱扑面，下雨不远。(《集成》)

猫吃草，狗喝水，近日一定要下雨。(《集成》)

猫吃春草雨将到。(《集成》)

猫吃青草，虽旱不用恼；狗吃青草，戽①水快趁早。(《集成》)

猫蹲屋顶，大雨倾盆。(《集成》)

猫儿暖头公鸡愁，阴雨在后头。(《集成》)

猫儿洗脸，雨在早晚。〔甘谷〕(《集成》)

猫喝水，天要晴；狗喝水，天要雨。(《集成》)

猫头鹰，白天叫，雨天不久就要到。(《集成》)

猫头鹰，三天叫，插秧哥哥去睡觉。(《集成》)

猫头鹰乱叫，风雨来到。(《集成》)

猫洗脸，狗吃草，不过三日雨来到。〔宕昌〕(《集成》)

猫洗脸，雨就见；猫擦耳，雨就止。(《鲍氏农谚》《集成》)

门扇响，雨水广。〔武山〕(《集成》)

蜜蜂不出家，蚂蚁大搬家，大雨就要下。(《集成》)

蜜蜂不出门，细雨就要淋。〔泾川〕(《集成》)

蜜蜂不进窝，来日有雨落。〔武山〕(《集成》)

蜜蜂朝天天将雨。(《集成》)

蜜蜂迟归，雨来风吹。(《集成》)

蜜蜂低飞天要雨。(《集成》)

蜜蜂赶早，有雨临到。(《清水谚语志》)

蜜蜂收工早，明天要大涝。(《集成》)

蜜蜂窝里叫，阴雨就来到。(《集成》)

---

① 戽（hù）：旧时取水灌田的农具。

蜜蜂旋窝门，不久有雨淋。(《集成》)
蜜蜂早收工，明日不得晴。(《集成》)
明天天不好，羊吃拼命草。(《集成》)
母狗拉草，大雨就到。(《集成》)
母鸡背雏鸡，后天定有雨。(《中国气象谚语》)
母鸡背小鸡，后天必有雨。〔兰州〕(《集成》)
母鸡愁，下破头。(《平凉汇集》《中国农谚》)
母鸡打架，必有雨下。(《集成》)
母鸡吼咽叫，大风快要到。(《甘肃天气谚》)
母鸡咯咯叫，明天有雨到；公鸡打个鸣，雨天准见晴。(《集成》)
母猪不出窝，必定风雨多。(《集成》)
母猪叨草羊撒欢，下雨就在一两天。(《集成》)
母猪拉窝天要变。〔武山〕(《集成》)
母猪拾远处的草有雨，拾窝边的草有风。(《甘肃天气谚》)
泥鳅翻滚，大雨来临。(《集成》)
泥鳅乱打滚，大雨靠得稳。〔秦安〕(《集成》)
泥鳅水上游，大雨在后头。(《集成》)
泥鳅跳，雨水兆；泥鳅静，天气晴。(《集成》)
泥鳅游，出门愁。(《集成》)
鸟儿搭起小窝窝，今年雨水必定多。(《集成》)
鸟儿喜搭高窝窝，今年雨水必定多。〔清水〕(《集成》)
鸟飞高，大风潮。(《集成》)
鸟入林晚要变天，鸟入林早天气好。(《集成》)
鸟往家飞，快把柴背。(《集成》)
牛搬蹄，蛇过道，不久就有雨来到。(《集成》)
牛鼻子往哪个方向嗅，大雨就从哪个方向来。〔积石山〕(《集成》)
牛不倒沫必有雨。(《集成》)
牛不进圈，大雨就见。(《集成》)
牛打呵欠蛇过道，燕子低飞是雨兆。(《定西农谚》)
牛打喷嚏。(《临洮谚语集》)
牛打喷嚏大雨到。(《武都天气谚》)
牛打喷嚏蛤蟆叫，三天不过大雨到。(《静宁农谚志》)
牛打喷嚏山戴帽，燕子低飞蛇过道，必有大雨到。〔平凉〕(《集成》)
牛打喷嚏蛇过道，斑鸠叫唤大雨到。(《清水谚语志》)
牛打喷嚏蛇过道，斑鸠钻天大雨到。(《定西农谚》)

牛打喷嚏蛇过道，斑鸠钻天立见效。（《甘肃选辑》《中国农谚》《集成》《定西农谚》）

牛打喷嚏蛇过道，不过三天大雨到①。（《中国谚语资料》《中国农谚》《定西农谚》《中国气象谚语》）

牛打喷嚏蛇过道，巨狸猫②叫唤雨来了。（《定西农谚》）

牛打喷嚏蛇过道，蚂蚁搬家天掉尿。（《会宁汇集》）

牛打喷嚏蛇过道，嘘溜溜③叫唤雨来了。（《定西县志》《定西农谚》）

牛打喷嚏蛇过路，骆驼蓬上起白雾，准备雨具莫迟误。（《谚海》）

牛打喷嚏铁出汗，下雨就在眼目前。（《中国农谚》）

牛打喷嚏铁出汗。（《平凉汇集》）

牛打喷嚏羊抵架，不过三天大雨下。（《甘肃天气谚》）

牛儿不停舔，明日无好天。（《集成》）

牛欢跳，望天叫，雨来到。（《集成》）

牛马骡子不进圈，猪不吃食拱又闹。（《集成》）

牛贪水，晴得美；牛贪草，雨明朝。（《集成》）

牛舔前蹄蛇过道，不如青蛙一声叫。（《定西农谚》）

牛羊不下山，必定有雨天。（《集成》）

牛羊多叫必落雨。（《集成》）

牛羊贪饮水，当年雨水贵；牛羊不贪水，当年雨水沛。（《集成》）

牛羊一起叫，风雨一齐到。（《集成》）

脬牛④吼叫，大雨来到。（《集成》）

泡茶立柱，要下雨征象。（《文县汇集》）

墙出汗，猫尿床，有雨不过三后晌。（《集成》）

青蛇出洞，必有大雨。〔陇南〕（《集成》）

青石板上如水洗，今明定然有大雨。（《集成》）

青石返潮老牛叫，时间不长雨就到。（《集成》）

青苔出水面，有雨也不远。（《集成》）

青蛙朝东跳，当夜雨就到。（《平凉汇集》《中国农谚》）

青蛙多于往常，大雨就到。（《平凉汇集》）

青蛙飞蹦跳，大雨就来到。〔西峰〕（《集成》）

---

① 过：《定西农谚》又作“出”。三天：《中国气象谚语》作“三日”。

② 巨狸猫：方言中对松鼠的俗称。

③ 嘘溜溜：《定西县志》作“嘘柳柳”，注指鸠声也。

④ 脬牛：方言，指公牛，母牛则称为“牸牛”。脬，原作“犳”，今正之。

青蛙集中，大雨来临。(《集成》)
青蛙集中有大雨。(《集成》)
青蛙叫，雨临到。(《清水谚语志》)
青蛙叫得早。(《临洮谚语集》)
青蛙叫声哑，雨点噼噼啦。(《集成》)
青蛙叫天晴，干蛤蟆叫要下雨。(《张掖气象谚》《甘肃天气谚》)
青蛙乱蹦跳，大雨将来到。(《武都天气谚》《甘肃天气谚》)
青蛙乱叫，大雨要到。〔张家川〕(《集成》)
青蛙上岸，洪水满川。(《中国农谚》)
青蛙上高，必有大雨。〔兰州〕(《集成》)
青蛙上了塬[1]，一定水漂船。(《庆阳汇集》《宁县汇集》《甘肃选辑》《中国农谚》)
青蛙上山，河水上岸。(《庆阳汇集》《平凉气候谚》《中国农谚》《集成》)
青蛙上山雀洗澡，马上大雨到。(《集成》)
青蛙上树梢，定有暴风遭。(《甘肃天气谚》)
青蛙抬头吐白泡，不久就要有雨到。(《武都天气谚》)
青蛙跳进门，大水淹堂厅。(《集成》)
青蛙夜夜吵，雨水少不了。(《两当汇编》)
青蛙[2]早叫。(《临洮谚语集》)
青蛙众多。(《高台农谚志》)
蜻蜓稠，雨点流。(《集成》)
蜻蜓低飞大雨追。(《集成》)
蜻蜓飞得低，出门带雨衣。〔泾川〕(《集成》)
蜻蜓飞满天，大雨来得欢。(《集成》)
蜻蜓飞屋檐，有雨在眼前。(《集成》)
蜻蜓乱飞水。(《集成》)
蜻蜓乱舞蚁上树，三日之后雨如注。(《集成》)
蜻蜓千百挠天空，不过三日雨淋淋。(《集成》)
蜻蜓绕树。(《临洮谚语集》)
蜻蜓早晨不起飞，天要下。(《高台天气谚》)
晴天鱼沉底，雨天吐水泡。〔清水〕(《集成》)
秋蝉叫，雨临到。(《清水谚语志》《武都天气谚》《甘肃天气谚》《集成》)

---

① 塬：《甘肃选辑》作“塬崖”。
② 青蛙：原注指旱地青蛙。

蚯蚓[1]唱歌，有雨不多。(《集成》)

蚯蚓唱山歌，有雨落不多。(《鲍氏农谚》《两当汇编》)

蚯蚓出地要下雨。(《山丹天气谚》)

蚯蚓出洞，天雨报应。〔兰州〕(《集成》)

蚯蚓出来。(《临洮谚语集》)

蚯蚓出来探地脉，将有雨下在眼前。(《张掖气象谚》)

蚯蚓出了洞，无雨也有风。(《集成》)

蚯蚓封洞蛤蟆叫，预兆下雨快来到。〔兰州〕(《集成》)

蚯蚓滚沙，必定雨下。(《集成》)

蚯蚓滚沙，大雨哗哗。(《集成》)

蚯蚓路上爬[2]，雨水乱如麻。(《中国气象谚语》《集成》)

蚯蚓满地跑，下雨有[3]可靠。(《岷县农谚选》《武都天气谚》《甘肃天气谚》)

蚯蚓若打滚，大雨靠得稳。(《集成》)

蚯蚓透土有雨。(《清水谚语志》)

蚯蚓早晨钻出土，三五天内定有雨。(《集成》)

蚯蚓早出晴，晚出雨。(《中国农谚》)

蚯蚓早出晒，午出泡。(《武都天气谚》)

蚯蚓早上滚土要下，下午滚土要晴。(《武都天气谚》)

蛆往高处爬，天气有变化。(《集成》)

蛐蟮走路天有雨。(《集成》)

圈粪臭气大，必定有雨下。(《集成》)

雀儿不踏步，鸽子不上树，牛打喷嚏蛇过路，骆驼蓬上拉白雾，就下雨。(《谚语集》)

雀儿洗澡天有雨。(《集成》)

鹊巢低，雨水多；鹊巢高，晴天多。(《集成》)

鹊巢下地，其年大水。(《中国气象谚语》)

群鹰叫要下雨。(《酒泉农谚》)

人打瞌睡眼皮重，有雨不用问。(《集成》)

人发躁，雨水到。(《集成》)

人感潮闷。(《高台农谚志》)

人感闷热身发痒，有雨等不到天亮。(《两当汇编》)

---

① 蚯蚓：又作“蛐蟮”。

② 路上爬：《集成》又作“满地爬”“地上爬”。

③ 有：《武都天气谚》《甘肃天气谚》作“必”。

入夜蚊子恶，明日有雨落。（《集成》）

三岁孩儿头生白，不过两天大雨飞。（《集成》）

骚巴子撒尿。（《白银民谚集》）

沙鸡呱呱叫满山，不下雨，便阴天。（《集成》）

沙鸡子秋里多时，则来年雨水广。（《张掖气象谚》《甘肃天气谚》）

山光翠欲滴，不久雨淅沥。（《谚海》）

山光翠欲滴，不久雨淅沥；山光蒙如雾，连日和煦煦。（《中国农谚》）

山花含泪开，泪滚阴雨来。（《集成》）

山鸡呱呱叫，下雨就来到。（《高台天气谚》）

山上老牛大叫，麻雀尘土洗澡，大雨来日就到。（《集成》）

山苔绿茵茵，定然有雨淋。（《集成》）

山羊打架，天气变卦。（《集成》）

山羊打架，天爷下①。（《高台天气谚》）

山羊乱奔跳，大风就要到。（《高台天气谚》）

山中的山羊群叫就要下雨。（《文县汇集》）

伤口发痒关节痛，天不下雨也要阴②。〔西和〕（《集成》）

伤口痒，肠胃痛，不是雨，就是风。（《平凉气候谚》）

上下蚰蚓跑，明天天不好。（《武都天气谚》）

烧火不出烟，必定要下点。（《集成》）

烧炕不出烟，不是下雨就阴天。（《集成》）

烧炕不出烟，一定要变天。（《庆阳汇集》《宁县汇集》《甘肃选辑》《平凉气候谚》《中国农谚》《中国气象谚语》《集成》）

蛇过道，大雨到。（《清水谚语志》）

蛇晒太阳有雨落。（《集成》）

蛇往路下跑，就要下雨。（《文县汇集》）

蛇下河，有雨落；蛇上山，天要旱。（《武都天气谚》《甘肃天气谚》）

蛇下河下雨，蛇上山天旱。〔天水〕（《甘肃选辑》）

十个气象站，不如一个关节炎。（《集成》）

石板出汗，雨水煮饭。〔临洮〕（《集成》）

石板出汗雨淋淋。（《集成》）

石壁汗淋淋，外面落不停。（《两当汇编》）

石头出汗。（《临洮谚语集》）

---

① 原注：指新坝牧区。

② 也要阴：又作“也难晴”。

石头出汗，堤坝下满。〔武山〕(《集成》)

石盐化水，天降大雨。(《谚海》)

时雨时晴，几天几夜不停。(《集成》)

食盐潮湿水缸哭。(《泾川汇集》)

食盐化水，天将大雨。(《集成》)

屎爬牛叫要下雨，青蛙出讲要下雨。(《山丹天气谚》)

手发干，大雨远。(《集成》)

树上结着马蜂窝，今年有雨也不多。(《集成》)

树头睡了觉，雨儿必来到。(《集成》)

树叶翻背摇，大雨淹过桥。(《集成》)

树叶翻背摇。(《临洮谚语集》)

树叶下垂。(《高台农谚志》)

树叶子从顶上落，则来年前半年夏雨广。(《张掖气象谚》)

水缸潮，衣粘身，出门防雨淋。(《集成》)

水缸潮半边，下雨得几天。〔天水〕(《集成》)

水缸出汗，大雨不站。(《平凉气候谚》《中国农谚》)

水缸出汗，房檐水不断。(《定西农谚》)

水缸出汗，老牛叫，燕子低飞蛇过道，蚂蚁搬家叭狗把水倒，骆驼蓬出汗人发烧。〔临夏〕(《甘肃选辑》)

水缸出汗，三天有雨。(《甘肃天气谚》)

水缸出汗，烟不出屋，三五天有雨。(《甘肃天气谚》)

水缸出汗蛤蟆叫，必定就有大雨到。(《宁县汇集》《泾川汇集》《甘肃选辑》《中国农谚》)

水缸出汗蛤蟆叫，不过三天大雨到。(《定西农谚》)

水缸出汗蛤蟆叫，过午[①]必有大雨到。(《定西农谚》《集成》)

水缸出汗快要下。(《定西农谚志》)

水缸出汗山戴帽，必有大雨快来到。〔兰州〕(《集成》)

水缸出汗雨来了。(《静宁农谚志》)

水缸穿了裙，阳山起黑云，大雨似倾盆。(《中国农谚》《谚海》)

水缸穿裙，大雨淋淋。(《定西农谚》《集成》)

水缸穿裙大雨临。(《武都天气谚》)

水缸大流汗，出门拿把伞。(《平凉汇集》《中国农谚》)

水缸发潮，阴雨就到。(《甘肃天气谚》)

---

① 午：《集成》〔武山〕作“日”。

水缸发潮阴天到。〔清水〕(《集成》)

水缸翻底，必要下雨；水缸浸透，下雨没够。(《集成》)

水缸生露山戴帽，蚂蚁遁行蛇过道，小鸡贪食青蛙叫，燕子低飞雨就到。(《两当汇编》)

水缸湿，水烟潮，老人腰痛。(《白银民谚集》)

水缸湿半边，下雨不几天。(《武都天气谚》《中国气象谚语》)

水库变色地闪光。(《谚海》)

水里腥气有雨来。〔永昌〕(《集成》)

水里鱼群乱，随后风雨见。(《集成》)

水面生青靛，天公又作变。(《集成》)

水磨绳子紧，不雨就天阴。〔甘南〕(《甘肃选辑》《中国农谚》)

水鸟黑夜叫，夜间雨要到。(《集成》)

水平层不平，天下雨得成。(《张掖气象谚》《甘肃天气谚》)

水泉发泡，下雨预兆。(《平凉汇集》《中国农谚》《谚海》)

水泉在正月底到二月中返潮，雨水多；二月二十以后返潮，雨水少。(《张掖气象谚》《甘肃天气谚》)

水缸发潮。(《临洮谚语集》)

水蛇盘柴头，大水地上流。(《集成》)

水鸭叫，雨来到。(《集成》)

睡猫面朝天，连日雨绵绵。(《两当汇编》《集成》)

死水鼓泡，大雨就到。(《集成》)

四下蚯蚓跑，明天大雨到。〔清水〕(《集成》)

四月九不下雪，明春气候冷。(《张掖气象谚》)

松鼠叫，大雨到。(《集成》)

松鼠叫，雨来到。(《庆阳汇集》《宁县汇集》《甘肃选辑》《平凉气候谚》《中国农谚》)

太统山顶发亮，猛雨必须来到。(《平凉汇集》)

太子山发蓝，很近很高要下雨。〔临夏〕(《甘肃天气谚》)

滩里的跳鼠洞周围有土，不过三天有雨。(《甘肃天气谚》)

塘鱼起头。(《临洮谚语集》)

糖潮盐湿铁出汗，雨水就见面。(《集成》)

桃树出胶，大雨要到。(《集成》)

天上的呱鸡叫，不久有雨到。(《高台天气谚》)

铁出汗，雨水见。(《集成》)

铁出水，缸出汗，下雨不出两三天。(《集成》)

铁器生锈就要下雨。(《文县汇集》)
铁器腥潮，有雨快到。(《《中国气象谚语》》)
铁上生红锈，河里大水流。(《高台农谚志》)
头皮痒，来日风雨多半晌。(《集成》)
娃娃脖子起白圈，马上出现下雨天。(《集成》)
蛙爬树鸣雨，鸡登高叫晴。(《集成》)
蛙声密，雨滴稀。(《集成》)
蛙缘木鸣雨，鸡登高鸣晴。(《中国农谚》)
晚鸡不上架，天明大雨下。〔陇南〕(《集成》)
晚上毛驴甩耳朵要阴雨。(《张掖气象谚》)
晚上屁爬虫听，不久要下雨。(《甘肃天气谚》)
晚上蚊蝇凶，来日雨淋淋。(《平凉汇集》)
晚上蚊子吼，明天雨淋。(《平凉气候谚》)
苇叶展，阴雨宽；苇叶卷，毒日连。(《集成》)
苇子节上有水珠，不是下雨就有雾。(《集成》)
蚊虫成堆，一定下雨。(《文县汇集》)
蚊虫嗡嗡叫，大雨就来临。(《集成》)
蚊虫嗡嗡叫，当天有雨到。(《集成》)
蚊虫嗡嗡叫，明日水滔滔。(《集成》)
蚊虻聚堂中，明朝穿蓑篷。(《鲍氏农谚》《两当汇编》)
蚊虻聚堂中，明朝穿蓑篷；蚂蚁筑坝阵，雷雨深盈寸。(《中国农谚》)
蚊蚋鸣声如撞钟，不下雨来就起风。(《中国农谚》)
蚊子打脸，下雨不远。(《集成》)
蚊子叮人厉害有雨。(《甘肃天气谚》)
蚊子聚堂厅，明日雨淋淋。(《集成》)
蚊子聚堂中，明早戴斗篷。〔灵台〕(《集成》)
蚊子嗡嗡叫，明朝有雨到。(《中国农谚》)
蚊子咬人凶，下雨就会猛。(《集成》)
蚊子转眼飞，下地披雨衣。(《集成》)
蚊子钻眼，雨把石头泡软。〔陇南〕(《集成》)
瓮根潮，雨水到；瓮穿裙，雨来临。(《集成》)
蜗牛出壳，水满山窝。(《集成》)
蜗牛爬竿，没有好天。(《集成》)
乌龟上岸，天气要变。(《集成》)
乌鸦成群过，明天有雨落。(《集成》)

乌鸦低飞乱叫要下雨。（《张掖气象谚》）
乌鸦逆风飞，大风继续吹。（《中国农谚》）
乌鸦顺风飞，雨在后面[①]追。（《中国农谚》《谚海》）
乌鸦窝低雨水多，面朝东南开，也多雨水。（《高台天气谚》）
乌鸦戏水有雨。（《武都天气谚》《甘肃天气谚》）
乌鸦迎风飞叫，大风必定来到。（《集成》）
乌鸦澡后停河边有雨淋，远飞天晴。（《武都天气谚》）
屋顶掉下灰，必定涨大水。（《集成》）
屋里不出烟，必定雨绵绵。（《武都天气谚》《中国气象谚语》《集成》）
屋里不出烟，定有大雨天。（《集成》）
屋里不出烟，眼前要变天。（《集成》）
屋里漫烟，屋外漫雨。〔武山〕（《集成》）
屋里石头湿绵绵，天气变化在眼前。（《民勤农谚志》）
无声蚊子咬死人，大雨就来临。（《集成》）
蜈蚣出巡，大雨倾盆。（《集成》）
喜鹊搭窝口朝南，春夏必定水涟涟。〔酒泉〕（《集成》）
喜鹊窝在树顶上，雨多。（《张掖气象谚》《甘肃天气谚》）
虾蟆哇哇叫，大水满锅灶。（《中国农谚》）
瞎蠓子扑脸，离下雨不远。（《集成》）
瞎瞎透土要下雨。（《清水谚语志》）
下雨时麻雀叫就下不大。（《甘肃天气谚》）
夏雨雷雨前，青蛙上岸躲在干燥处。（《张掖气象谚》《甘肃天气谚》）
咸鱼滴卤，大雨就有。（《集成》）
咸鱼咸肉空中挂，滴下盐水天要下。（《集成》）
小虫扑脸、蚊虫咬的凶有雨。（《武都天气谚》）
小蛤蟆上山，大雨漫滩。（《集成》）
小麻雀结队要落雪。（《集成》）
小蚂蚁打架凶，定有雷雨风；大蚂蚁打洞忙，风狂雨也狂。（《集成》）
小鸟低飞，恶雨要到。（《武都天气谚》《甘肃天气谚》）
小青蛙乱跑，要刮风下雨。（《酒泉农谚》）
小树头弯，雨不过三。〔靖远〕（《集成》）
小燕儿低飞来拜年，大雨很快到眼前。〔环县〕（《集成》）
小燕满天叫，下午雨来到。（《集成》）

① 面：《谚海》作“边”。

小鱼执鞭，必定变天。(《武都天气谚》《甘肃天气谚》)
小猪发疯，不雨便风。(《集成》)
畜圈茅厕臭味大，天气将要起变化。(《集成》)
鸭群往外跑，大雨河里浇。(《集成》)
鸭相骂，要落雨。(《集成》)
鸭子连声呷呷叫，一场风暴很快到。(《集成》)
鸭子潜水快，天气要变坏。(《集成》)
烟不出户，还要落雨。(《鲍氏农谚》《中国谚语资料》《谚海》)
烟不出门，大雨降临。(《集成》)
烟不出门，有雨必临。(《甘肃天气谚》)
烟布地，要下雨。(《泾川汇集》)
烟草出汗要下雨。(《定西汇编》)
烟囱不出烟，必定是雨天。(《甘肃天气谚》)
烟囱不出烟，定是阴雨天。(《中国气象谚语》)
烟窗不出烟，阴雨在眼前。(《集成》)
烟窗冒烟往下翻，风雨就在一两天。(《集成》)
烟窜房檐主雨①。(《中国谚语资料》《谚海》《中国气象谚语》)
烟窜家，雾罩山，下雨就在两三天。〔张家川〕(《集成》)
烟斗子洒水要下雨。(《张掖气象谚》)
烟浮房，下满缸。(《平凉气候谚》)
烟锅出汗，等水做饭。(《集成》)
烟锅发潮不利索，下雨就在今明个。〔酒泉〕(《集成》)
烟锅发响，必然有雨。(《清水谚语志》)
烟锅锅底有水珠，吸起烟来丢味道，阴雨天气必来到。(《酒泉农谚》)
烟锅响，大雨淌。(《武都天气谚》《集成》)
烟锅子落底要下雨。(《靖远农谚》)
烟摸地有潮气，食盐化水，大雨即来。(《两当汇编》)
烟跑地，天下雨。(《中国谚语资料》《中国农谚》)
烟扑地面有潮气。(《集成》)
烟扑地要下。(《临洮谚语集》)
烟铺地，水汲汲。(《集成》)
烟铺地，要下雨。(《集成》)
烟铺地，雨连天。(《集成》)

---

① 雨：《中国气象谚语》作“阴雨”。

烟烧屋，天要哭。（《集成》）

烟筒潮湿，天阴下雨；烟筒干燥，天气大好。（《高台天气谚》）

烟筒杆内发嗞嗞响就下雨。（《文县汇集》）

烟筒拉倒烟，不下就要变。〔华亭〕（《集成》）

烟筒嗞响。（《高台农谚志》）

烟焰绕屋盖，大雨快要来。（《两当汇编》）

烟叶发潮，有雨就到。（《集成》）

烟叶发潮大雨到。（《武都天气谚》）

烟直上无雨，烟铺地有雨。（《平凉汇集》）

烟直升，雨是空。（《中国农谚》《谚海》）

腌菜缸起泡，大雨快来到。（《集成》）

盐潮水，天有雨。（《集成》）

盐成①泥，缸出汗，地旱天不旱。（《定西农谚》《集成》）

盐出水，铁出汗，雨天②马上就见面。（《宁县汇集》《甘肃选辑》《平凉气候谚》《中国农谚》）

盐缸返潮水缸哭，三天之内定下雨。〔古浪〕（《集成》）

盐罐返潮，大雨就到。（《集成》）

盐含水，烟返潮，坛酒泛香有雨到。（《集成》）

盐回潮，必有雨。（《武都天气谚》）

盐回潮，雨临到。〔清水〕（《集成》）

盐烟出汗，要下雨。（《岷县农谚选》）

燕朝天，路不干；燕朝地，晒出屁。（《岷县农谚选》）

燕低飞，穿蓑衣；蛙争鸣，天难晴。（《集成》）

燕低飞，蓑衣遮；蛙屡鸣，难望晴。（《鲍氏农谚》《中国谚语资料》《谚海》）

燕低飞，有雨来。（《中国农谚》）

燕低飞，雨濛濛；蛙屡鸣，难望晴。（《集成》）

燕儿朝天，越朝越干。（《中国谚语资料》《中国农谚》《谚海》）

燕飞低，蓑衣遮；蛙屡鸣，难望晴。（《中国农谚》）

燕来不过三月三，燕去③不过九月九。（《两当汇编》《集成》）

燕来雁去换春秋。（《集成》）

---

① 成：《集成》〔通渭〕作“出”。

② 雨天：《甘肃选辑》〔定西〕作“下雨”，《中国农谚》作“有雨”。

③ 去：《集成》作“走”。

燕上坡，雨就恶。(《岷县农谚选》)

燕尾朝天路不干，燕尾朝地晒出屁。(《集成》)

燕窝门，朝南开，有雨北面来。(《集成》)

燕子朝天，麻雀争鸣。(《甘肃农谚》)

燕子成群飞，今日有雨天。〔甘南〕(《甘肃选辑》)

燕子低低飞，大雨必快来。(《鲍氏农谚》《中国谚语资料》《谚海》)

燕子低飞。(《高台农谚志》《平凉汇集》)

燕子低飞，必定下雨。(《山丹天气谚》)

燕子低飞，雨湿脊背。(《中国农谚》)

燕子低飞大[①]雨到。(《武都天气谚》《集成》)

燕子低飞虹穿裙，远山戴帽天不晴。(《会宁汇集》《定西汇编》)

燕子低飞老鹰叫，阴天大雨就来到。(《甘肃天气谚》)

燕子低飞青蛙叫，蚂蚁搬家蛇过道，不出三日大雨到。(《集成》)

燕子低飞绕树转，一天半晌雨涟涟。(《集成》)

燕子低飞山戴帽，大雨就来到。(《集成》)

燕子低飞山戴帽，水缸出汗蛤蟆叫，蝇末子罩路大雨到。(《定西农谚》)

燕子低飞蛇过道，蚂蚁搬家山戴帽，水缸出汗蛤蟆叫，定有大雨就来到[②]。(《谚语集》《集成》)

燕子低飞蛇过道，蚂蚁搬家山戴帽。(《庆阳县志》《定西农谚》)

燕子低飞蛇过道，蚂蚁大搬家。(《张掖气象谚》)

燕子低飞蛇过道，蚂蚁垒窝蛤蟆叫，大雨就来到。(《集成》)

燕子低飞天不明。(《文县汇集》)

燕子低飞下大雨。(《中国谚语资料》)

燕子低飞要下雨，绵羊乱叫必刮风。〔酒泉〕(《集成》)

燕子低旋，阴雨绵绵。(《集成》)

燕子地面飞，出门带伞不吃亏。(《集成》)

燕子点水。(《临洮谚语集》)

燕子飞得低，明日定有雨。(《集成》)

燕子来，花儿开；燕子走，收了秋。〔环县〕(《集成》)

燕子扑地，有雨下降。(《清水谚语志》)

燕子扑地路不干。(《武都天气谚》)

燕子扑地蛇过道，蚂蚁搬家山戴帽，水缸出汗蛤蟆叫，必是大雨到。

---

① 大：《集成》平凉作“报”。

② 《集成》〔泾川〕末句作“必有大雨到”。

(《谚海》)

燕子扑地蛇过道，蚂蚁找窝山戴帽。(《宁县汇集》《静宁农谚志》《甘肃选辑》《中国农谚》)

燕子顺地行，不雨也不晴。(《中国谚语资料》《中国农谚》《谚海》)

燕子贴地飞，出门带蓑衣。(《集成》)

燕子窝，垫草多，今年定是雨水多。(《集成》)

燕子吸风老牛叫，狗打滚，猪塞窝，必定大雨到。(《庆阳汇集》)

燕子吸风老牛叫，有大雨到。(《平凉气候谚》)

燕子钻，蛤蟆叫，艾蒿根上起白泡，不出三日大雨到。(《集成》)

燕子钻地蛇过道，山牛大叫雨就到。(《集成》)

燕子钻天，雨水连天。〔天水〕(《甘肃选辑》《中国农谚》)

燕子钻天蛇溜道，牛舔前蹄雨就到。(《朱氏农谚》《集成》)

燕子钻天蛇过道，不过三天雨就到。(《岷县农谚选》《中国谚语资料》《中国农谚》)

燕子钻天蛇过道，老牛大叫雨就到。(《平凉汇集》)

燕子钻天蛇过道，蚂蚁寻巢山戴帽，天下雨水快来到。(《泾川汇集》)

燕子钻天蛇过道，蜻蜓蝴蝶找处着①。(《中国谚语资料》《中国农谚》《谚海》)

燕子钻天蛇溜道，牛舐前蹄雨就到。(《费氏农谚》《两当汇编》)

羊不吃草到处乱跑，雨天就到。(《集成》)

羊吃草过多，必有雨来到。(《张掖气象谚》)

羊顶架，天要下。〔礼县〕(《集成》)

羊顶头，雨临头。(《集成》)

羊儿吃草不抬头，大雨不过三钟头。(《集成》)

羊儿吃草不下山，明日出门带雨伞。(《集成》)

羊儿吃草欢，次日没好天。(《中国谚语资料》《中国农谚》)

羊叫大雨来，牛叫日头开。(《集成》)

羊看退坡，鸡看进窝。(《集成》)

羊跑牛叫，大雨就到。〔庆阳〕(《集成》)

羊抢草，老鹰叫，鸡折翅膀蝌蚪跳，不到三天大雨到。〔清水〕(《集成》)

羊抢草，蚁垒窝，下起雨来水成河。〔西和〕(《集成》)

羊抢草，蚁围穴，蛤蟆拦路②大雨烈。(《费氏农谚》《两当汇编》《定西

---

① 找处着：方言，指找处所。此句描写了空气湿重时蜻蜓蝴蝶绕空乱飞的景象。

② 蛤蟆：《费氏农谚》作“蝦蟆”。拦路：《定西农谚》作“叫唤”。

农谚》)

羊抢草，蚁围穴，蛤蟆拦路大雨烈；蛇溜道，瓮浸流，山牛大叫暴雨由[①]。(《朱氏农谚》《费氏农谚》《谚海》)

羊在雷雨前，既贪食又不回圈。(《张掖气象谚》《甘肃天气谚》)

杨树叶子迫拉拉的，转西风就下。(《张掖气象谚》)

腰酸背痛。(《临洮谚语集》)

腰痛腿酸疮疤痒，大雨不过[②]一半晌。(《平凉汇集》《集成》)

腰胀脚板痛，明朝歇雨工。(《集成》)

鹞子拜水[③]，窝老子吹哨，大雨将到。(《集成》)

野雀屋门向东南，北面肯下；门向北，南面肯下。(《定西农谚志》)

夜间布谷叫，大雨就要到。(《集成》)

蚁围窝，大雨烈。(《集成》)

阴疮发痒炉罩烟，十日[④]以内水连天。(《中国农谚》《谚海》《集成》)

阴天蝉乱飞，大雨就会追。〔榆中〕(《集成》)

鹰飞高空，无雨即风。〔泾川〕(《集成》)

萤火虫飞如波，下雨必定多。(《集成》)

萤火飞高，风雨飘飘；萤火飞低，晒死老鸡。(《集成》)

鱼儿水面游，下雨有盼头。(《集成》)

鱼返湾，必变天。〔平凉〕(《集成》)

鱼吐泡，雨来到。(《集成》)

雨后菜叶耷拉，不过三天还下。(《集成》)

雨后青蛙叫，庄稼拿水泡。(《集成》)

雨天鹰鸣，经久不晴。(《中国谚语资料》《中国农谚》《谚海》《中国气象谚语》)

雨蛭浮水面，明日有雨见。(《高台天气谚》)

欲知哪面风雨多，上树去看喜鹊窝。(《集成》)

远山白，大雨来。(《集成》)

远山看得近，天气[⑤]总不晴。(《新农谚》《民勤农谚志》《中国农谚》)

远天黑变白，雨顺声音来。(《集成》)

早晨后晌蚊子多，来日有雨不用说。(《集成》)

---

① 蛤蟆：《朱氏农谚》《费氏农谚》作“蝦蟆”。由：《费氏农谚》作“田”。

② 不过：《平凉汇集》作“就到”。

③ 拜水：原注指在空中漂浮。

④ 十日：《谚海》作“十天”，《集成》〔民乐〕作“几天”。

⑤ 气：《中国农谚》作“是”。

早晨起床时衣服潮湿就下雨。(《文县汇集》)
早鸪雨落夜鸪晴，昼鸪叫叫热煞人。(《中国谚语资料》《中国农谚》)
早上鹁鸪鸣，中午大雨淋。(《集成》)
早上马连草现露珠，不出三日就有雨。(《张掖气象谚》)
早上蚯蚓多，午后雨不息。(《武都天气谚》)
早上乌鸦叫，当天天不好。〔甘南〕(《甘肃选辑》)
早鸦叫落，晚鸦叫晴。(《中国谚语资料》《中国农谚》《谚海》)
灶灰湿成块，定有大雨到。(《集成》)
灶烟不升空，不久听雨声。〔静宁〕(《集成》)
知了搬家，大雨哗哗。(《集成》)
知了停叫，风雨要到。〔皋兰〕(《集成》)
蜘蛛不停地工作就要下。(《高台天气谚》)
蜘蛛打水鱼翻花，路上行人快回家。〔灵台〕(《集成》)
蜘蛛掉线，离雨不远。(《集成》)
蜘蛛封网雨就到。(《甘肃天气谚》)
蜘蛛结立网，大雨倾盆响。(《集成》)
蜘蛛结网忙，大雨来得早。〔灵台〕(《集成》)
蜘蛛结网雨必晴，蚂蚁垒窝雨必淋。(《两当汇编》)
蜘蛛卷包，大雨来到。(《集成》)
蜘蛛上网来回跑，风雨不久就来到。(《集成》)
蜘蛛收网，大雨必降。〔西和〕(《集成》)
蜘蛛网上多加工，不是下雨定刮风。〔秦安〕(《集成》)
蜘蛛张网天将晴，蜘蛛收网天将雨。〔泾川〕(《集成》)
痔疮常痒，雨水来得广。〔武山〕(《集成》)
猪从窝里跑出来，嘴里衔草进窝，象征天要下雨。(《高台天气谚》)
猪打滚，牛疲惫，天要不下我不信。(《白银民谚集》)
猪打①窝，雨点落。(《定西农谚》)
猪垫窝，大雨到。(《平凉气候谚》)
猪滚圈，天气变。(《两当汇编》)
猪啃地皮有雨来。(《集成》)
猪拉草，老牛叫，大雨不出明儿早。〔酒泉〕(《集成》)
猪拉草，雪花飘。(《张掖气象谚》《集成》)
猪拉草窝锅墨着，来日大雨没处挪。(《定西农谚》《集成》)

---

① 打：又作“下”。

猪拉柴草就下雨。(《文县汇集》)
猪拉柴草修圈窝，天要变坏。(《张掖气象谚》)
猪拉窝，大雪落。(《定西农谚》)
猪拉窝，雨定多。(《武都天气谚》《中国气象谚语》)
猪闹圈，大雨灌；猪叨柴，阴雨来。(《集成》)
猪噙柴，雪雨来。(《集成》)
猪撒欢有雨或风。(《甘肃天气谚》)
猪往圈里抬草。(《平凉汇集》)
猪洗澡，大雨到。(《集成》)
猪衔柴，要下雨。(《酒泉农谚》)
猪咬架，就要下。(《武都天气谚》《定西农谚》《中国气象谚语》《集成》)
啄木鸟，叫一叫，大雨将要到。(《鲍氏农谚》《谚海》《中国气象谚语》)
啄木鸟儿叫三声，不下雨就刮风。(《集成》)

其　他

白日晒棉花，黑夜连阴下。(《酒泉农谚》)
潮气大有雨。(《张掖气象谚》《甘肃天气谚》)
潮气扑门，大雨倾盆。(《集成》)
初三十三二十三，太阳老君不出庵①。(《集成》)
春冰薄如纸，春雨贵如油。〔天水〕(《集成》)
春潮，夏旱，秋雨广。(《张掖气象谚》《甘肃天气谚》)
春旱夏雨多，夏旱秋雨多。(《甘肃天气谚》)
春天不问路，问路家中坐。(《两当汇编》)
地下不升水，天上不下雨。(《武都天气谚》)
顶看初三，下看十八，初三十八下，当月旱不怕。(《集成》)
东海潮，北海涨，不过三天有降雨。(《白银民谚集》)
冬干春雪少。(《甘肃天气谚》)
冬干春雨多。(《武都天气谚》《中国气象谚语》)
冬干夏雨多，夏干冬雪多。(《甘肃天气谚》)
冬旱春雨多。(《张掖气象谚》)
肥，肥不过春雨，瘦，瘦不过秋霜。(《谚海》)
肥不过雨，大不过理。〔天水〕(《甘肃选辑》)
干冬湿年。(《朱氏农谚》《费氏农谚》《甘肃天气谚》)

---

① 不出庵：原注指阴天。

干秋雪小，湿秋雪大。(《集成》)

旱极头潮。(《临洮谚语集》)

好天不过三，过三半月晕。(《张掖气象谚》《甘肃天气谚》)

黄梅天，十八变。(《甘肃农谚》)

交了六月节，龙王得一歇。(《集成》)

接客风，送客雨[1]。(《玉芝堂谈荟》《甘肃农谚》)

今年干到底，来年多水三月里。(《临洮谚语集》)

今年旱到底，来年多雨三月里。(《甘肃天气谚》)

近山多雨，近海多风。(《集成》)

久旱必有雨。(《定西农谚》)

久旱防久雨，久雨防久旱。(《集成》)

久旱没好雨，风卷尘沙起。〔通渭〕(《集成》)

久旱无过雨不旱。(《张掖气象谚》)

久旱无过雨不雨。(《张掖气象谚》《甘肃天气谚》)

久旱有大雨。(《张掖气象谚》《甘肃天气谚》)

久旱有久雨。(《甘肃选辑》《平凉汇集》《中国农谚》《定西农谚》《中国气象谚语》)

久旱有久雨，大旱有大涝。〔陇南〕(《集成》)

久旱有久雨，久雨有久旱[2]。(《甘肃天气谚》《集成》)

久旱之后，必有久雨。(《定西农谚》)

老汉活了八十三，没见过冬雨洒西山。(《靖远农谚》)

六月十九日，无风水则吼。〔环县〕(《集成》)

秋旱冬干春雨多。(《甘肃天气谚》)

秋旱冬雪多。(《张掖气象谚》)

人黄黄是病症，天黄黄是雨袋。(《民勤农谚志》)

人黄有病，天黄有雨[3]。(《朱氏农谚》《鲍氏农谚》《山丹天气谚》《泾川汇集》《清水谚语志》《平凉汇集》《文县汇集》《高台天气谚》《两当汇编》《张掖气象谚》《中国气象谚语》)

壬辰癸巳两条龙，不下便起尘。〔庆阳〕(《集成》)

---

① (明)徐应秋《玉芝堂谈荟》卷一九云“《田家杂占》：二月八日，张大帝生日，前后必有风雨，极准，俗语曰：‘云云。’”

② 旱：《集成》〔临夏〕作“晴”。

③ 病：《朱氏农谚》《鲍氏农谚》作“痦”。有雨：《高台天气谚》作“阴雨”。

壬辰癸巳上天堂，戊申己酉来下界[①]，天上住了十六日，四十四天地下藏。〔环县〕（《集成》）

闰月年，来年雨水多。（《集成》）

山气下山，不雨必阴天。（《两当汇编》）

暑相连，雨连绵。（《集成》）

四海潮，不过三天雨来到。（《庆阳汇集》）

天旱雨淋山，夜晴没好天。（《集成》）

天黄有雨，人黄有病。（《中华农谚》《鲍氏农谚》《洮州歌谣》《岷县农谚选》《宁县汇集》《静宁农谚志》《甘肃选辑》《中国农谚》《定西农谚》《中国气象谚语》《集成》）

天黄雨，地黄风。（《集成》）

望雨看天光，望雪看天黄[②]。（《月令广义》《朱氏农谚》《中国农谚》）

望雨看天黄，望晴见天光。（《中国农谚》）

望雨天发黄，望晴天发[③]光。（《两当汇编》《集成》）

戊午不下等庚申，庚申不下两月空。（《定西县志》）

下土后三至五天必有雨。（《张掖气象谚》《甘肃天气谚》）

下土三日[④]定有雨。（《集成》）

夏旱春雨多。（《甘肃天气谚》）

夏旱冬雪少。（《集成》）

夏旱秋雨广，冬里雪多些[⑤]。（《张掖气象谚》《甘肃天气谚》）

夏日天黄送雨来。（《两当汇编》《集成》）

小秋顺秋，小雨常流。〔天水〕（《甘肃选辑》《中国农谚》）

一潮川，二潮门，三潮就要上山。（《靖远农谚》）

一日黄沙三日雨，三日黄沙九日晴[⑥]。（《两当汇编》《高台天气谚》《张掖气象谚》《甘肃天气谚》）

一月天气看三五，久旱久雨。（《张掖气象谚》）

早黄有雨，晚黄天晴。〔华池〕（《集成》）

早起天黄雨绵绵，傍晚天黄日炎炎。（《两当汇编》）

---

① 己：原误作“巳”，据干支纪日法改。壬辰、癸巳、戊申、己酉：原注指雨旬头，火神上天和下界定住的时间，逢此日天要变。

② （明）冯应京《月令广义》卷二十三《昼夜令·占候·雨占》。《中国农谚》上下句互倒。

③ 发：《集成》作“放”。

④ 下土三日：原注指三日内土雾罩山。

⑤ 《甘肃天气谚》无“些”字。

⑥ 九日晴：《甘肃天气谚》作“天快晴”。

准备干柴细禾，谨防二八月春风细雨。（《岷县农谚选》）

测 风

日

朝晕风，夜晕雨，中午起晕晴到底。（《集成》）

单耳贯风，双耳贯雨。（《集成》）

恶风尽日没。（《鲍氏农谚》《中国农谚》）

鬼怕鸡叫，风怕日落。（《集成》）

黄风怕日落，日落风息。（《民勤农谚志》）

狂风怕日落，日落风更恶。（《集成》）

强风怕日落。（《中华农谚》《费氏农谚》《鲍氏农谚》《高台农谚志》《中国农谚》《张掖气象谚》《中国气象谚语》）

强风怕日落，大雨怕风起。（《集成》）

强风怕日落，日落还不停，刮个太阳红。〔酒泉〕（《集成》）

日出少云障，必定听风响。（《高台农谚志》《中国气象谚语》）

日丹早上，三天风起狂；日丹下午，三天雨来淌。（《集成》）

日落不反光，明日大风狂。（《集成》）

日落不停风，刮到半夜中。（《甘肃天气谚》）

日落发黄有大风。（《集成》）

日晕而风，月晕而雨。〔华亭〕（《集成》）

日晕遇风，无雨也阴。（《张掖气象谚》《甘肃天气谚》）

太阳带白色，过午风太多。（《张掖气象谚》《甘肃天气谚》）

太阳落到云里头，不刮就下。（《甘肃天气谚》）

太阳落山毛沉沉，不刮风也要阴天。（《民勤农谚志》）

太阳没出来时，半个天红，当天刮风。（《张掖气象谚》）

太阳窝里有红云，晚日有大风大雨。（《静宁农谚志》）

太阳颜色黄，明日大风狂。〔武威〕（《集成》）

太阳有缺口，一定要吹风。（《庆阳汇集》）

太阳月亮穿外衣，不刮大风就飞雨。〔民乐〕（《集成》）

午前耳生风，午后耳生雨。（《集成》）

小晕风伯急，大晕雨师来①。（《中国农谚》《中国气象谚语》）

---

① 伯：《中国气象谚语》误作“怕”。来：《中国气象谚语》作“忙”。

有口风圈，无口雨圈。(《集成》)

早晨太阳黄，午后风必狂。(《集成》)

早间日耳，狂风即起；申后日耳[①]，明日必雨。(《鲍氏农谚》《中国农谚》《谚海》《中国气象谚语》)

早间日晕狂风起，午间日晕明日雨。〔永昌〕(《集成》)

早日耳单有风，晚日耳单有雨。(《甘肃天气谚》)

早上日耳，狂风即起。(《甘肃天气谚》)

月

半环风，圆环阴。(《中国气象谚语》《集成》)

背弓缺口在南边，南风刮起续二天；背弓缺口朝北边，北风刹时到门坎。(《集成》)

辰时有风圈，明日大风天。〔天水〕(《集成》)

晚上圈围月，来日一天阴。(《集成》)

有月晕时，月亮发白，一至二天要刮风。(《甘肃天气谚》)

月背北，刮大风；月背西，淋死鸡；月背南，水到河滩。(《定西农谚》)

月边半圆圈，大风在眼前。(《宁县汇集》《甘肃选辑》《中国农谚》《中国气象谚语》)

月带风圈，大风不出[②]三天。(《新农谚》《甘肃选辑》《民勤农谚志》《清水谚语志》《敦煌农谚》《武都天气谚》《谚海》)

月带风圈，大风不出三天；圈缺边，风从缺边来。(《张掖气象谚》)

月带虹圈，大风不出三天。(《定西汇编》)

月戴圆圈，刮风不出[③]三天。(《岷县农谚选》《甘肃选辑》)

月戴圆圈，刮风不过三天。〔定西〕(《甘肃选辑》)

月儿背弓，必然刮风；月儿背圈，水到河滩。(《中国谚语资料》《中国农谚》《谚海》《中国气象谚语》)

月儿带风圈，大风在眼前。(《静宁农谚志》)

月儿带风圈，明日大风旋。(《平凉汇集》《中国农谚》)

月儿晕，颜色比，黄的风，红的雨。〔镇原〕(《集成》)

月赶星，刮大风。(《集成》)

月光生红毛有风，月光生白毛有雨。(《集成》)

---

① 申后：《中国气象谚语》作“午后”。申时指下午三点至五点。日耳：原作“日珥”。

② 出：《清水谚语志》作“上”。

③ 出：《甘肃选辑》〔定西〕作“过”。

月黄起大风。(《平凉汇集》《中国农谚》)

月亮半圆圈，大风在眼前。〔金塔〕(《集成》)

月亮傍边风圈圆，不是下雨便风天。(《谚海》)

月亮背弓，必定刮风；月亮背圆，水到眼前。(《集成》)

月亮背弓，必然刮风。(《临洮谚语集》)

月亮撑红伞，多风云；月亮撑黄伞，有小雨；月亮撑黑伞，大晴天。〔崇信〕(《集成》)

月亮带白圈，明天一定要刮风。(《酒泉农谚》)

月亮带白圈开口，不出几天要刮风：口向东刮东风，口向北刮北风，口向西刮西风，口向南刮南风。(《酒泉农谚》)

月亮带半圆，大风在眼前。(《泾川汇集》)

月亮带风圈，大风不过三。(《天祝农谚》)

月亮带圈，刮风三天。(《甘肃农谚》)

月亮带圈天阴，半圈风天，哪面不圆哪面风。(《靖远农谚》)

月亮带圈要刮风，圈越大，风也越大。(《甘肃天气谚》)

月亮带着半风圈，不过三天刮大风。(《平凉汇集》)

月亮戴帽起大风，石头出汗有大雨。(《集成》)

月亮戴上项圈，大风不过三天。(《定西农谚》《集成》)

月亮发红，要刮大风。〔酒泉〕(《集成》)

月亮盘场①风刮呢，太阳盘场是下呢。(《会宁汇集》)

月亮盘场，不过三天就刮风。(《定西农谚志》)

月亮盘场刮风哩，太阳②盘场下雨哩。(《定西农谚》《集成》)

月亮盘场要刮风，太阳盘场要下雨。〔甘南〕(《甘肃选辑》)

月亮旁边有风圈，不过三天刮大风。(《高台农谚志》《中国气象谚语》)

月亮起毛茸，准是要刮风。(《集成》)

月亮身边见一星，如若眨眼兆大风。〔兰州〕(《集成》)

月亮围上圆圈，大风不过三天。〔庆阳〕(《集成》)

月亮有风圈，不过三天刮大风。(《文县汇集》)

月亮周围是半圆，要刮大风；月亮周围是全圆，要下大雨。〔东乡〕(《集成》)

月圈缺口是大风，月亮烧火天不晴。(《集成》)

月圈上面有了毛，大风一定少不了。(《民勤农谚志》)

---

① 盘场：原注指日晕或月晕。

② 太阳：《集成》〔兰州〕作“日头”。

月圈有大风。(《岷县农谚选》)
月有圈圈要刮风。(《酒泉农谚》)
月晕而风，础润而雨。(《鲍氏农谚》《泾川汇集》《谚海》《中国气象谚语》)
月晕而风，日红而雨。(《甘肃天气谚》)
月晕过风，日晕生雨。(《平凉气候谚》)
月晕起风。(《清水谚语志》)
月晕缺西方，来日有东风。(《张掖气象谚》《甘肃天气谚》)
月晕生风，日晕生雨。(《宁县汇集》《甘肃选辑》《临洮谚语集》《中国气象谚语》)
月晕星光减，明日大风灌。(《集成》)
月晕有缺，主大风；无缺，主天阴。(《鲍氏农谚》《中国气象谚语》)
月晕有缺，主风；月晕无缺，主天阴。(《中国谚语资料》)
月晕月光淡，明日大风天。(《集成》)

星

冬季星星稠，次日西风刮塌楼。(《张掖气象谚》《甘肃天气谚》)
天上星跳，地上风到。(《集成》)
夏季星星稀，明天大风就要起。(《甘肃天气谚》)
夏季月亮穿外衣，不是刮风便下雨。(《集成》)
夏日星星稀，明日大风必将起。(《张掖气象谚》)
星光不定天有风。(《谚海》)
星挤眼睛要刮风。(《集成》)
星亮有风，星暗有雨。(《集成》)
星星稠，刮倒牛。(《民勤农谚志》)
星星多，要刮风。(《民勤农谚志》)
星星发了红，明天要刮风。(《集成》)
星星挤眼，风害不浅。(《张掖气象谚》《甘肃天气谚》)
星星闪烁，必定有风。(《山丹天气谚》)
星星摇，起风暴；星眨眼，雨不远。(《集成》)
星星眨眼笑，三日风雨到。(《两当汇编》)
夜观星星闪，天气必定转，不是刮大风，就是雨不远。(《集成》)

虹 霞

断虹高挂，有风不怕。(《两当汇编》)
断虹早见，有风不险；断虹晚见，不明就变。(《中华农谚》《集成》)

高虹起风，低虹落雨。(《集成》)
暮白朝赤，飞沙走石。(《甘肃天气谚》)
南山天红刮东风。(《酒泉农谚》)
日落红云彩，必定大风来。〔酒泉〕(《集成》)
早白暮赤，飞沙走石，热极生风，冷下雨。(《两当汇编》)
早晨东方红，下午要刮风。(《甘肃天气谚》)
中午有霞，大风吹倒塔。(《中国农谚》)

风

八月南风二日半，九月南风当日转。(《费氏农谚》《两当汇编》)
北风不受南风欺。〔徽县〕(《集成》)
北风两头尖，南风旺于年。(《中国农谚》)
闭门风，开门站，开门不站两天半。〔平凉〕(《集成》)
初一刮风风多，初二下雨雨狂。(《集成》)
初一十五不刮风，下半月内一无风。(《张掖气象谚》)
春风少，东风多；春风多，东风少。(《甘肃天气谚》)
春怕西北风，夏怕东南风。(《平凉气候谚》)
春天的风，刮得倒山岩一样大的犏驼。〔阿克塞〕(《集成》)
春夏东南风，秋冬西北风，四季风向知，何必问老公。(《文县汇集》)
东风半夜起，风强时间短。(《谚海》)
东风半夜起，风强时间短，白天起风，持续时间长。(《甘肃天气谚》)
东风多而小，西风少而大。(《高台农谚志》《中国气象谚语》)
东风三日一停，西北大风必近[①]。(《甘肃天气谚》《张掖气象谚》)
风静气欲沉，必然大风来。〔通渭〕(《集成》)
风热风大，天气不下。(《高台农谚志》)
风三风三，一刮三天。(《平凉气候谚》)
关门风开门停，开门不停[②]过晌午。(《张掖气象谚》《甘肃天气谚》《集成》)
开门风，闭门站，闭门不站两[③]天半。(《平凉汇集》《中国农谚》)
开门风，刮点灯；闭门雨，到天明。(《集成》)
开闸见风刮到夜，闭门见雨下到明。(《集成》)
狂风连三日，急雨无半天。(《集成》)

① 近：《甘肃天气谚》作“临”。
② 停：《集成》〔张掖〕作“住”。
③ 两：《中国农谚》作“三”。

卯时东风不过午，日落西风不过夜。(《集成》)

南风吹到底，北风来还礼[①]。(《庆阳汇集》《宁县汇集》《甘肃选辑》《平凉气候谚》《中国农谚》《甘肃天气谚》《中国气象谚语》)

南海有风起浪，北国有风扬沙。(《集成》)

前秋看明春：秋风多，春风少；秋冬霜多，春风少。(《甘肃天气谚》)

秋风多，第二年春风多；秋雨多，来年春风多。(《甘肃天气谚》)

秋风多，冬季风少；秋风少，冬季风多。(《甘肃天气谚》)

秋天西风多，春天东风少；秋天西风少，春天东风多。(《甘肃天气谚》)

三天两头风[②]。(《白银民谚集》)

晌午不止风，过酉刮一宿。〔合水〕(《集成》)

十月头上一场风，呼呼不停吼一冬。〔永登〕(《集成》)

晚上起风早上息。(《中华农谚》《鲍氏农谚》《中国谚语资料》《中国农谚》《谚海》《中国气象谚语》《集成》)

晚上天上有风圈，明天必是大风天。(《民勤农谚志》)

晚上下山风，明日吹西风。(《张掖气象谚》《甘肃天气谚》)

夜里刮风夜里停，五更起风树拔根。(《中国农谚》)

夜里起风夜里住，夜里不住刮倒树。(《两当汇编》)

一年四季风，季季都不同。(《集成》)

阴天风大，土地开花。(《清水谚语志》)

迎头风不长，迎头风雨晴。(《白银民谚集》)

早晨起风，刮到掌灯，掌灯一煞，到明还刮。(《集成》)

早晨[③]起风夜里住，五更起风刮倒树。〔古浪〕(《集成》)

早上起风刮一阵，午后起风刮一阵。(《甘肃天气谚》)

早上起风易刮大。(《甘肃天气谚》《谚海》)

正月二十五，黄风刮起土。(《甘肃农谚》《宁县汇集》《静宁农谚志》《甘肃选辑》《中国农谚》《谚语集》)

正月二十五，黄风就地起。(《酒泉农谚》)

云

白云威风黄云雨，大黑云到来吓得老婆叫唤。(《平凉气候谚》)

傍晚黑云起，不是刮风就是雨。(《中国气象谚语》)

---

① 还礼：《宁县汇集》误作“头扎”。

② 原注：指二阴地区春天的特点。

③ 早晨：又作“夜里”。

黑云无根，风起变凶。(《谚海》)

黄云风，黑云雨。(《集成》)

黄云盖天连日刮，白气压境雨就倒。(《张掖气象谚》)

黄云罩一时，大风吼三天。(《平凉汇集》《中国农谚》)

蘑菇云，黑旋风。(《集成》)

南钩风，北钩雨。(《集成》)

三朝云雾刮西风。(《集成》)

天空黑带黄，大风就要来。(《张掖气象谚》)

天上紫云头，狂风刮倒牛。〔榆中〕(《集成》)

天有漏斗云，必有龙卷风。(《集成》)

乌云夹白云，不遭风，就挨淋。(《集成》)

午后黑云起西南，一场大风空喜欢。(《集成》)

午后日边扫帚云，不过明日大风吹。(《甘肃天气谚》)

西北一团黑，刮风了不得。(《高台农谚志》《甘肃天气谚》《中国气象谚语》)

一团云，一阵风；团团云，阵阵风。(《高台天气谚》)

云彩向东，明日刮风。〔西峰〕(《集成》)

云朝东，一场风。(《甘肃天气谚》)

云朝东，一场风；云朝南，一片蓝；云朝西，泡死鸡。(《山丹天气谚》)

云朝东，一场风；云朝西，水汲汲；云朝南，一天蓝；云朝北，一场雪。(《甘肃天气谚》)

云朝东，一场风；云朝西，一场雨；云朝南，快上船；云朝北，连阴雨。〔庆阳〕(《谚海》)

云成堆，大雷响；一阵风，吹个光。(《静宁农谚志》)

云跑东，刮大风。(《定西汇编》)

云跑东，刮大风；云跑南，水泛见。〔临夏〕(《甘肃选辑》《中国气象谚语》)

云跑东，刮大风；云跑西，淋死鸡。〔定西〕(《甘肃选辑》)

云势起鱼鳞，来潮风不轻。(《文县汇集》)

云丝象鱼鳞，来潮风不轻。(《白银民谚集》)

云往东，刮大风。(《平凉气候谚》)

云往东，刮一场风。〔金塔〕(《集成》)

云往东，一场风，北风吹来一场空。(《张掖气象谚》)

云往东，一场风；云往北，晒死麦；云往西，水淹犁。(《高台天气谚》)

云往东，一阵风；云往西，披蓑衣；云往南，雨沉船；云往北，好晒谷。

(《两当汇编》)

云向东，刮大风。(《武都天气谚》)

云向东，刮大风；云向南，水漂船；云向西，雨滴滴；云向北，割了糜子晒干麦。〔天水〕(《甘肃选辑》《中国气象谚语》)

云向东，刮大风；云向西，淋死鸡；云向南，漂起船。(《中国谚语资料》《中国农谚》《谚海》《中国气象谚语》)

云向东，刮大风；云向西，披蓑衣。〔西和〕(《集成》)

云向东，刮大①风；云向西，下大雨。〔西和〕(《集成》)

云向东，一场风；云向南，水漂船；云向西，水淋鸡；云向北，晒麦干。(《静宁农谚志》)

云向东，一场风；云向南，下不完；云向西，下大雨；云向北，发大水。(《民勤农谚志》)

云向东，一场风；云向南，一天蓝；云向西，水汲汲；云向北，一切雪。(《酒泉农谚》)

云向东，一阵风；云向西，雨汲汲，云向南，打破船；云向北，晒干麦。(《武都天气谚》《中国气象谚语》)

云向东，一阵风；云向西，雨汲汲；云向南，水翻船；云向北，晒出灰。(《定西农谚》)

云行东，一阵风；云转西，雨凄凄；云走南，水成潭；云向北②，晒干水。(《中国农谚》)

早出白云要刮风，晚上云黑天要阴。〔甘南〕(《甘肃选辑》《中国气象谚语》)

早看东南豆荚云，午后大风来一阵。〔武都〕(《集成》)

晴　雨

冬雪少，春风大；冬雪多，春风小。(《张掖气象谚》《甘肃天气谚》)

腊七腊八不腊九，腊了九，连春吼③。(《集成》)

山上雪顶天，大风了不得。(《高台天气谚》)

天大毛就是刮大风。(《谚海》)

天发毛，就要刮大风。(《甘肃天气谚》)

西面毛毛上，不久就有风。(《高台农谚志》《中国气象谚语》)

---

① 大：又作“刮”。

② 北：原作“东”，据意改。

③ 原注：腊月初九下雨，兆一春风多。

夏季雨少干燥，秋季风多。(《甘肃天气谚》)

夏雨少，东风多。(《张掖气象谚》《甘肃天气谚》)

雨淋春甲子，刮风四十五。(《集成》)

雨落无小风，晴干无大风。(《朱氏农谚》《鲍氏农谚》《谚海》《中国气象谚语》)

正月初一雪打灯，二月二日刮黄风。〔酒泉〕(《集成》)

气　温

春寒风大，秋寒雨多。〔庄浪〕(《集成》)

春暖春风多。(《甘肃天气谚》)

冬春早上热，下午刮大风。(《甘肃天气谚》)

冬暖春风多，冬冷春风少。(《甘肃天气谚》)

冬暖春早，春暖风狂。(《集成》)

干冷一场风，湿冷一场雾。(《集成》)

几天闷热后天发毛，就有大风的可能。(《张掖气象谚》)

冷生风，热生雨。(《定西农谚》)

六月六不蒸，扬场没有风。(《集成》)

六月秋热，风早；七月秋热，风晚。(《甘肃天气谚》)

热极生风①。(《农候杂占》《费氏农谚》《甘肃天气谚》)

热极生风，风极生冷，冷极生雨。(《张掖气象谚》)

热极生风，闷极下雨。(《高台天气谚》《张掖气象谚》《集成》)

热生风，冷生②雨。(《中华农谚》《张氏农谚》《鲍氏农谚》《酒泉农谚》《庆阳汇集》《宁县汇集》《高台农谚志》《泾川汇集》《甘肃选辑》《中国农谚》《甘肃天气谚》《庆阳县志》《中国气象谚语》《集成》)

热生风。(《张掖气象谚》)

热生风来冷生雨。(《张掖气象谚》《甘肃天气谚》)

晚上凉，白天热，不过两天要刮风。(《甘肃天气谚》)

夏夜西风来日热。〔泾川〕(《集成》)

一天东风三天暖，一天北风三天寒。(《两当汇编》)

早晨感到闷热时，到中午就要刮大风。(《甘肃天气谚》)

早上凉，下午晒，后晌刮风出大怪③。(《集成》)

---

① (清)梁章钜《农候杂占》卷二《寒热占》：“‘云云。’此通行谚。”

② 生：《酒泉农谚》作“下”。

③ 大怪：原注指大风。

物 候

北雁早南飞，北风定早吹。〔民乐〕(《集成》)

布谷鸟叫要刮风。(《集成》)

大雁南飞北风起，大雁东飞没了雨。(《甘肃天气谚》)

刮风前，屋里不出烟。(《张掖气象谚》)

关节痛有风或雨。(《甘肃天气谚》)

锅底棉子自着，日月有风圈连。(《民勤农谚志》)

鸡叫起风，刮到掌灯；三更起风，刮到日红；开门起风，刮到见星。〔民勤〕(《集成》)

鸡叫起了风，一刮到掌灯。(《集成》)

鸡群惊叫快刮风，鸭群惊叫快落雨。〔漳县〕(《集成》)

鸡洗风，鸭洗雨。(《集成》)

今日羊儿来斗架，将有大风来调解。(《张掖气象谚》)

今晚鸟飞声啾啾，明朝大风刮得久。(《中国气象谚语》)

今晚鸟飞声啾啾，明朝大风混溜溜。(《中国谚语资料》)

井水变色，大风紧催。(《集成》)

老鸦的窝低，多风。(《高台农谚志》《集成》)

老鸦飞乱叫，大风即要到。(《张掖气象谚》)

老鹰飞叫风。(《集成》)

老鹰乱飞叫，大风就要到。(《甘肃天气谚》)

骆驼鼻子呼呼响，要刮大风。(《甘肃天气谚》)

骆驼打鼻响，必定大风扬。〔酒泉〕(《集成》)

骆驼屁股朝东刮东风，朝西刮西风。(《高台天气谚》)

骆驼一转口，一定就刮风。(《民勤农谚志》)

蚂蚁集中必有风。(《甘肃天气谚》)

南方狗叫风到了。(《静宁农谚志》)

鸟窝口向南，全年北风多。(《集成》)

手掌光滑滑，必定把风刮。〔民勤〕(《集成》)

头皮痒，刮狂风；脚皮痒，天阴要下雨。(《酒泉农谚》)

晚上屋笆响，明日有大风。(《张掖气象谚》)

乌鸦叫风。(《集成》)

乌鸦盘天叫，狂风马上到。〔泾川〕(《集成》)

喜鹊搭窝高，风不刮鹅毛；喜鹊搭窝低，刮风又下雨。(《集成》)

喜鹊窝口朝向南，一年北风大又寒。(《集成》)

喜鹊窝口冲西北，一年没有大风吹。(《集成》)

瞎瞎土壅窝门，明天要刮南风。〔武山〕(《集成》)

鸦叫风，鹊叫雨[①]；鸦浴风，鹊浴雨。(《古今谚》《集成》)

鸦叫有风，鹊叫有雨。(《集成》)

鸦雀巢筑的高，风少不大。(《酒泉农谚》)

雁队惊鸣，大风将临。(《集成》)

羊不吃草要刮风。(《白银民谚集》)

羊打头抵角，明日风大作。(《集成》)

羊顶角，有风来。(《集成》)

羊牛望天嗅，必定刮大风。(《集成》)

羊跳丈子抢草吃，明日必有大风到。〔积石山〕(《集成》)

要知今年何风多，不妨试看老鸦窝[②]。(《鲍氏农谚》《谚海》)

灶上的烟土起了火，就一定刮风。(《民勤农谚志》)

蜘蛛转窝。(《临洮谚语集》)

猪叼草，明天冷风叫。(《两当汇编》)

其　他

北方黄尘雾，一定刮大风。(《白银民谚集》)

辰间电火，大飓可期；电光乱明，无雨风晴。(《中国谚语资料》《中国农谚》)

春甲子黄风四起，夏甲子就地生烟，秋甲子苗头生耳，冬甲子冻死牛羊。(《集成》)

春天春[③]的很，就有大风。(《静宁农谚志》)

春雾狂风。(《武都天气谚》《甘肃天气谚》)

春雾狂风夏雾热，秋雾连阴冬雾雪。(《甘肃农谚》《清水谚语志》)

冬有怪风，夏有怪雨。(《集成》)

风从河湾过，不能捎带院子家。(《酒泉农谚》)

风大风小树下听，天阴天晴夜观星。(《集成》)

风头刮，场上漫。(《集成》)

风无长顺，兵无长胜。〔通渭〕(《集成》)

久旱刮怪风。(《定西农谚》)

---

① (明) 杨慎《古今谚》所录无上两句。

② 《谚海》注：老鸦多是背风做巢，由此可断风向。

③ 春：原注谓乃干旱的意思。

人忙天不忙，迟早有一场。〔武山〕(《集成》)
三日雾濛，必起狂风[1]。(《三农纪》《中国气象谚语》)
山色变灰色，给风报信息。(《集成》)
天没良心刮寒风，人没良心假伤心。(《酒泉农谚》)
天气灰蒙蒙，四面都是风。(《张掖气象谚》《甘肃天气谚》)
天也黄，地也黄，大风来了不见牛和羊。(《酒泉农谚》)
偷风偷雨偷雪月。(《甘肃农谚》)
西方黄，风刮场。(《张掖气象谚》《甘肃天气谚》《集成》)
乡里风，城里雨。(《中华农谚》《甘肃农谚》)
早上雾腾腾有风。(《张掖气象谚》)
正月春风空中刮风地下通。(《定西农谚志》)
重雾三日主有风[2]。(《鲍氏农谚》《中国农谚》《中国气象谚语》)

测阴晴

日　月

八月十五云遮月，正月十五阴对阴。〔陇南〕(《集成》)
背弓严严，定是晴天；背弓缺口，晒死老狗。〔玉门〕(《集成》)
初四月不明，一月晴九天[3]。(《平凉汇集》《中国农谚》)
春晕过午，晒死老虎。(《集成》)
大圈日头小圈雨。(《集成》)
倒照[4]不过三，过三十八天。(《集成》)
东方太阳升上天，西方不亮也得亮。(《集成》)
黄日照后，晴天大露。(《集成》)
今晚日落乌云洞，明朝晒得背皮[5]痛。(《中华农谚》《中国农谚》《两当汇编》)
六月的日头，后娘的拳头。(《集成》)
六月的日头，妖婆子的指头。(《集成》)
落日鹌鹑叫，天气转晴好。(《集成》)

---

① (清) 张宗法《三农纪》卷一《雾·占应》。
② 主有风:《中国农谚》又作“有风起”。
③ 晴九天:《中国农谚》作“九天晴”。
④ 倒照：原注指雨中天突晴露出太阳。
⑤ 皮:《中国农谚》作“发”。

落山的太阳红似火。(《集成》)

落山的太阳晒死人。(《集成》)

日光朝上，碾场晒粮；日光朝下，雨必定大。(《中国农谚》《谚海》)

日落红霞涨，明天好晒酱[①]。(《庆阳汇集》《平凉气候谚》《中国农谚》《集成》)

日落红云长，明天好晒缸；日落黑云长，半夜听雷响。(《中国气象谚语》)

日落红云升，明日天必晴。(《酒泉农谚》)

日落红云涨，明天好晒酱。(《集成》)

日落红云涨，明天好晒酱；日落黑云涨，半夜听雷响。(《中国农谚》)

日落火烧云，明天晒死人。〔民乐〕(《集成》)

日落空儿日晴。(《张掖气象谚》)

日落[②]晴彩，久晴可待。(《鲍氏农谚》《两当汇编》《甘肃天气谚》《谚海》)

日落少云障，天明好晒酱。(《中国气象谚语》)

日落乌云洞，明朝又天晴。(《中国气象谚语》)

日落颜色红，明日仍是晴；日落颜色白，不久雪要来。(《两当汇编》)

日落云彩红，来日定转晴。(《白银民谚集》)

日落云连串，来日是阴天。(《甘肃天气谚》)

日没返照，晒得猫叫。(《两当汇编》)

日没火烧云，明天必定晒死人。(《中华农谚》《鲍氏农谚》《中国农谚》《谚海》)

日没火烧云，明天烤死人。〔山丹〕(《集成》)

日没西北晴，明天必天晴；日没西北黑，半夜看风雨。(《集成》)

日套三环变阴天。(《集成》)

日有光彩，久晴可待。(《鲍氏农谚》《中国农谚》《谚海》《中国气象谚语》)

日月上升，有晕则晴；日月下降，有晕则雨。(《鲍氏农谚》《中国谚语资料》《中国农谚》《谚海》《中国气象谚语》《集成》)

日晕不过午，过午庙内打破鼓。(《两当汇编》)

日晕不过午，过午晒破鼓。(《甘肃天气谚》)

日晕不收口，云跟太阳走。(《文县汇集》)

日晕过午，晒破庙里鼓。(《集成》)

上午日头闪几闪，今日一定晒得很。(《民勤农谚志》)

上扎胡子晴，下扎胡子雨。(《中国气象谚语》)

---

① 霞：《集成》作“云”。酱：《平凉气候谚》作“场”。

② 落：《甘肃天气谚》作“光”。

太阳落山天晴晴，明天必定是好天。（《民勤农谚志》）

太阳落山无云朵，红霞翻山晴天多。〔甘南〕（《甘肃选辑》《中国农谚》）

晚上月亮明，白天阴沉沉。（《平凉汇集》）

夏出月晕，明日放晴。（《集成》）

夜晕的日头，白晕的雨。（《两当汇编》）

阴天日落西边红，明日九天晴。（《甘肃天气谚》）

阴天日落西边①红，明天定是好天空。（《高台农谚志》《张掖气象谚》《甘肃天气谚》）

阴天日落西边红，明天定是好天空。（《中国气象谚语》）

雨中落日破云明，今日便知明日晴。（《集成》）

月儿带阴圆，明天没晴天。（《平凉汇集》）

月儿亮，星星稀，明天是个好天气。（《集成》）

月儿明，星儿稀，明日准是好天气。（《集成》）

月儿双，晒破缸；月儿单，不过三。（《中国气象谚语》）

月亮带火，晒得没处躲。（《两当汇编》）

月亮烤火，必定天阴。（《中国气象谚语》）

月亮像火，必定天阴。（《中国谚语资料》《中国农谚》《谚海》《集成》）

月圆过了午，晒破田间土。（《文县汇集》）

月晕圆主阴，缺了主风。（《谚海》）

月晕圆主阴，缺了主风雨。（《鲍氏农谚》《中国谚语资料》《中国气象谚语》）

星

半夜星，白天晴。（《两当汇编》）

河口亮开，无雨晴来。（《集成》）

甲子丁卯夜有星，四十五日满天星。（《集成》）

今晚星星特别明，明日必有云。（《酒泉农谚》）

今夜星儿稀，明朝晒死鸡。（《集成》）

今夜星儿稀，明天好晒衣。（《集成》）

今夜星眨眼，明日必晴天。〔会宁〕（《集成》）

六月星多天必晴。（《集成》）

满天星，明天晴。〔皋兰〕（《集成》）

满天星星稀而亮，明天准能见太阳。（《集成》）

---

① 边：《张掖气象谚》《甘肃天气谚》作“山”。

天河两柯杈，晒死牡丹花。(《文县汇集》)

天河向南，光屁股去玩。(《集成》)

天上两颗水平星，大平套小平天阴，小平套大平天晴。(《高台农谚志》《中国气象谚语》)

晚上星星密，就是晴天。(《山丹天气谚》)

晚上星星明，明天必有云。(《酒泉农谚》)

星白天晴，星红有风。(《集成》)

星宿稠，晒死牛；星宿稀，冻死驴。(《集成》)

星星不多晴又热，星星繁多阴又冷。(《酒泉农谚》《甘肃天气谚》)

星星稠，明天晴；星星稀，明天要刮风；星星眨眼，大风不远。(《张掖气象谚》)

星星稠，晒破头。〔定西〕(《甘肃选辑》《中国农谚》《中国气象谚语》)

星星稠，晒死牛；星星稀，下死鸡。(《甘肃天气谚》)

星星稠满天，不久要变阴；星星空稀稀，晴天不出奇。(《高台农谚志》《中国气象谚语》)

星星稠晒破头，星星挤眼雨来临。〔定西〕(《甘肃选辑》)

星星发了暗，明天要阴天。(《集成》)

星星乱眨眼，天晴不到晚。(《集成》)

星星满天空，明朝太阳红。〔白银〕(《集成》)

星星密，明日好天气。〔武威〕(《集成》)

星星明，天气晴。(《清水谚语志》《甘肃天气谚》《集成》)

星星明，天气晴；星星暗，天气变。(《集成》)

星星少，天气好。(《张掖气象谚》《甘肃天气谚》)

星星疏，干断溪①，星星密，雨滴滴。(《张掖气象谚》)

星星稀，晴天不出奇。(《甘肃天气谚》)

星星稀，晒死鸡；星星稠，滥倒牛。(《中国谚语资料》《中国农谚》《谚海》《中国气象谚语》)

星星稀，晒死鸡；星星稠，滥死牛。(《泾川汇集》《平凉气候谚》)

星星稀，晒死鸡；星星眨眼，离下不远。(《平凉汇集》)

夜半雨止云消时，星光照地晴无疑。(《中华农谚》《鲍氏农谚》《两当汇编》)

夜里星光明，明朝仍旧晴。(《中国农谚》《集成》)

夜里星子密，明朝猛太阳。(《集成》)

---

① 溪：原文漫漶不清，参以其他农谚补之。

一个星，保夜晴[①]。(《田家五行》《玉芝堂谈荟》《中华谚海》《中华农谚》《张氏农谚》《费氏农谚》《鲍氏农谚》《甘肃农谚》)

一个星，保夜晴；满天星，明天晴。(《两当汇编》)

一颗星，保夜晴；满天星，明天晴。(《集成》)

众星光明必定晴。〔华池〕(《集成》)

众星光明定主晴，疾闪不定则主雨。(《集成》)

虹

傍晚出现虹，明日必晴天。(《甘肃天气谚》)

东虹访亲友，西虹不卸牛。(《集成》)

东虹天阴，西虹天晴。(《高台农谚志》)

东虹[②]晚见，明日不变。(《宁县汇集》《泾川汇集》《平凉气候谚》)

东虹一场空，西虹雨淋淋。(《集成》)

东虹一出天要晴，云淹东虹雨不停。(《集成》)

虹吃雨，是晴天；雨吃虹，雨涟涟。(《集成》)

虹吃雨不下，雨吃虹不停。(《集成》)

虹低日头高，明朝晒断腰；虹高日头低，明朝穿蓑衣。(《集成》)

虹高日头低，溪里无水挑。(《集成》)

虹头落入水，天要马上晴；虹头搭在山，天要即下雨。(《集成》)

雷雨过后东南虹，明日一定见太阳。(《集成》)

青虹白虹，晒死老蚌。〔渭源〕(《集成》)

一虹东，马车通；一虹西，披蓑衣。(《集成》)

雨吃虹，准不晴。(《谚海》)

雨下虹垂，晴明可期。(《张氏农谚》《中国农谚》《鲍氏农谚》《中国谚语资料》《两当汇编》)

雨中见虹，一定晴空[③]。(《谚海》《集成》)

雨中现虹，一定天晴。(《平凉气候谚》《中国农谚》)

霞

朝火烧天，必定阴天。(《集成》)

---

① （元）娄元礼《田家五行》卷中《天文类》："谚云：'云云。'此言雨后天阴，但见一两星，此夜必晴。"（明）徐应秋《玉芝堂谈荟》卷二十一："雨后天阴，但见一两个星，主晴。谚云：'云云。'"

② 虹：《泾川汇集》作"降"。

③ 空：《谚海》作"明"。

红光返照，晴天可靠；黄光返照，明日风暴。（《集成》）

红霞晴，褐霞雨。（《集成》）

红云烧过是日头，红云不过是雨头。〔兰州〕（《集成》）

火吃云，晒死人，云吃火，没处躲。（《民勤农谚志》《张掖气象谚》《甘肃天气谚》）

火烧薄暮天，来日晒红砖。（《中国农谚》）

火烧薄暮云，来日定晴明。（《甘肃天气谚》）

上午的红云是火，云头发黑是水；下午的红云是水，云头发黑是火。〔天祝〕（《集成》）

天红一日晴。（《清水谚语志》）

天空出现彩环，气候定有变迁。（《集成》）

天亮红云起，过顶没有雨，不过就有雨。（《静宁农谚志》）

晚看西北红，来日必定晴。〔平凉〕（《集成》）

晚上烧霞，干死青蛙。〔古浪〕（《集成》）

晚烧晴，早烧下，白天烧了没是啥。（《定西农谚》）

早红阴，晚红晴，中午一红雨淋淋。（《集成》）

早上云霞走，午后晒死狗[①]。（《庆阳汇集》《宁县汇集》《静宁农谚志》《甘肃选辑》《中国农谚》）

早烧连阴晚烧晴。（《谚海》）

早烧晴，晚烧阴，晌午烧的一场空。（《谚语集》）

早烧晴，晚烧阴，中午烧了刮大风。〔靖远〕（《中国谚语资料》《中国气象谚语》）

早烧晴，晚烧阴，中午烧了刮大风；早烧阴，晚烧晴，乌云接日不到明。（《谚海》）

早烧[②]阴，晚烧晴，中午烧了刮黄风。〔金塔〕（《集成》）

早烧阴，晚烧晴，白云接日不到明。（《朱氏农谚》《中华农谚》《费氏农谚》《两当汇编》）

早烧阴，晚烧晴，半夜里烧了刮大风。（《民勤农谚志》）

早烧阴，晚烧晴，烧不开了雨来临。（《集成》）

早烧阴，晚烧晴，烧得一天刮黄风。（《高台农谚志》《中国气象谚语》）

早烧阴，晚烧晴，中午烧了刮大风。（《中国气象谚语》）

早烧阴，晚烧晴。（《马首农言》《白银民谚集》《张掖气象谚》《甘肃天气谚》）

---

① 狗：《静宁农谚志》作“人”。

② 烧：方言，读如“绍”，指霞光。

早烧有雨晚烧晴，中午烧了刮大风。(《集成》)
早霞阳开天上晴，午后到了刮大风。(《静宁农谚志》)
早霞一日晴，晚霞一日阴。(《清水谚语志》)
早霞阴，晚霞晴，半霞一场风。(《酒泉农谚》)
早霞阴，晚霞晴，云烘顶，下满井。(《岷县农谚选》)
早霞有云，无雨也天阴；晚霞有云，不晴也有星。(《高台天气谚》)

云

傍晚浮云走，明日晒死狗。(《集成》)
傍晚天上瓦渣云，明天晒粮不用愁。〔灵台〕(《集成》)
傍晚无云风力弱，来日是个好晴天。〔甘南〕(《甘肃选辑》)
朝看天顶穿，暮看[①]四角悬。(《庆阳汇集》《中国农谚》《张掖气象谚》)
绸绸云，天气晴。(《集成》)
瓷瓦云，晒死人。(《中国谚语资料》《中国农谚》《谚海》)
大片云，晒死人；小片云，雨淋淋。〔兰州〕(《集成》)
东红天晴，西红天阴。(《中国气象谚语》)
高山云雾起盖子，及早摊场晒菜籽。(《中国农谚》《中国气象谚语》)
疙瘩云，晒煞人。(《中国气象谚语》)
疙瘩云，晒[②]死人。(《宁县汇集》《静宁农谚志》《甘肃选辑》《平凉汇集》《中国谚语资料》《中国农谚》)
钩搭云，天必晴。(《张掖气象谚》)
钩搭云，天不晴；瓦渣云，晒死人。(《山丹天气谚》)
黑锅底，没有雨。(《集成》)
黑河口天阴，云向东要下。(《张掖气象谚》《甘肃天气谚》)
花菜云，晒死人。(《集成》)
今天板板云，明天晒死人。(《集成》)
今天乱花云，明日晒死人。(《甘肃天气谚》)
今晚花花云，明天[③]晒死人。(《两当汇编》《武都天气谚》《定西农谚》《中国气象谚语》《集成》)
金牛山顶上起云，三四天不晴。(《文县汇集》)
老云接驾，不是阴就是下。(《宁县汇集》《甘肃选辑》《平凉气候谚》

---

① 看:《两当汇编》作“要”。
② 晒:《中国谚语资料》作“热”。
③ 明天:《中国气象谚语》作“明日”。

《中国农谚》《中国气象谚语》）

老云[1]接驾，不阴就下。（《张掖气象谚》《集成》）

老云接驾，神鬼都怕。〔白银〕（《集成》）

六月上云不下，八月回云不晴[2]。〔庆阳〕（《中国谚语资料》《中国农谚》《中国气象谚语》《集成》）

六月云上，晒死和尚。（《中国农谚》）

楼梯云，干破盆，三日西风天变阴。（《集成》）

楼梯云，天转晴，三日西风天变阴。（《集成》）

棉花云，晒死人；菊花云，天要阴。（《高台天气谚》）

南北两山清，天空拉乌云，立即就转晴。（《高台农谚志》《中国气象谚语》）

浓云发红，天气要晴。（《集成》）

茄子云，晒死人。（《集成》）

清晨天起鲤鱼斑，太阳晒缸坛；晚夕天起鲤鱼斑，明日河内白浪翻。（《泾川汇集》）

晴天不掺云，掺云天不晴。（《中国气象谚语》）

若要晴，看山青；若要落，看山白。（《张掖气象谚》《甘肃天气谚》）

若要晴，四山明。（《定西农谚》）

若要晴，四山明；若要下，当中化[3]。（《临洮谚语集》《甘肃天气谚》《集成》）

若要晴，望山青；若要落[4]，望山白。（《中国农谚》《集成》）

扫帚云，扫天青；云往东，起股风。（《会宁汇集》）

山沟早上有钩云，下午就放晚牛。（《临洮谚语集》）

上云日头回云雨[5]。（《临洮谚语集》《集成》）

天上出了瓦块云，日头出来晒死人。（《中国农谚》）

天上出现碗朵云，晒得阿婆胯子疼。〔甘南〕（《甘肃选辑》《中国农谚》）

天上鲤鱼斑，明天晒粮不用翻。（《定西汇编》）

天上鲤鱼斑，田禾要晒干。〔泾川〕（《集成》）

天上起的瓦渣云，当日晒死人。（《文县汇集》）

天上起了黑云斑，明日晒谷不要翻。（《民勤农谚志》）

天上起了鱼鳞斑，明天晒谷不用翻。（《集成》）

---

① 老云：《集成》〔白银〕注指太阳落山时从西边露出的黑云。

② 上云、回云：《集成》注指云往北或东南行。

③ 当中化：《甘肃天气谚》作“中间化”，《集成》作“头顶里化”。

④ 落：《集成》作“阴”。

⑤ 《临洮谚语集》注：拂晓东面有一块黑云升起又消散，叫回云，要下雨；不消散，晴天。

天上起有鲤斑，明天晒谷不翻。(《两当汇编》)

天上瓦片云，晒得胯胯疼。〔兰州〕(《集成》)

天上瓦渣云，地上晒死人。(《定西农谚》)

天上碗片云，地上晒死人。〔天水〕(《甘肃选辑》《中国农谚》《中国气象谚语》)

天上有了瓦渣云，晒得乌鸦爪子痛。〔甘南〕(《甘肃选辑》《中国农谚》)

天上雨云鱼斑，明天晒麦不翻。(《平凉汇集》)

天上云斑斑，地上晒谷不用翻。〔通渭〕(《集成》)

团团云，热死人。(《集成》)

团团云，热死人；瓦团[①]云，晒死人；扫帚云，泡死人。(《中国谚语资料》《中国农谚》《谚海》《中国气象谚语》)

瓦片云，晒死人。(《中国气象谚语》)

瓦瓦云，晒破桶。(《中国农谚》)

瓦瓦云，晒死人；扫帚云，泡死人。(《岷县农谚选》《定西汇编》)

瓦渣云[②]，晒死人。(《酒泉农谚》《高台农谚志》《静宁农谚志》《白银民谚集》《平凉气候谚》《清水谚语志》《文县汇集》《中国农谚》《两当汇编》《武都天气谚》《张掖气象谚》《甘肃天气谚》《谚语集》《集成》)

瓦渣云，晒死人；圪垯云，泡死人。(《天祝农谚》)

瓦渣云，晒死人；钩钩云，泡塌城。(《庆阳汇集》《宁县汇集》《泾川汇集》《甘肃选辑》《平凉汇集》)

瓦渣云，晒死人；钩钩云，雨淋淋。(《甘肃天气谚》)

瓦渣云，晒死人；扫雪云，泡死人。〔定西〕(《甘肃选辑》)

瓦子云，晒得脖子痛。〔天水〕(《集成》)

晚看西北明，来日定天晴[③]。(《甘肃农谚》《宁县汇集》《甘肃选辑》《白银民谚集》《平凉气候谚》《中国农谚》《中国气象谚语》)

晚上有云，白天晴。(《酒泉农谚》)

乌云吃了烧云下，烧云吃了乌云晴。(《集成》)

乌云吹过北，白人能晒黑。(《中国农谚》)

乌云吹过东，墙头上晒死白头翁；乌云吹过西，骑马着棕衣；乌云吹过南，场地好摇船。(《中国农谚》)

乌云托云脚，明日晒断腰。(《集成》)

---

① 瓦团：《中国气象谚语》作“瓦块”。

② 瓦渣云：《谚语集》作“瓦渣子云”，即高积云。

③ 天晴：《平凉气候谚》作“晴天”。

乌云往东，越走越空。(《集成》)

五虚山不戴帽，太子山干吵闹；五虚山戴了帽，大雨就来到。〔临夏〕(《甘肃选辑》《中国农谚》《中国气象谚语》)

西山不戴帽，马衔山干吵闹。(《临洮谚语集》)

夏天瓦块云，日头晒死人。(《中国农谚》)

要晴望天青，要雨望山白。(《两当汇编》)

要想天气晴，见山才能行，要是不见山，明日还阴天。(《集成》)

要知晴不晴，看山清不清。〔陇南〕(《集成》)

一日云彩，三日晴。(《岷县农谚选》)

迎云对风行，天气不得晴。(《中国农谚》《谚海》)

迎云对两行，天气不见晴。(《庆阳汇集》)

游丝天外飞，久晴便可期。(《两当汇编》)

游丝天外飞，来日定天晴。(《白银民谚集》)

鱼鳞云，晒死人。(《中国农谚》)

云白见天阴，云灰水淋淋，云黄刮大风，云红下成冰。〔泾川〕(《集成》)

云彩拔根天要晴。〔白银〕(《集成》)

云吃云，天气晴。(《集成》)

云从北边来，晴天烧干柴。〔和政〕(《集成》)

云缝里太阳，晒死偷牛贼。(《集成》)

早晨薄薄云，午来晒煞人。(《谚海》)

早晨天起鲤鱼斑，太阳晒龙滩。(《平凉气候谚》)

早晨云浮走，晌午晒死牛。〔天水〕(《甘肃选辑》《中国气象谚语》)

早看东方亮，一定有日光。(《岷县农谚选》《甘肃选辑》《武都天气谚》《中国气象谚语》《集成》)

早看天顶穿，暮看四脚悬。(《集成》)

早看头顶穿，晚看四脚空。(《高台农谚志》《中国气象谚语》)

早看西北。(《靖远农谚》)

早看远山青，明天必定晴；早看远山糊，出门带衣裤。(《集成》)

早起被云罩，晌午穿皮袄。(《高台天气谚》)

早起东无云，日出见光明。(《两当汇编》《集成》)

早起鸡毛云，下午一定转多云。(《静宁农谚志》《平凉气候谚》)

早起天起云，日出放光明。(《文县汇集》)

早起天无云，日光渐晴明。(《甘肃农谚》)

早起鱼鳞斑，太阳烤热山。(《集成》)

早上薄薄云，中午晒[①]死人。（《中国谚语资料》《中国农谚》《谚海》《中国气象谚语》）

早上不明一天不晴。（《山丹天气谚》）

早上朵朵云，下午晒死人。〔兰州〕（《集成》）

早上浮[②]云走，下午晒死狗。（《中国农谚》《中国气象谚语》《集成》）

早上鲤鱼斑，晒谷不用翻。（《临洮谚语集》）

早上蒙天，上午开天。〔山丹〕（《集成》）

早上天黑，必定刮风。（《白银民谚集》）

早上有薄云，中午晒死人。（《集成》）

早云连太阳，晒死懒婆娘。（《集成》）

风

北风吹，云跑东，天气好。（《靖远农谚》）

不刮东风天不晴，不刮南风不下雹。（《甘肃天气谚》）

初一十五不刮风，两个半月日日晴。（《集成》）

春刮南风晴，夏刮南风雨。〔武山〕（《集成》）

春天刮北风，天气晴。（《甘肃天气谚》）

当晚东风掀，明日好晴天。（《集成》）

东风不刮不阴，西风不刮不晴。（《甘肃天气谚》）

东风潮气升，晚上定要阴。（《平凉汇集》《中国农谚》）

东风吹过午，几日不下雨。（《张掖气象谚》）

东风紧[③]，天不晴。（《临洮谚语集》《中国谚语资料》《中国农谚》《甘肃天气谚》《谚海》《中国气象谚语》）

东风晴，西风雨。（《张掖气象谚》《甘肃天气谚》）

东风日头西风雨。（《高台农谚志》）

东风停，天放晴。〔永登〕（《集成》）

东风阴，西风晴，南风发热北风冷。（《张氏农谚》《集成》）

东南风，见晴天。（《高台农谚志》《中国气象谚语》）

东南风，燥烘烘。（《集成》）

东南风，燥松松；东北风，雨祖宗[④]。（《中华农谚》《鲍氏农谚》《费氏

① 晒：《中国气象谚语》作“热”。
② 浮：《集成》〔民乐〕作“红”。
③ 紧：《甘肃天气谚》〔临潭〕误作“繁”。
④ 祖宗：《两当汇编》作“太公”。

农谚》《中国农谚》《两当汇编》)

二月初八的南风，晒的火烧。(《定西农谚志》)

刮起西北风，有雨天也晴。(《集成》)

旱东风。(《靖远农谚》)

旱东风不下，雨东风不晴。(《张掖气象谚》)

旱刮东风不下雨，涝刮东风晴不开。(《泾川汇集》)

旱刮东风不雨，涝刮东风不晴。(《庆阳汇集》《宁县汇集》《静宁农谚志》《甘肃选辑》《平凉气候谚》《中国农谚》《甘肃天气谚》《中国气象谚语》)

旱刮东风不雨，涝刮西风不晴。(《集成》)

旱天东风无雨，涝天东风不晴。(《甘肃天气谚》)

几天西南风，干得咯嘣嘣。〔定西〕(《集成》)

久雨吹北风，天变晴。(《甘肃天气谚》)

久雨东风更不晴，久旱西风更不雨。(《武都天气谚》)

久雨西风晴，久晴西风雨。(《两当汇编》)

南风不刮不阴，西风不刮不晴。(《甘肃天气谚》)

南风不过三，过三就阴天。〔武山〕(《集成》)

南风带火，东风带雨。(《甘肃天气谚》)

南风似火烧。(《白银民谚集》)

南风兆晴，北风兆雨。(《高台天气谚》)

若要盼天阴，只看东南风。(《朱氏农谚》《中华农谚》《鲍氏农谚》《中国农谚》)

三日黄沙九日晴。(《张掖气象谚》《甘肃天气谚》)

四月南风起，晒衣好天气；五月南风起，大水没肚皮。(《集成》)

天上西北风，云低有层层。(《宁县汇集》《甘肃选辑》)

午后偏北风，日头火样红。〔文县〕(《集成》)

西风晴。(《张掖气象谚》《甘肃天气谚》)

西风主晴，东风主雨。(《甘肃天气谚》)

西风转东风，天气要转阴。〔清水〕(《集成》)

西南风，热烘烘；东北风，雨跟踪。〔华亭〕(《集成》)

下午晚上野风多，次日天空无变动。(《张掖气象谚》《甘肃天气谚》)

下雪刮大风，天气要转好。(《高台天气谚》)

下雨吹起西风就晴天。(《定西农谚志》)

夏东风，燥烘烘。(《甘肃天气谚》)

一日北风三日晴，三日北风雨腥腥[①]。〔镇原〕(《集成》)

一日南风三日暴，三日南风猪钻灶。(《武都天气谚》)

一日南风三日曝[②]，三日南风狗钻灶。(《中国气象谚语》《集成》)

一日西风三日晴，三日西风一月晴。(《集成》)

阴刮南风天转晴。(《高台天气谚》)

阴天刮南风，必然转天晴。(《甘肃天气谚》)

有风刮在二月二，火烧三月三。(《张掖气象谚》《甘肃天气谚》《中国气象谚语》)

月初北风刮，晒死癞蛤蟆。(《集成》)

早晨刮西风，天要阴。(《高台天气谚》《张掖气象谚》《甘肃天气谚》)

早东风，晚西风，晒死老长工。(《谚海》《集成》)

早刮东风不下雨，晚刮东风无晴天。〔天水〕(《甘肃选辑》《中国气象谚语》)

早起刮东风，阳婆红彤彤[③]。(《定西农谚》《集成》)

早上起东风，太阳红通通。(《武都天气谚》《甘肃天气谚》《中国气象谚语》)

早西晚东风，日日好天空。(《高台天气谚》)

早西晚东风，晒煞老长工。(《中国农谚》)

晴　雨

百日连阴雨，总有一日晴。〔瓜州〕(《集成》)

百日阴雨总有晴。(《集成》)

北山亮，南山不敢犟[④]。(《泾川汇集》)

不下过雨不晴，不下过雨不阴。(《甘肃天气谚》)

晨雨晚晴，晚雨难晴。〔正宁〕(《集成》)

初七不晴初八晴，初八不晴搅过营[⑤]。(《集成》)

初三不见日，十天九天晴。〔礼县〕(《集成》)

初一十五不开天，开天只是一半天。(《定西农谚》)

初一下，初二晴，初三才能放光明。〔清水〕(《集成》)

初一阴天，半月不开。(《集成》)

春雨如小偷，一去再不来。(《中国农谚》)

大雨接毛雨，天气定然晴。〔定西〕(《甘肃选辑》)

---

① 雨腥腥：将要下雨时潮湿的空气所发出的气味。

② 曝：《集成》作“暴”。

③ 刮：《集成》作“起”。彤彤：《集成》作“通通”。

④ 原注：北山晴了，不管南山再阴，将来还是会晴的。

⑤ 搅过营：原注指阴雨要过十五日。搅：方言，指连续下雨。

大雨接毛雨，天气定然晴；毛雨接大雨，屋满用盆盛。(《中国农谚》)

单日晴，双日阴。(《酒泉农谚》)

急雨易晴，慢雨不开。(《岷县农谚选》《甘肃选辑》《定西汇编》《中国农谚》《中国气象谚语》)

急雨易[1]晴，细雨不开。(《武都天气谚》《中国气象谚语》《集成》)

今天下到晚，明天晒破脸。(《甘肃农谚》《费氏农谚》)

今天下雨明天晴，下午必有雷雨临。(《张掖气象谚》《甘肃天气谚》)

久雨傍晚停，一定转天晴。(《集成》)

久雨不晴，且看丙丁。(《朱氏农谚》《集成》)

久雨防久旱，久旱防久雨。(《中国农谚》)

久雨无过雨不晴，久雨无过雨不雨。(《甘肃天气谚》)

久雨西面红，明天必转阴。〔清水〕(《集成》)

久雨有久晴，久晴有久雨。(《甘肃天气谚》)

开门落雨吃饭晴，吃饭落雨不肯晴。(《中国农谚》)

开门雨连绵，晴朗在午间。(《宁县汇集》《静宁农谚志》《甘肃选辑》《平凉气候谚》《中国农谚》)

开门雨涟涟，晴朗在午前；日落云漫天，雨落在夜半。(《集成》)

开门雨腥腥，无雨干天空；闭门雨腥腥，落到大天明。(《集成》)

快雨快晴[2]。(《田家五行》《农政全书》《中华农谚》《费氏农谚》《鲍氏农谚》《中国农谚》)

快雨天晴，晓雨即收，晴天可求。(《两当汇编》)

老山里下了雪，天要晴。〔临夏〕(《甘肃天气谚》)

淋了秋甲子，连阴四十日。(《集成》)

淋雨北风晴。(《武都天气谚》《甘肃天气谚》)

六晴必有一阴。(《中国农谚》)

六月初三日头焦，晒干崆峒老竹梢。〔平凉〕(《集成》)

六月连阴穿绸缎，七月连阴吃芽面[3]。〔永昌〕(《集成》)

落点起泡定连阴。(《朱氏农谚》《中国气象谚语》)

落雨就怕亮。(《集成》)

猛晴没好天，只晴一半天。(《清水谚语志》)

---

① 易：《武都天气谚》《集成》作“不”，据《中国气象谚语》校改。

② （元）娄元礼《田家五行》卷上《天文类》：“谚云：‘云云。’《道德经》云：‘飘风不终朝，骤雨不终日。’凡雨喜少勿多。”（明）徐光启《农政全书》卷十一《农事·占候》引同。

③ 芽面：用因连阴雨而导致的发了芽的粮食做的面。

七阴八不晴，初九放光明。（《集成》）

七阴八下九不晴，初十睡[1]到大天明。（《泾川汇集》《中国农谚》）

七阴八下九不晴，初十睡到大天明；七阴八下九日晴，九日不晴涝坝平。〔陇南〕（《集成》）

七阴八下九不晴，初十下个大天明；十一十二四方雨，再看十三十四晴不晴。（《中国谚语资料》《中国农谚》）

七阴八下九不晴，单等初十放光明。（《中国气象谚语》）

七阴八下九不晴，二十晚上找找零[2]。（《集成》）

七阴八下九不晴，十日还是弄不成。（《集成》）

七阴八下九不晴，十日下个大天明，十一下个退云雨，十二十三一定晴。（《定西农谚》）

七阴八下九日晴，九日不晴泡[3]死人。（《高台农谚志》《平凉汇集》《定西农谚》《中国气象谚语》）

七阴八下九日晴，九日不晴泡塌城。（《天祝农谚》《中国农谚》《甘肃天气谚》）

七阴八下九日晴，十日晒得脑门盖儿疼。〔平凉〕（《集成》）

七阴八下九日晴，十日有雨下塌城。（《定西农谚》）

七阴八下九日晴，十一十二扯连阴。（《集成》）

七阴八下九日晴。（《张掖气象谚》《甘肃天气谚》）

七阴八雨[4]九不晴，边有云雨来临。（《静宁农谚志》《定西农谚志》）

七雨八妥九日晴，九日不晴十日还有一早晨，十一下个回云雨，紧看十二晴不晴。（《文县汇集》）

七月多雨久不晴，初十下了到天晴。（《宁县汇集》《甘肃选辑》《中国农谚》《中国气象谚语》）

七月七，阴阴冷冷十月一。（《临洮谚语集》）

前月下初三，后月晴八天。（《清水谚语志》《甘肃选辑》《中国农谚》）

秋天怕夜晴，夜晴还要阴。（《两当汇编》《集成》）

秋天夜间是好天，鸡叫云满天。（《静宁农谚志》）

秋雨下到初二三，一月[5]能晴七八天。〔天水〕（《集成》）

三月三落雨，四月四见天。（《集成》）

上头下雪，山脚红。（《白银民谚集》）

---

① 睡：《中国农谚》作“下”。

② 原注：初七八下雨初九天不晴，阴雨天就要持续到二十日。

③ 泡：《平凉汇集》作“害”，《定西农谚》作“坑”。

④ 八雨：《定西农谚志》作“八下”。

⑤ 一月：原注指七月。

十五下了雨，半月晴不起。(《集成》)

十一十二回头雨，再看十三十四晴不晴。〔天水〕(《集成》)

十一下午退云雨，十二十三一定晴。(《集成》)

十月初一落，柴炭贵如药。(《集成》)

十月初一阴，柴炭贵如金。(《朱氏农谚》《甘肃农谚》)

四六不开天，开天刚一天。(《谚海》《集成》)

四六不开天，开天一半天①。(《宁县汇集》《甘肃选辑》《文县汇集》《中国农谚》《中国气象谚语》)

四六不晴天，晴天只一天。(《定西农谚》)

天晴防天阴，天阴防天下。〔临夏〕(《甘肃选辑》《中国气象谚语》)

天晴防天阴，有水防天旱。(《甘肃选辑》《民勤农谚志》)

晚看西边晴，来日定光明。(《集成》)

晚看雨无穷，明日便晴明。(《甘肃天气谚》)

晚晴十八日，夜晴没好天。(《两当汇编》)

晚晴十九天。(《鲍氏农谚》《中国谚语资料》《中国农谚》)

望晴看天光，望雨看天黄。(《甘肃农谚》《鲍氏农谚》《清水谚语志》《武都天气谚》《中国气象谚语》)

望晴看天亮，望下看天黄。(《岷县农谚选》《甘肃选辑》《定西汇编》)

望晴看天亮，望雨看天黄。(《宁县汇集》《甘肃选辑》《平凉气候谚》《武都天气谚》《甘肃天气谚》《中国气象谚语》)

西北明，来日晴。〔泾川〕(《集成》)

西北明，明日晴。(《定西农谚》)

下到七月七，要晴等到十月一。(《集成》)

夏雨连夜倾，不久便晴明。(《两当汇编》)

夏雨连夜倾，不昼便晴晴。(《甘肃天气谚》)

旋顶②晴，不得明。(《集成》)

雪打元宵灯，中秋月不明。(《集成》)

雪后易晴，霜后易阴。(《集成》)

雪落有晴天。(《鲍氏农谚》《中国农谚》)

晏雨不晴③。(《田家五行》《古今医统大全》《农政全书》《张氏农谚》

---

① 一半天：《文县汇集》作“没干天”，《中国气象谚语》作“晴半天”。

② 旋顶：方言，指头顶秃发，此谓天当中晴起。

③ （元）娄元礼《田家五行》卷中《天文类》。（明）徐春甫《古今医统大全》卷九十八《通用诸方·天时类》。（明）徐光启《农政全书》卷十一《农事·占候》。

《中国农谚》)

夜雨日晴，晚雨难晴。(《两当汇编》)

夜雨天晴，天下太平。(《中国气象谚语》)

一滴一个泡，云过天就好。(《集成》)

一点一个泡，不久便晴明。(《甘肃天气谚》)

一落一个泡，明朝天气好；一落一个钉，七天七夜不肯停。〔张家川〕(《集成》)

一落一个泡，明天太阳照；一落一个钉，来日天不晴。(《中国谚语资料》《中国农谚》《谚海》)

一年不要甲子雨，四季不要丙戌晴，甲子雨丙戌晴，四十八天放光明。〔天水〕(《甘肃选辑》)

一天晴，一天雨，老天一定晴不起。(《定西农谚》)

天连下了初二三，一月出了晴九天。(《甘肃天气谚》)

一天日头一天雨，天气一定晴不起。(《甘肃天气谚》)

阴久必晴，晴久必阴。(《集成》)

雨打晨，晒死人。(《集成》)

雨打五更，来日就晴。(《岷县农谚选》《武都天气谚》《甘肃天气谚》)

雨打元宵灯，二月扯连阴。(《集成》)

雨后的日头，后老婆的拳头。〔阿克塞〕(《集成》)

雨后的太阳，后娘的巴掌。(《集成》)

雨后地冒烟，定是好晴天。(《两当汇编》)

雨后云下山，必然要晴天。(《集成》)

雨后猪乱跑，天气要转好。(《集成》)

雨涝夜夜晴，天干不离云。(《两当汇编》)

雨淋秋甲子，连阴四十五。(《集成》)

雨洒五更头，行人永无忧。(《中国农谚》)

雨天不冷不晴，晴天不热不下①。(《中国谚语资料》《谚海》《中国气象谚语》《集成》)

雨天吹南风，天要晴。(《甘肃天气谚》)

雨天要晴，青山要明。(《甘肃天气谚》)

雨在擦黑停，夜里必定晴。(《集成》)

月逢初四日，只有九天晴。(《甘肃农谚》)

月月初四下，一月晴九天。〔泾川〕(《集成》)

① 下：《集成》作“雨”。

月月看初三，强如①问神仙。（《静宁农谚志》《定西农谚志》）

月月看初三，强如问神仙；下了初二三，一月晴九天。（《集成》）

早晨滴几点，午后晒破脸。（《临洮谚语集》）

早晨下雨当日②晴，晚上下雨到天明。（《中国农谚》《两当汇编》《谚海》《集成》）

早看东南无雨天气晴，晚看西北黑云雨紧跟。（《甘肃天气谚》）

早上来潮雨，日里好晒被。（《鲍氏农谚》《中国农谚》《中国气象谚语》）

早上晴，不算晴，早晴暮雨夜久阴。（《集成》）

早上下几点，下午晒破脸。（《武都天气谚》《甘肃天气谚》《中国气象谚语》）

早上下两点，吃过早饭晒破脸。（《文县汇集》）

早上阴，中午晴，半夜阴天不到明。（《中国农谚》）

早上阴阴中午晴，半夜里阴天③不到明。（《费氏农谚》《中国谚语资料》《中国农谚》《谚海》《中国气象谚语》）

早上雨几点，午后晒破碗。〔兰州〕（《集成》）

早阴阴，午阴晴，半夜里，不到明。（《两当汇编》）

早阴阴，午阴晴，半夜阴，不到明。〔华亭〕（《中国气象谚语》《集成》）

早阴阴，午阴晴，半夜阴，等④不到天明。（《武都天气谚》《甘肃天气谚》）

早雨暗晴，迟雨连淋。（《庆阳汇集》）

早雨晴一日，晚雨到明天。（《山丹天气谚》）

早雨晏晴，迟雨连淋。（《中国农谚》）

早雨一天晴，晚雨到天明。（《朱氏农谚》《中国气象谚语》）

早雨一天晴。（《甘肃天气谚》）

重阳无雨一冬晴⑤。（《六语》《甘肃农谚》《甘肃天气谚》）

雾露霜

白泛泛雾晴，灰沉沉雾雨。〔兰州〕（《集成》）

白霜红日头，冷霜毒日头。〔合水〕（《集成》）

半夜拉起雾，正午晒死兔；傍晚拉起雾，半夜冲断路。（《中国农谚》）

半夜起大雾，来日晒死兔。〔西和〕（《集成》）

---

① 强如：《定西农谚志》作“等于”。

② 当日：《谚海》作“一天”。

③ 《中国农谚》无“天”字。

④ 《武都天气谚》无“等”字。

⑤ （明）郭子章《六语·谚语》卷七：“九月，自一日至九日，凡北风，则谷价贱，以日占月可知。谚云：‘云云。’”

北雾大晴天。(《集成》)

北雾明日阴，北晴明日晴。(《高台天气谚》)

朝雾快收，晴天可求；雾收不起，雨水难止。(《两当汇编》)

朝雾消，晒谷不用瞧；朝雾延，必定雨连绵。(《中国农谚》)

晨雾即清，可望天晴；雾收不起，细雨绵绵。(《中国气象谚语》)

晨雾晴，晚雾阴。(《泾川汇集》《中国农谚》《两当汇编》)

晨雾拖地，日晒泉干。(《集成》)

初霜连晴三，三后出阴天。〔甘南〕(《甘肃选辑》《中国农谚》《中国气象谚语》)

春霜三日白，晴到割大麦。(《两当汇编》)

春天起雾天要变，阴雨绵绵无晴天。(《集成》)

春雾当日干，秋雾不过三。(《集成》)

春雾当日晴。(《朱氏农谚》《中华农谚》《两当汇编》)

春雾曝死兔，夏雾发大水。(《集成》)

春雾晴，夏雾雨，秋雾冷风冬雾霜。〔皋兰〕(《集成》)

春雾日出，夏雾雨落。〔兰州〕(《集成》)

春雾日头夏雾雨，春雾不散必有雨。〔榆中〕(《集成》)

春雾十日晴，春雷三日雨。(《集成》)

大雾落川，只晴一天。(《中国气象谚语》)

东北风雾阴，西北风雾晴。(《集成》)

冬晨有雾行，十雾九不晴。(《甘肃天气谚》)

冬雾晴，春雾雨。(《集成》)

干雾阴，湿雾晴。〔两当〕(《集成》)

高山起烟雾，收的早，晴不好。(《两当汇编》)

黑夜露水闪，白天打旱伞。(《集成》)

见霜三日晴。(《集成》)

今夜露水重，明日太阳红。(《集成》)

九月初一天降霜，重阳无雨一冬晴。(《集成》)

久晴大雾必阴，久雨大雾必晴[1]。(《朱氏农谚》《鲍氏农谚》《两当汇编》《集成》)

久雨大雾必晴，久晴大雾必雨。(《中国农谚》)

露水起晴天，霜里见晴天[2]。(《张掖气象谚》《甘肃天气谚》《集成》)

---

① 必晴:《集成》又作“晴”。

② 里:《集成》皋兰作“重”。《集成》一无下句。

露天霜重见晴天。(《高台农谚志》)

浓霜猛，太阳猛。(《集成》)

前晌雾，后晌晒破肚；后晌雾，夜里下得没处住。(《集成》)

清晨浓雾一日晴。(《定西汇编》)

清晨浓雾重，天气必久晴。〔陇南〕(《集成》)

晴天烟，遍地走，白天没日头。(《中国农谚》)

晴天早上有青烟。(《定西农谚志》)

晴雾阴，阴雾晴。(《集成》)

秋雾连日阴。(《集成》)

秋雾连阴春雾雪。(《集成》)

秋雾连阴夏雾晴。(《集成》)

日日见寒霜，天天晒太阳。(《集成》)

山光蒙如雾，连日和煦煦。(《谚海》)

山里拉死雾，川里晒死兔。(《甘肃天气谚》)

山腰紧带子，下午晒菜籽。〔陇南〕(《集成》)

上升雾，白天晴；下沉雾，雨淋淋。(《集成》)

十晴一雾一阴，十阴一雾一晴。(《集成》)

十雾九晴。(《两当汇编》《甘肃天气谚》)

十雾九晴天。(《定西汇编》)

十雾九晴天，大雾不开雨就来。〔皋兰〕(《集成》)

霜冻一阵，日毒三分。(《集成》)

霜厚露水大，午后是晴天。(《甘肃天气谚》)

霜下①东风一日晴。(《鲍氏农谚》《中国谚语资料》《中国农谚》《谚海》《集成》)

霜重见晴天，雪多兆丰年。(《鲍氏农谚》《集成》)

霜重且晴天，瑞雪兆丰年。(《两当汇编》)

天雾晴，地雾雨。(《集成》)

晚雾即消，可望天晴。(《中国谚语资料》《谚海》)

雾得开，二天晴；雾不开，淋死人。〔清水〕(《集成》)

雾里日头，晒焦山头。(《集成》)

雾里日头，晒破指头②。(《张掖气象谚》《甘肃天气谚》《集成》)

雾怕日晒，云怕风吹。(《集成》)

---

① 下：《集成》作“后”。

② 指头：《张掖气象谚》《甘肃天气谚》误作“日头”。

雾气小，天气好；雾气浓，有大风。(《集成》)

雾色发白是晴兆，雾色灰沉阴雨到。(《集成》)

雾下山，地皮干；雾吃云，雨淋淋。(《集成》)

雾向西南行，云散见天晴。(《集成》)

西北不见山，有雨不晴天，要想天气晴，见山才能行。(《集成》)

西面不见山，天气晴不开 (《集成》)

夏拉雾不下，秋拉雾不晴。(《谚海》)

晓雾即收，晴天可求。(《甘肃农谚》《费氏农谚》《鲍氏农谚》《甘肃天气谚》)

烟雾缠山，地下①不干。(《岷县农谚选》《定西汇编》)

烟雾串山，挡羊娃皮袄翻穿。〔甘南〕(《甘肃选辑》《中国农谚》《中国气象谚语》)

烟雾裹庄山戴帽，必然日头照。(《定西农谚》)

烟雾脚跟齐，久雨要晴起。(《武都天气谚》《甘肃天气谚》)

烟雾拉山头，长工汉拉砖头。〔灵台〕(《集成》)

烟雾齐盖子②，扫场晒菜子。〔陇南〕(《集成》)

烟雾上了门，日头晒死人。(《甘肃天气谚》)

烟雾在山天不晴，烟雾在川晒死兔。(《甘肃天气谚》)

烟雾罩上门，日头晒死人。〔天水〕(《集成》)

烟雾走沟天连阴。(《中国农谚》《谚海》)

严霜出毒日，雾露是好天。〔和政〕(《集成》)

一朝有露晴不久，三朝有露天天晴。(《集成》)

一溜烟，是晴天；烟扑地，有潮气。(《集成》)

一露三日晴。〔甘南〕(《甘肃选辑》《中国谚语资料》《中国农谚》《谚海》《中国气象谚语》)

一日霜冻三日晴。(《甘肃天气谚》)

一雾三晴，还有一阴。(《集成》)

一雾三晴，十雾九晴。(《集成》)

一早有霜晴不久，三早有霜天放晴。(《集成》)

远山看得清，下雨就要停。(《两当汇编》《集成》)

远山来得近，远音听得清，天将要转晴。(《集成》)

早晨地罩雾，尽管洗衣裤。(《两当汇编》)

---

① 《定西汇编》无“下”字。

② 齐盖子：指烟雾到了膝盖骨。

早晨拉地雾，晚晨晒死兔。（《临洮谚语集》）

早晨拉了雾，下午晒死兔。（《定西农谚》）

早晨露水是晴天。（《定西汇编》）

早晨起雾雾不散，今天是个大阴天。〔甘南〕（《甘肃选辑》《中国气象谚语》）

早晨稍一雾，中午晒破肚。〔西和〕（《集成》）

早晨生雾很快散，红日出来迎晴天。〔甘南〕（《甘肃选辑》《中国气象谚语》）

早晨霜盖瓦，后晌晒死马。（《集成》）

早晨雾，晒破肚。（《中国气象谚语》）

早晨雾一雾，晚上晒死兔。（《两当汇编》）

早晨雾一雾，中午①晒死兔。（《武都天气谚》《集成》）

早拉雾，晒破肚。（《集成》）

早上地罩雾，尽管洗衣服。（《集成》）

早上拉烟②雾，下午晒死兔。（《定西农谚志》《中国农谚》）

早上起大雾，只管晒衣裤。〔武威〕（《集成》）

早上起了雾，中午晒死兔。（《中国谚语资料》）

早上晴冷露水大，中午闷热当天下。（《武都天气谚》《甘肃天气谚》《集成》）

早上雾一雾，中午③晒死兔。（《平凉气候谚》《清水谚语志》）

早上雾一雾，中午晒透土。（《平凉汇集》）

早雾不晴。（《谚海》）

早雾晴，晚雾阴，午雾风。（《平凉气候谚》）

早雾晴，晚雾阴，中午雾的太阳红。〔崇信〕（《集成》）

早雾晴，晚雾阴。（《朱氏农谚》《中华农谚》《费氏农谚》《鲍氏农谚》《中国气象谚语》）

早雾晴，晚雾雨。（《庆阳汇集》《泾川汇集》《甘肃选辑》《甘肃天气谚》《定西农谚》）

早雾无雨，夜雾连绵。（《集成》）

早雾一日晴，一雾三日晴。（《两当汇编》）

早雾阴，晚雾晴，半夜起雾不到明。（《集成》）

早阴大雾晴，晚阴大雾雨。（《集成》）

重阳遇雾一冬晴。（《集成》）

昼雾阴，夜雾晴。（《集成》）

---

① 中午：《集成》作“晌午”。

② 烟：《中国农谚》作“白”。

③ 中午：《清水谚语志》作“下午”。

雷 闪

不打雷，不开晴。〔华池〕(《集成》)

春雷日日阴，要晴顶见冰。(《集成》)

电光东南明日炎，电光西北雨涟涟。(《武都天气谚》《甘肃天气谚》)

电光乱明，无雨风晴①。(《张氏农谚》《武都天气谚》《甘肃天气谚》《中国气象谚语》《集成》)

电闪西南，明日炎炎；电闪西北，雨下涟涟。(《两当汇编》《集成》)

东闪空，西闪风，南闪火门开，北闪有雨来。〔庆阳〕(《集成》)

东闪晴，西闪阴，南闪雾露北闪冰②。(《甘肃天气谚》《集成》)

东闪晴，西闪阴。(《集成》)

东闪日头北闪雨，南闪乌云西闪风。(《中华农谚》《费氏农谚》《中国谚语资料》)

东闪日头西闪风，南边上闪一趟空，只有北边上闪才有保证。(《民勤农谚志》)

东闪日头西闪风，南闪北闪雨蹦蹦。(《集成》)

东闪日头西闪雨，南闪火门开，北闪有雨来。(《费氏农谚》《张掖气象谚》《甘肃天气谚》《集成》)

东闪日头西闪雨，南闪乌云北闪风③。(《月令广义》《中国农谚》《集成》《谚海》)

东闪太阳红，西闪雨重重，南闪长流水，北闪起狂风。〔陇南〕(《集成》)

东闪西闪，晒煞泥鳅黄鳝。(《中华农谚》《费氏农谚》《中国谚语资料》《中国农谚》)

东闪西闪无一点，南闪北闪大雨点。〔灵台〕(《中国农谚》《集成》)

火闪东南明日炎，火闪西北雨涟涟。(《集成》)

疾电易晴，闷雷难晴。(《集成》)

九闪八空，九雷八成。(《集成》)

久雨雷鸣，可望天晴。〔镇原〕(《集成》)

开门雷，一天晴。(《集成》)

雷光西南，明日炎炎；电光西北，雨下涟涟。(《鲍氏农谚》《中国谚语资料》)

---

① 晴：《中国气象谚语》作“静”。

② 冰：《集成》作“水”。

③ (明)冯应京《月令广义·岁令》：“夏秋之间多热电，晴而闪也。南闪晴，北闪雨。谚：‘云云。’”乌云：《集成》作“日头”。

雷闪西南明日炎。(《集成》)

雷响无尾声，马上会天晴。(《集成》)

雷雨在东南，明日日炎炎；雷雨在正北，下雨在天黑。(《集成》)

南闪光门开，北闪雨进来。(《平凉汇集》)

南闪火门开①，北闪有雨来。(《中国农谚》《两当汇编》《中国气象谚语》《集成》)

西南方十闪宽心，西北方一闪担心。(《集成》)

早上响雷当日晴，中午响雷雨一阵，晚上响雷到天明。(《集成》)

气　温

春暖晴，夏暖旱。〔玉门〕(《集成》)

冬冷多晴，冬暖多阴。(《集成》)

风风凉凉，晴到重阳。(《鲍氏农谚》《两当汇编》)

晚寒早冷，天气变晴。(《清水谚语志》)

夏晨若一冷，中午晒断筋。(《中国谚语资料》)

夏夜寒，井底干。(《集成》)

一日干冷，十日天晴。(《集成》)

早冷夜寒必天晴。(《甘肃天气谚》)

早起寒，是好天。(《酒泉农谚》)

早秋凉飕飕，晚秋晒死牛。(《朱氏农谚》《张氏农谚》《两当汇编》《武都天气谚》《甘肃天气谚》《集成》)

早夜风凉，晴到重阳。(《鲍氏农谚》《中国农谚》《谚海》)

昼暖夜寒，东海也干。(《鲍氏农谚》《甘肃天气谚》)

昼暖夜热，雪海都干。(《张掖气象谚》《甘肃天气谚》)

物　候

变前就见蛾扑灯，蚊虫咬人实在凶。〔岷县〕(《集成》)

苍蝇嗡嗡叫，阴天不晴。(《平凉气候谚》)

草原上的天像木拉②的脸，说变就变。〔肃南〕(《集成》)

蝉儿叫，晴天到。(《集成》)

厨房烧锅烟搭棚，阴雨天气必定晴。(《两当汇编》)

炊烟绕屋天欲阴，蜘蛛结网天必晴。(《集成》)

---

① 门开：《集成》〔武威〕作“开门”。

② 木拉：原注指裕固族小孩。

炊烟直上，要雨没望。(《定西农谚》)
风湿关节痛，天气定变阴。〔泾川〕(《集成》)
高粱开花，晴个呱呱。(《集成》)
鸽子飞得高，天气一定好。(《集成》)
蛤蟆吵湾，雨后天晴。(《集成》)
耕牛东西跑，天气一定好。(《集成》)
公鸡愁，晒破头；母鸡愁，滥死①牛。(《泾川汇集》《集成》)
公鸡愁，晒破头；母鸡愁，下一楼。(《白银民谚集》)
公鸡叫，日高照；母鸡愁，雨水流。(《集成》)
公鸡叫，月高照；母鸡斗，天要漏。(《集成》)
公鸡叫得早是好天，叫得迟是坏天。(《甘肃天气谚》)
公鸡鸣，天将晴；母鸡鸣，黑夜淋。〔甘南〕(《集成》)
公鸡啼，是太阳初升的预兆；布谷啼，是甘雨降临的预兆。〔肃南〕(《集成》)
狗吃青，天难晴。〔天水〕(《甘肃选辑》《中国农谚》)
狗吃青草天气好，猫吃青草雨天到。(《中国气象谚语》)
狗打滚，天不晴。(《山丹天气谚》)
狗打滚儿天要变。(《集成》)
狗撒欢，要变天。(《集成》)
狗睡露天，明日晴干；狗睡檐下，明天要下。(《集成》)
狗卧灰堆，天阴雨催。(《集成》)
狗咬青草晴，猫咬青草雨。(《集成》)
狗要打滚，天气不晴。(《张掖气象谚》《甘肃天气谚》)
狗要洗脸，天将好转。(《集成》)
狗抓耳朵，晴天快到。(《集成》)
锅底多火星，天气要变阴。〔清水〕(《集成》)
河里鱼翻，改日晒谷不用翻。(《集成》)
火烟笔直上，望雨却妄想。(《中国谚语资料》)
鸡喝水，天大晴。(《集成》)
鸡叫驴喊，明日好天。(《集成》)
鸡鸣早，天气好。(《集成》)
鸡撒开翅晒太阳，过三四天要阴天。(《张掖气象谚》)
鸡鸭早出笼，明日太阳红。〔渭源〕(《集成》)
鸡鸭早进笼，明天必得晴。(《两当汇编》)

① 滥死：《集成》作“淹死”。

鸡在高处鸣，雨止天要晴。(《中国气象谚语》《集成》)

鸡早进窝天气晴，鸡不进窝雨淋淋。(《集成》)

今日太阳脸发笑，明日晒得猫儿叫。〔东乡〕(《集成》)

今晚鸡鸭早归笼，明朝①太阳红彤彤。(《中国农谚》《两当汇编》《集成》)

今晚鸡鸭早归笼，明日太阳晒死人。(《集成》)

井水清，天会晴；井水浑，报雨汛。(《集成》)

久雨蝉儿鸣，很快天转晴。(《集成》)

久雨麻雀叫，不久天转晴。(《集成》)

久雨蚯蚓叫会天晴。(《张掖气象谚》《甘肃天气谚》)

久雨蛙叫，天气转好。〔武山〕(《集成》)

久雨闻鸟声，不久天转晴(《中国气象谚语》《集成》)

久雨闻鸟声，不久转晴明②。(《山丹天气谚》《两当汇编》《高台天气谚》)

苦苣剃了头，赶上明日晒头。〔通渭〕(《集成》)

老鹰来临，晴天无云。(《集成》)

蝼蛄叫，晴天告。(《集成》)

麻雀吵架阴转晴，麻雀散群晴变阴。(《集成》)

麻雀叫，天要晴。(《集成》)

麻雀早叫阴，晚叫晴，中午叫得水淋淋。〔庆阳〕(《集成》)

马打水滚晴几天。(《武都天气谚》)

蚂蝗越深钻，天空亮通通；蚂蝗渐上升，雨雪在近前；蚂蝗乱翻腾，大雨下得紧。(《武都天气谚》《甘肃天气谚》)

蚂蚁塑线，晴天要变。(《谚海》)

蚂蚁下搬日头红。(《集成》)

蚂蚁造了反，天红地又干。(《集成》)

蚂蚱叫得催人，日头晒得头疼。〔武山〕(《集成》)

猫吃水，三天晴。(《集成》)

猫打喷嚏天不晴。(《谚海》《集成》)

猫狗吃青草，天气晴不牢。〔泾川〕(《集成》)

猫理胡子鸡顺毛，来日晴天日子好。(《集成》)

猫舔水晴，狗舔水雨。(《集成》)

没雨电线鸣，不必盼天晴。(《平凉汇集》《谚海》)

煤烟不出门，当天不得晴。〔陇南〕(《集成》)

---

① 明朝：《两当汇编》作“明日”。

② 转晴明：《两当汇编》作“转天晴”，《高台天气谚》作“就转晴”。

蜜蜂出巢天放晴，鸡不入笼[1]雨来临。(《定西农谚》《集成》)

蜜蜂出窝天放晴。(《集成》)

棉花仰头，天就晴。(《高台天气谚》)

泥鳅游水底，明日好天气。(《集成》)

鸟儿回窝早，明日天气好。〔兰州〕(《集成》)

鸟飞高，天气好；鸟飞低，雨落地。〔兰州〕(《集成》)

牛不出圈，晒熟鸡蛋。〔积石山〕(《集成》)

青蛙齐鸣，天气转晴。(《集成》)

蜻蜓高，晒得焦；蜻蜓低，土成泥[2]。(《两当汇编》《集成》)

晴干鼓响，雨落钟鸣。(《中国农谚》)

蚯蚓朝[3]出晴，暮出雨。〔天水〕(《甘肃选辑》《谚海》)

雀鸟鸣，雨转晴。(《定西农谚》《集成》)

雀噪天晴，鸹叫天雨。(《集成》)

鹊噪早报晴[4]。(《便民图纂》《农政全书》《鲍氏农谚》《中国农谚》《谚海》《中国气象谚语》)

撕布软绵绵，天气要变阴。(《高台天气谚》)

孙猴在树上，太阳红堂堂；孙猴在树根，大雨有十分。(《中国谚语资料》《谚海》)

天气阴不阴，摸摸老烟筋。(《两当汇编》)

听见老鹰叫，天被阴云罩[5]。(《平凉汇集》《平凉气候谚》《中国农谚》)

头发发黏，必定阴天。〔武威〕(《集成》)

土窑顶见水珠圈，天晴不[6]到四五天。(《平凉汇集》《中国农谚》《谚海》)

蚊叫阴天鸟叫晴，寒鸦不叫不起风。(《临洮谚语集》)

乌鸦飞低，天晴不起。(《中国农谚》)

乌鸦高飞天晴，低飞天不晴。(《武都天气谚》)

乌鸦高空转，太阳不见面。(《集成》)

屋角蛛添丝，一定好天时。(《两当汇编》)

---

① 入笼：《定西农谚》又作“上架”。

② 土成泥：《集成》作“一街泥”。

③ 朝：《谚海》作“早”。

④ （明）邝璠《便民图纂》卷六《杂占类·论鸟兽》：“‘云云’，名曰干噪。”（明）徐光启《农政全书》卷十一《农事·占候·论飞禽》：“‘云云’，名曰干鹊。”

⑤ 阴云罩：《平凉气候谚》作“乌云遮”。

⑥ 《中国农谚》《谚海》无“不”字。

无风电线鸣，不必望天晴。(《集成》)

蟋蟀上房叫，老天不屙尿。(《集成》)

喜鹊喳喳叫，今朝日头笑。〔永登〕(《集成》)

喜蛛子跳得欢，明日是晴天。(《集成》)

小鸡进窝早，明天天气好。〔陇西〕(《集成》)

雄鸠叫晴，雌鸠叫阴。(《集成》)

鸭不安，要阴天。(《集成》)

烟成蓬，天气晴。(《张掖气象谚》)

烟火直往上，盼雨没希望。(《集成》)

烟筒不冒烟，一定是阴天。(《谚海》)

烟筒不走①烟，必定是阴天。〔永登〕(《集成》)

烟叶潮，天不晴。(《庆阳汇集》《平凉气候谚》《中国农谚》《集成》)

燕子朝天，越朝越干。(《清水谚语志》)

燕子朝天，越朝越干；燕子扑地，大雨荡湾。〔清水〕(《集成》)

燕子飞得高，来日似火烧。(《集成》)

燕子高飞，必定晴天。(《平凉汇集》)

燕子高飞，日出晒死虱。(《中国农谚》《谚海》)

燕子高飞好晴天，燕子低飞雨连绵。(《定西农谚》)

燕子高飞晴，低飞雨。(《平凉气候谚》)

燕子高飞晴天来，燕子低飞雨天到。(《集成》)

燕子高飞天气旱，燕子低飞雨要降。(《白银民谚集》)

燕子高飞天晴②告，燕子低飞雨天报。(《庆阳汇集》《宁县汇集》《泾川汇集》)

燕子高飞天晴告，燕子低飞云天报。〔平凉〕(《甘肃选辑》)

一蛙晴二蛙阴，三蛙叫的雨淋淋。(《武都天气谚》《甘肃天气谚》)(《集成》)

阴天蛤蟆跳，晴天蛤蟆叫。(《集成》)

榆本山是个宝，天晴下雨都知道。(《高台天气谚》)

雨中蝉儿叫，预计晴天到。(《集成》)

雨中蝉叫，预报晴到。(《集成》)

雨中蝉声叫，预报晴天到。(《两当汇编》)

早晨斑鸠叫天晴，晚上斑鸠叫天阴。(《中国农谚》)

---

① 走：又作“出”。

② 天晴：《泾川汇集》作“晴天”。

早叫阴，晚叫晴，半夜叫唤，不到天明。(《中国农谚》)

早宿鸡，天必晴；晚宿鸡，天必雨。〔泾川〕(《集成》)

早蛙阴，午[①]蛙晴，半夜蛙叫不到明。(《集成》)

早鱼跳阴，午鱼跳雨，晚上大跳，天晴不起。(《集成》)

灶烟端，好晴天。〔武山〕(《集成》)

知了鸣，天要晴。(《集成》)

蜘蛛把网结，久雨也要歇。(《集成》)

蜘蛛不停，天气晴。(《高台农谚志》)

蜘蛛添丝好晴天。(《集成》)

蜘蛛添丝晴。(《集成》)

蜘蛛张网时，为晴兆。(《谚海》)

猪吃水，天要晴；狗吃水，天要雨。(《中国谚语资料》《中国农谚》《集成》)

其　他

丙不藏日。(《张氏农谚》《甘肃农谚》)

初五十四二十三，太阳老君不出庵。〔天水〕(《集成》)

大月看三十，小月看初一[②]。(《庆阳汇集》《宁县汇集》《静宁农谚志》《甘肃选辑》《中国农谚》《定西农谚》)

大月怕三十，小月怕初一[③]。(《张掖气象谚》《甘肃天气谚》)

六月初一起寒尘，不起寒尘晒死人。(《集成》)

清晨天气雨一般，太阳出来晒龙滩。(《庆阳汇集》《宁县汇集》《甘肃选辑》《中国农谚》《中国气象谚语》)

清晨天气雨一般，太阳出来晒龙潭；晚上天气雨一般，明日沟里白浪翻。(《中国农谚》)

晴雨花，表阴晴[④]。(《高台农谚志》)

天黑亮了山，一晴晴三天。(《集成》)

天气晴不晴，看它七八分，早看东南，晚看西北，下午要看日落西山。(《敦煌农谚》)

天晴晒干麦。〔天水〕(《甘肃选辑》)

---

① 午：又作“晚”。

② 看：《定西农谚》作“盼”。

③ 原注：要连阴。

④ 原注：利用浓盐水泡制的吸水纸花判断天气。

夏甲子火焰生光，秋甲子泡死牛草。（《宁县汇集》）

测气温

日月星

冷在日出前，热在晌午后。（《集成》）

密密层层星，天气热死人。（《集成》）

日落起青光，来日必酷热。（《中国农谚》《谚海》）

日升晕帐热一天，月升晕帐冷一月。（《集成》）

日头冒花子①，冻死叫花子。〔兰州〕（《集成》）

日头冒嘴，冻死小鬼。（《集成》）

十月中，三星落地水冻冰。〔武山〕（《集成》）

数九观火星，生得迟，来年春暖，春雪多；生得早，来年春冷，春雪少。（《张掖气象谚》）

天河东西，冻天冻地。（《谚海》）

天上星连星，地下热断根。〔天水〕（《集成》）

天上星宿稠，中午热哄哄，不到天黑时，遍地水淋淋。（《静宁农谚志》）

天上星星稠，次日热烘烘，不到天气黑，下雨水淋淋。（《平凉汇集》）

天上星星稠，第二天中午热气烘，不到三天夜，遍地雨淋淋。（《定西农谚志》）

夏天星少天凉爽，下雨不过三两晌。（《集成》）

夏夜星密，来日大②热。（《两当汇编》《集成》）

星稀天凉爽，星密太阳蒸。（《中华农谚》《鲍氏农谚》《中国农谚》《谚海》《集成》）

星星稠，冻死牛；星星稀，热死鸡。〔玉门〕（《集成》）

要看明天热不热，就看夜里星星密不密。（《两当汇编》）

要知明朝热不热，就看夜星密不密。（《集成》）

月亮有圈，第二天冷。（《靖远农谚》）

早晨太阳阴几阴，今日毕竟冷死人。（《民勤农谚志》）

早看日头红通通，明天必定热烘烘。（《甘肃天气谚》）

早看太阳阴几阴，今日必定冻死人。（《甘肃天气谚》）

---

① 冒花子：方言，原注指早晨日出时辰。

② 《集成》〔成县〕无“大”字。

中秋月当空，十月就见冰。(《集成》)

中秋月明，一冬干冷。(《集成》)

风　云

春不刮不消，秋不刮不冻。〔甘南〕(《甘肃选辑》《中国农谚》《中国气象谚语》《集成》)

春东风，解冰冻。(《中华农谚》《费氏农谚》《集成》)

春风不动地不干。(《集成》)

春风不动地不开，秋风不动籽不来。(《两当汇编》)

春风冻人不冻水，秋风冻水不冻人。(《集成》)

春风冻人地不冻。〔皋兰〕(《集成》)

东风越刮越热。(《张掖气象谚》《甘肃天气谚》)

东风早起到，上午穿皮袄。(《高台天气谚》)

冬不刮不冻，春不刮不消。(《洮州歌谣》《集成》)

冬不刮东风不冷，春不刮西风不消，夏不刮偏东风不热。(《甘肃天气谚》)

冬天刮东风，天气热，热时间长了，转西风一定下。(《张掖气象谚》《甘肃天气谚》)

冬天刮一次风就冷一次，春天刮一次风就暖一次。(《民勤农谚志》)

风后暖，雨后寒；霜后暖，雪后寒。(《集成》)

风前冷，雪后寒；狂风热，大雪暖；霜后暖，雪生寒。〔临夏〕(《集成》)

谷谷云，热死人。(《谚海》)

腊八早上起风，一直冷到春。(《集成》)

南风水暖北风寒，东风多湿西风干。(《山丹天气谚》)

南风午时热，北风子时凉。(《集成》)

十一月初一不刮风，来年暖和。(《酒泉农谚》)

十月初一风吹灰，十个冬天九个冷。(《张掖气象谚》《甘肃天气谚》)

十月初一刮北风，做好棉衣好过冬。(《集成》)

西风来得早，中午脱皮袄。(《山丹天气谚》)

西风冷，东风热。(《高台农谚志》《平凉汇集》《中国农谚》)

一日北风三日暖，三日北风暗几天。(《宁县汇集》《甘肃选辑》《中国农谚》《中国气象谚语》)

一日北风三日暖，三日北风九日晴。(《甘肃天气谚》)

一日北风三日暖，三日北风晴九天。(《庆阳汇集》《静宁农谚志》《泾川汇集》《平凉气候谚》《平凉汇集》《中国农谚》《谚海》)

一日北风三日暖。(《集成》)

一日南风三日暖，三日南风变阴天。〔甘谷〕（《集成》）

一日南风三日暖，一日北风三日寒。（《集成》）

云做被，夜不寒。（《集成》）

早上天无云，水中结冰凌。（《清水谚语志》）

正月风，冻断筋。〔庆阳〕（《集成》）

晴 雨

春雪百日一河水。（《武都天气谚》《甘肃天气谚》《中国气象谚语》）

春雪不隔夜。（《集成》）

春雪冷，秋雨暖。（《集成》）

春雨日日暖，秋雨日日寒。（《两当汇编》《集成》）

冬雪是棉袄，春雪是利刀。〔西和〕（《集成》）

冬雪稀罕，来春倒寒。（《集成》）

冬雨暖，春雨寒。〔泾川〕（《集成》）

九月九晴一冬冷①，九月九阴一冬冰。（《平凉汇集》《张掖气象谚》《甘肃天气谚》）

九月九晴一冬凌，九月九阴一冬温。（《中国农谚》）

九月九晴一冬暖②，九月九阴一冬冰。（《高台农谚志》《平凉汇集》《两当汇编》）

猛晴容易冻。（《甘肃天气谚》）

七月不见天，腊月天天见。（《集成》）

秋季黑夜天发晴，明天早上冻死人。（《甘肃天气谚》）

秋雨多，冷得早，明年回暖早。（《张掖气象谚》）

十月十日晴，柴炭街上迎。（《集成》）

十月十日阴，柴炭贵如金。（《集成》）

十月十五阴，三冬十月暖盈盈；十月十五晴，三冬十月冷冰冰。（《两当汇编》）

下雪不冷消雪冷，降霜不冷霜前冷。（《谚语集》）

下雪不冷消③雪冷。（《山丹天气谚》《集成》）

夏雨多，冬季冷。（《甘肃天气谚》）

雪前地发冷，雪后地增温。（《集成》）

---

① 冷：《平凉汇集》作“寒”。

② 暖：《两当汇编》作“温”。

③ 消：《山丹天气谚》作“化”。

一场春雨一场暖，一场秋雨一场寒，十场秋雨穿上棉。(《定西农谚》)

一场春雨一场暖，一场秋雨一场寒。〔岷县〕(《集成》)

一场春雨一场暖，一阵秋风一阵①寒。(《定西农谚》《集成》)

一场秋雨一场寒，十场秋雨棉衣穿②。(《两当汇编》《集成》)

一场秋雨一场空，十③场秋雨不穿单。(《平凉汇集》《集成》)

一场秋雨一场凉，三场白露一场霜④。(《甘肃选辑》《中国农谚》《定西农谚》《中国气象谚语》《集成》)

雨下重阳，冻死牛羊。〔华池〕(《集成》)

元旦大雪纷纷，一年觉着冷冰。(《谚海》)

元旦大雪纷纷是寒年。(《平凉汇集》)

重阳晴，一冬暖；重阳阴，一冬寒。(《甘肃天气谚》)

重阳日阴一冬暖，九九⑤晴天一冬寒。(《集成》)

重阳有雨看十三，十三有雨冻冰山。(《集成》)

最喜大年初一晴，冷热随节不担心。(《集成》)

雾露霜雷

八月见了霜，九月冻破缸。(《集成》)

八月走霜，春头歇凉。(《集成》)

朝雷暮雨白天热。(《集成》)

春雷打得早，秋天凉的很。(《甘肃天气谚》)

春雷十日寒。(《集成》)

春雾冷，夏雾热，春雾狂风夏雾热。(《集成》)

春雾冷，夏雾热，秋雾连阴冬雾雪。(《集成》)

冬天霜雪多，来年准暖和。(《集成》)

冬雾暖，秋雾寒。(《集成》)

今朝无露水，山区一定冷。(《高台天气谚》)

九月霜下降，三月多阴寒。(《甘肃天气谚》)

开雷晚，冻死鼠。(《集成》)

秋天卧雷晚，来春回暖迟。〔酒泉〕(《集成》)

秋天响雷，今年冷得晚。(《甘肃天气谚》)

---

① 一阵：《集成》作“一场”。

② 棉衣穿：《集成》作“穿上棉”。

③ 十：《集成》作“三”。

④ 凉：《定西农谚》作“寒”。白露：《集成》〔酒泉〕作“露水”。

⑤ 九九：原注指九月九日。

十月雷吼百日暖。(《集成》)
霜后暖，雪后寒。(《鲍氏农谚》《两当汇编》)
霜来早，冷得早。(《张掖气象《甘肃天气谚》》)
霜前冷，雪后寒。(《鲍氏农谚》《集成》)

气　温

八月冷，九月温①，十月还有小阳春。(《两当汇编》《集成》)
八月凉，九月霜，十月暖洋洋。(《集成》)
八月十五热一阵儿，九月十五热一会儿。〔东乡〕(《集成》)
八月天气好难过，早清夜冷上午热。〔两当〕(《集成》)
八月中秋夜，一夜冷一夜。(《费氏农谚》《集成》)
冰冻三尺，地墒一丈。(《甘肃选辑》《敦煌农谚》)
冰冻一麻线，能承住个尕娃蛋。〔酒泉〕(《集成》)
冰冻一瓦，经住一人一马②。(《集成》)
不冷不热，不成世界。(《两当汇编》)
不怕正月冷，只怕二月冻。(《集成》)
不怕正月暖，只怕二月寒。(《集成》)
春到三月暖。(《集成》)
春冻，秋不冻；秋冻，春不冻。(《甘肃天气谚》)
春寒不怕，秋寒打瓜③。(《集成》)
春寒断江流。(《集成》)
春寒四十九。(《定西农谚》)
春寒四十九，冻得穷汉家娃娃吹哇呜④。〔甘谷〕(《集成》)
春寒四十九，冻得穷人大张口。〔天水〕(《集成》)
春季一日三热三冷，人生一世三伸三屈。(《集成》)
春冷冻死牛。(《集成》)
春冷四十日。(《集成》)
春冷四十五，冻得没处避。(《集成》)
春要暖秋要冻，一年四季不害病。(《朱氏农谚》《两当汇编》)
大冷三天必转热，大热三天必转冷。(《集成》)

---

① 温：《集成》作“热”。
② 原注：河川结冰一瓦片厚，即可承载一人一马通过。
③ 打瓜：方言，原注指遭灾。
④ 哇呜：原注指过去农村孩子用泥巴做的一种乐器，可吹出几种声音。此处形容天气寒冷，穷孩子们将双手捧捂在嘴上，用呼出的热气取暖。

地河冻得早，冬冷。（《张掖气象谚》）
冬不冷，春不暖。（《集成》）
冬不冷，秋不凉。（《张掖气象谚》《甘肃天气谚》）
冬不冷，夏不热。（《甘肃天气谚》）
冬寒不算寒，春寒多①半年。（《静宁农谚志》《甘肃天气谚》）
冬季干冷春季寒。（《集成》）
冬冷不算冷，春冷冷死秧。〔西峰〕（《集成》）
冬冷迟，来年春天回暖迟，秋霜延迟。（《甘肃天气谚》）
冬冷春暖，冬暖春冷。（《张掖气象谚》）
冬冷夏热。（《甘肃天气谚》）
冬冷夏热，冬不冷夏不热。（《张掖气象谚》）
冬里有春，春里有冬。（《集成》）
冬暖，春尾寒。（《甘肃天气谚》）
冬暖春寒。（《定西农谚》）
冬暖春寒，冬早回春早。（《武都天气谚》《中国气象谚语》）
冬暖倒春寒。（《集成》）
冬暖防春寒，冬冷春雨多。（《甘肃天气谚》）
冬暖夏凉。（《甘肃天气谚》）
冬前冰，暖烘烘；冬后冰，冻死人。（《集成》）
冬前不见②冰，冬后冻死人。（《集成》）
冬前冻层皮，冬后不盖被。〔泾川〕（《集成》）
冬天不冷，春天病多。（《集成》）
冬天不冷，夏天不热。（《高台农谚志》《平凉汇集》）
冬天不冷春天冷。（《甘肃天气谚》）
冬天寒皮，春来寒骨。（《集成》）
冬天冷得晚，来春必定寒。（《集成》）
冬天没有严寒，夏天就没有炎热。〔阿克塞〕（《集成》）
冬天越冷，夏天越热。（《集成》）
冻得迟，暖得迟。（《集成》）
过了中秋节，天寒没间歇。（《集成》）
过了中秋夜，一夜冷一夜。（《两当汇编》）
交了七月节，夜寒白天热。（《两当汇编》《集成》）

---

① 多：《甘肃天气谚》作“冷”。
② 见：一作“结”。

今年冷得早，明年热得早。（《甘肃天气谚》）

冷风呼呼来刺骨，水立井口晒石头。（《庆阳汇集》《宁县汇集》《甘肃选辑》）

六月天，地冒烟。（《集成》）

暖冬不暖春，暖春夏里阴。（《集成》）

暖了春头，冷了春尾。（《集成》）

暖了冬头，冷了冬尾。（《集成》）

前冬热，后冬冷，春季回暖迟。（《甘肃天气谚》）

晴夜冷，阴夜暖。（《泾川汇集》《集成》）

十月冷，春暖早。（《集成》）

十月冷过头，正月暖气流。（《集成》）

十月里，天气短，不是吹，就是暖。〔灵台〕（《集成》）

十月小春天。（《集成》）

十月小阳春①，无被暖烘烘。（《两当汇编》）

十月小阳春，无雨暖温温。（《费氏农谚》《集成》）

四月初一前后冻，如果不冻，四月八前后一定冻。（《甘肃天气谚》）

四月里热，十月里冷。（《张掖气象谚》《甘肃天气谚》）

天寒冻死人，忙天热死人。（《集成》）

夏不热，冬不冷；夏天热，冬天冷。（《张掖气象谚》）

夏晨若一冷，中午晒断筋。（《谚海》）

夏天热得迟，冬天不冷。（《张掖气象谚》）

夏夜发冷②来日热。（《集成》）

早春暖，晚春寒。（《集成》）

正月不要热，二月不要冷，三月不要吹来东南风。（《平凉汇集》《谚海》）

正月不要热，二月不要冷，三月不要个③东南风。（《宁县汇集》《甘肃选辑》《中国农谚》《集成》）

正月不要热，二月不要冷。（《平凉气候谚》）

正月怕暖，二月怕阴，三月怕冻，四月怕风。（《朱氏农谚》《两当汇编》）

物　候

长脖雁越飞高，北天寒；低则北天暖。（《张掖气象谚》）

---

① “春”字原脱。

② 发冷：一作“风稀”。

③ 《中国农谚》《集成》无“个”字。

狗猫倒毛早，今年冷得早。(《集成》)
黑蜜蜂多，气候炎热。(《高台农谚志》)
六月六，黄狗吐舌头。(《集成》)
芦花秀，早夜寒。(《费氏农谚》《鲍氏农谚》《两当汇编》)
猫狗刷毛早，今年冷得早①。(《集成》)
群雁南飞天将冷，群雁北飞天转暖。(《中国气象谚语》《集成》)
树叶落完，棉衣穿全。(《集成》)
树叶全，离了棉。(《集成》)
树叶先落下后落上，则冬不冷；先落上后落下，则冬冷。(《张掖气象谚》)
树叶直挺挺②，今朝天不冷。(《高台天气谚》)
苇子秀穗儿，两口争被儿。(《集成》)
小鸡不出窝，棉袄不敢脱。(《集成》)
雁不过南不寒，雁不过北不暖。(《鲍氏农谚》《两当汇编》《集成》)
燕子低飞天气冷，燕子高飞天气热。(《酒泉农谚》)
知了叫，热天到。(《集成》)
猪拉窝，狗打滚，天气猛冷人发抖。(《定西农谚》《集成》)
猪拉窝，狗打滚要冷。(《临洮谚语》)
猪猫早换毛，冬季冷得早。(《集成》)

其　他

不怕晒死，单怕冻死。(《酒泉农谚》)
吃了端午粽，还要冻三冻。(《两当汇编》《集成》)
吃了端阳酒，扇子上了手。(《集成》)
吃了五月粽，再把棉衣送。(《集成》)
春潮冬冷。(《张掖气象谚》)
春冷，秋暖。(《张掖气象谚》)
春里湿一些，冬天冷一些。(《张掖气象谚》)
春上热的迟，秋上冷的迟。(《甘肃天气谚》)
地湿冬寒，地干冬暖。〔灵台〕(《集成》)
冬天该冷不冷，春头瘟多大病。(《集成》)
反了春，冻断筋。(《谚语集》)
进了春别欢喜，还有四十天的冷气。(《两当汇编》)

---

① 刷毛：又作“换毛”。今年：又作“今冬”。
② 原注：主要是杨树叶。

腊七腊八，冻掉下巴[1]。(《定西农谚》《集成》)

腊七腊八，冻死寒鸦。(《农谚和农歌》《朱氏农谚》《临洮谚语集》《集成》)

两春夹一冬，无被暖烘烘[2]。(《田家五行》《农政全书》《朱氏农谚》《费氏农谚》《两当汇编》《定西农谚》《集成》)

年怕端午，月怕十五，日子怕的是晌午。(《集成》)

晴不晴，看黎明；阴不阴，看黄昏。(《集成》)

秋老虎，热死鼠。(《集成》)

秋里潮湿一些，冬天要冷一些。(《张掖气象谚》)

闰八月，天气寒。(《酒泉农谚》)

山高夏天也飘雪，地低冬天也长苗。〔甘南〕(《集成》)

四月的阳坡十月的夜。〔陇南〕(《集成》)

天近黎明格外黑，季接春天越寒冷。(《集成》)

未食端午粽，被褥不敢送[3]。(《集成》)

五月端午穿出来，八月十五端出来。〔武威〕(《集成》)

夏不立夏不要紧，四月立夏容易冻。(《甘肃天气谚》)

早晨入了春，当晚温一温。〔清水〕(《集成》)

测雾露霜

风　云

八月里的风真怕，风后不下便是霜。(《白银民谚集》)

北风无露定有霜。(《张掖气象谚》《甘肃天气谚》《集成》)

初晴北风寒，是夜必有霜。(《集成》)

大风无露水。(《集成》)

大风夜无露。(《费氏农谚》《鲍氏农谚》《中国农谚》)

东风多雾气，北风寒霜。(《两当汇编》)

东南风生雾，西北风消雾。〔甘谷〕(《集成》)

冬天少云雾，有雾必挂树。(《集成》)

风大夜无露，阴天夜无霜。(《集成》)

---

① 下巴：《集成》一作“门牙”。

② (元) 娄元礼《田家五行》卷上《十二月类》：“立春在残年，主冬暖。谚云：‘云云。’”(明) 徐光启《农政全书》卷十一《农事·占候》引同。无被：《集成》作“天气”。

③ 原注：端午节后退寒转暖。

风小星明夜有霜。(《集成》)

刮南风天有云，必无霜。(《靖远农谚》)

秋季西风连日霜。(《集成》)

秋天西风多，东风少，来年早霜迟。(《甘肃天气谚》)

阴云夜无露。(《中华农谚》《鲍氏农谚》《中国谚语资料》《中国农谚》《谚海》)

阴云夜无露，风大露水稀。(《集成》)

早起南风午转北，夜晚就成霜。(《静宁农谚志》)

正月二十五吹风，秋霜迟。(《张掖气象谚》《甘肃天气谚》)

晴　雨

暴雨多，秋霜迟。(《张掖气象谚》《甘肃天气谚》)

春夏雨少，秋霜早。(《张掖气象谚》《甘肃天气谚》)

旱田逢过雨，晴后易来霜。(《甘肃天气谚》)

今夏雨水透，来年霜推后。(《集成》)

连阴几天猛晴明亮，第二天早晨有霜降。(《白银民谚集》)

六月山高落白雪，八月平川不见霜。(《天祝农谚》)

七月半无雨，十月半无霜。(《费氏农谚》《集成》)

秋季[1]透雨，霜期远离。〔甘南〕(《甘肃选辑》《甘肃天气谚》《中国气象谚语》《集成》)

秋雨多，春霜早。(《张掖气象谚》《甘肃天气谚》)

秋雨多，霜来迟；秋雨少，霜来早。(《集成》)

秋雨多，霜来早。(《甘肃天气谚》)

三月下旬有雪，九月下旬有霜。〔兰州〕(《甘肃选辑》)

天晴朝朝雾，天下夜夜晴。(《集成》)

天晴朝朝雾。(《武都天气谚》《定西农谚》《中国气象谚语》)

晚上无风无云，明天早上就有霜。(《酒泉农谚》)

晚上[2]无风又无云，早晨白霜落一层。(《平凉气候谚》《平凉汇集》《中国农谚》)

无风无云，寒霜来临。〔兰州〕(《集成》)

无风无云晴朗朗，明日早上霜临降。(《清水谚语志》)

夏雨多，霜拖后。(《甘肃天气谚》)

---

① 季:《集成》〔高台〕作“冬”。

② 晚上:《平凉汇集》作“晚间”。

夏雨淋透，露期退后。（《集成》）
夏雨少，秋霜早。（《张掖气象谚》《甘肃天气谚》）
夏雨少，秋霜早；夏淋透，霜推后。〔临泽〕（《集成》）
阴天雾不多，晴天雾成河。（《集成》）
雨多霜来早。〔瓜州〕（《集成》）
正月无雪秋霜早。（《张掖气象谚》《甘肃天气谚》）
重阳无雨，十月无霜。（《集成》）

雷电雹

八月雷响不降霜。（《两当汇编》）
雹早霜早。（《甘肃天气谚》）
初雷一百二十天见霜。〔泾川〕（《集成》）
春雷打得早，秋霜来得早。（《张掖气象谚》）
春雷一声响，秋霜一百八。（《集成》）
二月雷响[1]霜早到。（《平凉汇集》《中国农谚》《谚海》）
二月响雷八月霜。（《集成》）
雷打的早，霜来的早。（《武都天气谚》）
雷打一百五十天后有霜。（《中国气象谚语》）
雷响得早，霜来得早。（《集成》）
三月里的响雷九月里的霜，二月里的响雷八月里的霜[2]。（《甘肃天气谚》《集成》）
三月响好雷，九月才下霜。（《集成》）
三月响雷九月霜。〔环县〕（《集成》）
先打雷，后下雨，当晚一场大露水。（《中国气象谚语》）
一声春雷响，决定霜日降。（《高台农谚志》《甘肃天气谚》）
雨大雷声小，甘霜红日头。（《中国农谚》）

气　温

春冷秋霜早，明年春来早。〔成县〕（《集成》）
春里热得迟，秋里冷得迟，霜迟。（《张掖气象谚》）
春里热得迟，秋霜迟。（《甘肃天气谚》）
春凉秋霜迟。（《张掖气象谚》）

---

① 雷响：《平凉汇集》又作“响雷”。
② 《集成》〔酒泉〕无上下句四个“的”字。

春凉秋霜早。(《张掖气象谚》《甘肃天气谚》)

春暖霜来迟。〔酒泉〕(《集成》)

冬冷春霜早。(《张掖气象谚》)

冬天暖，春霜晚。(《集成》)

今年天气热，秋霜迟。(《张掖气象谚》)

秋寒来霜早，秋暖来霜迟。(《武都天气谚》《定西农谚》《中国气象谚语》)

头年秋天暖，来年霜提前。(《集成》)

夏凉秋热秋霜早①。(《张掖气象谚》《甘肃天气谚》)

夜晴觉着凉，早上定有霜。(《平凉汇集》《谚海》)

物　候

八月初一雁门开，雁儿脚下带霜来。〔正宁〕(《集成》)

蝉鸣百日必霜。〔金塔〕(《集成》)

晨见兔，晚见霜。(《集成》)

臭蓬在头伏白，不落霜。(《张掖气象谚》)

谷禾向南倒，秋霜来得早。(《集成》)

华皮柴有露，骆驼蓬出雾。(《白银民谚集》)

今晚蛙不叫，明晨晚霜到。(《集成》)

癞呱子叫②，霜来到。(《集成》)

马啣山挂雪霜稀。(《临洮谚语集》)

马啣山正南山，多见云雾少见天。(《定西农谚志》)

糜头向东③侧，秋霜来得早。(《中国气象谚语》)

青蛙不叫定霜到④。(《高台农谚志》)

青蛙叫，霜⑤来到。(《甘肃天气谚》)

雁过一百八⑥。(《白银民谚集》)

洋姜开花早，秋霜来得早。(《甘肃天气谚》)

要知秋霜早与晚，先看禾头朝哪边：向南倒，来得早；向北倒，来得晚。(《集成》)

知了叫，百日霜来到。(《集成》)

---

① 早：《张掖气象谚》又作“迟”。

② 癞呱子：方言，指蛤蟆。此专指蛤蟆秋天叫。

③ 东：又作“南”。

④ 原注：利用青蛙预报晚霜。

⑤ 霜：原注指晚霜。

⑥ 原注：大雁飞过一百八十天左右下霜。

其　他

白虹下降，恶雾必散①。（《三农纪》《中华农谚》《张氏农谚》《费氏农谚》《鲍氏农谚》《中国农谚》《谚海》）

傍晚霞，早晨露；早晨霞，夜间雨。（《集成》）

地气潮落霜。（《临洮谚语集》）

冬天月亮亮光光，明天遍地是白霜。（《集成》）

九月中下早霜见，五月上中晚霜见。（《集成》）

前半年闰月霜早到，后半年闰月晚霜到。（《平凉汇集》）

秋旱来霜早。（《甘肃天气谚》）

十五十六两头露。（《集成》）

霜落平川，雨打高山。（《集成》）

霜上有枪芒，必然主吉祥。（《中国谚语资料》）

四月里无霜八月里来，七月里雨来跷破鞋。〔定西〕（《甘肃选辑》）

天旱霜迟。（《甘肃天气谚》）

头年是闰年②，来年霜就早。（《平凉汇集》《谚海》）

夕阳红霞装，夜间必降霜。（《集成》）

夏旱秋霜早。（《集成》）

星星稠密闪金光，三天之内必有霜。（《静宁农谚志》）

夜间星月分外亮，寒气逼人百霜到。（《高台天气谚》）

有霜没霜，八月十三。（《高台天气谚》《张掖气象谚》《集成》）

测年成

日月星

八月不见月，来年吃白馍。（《集成》）

八月十五月落亮，吃的吃来放的放。（《集成》）

八月十五月落早，人无干粮③马无草。（《白银民谚集》《集成》）

北斗七星斗子平，当年就是好收成。〔西峰〕（《集成》）

日背弓，月代箭④，不是天年就是患。（《谚语集》）

---

① （清）张宗法《三农纪》卷一《雾·占应》。

② 年：《平凉汇集》作“月”。

③ 干粮：《集成》作“粮来”。

④ 日背弓：原注指日晕只现半个晕圈。月代箭：原注指月旁出现云丝。

日烈风猛沙石大，十年庄稼九年瞎。〔张掖〕（《甘肃选辑》）

日套九环，连成九年。（《集成》）

日套九环，石头上种田。（《集成》）

若要问斗价，月月看初八：初八月儿洼，来年粮食斗价大；初八月儿平，来年粮食一定成①。（《集成》）

十五月亮落得早，人断粮食马断草。〔张家川〕（《集成》）

十月二十九满天星，明年遍地是黄金②。〔张家川〕（《集成》）

要知米粮价，每月看初八③。（《定西县志》）

一成太阳一成雨，不怕来年没米吃。〔张掖〕（《甘肃选辑》）

月亮仰，斗价涨。（《定西县志》）

风　云

春风不刮，草芽不发。〔皋兰〕（《集成》）

春风秋风，百草行根。（《集成》）

春刮东风大丰收。〔甘南〕（《甘肃选辑》）

二八月摆条风，老牛老马驮一冬。〔天水〕（《甘肃选辑》）

二月吹北风，粮食苗尖硬。（《白银民谚集》）

皋兰山玉带，太平世界。（《甘肃农谚》）

腊八刮风，花田都不成。（《张掖气象谚》《甘肃天气谚》）

腊月吹了风，花田都不行。（《张掖气象谚》《甘肃天气谚》）

腊月大风吼，明年农家愁。（《集成》）

离了秋风籽不来，离了春风地不开。（《集成》）

六月初十刮北风，明年粮食收十成。〔华亭〕（《集成》）

三月初七刮北风，十分庄稼九分收。（《集成》）

三月初七四月八，刮起黄风把窖挖。（《会宁汇集》）

三月初一刮北风，十成庄稼九成收。（《集成》）

三月三刮高田，低田成。（《张掖气象谚》）

三月十五一场风，山汉庄田一场空。（《集成》）

十月风，来年空。〔庄浪〕（《集成》）

四月八一场风，百草全空空。〔泾川〕（《集成》）

云黑浓，黄套红，不下好雨坏年景。〔广河〕（《集成》）

---

① 平：又作“饱”。一定成：又作“吃不了”。

② 原注：旧传农历十月二十九日夜晴，预示来年收成好。

③ 原注：月仰则价涨，俯则价落。

正月初三起东风，十个猪圈九个空。(《集成》)

正月初一吹南风，风调雨顺庄稼成。〔清水〕(《集成》)

正月二十刮黄风，撂掉高田种湖坑。(《集成》)

正月十五风吹灯，扔掉高田种洼坑。(《集成》)

正月十五云打灯，当年定是好收成。(《高台天气谚》)

庄稼无风不长粒。〔华亭〕(《集成》)

阴 晴

八月十五阴一阴，五月十五雪打灯；阴一阴，风调雨顺，雪打灯笼好收成。(《静宁农谚志》)

八月十五阴一阴，正月十五雪打灯；阴一阴，风雨顺①，雪打灯，好收成。(《庆阳汇集》《甘肃选辑》《中国农谚》《中国气象谚语》)

端午晴，农民笑盈盈。(《两当汇编》)

端午晴天，农家喜欢。(《集成》)

端午阴淡淡，请客吃长面。(《集成》)

端阳晒一天，庄稼最喜欢。〔陇南〕(《集成》)

二月二十阴，遍地生黄金。〔环县〕(《集成》)

黑夜下，白日晴，打得粮食没处盛。(《泾川汇集》)

黑夜下雨白天晴，打下粮食没处盛。〔庆阳〕(《集成》)

黑夜下雨白天晴，一人养活几个人。〔天水〕(《集成》)

黑夜下雨白天晴，庄稼收了没处盛。(《中国农谚》《中国气象谚语》)

九月三十晴，明年好收成；十月初一晴，柴米好垒城。〔西峰〕(《集成》)

腊八晴，万物成。(《两当汇编》)

腊月八日晴，粮作万物成。〔天水〕(《集成》)

六月六晴，百样成。(《张掖气象谚》)

六月六晴，秋田好。(《张掖气象谚》)

六月六下雨草不够，六月六晴百样成。(《张掖气象谚》)

若要米价平，四个甲子晴。(《集成》)

十月亮，吃的吃，放的放。(《定西农谚》)

十月十五亮光晴，来年定有好收成。(《定西农谚》)

天无阴晴，五谷不生。(《中国气象谚语》)

五月初一初二晴，粮食涨破仓。(《张掖气象谚》)

五月初一难得晴。(《集成》)

---

① 顺：《庆阳汇集》作“凶”。

要得庄稼成，晚间下雨白天晴。〔临夏〕(《甘肃选辑》)

夜雨日晴，粮食收成。〔西峰〕(《集成》)

有钱难买五月旱，六月连阴吃饱饭①。(《帝京岁时纪胜》《马首农言》《农谚和农歌》《朱氏农谚》《张氏农谚》《费氏农谚》《宁县汇集》《静宁农谚志》《甘肃选辑》《天祝农谚》《平凉气候谚》《平凉汇集》《临洮谚语集》《甘肃气候谚》《中国农谚》《两当汇编》《谚海》《集成》)

元旦晴，百谷成。〔灵台〕(《集成》)

正月初一晴，到处粮食成；正月初一雨，准备卖儿女。(《集成》)

正月初一晴，万物都收成。(《清水谚语志》)

正月初一晴来年好，正月初八晴来年五谷成；初九晴，蔬菜成；初十晴，果子成。(《张掖气象谚》)

中秋明，晚秋成。〔环县〕(《集成》)

重阳晴，米粮平。(《两当汇编》)

雨　雪

八月里，盖夹被，田里五谷不生穗。(《集成》)

八月十五落了雨，人无干粮马无草。〔通渭〕(《集成》)

吃秋不吃秋②，全看五月二十六。〔天水〕(《集成》)

春不白，夏不绿。(《甘肃天气谚》)

春得一犁雨，秋收万石粮。(《两当汇编》《集成》)

春夏流大汗，秋后粮万担。(《平凉气候谚》)

春雪成河，狗吃的是白面馍。(《平凉汇集》)

春雪流成河，狗含③的是白面馍。(《中国农谚》《谚海》)

春雪流沟，十种九丢。(《集成》)

春雪淌断沟，十种九不收。(《甘肃农谚》《甘肃天气谚》《谚语集》)

春雪填满沟，夏田④全不收。(《朱氏农谚》《鲍氏农谚》《中国农谚》《集成》)

春雪消成河，人人吃的白面馍。(《宁县汇集》《平凉气候谚》《中国农谚》《谚海》)

春雨贵如油，白馍不发愁。(《集成》)

---

① (清)潘荣陛《帝京岁时纪胜》:“五月喜旱，六月喜雨，谚云:‘云云。’”《静宁农谚志》“阴”下有“天”字，当为衍文。有:《天祝农谚》作“掏”。

② 吃秋:方言，指秋田收成好。

③ 狗含:《谚海》又作“狗娃衔”

④ 夏田:《集成》作“夏禾”。

春雨贵如油，下得多了连籽丢。(《集成》)

春雨贵如油，下得多了却①发愁。(《中华农谚》《甘肃选辑》《两当汇编》)

春雨淌断沟，十种九不收。(《集成》)

大年三十雪，狗都吃白馍。(《集成》)

大雪丰年来，无雪有殃灾。(《中国农谚》《谚海》)

大雪兆丰年。(《甘肃气候谚》)

大雪兆年收，无雪人发愁。(《高台天气谚》)

冬②不白，夏不绿。(《白银民谚集》《张掖气象谚》《甘肃天气谚》《定西农谚》《中国气象谚语》《集成》)

冬干湿年，粮食满篇。(《定西农谚》)

冬干湿年，收拾肩担。(《岷县农谚选》)

冬干湿年，涨破篇岸。(《谚海》)

冬季大雪飞，明年庄稼好。(《集成》)

冬季见三白，田翁笑哈哈。(《中国气象谚语》)

冬天无雪天藏面，三春有雨地生金。〔广河〕(《集成》)

冬天雨雪好，来年收成必定好。(《平凉汇集》)

冬雪多，地气饱满，来年好庄稼。(《酒泉农谚》)

冬雪贵如油，来年好兆头。〔永登〕(《集成》)

冬雪农家乐，地松水分合，庄稼易出土，保险好丰收。(《高台农谚志》)

冬雪生财，春雪生灾。(《集成》)

冬雪是宝，春雪是草。(《中华农谚》《两当汇编》《集成》)

冬雪是饭，春雪是难。(《集成》)

冬雪是米，春雪是水；冬雪是被，春雪是害。(《定西农谚》)

冬雪消成河，狗吃的都是白面馍。(《庆阳县志》)

冬有三场雪，定有好收成。(《定西农谚》)

冬有三尺雪，来年五谷丰。(《集成》)

端午下，庄稼怕。(《集成》)

端阳落雨是丰年，芒种闻雷美亦然。〔天水〕(《集成》)

端阳无雨是丰年。(《宁县汇集》《甘肃选辑》《中国农谚》)

端阳有雨是丰年。(《文县汇集》《张掖气象谚》)

二月雨，卖儿女；三月雨，满缸米。(《集成》)

---

① 却：《甘肃选辑》作“只”。

② 冬：《定西农谚》作“冬天”。

干冬湿年，粮食满篅。〔武山〕(《集成》)

干冬湿年，石头上种田①。(《甘肃农谚》《甘肃选辑》《白银民谚集》《张掖气象谚》《甘肃天气谚》)

好雨落三场，粮食没处藏。(《中国农谚》)

今冬大雪落，明年好收成。(《山丹天气谚》《张掖气象谚》)

今冬雪不断，明年吃白面②。(《定西农谚》)

今冬雪不断，明年好吃面。(《定西汇编》)

今年大雪飘，明年收成好。(《两当汇编》《张掖气象谚》)

今年大雪飘，明年庄稼好。(《高台天气谚》)

今年秋收不秋收，只等五月二十六，二十六日下两点，杨家坝里捎大碗。(《文县汇集》)

九月雪，十月雾，夫妻父子不相顾。〔合水〕(《集成》)

九月雪，十月雾，来年饿扁老庄户。(《集成》)

九月一场雪，来年定不错。(《集成》)

腊雪雪满田，来岁是丰年。(《集成》)

腊月白三白，黑面馍馍狗不拾。(《甘肃选辑》《定西汇编》《中国农谚》《谚海》)

腊月白三白，馍馍给狗喂。(《定西农谚》)

腊月里，三场雪，家家黄狗吃通膘③。(《集成》)

腊月里白三白，黑馍馍狗不衔。(《谚语集》)

腊月三白，瘦狗喂肥。(《定西农谚》)

腊月三白定丰年。(《农谚和农歌》《朱氏农谚》《费氏农谚》《集成》)

腊月三十晚上黑晃晃，粮食憋破窑；腊月三十晚上亮光光，粮食秆子光。〔庆阳〕(《集成》)

腊月山白，狗都不吃黑。〔陇南〕(《集成》)

腊月山白，狗娃儿吃肥。〔武山〕(《集成》)

腊月下雪，来年必定丰收。(《岷县农谚选》)

六月不见雨，十月不见米。(《集成》)

六月初一连根烂，初三初四收一半。(《集成》)

六月里雨绵绵，粮食满囤圈。(《集成》)

---

① 冬：《甘肃选辑》〔张掖〕误作“冻”。石头：《甘肃选辑》〔张掖〕作“石板”。

② 吃白面：又作“多吃面”。

③ 通膘：方言，谓肥胖。

六月六下，庄稼穗子①大。〔甘南〕(《甘肃选辑》《中国农谚》)

六月六下雨草不够；六月六晴百样成。(《张掖气象谚》)

落雪来得早，年成来得好。(《两当汇编》)

南山头上亮晶晶，来年定有好收成。〔庆阳〕(《集成》)

南山②雪厚连成片，来年定能吃好饭。(《酒泉农谚》《甘肃天气谚》)

年前一场雪，庄稼长得泼。(《集成》)

七月不缺雨，五谷打不虚。(《朱氏农谚》《费氏农谚》《两当汇编》)

七月七日雨，庄稼烂到底。(《定西农谚》《集成》)

七月十五裂裂，八月十五乐乐③。〔平凉〕(《集成》)

秋收不秋收，先看五月二十六④。(《平凉汇集》《白银民谚集》《谚海》)

秋收不收秋，全看五月廿六，廿六日滴一点，要到城里买大碗。(《清水谚语志》)

秋田收不收，全看五月二十六。(《定西农谚》)

瑞雪兆丰年。(《会宁汇集》《中国农谚》《定西农谚》《集成》)

三雪三白定丰年。(《甘肃气候谚》)

三月连阴雨，庄稼好收成。(《谚海》)

三月三下一点，馗州城里卖大碗。(《集成》)

十冬腊月不见雪，来年准各卖大锅。(《集成》)

十二月里一场白，家家狗都吃得肥。(《集成》)

十三下了雨一点，武都城内买大碗。〔天水〕(《甘肃选辑》《中国农谚》)

十月三场白，猪狗吃得肥。(《集成》)

十月雨，卖儿女。(《集成》)

十月雨绵绵，高山也是田。(《甘肃农谚》)

收不收，六月二十头；涝不涝，七月二十到。(《中国农谚》)

收成八十三场雨。(《静宁农谚志》)

收秋不收秋，单等五月二十六；二十六日滴一点，安口窖上驮大碗。(《会宁汇集》)

收秋不收秋，单看五月二十六，二十六日滴三点，阿岗县里驮大碗。(《定西农谚》)

---

① 《中国农谚》无“子”字。

② 南山：《甘肃天气谚》注指祁连山。

③ 裂裂、乐乐：方言，原注指下雨。

④ 先：《白银民谚集》作“光”。五：原作“三”。《谚海》注：指有无下雨。按：“三”当为“五”之误，民间有五月二十六雨，主粮食丰收之谓。

收秋不收秋，单[1]看五月二十六。(《岷县农谚选》《宁县汇集》《静宁农谚志》《中国农谚》《甘肃天气谚》)

收秋不收秋，紧[2]看五月二十六。(《靖远农谚》《两当汇编》)

收秋不收秋，全看五月二十六，如果下一点，粮食挤破船。(《甘肃气候谚》)

收秋不收秋，全看五月二十六。(《定西县志》《静宁农谚志》)

收秋不收秋，先看五月二十六。(《中国农谚》《甘肃天气谚》)

四月初一滴一点，庄稼汉打了碗。(《集成》)

四月初一下一阵，一年庄稼不要管[3]。(《甘肃天气谚》)

天高不下雨，地旱无收成。(《谚海》)

田里要能存住雪，来年一定好收成。〔陇南〕(《集成》)

无雨收阳，有雨收墒。〔平凉〕(《甘肃选辑》)

五月端阳下，粮食打不下。(《岷县农谚选》)

五月二十六滴一点，要到城里买大碗[4]。(《岷县农谚选》《静宁农谚志》《两当汇编》《甘肃天气谚》)

五月二十下了雨，石头缝里都是米。(《集成》)

五月十二三，路儿不干，打下粮食，撑破屯圈。〔永登〕(《集成》)

五月十三滴一点，安口窑上买大碗。(《宁县汇集》《甘肃选辑》《中国农谚》)

五月十三滴一点，耀州城内买[5]大碗。(《甘肃农谚》《定西农谚》)

五月十三下一点，安口窑上买大碗。(《庆阳汇集》《泾川汇集》《中国农谚》)

下烂南山，收了北山[6]。(《甘肃选辑》《定西汇编》)

下了四月八，地里不瞎场里瞎。(《两当汇编》)

想吃秋，要得八月二十六。(《岷县农谚选》)

小雪飞满天，来岁必丰年。(《中国气象谚语》)

小雪满天飞，来岁必丰年。〔天水〕(《甘肃选辑》)

小雨有收成，最怕大雨淋。(《朱氏农谚》《费氏农谚》《中国农谚》《谚海》)

---

① 单：《宁县汇集》作“就”。

② 紧：《两当汇编》作“要”。

③ 原注：指天旱。

④ 要到：《岷县农谚选》作“岷县”，《静宁农谚志》作“安口”，《甘肃天气谚》作“岗县”。

⑤ 买：《定西农谚》作“担”。

⑥ 原注：山阴和干旱地区的特点。

雪厚兆丰收。(《平凉汇集》)

雪花大，熟庄稼。(《中国农谚》)

雪花大，庄稼熟。(《平凉汇集》)

雪花六出，先兆丰年。(《费氏农谚》《鲍氏农谚》《中国农谚》《谚海》《中国气象谚语》)

雪落不均匀，米贵如黄金。(《集成》)

雪水冲开渠渠儿，狗不吃油饼皮皮儿。(《定西农谚》)

雪水化成河，明年吃白馍。〔礼县〕(《集成》)

雪水留开[1]渠渠子，狗不吃油饼皮皮子。(《会宁汇集》《集成》)

雪下二尺二，来年囤尖尖。(《集成》)

雪下年三十，粮食没有皮。(《集成》)

雪下三床被，来年枕着馒头睡。(《庆阳汇集》《中国农谚》《谚海》)

雪兆丰年。(《费氏农谚》《甘肃选辑》《中国农谚》)

要吃来年饭，八月初一从头看。(《集成》)

要吃来年饭，八月初一看。〔天水〕(《甘肃选辑》《中国农谚》)

要得来年熟，冬寒三场白。(《鲍氏农谚》《中国谚语资料》《中国农谚》《谚海》)

要看今年庄稼成，正月十五雪打灯。〔通渭〕(《集成》)

一场冬雪一场财，一场春雪一场灾，十场冬雪农家富，十场春雪万家愁。(《集成》)

一寸瑞雪一寸金。〔高台〕(《集成》)

一冬三白两树挂[2]，庄稼人才敢说大话。〔成县〕(《集成》)

一冬三场雪，庄稼稳如铁。(《集成》)

一年干冬，三年落空。(《集成》)

一日冬雪十日粮。〔两当〕(《集成》)

一雨十三石，遍地是黄金。(《宁县汇集》)

阴一阴风雨顺，雪打灯好收成。(《宁县汇集》)

有雨不在五月初十头，狗娃衔的白馒头。(《谚海》)

雨打百花心，百样无收成。(《朱氏农谚》《鲍氏农谚》《中国农谚》《谚海》)

雨打端阳节，狗也不吃黑。〔张掖〕(《集成》)

雨打中秋，来年歉收。(《集成》)

雨洒尘，饿杀人。(《甘肃农谚》)

---

① 留开：《集成》作“流成”。

② 两树挂：原注指春霜和秋霜。

雨头小，吃不了；雨头大，卖娃娃。〔天水〕（《甘肃选辑》）
雨扬花，秕瞎瞎；风扬花，压断杈。（《定西汇编》）
正月初一下了雪，当年粮食成得多。（《集成》）
正月里，发大雨，狗娃衔的人干腿。（《集成》）
正月十五雪打灯，本年的馍馍满山滚。〔天祝〕（《集成》）
正月十五雪打灯，当年定主好年景。（《集成》）
正月十五雪打灯，当年好收成。（《天祝农谚》《中国农谚》）
正月十五雪打灯，当年五谷必丰登。〔岷县〕（《集成》）
正月十五雪打灯，风调雨顺，庄稼必成。（《定西农谚》）
正月十五雪打灯，今年的庄稼太平。（《会宁汇集》）
正月十五雪打灯，今年的庄稼压马鬃。〔临夏〕（《甘肃选辑》《中国农谚》）
正月十五云打灯，当年定是好收成。（《高台天气谚》）
正月雨，卖儿女；正月风，冻死人。（《集成》）
中秋佳节下，格子梁上槎，女人使唤转娘家。〔甘南〕（《甘肃选辑》）
庄稼汉要吃秋，要下五月二十六。（《岷县农谚选》）

雾霜雷雹

八月八日露水好，来年迟禾无烦恼。（《集成》）
八月放雾，过年饿肚。〔合水〕（《集成》）
八月十五霜落早，人没干粮马没草。（《定西农谚》）
八月十五霜落早，人无粮食马无草。〔平凉〕（《集成》）
八月雾露水，有米无柴煨。〔天水〕（《集成》）
初一初二早来霜，初七初八胀破仓。〔永昌〕（《集成》）
初一初二早来霜，初三初四一包糠，初七初八堆满仓，初九初十打满场①。〔张掖〕（《甘肃选辑》）
春雷打得早，年景一定好。（《集成》）
春雷响②得早，收成一定好。（《集成》）
端午初四响雷声，庄户农人一场空。（《集成》）
二三月里土雾多，今年庄稼好收成。（《甘肃天气谚》）
二月一场冷子，狗都吃的白面饼子。（《集成》）
光打闪，不打雷，不过夜晚落露水。（《集成》）
九月雷声响，必定米粮长。（《集成》）

---

① 原注：指霜期。
② 响：又作“打”。

九月雷响十月雾，来年收成保不住。(《集成》)

腊月里的雾，气死足粮户。(《岷县农谚选》)

雷打八月头，明年人人愁。(《集成》)

雷打菊花心，柴米贵如金。(《朱氏农谚》《中国农谚》)

六月初三雾蒙蒙，年岁大熟五谷丰。(《费氏农谚》《两当汇编》)

十一月看升关[①]：初几在川里呢，十几在山里呢，廿几在原里呢。〔环县〕(《集成》)

十月的霜，猪狗不吃糠；十月的雾，冻死鸡狗兔。(《靖远农谚》)

十月的雾，饿死平川的兔。(《甘肃天气谚》)

十月多霜粮满仓，十月无霜地无粮。(《集成》)

十月拉浓霜，来年庄稼好。(《临洮谚语集》)

十月里的雾，饿死平川兔。(《岷县农谚选》)

十月里霜，猪狗不吃糠；十月里暖，叫花子丢了碗。〔静宁〕(《集成》)

十月里雾，饿死秦川里[②]兔。(《宁县汇集》《静宁农谚志》《甘肃选辑》《中国农谚》)

十月三场雾，来年饿死平川兔。(《定西农谚》)

十月霜，猪狗不吃糠。〔镇原〕(《集成》)

十月无霜，明年大荒。(《集成》)

十月雾，饿死秦川兔。(《中国气象谚语》《集成》)

十月一声雷，来年没收成。(《集成》)

十月宜下霜，没霜来年荒。(《集成》)

十月有霜，夏粮满仓。(《集成》)

十月有霜，夏粮满仓；十月无霜，仓里无糠。(《集成》)

收雷早，年景好；收雷晚，有灾年。〔张掖〕(《集成》)

四月有大雾，粮食堆满库。(《定西农谚》)

天鼓七月响，家家有钱粮。(《集成》)

头年十月下了霜，来年粮食胀破仓。(《集成》)

一夜孤霜，来年大荒；多夜霜足，来年大熟。(《费氏农谚》《鲍氏农谚》《中国谚语资料》《中国农谚》《两当汇编》《谚海》)

正月初一有浓霜，当年粮食憋破仓。(《集成》)

正月打雷墓堆堆，二月打雷灰堆堆。(《文县汇集》)

庄稼汉要吃饼子，三月里一场冷子。(《集成》)

---

① 升关：原注指气候寒潮成霜程度。看升关：观察落霜预测来年丰收方位。

② 《静宁农谚志》无“里”字。

气 温

不冷不热，五谷不结。(《朱氏农谚》《费氏农谚》《鲍氏农谚》《宁县汇集》《甘肃选辑》《中国农谚》《两当汇编》《谚语集》《集成》)

不热不冷，不成年景；不冷不热，不成世界。(《集成》)

地冻三尺，秋收登五谷。(《静宁农谚志》)

地冻三尺深，来年好收成。(《平凉汇集》《中国农谚》)

冬不寒，夏不成。(《集成》)

冬不冷，夏不热，不是庄稼年。(《酒泉农谚》)

冬不冷，夏不热，防备来年要挨饿。〔泾川〕(《集成》)

冬不冷，夏不热，五谷粮食全没颗①。(《甘肃选辑》《民勤农谚志》《敦煌农谚》《集成》)

冬不冷，夏不收。(《集成》)

冬冻一尺厚，明年吃酒肉。(《集成》)

冬冷夏热，五谷全得。(《谚语集》)

冬天地冻三尺，秋收丰登五谷。(《白银民谚集》)

冬天地冻三尺，秋收五谷丰登。(《会宁汇集》)

冬又冷，夏月热，秋下的粮食了不得。(《高台天气谚》)

冻结像牛大，今年的庄稼没啥。(《定西汇编》)

二月河重冻，米面撑破瓮。〔天水〕(《集成》)

该冷不冷，不成年景；该热不热，五谷不结。〔武威〕(《集成》)

该热不热，五谷田苗不结；该冷不冷，五谷田苗不长。(《两当汇编》)

今冬不冻，明夏不熟。(《文县汇集》)

今冬清油结冰，明年应稼大成。(《集成》)

今年冷得早，明年收成好。(《酒泉农谚》)

腊八冻破冰，明年好收成。(《集成》)

腊月冻，来年丰。〔镇原〕(《集成》)

冷时要冷，热时要热；不冷不热，五谷不结。〔定西〕(《甘肃选辑》)

六月不热，五谷不结②。(《田家五行》《卜岁恒言》《农谚和农歌》《朱氏

---

① 全没颗：《民勤农谚志》作“都不结”，《敦煌农谚》作“全不结”，《集成》〔民乐〕作“多不结”。

② （元）娄元礼《田家五行》卷上《六月类》：“初六日晴，主收干稻。雨，谓之‘湛辘耳雨’，主有秋水。谚云：‘云云。’老农云：‘大抵三伏中，正是稿稻天气，又当下壅之时，最要晴。晴则必热故也。’”（清）吴鹄《卜岁恒言》卷三《六月》：“月内宜热，谚云：‘云云。’”六月：《甘肃农谚》作“六月里”。

农谚》《甘肃农谚》《费氏农谚》《泾川汇集》《清水谚语志》《集成》）

秋不凉，籽不黄。（《马首农言》《朱氏农谚》《集成》）

入春寒，有灾年；入春暖，是丰年。（《集成》）

若要收成好，冷得迟，热得早。（《集成》）

十月十日暖，叫花子丢了碗。（《集成》）

暑无酷热，五谷不结。（《集成》）

要热不热，五谷不结；要冷不冷，六畜不稳。（《中国农谚》《谚海》）

早凉晚凉，干断种粮。（《中国农谚》）

物　候

苍蝇多荒年，蚊子多丰年。（《集成》）

杜鹃庄前叫，有米连糠粜；杜鹃庄后叫，有米无人要。（《集成》）

甘草搭了棚，来年好光景。（《集成》）

甘草光秧秧，明年喝汤汤。〔会宁〕（《集成》）

甘草结籽多，明年粮满箩。（《集成》）

黑河水涨到奶奶庙，打下的粮食没处倒。（《高台农谚志》）

开春泉小涨，当年雨水广。（《甘肃天气谚》）

六月无苍蝇，年底无收成。〔永登〕（《集成》）

鸟巢避西风，雨多庄稼成；鸟巢避南风，天热断无云。（《山丹天气谚》《甘肃天气谚》《张掖气象谚》）

清明晒死柳，馒头噎死狗。（《集成》）

沙鸡过，不是年馑便是祸。（《甘肃农谚》）

柿子把落得早，来年定丰收。（《文县汇集》）

兔儿年上笑呵呵，狗娃娃吃的白面馍。（《集成》）

蛛网多，年景好。（《集成》）

其　他

百年难遇岁朝春[①]。（《田家五行》《月令广义》《甘肃农谚》）

不怕年荒，就怕连荒。〔临夏〕（《集成》）

成上山，晒下山；成下山，涝上山[②]。〔兰州〕（《甘肃选辑》）

---

① （元）娄元礼《田家五行》卷上《正月类》：“杂占云：凡元日值立春，主民大安。谚云：‘云云。’”（明）冯应京《月令广义·正月令》：“岁旦立春，人民大安。谚曰：‘云云。’”《甘肃农谚》注：若立春恰逢正月初一，俗谓“岁朝春”，百年难遇，民间认为这一年的收成肯定好。

② 原注：指二阴山区。

春长蒿子夏长草。(《集成》)
春拉沟，十种九丢。(《张掖气象谚》)
大顺子，憋囤子；小顺子，光棍子。(《集成》)
歹地十年有一收，好地十年有一丢。(《集成》)
狗年一过气转好。(《静宁农谚志》)
旱阴山，涝阳山，不旱不涝收河滩。(《庆阳县志》)
好地三年有一哄，孬地三年有一等。〔天水〕(《甘肃选辑》《中国农谚》)
好天防阴天，好年防荒年。(《农谚和农歌》《甘肃农谚》)
活过小龙年，赛过活神仙。(《谚语集》)
鸡不荒，狗不饿，猪鼠二年难熬过。(《集成》)
六月不起尘，起尘饿死人。(《集成》)
年成一年，话把一世。(《集成》)
牛马年，广种田，龙蛇年，一条棒。〔天水〕(《甘肃选辑》)
牛马年，好种田，谨防鸡荒狗饿年。(《集成》)
碰上闰八月，家家欢歌好田禾。(《集成》)
七月秋，百样收。(《张掖气象谚》)
七月秋，般般收，六月秋，打花收。〔天水〕(《甘肃选辑》《中国农谚》)
气候好了十分田。〔定西〕(《甘肃选辑》)
秋潮春潮，收成好。(《张掖气象谚》)
闰四月，吃树叶。〔华池〕(《集成》)
三十年等上个闰腊月[①]。(《中国谚语资料》)
收不收，五月二十头。(《张掖气象谚》)
头年有闰月，第二年难过活。(《集成》)
五月受旱，每[②]亩打过石。(《平凉汇集》《中国农谚》)
五月小，河边里别种一根草。(《集成》)
五月小，河里沟里不长草。(《洮州歌谣》)
夏作秋，没有收。(《农谚和农歌》《朱氏农谚》《费氏农谚》《两当汇编》)
淹死得一半，干死光眼看。(《中国农谚》)
淹死收不成，旱死收三成。(《中国农谚》)
羊马年，广收田，饥猴年，饿狗年。(《集成》)
羊马年，广收田，怕的鸡猴和狗年。(《集成》)
羊马年，广种田。(《谚语集》《定西农谚》)

---

① 原注：农家谓闰腊月之年，庄稼多丰收。
② 《中国农谚》无“每”字。

羊马年，好种田。(《马首农言》《定西农谚》)

要吃饱肚子，直等哼哼[①]年。(《集成》)

要得黎民安，一年四季甲子干。(《甘肃农谚》)

要知柴米价，月月看初八。(《甘肃农谚》)

一到八月半，人狗没分辨。〔泾川〕(《集成》)

有钱难买二八月。(《甘肃农谚》《费氏农谚》《集成》)

早春晚秋，十种九收。〔平凉〕(《集成》)

正月初十以前看，甲子丰收丙子旱，戊子蝗虫庚子烂，初十壬子天下乱。(《集成》)

正月大，卖娃娃。(《集成》)

其　他

八月初一雁门开，小燕走，大雁来。(《集成》)

白天看日头，夜里观北斗。〔酒泉〕(《集成》)

吃饭看八月，穿衣看腊月。(《集成》)

出门观天，进门观地。(《甘肃农谚》)

出门看天色，进门看脸色。(《甘肃农谚》)

出门十日，当风雨计；出门百日，为寒暑计；出外千日，为生死计。(《甘肃农谚》)

初二三，月尖尖[②]。〔敦煌〕(《集成》)

初三月儿扁，十五月儿圆。(《集成》)

初三月儿细，十五月儿圆，初七初八缺半边。(《集成》)

初一初二不见面，初三初四一条线，初五初六月牙尖，十五十六月儿圆。(《集成》)

初一黑，初二白，初三初四娥眉月。〔永登〕(《集成》)

初一落，初二散，初三落月半。〔两当〕(《集成》)

初一升，初二长，初三初四晃一晃，初五初六亮堂堂。〔庆阳〕(《集成》)

初一生，初二长，初三黑来亮堂堂。〔庆阳〕(《谚海》)

初一月不见，初二一条线。(《集成》)

春困秋乏夏打盹。(《集成》)

春三秋四冬八遍，夏夜鸡叫就亮天。(《集成》)

---

① 哼哼：指猪。

② 月尖尖：又作“月边边”。

春天孩儿面，一天变三变。(《两当汇编》)
大节盼初三，小节盼初一。(《甘肃天气谚》)
大尽怕三十，小尽怕初一[1]。(《清水谚语志》《集成》)
冬不走弯，夏不走滩。(《集成》)
冬看南山，夏看河沿。(《集成》)
冬走十里不明，夏走十里不黑。〔环县〕(《费氏农谚》《集成》)
动物器官最敏感，异乎寻常细细观。(《谚海》)
二十二三，月上鸡嘇[2]。(《甘肃农谚》)
二十七八，日月齐发。〔敦煌〕(《集成》)
二十七八，月亮上来没人说话。〔嘉峪关〕(《集成》)
二十七八，月上东发[3]。〔敦煌〕(《集成》)
二十四五，月出五鼓。(《甘肃农谚》)
二十一二三，月出鸡叫唤。〔清水〕(《集成》)
黑十七，摸十八。〔武山〕(《集成》)
黑羊[4]叫，秋天到。(《定西农谚》)
紧腊月，慢正月，不紧不慢二八月[5]。〔武山〕(《集成》)
看病着脉，看云辨色。(《集成》)
看日出，报天气。(《高台农谚志》)
腊月三星快如马。(《集成》)
腊月三星落，刚到多半夜。(《集成》)
雷响百里，闪打千里。(《谚语集》)
雷震鸣百里，闪电照三千。〔宕昌〕(《集成》)
六月的天，孩子的脸。〔华亭〕(《集成》)
六月看三十，八月看初一。(《集成》)
没有鼠头大的黑云，哪来阔斧般的霹雳。〔甘南〕(《集成》)
七月的天，孩子的脸，一日变三变。〔敦煌〕(《集成》)
清晨早起的是公鸡，晚上迟睡的是鹧鸪。〔甘南〕(《集成》)
清早马，晌午牛，傍午骑个葫芦头[6]。(《中华农谚》《谚海》)
三年等个闰腊月。(《集成》)

---

① 农历大月三十天，小月二十九天，称为大尽月、小尽月，简称为大尽、小尽。
② 嘇（càn）：方言，寂静无声息。
③ 东发：原注指东方发白。
④ 原注：黑羊即蟋蟀。
⑤ 不紧不慢：又作“没死没活”。二八月：《集成》〔通渭〕作“十一月”。
⑥ 《中华农谚》注：言太阳早晚显快，而正午显慢也。

三年一闰。(《中国谚语资料》)

三年一闰，五年两闰，十九年七闰。(《集成》)

三十初一黑一夜，初二初三月如镰。(《集成》)

上半月看初一，下半月看十五。(《张掖气象谚》《甘肃天气谚》)

上看青山，下看日落。(《费氏农谚》《中国农谚》《谚海》)

上弦半圆月，下弦半圆月。〔陇南〕(《集成》)

上弦半月圆，下弦月半圆。(《谚海》)

上弦的月亮，一天比一天亮；夏季的河水，一天比一天涨。〔积石山〕(《集成》)

十里天不同。(《谚海》)

十七十八，人定月发。(《集成》)

十七十八，日上月下。(《集成》)

十七十八，月亮上来人睡下。(《集成》)

十五晴，月落明，十六日早晚两头红。〔武威〕(《集成》)

十五晴，月照明；十八九，月坐空；二十一二三，月出鸡叫唤。(《中国谚语资料》《谚海》)

十五晴，月照明；十五阴，月黄昏。〔玉门〕(《集成》)

十五十六月正圆。〔武威〕(《集成》)

十月皓月光最亮，十月红狐毛最美。〔甘南〕(《集成》)

天上北斗移了位，地上人们入了睡。(《集成》)

天上星多月不明，地上人多心不平。(《甘肃农谚》)

天上星星绕着走，夜里迷途找北斗：斗柄指东季为春，斗柄指南季为夏，斗柄指西季为秋，斗柄指北季为冬。〔临夏〕(《集成》)

夏行秋令，天时不正。(《两当汇编》)

响得长，在远处；响得短，离不远。(《集成》)

星星指路，月亮照明。〔武威〕(《集成》)

燕子识旧巢。(《集成》)

要知天日变，清晨起来看。(《酒泉农谚》)

夜里看家门，瞅准北斗星。〔酒泉〕(《集成》)

夜望北斗知南北，朝看太阳辨东西。〔积石山〕(《集成》)

一年三百六十日，全看正月二十日。(《集成》)

一年四季春为首。(《集成》)

一星管半夜，二星管天明。(《集成》)

银河银河，星星组合。(《集成》)

有星不算天明，没星不算天黑。(《集成》)

雨湿土基雪湿地。（《定西县志》）
月初月儿弯，月中月儿圆，月末月亮看不见。（《集成》）
月到中秋分外明。（《鲍氏农谚》《集成》）
月亮十五天出来微笑，十五天藏在家里睡觉。〔甘南〕（《集成》）
早看山，晚看川。（《临洮谚语集》《中国气象谚语》）
早看山头，晚看河底。（《临洮谚语集》）
早晚气候不同。〔临夏〕（《甘肃选辑》）

农时编

总 说

百姓不念经，节令记得清。(《集成》)
不知节气看花草，不知地气看树木。(《集成》)
不做黄梅枉种田。(《中国农谚》《谚海》)
迟过节气丢，早过节气收。〔合水〕(《集成》)
迟下山不迟上山，迟阳山不迟阴山。〔兰州〕(《甘肃选辑》)
春差日子夏差时，百事宜早不宜迟。(《集成》)
春争日，夏争时，一年农事不宜迟。〔民乐〕(《集成》)
春争日，夏争时。(《定西汇编》)
春争日，夏种时，一年大事不怕迟。〔天水〕(《甘肃选辑》)
春种晚一天，秋收迟十天。〔平凉〕(《甘肃选辑》)
错了季节，荒了田地。(《集成》)
打蛇打在七寸上，庄稼种在节令上。(《集成》)
打铁看火色，种田看节气。(《集成》)
打铁要看火候，庄稼要看时候。〔甘谷〕(《集成》)
姑娘怕误女婿，庄稼怕误季节[①]。〔天水〕(《甘肃选辑》《中国农谚》)
季节不等人，一刻值千金。(《集成》)
节对节，看半月。(《集成》)
节令不饶人，春宵一刻值千金。(《谚语集》)
节令一把火，时间不等人。〔酒泉〕(《集成》)
节气不等人，春日赛黄金。〔华亭〕(《集成》)
节气不可违，违了无收成。〔张掖〕(《集成》)
节气不饶[②]人。(《定西农谚》)
节气不饶人，适时顶要紧。〔华亭〕(《集成》)
节气错过，一年白过。(《甘肃天气谚》)
节气前后好闹天。(《集成》)
节气前后天肯下。(《甘肃天气谚》)
节气提前，春夏有雨。(《张掖气象谚》《甘肃天气谚》)
节气一错过，一年就白过。〔甘南〕(《甘肃选辑》)
进了八月中，磨镰吃饭都是工。(《集成》)

---

① 季节：《中国农谚》作“节气”。
② 饶：又作“让”。

蓝天有阴晴时辰，大地有黄绿节气。〔甘南〕（《集成》）
犁地要犁在节日上，耙地要耙在节日上。（《酒泉农谚》）
年怕中秋月怕半，庄稼怕的误时间。〔甘谷〕（《集成》）
宁舍一碗金，不舍一年春。〔永昌〕（《集成》）
宁在节头收，不在节后丢。（《集成》）
农活要及时，庄稼长得齐；农活不干好，庄稼就睡倒。（《集成》）
农忙一刻值千金。〔民乐〕（《集成》）
农业千万条，不违农时最重要。〔华亭〕（《集成》）
秋田到了朔，过不去两三夜。〔张掖〕（《甘肃选辑》《中国农谚》）
人怕误学习，农怕误节气。（《庆阳县志》）
人误地一时，地误人一年。（《定西汇编》《定西农谚》）
适时种地，农无二季。（《岷县农谚选》）
收获看耕种，耕种看节令。〔甘谷〕（《集成》）
死节活办法，旱涝收庄稼。（《集成》）
死节气，活应用。（《庆阳县志》）
五月农忙，使爹使娘。（《中国农谚》）
务农不看节气，好比瞎子耕地。〔华亭〕（《集成》）
务农不论节，不如家里歇。（《岷县农谚选》《定西汇编》《庆阳县志》）
务农不问节，不如在家歇。（《甘肃选辑》《谚语集》《定西农谚》《集成》）
务农争时机，岁月不待人。〔华亭〕（《集成》）
消闲买卖紧庄稼。〔天水〕（《甘肃选辑》）
一季早，季季早，十年庄稼九年好。〔民乐〕（《集成》）
一年失了农，十年不如人。〔天水〕（《甘肃选辑》《定西农谚》《集成》）
月前庄稼好发芽，后月庄稼黄哇哇。（《庆阳汇集》）
早种一垧田，货郎担转半年。〔兰州〕（《甘肃选辑》）
增产措施千万条，不误农时最重要。（《集成》）
知节不误节，才算真知节。（《集成》）
种地不赶节，枉把种子撇。（《平凉汇集》《中国农谚》）
种地如救火，时节不让人。（《集成》）
种是金，土是银，错过季节无处寻。（《集成》）
种田不按节，不如家里歇。（《静宁农谚志》）
种田不用问，节令要抱硬。（《谚语集》）
种田无定例[1]，全靠看节气。（《中华农谚》《中国农谚》《集成》）

---

① 定例：《集成》作“定义”，于意不通，当为不明方音而误记。

种田无命，节气抓定。(《集成》)

种庄稼不按节，不如家里歇。〔平凉〕(《甘肃选辑》)

庄稼不按节，不如家里歇。(《宁县汇集》《平凉气候谚》)

庄稼不按节，枉把种子撇。(《集成》)

庄稼不用问，随着节令种。〔甘谷〕(《集成》)

庄稼汉，你莫懒，错过节气光秆秆。〔庆阳〕(《集成》)

庄稼看时令，婴儿看月份。(《集成》)

庄稼怕误节气，姑娘怕误女婿。(《集成》)

庄稼人误了春，十年都理不清。〔天水〕(《甘肃选辑》)

庄稼失了节，口里饿出血。〔天水〕(《集成》)

庄稼种到老，不知迟了好嘛早了好。(《定西农谚》)

二十四节气

概　说

不懂二十四节气，白将种子撒在地。(《集成》)

春不分不暖，夏不至不热，秋不立不凉，冬不至不冷。〔古浪〕(《集成》)

春雨惊春明谷天，夏满芒夏二暑连。(《会宁汇集》)

春雨惊春清谷天，夏满芒夏暑相连，秋暑露秋寒霜降，冬雪雪冬寒又寒，每月两节日期定，最多相差一两天。(《集成》)

二十四节气歌——春雨惊春清谷天，夏满芒夏暑相连。秋处露秋寒霜降，冬雪雪冬小大寒。上半年来六二一，下半年来八二三。阳历更比阴历好，相差不过一两天。一月小寒接大寒，春节生产不停闹。二月立春雨水连，积肥修渠作周全。三月惊蛰又春风，送粪整地种小麦。清明谷雨四月天，白菜玉米种得欢。五月立夏小满望，田间管理锄草忙。芒种夏至到六月，过冬蔬菜不能缺。七月小暑大暑临，龙虎夺食莫消停。八月立秋和处暑，伏里犁地多好处。白露秋风在九月，秋风冬麦是时节。十月寒露霜降到，大秋作物收割了。立冬小雪天渐冷，冬灌一定要抓紧。大雪过后冬至到，来年计划作周到。(《定西汇编》)

立春节日雾，秋来水漫路；惊蛰节日雾，父子不相顾；清明节日雾，人灾无其数；立夏节日雾，三麦满仓库；芒种节日雾，市中全无醋；小暑节日雾，高田多失误；立秋节日雾，长河做大路；白露节日雾，切莫开仓库；寒露节日雾，穷人便欺富；立冬节日雾，老牛冈上卧；大雪节日雾，鱼行上大路；小寒节日雾，来年五谷富。〔华池〕(《集成》)

立春立夏立秋立冬时，如立在中午则季内天热，如立在早上或夜间则相

反。(《张掖气象谚》《甘肃天气谚》)

农人之宝，三大四小[①]，二分四立，不多不少。(《集成》)

阳历节气最好算，一月两节不更变，上半年来六廿一，下半年来八廿三，相差不过一两天。〔康县〕(《集成》)

一年不要四季雨[②]。(《甘肃天气谚》)

一月大寒随小寒，农人拾粪莫偷闲；立春雨水二月里，运粪没等冰消完；三月惊蛰又春分，耕地耙地又运粪。(《定西汇编》)

一月开始大小寒，立春雨水惊蛰寒，春分清明谷雨多，小满芒种夏至天，小暑大暑接立秋，处暑白露秋分寒，霜降立冬大小雪，冬至九九阳历年。〔甘南〕(《甘肃选辑》)

一月小寒接大寒，二月立春雨水连，三月惊蛰与春分，四月清明谷雨天，五月立夏接小满，六月芒种夏至连，七月小暑与大暑，八月立秋处暑天，九月白露与秋分，十月寒露霜降连，十一月立冬接小雪，十二月大雪冬至天。(《集成》)

立　春

春打寒，寒半年。(《平凉汇集》)

春打寒，冷半年。(《集成》)

春打来年加十一，夏至三庚便是伏。〔武山〕(《集成》)

春打雷，春雨随。(《集成》)

春打六九春不寒，春打五九春不暖。(《集成》)

春打六九头，遍[③]地走耕牛。(《中国农谚》)

春打六九头，吃穿不发愁；春打五九尾，吃秕籽喝凉水。(《集成》)

春打六九头，穿吃都不愁。(《高台天气谚》)

春打六九头，耕牛遍地走。(《谚海》)

春打六九头，苗稀也不愁；春打五九尾，有苗也得萎。(《集成》)

春打六九头，穷汉得个牛；春打五九尾，穷汉噘个嘴。(《集成》)

春打六九头，小米憋仓满地流；春打五九尾，要饭花子跑细腿。(《集成》)

春打六九头，庄稼汉不犯愁；春打五九尾，喜鹊老鸹张着嘴。〔定西〕(《集成》)

春打暖，叫花子绊[④]了碗。〔通渭〕(《集成》)

春寒不算寒，惊寒冷[⑤]半年。(《甘肃农谚》《定西县志》《宁县汇集》《中

---

① 三大：大暑、大寒、大雪。四小：小满、小暑、小寒、小雪。

② 原注：四立节气若下雨，雨又小，主旱。

③ 遍：又作“满”。

④ 绊：方言，摔破。

⑤ 冷：《集成》作“得”。

国谚语资料》《中国农谚》《定西农谚》《集成》)

春寒不算寒，惊蛰寒，冷①半年。(《甘肃选辑》《临洮谚语集》《定西农谚》)

春寒不算寒，惊蛰寒半年。(《清水谚语志》《两当汇编》)

春寒不算寒，惊蛰寒了冷②半年。〔甘南〕(《甘肃选辑》《中国农谚》《中国气象谚语》)

春寒不算寒，惊蛰冷了冷半年③。(《山丹天气谚》《定西农谚志》)

春寒倒冷四十五，半夜春水凉如冰。(《集成》)

春寒雨多，冬寒雨稀。(《集成》)

春黑冬白④，雨水和时。〔镇原〕(《集成》)

春南夏北，无水磨墨⑤。〔宕昌〕(《集成》)

春怕吹风蛰怕下。〔天水〕(《甘肃选辑》)

春前有雨花开早，秋后无霜叶落迟。(《鲍氏农谚》《两当汇编》)

春至寒⑥为六十天，拉土送粪整田园。(《泾川汇集》)

打春打暖，皮袄搁远。〔酒泉〕(《集成》)

打春大风多，立春回老窝。(《甘肃天气谚》)

打春大风多，立夏后回窝。(《张掖气象谚》)

打春寒，冷半年。(《中国农谚》)

打春寒了不算寒，惊蛰寒了冷半年。〔华亭〕(《集成》)

打春见了雪，雪后暖和和。(《集成》)

打春看气温，热风冷雨淋。(《集成》)

打春冷，秋大收。〔甘南〕(《甘肃选辑》《中国农谚》《中国气象谚语》)

打春晴，雨水多。(《张掖气象谚》《甘肃天气谚》)

打春热，春水旱。(《张掖气象谚》《甘肃天气谚》)

打春热，冬天冷。(《张掖气象谚》《甘肃天气谚》)

打春热，入伏冷。(《张掖气象谚》)

打春热，雨水多。(《张掖气象谚》《甘肃天气谚》)

打春十日遍除消。(《民勤农谚志》)

打春阴，正月春雪少。(《张掖气象谚》《甘肃天气谚》)

打春之日怕逢壬，来年高田枉费心。(《集成》)

---

① 冷:《定西农谚》作“多”。

② 冷:《甘肃选辑》〔定西〕作“寒”。

③ 《山丹天气谚》无第一个“冷”字。

④ 春黑冬白：原注指立春和立冬之日夜间天气的明暗。

⑤ 原注：立春吹南风、立夏吹北风，主旱。

⑥ 寒：指寒食。

枸杞清堂立春前，银花剪枝雨水连。(《集成》)

今朝宜黑四边天，大雪纷纷是旱年，最好立春晴一日，农民不用力耕田①。(《张掖气象谚》)

九月不下，打春下大雪，四月五月下不大。(《张掖气象谚》《甘肃天气谚》)

腊八不寒看春寒，春不寒寒惊蛰前。(《集成》)

腊月打春春不冷，正月打春春要冷。(《甘肃天气谚》)

腊月里打春，年馍馍少蒸。〔兰州〕(《集成》)

雷打立春节，惊蛰雨不歇，清明桃花水，立夏田开裂。(《中华农谚》《中国农谚》)

雷打立春节，惊蛰雨不歇。(《武都天气谚》《甘肃天气谚》)

立春北风起，早春必有雨。(《集成》)

立春不逢九，五谷般般有。(《农谚和农歌》《中华农谚》《集成》)

立春不晴，夏季风多。(《张掖气象谚》《甘肃天气谚》)

立春到立夏风少，夏雨多。(《张掖气象谚》《甘肃天气谚》)

立春东南风，各样粮食好收成。〔陇西〕(《集成》)

立春动了风，三月要比正月冷得凶。〔成县〕(《集成》)

立春风大春风大，立春雨大春雨多。〔文县〕(《集成》)

立春刮北风，旱断清苗根。(《集成》)

立春刮东风，当年刮东风。(《甘肃天气谚》)

立春刮风春风多。(《集成》)

立春刮西风，春头雨水多。(《集成》)

立春好栽树，夏至好接枝。(《集成》)

立春后四十天冷，夏雨勤。(《张掖气象谚》《甘肃天气谚》)

立春后四十天雪少，夏雨勤。(《张掖气象谚》)

立春后下一场暖一暖，立秋后下一场冷一冷。(《定西农谚志》)

立春腊月间，来年早种田。(《文县汇集》)

立春立暖。〔陇西〕(《集成》)

立春落雨到清明，一日落雨一日晴。(《中华农谚》《费氏农谚》《两当汇编》《武都天气谚》《集成》)

立春落雨到清明。〔武都〕(《农谚和农歌》《朱氏农谚》《张氏农谚》《费氏农谚》《集成》)

立春暖，一春暖。(《定西农谚》)

立春晴，蓑衣斗笠跟着行。(《武都天气谚》)

---

① 宜、力：原作“虽”“犁”，据其他地区通行者及文意改。

立春晴，万物成。(《清水谚语志》)

立春晴，以后不会冷；立春阴，以后还会冷[1]。(《酒泉农谚》《甘肃天气谚》)

立春晴一日，耕田不费力。(《朱氏农谚》《费氏农谚》《两当汇编》)

立春热了，春季无厚雪；立春冷了，春雪多。(《甘肃天气谚》)

立春十日背阴消，忙把土地整修好。(《甘肃气候谚》)

立春十日消背阴。(《集成》)

立春天气暖，万物好收成。(《甘肃气候谚》《谚海》)

立春天气晴，万物好收成。〔天水〕(《甘肃选辑》《甘肃气候谚》《中国农谚》)

立春天气晴，五谷好收成；立春一日雨，早季禾旱死；立春是晴天，风小是丰年；立春晴一日，耕作不费事。(《集成》)

立春天晴朗，打的粮食没处放。(《集成》)

立春天转暖，必有倒春寒。(《集成》)

立春头一天，大雪纷纷是旱年。(《宁县汇集》《甘肃选辑》《甘肃气候谚》《中国农谚》《甘肃天气谚》《定西农谚》《集成》)

立春五戊为春社，夏至三庚到伏天。〔庆阳〕(《集成》)

立春雾，雨浦浦；立秋雾，地枯枯。(《两当汇编》)

立春下大雪，当年是旱年。(《甘肃天气谚》)

立春下了雪，春雪多。(《甘肃天气谚》)

立春下雪，雨水要缺。(《集成》)

立春阳山消三分。〔平凉〕(《集成》)

立春一日，水热三分。(《集成》)

立春阴气转，谷雨鸟来全。〔兰州〕(《集成》)

立春雨水到，早起晚睡觉。(《集成》)

立春在晨天气暖，立春在晚天气寒。(《集成》)

立春早，收成好。(《两当汇编》《集成》)

年前打春落雨早，年后打春落雨迟。(《集成》)

年前立春来年暖，正月立春二月寒。(《定西农谚》)

秋雨少，立春早。(《武都天气谚》《甘肃天气谚》)

三年两头春，三年两不春。(《甘肃农谚》)

霜打立春节，惊蛰闻雷米似泥。(《集成》)

霜打立春节，惊蛰雨不歇。(《集成》)

晚上打了春，早上的洗脸水不要温。(《谚海》)

雪打立春节，惊蛰雨不歇。(《集成》)

---

[1] 《甘肃天气谚》注：指倒春寒。

一年两头春，必定有收成。〔康乐〕(《集成》)
一年两头春，十个窑儿九个空。(《定西农谚》)
一年两头春，一年雨淋淋。(《集成》)
早晨打罢春，晚上温吞吞。〔陇南〕(《集成》)
早春晚播田①。(《集成》)
早起打罢春，黑了暖腾腾；早起立了秋，黑了凉飕飕。〔天水〕(《甘肃选辑》)
早起打罢春，晚上温一温。〔甘南〕(《甘肃选辑》)
早上打罢春，后晌温一温。〔西和〕(《集成》)
早上打了春，到晚温一温。(《清水谚语志》)
早上立了春，晚上温一温。(《定西农谚》)
最好立春晴一日，农夫不费心耕田。〔兰州〕(《集成》)

雨　水

有了雨水雨，才有春分水。(《集成》)
雨水春风②起，伏天必有雨。(《集成》)
雨水节，把树接。(《集成》)
雨水落雨雨水足，雨水不雨雨水缺。〔渭源〕(《集成》)
雨水清明紧相连，植树季节在眼前。(《集成》)
雨水晴天，本年多雨。(《定西农谚》)
雨水雪花飞，落地便生金。(《集成》)
雨水以后地化，黄冰水上坝。(《山丹汇集》)
雨水有雨，四时有雨。〔永登〕(《集成》)
雨水有雨百日阴。(《集成》)
雨水雨，禾苗起；二月雨，傍山居。(《两当汇编》)
正月雨水惊蛰连，生产计划订周全，总结经验挖潜力，选种积肥莫迟延。(《中国谚语资料》《谚海》)
正月雨水惊蛰连，修沟打坝做周全。(《新农谚》《山丹汇集》)

惊　蛰

不用算，不用数，惊蛰节后五日就出九。〔两当〕(《集成》)
打雷惊蛰前，放下生意去种田。(《甘肃气候谚》《谚海》)
冻惊蛰，暖清明。〔夏河〕(《集成》)

---

① 原注：立春日在上年十二月为早春，播种莫早，按季节行事。
② 春风：又作“东风”。

二月二，龙抬头，惊蛰取药灌牲口。〔华亭〕（《集成》）

赶早惊了蛰，随后①拿犁别。（《酒泉农谚》《高台天气谚》）

过了惊蛰节，耕地②不停歇。（《甘肃选辑》《甘肃气候谚》《中国农谚》《定西农谚》《集成》）

化通化不通，单等惊蛰一场风。〔文县〕（《集成》）

惊寒不咋寒，春寒冷半年。（《泾川汇集》）

惊蛰百虫醒，立夏鸟到齐。（《集成》）

惊蛰不动风，旱③到五月中。（《甘肃天气谚》《集成》）

惊蛰不耕地，露墒散水气。（《集成》）

惊蛰不耕地，蒸馍跑了气。（《集成》）

惊蛰不耕田，不过三五天。（《集成》）

惊蛰不冷多冰雹④。（《武都天气谚》《甘肃天气谚》）

惊蛰不离九九三⑤。〔临夏〕（《集成》）

惊蛰不耱地，好比蒸笼跑了气。〔平凉〕（《甘肃选辑》）

惊蛰不耱地，好似蒸馍跑了气。（《甘肃气候谚》）

惊蛰不整地，不过三五天。（《泾川汇集》）

惊蛰不住牛，且住着⑥。（《定西县志》）

惊蛰吹西⑦风，冷在五月中。（《两当汇编》《集成》）

惊蛰春风十六天，春播计划订周全。（《山丹汇集》）

惊蛰春风万物生，鱼儿开口把食争。（《集成》）

惊蛰打雷喜丰收。〔泾川〕（《集成》）

惊蛰到，百虫叫。（《集成》）

惊蛰到春分，下种莫放松。（《中国农谚》）

惊蛰滴几点，九九倒回转。〔天水〕（《甘肃选辑》《甘肃气候谚》《中国气象谚语》）

惊蛰滴一点，倒冷四十天。（《集成》）

惊蛰滴一点，九九倒回转。（《洮州歌谣》《甘肃选辑》《中国农谚》《集成》）

惊蛰地消融。〔宁县〕（《集成》）

---

① 随后：《高台天气谚》作“后晌”。

② 耕地：《定西农谚》作“春耕”。

③ 旱：《集成》〔庆阳〕作“冷”。

④ 冰雹：《武都天气谚》作“雨雹”。

⑤ 原注：惊蛰在九九的第三天。

⑥ 原注：种时尚早也。

⑦ 西：《两当汇编》作“吹”。

惊蛰对立夏，不种秋田也不怕。(《酒泉农谚》《甘肃气候谚》)

惊蛰逢雷米如泥。(《文县汇集》)

惊蛰刮风，倒冷三月中。(《中国农谚》)

惊蛰刮了风，伏里东风多。(《张掖气象谚》《甘肃天气谚》)

惊蛰刮了风，撂掉高田种洼坑。〔徽县〕(《集成》)

惊蛰刮了风，鱼鳖海怪都遭瘟。〔徽县〕(《集成》)

惊蛰刮①起土，倒冷四十五。(《甘肃天气谚》《集成》)

惊蛰刮一股，倒回四十五。(《武都天气谚》《甘肃天气谚》《定西农谚》)

惊蛰刮一股，倒冷四十五。(《甘肃选辑》《甘肃气候谚》《中国农谚》《中国气象谚语》)

惊蛰寒，多半年。(《定西农谚》)

惊蛰寒，寒半年。(《洮州歌谣》《敦煌农谚》《甘肃气候谚》《张掖气象谚》《甘肃天气谚》《中国气象谚语》)

惊蛰寒，寒半年，寒过半年就割田。(《高台天气谚》)

惊蛰寒，冷半年。(《甘肃选辑》《酒泉农谚》《中国农谚》《谚语集》《集成》)

惊蛰寒，雨水少。(《甘肃天气谚》)

惊蛰寒了，冰雹来得迟。(《甘肃天气谚》)

惊蛰化不透，不过三五六②。(《集成》)

惊蛰几点点，九九倒回转。(《甘肃气候谚》)

惊蛰见了雪，秋天晒秋萝。(《集成》)

惊蛰开地冰，清明起春风。(《集成》)

惊蛰快耕地，春分犁不歇。(《集成》)

惊蛰冷，四月初③八有黑霜。(《武都天气谚》《甘肃天气谚》)

惊蛰刨，春分浇。(《集成》)

惊蛰前后动了鼓④，阴阴阳阳四十五。〔崇信〕(《集成》)

惊蛰前后桥，神鬼不敢跳⑤。(《甘肃农谚》)

惊蛰青蛙叫，秧要种三道。(《两当汇编》)

---

① 刮：《集成》作“吹”。

② 三五六：谓天数。

③ 《甘肃天气谚》无“初”字。

④ 动了鼓：指打雷。

⑤ 桥：指黄河冰桥。光绪《重修皋兰县志》卷十一《津梁》载：“镇远桥每岁至十一月黄河将结冰时即撤。冰既坚，状如积雪填于巨壑，嶙峋参差，不复有河形，处处可通车马，俗名冰桥。”冰桥开溶时，危险性很大，故有“鬼不敢跳”之谓。

惊蛰晴，百事[1]成。（《甘肃农谚》《张掖气象谚》）

惊蛰晴，晴半年。（《酒泉农谚》）

惊蛰晴，秋霜迟。（《张掖气象谚》《甘肃天气谚》）

惊蛰晴，万物成。（《酒泉农谚》《甘肃气候谚》《定西农谚》）

惊蛰晴，五谷成。（《集成》）

惊蛰十天地门开。（《集成》）

惊蛰天热春风多。〔酒泉〕（《甘肃天气谚》《集成》）

惊蛰头上下一点，九九寒冷往回转。（《集成》）

惊蛰闻雷，丰收可期。（《两当汇编》）

惊蛰闻雷，小满发水。（《朱氏农谚》《中华农谚》《费氏农谚》《两当汇编》《武都天气谚》《甘肃天气谚》《集成》）

惊蛰乌鸦叫，备耕要周到。（《集成》）

惊蛰乌鸦叫，农人忙拴套。（《集成》）

惊蛰下一点，九九倒回转。（《清水谚语志》《武都天气谚》《甘肃天气谚》《定西农谚》）

惊蛰一吹风[2]，冷到五月中。〔陇南〕（《集成》）

惊蛰一点红，万物都生成。〔天水〕（《甘肃选辑》《甘肃气候谚》《中国农谚》《中国气象谚语》《集成》）

惊蛰一犁土，春分地气通。（《中国农谚》《集成》）

惊蛰阴雨倒春寒。（《集成》）

惊蛰鹰鸭叫，春分雪水干。（《集成》）

惊蛰园子春分地。（《集成》）

惊蛰早，天热快一点。（《张掖气象谚》）

雷打惊蛰前，放下生意去种田。〔甘南〕（《甘肃选辑》《中国谚语资料》《中国农谚》）

雷打惊蛰前，放下生意去耕田。（《平凉气候谚》《谚海》）

雷打惊蛰天，米价贱如泥。〔陇西〕（《集成》）

雷打惊蛰头，农家发了愁。（《集成》）

雷鸣惊蛰前，气候多阴湿。（《两当汇编》）

暖惊蛰，冷春分；冷惊蛰，暖春分。〔静宁〕（《集成》）

前晌惊了蛰，后晌拿犁别[3]。（《庆阳汇集》《中国农谚》）

---

① 百事：《张掖气象谚》作“百样”。

② 一吹风：又作“起一风”。

③ 别：方言，谓耕作。

青蛙叫在惊蛰前，高岸变烂田。(《集成》)

三月惊蛰又春分，整地运粪莫放松。〔张掖〕(《甘肃选辑》《甘肃气候谚》《谚海》)

未到惊蛰蛙开口，大冷天气在后头。(《集成》)

未到惊蛰先鸣雷，大雨似蛟龙。(《集成》)

未到惊蛰先鸣雷，四十五天扯连阴。(《集成》)

未到惊蛰先闻雷，四十五日[1]阴雨连。(《武都天气谚》《甘肃天气谚》)

一过惊蛰，百虫复活。(《集成》)

雨打惊蛰节，二月雨不歇。(《集成》)

雨下惊蛰前，高田变湖田。(《集成》)

早上惊了蛰，当午拿犁别。(《平凉汇集》)

早上惊了蛰，晚上拿犁揭。(《宁县汇集》《甘肃选辑》)

早上惊了蛰，下午农具拴绳索。(《山丹汇集》)

早上是[2]惊蛰，后晌拿犁别。(《山丹汇集》《泾川汇集》《甘肃选辑》《甘肃气候谚》《集成》)

春　分

不分不暖，不分不冷，不到冬至不寒，不到夏至不脱棉。(《谚海》)

春分不耕地，蒸包子跑了气。〔定西〕(《集成》)

春分虫儿走，农民忙动手。(《集成》)

春分到，犁头跳。(《集成》)

春分朵朵云，万物好收成。(《甘肃气候谚》)

春分前，忙种田。(《高台农谚志》《清水谚语志》《甘肃气候谚》)

春分前，十分田。〔张掖〕(《甘肃选辑》《中国农谚》)

春分有雨病人稀。(《中华农谚》《费氏农谚》《文县汇集》)

春分有雨家家忙。(《中华农谚》《甘肃气候谚》《费氏农谚》)

春分在社前，庄稼拿手掀；春分在社后，一镰挖不透。(《中国农谚》)

春分早起身，一刻值千金。〔天水〕(《集成》)

大风从春分刮到清明。(《酒泉农谚》)

二月春分雨水前，拉土送粪整田园，打井开渠修水利，检查农具全不全。(《谚海》)

泡春分，晒清明。(《武都天气谚》)

---

① 日：《甘肃天气谚》作“天”。

② 《甘肃选辑》〔张掖〕无“是”字。

彭祖活了八百年，田要种在春分前。〔张掖〕(《甘肃选辑》《中国农谚》)

先社后春分，必定好收成。(《静宁农谚志》《平凉气候谚》《中国农谚》)

先社后春分，必定好收成；先秋分后社，放下镰就借。(《平凉汇集》《中国农谚》《谚海》)

要吃白面馍，春分水溜溜①。(《集成》)

一过春分春风就起，一到立夏风就少，一到秋分秋风就起。(《甘肃天气谚》)

清　明

播种不过清明，移栽不过立夏。(《集成》)

不等清明暖，下手先捉蛾。(《泾川汇集》)

春潮秋潮不算潮，夏潮来了不见苗；要想收成大，不要误春潮；秋潮往上潮，清明以后往下潮。〔张掖〕(《甘肃选辑》)

春雷日日阴，半晴半雨到清明。(《两当汇编》)

春秋二潮往上②潮，清明以后往下潮。(《高台农谚志》)

春天雷响十日阴，半晴半阴到清明。(《集成》)

大雨落清明，必定好年景。(《集成》)

冬很冷，清明前后有好雨。(《张掖气象谚》《甘肃天气谚》)

二月二，三月三，清明前后有春寒。〔嘉峪关〕(《集成》)

二月清明不见青，三月清明遍地③青。(《洮州歌谣》《集成》)

二月清明不算青，三月清明遍地青。(《定西农谚志》《定西农谚》)

二月清明不用慌，三月清明忙种上。(《集成》)

二月清明迟种田，三月清明早种田。〔甘南〕(《甘肃选辑》)

二月清明春不寒。(《集成》)

二月清明过清明，三月清明不等清明。〔天水〕(《甘肃选辑》《谚海》)

二月清明种在后，三月清明种在前。〔张掖〕(《甘肃选辑》《集成》)

逢春落雨到清明。(《中国农谚》)

过了清明冷十天。(《集成》)

腊肥金，春肥银，过了清明不留情。〔天水〕(《集成》)

腊月初三晴，逢春落雨到清明；腊月初三阴，冻死高山老树林。(《集成》)

腊月④初三晴，来年阴湿到清明。(《朱氏农谚》《高台天气谚》《张掖气

① 水溜溜：方言，指下雨。

② 上：原作“下”，据文意及《甘肃选辑》收录农谚“秋潮往上潮，清明以后往下潮”正之。

③ 遍地：《集成》作“满山”。

④ 腊月：《朱氏农谚》作“十二月”。

象谚》《甘肃天气谚》《集成》)

雷打清明前，旱山好种田。(《集成》)

明清明，暗谷雨。(《集成》)

清明爱晴，谷雨爱淋。〔天水〕(《甘肃选辑》《甘肃气候谚》《中国农谚》《谚海》)

清明暗，天要旱。〔陇南〕(《集成》)

清明半月一场雨，强似秀才中了举。(《集成》)

清明不断雪，谷雨不断霜。(《集成》)

清明不明，立夏不晴。(《甘肃气候谚》《甘肃天气谚》)

清明不闹天，谷雨不下雨。〔华池〕(《集成》)

清明不晴明，当年歉收成。(《集成》)

清明吹风，冬冷。(《张掖气象谚》《甘肃天气谚》)

清明吹风若从南，定是农业大丰产。(《岷县农谚选》)

清明吹南风，粮食黄得迟；清明吹北风，粮食黄得早。(《静宁农谚志》)

清明大雨下，赶紧扎连枷。(《集成》)

清明地气生，谷雨不生凌。(《集成》)

清明断雪，谷雨断霜。(《朱氏农谚》《中华农谚》《张氏农谚》《宁县汇集》《甘肃选辑》《甘肃气候谚》《中国农谚》《集成》)

清明断雪缸里米。(《甘肃气候谚》)

清明对立夏，浇水不打坝。(《高台天气谚》《张掖气象谚》《甘肃天气谚》《集成》)

清明对立夏，庄稼不做坝。(《文县汇集》)

清明多一场雨，强如秀才中个举。(《定西汇编》)

清明多栽树，谷雨多种田。(《集成》)

清明掇，谷雨戳[①]。(《集成》)

清明反冷十八天。(《集成》)

清明风多，夏天风多。(《甘肃天气谚》)

清明风刮坟上土，庄稼人一年白受苦。〔兰州〕(《集成》)

清明风刮佛爷背，没米糠也贵。(《集成》)

清明谷雨东北风，雨水集流满地冲。(《集成》)

清明谷雨两相连，浸种耕地莫迟延。〔天水〕(《甘肃选辑》《集成》)

清明刮，刮一夏。(《张掖气象谚》《集成》)

清明刮大风，准是坏年景。(《集成》)

① 掇、戳：原注指栽树而言。

清明刮东风，天发湿；刮西风，天旱。（《甘肃天气谚》）

清明刮了坟头土，大刮小刮四十五。（《集成》）

清明刮起土，大旱四十五。（《集成》）

清明刮走坟头土，六月阴天二十五。（《集成》）

清明怪风，伏天怪雨。（《集成》）

清明过后，山清水秀。〔泾川〕（《集成》）

清明南风起，收成好无比。（《费氏农谚》《两当汇编》《集成》）

清明南风起，一年好收成。（《集成》）

清明难得明，谷雨难得雨。（《中华农谚》《集成》）

清明难得头日晴，百样粮食好收成。（《集成》）

清明前，好孵蛋。〔平凉〕（《集成》）

清明前，先扎根后出苗。（《酒泉农谚》）

清明前后的雨，顶下锅里的米。〔兰州〕（《集成》）

清明前后降雨。（《中国农谚》）

清明前后落夜雨。（《中华农谚》《费氏农谚》《集成》）

清明前后怕晚霜，天晴有风宜前防。（《集成》）

清明前后怕晚霜，天晴有风早宜防。（《定西农谚志》）

清明前后一场雨，白露前后一场风。（《集成》）

清明前后一场雨，强似庄稼中个举。（《甘肃气候谚》《中国谚语资料》）

清明前后一场雨，胜过①秀才中了举。〔天水〕（《甘肃选辑》《中国农谚》《谚海》）

清明前后一场雨，胜过庄稼汉中个举。（《集成》）

清明前后一场雨，庄稼强如②中了举。（《宁县汇集》《静宁农谚志》《甘肃选辑》《平凉气候谚》）

清明前后雨纷纷，今年一定好年景。（《集成》）

清明前十天，后十天，没牛没籽又十天。（《定西农谚》）

清明晴，万物成；清明雾，饿死兔。〔武山〕（《集成》）

清明晴一晴，丐儿喊太平。（《集成》）

清明若下雨，一年好种田。（《集成》）

清明笋出，谷雨笋长。（《中国农谚》）

清明天暖，寒露有寒。（《集成》）

清明天气晴，庄稼好收成；下了清明节，连下三个月。〔天水〕（《甘肃选

---

① 胜过：《中国农谚》又作“胜似”，《谚海》作“胜似”。

② 强如：《平凉气候谚》作“好比”。

辑》《甘肃气候谚》《中国农谚》《谚海》)

清明下三点，天旱中伏天。(《文县汇集》)

清明下雨，上半年大旱。(《集成》)

清明要明，冬至要阴。〔庄浪〕(《集成》)

清明要晴，谷雨要淋①。(《中华农谚》《费氏农谚》《甘肃选辑》《平凉汇集》《甘肃气候谚》《两当汇编》《中国农谚》《谚海》《集成》)

清明要晴，刮风风广。(《张掖气象谚》)

清明夜雨淋，旱到五月尽。(《集成》)

清明一场雨，没愁家少米。(《定西农谚》)

清明一场雨，秀才中了举。〔酒泉〕(《集成》)

清明一吹西北风，当年天旱刮黄风。(《集成》)

清明一点红，万物尽丰收。〔天水〕(《甘肃选辑》《中国农谚》)

清明一十三，土旺在眼前。(《集成》)

清明阴山地未消，当年冷子多。〔兰州〕(《集成》)

清明有南风，夏秋好收成。(《集成》)

清明有雾，夏秋有水。〔兰州〕(《中华农谚》《费氏农谚》《集成》)

清明有雨苗驾齐，立夏有雨长得厚，夏至有雨大颗收。(《临洮谚语集》)

清明有雨苗架齐，立夏有雨身杆长，夏至有雨打颗重。(《定西农谚》)

清明有雨情，一年好收成。〔泾川〕(《集成》)

清明雨，缸里米。〔天水〕(《甘肃选辑》《中国农谚》《谚海》)

晴过冬至落过年，嘀嘀嗒嗒到清明。(《集成》)

秋耕不过霜降，春耕不过清明。(《集成》)

三月里清明要爽呢，二月里清明要抢呢。〔张掖〕(《甘肃选辑》)

三月清明不算青，二月清明一片青。〔甘南〕(《甘肃选辑》)

三月清明不算青，四月清明遍地青。(《谚语集》《集成》)

三月清明定春寒。(《集成》)

三月清明全不青，二月清明青半山。〔天水〕(《甘肃选辑》)

三月清明在前，二月清明在后。(《山丹汇集》)

三月清明种在前，二月清明种在后。(《集成》)

十二月初三晴，干干湿湿到清明。(《集成》)

头水清明前，二水谷雨间，三水四水按节撵。〔华池〕(《集成》)

下了清明节，连晒三个月。〔陇南〕(《集成》)

---

① 淋：《中国农谚》《集成》作“雨”。

一年三百六十天，就怕清明第二天①。(《集成》)

阴雨下了清明节，断断续续三②个月。(《武都天气谚》《甘肃天气谚》《集成》)

雨打清明节，旱到夏至歇。(《集成》)

雨打清明节，天旱四五月。〔民乐〕(《集成》)

雨打上元灯，日晒清明节。(《集成》)

雨滴清明好年光，清明无雨一春晴。(《集成》)

雨洒清明好光景，沥沥拉拉③到立冬。(《集成》)

雨洒清明好年景。(《集成》)

雨洒清明节，过了谷雨还下雪。〔西峰〕(《集成》)

雨洒清明节，苗高籽空结。〔天水〕(《集成》)

雨洒清明节，天旱四五月。(《文县汇集》《甘肃天气谚》)

雨下清明，狗吃蒸饼。(《集成》)

雨下清明丰收年。(《甘肃天气谚》)

雨下清明节，连续三个月。(《清水谚语志》)

雨下清明节，天旱四五月。(《张掖气象谚》《甘肃天气谚》《中国气象谚语》)

雨下清明前，谷雨地不干；雨下清明后，干到立夏头。〔永登〕(《集成》)

雨下清明前，粮食憋破圈。(《集成》)

雨下清明天，春干雨水少。(《甘肃天气谚》)

正月二十不见星，沥沥拉拉到清明。(《朱氏农谚》《费氏农谚》《两当汇编》《集成》)

正月二十不见星，要见下雨到清明。〔华池〕(《集成》)

谷 雨

播种大秋谷雨头，有雨无雨都能收。(《集成》)

锄草宜早不宜迟，谷雨小暑正当时。(《集成》)

蛤蟆叫在谷雨前，高高山上种大田；蛤蟆叫在谷雨后，坑坑洼洼去种田。〔庆阳〕(《集成》)

谷雨到，蛤蟆叫。(《集成》)

谷雨地化通，栽树肯扎根。〔酒泉〕(《集成》)

谷雨断霜，清明断雪。(《两当汇编》)

谷雨刮北风，风煞有霜冻。(《集成》)

---

① 原注：清明一过，草木开始发芽生长，农人春播怕误时机，忙得不可开交。

② 三：《集成》〔天水〕作“半”。

③ 沥沥拉拉：方言，小雨断断续续下个不停的样子。

谷雨过三天，园里看牡丹。（《临洮谚语集》《集成》）

谷雨立夏三月天，抓紧春耕别迟延；水土保持要做好，开垦荒地增良田。（《中国谚语资料》）

谷雨没雨，囤里没米。（《甘肃气候谚》《谚海》）

谷雨没雨，窝堆里没米。〔天水〕（《甘肃选辑》《中国农谚》《谚海》）

谷雨南风起，三伏多暴雨。（《集成》）

谷雨前，种高山，过了谷雨种河川。（《集成》）

谷雨前后三场冻。（《集成》）

谷雨前后一场雨，胜似秀才中个举。〔庆阳〕（《集成》）

谷雨晴，万物成。（《集成》）

谷雨下雪雪变雨，立冬下雨雨变雪。（《集成》）

谷雨一场霜，伏天雨汪汪。（《集成》）

谷雨一滴雨，河长一条鱼。（《集成》）

谷雨一刮风，冷到六月中。（《武都天气谚》《甘肃天气谚》《中国气象谚语》）

谷雨一阵风，百日鱼难生。〔兰州〕（《集成》）

谷雨有雨发大水。（《集成》）

谷雨有雨夏雨多。（《张掖气象谚》《甘肃天气谚》）

谷雨种山坡，立夏种河湾。（《集成》）

立　夏

茬地一立夏，镢头挖不下。（《会宁汇集》《定西汇编》）

长不过夏至，短不过冬至。〔皋兰〕（《集成》）

春潮泥烂立夏干，害的田苗长不全①。〔张掖〕（《甘肃选辑》）

春潮泥烂立夏干，庄稼苗儿出不全②。（《敦煌农谚》）

立了夏，大小苗儿拿水压。〔张掖〕（《甘肃选辑》）

立了夏，棉衣挂。（《集成》）

立了夏的苗，大大小小都不饶③。〔张掖〕（《甘肃选辑》《甘肃气候谚》《中国农谚》）

立了夏的苗，见不得长杂草。〔武威〕（《集成》）

立夏不耕秋地，立秋不耕夏地④。〔平凉〕（《甘肃选辑》《中国农谚》）

---

① 原注：指碱潮地。

② 原注：指碱土地。

③ 原注：指锄草。

④ 此谓时间已迟，错过农时。

立夏不见雷，庄稼少几厘。(《集成》)

立夏不立夏，还种七八架。〔张掖〕(《甘肃选辑》)

立夏不起尘，起尘旱[1]死人。〔金塔〕(《集成》)

立夏不起尘，起尘好收成。(《朱氏农谚》《两当汇编》)

立夏不下，锄儿[2]高挂。(《甘肃农谚》《集成》)

立夏不下，伏里干。(《两当汇编》)

立夏不下，干断塘[3]坝。(《武都天气谚》《甘肃天气谚》《集成》)

立夏不下，高挂犁耙。(《张氏农谚》《费氏农谚》《岷县农谚选》)

立夏不下，犁头[4]高挂。〔天水〕(《甘肃选辑》《平凉气候谚》《甘肃气候谚》《中国农谚》《两当汇编》《庆阳县志》)

立夏不下，耱耱高挂。(《静宁农谚志》)

立夏不下，无水洗耙。(《朱氏农谚》《中华农谚》《费氏农谚》《中国农谚》《两当汇编》)

立夏不下，无水洗耙；小满不下，干断塘坝。〔清水〕(《集成》)

立夏不下，无雨浇耙。〔天水〕(《甘肃选辑》《甘肃气候谚》)

立夏不下伏里旱。(《武都天气谚》《甘肃天气谚》)

立夏不下雨，犁头高刮起。(《文县汇集》)

立夏不种高田。〔陇南〕(《集成》)

立夏不种夏，种了熟不下。(《集成》)

立夏吹北风，十个鱼塘九个空。(《费氏农谚》《集成》)

立夏大风多，大雨往后拖。(《集成》)

立夏大风立秋雨。(《集成》)

立夏到立秋，莫把锄把丢。(《集成》)

立夏到夏至没有啥雨，秋里旱一些。(《张掖气象谚》)

立夏到小满，种啥都不晚。(《集成》)

立夏的田，一夜长一拳。(《岷县农谚选》《甘肃选辑》《定西汇编》《甘肃气候谚》《中国农谚》)

立夏滴一点，瓦窑沟里买大碗。〔山丹〕(《张掖气象谚》《甘肃天气谚》)

立夏东风昼夜晴。(《中华农谚》《费氏农谚》《集成》)

立夏东南风，农人乐融融。(《集成》)

---

① 旱：《集成》〔通渭〕作“刮”。

② 锄儿：《集成》作“锄头”。

③ 塘：《集成》作“河”。

④ 犁头：《平凉气候谚》作“犁儿”。

立夏东南风，雨水常年：立夏东南风，夏日必旱。（《定西农谚》）

立夏多东风，有雷五谷丰。（《集成》）

立夏风不停，必定是年成[①]。（《谚语集》《集成》）

立夏风多变，前夏定主旱。（《集成》）

立夏刮北风，旱断青苗根；立夏无雷声，粮食少几升。〔庆阳〕（《集成》）

立夏刮东风，夏季热风多。（《甘肃天气谚》）

立夏寒风起，芒种见冷雨。（《集成》）

立夏后，望小满，引水灌溉只怕晚。（《中国农谚》）

立夏后多北风，天气旱。（《白银民谚集》）

立夏后风多，夏至后雨多。（《集成》）

立夏浇头水，小满浇二水，播种前浇三水，夏至前浇四水。〔张掖〕（《甘肃选辑》）

立夏看夏，立秋看收。〔西和〕（《集成》）

立夏犁尖，田禾不减。（《平凉气候谚》）

立夏没雨，锅里没米。〔天水〕（《甘肃选辑》《甘肃气候谚》《中国农谚》《谚海》）

立夏鸣雷三伏旱，立秋鸣雷草没面。（《白银民谚集》）

立夏起东风，田禾收割丰。（《费氏农谚》《两当汇编》）

立夏起南风，鲤鱼哭公公。（《集成》）

立夏前后下几场雨，夏里不热。（《张掖气象谚》）

立夏前青蛙叫，本年暴雨多。（《定西农谚志》）

立夏晴，万物成。（《清水谚语志》）

立夏热，夏天热，如果不热，风就多。（《甘肃天气谚》）

立夏三天[②]遍锄田。（《张氏农谚》《中国农谚》《谚海》）

立夏三天看锄田，立秋三天看拿镰。〔兰州〕（《集成》）

立夏晒夏，立秋晒秋。（《甘肃天气谚》）

立夏四十天，遍地生火焰。〔通渭〕（《集成》）

立夏天晴，夏季旱。（《甘肃天气谚》）

立夏田里勤拔草，秋后收成一定好。〔陇南〕（《集成》）

立夏无雨伏里旱。（《集成》）

立夏无雨要防旱，立夏落雨买雨伞。（《定西农谚》）

立夏下雪冰雹少。（《武都天气谚》《中国气象谚语》）

---

① 年成：《集成》〔皋兰〕作“年馑”。

② 天：《谚海》作“朝”。

立夏下雨夏雨多。(《张掖气象谚》)

立夏响雷三伏旱,立秋响雷草无面。(《甘肃天气谚》)

立夏响雷三伏旱[1]。〔清水〕(《谚语集》《集成》)

立夏响[2]一声,伏里晒死人;立秋响一声,百草得养生;立冬响一声,来年送瘟神。(《集成》)

立夏扬尘,田禾[3]不成。(《宁县汇集》《甘肃选辑》《甘肃气候谚》《中国农谚》《集成》)

立夏要立下。(《张掖气象谚》)

立夏一十八,百草结疙。(《静宁农谚志》)

立夏有雷,一百五十天以后[4]有霜。(《酒泉农谚》《甘肃天气谚》)

立夏有雨,缸里有米;立夏无雨,辞田归主。(《集成》)

立夏有雨禾苗好。(《费氏农谚》《鲍氏农谚》《中国农谚》《谚海》)

立夏雨,蓑衣斗笠高高举。(《武都天气谚》)

三月立夏不要紧,四月立夏容易冻。〔酒泉〕(《集成》)

夏寒水断流。(《朱氏农谚》《中国气象谚语》)

夏水浇在夏前,冬水浇在冬后[5]。〔兰州〕(《集成》)

要吃新白面,立夏十日旱。〔天水〕(《甘肃选辑》《中国农谚》《谚海》)

早上立了夏,晚夕[6]浇几把。〔兰州〕(《甘肃选辑》《中国农谚》)

庄稼要吃饭,立夏十日旱。(《两当汇编》)

小　满

东风送小满,三夏雨涟涟。(《集成》)

南风送小满,秋种宜满田。(《集成》)

西风送小满,三夏定是旱。(《集成》)

小满北风叫,旱断草和苗。(《集成》)

小满不满,干[7]断田坎。(《费氏农谚》《甘肃选辑》《甘肃气候谚》《中国农谚》《两当汇编》《武都天气谚》《甘肃天气谚》)

小满分明秋干旱。(《集成》)

---

① 《谚语集》注:当天响雷。

② 响:此谓打雷。

③ 田禾:《集成》作“庄稼”。

④ 以后:《甘肃天气谚》作“左右”。

⑤ 夏:立夏。冬:立冬。

⑥ 夕:《中国农谚》作“上”。

⑦ 干:《两当汇编》作“晒”。

小满过了是芒种，抗旱保墒要认真。（《山丹汇集》）

小满过了是芒种，抗旱保墒要认真；男女老少齐动员，锄草追肥紧相连。（《新农谚》《谚海》）

小满花，不归家。〔天水〕（《费氏农谚》《甘肃选辑》《甘肃气候谚》《中国农谚》《谚海》）

小满鸟来全。（《集成》）

小满暖洋洋，不热也不凉。（《集成》）

小满前后一场冻。（《集成》）

小满闻雪伏雨少，小满无风卡脖旱。（《集成》）

小满要的江河满，江河不满天大旱。（《集成》）

小满阴，雨水增；小满晴，雨水贫。〔环县〕（《集成》）

小满有雨，锅里有米。（《集成》）

雨打小满头，晒死老黄牛。（《集成》）

芒　种

过了芒种，不能[①]抢种。（《山丹汇集》《集成》）

紧赶慢赶，芒种收田[②]。（《集成》）

芒种不开耧，夏至不见田。〔陇南〕（《集成》）

芒种不种高山田。〔陇南〕（《集成》）

芒种打雷年成好。〔平凉〕（《集成》）

芒种打雷是旱年。〔敦煌〕（《集成》）

芒种端午前，处处有荒田；芒种端午后，处处有酒肉。（《集成》）

芒种割一半。（《谚海》）

芒种刮北风，旱断青苗根。（《朱氏农谚》《中华农谚》《费氏农谚》《两当汇编》）

芒种火烧天，夏至雨连绵[③]。（《朱氏农谚》《费氏农谚》《两当汇编》《集成》）

芒种忙忙栽，夏至丢打开[④]。（《甘肃选辑》《甘肃气候谚》《集成》）

芒种忙栽秧，八月十五喝汤汤。〔天水〕（《谚海》）

芒种芒种，样样都种。（《集成》）

芒种晴，庄稼成。〔庆阳〕（《集成》）

---

① 不能：《集成》作“不可”。

② 收田：方言，停止播种。

③ 连绵：《两当汇编》作“绵绵”。

④ 《甘肃选辑》〔天水〕注：指山地。丢：《甘肃选辑》《甘肃气候谚》误作“去”，据《集成》〔平凉〕正之。丢打开：方言，放开或松一口气。

芒种忘插秧，八月十五喝汤汤。(《甘肃气候谚》)
芒种无雨空种地。(《集成》)
芒种下一场，夏至雨茫茫。(《集成》)
芒种下种天赶天，夏至下种时赶时。(《集成》)
芒种小满，种田不晚。(《集成》)
芒种雨涟涟，农家泪涟涟。(《集成》)
芒种雨绵绵，夏至火烧天。(《集成》)
芒种雨少八月淋。(《武都天气谚》《甘肃天气谚》《中国气象谚语》)
宁浇芒种的水，不浇夏至的油。(《甘肃选辑》《敦煌农谚》《中国农谚语》)
四月芒种不见面，五月芒种割一半。(《朱氏农谚》《费氏农谚》《中国农谚》)
四月芒种雨，五月无干土，六月火烧铺。(《集成》)
雨打芒种头，阴沟无水流。(《集成》)

夏　至

长夏至，短冬至。(《集成》)
吃了夏至面，一天短一线；吃了冬至面，一天长一线。〔环县〕(《集成》)
春雪深多少，夏至干多深。〔甘南〕(《甘肃选辑》)
到了夏至节，锄头不能歇。〔甘谷〕(《集成》)
过了夏至不种田。(《集成》)
过了夏至节，锄地不能歇。(《中国农谚》)
雷打夏至节，六月田开裂。〔西峰〕(《集成》)
夏至不出头，割了喂老牛。〔永昌〕(《集成》)
夏至不出五月，冬至不出十月。(《集成》)
夏至不过不暖，冬至不过不寒。〔灵台〕(《中华农谚》《集成》)
夏至不下，犁把[1]高挂。(《甘肃选辑》《张掖气象谚》《甘肃天气谚》《集成》)
夏至锄地有三好，杀虫死草土变好。(《甘肃气候谚》)
夏至吹南风，大旱六十天。(《集成》)
夏至当日短，立秋当日凉。〔武威〕(《集成》)
夏至的田，一夜长一旋。〔甘南〕(《甘肃选辑》)
夏至滴一点，集上买大碗。〔甘南〕(《甘肃选辑》《中国农谚》)
夏至东南风，平地把船撑。〔渭源〕(《集成》)
夏至东南风，七八天后雨就生。〔渭源〕(《集成》)
夏至东南风，阳山减收成。(《两当汇编》)

① 把：《甘肃选辑》〔平凉〕作“铧”，《集成》〔环县〕作“头”。

夏至冬至，日夜相距；春分秋分，昼夜平分。（《中华农谚》《集成》）

夏至发雾，晴到白露。（《集成》）

夏至逢酉三分热，夏至逢亥一冬晴。（《集成》）

夏至赶端阳，好汉卖婆娘[①]。〔庆阳〕（《集成》）

夏至赶端，庄稼也不强。（《文县汇集》）

夏至割三州[②]。〔华亭〕（《集成》）

夏至后草上有露珠要下雨。（《张掖气象谚》《甘肃天气谚》）

夏至火烧天，大雨十八番。（《朱氏农谚》《集成》）

夏至节前西南风，冬至节后地裂缝。（《集成》）

夏至节前西南风，夏秋丰收有保证。（《集成》）

夏至雷鸣三伏旱，三伏不旱连根烂。（《定西农谚志》）

夏至冷雨初秋旱。〔瓜州〕（《集成》）

夏至犁地有三好：虫死草死土变好。（《新农谚》《山丹汇集》《临洮谚语集》《定西汇编》《集成》）

夏至落雨，一滴千金。（《集成》）

夏至没雨，锅里没米。（《集成》）

夏至鸣雷三伏旱。（《集成》）

夏至南风大水兆，夏至西风地皮干。（《集成》）

夏至起西风，天气晴得凶。（《集成》）

夏至前蟹上岸，夏至后水上岸。（《武都天气谚》）

夏至日头往南转，巧妇少做一针线。〔东乡〕（《集成》）

夏至三庚入伏，立秋五戊为社[③]。〔甘谷〕（《集成》）

夏至三庚孕伏首。（《集成》）

夏至三天，晒过年间。〔临夏〕（《甘肃选辑》《甘肃气候谚》《中国农谚》《中国气象谚语》）

夏至十八天，冬至当日回。（《定西农谚》）

夏至十八天，山阴才发芽。（《中国气象谚语》）

夏至是晴天，有雨在秋边[④]。（《两当汇编》《集成》）

夏至四面风，鲤鱼哭公公。（《集成》）

夏至天，早上的[⑤]青柴晚上干。〔临夏〕（《甘肃选辑》《甘肃气候谚》）

---

① 此谓夏至若与端阳相连，则主旱。

② 三州：泛指地域之广。此谓夏至后夏田大面积收割。

③ 谓夏至后第三个庚日入伏，立秋后第五个戊日到社。

④ 边：《集成》〔秦安〕作“天”。

⑤ 《甘肃气候谚》无“的”字。

夏至汪汪，打破池塘。(《武都天气谚》《甘肃天气谚》)

夏至未来莫道热，冬至未来莫道寒。〔天水〕(《集成》)

夏至无雨，囤里无米。〔泾川〕(《集成》)

夏至无雨三伏热。(《费氏农谚》《定西农谚》)

夏至无云三伏热，重阳无雨一冬晴。〔金昌〕(《集成》)

夏至五月初，十座油房九座挤；夏至五月中，十座油房九座空。〔敦煌〕(《集成》)

夏至五月头，不吃馍尽吃油；夏至五月中，十个油房九个空。(《甘肃气候谚》)

夏至西南，十里潭潭。(《集成》)

夏至西南风，连日雨濛濛。〔陇西〕(《集成》)

夏至下，连十八；夏至晴，晴十八。(《甘肃天气谚》)

夏至下九江。(《两当汇编》)

夏至下了下十八，夏至旱了旱十八。(《甘肃天气谚》)

夏至下雨三伏旱，立秋下雨草没面。(《中国农谚》)

夏至响雷三伏旱，立秋响雷草没面①。(《甘肃选辑》《甘肃气候谚》《中国气象谚语》《集成》)

夏至响雷三伏旱，立秋响雷草无面。(《甘肃农谚》《甘肃选辑》《中国农谚》《甘肃天气谚》)

夏至响雷三伏旱，三伏不旱连根烂。(《定西农谚》)

夏至响雷三伏旱②，重阳响雷一冬暖。(《集成》)

夏至一十八，山阴才生发。〔临夏〕(《甘肃选辑》《中国农谚》)

夏至一阴生，天时渐短③。(《重修镇原县志》)

夏至阴生，冬至阳生。(《集成》)

夏至有风三伏热，重阳无雨一冬晴。(《两当汇编》)

夏至有雨，仓里有米。〔秦安〕(《集成》)

夏至有雨三伏旱，立秋有雨草无面。(《甘肃天气谚》)

夏至有雨三伏旱。(《甘肃天气谚》)

夏至有云六月旱，夏至有雷三伏凉。(《集成》)

夏至在中，边吃边送；夏至在尾，越吃越悔。〔天水〕(《甘肃选辑》)

夏至至短，冬至至长。(《集成》)

---

① 《中国气象谚语》注：水淹不见为“草没面”。

② 旱：原作“寒”，当为音近涉下句“暖”字而误。

③ (民国)《重修镇原县志》卷一《舆地志上》：“夏至太阳高度……谚语云：‘云云。’”

小暑、大暑

干板子土不提墒，一到暑上一把糠。〔张掖〕(《甘肃选辑》《中国农谚》)

过了小暑节，种豆不落叶。(《集成》)

黑油土，性子热，长田不过小暑节。〔张掖〕(《甘肃选辑》《中国农谚》)

老碱地，犁乏牛，不到暑上包了头。〔张掖〕(《甘肃选辑》《中国农谚》)

淋了小暑头，下得阖街流。〔甘谷〕(《集成》)

六月逢双暑，有米无柴煮。(《集成》)

穷地里出富汉，暑地里犁七串[①]，富地里出穷汉，三九天里犁头串。〔张掖〕(《甘肃选辑》《中国农谚》)

暑里的犁工，九里的打工。〔张掖〕(《甘肃选辑》《甘肃气候谚》《中国农谚》)

暑天犁地一碗油，秋天犁地白挣牛。〔张掖〕(《甘肃选辑》《中国农谚》《谚海》)

头年小暑热，来年雨水多。(《集成》)

下了小暑，泡死老鼠。〔陇南〕(《集成》)

小暑不落雨，旱死大暑禾。(《集成》)

小暑不满[②]，干断田坎。(《集成》)

小暑不算热，大暑正伏天。(《集成》)

小暑吹南风，大暑一定热。(《张掖气象谚》《甘肃天气谚》)

小暑大暑，泡死老鼠，秋雨多。(《张掖气象谚》)

小暑大暑，泡死老鼠。(《文县汇集》《中国农谚》)

小暑倒，大暑灌[③]。(《集成》)

小暑到大暑之间暴雨最多。(《定西农谚志》)

小暑滴一点，大暑没河坎。(《集成》)

小暑东风摇，必定水里捞。(《集成》)

小暑发了到大暑，大暑发了到处暑。(《定西农谚》)

小暑伏中无酷热，田中五谷不多结。(《集成》)

小暑见稗，大暑见垛。〔临夏〕(《甘肃选辑》)

小暑见角，大暑见捆。〔兰州〕(《甘肃选辑》)

---

① 串：方言，谓次数。各地方音不同，或谓掺、次、遍。

② 满：此谓下雨。

③ 倒：夏田收割结束。灌：雨季来临。

小暑见角哩，大暑见垛哩[①]。(《甘肃选辑》《甘肃气候谚》《中国农谚》《谚海》《定西农谚》)

小暑见穗儿，大暑见颗儿。〔张家川〕(《集成》)

小暑节的雨，粮食不能秕。〔张掖〕(《甘肃选辑》)

小暑雷公叫，鲤鱼坝上跳。(《集成》)

小暑南风十八朝，晒得南山竹叶焦。(《武都天气谚》《甘肃天气谚》)

小暑怕东风，大暑怕红霞。(《集成》)

小暑前后白雨多。〔武山〕(《集成》)

小暑前收是灾年，小暑后收是平年，麦死中暑丰收年。(《谚语集》)

小暑热得透，大暑凉飕飕。(《集成》)

小暑热过头，九月早寒流。(《集成》)

小暑头上一声雷，四十五天有连阴。(《两当汇编》)

小暑小暑，泡死耗子。〔永昌〕(《集成》)

小暑一场，大暑汪汪。(《集成》)

小暑一声雷，大涝不能提。(《集成》)

小暑雨水勤，大暑进伏天。(《集成》)

小暑种绿肥，苗儿齐又肥。(《定西汇编》)

畜圈门窗向东南，夏不得暑冬不寒。(《集成》)

一暑一场雨，来年好吃米。〔临泽〕(《集成》)

雨落小暑头，干死黄羊[②]渴死牛。(《费氏农谚》《集成》)

庄稼要吃米，暑里三场雨。(《甘肃气候谚》)

大暑不热秋不收。(《定西农谚志》)

大暑到立秋，割草沤肥正时候。〔正宁〕(《集成》)

大暑小暑，泡[③]死老鼠。(《甘肃选辑》《平凉汇集》《谚语集》)

大暑小暑，晒破肉皮。(《中国气象谚语》)

冷不过三九，热不过大暑。〔张掖〕(《甘肃选辑》《中国气象谚语》)

热不过大暑。(《甘肃气候谚》)

热不过大小暑，冷不过大小寒。(《集成》)

下到大暑，淹死老鼠。(《集成》)

雨淋大暑头，四十九天断水流。(《集成》)

---

① 《定西农谚》无“哩”字，且“角”又作“个”。

② 黄羊：《费氏农谚》作“黄秧”。

③ 泡：《谚语集》作“灌”。

立　秋

雹雨重在伏天，立秋后就稀松。(《武都天气谚》)
不见雨打五月头，哪知秋后渴死牛。(《集成》)
朝立秋，凉飕飕；夜立秋，热当头。(《朱氏农谚》《甘肃农谚》)
春季东风雨，秋后北风雨。(《甘肃天气谚》)
春天一阵雨，秋后三场雨。(《武都天气谚》)
春夏南风雨，秋后北风雪。(《庆阳汇集》《中国农谚》)
冬季北风雪，秋后西风晴。(《两当汇编》)
赶早立了秋，晚上冷飕飕。(《高台农谚志》《文县汇集》)
雷打立秋，干死泥鳅。(《武都天气谚》《甘肃天气谚》《集成》)
雷打秋，迟少收。(《集成》)
雷打秋，没得收。(《山丹天气谚》)
雷震秋，晚禾折半收。〔庆阳〕(《鲍氏农谚》《中国农谚》《谚海》《集成》)
立了秋，把扇丢。(《农谚和农歌》《集成》)
立了秋，遍地揪。(《中国农谚》)
立了秋，挂锄钩。(《中华农谚》《中国农谚》)
立了秋，挂犁头。(《岷县农谚选》)
立了秋，晒死秋。〔泾川〕(《集成》)
立了秋，雨水收，有塘有坝赶快修。(《中国农谚》)
立秋傲热十八天。(《集成》)
立秋不出头，拔着喂老牛。(《天祝农谚》)
立秋不出头，不如割青喂老牛。〔酒泉〕(《集成》)
立秋不带耙，误了来年夏。(《定西汇编》《中国农谚》)
立秋不立秋，六月二十头。〔镇原〕(《张氏农谚》《费氏农谚》《集成》)
立秋锄破皮，秋后顶一犁。(《中国农谚》)
立秋处暑节，前三后四冰雹多。(《甘肃天气谚》)
立秋处暑忙，选种正相当。〔永登〕(《集成》)
立秋吹东南风，来年雨少。(《甘肃天气谚》)
立秋打雷要晒二十四个秋老虎。(《文县汇集》)
立秋滴几滴，一秋无透雨。〔永昌〕(《集成》)
立秋东风多雨，南风旱。(《定西农谚》)
立秋二十四个火老虎。(《集成》)
立秋发雾，晴到白露。(《集成》)
立秋高挂锄。(《集成》)

立秋后，天气凉，三轮苗水浇适当。(《中国农谚》)

立秋后刮北风肯下。(《临洮谚语集》)

立秋后上下两场雨，冬雪多。(《张掖气象谚》)

立秋后响雷，霜来迟；立秋后无雷，霜冻来早。(《甘肃天气谚》)

立秋雷响，百日无霜。(《集成》)

立秋犁[1]地不耱，不如家里闲坐。〔皋兰〕(《谚语集》《集成》)

立秋两场雾，讨饭没出路。(《集成》)

立秋两耳儿，指望锅里下米儿。(《谚语集》)

立秋淋湿头，一月不套牛。(《集成》)

立秋晴，秋雨少。(《武都天气谚》)

立秋晴，一秋晴；立秋雨，一秋雨。(《集成》)

立秋拳头高，出穗也能搭半腰。〔定西〕(《甘肃选辑》)

立秋热，秋天热。(《甘肃天气谚》)

立秋三场雨，夏布衣裳高搁起。(《两当汇编》)

立秋三场雨，夏衣高挂起。(《集成》)

立秋三日遍地红。〔景泰〕(《集成》)

立秋十八日，寸草结籽粒。〔华亭〕(《集成》)

立秋十日无雨，晒得百草无籽。〔临夏〕(《甘肃选辑》《甘肃气候谚》《中国农谚》《谚语集》《中国气象谚语》)

立秋十日无雨，晒得寸草无根。〔皋兰〕(《集成》)

立秋十天，开始动镰。(《集成》)

立秋顺秋，绵绵不休。(《武都天气谚》《甘肃天气谚》)

立秋四指高，早迟都收了。〔天水〕(《甘肃选辑》《甘肃气候谚》)

立秋天阴霜来迟。(《集成》)

立秋无雨，东风扯皮。(《甘肃天气谚》《张掖气象谚》)

立秋无雨，锅里没米。(《文县汇集》《集成》)

立秋无雨谷物愁，秋粮只在一半收。(《集成》)

立秋无雨人人愁，秋禾只有一半收。(《甘肃气候谚》)

立秋无雨甚堪忧，万物从来只半收。〔陇西〕(《集成》)

立秋无雨万人愁，处暑落雨只半收。(《集成》)

立秋无雨万人愁，二十四个秋老虎。〔天水〕(《甘肃选辑》《甘肃气候谚》)

立秋无雨万人忧。(《两当汇编》)

立秋无雨一秋吊，吊不起来一秋涝。(《集成》)

---

① 犁：《集成》作“耕”。

立秋五戊社，夏至三庚伏。〔武山〕（《集成》）
立秋喜得西北风，三月收三石，四月收四石。〔宁县〕（《集成》）
立秋下，酥油打不下。〔甘南〕（《甘肃选辑》）
立秋下雨，百日见霜。（《集成》）
立秋下雨，二十四个火老虎。（《两当汇编》）
立秋下雨草没面，夏至下雨三伏旱。〔兰州〕（《甘肃选辑》《中国气象谚语》）
立秋下雨秋里旱，立秋不下秋里涝。（《集成》）
立秋下雨秋雨广，立秋前雨水多秋雨多。（《甘肃天气谚》）
立秋下雨全年旱。（《甘肃天气谚》）
立秋下雨人欢乐，处暑下雨万人愁。（《两当汇编》）
立秋[1]响雷，百日无霜。〔民乐〕（《集成》）
立秋响雷，叫要没面。（《白银民谚集》）
立秋响雷草没[2]面。（《白银民谚集》《谚语集》）
立秋响雷秋旱。（《甘肃天气谚》）
立秋响雷一冬干。（《甘肃天气谚》）
立秋一场风，从秋刮到春。（《集成》）
立秋一场雨，黄金遍地起。（《集成》）
立秋一拳高，出穗拽行打在腰。（《谚语集》）
立秋一日，水凉三分。（《集成》）
立秋一十八，寸草结疙瘩。（《集成》）
立秋以后天气凉，三轮苗水浇适当。（《新农谚》《山丹汇集》）
立秋有好雨，遍地都是米。（《集成》）
立秋有雷，四十五天以后有霜。（《酒泉农谚》《甘肃天气谚》）
立秋有雨，后秋雨多。（《集成》）
立秋有雨，秋收有喜。（《集成》）
立秋有雨秋雨广，立秋无雨一冬干。（《甘肃天气谚》）
立秋有雨十八天。（《集成》）
立秋有雨万物收，处暑无雨万物丢。（《马首农言》《集成》）
立秋有雨万物收，立秋无雨万人忧。〔平凉〕（《集成》）
立秋中伏尽，处暑末伏完。（《集成》）
六月初三一阵雨，夜夜风雨到立秋。（《甘肃天气谚》）
六月里秋，绿的留，黄的收；七月里秋，黄绿一起收。（《集成》）

---

① 立秋：又作“秋后”。
② 没：《谚语集》作“无”。

六月立秋，霜来得早。(《张掖气象谚》)

六月立秋，晚了不收；七月立秋，早晚都收。(《集成》)

六月立秋样样丢，七月立秋样样收。(《集成》)

六月六，窟窿天，秋后雨水下得宽。(《集成》)

六月秋，紧紧收；七月秋，缓缓收。(《集成》)

六月秋，闰月年，秋凉雨多霜降前。(《集成》)

六月秋，收的收，丢的丢。(《张掖气象谚》)

六月秋，小地收，大地丢。〔兰州〕(《甘肃选辑》《中国农谚》)

六月秋，早的收，迟的丢。(《谚语集》《谚语集》《集成》)

七月立秋加处暑，夏收结尾犁地忙[①]，八月白露加秋风，不要轻易就下种。(《甘肃气候谚》《中国谚语资料》《谚海》)

清早立了秋，晚上冷飕飕。(《两当汇编》)

秋后北风紧，夜静有白霜。(《集成》)

秋后北风雨，夏季南风水。(《庆阳汇集》《平凉气候谚》)

秋后北风雨。(《泾川汇集》《武都天气谚》《甘肃天气谚》《中国农谚》《谚海》《中国气象谚语》《集成》)

秋后不耕地，年来虫子多。(《泾川汇集》《甘肃气候谚》)

秋后不拿糖，不如家里坐。(《谚海》)

秋后不深耕，来年虫子生。〔陇南〕(《集成》)

秋后不收墒，准备明年荒。(《定西汇编》)

秋后不下封冻雨，来春必有鹅毛雪。(《集成》)

秋后疯长十八天。(《集成》)

秋后蛤蟆叫，干得犁头跳。(《两当汇编》)

秋后耕通地，春天好捉[②]苗。(《中国农谚》《谚海》)

秋后雷多，晚禾少收。(《两当汇编》)

秋后雷一声，三天不下雨，主旱一百八十天。(《甘肃天气谚》)

秋后南风当时雨，秋后北风干裂。(《两当汇编》)

秋后霜多籽不实。〔天水〕(《集成》)

秋后天不凉，冰雹还有好几场。(《定西农谚》)

秋后西风雨。(《清水谚语志》《武都天气谚》《甘肃天气谚》《中国气象谚语》《集成》)

秋后喜鹊蹬一脚，顶住来年刨一镢。〔镇原〕(《集成》)

---

① 忙：《中国谚语资料》《谚海》作“里”。

② 捉：《谚海》作“作”，当为音近而误。

秋后下的东风雨。〔临泽〕(《集成》)
秋后下破头[1]，四十九天不套牛。(《集成》)
秋后响雷，百日无霜。(《张掖气象谚》)
秋后响雷百日暖。(《集成》)
秋后有一伏。(《中国气象谚语》《集成》)
秋后雨水多，来夏淹山坡。(《集成》)
秋雷[2]四十五天有霜。(《张掖气象谚》)
秋前三天不下镰，秋后按天割不完。(《谚海》)
人怕老来穷，禾怕秋后虫。(《集成》)
入伏蚂蚁造窝秋雨多，立秋蚂蚁造窝冬雪多。(《张掖气象谚》)
入了伏，不离锄；入[3]了秋，挂锄头。(《中国农谚》《集成》)
闰年立秋在六月，立秋以后雨水多。〔环县〕(《集成》)
三伏头上是立秋。(《集成》)
瞎地怕勤汉，伏里犁三遍；好地怕懒汉，立秋犁头遍。〔酒泉〕(《集成》)
夏季南风连日雨，秋后北风连日霜。(《集成》)
小燕子，懂气候，谷雨来，霜降走。(《集成》)
燕子来到谷雨前，没雨也不难；燕子来到谷雨后，有雨也不透。(《集成》)
燕子来在谷雨前，扔下生意去种田。(《集成》)
有钱难买秋后热。(《集成》)
雨打立秋，干死泥鳅。(《集成》)
雨打立秋，万物丰收。〔兰州〕(《谚海》《中国气象谚语》《集成》)
雨打秋，万物收。(《定西农谚》)
雨打秋，样样收。(《集成》)
早晨立了秋，晚上凉飕飕。(《定西县志》《甘肃选辑》)
早立秋，凉飕飕；晚立秋，热到头。〔泾川〕(《中华农谚》《集成》)
早上立了秋，后晌凉飕飕[4]。〔永昌〕(《集成》)
早上立了秋，后晌拿锄不害羞。(《集成》)
早上立了秋，晚上凉飕飕。(《宁县汇集》《泾川汇集》《甘肃选辑》《白银民谚集》《平凉气候谚》《平凉汇集》《甘肃气候谚》《谚语集》《定西农谚》《中国气象谚语》)

---

① 原注：立秋后第一天下雨。
② 秋雷：原注指立秋后第一次响雷。
③ 入：《集成》作“立”。
④ 凉飕飕：又作“凉悠悠”。

处　暑

处暑白露节，夜寒日里热。(《集成》)

处暑不出穗，白露不低头，过了寒露喂老牛。(《定西农谚》)

处暑不出穗，枉把工夫费。〔张掖〕(《甘肃选辑》《甘肃气候谚》)

处暑不出头，拔着喂老牛。〔兰州〕(《甘肃选辑》)

处暑不出头，割了喂老牛。(《费氏农谚》《宁县汇集》《甘肃选辑》《中国农谚》)

处暑不出头，割去喂了牛。(《中国农谚》《谚海》)

处暑不出头，砍的喂老牛。(《谚海》)

处暑不带糖，不如家中[①]坐。(《甘肃选辑》《中国农谚》《庆阳县志》《集成》)

处暑不拿镰，再没十天闲。〔镇原〕(《集成》)

处暑不种田，种田也枉然。(《张氏农谚》《集成》)

处暑处处热。(《定西农谚》《集成》)

处暑打雷秋雨多。(《集成》)

处暑定年成。(《集成》)

处暑卡脖旱[②]，秋分雨连绵。(《集成》)

处暑去暑，灌死老鼠。(《集成》)

处暑若逢天下雨，十分收成难收齐。〔西和〕(《集成》)

处暑若逢天下雨，纵然结实也难收。〔西和〕(《集成》)

处暑若逢雨，结实也捆收[③]。(《宁县汇集》《甘肃选辑》《中国农谚》)

处暑下，烂天下。(《定西农谚》《集成》)

处暑下了雨，饱了的还会秕。〔永昌〕(《集成》)

七月处暑白露连，丰收美景在眼前，随黄随收莫迟延，防止禾穗撒地边。(《新农谚》)

七月处暑白露连，丰收美景在眼前。(《山丹汇集》)

三伏有雨秋后热，处暑白露无甚说。(《费氏农谚》《鲍氏农谚》《两当汇编》)

白　露

八月的白露等白露，九月的白露不等白露。〔天水〕(《甘肃选辑》《中国农谚》《谚海》)

---

① 中：《庆阳县志》《集成》作“里”。

② 卡脖旱：原注指粮食作物含苞出穗时出现旱情。

③ 捆收：《宁县汇集》注指保收。捆：《中国农谚》作“难”。

白露不出头，拔掉[①]喂老牛。(《定西农谚志》《高台天气谚》《定西汇编》)

白露不出头，拔着[②]喂老牛。(《甘肃农谚》《甘肃选辑》《白银民谚集》《定西农谚志》《谚语集》)

白露不低头，割下喂老牛。〔张掖〕(《甘肃选辑》《甘肃气候谚》)

白露不勾头，拔着喂老牛[③]。〔张掖〕(《甘肃选辑》《中国农谚》)

白露不下雨，下雨路不白。(《集成》)

白露地不耱，等于家里坐。(《集成》)

白露东风天不收，小寒北风主大旱。(《甘肃天气谚》《集成》)

白露耕地不带耱，不如家里闲着坐。(《会宁汇集》)

白露刮北风，秋霜早来临。(《集成》)

白露刮北风，霜冻来得早。(《集成》)

白露过后是秋分，忙过秋分接伏耕。〔天水〕(《甘肃选辑》《甘肃气候谚》)

白露寒风对月霜。(《集成》)

白露后有霜冻。(《民勤农谚志》)

白露见雨不见露，秋后无水做酱醋。(《集成》)

白露降雨寒露冷。(《集成》)

白露浇水庄稼好。(《酒泉农谚》《甘肃气候谚》)

白露节后雹子少，下上一场受不了。(《集成》)

白露节上分粃饱。〔张掖〕(《甘肃选辑》)

白露开镰，秋分割完。(《集成》)

白露来，旱田完；白露过，迟田割。(《山丹汇集》《集成》)

白露难得十日晴。(《集成》)

白露撵秋分，一夜更比一夜冷。(《集成》)

白露前后有好雨，冬雪多。(《张掖气象谚》《甘肃天气谚》)

白露前雷响，秋风前来霜；秋风前雷响，寒露前来霜。(《天祝农谚》《中国农谚》)

白露前响雷，秋分前无霜；秋风前响雷，寒露前来霜。(《甘肃天气谚》)

白露秋分，日热夜冷。(《集成》)

白露秋分夜，一夜凉[④]一夜。〔平凉〕(《集成》)

白露秋分一十四，庄稼要用镢头挖。(《会宁汇集》)

---

① 掉：《定西农谚志》作“来”。

② 着：《甘肃选辑》作“去”，《谚语集》作“了”。

③ 《甘肃选辑》注：指糜子。

④ 凉：又作“冷”。

白露无霜籽粒胖。〔环县〕(《集成》)
白露无雨，百日无霜。(《中华农谚》《费氏农谚》《两当汇编》《集成》)
白露无雨，百日无雨。(《集成》)
白露无雨霜来晚。(《集成》)
白露下了雪，今冬雪不多。(《甘肃天气谚》)
白露下了雨，当月下到底。(《甘肃天气谚》)
白露下雨，路白即雨[①]。(《中华农谚》《两当汇编》)
白露有雨，秋季多连阴雨。(《甘肃天气谚》)
白露雨茫茫，无被不上床。(《集成》)
白露云彩多，来年吃白馍。(《集成》)
白露在七月应早播，白露在八月可迟播。(《中国谚语资料》)
白露种高山，九里种平川。(《中国农谚》《谚海》)
白露种高山，秋分寒露种河川。(《定西农谚》)
白露种高山，秋分种腰山，寒露霜降种平川。(《中国农谚》)
白露种高山，秋社种平川。(《清水谚语志》)
白露种山，寒露种滩。(《集成》)
雹怕白露风。(《集成》)
春冰草，夏芦草，过了白露割白蒿[②]。(《集成》)
当年白露雨，来年惊蛰下。(《集成》)
肥不过白露[③]，瘦不过寒露。〔张掖〕(《甘肃选辑》《中国农谚》)
伏里耕，白露耱，顿顿吃的油馍馍。(《会宁汇集》)
过了白露把衣添。〔庆阳〕(《集成》)
过了白露节，磨镰当晌歇。〔西峰〕(《集成》)
过了白露节，夜寒日里热。(《集成》)
过了白露节，夜冷[④]白天热。(《两当汇编》《集成》)
交了白露节，蚊子定了血。(《集成》)
烂了白露，常走泥路。〔靖远〕(《集成》)
烂了白露，天天无干路。(《武都天气谚》《甘肃天气谚》)
淋了白露头，大旱三百六。〔临夏〕(《集成》)
六月出大雾，大旱到白露。(《集成》)

---

① 即雨：《两当汇编》又作“就下”。
② 原注：各个时候羊最爱吃的草。
③ 原注：白露灌水肥地。
④ 冷：《集成》作“寒”。

六月多迷雾，雨下到白露。〔陇南〕(《集成》)
六月里，雾一雾，下雨直等到白露。(《集成》)
六月下大雾，天旱到白露。(《集成》)
六月有雾，雨在白露。〔兰州〕(《集成》)
露七不露八[①]。(《安定县志》《定西农谚》)
露前不露后，露后霜要杀。(《白银民谚集》)
露前不露后[②]。(《定西县志》《定西农谚》)
下烂白露，没有干路。(《定西农谚》)
下了白露，路白就下。〔陇南〕(《集成》)
下了白露路不白。(《岷县农谚选》)
下了白露路不干，连阴带下四十天。〔徽县〕(《集成》)
庄稼喝了白露水，连明昼夜黄到顶。(《集成》)

秋　分

过了秋分节，生熟一起掠[③]。〔庆阳〕(《集成》)
秋分不割，霜打风磨。(《集成》)
秋分不冷，秋不冷。(《张掖气象谚》《甘肃天气谚》)
秋分不耱，不如家里闲坐。(《甘肃气候谚》)
秋分不耱，不如闲坐。〔临夏〕(《甘肃选辑》)
秋分不宜晴，微雨好年景。(《集成》)
秋分到，放大田。(《集成》)
秋分刮东风，来年干森森[④]。(《集成》)
秋分刮了风，雨水多。(《张掖气象谚》《甘肃天气谚》)
秋分凉，懒婆娘着了忙。(《集成》)
秋分凉，庄稼黄。(《集成》)
秋分凉了，穷汉忙了。〔岷县〕(《集成》)
秋分前后连下雨，来年夏里雨水少。(《张掖气象谚》《甘肃天气谚》)
秋分天气白云多，处处欢歌好田禾。(《鲍氏农谚》《中国农谚》《两当汇编》《谚海》《集成》)
秋分天气白云多，处处欢声好晚禾。〔天水〕(《集成》)

---

① (康熙)《安定县志》卷五《风土·杂记》云：“谷畏早霜，七月白露则霜来迟，谚曰：‘云云。’”
② 《定西县志》注：白露前忌霜，以后则否。
③ 掠：方言，收割。
④ 干森森：原作“干生生”。

秋分透雨，早霜远离。(《集成》)

秋分下冷雨，旱到来年底。(《集成》)

秋前北风秋后雨，秋后北风遍地干。(《朱氏农谚》《中华农谚》《费氏农谚》《两当汇编》)

秋前北风秋后雨，秋后北风干到底。(《中华农谚》《费氏农谚》《甘肃天气谚》《集成》)

秋前北风雨，秋后北风晴①。(《集成》)

秋前北风兆阴雨。(《集成》)

秋前十日不断水，秋后十日遍地金。(《集成》)

秋前无雨水，白露往来淋。(《两当汇编》)

野草过秋分，子孙飞满林。(《集成》)

寒　露

八月寒露抢着种，九月寒露想着种。〔庆阳〕(《张氏农谚》《费氏农谚》《集成》)

寒后雨，忙加衣；雨后寒，得半年②。(《集成》)

寒露百草枯，霜降挂冰凌。(《集成》)

寒露逼籽哩，霜降逼死哩。〔天水〕(《甘肃选辑》《甘肃气候谚》《中国农谚》)

寒露不算冷，霜降变了天。(《农谚和农歌》《中华农谚》《集成》)

寒露不摘烟，霜打别怨天。〔正宁〕(《集成》)

寒露风云少，霜冻快来了。(《集成》)

寒露寒露，夹衣夹裤。(《集成》)

寒露前十天不早，后十天不迟。(《定西农谚》)

寒露霜降，火盆上炕。〔武威〕(《集成》)

寒露霜降，牛拴在桩上。〔武威〕(《集成》)

寒露霜降水退沙，鱼归深水客归家。〔兰州〕(《集成》)

寒露天凉露水重，霜降转寒霜花浓。〔兰州〕(《集成》)

寒露雾天雪提前。〔环县〕(《集成》)

寒露雾着脚，日头晒破锅。(《集成》)

寒露阴雨秋霜晚。(《集成》)

寒在五更头，鸡鸣霜打滩。(《集成》)

---

① 秋前、秋后：原注指秋分前后。

② 寒：指寒露。雨后：指雨水后。

禾怕寒露风，冬寒雪后晴。(《两当汇编》)

紧忙慢忙，寒露进场。(《集成》)

九月寒露天渐寒，整修土地莫消闲。(《新农谚》《山丹汇集》《甘肃气候谚》)

九月寒露天气寒，秋田作物快打完。〔兰州〕(《集成》)

霜　降

白霜秕籽哩，霜降秕死哩。〔甘南〕(《甘肃选辑》)

不怕霜降霜，单怕寒露寒。〔岷县〕(《集成》)

过了霜降，隔杠[①]别在墙上。〔岷县〕(《集成》)

过了霜降，犁头[②]挂在墙上。(《岷县农谚选》《甘肃选辑》《定西汇编》《中国农谚》《定西农谚》)

秋耕不过霜降，春耕不过清明。(《集成》)

霜降到，没老少，一块下田收百宝。[③] (《中华农谚》《集成》)

霜降到交冬，翻地冻虫虫。(《平凉汇集》《定西汇编》《中国农谚》《谚海》)

霜降见霜，米烂陈仓[④]。(《清嘉录》《朱氏农谚》《费氏农谚》《宁县汇集》《静宁农谚志》《甘肃气候谚》《中国气象谚语》)

霜降见霜，霜止清明。(《中国气象谚语》)

霜降立冬逢九月，兴修水利好时节。(《新农谚》《山丹汇集》《敦煌农谚》《谚海》)

霜降杀百草，立冬地不消。(《朱氏农谚》《中华农谚》《费氏农谚》《鲍氏农谚》《中国谚语资料》《中国气象谚语》)

重阳接霜降，十家烧火十家旺[⑤]。(《武都天气谚》《集成》)

立　冬

地不翻[⑥]冬，来年草凶。〔泾川〕(《集成》)

冬刮东风，大雪不停。(《集成》)

冬寒不算寒，惊蛰寒，得半年。(《酒泉农谚》)

---

① 隔杠：方言，原注指架在牛脖与肩连接部位的弯木，供挽拉绳用，一些地方叫“隔头”。

② 犁头：《岷县农谚选》作“犁杠”。

③ 《中华农谚》无末句。

④ （清）顾禄《清嘉录》卷八：“又以霜降日宜霜，主来岁丰稔，谚云：‘云云。’若未霜而霜，主来岁饥。”陈：《甘肃气候谚》作“满”。

⑤ 此句用火旺喻秋旱。

⑥ 翻冬：原注指立冬前耕过。

冬天南风三日雪，立冬无雨一冬晴。(《两当汇编》)

过了立冬，时长一针。(《集成》)

立冬不出土，来年如猛虎。(《集成》)

立冬不刮风，柴炭不大动。(《甘肃天气谚》)

立冬出日头，春天冻死牛；立冬东北风，春天冷清清。〔泾川〕(《集成》)

立冬吹南风，皮袄放墙根；立冬吹北风，皮货贵如金。(《集成》)

立冬打春晴日色，来年定唱太平歌。〔陇南〕(《集成》)

立冬打春四个月，打场送粪搞副业。(《集成》)

立冬倒①，冬至暖。(《集成》)

立冬地不消。〔合水〕(《集成》)

立冬东风起，前春定有雨。(《集成》)

立冬干，一冬干。(《甘肃天气谚》《定西农谚》)

立冬刮大风，来年旱。(《甘肃天气谚》)

立冬刮东风，冬季风多。(《甘肃天气谚》)

立冬刮东风，冬冷；立冬刮西风，冬暖。(《甘肃天气谚》)

立冬刮南风，皮袄甩墙根。(《白银民谚集》)

立冬刮西北风，一冬冷。(《甘肃天气谚》)

立冬刮西风，一九一场雪；立冬刮南山风②，三个九一场雪；立冬刮东风，五个九一场雪；立冬刮北风，只阴不下。(《张掖气象谚》)

立冬后地下有寒露，来年雨水广。(《张掖气象谚》)

立冬后东风寒，西风暖；立春后东风暖，西风寒。(《甘肃天气谚》)

立冬后刮风多，三四月雨水多。(《甘肃天气谚》)

立冬几天寒，第二年春天寒③。(《定西农谚志》)

立冬见雪，一百二十天见雨。(《甘肃天气谚》)

立冬降雨，来年立夏前后必有一场雨。(《张掖气象谚》《甘肃天气谚》)

立冬结了冰，来年好收成。(《集成》)

立冬冷，冬天冷；立冬暖，冬季暖。(《甘肃天气谚》)

立冬冷，来年庄家好。(《张掖气象谚》)

立冬冷得早，明年春上暖得早。(《张掖气象谚》)

立冬淋，一冬晴。(《集成》)

立冬南风数九暖。(《集成》)

---

① 倒：原注指立冬后天气转暖。

② 南山风：原注指火风。

③ 寒：又作“暖”。

立冬难得一晴天，立夏难得一阴天。(《山丹天气谚》)

立冬暖，冬季暖；立春暖，初春暖。(《甘肃天气谚》)

立冬暖，一冬暖。(《定西农谚》)

立冬前雪三尺深，来年米价贱十分。(《集成》)

立冬晴，柴米堆得满地剩；立冬落，柴米贵得没法摸。(《集成》)

立冬晴，冬雪少①。(《武都天气谚》《甘肃天气谚》)

立冬晴一晴，晴到明年大清明。(《集成》)

立冬晴一天，不费力耕田。(《平凉汇集》《中国农谚》)

立冬若遇西北风，定主来年五谷丰。(《中华农谚》《两当汇编》)

立冬三日暖，北风带早寒。(《集成》)

立冬三日暖，一冬多不塞。(《集成》)

立冬无雪一冬干。〔庆阳〕(《集成》)

立冬无雪一冬晴。(《甘肃天气谚》《张掖气象谚》)

立冬无雪一冬晴，立冬下雪冬雪多。〔酒泉〕(《集成》)

立冬无雨，一冬多晴。(《高台农谚志》)

立冬无雨冬至淋，冬至无雨一冬晴。(《集成》)

立冬无雨一定晴。(《文县汇集》《高台天气谚》)

立冬无雨一冬晴②。(《朱氏农谚》《费氏农谚》《张掖气象谚》《武都天气谚》《甘肃天气谚》)

立冬西北风，来年③五谷丰。〔庆阳〕(《集成》)

立冬下了一冬晴，立冬无雨一冬淋。(《甘肃天气谚》)

立冬下雪，冬雪多。(《张掖气象谚》)

立冬下雪少，春后雨水多。(《甘肃天气谚》)

立冬要刮风。(《张掖气象谚》)

立冬要立冷，立冷一冬冷。(《张掖气象谚》)

立冬一场风，云去影无踪。(《集成》)

立冬一片白，晴到明年割大麦。(《集成》)

立冬以后日子短，组织起来搞冬灌。(《新农谚》《山丹汇集》)

立冬阴，一冬温；立冬晴，一冬冷。(《集成》)

立冬早晨刮东南风，天气暖；刮西北风，天气冷。(《甘肃天气谚》)

立了冬，草不生。(《集成》)

---

① 下句《甘肃天气谚》作“少雨雪”。

② 晴：《甘肃天气谚》又作“干”。

③ 来年：《集成》〔敦煌〕作“明年”。

立了冬，水见冰。(《集成》)

明冬暗年黑腊八[1]，来年一亩打石八。〔白银〕(《集成》)

明冬暗年混[2]腊月。〔宁县〕(《集成》)

十月立冬地不冻，秋耕打磙切莫停。〔兰州〕(《集成》)

重阳无雨看立冬，立冬无雨一冬晴。(《集成》)

重阳无雨望立冬，立冬无雨晴一冬。(《集成》)

重阳一阵风，晴天到立冬。〔靖远〕(《集成》)

小雪、大雪

九月狐狸十月狼，小雪过后打黄羊。(《集成》)

秋雨多，小雪到大雪要冷。(《甘肃天气谚》)

小雪不封地，不过三五日；大雪不查[3]河，只怕大风没。(《集成》)

小雪不耕地，大雪不行船。(《泾川汇集》《集成》)

小雪不[4]见雪，到老没荚结。(《农谚和农歌》《朱氏农谚》《两当汇编》)

小雪大雪，冻死老鳖。(《集成》)

小雪大雪，冻死老婆；小寒大寒，冻死老汉。(《定西农谚》)

小雪大雪，相隔半月。(《集成》)

小雪大雪不见雪，过了立春雪连雪；小雪大雪雪连天，来年必定是丰年。(《集成》)

小雪大雪天气寒，牲畜防疫莫迟延；施肥壅垄防霜冻，贮草备冬搭棚圈。(《中国谚语资料》)

小雪大雪雪满天，来年定有丰收年。(《定西农谚》)

小雪冻层皮，大雪冻一犁。(《集成》)

小雪封地，大雪封河。(《马首农言》《费氏农谚》《平凉汇集》《集成》)

小雪降雪大，春播不必怕。(《集成》)

小雪若无云，来年旱不轻。(《集成》)

小雪山头雾，来年就把长工雇。(《集成》)

小雪无雪大雪补，大雪无雪才叫苦。(《集成》)

小雪无云大旱年，大雪不寒明年旱。(《集成》)

小雪西风前冬暖，小雪阴雨九里寒。(《集成》)

---

① 原注：立冬当日夜亮、年除夕夜暗、腊月初八夜黑，兆来年庄稼丰收。

② 混：此谓阴阴晴晴。

③ 查：此谓气温下降，河水结冰。

④ 不：《农谚和农歌》《朱氏农谚》作“弗”。

小雪下了雪，来年旱三月。(《定西农谚》)
小雪下小雪，小满下小雨。(《甘肃天气谚》)
小雪雪飞满天，来年必丰收。(《张掖气象谚》)
小雪雪满天，来年必丰年。(《中华农谚》《甘肃气候谚》《中国农谚》)
小雪雪满天，来年好种田；大雪雪满天，来年必丰年。(《集成》)
小雪雪满天，来年雨水好。(《武都天气谚》《甘肃天气谚》)
大雪小雪，老鼠啃铁。(《谚海》)
大雪小雪镰不停，保证耕畜过好冬。(《新农谚》《谚海》)

冬　至

吃了冬至面，一天长一箭，十天长一线。〔张家川〕(《集成》)
冬前冬后冬一场[①]。(《临洮谚语集》)
冬在头天暖，冬在尾天冷。(《高台农谚志》《张掖气象谚》)
冬至百六是清明。(《甘肃农谚》《费氏农谚》)
冬至不吹风，冷到五月中。(《集成》)
冬至不刮风，紫炭不大动；冬至刮大风，紫炭贵似金。(《集成》)
冬至不过不寒，夏至不过不暖。(《朱氏农谚》《费氏农谚》《两当汇编》)
冬至不过不冷，夏至不过不热。(《集成》)
冬至大南风，六十天下雨。(《集成》)
冬至当日归。(《会宁汇集》)
冬至当日回[②]，一九二里半；吃了冬至饭，送粪加一担。〔金昌〕(《集成》)
冬至当天数九，夏至三庚数伏。(《集成》)
冬至东风吹，来年好收成。(《定西农谚》)
冬至东风起，冬天雪盖地。(《集成》)
冬至多风，寒冷年丰。(《费氏农谚》《鲍氏农谚》《两当汇编》《谚海》)
冬至刮北风，冻破脚后跟。(《白银民谚集》)
冬至过，地皮破。(《朱氏农谚》《费氏农谚》《集成》)
冬至节，秃子头上冻出血。(《定西农谚》)
冬至来年节。〔武山〕(《集成》)
冬至冷，冬天冷。(《甘肃天气谚》)
冬至冷森森，来年好收成。(《定西农谚》)
冬至南风，三九雪多，春季雨广。〔合水〕(《集成》)

---

① 原注：每年冬至前后有一场雪。
② 当日回：原注指冬至日阳光直射南回归线，北半球白昼由最短开始转长。

冬至南风夏至雨，四九南风六月旱。〔泾川〕（《集成》）

冬至前不结冰，冬至后冻死[1]人。（《甘肃农谚》《费氏农谚》《武都天气谚》《甘肃天气谚》《中国气象谚语》《集成》）

冬至前后雾，夏至前后雨。（《集成》）

冬至前后一场雪，后推百天有次雨。（《甘肃天气谚》）

冬至前霜多来年旱，冬至后霜多晚禾宜。（《集成》）

冬至前头七朝霜，明年粮食装满仓。（《两当汇编》）

冬至前头七朝霜，有米无皮糠。（《两当汇编》）

冬至晴，百物成。（《中国农谚》《谚海》）

冬至晴，来年雨水广。（《张掖气象谚》）

冬至晴，万物成。（《庆阳县志》《定西农谚》《集成》）

冬至晴天一冬暖，夏至无云三伏热。（《集成》）

冬至日长，夏至日短。（《集成》）

冬至上云天生病，阴阴湿湿到清明。（《集成》）

冬至特别冷，来年[2]好收成。（《武都天气谚》《中国气象谚语》《集成》）

冬至天渐长，夏至天渐短。（《集成》）

冬至天冷森，来年好收成。〔永昌〕（《集成》）

冬至天晴，来年太平。〔庄浪〕（《集成》）

冬至无霜，石皿无糠。（《集成》）

冬至无雨，晴到年底。（《集成》）

冬至无雨一冬晴。（《费氏农谚》《武都天气谚》《甘肃天气谚》）

冬至无雨一冬晴，冬至有雨连九阴。（《集成》）

冬至西北风，来年干一春。（《集成》）

冬至西北风，来年好收成。（《天祝农谚》《甘肃气候谚》《中国农谚》）

冬至西南百日阴，半晴半阴到清明。（《集成》）

冬至下了雪，一九一场雪；冬至不下雪，三个九一场雪。（《张掖气象谚》《甘肃天气谚》）

冬至雪茫茫，粮食堆满仓。（《甘肃气候谚》）

冬至阳生，万物苏醒。（《集成》）

冬至要风，天寒年丰；北风吹背，有米不贵；南风吹面，有米不贱。（《集成》）

---

① 死：《甘肃农谚》作“杀”。

② 来年：《集成》作“明年”。

冬至一阳生，日晷初长[①]。（《重修镇原县志》）

冬至有霜，年边有雪。（《集成》）

冬至雨，除夕晴；冬至晴，除夕地泥泞。（《两当汇编》）

冬至月头，买被卖牛；冬至月中，无雪也霜；冬至月底，冻死虫豸。〔古浪〕（《集成》）

冬至在头，冻死老牛；冬至在中，单衣过冬。（《甘肃选辑》《文县汇集》《甘肃气候谚》《中国农谚》）

冬至在头，冻死老牛；冬至在中，单衣过冬；冬至在尾，没有火炉后悔[②]。（《甘肃气候谚》《武都天气谚》《甘肃天气谚》《定西农谚》《中国气象谚语》《集成》）

短到冬至，长到夏至。（《集成》）

过冬至，冻鼻子；过腊八，冻下巴。〔武威〕（《集成》）

过了冬，日长一棵葱；过了年，日长一根椽。（《集成》）

过了冬至，长一针脚；过了腊八，长一橛把；过了年，长一椽。〔金塔〕（《集成》）

过了冬至，日子长了[③]一绳子。（《定西农谚》《集成》）

过了冬至长一指，过了年长一扎，过了正月十五，日子长得没谱。（《集成》）

过了冬至节，秃子头上冻出血。〔永登〕（《集成》）

雷打冬，节节有雨节节空。〔庆阳〕（《集成》）

雷打冬，来年人吃人。（《集成》）

晴到冬至落到年。（《费氏农谚》《高台农谚志》《文县汇集》《张掖气象谚》《甘肃天气谚》《中国气象谚语》）

晴干冬至湿润年，小寒大寒冷成一团。（《两当汇编》）

秋天地湿一冬寒，冬至好天一冬暖。（《集成》）

要知来年闰，除去[④]冬至数月尽。（《集成》）

要知来年闰，冬至数月尽。（《定西农谚》《集成》）

小寒、大寒

北风迎小寒，盛夏雨涟涟。〔漳县〕（《集成》）

冷在小寒大寒，热在小暑大暑。（《集成》）

---

① （民国）《重修镇原县志》卷一《舆地志上》："冬至太阳高度……谚语云：'云云。'"

② 《甘肃气候谚》末句作"暖和无比"，《定西农谚》末句无"火炉"二字。《集成》注：头、中、尾，指月初、月中、月末。

③ 《定西农谚》无"了"字。

④ 除去：又作"看罢"。

小寒大寒，打春过年。(《集成》)
小寒大寒，冷成一团。(《甘肃气候谚》)
小寒大寒，迎接新年。(《泾川汇集》)
小寒大寒不冷，小暑大暑不热。(《集成》)
小寒大寒出日头，来年二月冻死牛。〔民勤〕(《集成》)
小寒大寒寒得透，来年春天暖个够。(《集成》)
小寒交了九，大寒冰上走。(《集成》)
小寒节日雾，来年五谷富。(《集成》)
小寒暖，立春雪。(《集成》)
小寒雪大，雨水来迟。〔高台〕(《集成》)
大寒小寒，冻死老汉。(《中国气象谚语》)
山脚雾气罩，不出三日大寒到。(《高台天气谚》)

杂节气

数 伏[①]

概 说

秋里耠十遍，不如伏里戳一椽。(《定西县志》)
薄地怕勤汉，伏里翻三遍。(《集成》)
薄地怕勤汉，伏里犁[②]四遍。(《甘肃选辑》《会宁汇集》《中国农谚》)
锄头水，杈头风，伏天锄地顶浇油。(《集成》)
春河涨，伏旱强。(《武都天气谚》)
春淋淋，伏雨少。(《武都天气谚》)
春天东风不多，入伏后东风多。(《张掖气象谚》)
春天风高，伏天水大。〔陇西〕(《集成》)
春天蛇多，伏天雨旺。(《集成》)
春雨多，伏旱早。(《武都天气谚》《甘肃天气谚》《中国气象谚语》)
春雨来得早，伏里雨量少。(《集成》)
冬冷伏雨多。(《甘肃天气谚》)
冬深冬冷伏雨少。(《武都天气谚》《甘肃天气谚》)

---

① 根据“干支纪日法”，夏至后的第三个庚日为初伏的起始日，第四个庚日为中伏的起始日，立秋后的第一个庚日为末伏的起始日，并规定初伏和末伏各为10天。根据这个规则，有的年份中伏是10天，有的年份中伏是20天。

② 犁：《会宁汇集》作“耕”。

冬雪多，伏中旱。(《集成》)
伏不暖，秋不收；冬不冷，夏不收。(《定西农谚》)
伏翻如浇油。〔张掖〕(《甘肃选辑》《中国农谚》)
伏伏不落雨，九九不见雪。〔泾川〕(《集成》)
伏伏有雨，九九有雪。(《集成》)
伏干不算干，秋干断火烟。(《两当汇编》)
伏耕多一遍，粮食多一石。(《会宁汇集》)
伏耕多一遍，无粪也增产。〔西和〕(《集成》)
伏耕了的地性凉，不怕晒。(《会宁汇集》)
伏耕三遍，粮食万石。〔陇南〕(《集成》)
伏耕深一尺，顶上十层粪。(《临洮谚语集》)
伏耕深一寸，等于千斤干牛粪。〔天水〕(《甘肃选辑》《中国农谚》)
伏耕有三好：草死、虫亡、土质好。(《定西农谚》)
伏旱不算旱，秋旱减一半。(《两当汇编》)
伏旱来年春雨多。(《甘肃天气谚》)
伏旱秋旱。(《甘肃天气谚》)
伏旱秋雨多，伏涝冬春雨雪多。(《武都天气谚》《甘肃天气谚》)
伏犁[1]地，双重粪。〔兰州〕(《甘肃选辑》《甘肃气候谚》《中国农谚》)
伏犁金，秋犁银。(《定西农谚》)
伏犁有三好：无虫、无草、土质好。〔兰州〕(《甘肃选辑》)
伏里不犁地，不如家里睡。〔兰州〕(《甘肃选辑》《中国农谚》)
伏里不热，五谷不结。(《天祝农谚》《中国农谚》)
伏里不受旱，一亩打几石。〔天水〕(《甘肃选辑》《甘肃气候谚》)
伏里草，拿棍搅。(《宁县汇集》)
伏里铲一铲，等于秋后犁半年。〔定西〕(《甘肃选辑》《中国农谚》)
伏里锄破皮，不如春天耕一犁。(《集成》)
伏里锄破皮，抵过秋后耕一犁。(《中国农谚》)
伏里锄破皮，强如秋里耕半犁。(《会宁汇集》)
伏里锄破皮，秋耕省几犁。(《中国农谚》《谚海》)
伏里锄一遍，三年少见柴。(《宁县汇集》)
伏里创破皮，强如秋收犁十犁。〔兰州〕(《甘肃选辑》)
伏里戳一椽，强如秋里[2]耕半年。(《甘肃选辑》《会宁汇集》《清水谚志》

① 犁：《甘肃气候谚》作“耕”。
② 秋里：《清水谚志》作“秋天”。

《中国农谚》）

伏里戳一椽，赛过春季犁半年。（《平凉汇集》）

伏里戳一椽，胜过[1]秋后耕三遍。（《庆阳汇集》《甘肃气候谚》）

伏里戳一椽，胜过秋后犁半年。（《定西农谚》）

伏里戳一椽，胜过秋后晒半年。（《定西农谚》）

伏里戳一椽，胜如秋地晒半年。〔张家川〕（《集成》）

伏里戳一好椽，赛过秋后耕三遍。〔平凉〕（《甘肃选辑》）

伏里打破地的头，赛过秋后耕地挣死牛。（《定西汇编》）

伏里打破皮，强如秋里挣死牛。〔兰州〕（《甘肃选辑》《中国农谚》）

伏里打破皮，强似秋里犁几犁。（《中国农谚》）

伏里捣破皮，赛过秋后犁两犁。（《定西农谚》）

伏里到秋里雨多，冬里雪就少，来年夏里雨也多。（《张掖气象谚》）

伏里的犁工，九里的打工。（《谚海》）

伏里的日头晒破头。（《临洮谚语集》）

伏里的雨，缸里的米。（《宁县汇集》《静宁农谚志》《甘肃选辑》《定西汇编》《中国农谚》《定西农谚》《谚海》《集成》）

伏里的雨，柜里的米。（《甘肃选辑》《天祝农谚》《中国农谚》《定西农谚》）

伏里的雨，锅里的米；秋里的雨，川里的米。〔兰州〕（《甘肃选辑》《中国农谚》《谚海》）

伏里的雨，锅里的米。（《白银民谚集》《中国农谚》《谚语集》《定西农谚》《谚海》）

伏里的雨，筐里的米。（《中国农谚》）

伏里的雨，瓮里的米。（《定西县志》《定西农谚》）

伏里的雨，来年的米。（《定西农谚》）

伏里东风不雨。（《集成》）

伏里东风海底干，伏里西风水连天。（《朱氏农谚》《两当汇编》《集成》）

伏里耕，白露磨，顿顿吃的油馍馍。（《会宁汇集》）

伏里耕，九里种，牙猪尿尿母猪粪。（《岷县农谚选》）

伏里耕，九里种，庄稼不成人不信。（《会宁汇集》）

伏里耕地如筛漏，雨水再多也不够。〔西和〕（《集成》）

伏里耕地一碗油，秋后翻地一碗水，来年翻地胡日鬼[2]。（《集成》）

伏里耕三遍，缸里有白面。（《集成》）

---

① 胜过：《甘肃气候谚》作“赛过”。

② 胡日鬼：方言，糊弄。

伏里耕三遍，来年抗旱不困难。(《甘肃气候谚》)
伏里耕三遍，来年能抗旱。(《集成》)
伏里耕三遍，来年吃饱饭。(《集成》)
伏里耕三遍，胜如大家吃白面。(《定西农谚志》)
伏里耕三遍，有钱也不换。〔永昌〕(《集成》)
伏里耕一遍，等于秋后犁半年。(《泾川汇集》)
伏里耕一遍，顶如秋里犁三遍。(《定西农谚》)
伏里耕一遍，强如秋里耕十遍。(《集成》)
伏里耕一遍，强如秋天耕三遍。(《清水谚志》)
伏里耕一椽，赛过秋后耕半年。(《定西汇编》)
伏里旱，秋里淹。(《集成》)
伏里洪水如浇油。(《白银民谚集》)
伏里划道沟，胜过犁三秋。(《集成》)
伏里划破皮，强似秋后耕一犁。(《天祝农谚》《中国农谚》)
伏里看三星，早来则秋冷，迟来秋暖。(《张掖气象谚》《甘肃天气谚》)
伏里烤，春雨少。(《甘肃天气谚》)
伏里犁地深，庄稼不亏人。(《中国农谚》)
伏里犁破皮，强过秋后犁几犁。(《谚海》)
伏里犁三遍，缸里有白面。(《甘肃选辑》《中国农谚》《定西农谚》《谚海》)
伏里犁三遍，柜里有白面。(《中国农谚》《定西农谚》)
伏里犁三遍，来年吃干面。(《甘肃选辑》《高台天气谚》《中国农谚》《谚海》)
伏里犁三遍，来年粮万石。(《定西农谚》)
伏里犁四绽，薄地出富汉。〔平凉〕(《甘肃选辑》)
伏里犁头带着三分水。〔兰州〕(《甘肃选辑》)
伏里犁歇地，强如种麦子。〔兰州〕(《甘肃选辑》)
伏里犁一遍，顶上十月犁十遍。〔张掖〕(《甘肃选辑》《中国农谚》)
伏里犁一遍，赛过秋天耕半年。(《定西农谚志》)
伏里漫一遍，粮食堆成山。(《定西农谚》)
伏里没雨，缸里没米。(《定西农谚》)
伏里耙一遍，强如犁几遍。〔张掖〕(《甘肃选辑》《中国农谚》)
伏里破个皮，强如秋后犁十犁。(《甘肃气候谚》)
伏里扦破头，强如秋里挣死牛。(《清水谚志》)
伏里三场雨，春里三场雨。(《甘肃天气谚》)
伏里三场雨，秋雨少，霜来得早。(《张掖气象谚》《甘肃天气谚》)

伏里三场雨，瓮里装满米。〔西和〕（《集成》）
伏里晒叶，秋里晒节。（《谚语集》）
伏里晒叶儿，秋里晒节儿。〔皋兰〕（《集成》）
伏里深耕田，赛过水浇田。〔兰州〕（《集成》）
伏里深耕田，赛过水浇园。（《甘肃选辑》《定西汇编》《定西农谚》）
伏里深一寸，等上千斤干牛粪。（《甘肃气候谚》）
伏里太子山见雪，来年秋旱。〔临夏〕（《甘肃天气谚》）
伏里无雨，九里无雪。（《武都天气谚》《中国气象谚语》《集成》）
伏里无雨，秋雨多。（《张掖气象谚》《甘肃天气谚》）
伏里西风水连天。（《集成》）
伏里雪大，冬里雪广。（《甘肃天气谚》）
伏里要犁地，九里要滚地。〔兰州〕（《甘肃选辑》）
伏里有好雨，锅里不缺米。〔庆阳〕（《集成》）
伏里有一秋，秋里有一伏。〔广河〕（《集成》）
伏里雨，缸里米。（《平凉汇集》《中国农谚》《谚海》）
伏里雨，囤①里米。（《集成》）
伏里雨大，冬里雪广。（《张掖气象谚》）
伏里雨多，九里雪多。（《甘肃天气谚》）
伏里越热，冬里越冷。（《甘肃天气谚》）
伏凉，冬冷；伏热，秋暖。（《张掖气象谚》《甘肃天气谚》）
伏露助天晒。（《谚海》《中国农谚》）
伏前深犁，伏天曝晒，晚灌冬水。〔张掖〕（《甘肃选辑》）
伏秋深耕能蓄墒。〔甘谷〕（《集成》）
伏秋有雨，九里雪多。（《张掖气象谚》《甘肃天气谚》）
伏上犁，九上种，庄稼不成你来把我问。〔临夏〕（《甘肃选辑》）
伏天不起尘，起尘饿死人。（《集成》）
伏天锄地，抗旱增水。〔酒泉〕（《集成》）
伏天锄一遍，胜似秋后耕一遍。（《集成》）
伏天打破皮，强如秋里拿杠犁。（《谚语集》）
伏天打破头，强如秋里挣死牛。（《谚语集》）
伏天的树叶子地，掉在树下烂成泥。（《宁县汇集》）
伏天的水贵如油。〔甘南〕（《甘肃选辑》）
伏天的雨，就是来年锅里的米。〔甘南〕（《甘肃选辑》）

① 囤：又作“盆”。

伏天翻地早收割，地翻三次坐茬多。〔甘南〕(《甘肃选辑》)
伏天房上瓦不干。〔镇原〕(《集成》)
伏天耕地一碗油，秋天耕地白挣牛。(《甘肃气候谚》)
伏天耕三遍，来年抗旱不困难。〔天水〕(《甘肃选辑》)
伏天耕四遍，薄地养富汉。(《集成》)
伏天刮破皮，胜似秋后犁一犁。(《张氏农谚》《费氏农谚》《中国农谚》)
伏天划破皮，胜过秋上[1]犁十犁。(《平凉汇集》《中国农谚》)
伏天划破皮，秋天拉断犁。(《定西农谚》)
伏天浇一水，顶歇一年地。〔华池〕(《集成》)
伏天犁地有三宝，草死虫死保墒好。〔甘南〕(《甘肃选辑》)
伏天犁地有三好，虫死草死土变好。(《平凉气候谚》)
伏天犁红胶，黄牛耕[2]断腰。〔甘南〕(《甘肃选辑》《中国农谚》)
伏天犁破皮，强如春天耕一犁。(《临洮谚语集》)
伏天犁头铧，富汉变穷汉；伏天犁二铧，穷汉变富汉。〔山丹〕(《集成》)
伏天热，冬暖和。〔山丹〕(《集成》)
伏天晒，晒粮食；伏天雨，无收成。〔积石山〕(《集成》)
伏天深耕地，顶上一层油。(《宁县汇集》)
伏天深耕田，赛过水浇园。(《天祝农谚》《中国农谚》)
伏天歇地耕三遍，能叫穷山变富川。(《集成》)
伏天雨，贵如油。(《岷县农谚选》)
伏天雨，盆盛米。(《中国谚语资料》《中国气象谚语》)
伏天雨大，冬天雪大。(《集成》)
伏天早上凉飕飕，午后冰雹打破头。(《甘肃天气谚》)
伏天抓破皮，强似秋后犁一[3]犁。(《定西汇编》《中国农谚》)
伏头有雨雨涟涟，伏头无雨三伏干。(《集成》)
伏雨对冬雪。(《集成》)
伏雨多，秋雨多。(《甘肃天气谚》)
伏雨难求，伏草难留。(《集成》)
伏中草，拿棒搅。(《集成》)
旱天无露水，伏天无夜雨。(《两当汇编》)
旱在伏里，涝在秋里。(《集成》)

---

① 秋上：《中国农谚》作“秋后”。
② 耕：《中国农谚》作“躬”。
③ 一：《中国农谚》作“十”。

黑土性凉，一到伏里才有劲。〔兰州〕（《甘肃选辑》）

黑油土阴湿地温低，必须伏天翻晒。（《甘肃选辑》）

碱地怕的伏里水。（《甘肃选辑》《中国农谚》）

今年伏耕地，明有千石粮。（《静宁农谚志》）

毛毛山别是一天涯，但见皮衣不见纱，说与人来人不信，六月天伏天飘雪花。（《白银民谚集》）

你有你的伏耕地，我有我的尿脬灰。〔平凉〕（《集成》）

你有千石粮，我有伏耕地。（《宁县汇集》）

你有万石粮，我有伏耕地。〔华亭〕（《集成》）

秋里犁歪辕，不如伏里铲尖尖。〔甘谷〕（《集成》）

若想吃干面，伏里犁三遍。（《甘肃选辑》《中国农谚》《定西农谚》）

若要吃白面，伏里耕几遍。（《陇南农谚》《定西汇编》）

若要当富汉，伏里耕四掺；若要当穷汉，十月里耕头掺。（《定西农谚志》）

若要当富汉，伏里犁三轮；若要当穷汉，伏里犁头遍。（《天祝农谚》）

若要当富汉，伏里犁四遍；若要当穷汉，伏里耕头遍。（《定西农谚》）

若要地壮，伏水泡胀。〔华池〕（《集成》）

三要锄，四要粪，伏里耕，九里种，牙猪尿尿，母猪粪。〔定西〕（《甘肃选辑》）

深耕一寸土，能防三伏旱。〔甘南〕（《甘肃选辑》）

瘦地怕勤汉，伏里犁二遍；肥地怕懒汉，十月犁①头遍。（《甘肃选辑》《敦煌农谚》）

暑伏天，冒青烟，蓑衣斗篷不离肩。（《集成》）

四月寒，六月潭；数伏凉，浇倒墙。（《集成》）

五月初一刮东风，伏里热风强。（《甘肃天气谚》）

下了伏头，旱了伏尾。（《静宁农谚志》）

下在伏头，淋在伏里。（《张掖气象谚》《甘肃天气谚》）

夏不热，冬不冷，伏热秋暖冬天冷。（《甘肃天气谚》）

夏季无雨三伏热，三伏有雨秋后热。（《集成》）

夏有雨，三伏旱。〔甘南〕（《甘肃选辑》《中国气象谚语》）

夏在三伏头。（《集成》）

想吃来年粮，伏里下几场。〔兰州〕（《集成》）

想吃来年米，全看头伏雨。（《定西农谚》）

想吃米，伏里下大雨；想吃油，伏里晒日头。（《集成》）

---

① 犁：《敦煌农谚》作“才犁”。

要吃川里米，伏里三场雨；要吃山里面，就要伏里旱。(《会宁汇集》)

要吃缸里米，伏里三场雨。(《平凉气候谚》)

要吃缸里米，伏里三场雨；要吃缸里油，伏里晒日头。(《中国农谚》《谚海》)

要吃缸里米，伏里下透雨。(《静宁农谚志》)

要吃缸里油，春雨以后晒日头；要吃缸里米，伏里三场雨。(《谚海》)

要吃缸里油，伏里晒日头；要吃缸里米，伏里三场雨。(《平凉汇集》)

要吃来年的米，当年伏上下大雨。〔临夏〕(《甘肃选辑》《中国农谚》《谚海》)

要吃来年米，伏里几[①]场雨。(《定西农谚志》《定西农谚》)

要吃来年米，伏里下透雨。(《临洮谚语集》)

要吃来年米，就得伏里下透雨。(《定西农谚》)

要吃来年米，全看伏里雨。(《中国农谚》《中国气象谚语》《集成》)

要吃面，伏内多流汗。(《酒泉农谚》)

要吃馍，九月的雪；要吃米，伏里的雨。〔张掖〕(《甘肃选辑》)

要得吃白面，伏里耕[②]三遍。(《甘肃选辑》《甘肃气候谚》《定西农谚》)

要得庄稼好，伏里不旱也不涝。(《酒泉农谚》)

要靠庄稼吃饱饭，伏天必须犁三遍。〔临夏〕(《甘肃选辑》)

要使麻油香，伏里晒太阳。(《中国谚语资料》《中国农谚》《谚海》《集成》)

要想吃饱饭，伏里耕三遍。〔徽县〕(《集成》)

要想当富汉，伏里犁二遍。〔临夏〕(《甘肃选辑》)

要想当富汉，伏里犁二掺；要想当穷汉，伏里犁头掺。(《山丹汇集》)

要想庄稼好，晒死伏里草。〔平凉〕(《甘肃选辑》)

要想庄稼长茂，必须伏天晒日头[③]。〔甘南〕(《甘肃选辑》)

一场一场白，伏天晒死贼。(《甘肃气候谚》)

杂草怕瘦汉，恐怕伏天犁头遍。〔甘南〕(《甘肃选辑》)

庄稼人要吃面，伏里把地犁一[④]遍。(《甘肃选辑》《中国农谚》《定西农谚》《谚海》)

人凭五谷长，地靠伏里耕。〔甘谷〕(《集成》)

庄稼人要吃油，伏里晒日头。(《定西农谚》)

庄稼要想长得好，伏里锄地很重要。(《岷县农谚选》)

---

① 几：《定西农谚》作“三”。

② 耕：《定西农谚》作“犁”。

③ 原注：黑油土阴湿地温低，必须伏天翻晒。

④ 一：《定西农谚》作“三”。

庄稼要长好，伏里犁地很必要。〔定西〕（《甘肃选辑》）

分 说

一伏里的雨，就是来年锅里的米。（《中国农谚》）
一伏一寒生，一九一阳生。（《集成》）
一伏一犁，三伏三翻。〔平凉〕（《甘肃选辑》《甘肃气候谚》）
云结伏头前，半月不见天；云结伏头后，无水去饮牛。〔正宁〕（《集成》）
初伏下了雨，不是长芽就是秕。〔山丹〕（《集成》）
淋伏头，晒伏尾。（《费氏农谚》《庆阳汇集》《宁县汇集》《甘肃选辑》《平凉气候谚》《中国农谚》《武都天气谚》《甘肃天气谚》《中国气象谚语》《集成》）
淋伏头，晒伏尾，伏里东风不下雨。（《两当汇编》）
漏头伏，干二伏。（《武都天气谚》《甘肃天气谚》《集成》）
漏头伏，干九洲。〔天水〕（《甘肃选辑》《中国农谚》）
入伏北风当天坏[1]。（《集成》）
入伏当天有雨，伏里干。（《甘肃天气谚》）
入伏后上山拉雾，就有秋旱。（《甘肃天气谚》）
入伏十天割埂草。（《酒泉农谚》）
入了伏，手[2]不离锄。（《岷县农谚选》《甘肃选辑》《定西汇编》《中国农谚》）
晒伏头，淋伏头。（《中国谚语资料》《谚海》）
首伏有雨，伏伏有雨。（《泾川汇集》《甘肃选辑》《甘肃气候谚》《中国气象谚语》）
头伏冰雹落，以后冰雹多。（《武都天气谚》《甘肃天气谚》《集成》）
头伏初，热风防。（《甘肃天气谚》）
头伏打尖儿，二伏打杈儿。（《中国农谚》《谚海》）
头伏二伏不见热，冬雪一定不会多。〔合水〕（《集成》）
头伏见了雨，三伏靠[3]到底。〔甘南〕（《甘肃选辑》《中国农谚》《甘肃天气谚》）
头伏浇，二伏漂，三伏过来没了腰。（《集成》）
头伏老山白，来年五月旱。〔临夏〕（《甘肃天气谚》）
头伏连阴二伏旱，三伏有雨吃饱饭。（《中国农谚》）
头伏热，冬雪多。（《集成》）
头伏无雨伏伏旱。（《武都天气谚》《甘肃天气谚》《中国气象谚语》《集成》）

---

① 坏：《集成》又作“雨”。
② 《甘肃选辑》《定西汇编》无“手”字。
③ 靠：《甘肃天气谚》作“晒”。

头伏下，伏伏下。（《两当汇编》）

头伏下了雨，中伏末伏晒到底。（《甘肃天气谚》）

头伏下一点，岷县城里买大碗。（《岷县农谚选》）

头伏下一阵，有雨迟到[①]三伏尽。（《甘肃天气谚》《集成》）

头伏下一阵，有雨要到七月中。（《集成》）

头伏下雨三伏旱。（《甘肃天气谚》）

头伏下雨中伏旱，有雨要到七月半。（《甘肃天气谚》）

头伏一碗油[②]，二伏半碗油，三伏没有油。〔平凉〕（《集成》）

头伏一碗油，中伏半碗油，三伏没了油。〔泾川〕（《谚海》）

头伏有雨，伏伏有雨。（《庆阳汇集》《宁县汇集》《甘肃选辑》《定西农谚志》《中国农谚》）

头伏有雨，九九有雪。（《甘肃天气谚》）

头伏有雨伏雨好，头伏无雨伏雨少。（《武都天气谚》《中国气象谚语》）

头伏有雨末伏旱，伏伏有雨吃饱饭。（《集成》）

头伏有雨三伏旱，三伏有雨吃饱饭。〔平凉〕（《集成》）

头伏有雨中伏旱，有雨除非七月半。（《集成》）

头伏雨[③]，伏伏雨，头伏不雨干到底。（《清水谚志》《甘肃天气谚》《集成》）

庄稼汉[④]要吃米，一伏三场雨。（《宁县汇集》《静宁农谚志》《会宁汇集》《中国农谚》）

庄稼汉要吃米，一伏三场雨；庄稼汉要吃面，九九雪不断。（《定西农谚》）

六月里，数二伏，天长夜短日头毒。（《集成》）

冷在三九[⑤]，热在中伏。〔天水〕（《甘肃选辑》）

热在伏中，冻在三九。（《庆阳汇集》《泾川汇集》《平凉汇集》）

头二三伏天气冷[⑥]，明年收成有保证。〔定西〕（《甘肃选辑》《中国气象谚语》）

头二三伏下三场大雨，冬里[⑦]雪多。（《张掖气象谚》）

中伏不见雨，及时来放水，伏天收底墒，丰收有希望。（《平凉汇集》）

中伏不热秋不收，三九不冷夏不收。（《定西农谚》）

中伏不热秋无收。（《谚语集》）

---

① 迟到：《集成》〔西和〕作“除非”。

② 油：原注指伏耕的收获。

③ 头伏雨：《集成》〔清水〕作“头伏有雨”。

④ 汉：《会宁汇集》作“人”。

⑤ 三九：原作“二伏”，语义矛盾，据通行谚改。

⑥ 冷：《中国气象谚语》作“凉”。

⑦ 冬里：原注指立冬到头九。

中伏见穗，末伏穗齐。〔甘谷〕(《集成》)

中伏犁三遍，必定成富汉。〔岷县〕(《集成》)

中伏热得冒了烟，三九冷得没处钻。(《集成》)

中伏未满秋来到，光棍汉戴上忧愁帽。(《集成》)

中伏下菜秧，寒露取菜苗。(《中国农谚》)

热不过三伏，冻不过三九。(《定西农谚》《集成》)

热在三伏，冻在三九。(《宁县汇集》《甘肃选辑》《甘肃天气谚》《中国气象谚语》)

三伏不热，三九不冷。(《集成》)

三伏不热是雨连，三九不冷倒春寒。(《集成》)

三伏不受旱，一亩打四石。〔庆阳〕(《集成》)

三伏不受旱，一亩打五石。〔天水〕(《中国农谚》《谚海》)

三伏热，冬天多雨雪。(《武都天气谚》《甘肃天气谚》《中国气象谚语》)

三伏热，冬天多雨雪；三伏凉，浇到墙。(《两当汇编》)

三伏热难当，冬雪压塌房。〔环县〕(《集成》)

三伏热似火，一雨便成秋。(《集成》)

三伏深翻好，灭虫又灭草。〔民乐〕(《集成》)

三伏受旱，每亩打过石。(《庆阳汇集》《平凉气候谚》)

三伏天闷热，必定下雨。(《文县汇集》)

三伏下了雨，三伏旱到底。(《白银民谚集》)

三伏先雾不下雨，三九先雾雪花飘。(《集成》)

三伏要把透雨下，一耱能打石七八。(《泾川汇集》)

三伏要热，五谷多结；三伏不热，五谷不结。(《集成》)

三伏有雨秋雨少。(《集成》)

三伏之中无酷热，田中五谷都不结。(《谚海》)

庄稼汉要吃米，三伏三场雨。(《宁县汇集》《静宁农谚志》《中国农谚》)

庄稼汉要吃油，三伏晒日头。(《定西农谚》)

数　九[①]

概　说

九打墒，春打光。(《甘肃选辑》《天祝农谚》)

---

① 从冬至开始算起，进入“数九”，俗称“交九”，以后每九天为一个单位，谓之某“九”，过了九个“九”，刚好八十一天，即为“出九”。

九对九，冻死狗。（《集成》）

九寒伏雨多，九暖伏雨少。（《集成》）

九里北风多，来年冰雹多。〔民乐〕（《集成》）

九里不冷，春上多风。（《武都天气谚》《甘肃天气谚》《中国气象谚语》《集成》）

九里不冷夏不收，伏里不热秋不收。（《定西农谚》）

九里不下，春雪多。（《张掖气象谚》《甘肃天气谚》）

九里常流水，渴死老黄牛。（《甘肃天气谚》）

九里潮气大，夏秋雨多。（《甘肃天气谚》）

九里吹西北风，来年伏里有暴雨。（《甘肃天气谚》）

九里打破头，强着春天挣死牛。〔张掖〕（《甘肃选辑》《中国农谚》）

九里打墒，春天打光。〔张掖〕（《甘肃选辑》《甘肃气候谚》《中国农谚》）

九里大风[①]多，伏里暴雨多。（《甘肃天气谚》《集成》）

九里的风对伏里的雹，风大雹也重。（《武都天气谚》《甘肃天气谚》《中国气象谚语》）

九里的磙子，提水的桶子。（《甘肃选辑》《定西农谚》）

九里的雪，请来[②]的客。〔张掖〕（《甘肃选辑》《中国谚语资料》《中国气象谚语》）

九里东风多，伏里东风也多。（《甘肃天气谚》）

九里冻死牛，伏里热死牛。〔宁县〕（《集成》）

九里多东风，伏里多东风。（《张掖气象谚》）

九里风多，伏里雨多。（《集成》）

九里刮大风，今年雹灾重。（《甘肃天气谚》）

九里冷，伏里热。（《酒泉农谚》）

九里泉水发得旺，来年雨水广。（《甘肃天气谚》）

九里霜挂树，伏里雨连绵。〔广河〕（《集成》）

九里水长流，六月渴死牛。（《酒泉农谚》）

九里特冷，伏里特热。（《集成》）

九里无雪，伏里无雨。（《集成》）

九里雾多，春上雨多。（《甘肃天气谚》）

九里下雪，春里病少。（《集成》）

九里下雪春雪少，三月四月雨水多。（《甘肃天气谚》）

---

① 大风：《集成》作“大雨”。

② 来：《中国谚语资料》作“到”。

九里下一场，狗见剩饭不尝。〔甘南〕(《甘肃选辑》)

九里雪多，对应月里降水多。(《甘肃天气谚》)

九里一场风①，伏里一场雨。(《中华农谚》《甘肃选辑》《中国农谚》《武都天气谚》《甘肃天气谚》《中国气象谚语》《谚海》《集成》)

九里有一暑，暑里有一九。〔酒泉〕(《集成》)

九上一场风，伏上一场雨。〔临夏〕(《甘肃选辑》《中国气象谚语》)

九上种，伏上犁，来年下种保墒气。〔临夏〕(《甘肃选辑》)

九上种，伏上犁，庄稼稠来杂草稀。(《集成》)

九有雪，伏有雨；九不雪，伏不雨。(《定西农谚》)

没有九雪，难得伏雨。(《集成》)

没有九雪，难下伏雨。(《定西农谚》)

哪一九肯下，哪一个月下得就多。(《张掖气象谚》)

哪一九里有大风，来年哪一月里有大雨。(《甘肃天气谚》)

哪一九有大风，哪一月有大雨。(《集成》)

数九寒天雪花飞，闭着眼睛好吃麦。(《集成》)

数九数月头，冻死鸡和牛。〔山丹〕(《集成》)

田种在九里，晒死晒活有哩。(《谚语集》)

要吃馍，九里的雪；要吃米，伏里的雨。〔张掖〕(《中国农谚》《谚海》)

种在九里，收在手里。〔兰州〕(《甘肃选辑》)

分　说

川地要种一九田。(《会宁汇集》)

冬季交九前后，常有雪。(《甘肃天气谚》)

交九不冻来年旱，三九南风头伏旱。(《集成》)

交九不冷，东风多。(《甘肃天气谚》)

交九还不冻，次年就要旱。(《甘肃天气谚》)

交九交暖哩，入伏人冷哩。〔华亭〕(《集成》)

交九遇九，冻得人直抖。(《集成》)

进九雪，出九热。(《集成》)

九重九②，冻死狗。(《甘肃天气谚》《集成》)

拦九头，打一棒③，一冬天，不上炕。(《集成》)

---

① 风：《集成》又作“雪”。

② 九重九：交九的这天逢九日，习称“重九”。

③ 打一棒：谓下雪。

暖在头九，旱在初春。〔庆阳〕（《甘肃天气谚》《集成》）

头二九东风多，伏里东风多。（《甘肃天气谚》）

头九不落雪，就不落雪了。（《张掖气象谚》）

头九第三天吹南风，三月里有雨。（《甘肃天气谚》）

头九二九，关门闭守①。〔武威〕（《集成》）

头九二九暖，叫花子撂过碗。（《集成》）

头九二九热，三九四九冻破手。〔天水〕（《甘肃选辑》《中国气象谚语》）

头九二九下了雪，头伏二伏雨不缺。〔敦煌〕（《集成》）

头九风，九九风。（《武都天气谚》《甘肃天气谚》《定西农谚》《中国气象谚语》）

头九寒，九九暖；头九暖，九九寒；头九风，九九风；头九冷，春不寒。（《集成》）

头九冷，春不寒。（《甘肃天气谚》）

头九凉，二九热，三九四九都没雪。（《张掖气象谚》《甘肃天气谚》《集成》）

头九没雪，九九没雪。〔张掖〕（《集成》）

头九暖，春必寒。（《集成》）

头九暖，二九冻破脸，三九冻的钻坑眼。（《岷县农谚选》）

头九热日去，二九冷死贼。（《文县汇集》）

头九天冷，来年雪多。（《甘肃天气谚》）

头九雪多，正月雪也多。（《甘肃天气谚》）

头九一场雪，半年雨不缺。（《武都天气谚》《集成》）

头九一场雪，九九当六月。（《集成》）

头九一场雪，来年雨不缺。（《高台农谚志》《清水谚志》《甘肃天气谚》《定西农谚》《中国气象谚语》《集成》）

头九有雪，九九有雪。（《张掖气象谚》《甘肃天气谚》）

头九雨多，正月雪多。（《平凉气候谚》）

头三九有雪，四九五九有大雪。（《甘肃天气谚》）

一九吹大风有暴雨。（《定西农谚志》）

一九对一月，二九对二月。（《张掖气象谚》）

一九二九，背起粪篓。〔华亭〕（《集成》）

一九二里半②。（《会宁汇集》《清水谚志》）

---

① 守：原作“手”。

② 《会宁汇集》注：日落的地方，每过一九，由西北向西南移二里半，亦即白昼逐渐增长。

一九好天，九九好天。(《集成》)

一九晴，九九晴；一九阴，九九阴。〔庆阳〕(《集成》)

一九生一芽，九九遍地青[①]。(《甘肃选辑》《甘肃气候谚》《集成》)

一九雪一场，狗把剩饭都不尝。(《谚海》)

一九一白，狗不吃黑。(《定西农谚》)

一九一白，瘦狗喂饱。(《岷县农谚选》)

一九一层霜，庄稼比人长。(《甘肃天气谚》)

一九一场，狗连剩饭不尝。〔甘南〕(《甘肃选辑》《中国农谚》)

一九一场，粮食满仓。〔甘南〕(《甘肃选辑》《中国农谚》)

一九一场白，猪狗不吃黑。(《定西农谚》)

一九一场风，一伏一场雨，吹几场下几场[②]。(《白银民谚集》《靖远农谚》)

一九一场伏，伏九一场空。(《白银民谚集》)

一九一场雪，狗把剩饭都不尝。(《中国谚语资料》)

一九一场雪垛垛，狗娃不吃黑馍馍。(《会宁汇集》)

一九一场雨，粮食积成堆。(《甘肃天气谚》)

一九一次雪，粮食长得整。(《甘肃选辑》《定西汇编》)

一九一轮霜，庄稼比人长。〔甘南〕(《甘肃选辑》《中国农谚》)

一九一秋生，九九遍地青。〔定西〕(《甘肃选辑》)

一九一雪白，伏天晒死贼。〔甘南〕(《甘肃选辑》《中国农谚》)

一九一芽生，九九变成金。〔灵台〕(《集成》)

一九一芽生，九九遍地青。(《岷县农谚选》《平凉汇集》《中国农谚》)

一九一阳生，九九遍地青。(《甘肃农谚》《民勤农谚志》《定西农谚》《集成》)

一九一阳生，九九遍地生。(《清水谚志》《定西农谚》)

一九整一遍，每亩能打二三石。〔张掖〕(《甘肃选辑》《甘肃气候谚》《中国农谚》)

二九下了雪，不愁来年吃喝穿。(《张掖气象谚》)

大雾年年有，不在三九在四九。(《集成》)

今年三九有大雪，来年六七月里[③]有大雨。(《酒泉农谚》《甘肃天气谚》)

冷不过三九，热不过中伏。〔庆阳〕(《集成》)

冷不过三九。(《甘肃气候谚》)

---

① 青:《集成》〔张家川〕作“麻”。

② 《白银民谚集》无末句。

③ 《甘肃天气谚》无“里”字。

冷在三九，热在三伏。（《山丹天气谚》《民勤农谚志》《临洮谚语集》《甘肃天气谚》）

冷在三九，热在中伏。（《朱氏农谚》《费氏农谚》《鲍氏农谚》《新农谚》《两当汇编》《定西汇编》《集成》）

穷地里出富汉，暑地里犁七串，富地里出穷汉，三九天里犁头串。〔张掖〕（《甘肃选辑》《中国农谚》）

三九不冻夏不收，伏里不热秋不收。（《定西县志》）

三九不冻[①]夏不收，三伏不热秋不收。（《定西农谚》）

三九不冻夏不收，中伏不晒秋不收。（《甘肃选辑》《中国农谚》）

三九不冻夏不收。（《定西农谚志》）

三九不冷，来年六月少雨。（《甘肃天气谚》）

三九不冷冬春旱，春旱不冷有伏旱。（《武都天气谚》《甘肃天气谚》）

三九不冷看六九，六九不冷倒春寒。〔漳县〕（《集成》）

三九不冷夏不收，中伏不热秋不收。〔合水〕（《中国谚语资料》《中国农谚》《甘肃气候谚》《集成》）

三九不冷夏不收，中暑不热秋不收。（《中国农谚》）

三九不冷夏无收。（《谚语集》）

三九不热夏不收，中伏不晒秋不收。（《会宁汇集》《定西汇编》）

三九茬茬，冻死娃娃。（《集成》）

三九大风多，来年烤。（《甘肃天气谚》）

三九的磙子，提水的桶子。〔张掖〕（《中国农谚》）

三九二十七，见火亲如蜜。（《山丹天气谚》）

三九河边憯[②]，人马死一半。（《集成》）

三九河边笑，有米不敢粜。（《集成》）

三九冷，花田好。（《甘肃天气谚》）

三九里热了，没热风[③]。（《甘肃天气谚》）

三九里晒得水长流，六月里渴死老黄牛。（《张掖气象谚》）

三九没雪，三伏没雨。（《武都天气谚》《甘肃天气谚》《集成》）

三九没雪夏不收，中伏不晒秋不收。〔清水〕（《集成》）

三九暖，叫花子撇了行口碗。（《甘肃农谚》）

三九热，伏里冰雹多。（《武都天气谚》《甘肃天气谚》《中国气象谚语》

---

① 冻：又作“冷”。

② 河边憯：方言，原注谓气候转暖，河水解冻。

③ 原注：三九里风多、雪多、冷，伏里有热风。

《集成》)

三九三，冻破砖，冻得野狐没处钻。(《集成》)

三九三，冻破砖。〔天水〕(《甘肃选辑》《甘肃气候谚》)

三九三，看马兰。(《定西县志》《定西农谚》)

三九三，看马莲，马莲三分长，庄稼一定强。(《会宁汇集》)

三九三，看马莲。(《甘肃农谚》《甘肃选辑》《甘肃气候谚》《集成》)

三九曙，打春冷，春雨少。(《甘肃天气谚》)

三九水长流，来年渴死牛。〔酒泉〕(《集成》)

三九四九下得大，春上必然下得少，四五六七月雨水大。(《张掖气象谚》《甘肃天气谚》)

三九四九下得大，四五六七月雨水多。(《张掖气象谚》)

三九四九下得多，春上必然下得少。(《张掖气象谚》《甘肃天气谚》)

三九天吹山，三伏天雨雹下的争。(《宁县汇集》《甘肃选辑》)

三九天晒得水淌，六月里渴死老牛。〔清水〕(《集成》)

三九消了河，狗都吃的白面馍。〔灵台〕(《集成》)

三九消了河，来年多病痾。(《集成》)

三九雪雁来早，三伏雨燕归迟。(《集成》)

三九要冷，三伏要热。(《宁县汇集》《甘肃选辑》《中国气象谚语》)

三九要冷，三伏要热；不冷不热，五谷不结。(《静宁农谚志》《平凉气候谚》)

三九以前雪下得大，来年旱得狠。(《甘肃天气谚》)

三九应三伏，三九管三伏。(《定西农谚》)

冬雪绵绵四九天，明年必定是丰年。〔临泽〕(《集成》)

四九半，冻了锅里饭。〔庆阳〕(《集成》)

四九不开天，开了一半天。(《集成》)

四九不下雪，明春气候冷。(《甘肃天气谚》)

四九冷，春雨多。(《甘肃天气谚》)

四九南风六月旱。(《武都天气谚》《甘肃天气谚》《中国气象谚语》《集成》)

四九五九，顺河看柳，七九八九精屁股。(《岷县农谚选》)

四九五九，顺河看柳。〔定西〕(《甘肃选辑》)

四九消了河，来年庄稼好。〔岷县〕(《集成》)

四九雪不流，六月渴死牛。(《集成》)

四九雪消人少见，阎王忙着把人换。〔环县〕(《集成》)

严寒三九夜里冷。(《集成》)

雨打三九头，明年吃饭不用愁。(《集成》)

雨雪连绵四九天。(《鲍氏农谚》《中国谚语资料》《中国农谚》《谚海》)

雨雪年年有，不在[①]三九在四九。(《甘肃农谚》《费氏农谚》《鲍氏农谚》《中国谚语资料》《中国农谚》《两当汇编》《谚海》)

中秋热得冒了烟，三九冷得没处钻。(《集成》)

五九半，凌花散。〔西峰〕(《集成》)

五九六九，河边插柳。(《中国农谚》)

五九五九，转眼娃娃墙边守。(《酒泉农谚》)

五九消井口。(《集成》)

五九一场雪，来年雨不缺。(《定西农谚》)

瞎五九，冻死狗。(《甘肃农谚》《定西农谚》)

九倒座[②]，秋天好。(《甘肃天气谚》)

六九半，冰消散。(《甘肃农谚》)

七九八九，背[③]上耙走。〔张掖〕(《甘肃选辑》《集成》)

七九八九，耕牛遍地走。(《中国农谚》)

七九八九，精屁股[④]娃娃拍手。(《定西农谚》《集成》)

七九八九，精身娃娃拍手。(《临洮谚语集》)

七九六十三，皮袄脱给老驴穿。〔永登〕(《集成》)

七九鸭子八九雁，九九黄牛遍地转。(《酒泉农谚》)

七九鸭子八九雁，九九上来火连半[⑤]。〔酒泉〕(《集成》)

七九鸭子八九雁，九头上埂边子转。(《集成》)

北风送九，干地船走；南风送九，旱干山头。(《集成》)

北风送九九，水淹江边柳。(《集成》)

不怕九九吹，就怕九九归。(《定西农谚》)

出九南风三伏旱。(《费氏农谚》《集成》)

端碗吃白面，九九雪不断；端碗要吃米，伏伏不离雨。〔正宁〕(《集成》)

河水几九满，几九雨水多。(《定西农谚志》)

九后一场雪，百日有大雨。(《集成》)

九尽河开，喉痞子上街。(《甘肃农谚》)

九尽花不开，田里无秧插。〔陇南〕(《集成》)

九尽花开。(《岷县农谚选》)

九尽了，种混了。(《清水谚志》)

---

① 不在：《中国谚语资料》作“就在”。

② 原注：指六九后倒冷了。

③ 背：《集成》〔武威〕作“跟”。

④ 精屁股：《集成》〔永登〕作“精尻子”。

⑤ 火连半：原注指一种候鸟，随气候转暖，在惊蛰前后北移。

九尽一场风，粮食搅籽空①。（《集成》）

九尽一场风，小米贵如金。（《集成》）

九尽一场寒，必定有灾年。（《集成》）

九尽一场雪，百日发大水。〔山丹〕（《集成》）

九尽一场雪，粮食熟得憋。（《平凉汇集》）

九尽一日晴，定然好收成。（《集成》）

九九八十一，老汉顺墙立。（《文县汇集》）

九九八十一，脱下寒衣换夹衣。（《甘肃农谚》）

九九不下看十三，十三没雨一冬干。（《平凉汇集》《中国农谚》）

九九吹大风，伏伏有大雨。（《靖远农谚》）

九九春河冻，米面憋破瓮。（《集成》）

九九对伏伏：九九东南风强，伏伏热风强。（《甘肃天气谚》）

九九对各月，九九有雪，各月都有雨；九九风大，各月无雨。（《张掖气象谚》）

九九对九九，镰把拿在手。（《静宁农谚志》）

九九刮大风，来年四五月雨水好。（《甘肃天气谚》）

九九归一，深耕细犁受籽。〔张掖〕（《甘肃选辑》）

九九黄风多，来年冰雹多。（《甘肃天气谚》）

九九加一九，犁②铧遍地走。〔张掖〕（《甘肃选辑》《中国农谚》《甘肃天气谚》）

九九结，阴坬阳坬拿杠别。（《集成》）

九九尽，冻一阵。（《集成》）

九九尽，开杠③种。（《岷县农谚选》《甘肃选辑》）

九九尽，快送粪。（《集成》）

九九尽，满犁种。〔甘南〕（《甘肃选辑》《中国农谚》）

九九尽，阳屲阴屲都开种。（《定西农谚》）

九九尽，阴屲阳屲拿犁种。〔临夏〕（《甘肃选辑》）

九九近，开始种；九尽了，种混了。（《定西农谚》）

九九近，快送粪。（《定西农谚》）

九九看十三，十三不过一冬干。（《静宁农谚志》）

九九看一年，立夏看伏天。（《集成》）

---

① 搅籽空：方言，原注指粮食播种时籽种出土，损失大，不好抓苗。

② 犁：《甘肃选辑》〔兰州〕作“耧”。

③ 杠：《甘肃选辑》作“犁”。

九九南风伏里干。(《费氏农谚》《中国气象谚语》)

九九南风伏内干。(《武都天气谚》《甘肃天气谚》)

九九天，收拾耧张忙种田。(《会宁汇集》)

九九头上就开耧，一亩能打石八九。(《中国农谚》)

九九完，快备田。〔岷县〕(《集成》)

九九下薄雪，穷人受磨缺[①]。(《集成》)

九九雪多，九月雨多。(《平凉气候谚》)

九九雪多，九月雨多；头九雨多，正月雨多。(《静宁农谚志》)

九九一场雪，来年错不得。(《甘肃天气谚》)

九九一场雪，年成不得结。(《集成》)

九九有霜，月月有雨。(《靖远农谚》)

九九有雪，伏伏有雨。(《中华农谚》《甘肃农谚》《费氏农谚》《庆阳汇集》《宁县汇集》《静宁农谚志》《甘肃选辑》《白银民谚集》《靖远农谚》《天祝农谚》《中国农谚》《两当汇编》《平凉气候谚》《张掖气象谚》《甘肃天气谚》《谚语集》《中国气象谚语》)

九九有雪，月月有雨。(《定西农谚》)

九九有雪夏雨多，九九无寒秋雨大。(《张掖气象谚》)

九九有雨伏伏旱。(《武都天气谚》《甘肃天气谚》《中国气象谚语》)

九九再一九，山地耧[②]铧遍地走。(《会宁汇集》《定西汇编》)

庄稼汉要吃饭[③]，九九雪不断。(《甘肃农谚》《集成》)

九九歌

冬至属一九，两手藏袖口；二九一十八，口中似吃辣；三九二十七，见火亲如蜜；四九三十六，关门去守炉；五九四十五，开门寻暖处；六九五十四，杨柳发细枝；七九六十三，行人把衣袒；八九七十二，柳絮长翅儿；九九八十一，每天早上地。(《高台农谚志》)

头九二九，冻破岔口[④]；三九四九，关门闭守；五九六九，开门大走；七九鸭子八九雁，九九耱子耧铧遍地走。(《靖远农谚》)

头九二九，关门闭守；三九四九，冻破岔口；五九六九，精沟子娃娃拍手。(《酒泉农谚》)

---

① 磨缺：方言，折磨或欺负。

② 耧：《定西汇编》作“犁”。

③ 饭：《集成》〔庆阳〕作“面”。

④ 岔口：指虎口，原作“茶口”，今正之。以下径改之，不再出校。

头九二九，关门闭守；三九四九，冻破岔口；五九六九，行人甩手；七九八九，冰上少走；九九加一九，犁头遍地走。（《甘肃天气谚》）

头九二九，关门闭守[①]；三九四九，冻破岔口；五九六九，阴坡看柳；七九八九，娃娃拍手；九九加九，犁铧牛遍地走。（《白银民谚集》）

头九二九，关门闭守；三九四九，冻破岔口；五九六九，走路摆手；七九八九，冰上少走；九九加一九，耕牛遍地走。（《高台农谚志》）

头九二九，关门死守；三九四九，冻破岔口；五九六九，沿河看柳；七九八九，净肚郎娃娃拍手；九九加一九，耧[②]铧儿遍地走。（《中国谚语资料》《谚海》）

头九二九不出手；三九四九冰上走；五九六九冻死狗；七九八九，沿河看柳；九九再一九，耕牛遍地走。（《定西农谚》）

头九二九冻破手；三九四九冰桥走；瞎五九，冻死狗，春打六九头；七九河开，八九雁来；九九尽，庄稼人拾掇牛耕绳。〔兰州〕（《集成》）

头九二九暖；三九四九冻破脸；五九六九，沿河看柳；七九八九，精屁股娃娃拍手；九九末，阳坬阴坬拿杠别。（《定西农谚》）

头九暖，二九冻破脸；三九四九，闭门自守；五九六九，沿河插柳；七九八九，精屁眼[③]娃拍手。（《定西汇编》）

头九暖，二九冻破脸；三九四九，冻破岔头；五九六九，沿河看柳；七九八九，精[④]屁眼娃娃拍手。（《甘肃农谚》）

头九暖，二九冻破脸；三九四九，冻破石头；五九半，冰消散。（《谚海》）

头九暖，二九冷；三九四九，关门死守；五九六九，河里洗手；七九八九，顺河看柳；九九加一九，黄牛遍地走[⑤]。（《甘肃气候谚》《甘肃选辑》）

头九热，二九暖；三九天气冻破脸，四九冻得钻炕眼。〔岷县〕（《集成》）

头九热，二九暖；三九天气冻破脸，四九冻得钻炕眼；五九六九，走路撒手；七九八九，沿河看柳；九九加一九，耕牛遍地走。（《定西农谚》）

头九温，二九暖；三九里冻破脸，四九里擦冻伤；五九六九，过河洗手；七九八九，沿河看柳；九九开犁种。（《平凉气候谚》）

头九温，二九暖；三九里冻破脸；四九茬茬，冻死娃娃；五九六九，过河洗手；七九八九，沿河看柳；九九尽，开犁种；九尽了，种混啰。（《静宁农谚志》）

一九二九，关门携手；三九四九，冻破岔口；瞎五九，冻死狗；六九七九，沿河看柳；七九八九，净肚郎娃娃拍手；九九加一九，耕牛遍地走。（《谚语集》）

---

① 闭守：原作“闭手”，文意不通，参以其他农谚校改。以下径改之，不再出校。

② 耧：《谚海》作“犁”。

③ 精屁眼：原作“精皮脸”，为方言记音而误，定西方言“脸”“眼”音同。

④ 精：原作“净”。

⑤ 《甘肃选辑》〔天水〕无末二句。

一九二九，关门袖手；三九四九，冻破闸口；五九六九，行程甩手；七九八九，冰上少走；九九加一九，犁犁遍地走。（《民勤农谚志》）

一九二九不出手，三九四九冰上走，五九六九河冻开，七九八九燕子来。（《泾川汇集》）

一九二九不出手；三九四九冰上走；五九六九，河边看杨柳；七九河开冻，八九燕子来；九九加一九，耕牛遍地走。（《临洮谚语集》）

一九二九不出手；三九四九冰上走；五九六九，开门大走；七九八九，沿河看柳；九九加一九，耕牛遍地走。（《平凉汇集》）

一九二九难出手；三九四九冰上走；五九和六九，河边看杨柳；七九河开，八九雁来；九九加一九，耕牛遍地走。（《定西农谚》）

一九二九暖；三九四九冻破脸；五九六九，河边洗手；七九八九，栽花种豆。（《谚海》）

一九二九暖；三九四九冻破碗；五九六九，开门大走；七九河开，八九雁来；九九八十一，穷汉家娃娃靠墙立。〔庆阳〕（《集成》）

一九温，二九冷，三九四九冻破脸。（《武都天气谚》《甘肃天气谚》《中国气象谚语》）

一九温，二九暖；三九四九冻破脸；五九六九，过河洗手；七九八九，过河看柳。（《清水谚志》）

一九温，二九暖；三九四九冻破脸；五九六九，沿河看柳；七九八九，过河洗手；九九加一九，耕牛遍地走。〔清水〕（《集成》）

一九至二九，杨柳绿幽幽；三九二十七，黄风阵阵急；四九三十六，水中洗个浴；五九四十五，树头秋叶舞；六九五十四，西瓜已上市；七九六十三，上床寻被单；九九八十一，家家打炭墼。（《谚海》）

土旺[1]、社日[2]

春社无雨莫种田。（《集成》）

---

① 土旺为二十四节气的补充，按五行说，木、水、火、金各据一时，故在四季中每季专划出十八日属土，全年为七十二天，称为土旺。古人把一年分为四时八节，四时即春、夏、秋、冬，八节即立春、立夏、立秋、立冬及春分、秋分、夏至、冬至。后来术数家把每个月的第一个节气称为节，气则是指中气，每个月的第二个节气正好是太阳过宫交换中气的时候，所以叫气。而这个月交换中气之时，即本月五行最旺之时，所以土旺十八日则为三月、六月、九月、十二月的中气前九日与后九日。是以谷雨、大暑、霜降、大寒前九日与后九日各十八日为四季土旺之时。

② 社日：一年中有两个，春社在立春后第五个戊日，约春分前后；秋社在立秋后第五个戊日，约秋分前后。社，古代指土神，社日就是祭拜土神的日子。

打破土旺头，一十八天不套牛。(《泾川汇集》《集成》)

干除社，湿锄旺。〔甘南〕(《甘肃选辑》)

过社把雷发，倒旱一百八。〔泾川〕(《集成》)

淋了土旺头，十八天不套牛。(《庆阳汇集》《中国农谚》)

淋着土旺[1]头，大雨满坡流。〔庆阳〕(《朱氏农谚》《费氏农谚》《中国农谚》《集成》)

淋着土旺头，十八天不能使车牛。(《朱氏农谚》《费氏农谚》《中国农谚》)

青蛙土旺前五天叫，冷得早；后五天叫，冷得迟。(《张掖气象谚》)

社后雷公发，大旱一十八。(《定西农谚》)

社前十墒一支九苗，社后十墒一支五亩。(《岷县农谚选》)

土旺罢，就立夏。(《集成》)

土旺打破头，一十八日不驾牛。(《甘肃农谚》)

土旺打破头，一十八天不使牛。(《谚语集》)

土旺头上一滴油，半月难到田地里。(《静宁农谚志》)

土旺头上一点油，十八个日子不套牛。(《宁县汇集》《甘肃选辑》《中国气象谚语》)

土旺头上一点油，一十八天不驾牛。(《定西县志》《定西农谚》)

土旺头上一点油，一十八天不套牛。(《平凉汇集》《定西农谚》《谚海》《集成》)

土旺下了雨，山里旱到底，川里庄稼中了举。(《集成》)

土旺云泼头，一十八天不套牛。(《甘肃天气谚》)

雨洒土旺头，一十八天不见牛。(《甘肃天气谚》)

月　令

长正月，短二月，慌慌忙忙过三月。(《集成》)

金正月，银二月，不冷不热三四月；恶五月，热六月，鲜桃果木七八月；九月暖，十月温，十一月还有小阳春；进了腊月冷几日，年前年后就打春。〔嘉峪关〕(《集成》)

五月二十晴，树木发两层。(《宁县汇集》)

正月半，龙灯看；二月半，水车转；三月半，把苗看；四月半，锄头乱；五月半，磨快镰；六月半，忙搧扇；七月半，收一半；八月半，葡萄串；九月半，新米鲜；十月半，快穿棉；十一月半，像罗汉；十二月半，一年完。

---

① 土旺：《朱氏农谚》《费氏农谚》作“土王”，指立夏前之土旺日。

(《谚海》)

正月菠菜正发青，二月长上绿小葱，三月韭菜往上长，四月蒿荀也长成，五月黄瓜市上买，六月柿子正生长，七月茄子头朝东，八月葫子也长成，九月萝卜出了埂，十月白菜把地腾，十一月蔓菁甜似蜜，十二月韭菜把粪壅。(《平凉汇集》《中国农谚》《谚海》)

正月菠菜正发青，二月长上绿小葱，三月韭菜往上长，四月笋子也长成，五月黄瓜上市卖，六月葫子上市场，七月茄子熬羊肉，八月南瓜也上来，九月萝卜出了埂，十月白菜把地腾，十一月蔓菁甜似蜜，十二月韭菜把粪壅。(《平凉气候谚》)

正月对六月，十月对四月。(《张掖气象谚》)

正月对七月，二月对八月。(《张掖气象谚》)

正月二十晴，树木芽子发两层。〔平凉〕(《甘肃选辑》)

正月二十晴，树叶发两层。(《集成》)

正月寒，二月温，正好时候三月春；暖四月，燥五月，热六月，沤七月，不冷不热是八月；九月凉，十月冷，寒冬腊月降冰雪。〔陇南〕(《集成》)

正月十五云遮月，秋脖子短。(《张掖气象谚》)

正月水分缺，谨防三四月。〔泾川〕(《集成》)

二八月，不打雷。(《集成》)

二八月，乱穿衣。〔泾川〕(《张氏农谚》《费氏农谚》《集成》)

二八月，农事忙，绣阁女儿也下床。(《中国农谚》)

二八月的天，媒婆子的脸。〔兰州〕(《集成》)

二月二，龙抬头，苍蝇蚂蚁都抬头。(《集成》)

二月二，龙抬头，家家户户炒豆豆[①]。(《定西农谚》《集成》)

二月二，龙抬头，穷汉家娃娃剃龙头。(《集成》)

二月二，龙抬头，蛐蛐虫虫莫抬头，若要抬起头，擀面杖打到灰里头。(《定西农谚》)

二月二，龙抬头，蝎子蜈蚣全抬头。(《集成》)

二月二晴，树叶发两层。(《两当汇编》)

二月二日狼儿子[②]，三月三日引出山，四月四，引到羊群试一试，五月五，死得苦。〔武山〕(《集成》)

二月二天气晴，树木芽子发两层。〔天水〕(《甘肃选辑》)

---

① 豆豆：《集成》作“豌豆”。

② 原注：端午节为狼崽忌日，部分狼崽过不了这个坎儿。

二月耕金，三月耕银，四月五月耕草[①]。（《会宁汇集》）

二月里来二月灯，夫妻双双把地耕，你扶犁来我拾粪，社员大家来播种。〔张掖〕（《甘肃选辑》）

二月青不算青，三月青遍地青。〔兰州〕（《甘肃选辑》）

二月上坟花不开，三月上坟花开败。（《集成》）

要吃薄纸面，二月里翻头番。（《宁县汇集》）

要吃床子面，二月里翻头绽。〔平凉〕（《甘肃选辑》）

长三月，慢四月。（《集成》）

春田不离三月土，离了三月白受苦。〔华亭〕（《集成》）

到了三月三，燕子飞满天；到了九月九，燕子向南走。（《集成》）

过了三月三，脱掉棉衣换单衫。〔武山〕（《集成》）

宁种五月土，不种六月墒。（《中国农谚》）

三月不算忙，八月绣女也[②]要下床。〔甘南〕（《甘肃选辑》《中国农谚》）

三月三，鳖上滩。（《集成》）

三月三，换单衫。（《定西农谚》《集成》）

三月三，九月九，水池河边去插柳。（《定西农谚》）

三月三，九月九，植树造林莫松手。〔武山〕（《集成》）

三月三，苦曲菜儿打搅团。〔清水〕（《集成》）

三月三，苦曲菜儿满地钻。〔清水〕（《集成》）

三月三，买马莲，麻雀像个药蛋蛋[③]。〔永登〕（《集成》）

三月三，蛇出山；九月九，蛇进土。（《集成》）

三月三，脱了寒衣[④]换单衫。（《甘肃农谚》《临洮谚语集》）

三月三，燕来钻；九月九，燕飞走。（《集成》）

三月十五春草生。（《费氏农谚》《谚海》）

三月喜雨春耕田。（《酒泉农谚》）

三月栽树满滩青，四月栽树满滩红。〔酒泉〕（《集成》）

三月种，四月出；四月种，四月出。（《定西农谚》）

细耕三月土，粮食堆满库。（《集成》）

庄稼不离三月土。（《集成》）

庄稼不离三月土，大秋作物种结束。（《会宁汇集》）

---

① 原注：歇地多耕、早耕。

② 《中国农谚》无“也”字。

③ 原注：三月正是马莲和麻雀药用的好季节。

④ 寒衣：《临洮谚语集》作“棉衣”。

庄稼不离三月土，离了三月白受苦。(《庆阳汇集》《泾川汇集》)

四月八，田禾盖住黑乌鸦。(《甘肃天气谚》)

四月不光场，五月连土扬。〔天水〕(《新农谚》《甘肃选辑》《中国农谚》《谚海》)

四月初一见晴天，高山平地好开田。(《费氏农谚》《集成》)

四月的布谷在林中歌唱，茵滩的鲜花遍地开放。〔甘南〕(《集成》)

四月一到，春雷震响，春雷一响，青草猛长。(《集成》)

怕是怕，五六月打个瘤；紧是紧，二八月打了埂。〔张掖〕(《甘肃选辑》)

秋天莫误犁地，五月莫误打场。(《中国农谚》)

随黄随割，小心五月风雨恶。〔天水〕(《甘肃选辑》)

五黄六月不生产，十冬腊月饿得喊。(《集成》)

五黄六月没老少。〔宁县〕(《集成》)

长五月，短十月，不长不短二八月。〔酒泉〕(《集成》)

五黄六月好吃新，十冬腊月好娶亲。(《集成》)

五黄六月人不闲，和尚出庙也拿镰。(《集成》)

五黄六月勿乏困，挖担泥土也是粪。〔张掖〕(《甘肃选辑》)

五黄六月闲游转，十冬腊月少吃饭。〔兰州〕(《集成》)

五黄[1]六月站一站，十冬腊月少顿饭。(《甘肃选辑》《定西汇编》《中国农谚》)

五黄六月种秋田，一天一夜差半年[2]。〔天水〕(《甘肃选辑》《集成》)

五月犁三遍，一亩打十石。〔张掖〕(《甘肃选辑》《中国农谚》)

五月犁歇地，穗大身高长得好。〔甘南〕(《甘肃选辑》)

五月里不紧场，十月里连土扬。〔陇西〕(《集成》)

五月里苗，大小不得饶。〔永昌〕(《集成》)

五月六月，水不可缺。(《高台农谚志》)

五月农忙，使爹使娘。(《中国农谚》)

五月前，刚搭镰；五月后，不见田。(《中国农谚》)

五月晒枳壳，六月进现钱。(《集成》)

五月田，早种一夜长一拳。〔甘谷〕(《集成》)

五月五，拆被褥。(《集成》)

五月种油，不够老婆润头。(《集成》)

天长长不过五月，天短短不过十月。(《集成》)

---

① 黄:《中国农谚》作“忙”。

② 半年:《集成》〔甘谷〕作“一半”。

川地里五月黑油油，山上五月黑压压，川下八月赛黄金，山上八月赛油缸。〔甘南〕（《甘肃选辑》）

过了端阳节，锄草不能歇。〔天祝〕（《集成》）

六月大忙，绣花姑娘请下床。（《定西农谚》）

六月犁三遍，一亩打三石；十月犁头遍，种子都不见。〔张掖〕（《甘肃选辑》《中国农谚》）

六月里，庄稼黄，绣花姑娘请下床。（《定西农谚》）

六月里的暖暖儿，不如十月里的烂毡儿。〔甘谷〕（《集成》）

六月里翻着晒，穷汉变富汉；十月里翻着晒，富汉变穷汉。〔永昌〕（《集成》）

六月里犁田一碗油，十月里犁田白打牛。（《集成》）

六月里忙不算忙，八月里绣花姐儿也下床。（《集成》）

六月热到头，锄田莫抬头。（《集成》）

七月不收墒，八月发了慌。（《谚海》）

七月不收墒，八月闹饥荒。（《集成》）

七月[①]不收墒，农民心发慌。（《宁县汇集》《甘肃选辑》《平凉气候谚》《中国农谚》）

七月不收墒，雨点向下堆。（《静宁农谚志》）

七月耕地土变金，八月耕地土变银，九月耕地还不晚，十月耕地在胡整。〔平凉〕（《集成》）

七月金，八月银，九月犁地饿死人。〔兰州〕（《甘肃选辑》）

七月犁地一碗油，八月犁地半碗油，九月犁地光滑头[②]。（《中国农谚》《集成》）

七月犁金，八月犁银，九月犁铜，十月犁个事不成。（《集成》）

七月犁金，八月犁银，犁过十遍强如人。〔山丹〕（《集成》）

七月七，牛郎会织女。（《谚海》）

七月秋，百样收。（《张掖气象谚》）

七月秋，般般收；六月秋，打花收。〔天水〕（《甘肃选辑》《中国农谚》）

七月是草，八月是根。（《集成》）

八月的庄稼，不熟也要割。（《集成》）

八月房中无闲人。〔永昌〕（《集成》）

八月犁地不耱，不如家里闲坐。（《甘肃选辑》《集成》）

---

① 《甘肃选辑》“月”后有“里”字。

② 地：《中国农谚》作“田”。

八月犁地一碗油，九月犁地半碗油，十月犁地没有油，十一月犁地挣死牛。（《集成》）

八月犁秋茬，抵得压油渣。（《中国农谚》）

八月犁头遍，肥地养穷汉。（《集成》）

八月里好种田，一季跨两年。（《谚语集》）

八月有雨好播种，十月有雨杀病虫。〔平凉〕（《甘肃选辑》《中国农谚》《谚海》）

八月有雨好下种，十月有雨能[①]杀虫。（《庆阳汇集》《宁县汇集》《平凉汇集》《平凉气候谚》《中国农谚》）

八月中，忙的没有吃饭的工。（《会宁汇集》）

过了八月节，锄地不可歇。（《中国农谚》《谚海》）

九月耕地一碗油，十月耕地半碗油。〔天水〕（《甘肃选辑》）

九月犁头绽，壮地成穷汉。〔平凉〕（《甘肃选辑》）

吃了重阳粑，要把棉衣加。〔庆阳〕（《集成》）

九月耕地一碗油，十月耕地半碗油。〔天水〕（《甘肃选辑》）

九月节气小，场里熏糜草。（《庆阳汇集》）

九月九，臭虫封了口。（《集成》）

九月九，登高走。〔兰州〕（《集成》）

九月九，黄菊花做的好香酒。（《集成》）

九月九，家家有。〔白银〕（《集成》）

九月九，麻腐[②]包子胀死狗。（《集成》）

九月九，天河走。（《集成》）

九月九，庄稼地里乱伸手。（《集成》）

九月九重阳，地内一扫光。（《集成》）

九月九，雷收口。（《两当汇编》《集成》）

九月犁头绽，壮地成穷汉。〔平凉〕（《甘肃选辑》）

过了九月九，各家的应稼各家守。（《集成》）

最迟的庄稼九月底。〔平凉〕（《甘肃选辑》）

肥土怕懒汉，十月里耕头遍。（《定西汇编》）

富汉变穷汉，十月耕头遍。〔甘谷〕（《集成》）

好地怕懒汉，秋耕迟到十月天。〔甘谷〕（《集成》）

好地怕懒汉，十月耕头遍。（《会宁汇集》）

---

① 能：《平凉气候谚》作“好”。

② 麻腐：用麻籽加工而成的一种民间美食。

苦苦菜，怕的是懒汉，恐怕十月里犁夹铲。〔甘南〕（《甘肃选辑》）

十月半，拙媳妇一天做不了三顿饭。（《集成》）

十月二十五，百脚蛇虫皆下土。（《集成》）

十月金，十一月银，正月上粪不如人。〔天水〕（《甘肃选辑》《甘肃农谚集》《中国农谚》）

十月犁头遍，肯定是穷汉。（《集成》）

十月太阳碗边转，巧妇难做三顿饭。（《集成》）

十月天，梳头洗脸做夜饭。〔岷县〕（《集成》）

十月天，堂上的官。（《集成》）

十月天，碗边转，巧媳妇才做三顿饭。〔华亭〕（《集成》）

十月无工，只有梳头吃饭工[①]。（《田家五行》《农政全书》《甘肃农谚》《费氏农谚》）

十月一，家家户户穿棉衣。〔兰州〕（《集成》）

十月一，棉衣齐。（《集成》）

十月里，看三星[②]。（《集成》）

十月中，梳头洗脸的工。〔玉门〕（《集成》）

壮地怕穷汉，十月犁头遍。〔岷县〕（《集成》）

冬上金，腊上银，二三月里上土粪。（《甘肃选辑》《中国农谚》《定西农谚》《谚海》）

冬月金，腊月银，正月上粪人哄人。〔甘谷〕（《集成》）

多耕多上粪，十一腊月碾不净。（《会宁汇集》《定西汇编》）

十一腊月碾墒哩，正月二月碾光哩。（《会宁汇集》）

过了腊八，长一杈把[③]。（《中国谚语资料》《定西农谚》《谚海》）

过一冬，长一针；过腊八，长一杈把。（《集成》）

腊月里，亲戚多；六月里，各顾各。〔武山〕（《集成》）

要知来年农事，先看腊月二十一的潮气。（《定西农谚》）

十二月，混腊月，三星上来正半夜。〔酒泉〕（《集成》）

---

① （元）娄元礼《田家五行》卷下《气候类》："仲冬初和暖，谓之'十月小春'，又谓之'晒糯谷天'。此时禾稼已登，正是农家为沉醉佳处。诗云：'一年好景君须记，正是橙黄橘绿时。'渐见天寒日短，必须夜作。谚云：'云云。'"（明）徐光启《农政全书》卷十一《农事·占候》引无"此时"至"诗云"几句。

② 三星：原注指猎户星座中央三颗明亮的星，冬季天将黑时东升，天将明时西落，人们常据其位置估计时间。

③ 《定西农谚》末句前有"日子"一词。

天象、物候

白霜落了地，地里耕不得。(《集成》)
布谷叫，夏天到。(《集成》)
蛤蟆[1]打哇哇，四十五天吃馍馍。(《鲍氏农谚》《两当汇编》)
梨树花开种田忙，野菊花开霜要来。(《集成》)
连枷响，秋田长。(《岷县农谚选》)
三星端了过年哩[2]，木犁端了种田哩。〔甘南〕(《甘肃选辑》)
三星上午过年呢，三星后晌种田呢。〔金塔〕(《集成》)
穗见穗，一月对。(《集成》)
天河朝东朝西，收拾换冬衣。〔金塔〕(《集成》)
天河朝东南，全身都穿棉。(《集成》)
天河朝东西，收拾穿冬衣。(《甘肃农谚》)
天河朝西北，打插[3]穿单衣。〔泾川〕(《集成》)
天河调犄角，孩子穿棉袄。(《集成》)
天河调角，棉裤棉袄。(《集成》)
天河东西，准备冬衣。(《集成》)
天河端南，收拾下镰。〔天水〕(《甘肃选辑》《中国农谚》《谚海》)
天河南北下，手拿镰刀把。(《集成》)
天河头南头北，庄户人家吃麦。(《集成》)
天河正东西，必须穿棉衣。(《集成》)
天河正东正西，收拾拉缝棉衣。〔环县〕(《集成》)
天河转东西，收拾缝冬衣。〔临夏〕(《甘肃选辑》)
天河转东西，收拾拉棉衣。〔甘谷〕(《集成》)
天河转向西，快要吃新米。(《中国农谚》)
苇子秀穗儿[4]，给懒婆娘捎信儿。(《集成》)
小燕来，好种田；大雁来，好过年。(《集成》)
雁来雁去，知道春秋四季。〔临夏〕(《甘肃选辑》)
银河东西，早备棉衣。(《两当汇编》)
榆钱落地，开始种地。(《集成》)

---

① 蛤蟆：《鲍氏农谚》作“虾蟆”。
② 每年一月底二月初，三星出现在天空正南时，农历新年即将来临。
③ 打插：方言，谓准备。
④ 原注：已到秋收繁忙时节。

农艺编

土 壤

概 说

白米细面，土中提炼。(《中国农谚》)

地薄不打粮。(《宁县汇集》)

地宽三尺，不如土深一寸。(《集成》)

地是刮金板，全靠人动弹。(《中国农谚》)

地是刮金板①，人勤地不懒。(《农谚和农歌》《岷县农谚选》《新农谚》《甘肃选辑》《庆阳汇集》《静宁农谚志》《会宁汇集》《定西农谚志》《平凉气候谚》《中国农谚》《庆阳县志》)

地是万宝库，井是宝库门，取出长流水，遍地出黄金。〔张掖〕(《甘肃选辑》)

地有隔年墒，胜过千石粮。〔兰州〕(《甘肃选辑》《中国农谚》)

地种千年换百主。(《集成》)

肥高山，不如瘦河滩。〔陇南〕(《集成》)

换地莫换土，一亩一石五。〔天水〕(《甘肃选辑》)

荒地如黄金，开荒三亩能翻身。〔天水〕(《甘肃选辑》)

路靠人走，地在人种。(《集成》)

人靠地来养，地靠粪来长。(《会宁汇集》)

人靠地养，地靠粪长。(《中国农谚》《定西农谚》)

人有脾气土有性，识不透了难耕种，土地土地，百样脾气。(《庆阳县志》)

山高地凉，五谷不黄。〔临夏〕(《甘肃选辑》《中国农谚》)

山高土凉，种下的粮食不长。〔天水〕(《甘肃选辑》)

山高一丈，地凉三分②。(《甘肃选辑》《清水谚语志》)

山高一丈，土凉八尺。(《甘肃选辑》《集成》)

酥处好长粮，硬处好打墙。〔张掖〕(《甘肃选辑》)

抬头求人，不如低头求土。(《谚海》《集成》)

滩光光，年年荒；光滩滩，年年旱。〔酒泉〕(《集成》)

土变田，好万年；田变土，年年苦。〔陇南〕(《集成》)

---

① 刮：《农谚和农歌》作“刷”，《庆阳县志》作“黄”。《平凉气候谚》脱“金”字。

② 分：《清水谚语志》作“尺”。

土分①四等，金银铜铁：金地日晒发金光，银地就是阳山地，铜地就是阴山地，铁地不把粮食长。(《宁县汇集》《甘肃选辑》《平凉气候谚》)

土能生万物，地可发生祥。(《谚语集》)

土能生万物。(《定西农谚》)

土壤底细我知道，合理利用第一条。(《平凉汇集》)

土生白玉，地生黄金。〔兰州〕(《集成》)

土是本，水是命，肥是劲。(《谚语集》)

土是肥的筋，无土不沤肥。〔甘谷〕(《集成》)

土是粮，肥是劲，水是命。〔陇西〕(《集成》)

土是摇钱树，粪是聚宝盆。(《宁县汇集》《静宁农谚志》《平凉汇集》《中国农谚》《集成》)

土是摇钱树，粪是全家宝。(《泾川汇集》)

土头厚土茬子泡，空空儿渗水渗得好。〔张掖〕(《甘肃选辑》)

土有翻铣之力，黄土不昧苦心之人。〔张掖〕(《甘肃选辑》)

万物生于土，万物归于土。(《定西农谚》《集成》)

万物土中生。〔康乐〕(《中国农谚》《集成》)

无价之宝从地生，光明之星从天来。〔天祝〕(《集成》)

无墒是白撂，有墒是肥料。〔甘谷〕(《集成》)

无土打不成墙，地少打不出粮。(《集成》)

一分好地产一斗，一分手艺养十口。〔永登〕(《集成》)

一样田土百样禾。(《集成》)

用地是目的，养地是手段。(《庆阳县志》)

有科学土变金，无科学金变土。(《谚语集》)

有孬人，没孬地。(《中国农谚》)

有穷人，没穷山。(《定西农谚》)

种地不看土质，庄稼必受损失。〔甘谷〕(《集成》)

庄稼汉不认土，白受一辈子苦。(《泾川汇集》《平凉汇集》)

耕　性

白地不种，不能无中生有。(《谚语集》)

白干泥土，下雨像胶田，天旱硬如铁。(《平凉汇集》)

白黄鸡粪不大强，各种田苗它不长。〔天水〕(《甘肃选辑》)

白牛种白地，长的庄稼怪着气。〔天水〕(《甘肃选辑》)

---

① 《宁县汇集》“土分”后有“为”字。

白沙土[①]，有雨庄稼好，无水一把草。(《集成》)

白傻土，不长田，耕地容易耱时绵，一天拔不下五捆田。〔定西〕(《甘肃选辑》)

白善土，表面好，耕作绵软不生草，十年九载打粮少。〔天水〕(《甘肃选辑》)

白善土，绵又绵，种下的麦子不过镰。〔天水〕(《甘肃选辑》《中国农谚》《谚海》)

白善土，土头瞎，耕作绵软不长啥。〔天水〕(《甘肃选辑》)

白善[②]土作起松活，吃去愁。(《宁县汇集》《平凉汇集》)

白善土作起松活，收的粮食不够吃。(《平凉气候谚》)

白石渣土真糟糕，太阳一晒似火烤，不长庄稼不长草，阳山栽花椒，阴山种核桃。〔天水〕(《甘肃选辑》)

白土白，红土僵[③]，麻土地里好庄稼。(《甘肃选辑》《定西汇编》)

白土犁，黑土晒，僵土地里用粪盖。(《甘肃选辑》《天祝农谚》《中国农谚》)

白土热，黑土凉，红土地里不长粮。(《天祝农谚》《中国农谚》)

白土生来性情绵，天爷下雨很胶粘，太阳晒干如白面，耕种作物不长田。〔天水〕(《甘肃选辑》)

白土天旱多上粪，庄稼才能保收成。(《岷县农谚选》)

板结不长田，黄[④]了不顶一文钱。(黄板土)〔天水〕(《甘肃选辑》)

背晒不怕旱，风调雨顺十分田。(《岷县农谚选》)

背晒又背雨，就是性格凉，打下的粮磨出面，长下的包谷长有长。(黑黄土)〔天水〕(《甘肃选辑》)

背下背晒，百样庄稼都爱。(黄土)〔天水〕(《甘肃选辑》)

表面板结易裂口，保墒保苗能力差，下了春雪出黄水，不能按时把种下。(白碱土)〔张掖〕(《甘肃选辑》)

不保肥，不耐旱，山水下来一溜烟。(鸡粪土)〔临夏〕(《甘肃选辑》

---

① 白沙土：原注指石英砂含量大的土壤。关于农谚中涉及土壤种类、性质及铺沙改良等的“沙”“砂”二字，原采录文献比较混乱，大约是五六十年代以前文献多作“砂”，后出文献包括《中国农谚》等多作“沙”。原文中除特定称谓西北“砂田”（现亦有作“沙田”者）全部正为“砂田”，不与南方“沙田”（沙淤之田）相混，其他则按较早文献采录或依多数文献采录，不做统一，有关“沙”“砂”二字异文亦不出校。

② 善：《宁县汇集》作“疝”，《平凉汇集》作“膳”，亦有作“墡”者，今统一作“善”。下同，不再出校。

③ 僵：《定西汇编》作“砂”。

④ 黄：原注指收割。

《中国农谚》）

不长田，不长草，单长碱灰条。（白碱土）〔定西〕（《甘肃选辑》《中国农谚》）

不耐旱，不耐下，见雨三光①。（红斑土）〔天水〕（《甘肃选辑》）

不耐旱来不耐下，长下的庄稼像错叉。（黄板土）〔天水〕（《甘肃选辑》）

不怕涝，不怕旱，一碗泥巴一碗饭。（黄泥土）〔天水〕（《甘肃选辑》）

不沙又不粘，手捏很绵软，种粮食产量高，种瓜果味香水多，真好甜。（《泾川汇集》）

草山黑地无价宝，风调雨顺产量高，遇到天涝就没了②。（《甘肃选辑》《定西汇编》）

长夏不长秋，结的粮食赛金豆。（红胶泥土）〔天水〕（《甘肃选辑》）

潮水地要好，深翻冬水泡。（《敦煌农谚》）

吃饭靠不住，发财能碰上。（黄绵土）〔兰州〕（《甘肃选辑》《中国农谚》）

吃功不耐旱，长小苗不长老苗。（漏沙地）（《敦煌农谚》）

吃水强来耕作硬，下雨庄稼不出来。（黑鸡粪土）〔甘南〕（《甘肃选辑》）

臭板子，青胶泥，死驴肝花不受籽。〔张掖〕（《甘肃选辑》《中国农谚》）

出苗半不齐，拔田糖地皮。（红胶土）（《甘肃选辑》《定西汇编》）

锄地像扣鬼脊背③。（紧口砂）〔天水〕（《甘肃选辑》）

锄去好，种去好，打下的粮食吃不了。〔天水〕（《甘肃选辑》）

春季潮，米饭团；夏季干，树叶片，潮水一干碱盖面。（《敦煌农谚》）

春季潮，米饭团；夏季干，树叶片，秋季又潮碱盖面。〔张掖〕（《甘肃选辑》）

大白土，八面砖，样样庄稼长得欢。〔兰州〕（《甘肃选辑》）

大白土，肚子大，天晴下雨都不怕。〔兰州〕（《甘肃选辑》《中国农谚》）

大黑土④，避阴凉，耕得细，耱得光，肥力强，又保墒。〔天水〕（《甘肃选辑》《中国农谚》）

大黑土，肥劲大，天旱天涝都不怕。（《定西农谚》）

地里硬邦邦，早晨冒白霜。（盐碱土）（《甘肃选辑》《中国农谚》）

---

① 三光：原注指种子光、肥料光、土冲光。

② 《定西汇编》注：指在高山阴坡地区的高山草原土，农民称之为“大黑土”。涝：《定西汇编》作“旱”。

③ 鬼脊背：原注指干瘦的意思。

④ 大黑土：属黑土亚类，黄土性黑土土属。主要分布在西秦岭的岷山、白石山、太子山、积石山北麓低山丘陵的缓坡，包括定西、临夏及陇南的一些地区（《甘肃土种志》）。

地面下去一尺儿，黑土下面漏沙底，这种土壤不宜翻，只凭水肥面功夫[①]。〔张掖〕（《甘肃选辑》）

东一杆，西一杆，粮食来了没处装。（黑油土）〔临夏〕（《甘肃选辑》）

多雨不涝，缺雨不旱。（黑砂土）〔定西〕（《甘肃选辑》）

二潮不怕天气旱，就怕春季把碱返。〔张掖〕（《甘肃选辑》）

二潮潮水不潮碱，碱潮潮水[②]水不干。（《甘肃选辑》《敦煌农谚》《中国农谚》）

发小不发老，看苗不看收。（红砂土）〔天水〕（《甘肃选辑》《中国农谚》）

肥不过的黑黄绵土[③]，有水无肥也丰收。〔甘谷〕（《集成》）

肥肠瘦路倒糟沟，穷沙贵沙金土头。〔张掖〕（《甘肃选辑》）

浮皮盖砂，人人都夸，耐旱耐涝，保水墒好。（黑砂土）〔天水〕（《甘肃选辑》）

干而不板，湿而不粘，百打百中。（黑黄土）〔定西〕（《甘肃选辑》）

干旱塘土[④]扬，下雨像米汤。（黄白土）（《岷县农谚选》《甘肃选辑》《定西汇编》）

干了打不烂，湿了粘脚板。（红胶土）〔天水〕（《甘肃选辑》《中国农谚》）

干了耕不起，湿了剥皮皮。（黑板土）〔天水〕（《甘肃选辑》《中国农谚》）

干如铁，湿如胶，种粮食，一寸高。（红土）（《静宁农谚志》）

干如铁，湿如胶，种下粮食[⑤]一扎高，种去困难收成少。（红胶土）（《宁县汇集》《甘肃选辑》）

干山白土头，沟里没水流，年年遭旱灾，人人发忧愁。〔临夏〕（《甘肃选辑》）

干时变成土疙瘩，湿时变成泥瓜瓜。（黑僵土）〔兰州〕（《甘肃选辑》）

干时犁不进，湿时滑倒人。（红胶泥土）〔甘谷〕（《集成》）

干时一把刀，湿时一团糟。（黏土）〔张掖〕（《甘肃选辑》）

干时一片瓦，湿时青浆浆。（青石板土）〔甘南〕（《甘肃选辑》）

秆秆短，颗颗多，天旱雨涝两不没。（褐砂土）〔定西〕（《甘肃选辑》）

秆秆短，颗颗多，种一亩，顶一坡。（黑黄土）（《岷县农谚选》《甘肃选辑》《定西汇编》《中国农谚》）

---

① 面功夫：原注指深犁浅种多灌水，多施肥提高肥力的意思。

② 潮水：《敦煌农谚》作“潮碱”。

③ 黑黄绵土：原注指黑垆土与黄绵土混合而成的土壤。

④ 塘土：有“烫土”“汤土”“唐土”等多种写法，据《兰州方言词典》统一正之为“塘土”，指因久旱无雨，地上被踩踏出的粉状黄土。

⑤ 粮食：《甘肃选辑》作“庄稼”。

秆秆高，颗颗少，到结籽没劲[1]了。（黄砂土）〔定西〕（《甘肃选辑》《定西汇编》）

秆秆高，颗颗少，庄稼没收不见了。（黄砂土）（《岷县农谚选》）

秆子不高结籽饱，天旱十年没不了[2]。（黄板土）〔天水〕（《甘肃选辑》）

高出一丈，土凉八尺。（黄土）〔天水〕（《甘肃选辑》）

高地立土，低地平土，洼地潮边，找碱漏沙靠在戈壁边。〔张掖〕（《甘肃选辑》）

耕不深，耱不绵，年年种地不见田。（傻白土）（《岷县农谚选》《甘肃选辑》《定西汇编》）

耕地松，耕地软，花工上粪不长田。（白善土）〔天水〕（《甘肃选辑》）

耕地往上跳，按的重了铧打掉。（红砂土）〔天水〕（《甘肃选辑》）

耕地喜，种地笑，打起粮食就发躁。（黄绵土）〔天水〕（《甘肃选辑》《中国农谚》）

耕地挣死牛，锄草人发愁。（红僵土和黄僵土）〔天水〕（《甘肃选辑》《中国农谚》）

耕起不难，庄稼不见，苗单苗黄，不等上场。（响砂土）〔天水〕（《甘肃选辑》）

耕浅划破皮，耕深拉断犁。（黄板土）〔天水〕（《甘肃选辑》《中国农谚》）

耕去僵，打不光，打的粮食没处装。（阴山红土）〔天水〕（《甘肃选辑》）

耕去绵，耱去光，收的粮食用缸装。（白土）〔天水〕（《甘肃选辑》《中国农谚》）

耕去容易耱去绵，清油泼上也枉然。[3]〔甘谷〕（《集成》）

耕去容易耙去绵，年年的庄稼是空般。（白碱土）〔天水〕（《甘肃选辑》）

耕去受活耱去绵，白古古的不长田[4]。（白僵土）〔甘谷〕（《集成》）

耕去疏松土层厚，长下的粮食赛金豆。（黑黄土）〔天水〕（《甘肃选辑》）

耕去舒服耱去绵，白古古的不长田。（傻白土）（《岷县农谚选》《甘肃选辑》《定西汇编》）

---

① 劲：《定西汇编》作“力”。

② 原注：这种土多分布在坡地，耐旱。

③ 此句就黄绵土而言。黄绵土，亦称绵黄土、黄土性土、绵土、大白土、帕黄土或傻黄土等，主要分布在陇东、陇中黄土高原，是甘肃省耕地中比例最多的土壤（《甘肃大辞典》《秦安县志》）。

④ 受活：方言，指舒服。白古古：原作“白股股”，其他农谚中又有作“白骨骨”“白骰骰”者，今统一正之为“白古古”。方言中除了形容土壤颜色白而贫瘠，也含有无可奈何、责难的语气。

耕去死崩崩，锄去柔登登。（黄板土）〔天水〕（《甘肃选辑》）

耕去硬，草不少，出苗齐，长不好。（黄土）〔甘谷〕（《集成》）

耕时软，耱时绵，下雨坡上土剥完。（白面土）〔定西〕（《甘肃选辑》）

耕时砂砂响，锄去不下锄。（羊血土）〔天水〕（《甘肃选辑》）

耕时舒服耘时笑，割了半天没个腰。（黄绵土）〔天水〕（《甘肃选辑》《中国农谚》）

耕时万斧不入，播种上不长糟谷。〔天水〕（《甘肃选辑》）

耕时喜，种时笑，手拿镰刀心发燥。（白绵砂）〔定西〕（《甘肃选辑》《中国农谚》）

耕时硬，耱不绵，湿时成泥，干时是板[1]。（黑鸡粪土）〔定西〕（《甘肃选辑》《定西汇编》）

耕着容易，耙着线长，过了三天见旱象，一年到头不见粮。（黄砂土）〔临夏〕（《甘肃选辑》）

旱了秆高颗颗少，长到结籽没力了。（黄砂土）〔天水〕（《甘肃选辑》《中国农谚》）

好耕好务生长好，其它土地胜不了。（黄土）〔天水〕（《甘肃选辑》）

河坝半山一码田[2]，背晒又背旱。（黑黄土）（《岷县农谚选》《甘肃选辑》）

黑板板土，坚又硬，种上庄稼叫人愁。〔定西〕（《甘肃选辑》）

黑板板土加油土，赛如地里施精油。〔定西〕（《甘肃选辑》）

黑到黄，女看娘，黄土到了黑土地，好比姊妹走亲戚。（《静宁农谚志》《甘肃选辑》）

黑粪土肥力高，种上庄稼长得高。〔天水〕（《甘肃选辑》）

黑红土，两样货，秆秆硬，粒粒多。（《平凉气候谚》）

黑黄土[3]，肥力强，长出的禾苗胖又胖，一亩能打万斤粮。〔天水〕（《甘肃选辑》）

黑黄土，力量强，耐涝耐旱耐风霜，生长田苗后力强。〔天水〕（《甘肃选辑》）

黑黄土，脾气绵，不冷不热爱长田。〔天水〕（《甘肃选辑》《中国农谚》）

黑黄土是混性，猪羊马粪都能行。〔天水〕（《甘肃选辑》）

黑黄土为上，耐旱耐下力量强，各种庄稼它都长，十年九载多打粮，这是土中第一王。〔天水〕（《甘肃选辑》）

---

① 《定西汇编》末句作“干是板”。

② 一码田：《岷县农谚选》注谓即一亩田。

③ 黑黄土：属淋溶褐土亚类，黄土性黑黄土土属，主要分布在陇南、天水两地（《甘肃土种志》）。

黑黄土真特殊，逢晒逢下有收入。〔天水〕(《甘肃选辑》)

黑立茬有缝缝，庄稼的根儿扎得深。〔天水〕(《甘肃选辑》)

黑立土，肥力高，土口松软抗旱好。(《定西农谚》)

黑垆土[1]，打头好；红胶泥，它没搞。(《宁县汇集》)

黑垆土，底子潮，种啥庄稼都捉苗。(《集成》)

黑垆土，肥力大，长的庄稼绿油油。(《平凉气候谚》)

黑垆土，肥力大，各样作物适应它。〔华亭〕(《集成》)

黑垆土，肥力大，各种庄稼适宜[2]它。(《庆阳汇集》《宁县汇集》《平凉气候谚》)

黑垆土，肥力大，你要种啥它长啥。〔平凉〕(《甘肃选辑》《中国农谚》)

黑垆土，肥力壮，要使遍地变米粮，加强深翻大改良。(《宁县汇集》)

黑垆土，劲儿大，天旱雨涝都不怕。(《集成》)

黑麻土，口儿紧，打粒爱，收成稳[3]。(《宁县汇集》《甘肃选辑》)

黑麻土，天旱不打粮，雨涝下塌场。(《平凉气候谚》)

黑麻土，土质好，各样庄稼都有保。(《岷县农谚选》)

黑麻土，真正好，天旱雨涝跑不掉。(《平凉气候谚》)

黑毛土[4]，避阴凉，耕得细，能耱光。〔甘谷〕(《集成》)

黑砂土，油光光[5]，吃水保肥又保墒。(《集成》)

黑砂土是个宝，耐旱肥力高。〔天水〕(《甘肃选辑》)

黑土爱死苗，爱返青，爱长柴。(《会宁汇集》)

黑土板板发芽快，长的长哩倒栽蒜[6]。〔张掖〕(《甘肃选辑》)

黑土带上沙颗颗，土质疏松水肥多。〔张掖〕(《甘肃选辑》)

黑土到了黄土地，还比爹娘亲；黄土到了黑土地，好比姐妹走亲戚。(《宁县汇集》)

黑土地，油一样，耕去平，耱去光，天旱天涝都保墒。(《岷县农谚选》)

黑土地，油一样，耕去松，耱去光，防旱抗旱又保墒。〔天水〕(《甘肃选辑》《中国农谚》)

---

① 黑垆土：属黑垆土亚类，黑垆土土属，分布在庆阳、平凉及天水等地区、市的塬边塬嘴，残碎塬面，均为耕地土壤（《甘肃土种志》）。

② 适宜：《平凉气候谚》作“适应”。

③ 黑麻土：属黑麻土亚类，黑麻土土属，主要分布在六盘山以西的定西县、庄浪、静宁、临夏、白银、兰州等地（《甘肃土种志》）。收成：《甘肃选辑》作“收获”。

④ 黑毛土：原注指垆土与杂土混合的土壤。

⑤ 黑沙土：原注指垆土与沙土混合的土壤，宜耕作。

⑥ 原注：因土性紧有黑膈气，影响作物生长的意思。

黑土紧，黑土重，垆土凉；黄土轻，黄土热，天旱不过干，天下不过粘，耕去能耕细，耱去能耱光。〔平凉〕（《甘肃选辑》）

黑土紧，黄土松。（《静宁农谚志》）

黑土紧，黄土松；黑土重，黄土轻；垆土凉，黄土热。（《宁县汇集》）

黑土类，人爱种，能喝水来能吃粪。（《静宁农谚志》）

黑土凉，黄土热。（《静宁农谚志》）

黑土能长山宝，白土啥都长不好。〔天水〕（《甘肃选辑》）

黑土青砂力量强，苗苗又高穗又长。（《岷县农谚选》《甘肃选辑》）

黑土如泡油，白土没来头。〔天水〕（《甘肃选辑》《中国农谚》）

黑土是油土，一斗顶几斗。〔兰州〕（《甘肃选辑》《中国农谚》）

黑土土口松，耐旱不耐涝。〔定西〕（《甘肃选辑》）

黑土心里黑，粮食颗儿多。〔兰州〕（《甘肃选辑》）

黑土油一样，耕去平，耱去光。〔定西〕（《甘肃选辑》）

黑土重，黄土轻。（《静宁农谚志》）

黑油土①，才算好，种上庄稼长得高。〔临夏〕（《甘肃选辑》）

黑油土，肥力大，不怕晒，不怕下。（《平凉汇集》）

黑油土，强似油，种上庄稼不用愁。（《定西农谚》）

黑油土，人爱种，能喝水来能吃粪，只要做到这几点，实现万斤没困难。（《宁县汇集》）

黑油土，人爱种，能喝水来能吃粪。（《甘肃选辑》《平凉气候谚》）

黑油土，是宝贝，蓄水积肥保墒好，不怕天旱和雨涝，年年丰产收成高。〔张掖〕（《甘肃选辑》）

黑油土，是宝土，蓄水保肥地墒好，不怕天旱和雨涝，年年丰产收成高。（《天祝农谚》）

黑珍子土颗颗园，大旱也能收一半。（《平凉气候谚》）

黑珍子土颗颗圆，天旱雨涝都丰产，大旱也能收一半。（《宁县汇集》《甘肃选辑》）

黑走黄，必捉粮。（《宁县汇集》）

恨天坝，天旱天涝都不怕。（黄绵土）〔兰州〕（《甘肃选辑》《中国农谚》）

红斑土，太不好，打的粮食没多少。〔天水〕（《甘肃选辑》）

红斑土，太不好，挣的人不得了。〔天水〕（《甘肃选辑》）

红板土，下无籽，晒无收。〔天水〕（《甘肃选辑》）

---

① 黑油土：属黑钙土亚类，黑钙土土属，分布在甘肃省内祁连山、西秦岭山地和甘南高原区比较平缓的阴坡半阴坡，山前滩地及河流两岸的阶地上（《甘肃土种志》）。

红长黑长白不长，黄土长个平平常。（红砂土）〔酒泉〕（《集成》）

红黑土，两样货，秆秆硬，颗颗多，天旱雨涝不得没。（《宁县汇集》）

红黑土，两样货，秆秆硬，颗颗多①。（《静宁农谚志》《甘肃选辑》）

红胶泥，粘性大，多施小灰顶呱呱。〔定西〕（《甘肃选辑》《中国农谚》）

红胶泥，粘性大，要想长好庄稼，多施小灰顶呱呱。（《岷县农谚选》）

红胶泥，最保墒，各种庄稼长得旺。〔张掖〕（《甘肃选辑》）

红胶土，干如铁，湿似胶，长下粮食一扎高。（《平凉汇集》《谚海》）

红胶土，害死人，天旱像一块钢，下雨一包脓。（《平凉气候谚》）

红胶土，害死人，天晴一块铜，下雨一包脓。（《宁县汇集》《平凉汇集》《中国农谚》）

红胶土，天旱似石，雨涝似胶。（《平凉汇集》）

红胶土，天旱似铁石，雨涝似胶泥。（《谚海》）

红胶土，真正差，坚硬如砖根难挖。（《静宁农谚志》）

红胶土，最不好，多施灰粪也有效。〔平凉〕（《甘肃选辑》）

红胶土，最不好。（《宁县汇集》）

红绵砂，土质上，耐旱耐涝庄稼旺。（《岷县农谚选》《甘肃选辑》）

红沙土，土头薄，不保水来不长田。〔张掖〕（《甘肃选辑》）

红沙土，性子凉，单长包谷和高粱。〔天水〕（《甘肃选辑》）

红土地，胶板板，太阳晒了裂槽槽，庄稼蹲在石板上，苗黄秆细长不高。（《天祝农谚》）

红土地，胶板板，太阳一晒裂口槽，庄稼蹲在石板上，黄苗秆细长不高。〔张掖〕（《甘肃选辑》）

红土生来性情强，天爷下雨稀湖汤，太阳一晒硬如钢，田苗遇雨连根光。（阳山红土）〔天水〕（《甘肃选辑》）

红土填上沙，不收不由它。〔陇西〕（《集成》）

红土性柔，气的老牛发愁。（阳山红土）〔天水〕（《甘肃选辑》《中国农谚》）

红土性粘重，气的牛发愁。〔天水〕（《甘肃选辑》）

红粘土，酸性大，怕涝怕旱不长庄稼。〔天水〕（《甘肃选辑》）

黄板土，耕性差，四风不避不长田。〔天水〕（《甘肃选辑》）

黄板土，硬如钢，耕不起，耱不光。〔天水〕（《甘肃选辑》《中国农谚》）

黄河往西流，红山白土头②。〔临夏〕（《甘肃选辑》《中国农谚》）

---

① 多：《甘肃选辑》作“少”。

② 《甘肃选辑》注：黄河经刘家峡后转向西流，这里山顶都是白土，说明红土、白土分布规律。

黄浆泥，实在瞎，雨多它的流失大，天旱强硬没办法。〔天水〕（《甘肃选辑》）

黄胶泥，土不好，一籽一苗刚够交。〔兰州〕（《甘肃选辑》）

黄胶泥壳壳青砂底，上下墒气接不住气；干时胶泥板，湿时稀泥滩。〔张掖〕（《甘肃选辑》）

黄胶土，长黄蒿。〔兰州〕（《甘肃选辑》）

黄绵砂是瞎土壤，各样庄稼都不强。（《岷县农谚选》）

黄青夹沙危害大，种上庄稼啥没啥；若把中层黄沙倒，就会变成取粮宝。〔张掖〕（《甘肃选辑》）

黄沙是龙，先富后穷。〔张掖〕（《甘肃选辑》《中国农谚》）

黄沙是龙，越刮越穷。〔张掖〕（《甘肃选辑》）

黄土耕性好，用的劳力少。〔张掖〕（《甘肃选辑》）

黄土黑盖面，年年吃饱饭。〔天水〕（《甘肃选辑》《中国农谚》）

黄土口松，耐秋不耐春。（《宁县汇集》《静宁农谚志》《甘肃选辑》《中国农谚》）

黄土里种田，不要嫌干。〔兰州〕（《甘肃选辑》）

黄土热，黑土凉，红土性口紧，碱土放银光。（《甘肃选辑》《中国农谚》）

黄土上沙地，当年就得利。（《集成》）

黄土四松热，耐秋不耐春。（《平凉气候谚》）

黄土性质好，绵软不板结，肥料能上够，粮食打得多。（《天祝农谚》）

黄土性质好，松软不板结，肥料能上够，穗大籽儿多。〔张掖〕（《甘肃选辑》）

黄土压黑土，多打两石五。〔陇西〕（《集成》）

黄土质，不太好，各样肥料不见效。（大黄土）（《岷县农谚选》）

鸡粪土①，不长田，出来的苗儿一点点。〔张掖〕（《甘肃选辑》）

鸡粪土，层紧里边绵，黑色白丝肯长田。〔天水〕（《甘肃选辑》）

鸡粪土，力量强，就是土色不一样，白色黄色全不成，黑色杂石最能长。天旱没指望，雨水接着有保障。〔天水〕（《甘肃选辑》）

鸡粪土烧灰当了粪，上到地里没有劲。〔张掖〕（《甘肃选辑》）

家有三亩垆，多要一头牛。〔甘谷〕（《集成》）

家有三垧黑土地，吃穿不受人的气。〔天水〕（《甘肃选辑》《中国农谚》）

碱潮地，碱水多，庄稼出来也难活。〔张掖〕（《甘肃选辑》）

---

① 鸡粪土：属黑垆土亚类，黑垆土土属，分布在庆阳、平凉及天水等地市黑垆土地带的塬嘴、梁峁地段，均为耕作土壤（《甘肃土种志》）。

碱地毛病大，不耐晒，不耐下，土口紧，胡基[1]大。(《定西汇编》)

碱地怕好汉，土地怕懒汉。〔张掖〕(《甘肃选辑》)

碱地确实坏，地面变成白，寸草难生长，颗粒也难收。〔平凉〕(《甘肃选辑》)

碱地生效，开沟种稻。(《定西汇编》)

碱地种冰碴，不收不由它。〔定西〕(《甘肃选辑》《中国农谚》)

碱地种田不保险，砂地种田金饭碗。(《甘肃选辑》《定西汇编》)

碱土地，人不爱，天晴天阴一片白。(《静宁农谚志》)

碱土毛病大，不耐晒，不耐下，土口紧，胡基大。(《会宁汇集》)

碱土确实坏，寸草难生长。(《平凉气候谚》)

见苗三分收。(紫土)(《张氏农谚》《鲍氏农谚》《甘肃选辑》《定西汇编》《中国农谚》)

见下杆高籽饱，见旱禾苗火燎。(红胶泥土)〔天水〕(《甘肃选辑》)

见雨泥团团，天晴如石板，干了耕不进，湿了一团泥；耕去硬如钢，翻起亮光光。(白板土)〔天水〕(《甘肃选辑》)

见雨稀溜溜，一晒干泵泵[2]。(鸡粪土)〔兰州〕(《甘肃选辑》《中国农谚》)

胶泥地，能保墒，种上庄稼多打粮。〔张掖〕(《甘肃选辑》)

胶泥地，土块大，结构紧密根不[3]下，雨涝成河遍地荒，天旱地上裂瓜瓜。(《宁县汇集》《平凉气候谚》)

胶泥地，土块大，口儿紧，耕不下，雨涝成河遍地荒，天旱地上裂瓜瓜。〔平凉〕(《甘肃选辑》)

胶泥土，很不好，打的粮食就是少。(《宁县汇集》)

胶泥土，粘性强，肥力数它差。(《平凉气候谚》)

胶泥土壤粘性强，深翻施肥能改良。(《宁县汇集》《甘肃选辑》)

胶土不耐旱，天旱禾苗干。〔武山〕(《集成》)

胶土掺上沙，顶住上油渣。(《集成》)

胶土类，若要好，多施灰粪也有效。(《静宁农谚志》)

胶土粘性大，肥力数它差，干时壳破皮，雨涝一团泥。〔华亭〕(《集成》)

胶土粘性大，肥力数它差，苗苗根难扎，叶干又落花。〔平凉〕(《甘肃选辑》)

---

① 胡基：指土地翻耕后形成的土块，又称“基子”或写作“墼”，今统一作“基”。

② 干泵泵：《中国农谚》作“干嘭嘭”。

③ 不：《平凉气候谚》作“难”。

金地发金光，铁地不打粮，天旱一把刀，天雨一团糟[1]。（《庆阳汇集》《宁县汇集》）

金地银盖[2]。〔张掖〕（《甘肃选辑》）

劲土地，性子强，太阳晒，如烧炕，种庄稼，没希望。（《泾川汇集》《静宁农谚志》）

看去黑，揣去润，只长田禾不上粪。（黑砂土）〔定西〕（《甘肃选辑》）

看去黑，抹去润，只长田，不上粪。（黑砂土[3]）（《定西汇编》）

看去黑油油，干了裂口口，胡基满地头，旱涝两丰收。（黑土）〔天水〕（《甘肃选辑》）

看时死，犁时硬，一层接一层，犁起的土块比砖硬。（平土）〔张掖〕（《甘肃选辑》）

口紧腔松肥力强，样样庄稼都稳定[4]。（黑砂土）〔天水〕（《甘肃选辑》《中国农谚》）

口松底硬，耕去要命。（红胶土）〔天水〕（《甘肃选辑》《中国农谚》）

捞盐没盐，种田没田。〔张掖〕（《甘肃选辑》《中国农谚》）

老黄土，死黄浆，生长庄稼单独样，雨多流失大，天旱它硬扎。〔天水〕（《甘肃选辑》）

老坚土，人人愁，耕坏杆头累死牛。〔天水〕（《甘肃选辑》《中国农谚》）

老天一下雨，粘掉草鞋底，天旱比铁硬，天涝赛胶泥。（胶泥土）〔天水〕（《甘肃选辑》）

犁去绵，耱去光，干时风刮心发慌。（砂土）〔张掖〕（《甘肃选辑》《中国农谚》）

犁时硬，耱时绵，遇到天旱不长田。（黑板土）〔定西〕（《中国农谚》）

犁去喜欢拔去笑，到了秋后没吃了。（白土）〔甘南〕（《甘肃选辑》）

犁时喜欢耱时笑，割起田禾挠头脑。（白土）（《岷县农谚选》）

立土地，能抗旱，每亩上粪三几万，粮食能打七八石。〔张掖〕（《甘肃选辑》）

立土地，能抗旱，样样庄稼都增产。（《敦煌农谚》）

立土好，立土好，立土水肥吃个饱。（《甘肃选辑》《敦煌农谚》）

漏沙地，面面光，它的特性透水强；井水灌溉它喜爱，不浇井水它倒

---

① 依次指黄土、重黏土、黏土。

② 原注：指最好的土头地。

③ 黑砂土，原注谓又称“黑油砂”。

④ 定：《中国农谚》作“当”。

搐①。〔张掖〕(《甘肃选辑》)

漏沙地，不耐旱，水要浇得浅，长高又缩短；水要浇得满，保险能增产。〔张掖〕(《甘肃选辑》)

漏沙地，不提墒，不长庄稼把田糠；如果翻挖倒在上，就会变成米粮仓。〔张掖〕(《甘肃选辑》)

漏沙地，没出息，不长身身少结实。〔张掖〕(《甘肃选辑》)

漏沙地，面面光，种上庄稼不保墒。〔张掖〕(《甘肃选辑》《中国农谚》)

垆土地里是有油，庄家长的绿油油。(《宁县汇集》《甘肃选辑》)

垆土上了油，吃饭不用愁。〔平凉〕(《甘肃选辑》《中国农谚》)

麻地不宜平，免得雨水停。(《费氏农谚》《鲍氏农谚》《中国农谚》)

麻土地，口儿紧，打籽受来收成穗。(《静宁农谚志》)

马面坡，刀背梁②，各样庄稼都不强。(黑绵土)(《岷县农谚选》《甘肃选辑》《中国农谚》)

没底箩③。〔兰州〕(《甘肃选辑》)

绵黄土比灰绵，吹风起土不长田。〔天水〕(《甘肃选辑》)

绵黄土水草生，拔了一根长一根；锄去绵，耕去绵，背下背晒肯长田。〔天水〕(《甘肃选辑》)

绵砂土颗颗细，排水良好能松地。(《岷县农谚选》)

耐下耐晒又保墒，收下的粮食憋破仓。(黑黄土)〔天水〕(《甘肃选辑》)

南面捞盐，西面种田，春天浇水它不渗，暑上它比砖头硬。(川坡碱地)〔张掖〕(《甘肃选辑》)

南山黑土地是草包庄稼。(《会宁汇集》)

你有粮万石，我有黑土地。(《平凉汇集》《谚海》)

你有万担粮，我有新砂地。(《会宁汇集》)

宁叫沙盖土，不叫土盖砂。(漏沙地)〔张掖〕(《甘肃选辑》《中国农谚》《集成》)

宁置刮金板，不置漏沙弯，漏沙真难缠，黄得早不耐旱。〔张掖〕(《甘肃选辑》)

宁种黑土一合，不种青土一坡。(《岷县农谚选》)

宁种黑土一亩，不种白土十亩。(《岷县农谚选》)

宁种黑土一窝，不种青土一坡。〔定西〕(《甘肃选辑》《中国农谚》)

---

① 搐：方言，指往回缩的意思，原作“出”，非。

② 马面坡、刀背梁：《岷县农谚选》注指地较陡，形似刀。《甘肃选辑》注指黑泡土。

③ 原注：形容漏沙土漏水、漏肥。

宁种红油砂一亩，不种胶泥土十亩。（红胶泥土）（《岷县农谚选》）

宁种红油砂一亩，不种青胶泥十亩。〔定西〕（《甘肃选辑》《中国农谚》）

宁种一亩黑垆土，不种二亩黄绵土。〔平凉〕（《甘肃选辑》《中国农谚》）

宁种在黄红土里，不种在稀泥湖里。（《敦煌农谚》）

平头土，胶泥板，浇不深，渗不透，顺着层层四面流。种庄稼真气人，秆秆细，穗穗少，苦下场，收成少。〔张掖〕（《甘肃选辑》）

平土带碱性，当怕地里开窟窿。（《敦煌农谚》）

平土带碱性，庄稼也适应。〔张掖〕（《甘肃选辑》）

青黄漏沙，死驴肝花①。〔张掖〕（《甘肃选辑》《中国农谚》）

青胶泥粘性大，口紧作物不发芽。〔定西〕（《甘肃选辑》）

青砂土，砂性大，上松下紧不怕下。〔甘南〕（《甘肃选辑》《中国农谚》）

青杂土，土层浅，要耕深，难上难。〔天水〕（《甘肃选辑》）

青杂土，土头坏，长的庄稼人不爱。〔天水〕（《甘肃选辑》）

青杂土，性底柔，庄稼颗小秆子朽。〔天水〕（《甘肃选辑》）

清早软，中午硬，到了下午耕不动。（红土和鸡粪土）（《会宁汇集》）

晴则如刀，雨则如膏②。（《升庵经说》《古谣谚》《甘肃农谚》）

娶老婆娶个笑面脸，种地种个沙盖土。〔张掖〕（《甘肃选辑》）

日晒胶泥卷，风吹钢铁板。（红胶泥土）〔张掖〕（《甘肃选辑》《中国农谚》）

日晒胶泥卷，施到田里能长田。〔张掖〕（《甘肃选辑》）

日晒胶泥卷。（青胶泥土）（《岷县农谚选》）

容易耕种容易耙，样样庄稼适宜它。（《静宁农谚志》）

如要板土庄稼好，羊马粪离不了。（《定西农谚》）

若要板土长庄稼，牛马粪不离它。（黑板板土）〔定西〕（《甘肃选辑》）

洒下收八石。（红油土）〔临夏〕（《甘肃选辑》）

三年两头光，穷人不见粮。（白羊脑髓土）（《岷县农谚选》）

三沙七泥③，好耙好犁。（《集成》）

三天两头下，庄稼能长下。（黄绵土）〔兰州〕（《甘肃选辑》《中国农谚》）

沙盖楼，吃穿不用愁；楼盖沙，颗粒不还家④。〔张掖〕（《甘肃选辑》《中国农谚》）

---

① 《甘肃选辑》注：形容黄漏沙地不生长作物。

② （明）杨慎《升庵经说》卷十一：“草人掌化土之法。凡粪种，骍刚用牛，以牛骨为粪。……埴垆豕。埴垆，土之黏疏者。谚云：‘云云。’是黏疏也。”

③ 三沙七泥：原注指土中含三成沙七成泥土。

④ 沙盖楼：原注指沙壤土。楼盖沙：原注指漏沙地。

沙盖沙，害庄稼。〔永昌〕(《集成》)

沙里土，土里沙，沙里没土长不大。〔永昌〕(《集成》)

沙面子地八面丰，各样庄稼都能种。(漏沙地)(《敦煌农谚》《甘肃选辑》《中国农谚》)

沙面子地土性软，只要有粪就能长。(漏沙地)(《敦煌农谚》)

沙壤土，八面丰①，样样庄稼都能行。(《甘肃选辑》《集成》)

沙是黄龙，先富后穷。〔永昌〕(《集成》)

沙土发小苗，黏土发老苗。(《集成》)

沙土生的强，太阳晒如烧坑，种庄稼没希望②。(《宁县汇集》《甘肃选辑》)

沙土生的强，种庄稼没希望。(《平凉气候谚》)

砂面子地土质松，根水要浇一尺深，一亩上粪二十万，保你收它两万三。〔张掖〕(《甘肃选辑》)

砂石地，实在瞎，不耐旱，不背下，就费农具不长啥。〔天水〕(《甘肃选辑》)

砂石地刮金板，能抗旱，能保墒。〔张掖〕(《甘肃选辑》)

砂土不耐旱，天旱禾苗干。(《庆阳汇集》《宁县汇集》《甘肃选辑》《平凉气候谚》)

砂土不耐旱，天旱禾苗干；砂土不耐多雨，雨多就要脱底。(《静宁农谚志》)

砂土地，没出息，犁起酥，出苗齐，粮食出后越望越生气。〔张掖〕(《甘肃选辑》《中国农谚》)

砂土空隙大，易渗漏，保墒差，土浅砂多生产差。〔甘南〕(《甘肃选辑》)

砂土是个宝，水肥少不了，地里透水强，不上肥不打粮。〔天水〕(《甘肃选辑》)

砂土四不碍：水多不碍，水少不碍，风吹不碍，冻不碍。〔兰州〕(《甘肃选辑》)

砂土松散颗粒大，拿到手里硬碴碴，下雨不见水，雨后乱飞沙。〔平凉〕(《甘肃选辑》《中国农谚》)

砂土松散砂土滑，砂土地里水肥差，夜间下雨白天下，风吹庄稼连根拔。〔平凉〕(《甘肃选辑》《中国农谚》)

砂质土，性疏松，蓄水保墒没本领。(《宁县汇集》《甘肃选辑》《平凉气候谚》)

砂子面，石头底，上午浇水下午犁。〔张掖〕(《甘肃选辑》)

---

① 八面丰：《集成》作“八面风”。

② 没：《甘肃选辑》作“没有”。

傻白土，不长田，耕时容易耱时绵，一天拔不下五捆①田。（《定西汇编》《定西农谚》）

傻白土真糟糕，样样都能种，产量都不高。〔定西〕（《甘肃选辑》）

傻黄绵土②地，十旱九不收。〔甘谷〕（《集成》）

傻黄土，肥力薄，耕得深，打得光，种下田禾长不多，打不下粮食心发慌。〔天水〕（《甘肃选辑》）

啥都不怕，单怕下籽天下。（缩口土）〔天水〕（《甘肃选辑》）

晒不没，下不没。（黑砂土）〔天水〕（《甘肃选辑》）

晒了唯它硬，下了唯它绵，不打胡基自己烂。〔天水〕（《甘肃选辑》）

山上的人要命哩，川里的人上粪哩③。（黄板土）〔天水〕（《甘肃选辑》《中国农谚》）

山是地的娘母子④。〔兰州〕（《甘肃选辑》）

上面松软软，下面硬板板，中间夹着白点点。（鸡粪土）（《岷县农谚选》《甘肃选辑》《定西汇编》《中国农谚》）

上头软绵绵，下头硬板板，底层夹的白点点。（黑麻土）〔临夏〕（《甘肃选辑》）

上头松软底下硬，块子里夹有白斑点。（鸡粪土）〔甘南〕（《甘肃选辑》）

深翻一层接一层，保证千斤千万斤；深翻一团糟，麦粒秕又小。（平土）（《敦煌农谚》）

生有白善土，费尽力气受尽苦。〔天水〕（《甘肃选辑》《中国农谚》）

湿不渗水干裂缝，犁时吃力打时硬。（平土）（《敦煌农谚》）

湿不透水干裂缝，犁时吃力打时硬，庄稼根儿扎不成。〔张掖〕（《甘肃选辑》）

湿了一把泥，干了下不了犁。（红胶土）〔甘南〕（《甘肃选辑》）

湿了一团糟，干了一把刀。（红土）（《白银民谚集》）

湿时难死牛，干时比砖头。〔张掖〕（《甘肃选辑》）

湿时一包脓，干时硬如铜。（红胶土）〔甘南〕（《甘肃选辑》《中国农谚》）

湿时一团糟，旱时一把刀。（青胶泥土）（《岷县农谚选》）

湿时一团糟，干时一把刀。（平土）（《敦煌农谚》）

湿时粘，干时硬，不干不湿难搞定。（《定西汇编》）

---

① 傻白土：属黄绵土土类，黄绵土亚类，绵土土属，主要分布在临夏、定西地区，多处于黄土丘陵沟壑及梁峁向阳山坡地上（《中国土种志》）。捆：《定西农谚》作“担”。

② 傻黄绵土：原注指纯黄绵土。

③ 原注：山地上粪下雨冲到川里。

④ 原注：说明淀土地的发生与来源。

十里金沙五里银沙，沙不上一里是穷砂。〔张掖〕（《甘肃选辑》）

十年九不收，见雨成团泥，见日真难犁。（黄板土）〔天水〕（《甘肃选辑》）

十种九不收。（黄胶泥土）〔兰州〕（《甘肃选辑》）

石岗漏沙不长田，靠它吃饭饿断肠。〔张掖〕（《甘肃选辑》）

水白土湿溜溜，天旱雨涝不发愁，薄收年间七八斗。〔临夏〕（《甘肃选辑》）

死斑土，不大强，种的禾苗长不旺；死斑土，没人爱，长的庄稼就怕晒；死斑土，不大强，一年的粮食不用仓。〔天水〕（《甘肃选辑》）

死斑土，太不好，种下的田禾如火燎。〔天水〕（《甘肃选辑》）

死板土，硬如钢，耕不起，耱不光，长下的田禾一扎长。（黑板土）〔天水〕（《甘肃选辑》）

死牛肝子隔水层，一尺以下不扎根。（平土）（《敦煌农谚》）

塘泥底壤土层，各类作物适宜种。〔张掖〕（《甘肃选辑》）

塘泥地真正好，样样庄稼长得了。〔张掖〕（《甘肃选辑》）

提起红斑土，叫人真发愁。〔天水〕（《甘肃选辑》）

提起红土真糟糕，不长庄稼爱长草。〔天水〕（《甘肃选辑》）

天旱不打粮，雨涝压塌场。（黑麻土）（《宁县汇集》《静宁农谚志》《甘肃选辑》《中国农谚》）

天旱不见水，天旱不见苗。（白沙土）〔天水〕（《甘肃选辑》）

天旱尘土扬，雨涝地气凉。（大黑土）（《岷县农谚选》）

天旱丰收，雨多欠收。（大黑土）〔天水〕（《甘肃选辑》）

天旱裂开缝，下雨泡成泥。〔定西〕（《甘肃选辑》）

天旱苗不旱，见苗三分田。（黑砂土）（《岷县农谚选》《甘肃选辑》《中国农谚》）

天旱如擦粉，天下如汗流。（盐碱土）〔定西〕（《甘肃选辑》）

天旱如火炕，天阴如泥塘。（砂土）（《静宁农谚志》）

天旱三年吃饭①，天涝三年籽不还。（黑朽土）〔天水〕（《甘肃选辑》《中国农谚》）

天旱三年磊磊子，天下三年拿秆子。（黄砂土）（《岷县农谚选》《甘肃选辑》《中国农谚》）

天旱三年骑马呢，天旱三年拄棍呢。（大黑土）（《岷县农谚选》）

天旱三年骑上马，天下三年背上板②。（《岷县农谚选》）

---

① 吃饭：《中国农谚》作“吃饱饭”。

② 原注：红胶泥土喜旱不喜涝。

天旱是火坑，天涝是草坑[1]。（砂土）（《庆阳汇集》《宁县汇集》《甘肃选辑》《中国农谚》）

天旱是颗子，雨涝是秆子。（黑绵土）〔平凉〕（《甘肃选辑》《中国农谚》）

天旱塘土扬，雨涝地气凉。〔定西〕（《甘肃选辑》）

天旱像砖头，天涝烂[2]死牛。（红胶土）〔平凉〕（《甘肃选辑》《中国农谚》）

天旱一把刀，天阴一团糟。（红土）（《静宁农谚志》）

天旱硬举举，天下一根绳，深耕并施粪，庄稼长得凶。（红黑土）。〔定西〕（《甘肃选辑》）

天旱有石油，天涝有石火，缺雨不旱，多雨不涝。（黑石砂）（《岷县农谚选》）

天旱雨涝两保险，种上庄稼心放宽。（黑土）〔天水〕（《甘肃选辑》）

天涝烂死牛，天旱像砖头。（红胶土）（《宁县汇集》）

天涝山淌倒，天旱如火烧。（白绵土）（《岷县农谚选》《甘肃选辑》《中国农谚》）

天晴就干硬，浇水马上软，手捏不粘结，地力太不肥。（砂土）（《泾川汇集》）

天晴如砖头，天阴烂住牛。（《静宁农谚志》）

天晴一把刀，天雨一团糟。（《中国农谚》）

天晴一把刀，下雨一泡糟；干时犁不动，湿粘犁不成。（《泾川汇集》）

天晴一把刀，下雨一团糟；干时犁不动，湿时粘犁梢。（《定西汇编》）

天晒如铁壳，下雨踩不住脚。（黑鸡粪土）〔定西〕（《甘肃选辑》）

天晒有石汗，下雨地不烂。（黑砂土）〔天水〕（《甘肃选辑》《中国农谚》）

天下泥花不断，天旱土块不烂。（红胶泥土）（《岷县农谚选》）

天下如浆，天晴[3]如钢，劳力枉费苗不长。〔天水〕（《甘肃选辑》）

天下水流，天旱起火。（白羊脑髓土）（《岷县农谚选》）

天阴下雨一包脓，天晴日晒如钢板。（《天祝农谚》）

天阴一滩泥，天晴起碱皮。（白碱土）（《静宁农谚志》《甘肃选辑》《中国农谚》）

头层软，二层硬，长庄稼，没后劲。（白鸡粪土[4]）〔天水〕（《甘肃选辑》《中国农谚》）

---

① 天涝：《甘肃选辑》《中国农谚》作“雨涝”。草坑：《宁县汇集》作“沙场”。

② 烂：原作“难”，此处意为陷进泥泞中，方言用字当以“烂”为上。下凡与此类者径改之。

③ 晴：原作“下”，据意改。

④ 白鸡粪土：又名白善土（《天水市志》）。

头层松，中层[①]硬，下层全是沙洞洞。（漏沙地）（《甘肃选辑》《敦煌农谚》）

土层深厚肥力高，样样庄稼长得好。〔永昌〕（《集成》）

土层深厚肥力高，种上庄稼产量好。（黄土）〔张掖〕（《甘肃选辑》）

土的颜色如油黑，一个穗头有千颗。〔张掖〕（《甘肃选辑》）

土盖沙，不耐旱；沙盖土，能保墒。（漏沙地）（《敦煌农谚》）

土岗地脑又厚，样样肥料都能用，种上庄稼易糠田，思想起来是水浇得浅。〔张掖〕（《甘肃选辑》）

土含盐不长田，土含碱打粮浅。（盐碱土）（《甘肃选辑》）

土口松软不保墒，遇到天旱都晒光。（傻白土）〔定西〕（《甘肃选辑》）

土溜疙瘩背着吊罐走[②]。（麻石渣土）〔天水〕（《甘肃选辑》《中国农谚》）

土壤土壤你的性不一样，黄土在上黑土垆土在下，黑垆土翻上多打粮。（《宁县汇集》）

土壤颜色如油黑，一株穗头有千颗。（《天祝农谚》）

土散毛多好耕作，地凉地阴不打颗。（黑毛土）〔甘南〕（《甘肃选辑》）

土色发黄看起也绵，就是不长田。（《甘肃选辑》）

土是红沙沙，到处碱窟窿，丢掉太可惜，种上没收成。（《甘肃选辑》《天祝农谚》）

土松地暖，吃饭保险。（黑砂土）〔定西〕（《甘肃选辑》）

土性燥，不养苗，不耐晒，肥力小，太阳一晒遍地都白了。（盐碱地）〔临夏〕（《甘肃选辑》）

土硬难务劳，扎根浅，除草起大片，地性凉，雨水不渗保墒难。（黑板土）〔甘南〕（《甘肃选辑》）

挖坏锄头挣死牛，不长夏田光长秋，一年长下的耕不完。（红土）〔天水〕（《甘肃选辑》）

乌黑蓬松有朽味，防旱抗旱又保墒[③]。〔甘谷〕（《集成》）

五花土，庄稼长的没有一尺五。〔兰州〕（《甘肃选辑》《中国农谚》）

五绝土[④]，庄稼没有一尺五。〔永昌〕（《集成》）

细沙土土头薄，不保水来不长田。（《天祝农谚》）

下了软，晒了硬，刮起北风要了命。（黄板土）〔天水〕（《甘肃选辑》

---

① 中层：《甘肃选辑》〔张掖〕作“二层”。

② 原注：吊罐是一种灶具，说明这种土种几年就薄了的意思。

③ 谓善种农作物的肥壮土，亦指黑垆土。

④ 五绝土：指由白沙土、白僵土、黏土等合成，没有植物生长条件的土。

《中国农谚》）

下了十昼八夜，未曾雨停就能耱。（漏沙地）〔张掖〕（《甘肃选辑》）

下了唯它软，晒了唯它硬。（红胶土）〔定西〕（《甘肃选辑》）

下了稀溜溜，干了板硬裂口口。（黄板土）〔天水〕（《甘肃选辑》）

下上七天搭八夜，雨还没停就能耱。（油白土）〔定西〕（《甘肃选辑》《中国农谚》）

下上七昼单八夜，雨还不停就能耱。（油白土）（《岷县农谚选》）

下雨成胶，天旱成刀。（红胶土）（《宁县汇集》《静宁农谚志》《甘肃选辑》）

下雨淀层层，日晒裂缝缝。（板板土）〔平凉〕（《甘肃选辑》）

下雨好土水冲完，留下狗僵不长田。（红土）（《甘肃选辑》《天祝农谚》《中国农谚》）

下雨黑，见晒白。〔平凉〕（《甘肃选辑》《中国农谚》）

下雨进地成脚窝，干了尽是硬坨坨。（《甘肃选辑》）

下雨烂死牛，干后打铧头。（红胶土）〔定西〕（《甘肃选辑》《中国农谚》）

下雨忙三天①。〔兰州〕（《甘肃选辑》）

下雨起泥泡，天旱黄土色。（《庆阳汇集》）

下雨如汤，天旱如钢，劳死人不见粮。（青土）〔天水〕（《甘肃选辑》）

下雨是汤，天旱是钢，挣死不打粮。（白土）〔天水〕（《甘肃选辑》《中国农谚》）

下雨是稀泥，干了是瓦渣。（《白银民谚集》《定西汇编》）

下雨是稀泥，干了一层皮。（盐碱土）〔定西〕（《甘肃选辑》）

下雨水团团，日晒干板板。（红胶泥土）〔兰州〕（《甘肃选辑》）

下雨稀巴烂，天晴锥子钻。（红黏土）〔甘谷〕（《集成》）

下雨一把泥，干后一层皮。（黑碱土）〔甘南〕（《甘肃选辑》）

下雨一包泥，天晴一张皮。（黄板土）（《宁县汇集》《静宁农谚志》《甘肃选辑》）

下雨一包脓，天晴一块铜。（红胶土）〔平凉〕（《甘肃选辑》）

下雨一包脓，天晴硬如钢。（红板土）〔甘谷〕（《集成》）

下雨一团②糟，天旱一把刀。（红胶土）〔平凉〕（《甘肃选辑》《中国农谚》）

下雨油浸浸，见晒毛酥酥。（黑油土）〔平凉〕（《甘肃选辑》《中国农谚》）

夏水洗碱，来年必长。（《甘肃选辑》《敦煌农谚》）

夏硬春绵，必定有碱。〔张掖〕（《甘肃选辑》《中国农谚》）

---

① 原注：紫土应在下雨后及时耕作。

② 团：《甘肃选辑》作“包”。

夏硬春软，必定有碱。(《敦煌农谚》)

小雨不入门，大雨连家搬。(胶泥土)〔天水〕(《甘肃选辑》)

性大力暴，穗大粒饱。〔平凉〕(《甘肃选辑》)

锈沙地一排铣，上下水分全隔严，不扎根不生长，逢到暑上把田糠，能把锈要得通风良，东风排成行。(《高台农谚志》)

锈沙地硬板板，作物生长不耐旱。〔张掖〕(《甘肃选辑》)

夜潮地，没脾气，天旱雨涝没关系。〔临夏〕(《甘肃选辑》《中国农谚》)

一场风沙埂子平，沙窝田地不中用，水年扎根深，旱年形无踪。(风砂地)〔张掖〕(《甘肃选辑》)

一个石头四两油，离了石头粮不收。(红油砂)(《岷县农谚选》)

一块石头四两油，没有石头不丰收；石头大耕不下，石头小耕起跑。(砂土)〔天水〕(《甘肃选辑》)

一块石头四两油，没有石头种啥不收。(黑砂土)〔定西〕(《甘肃选辑》)

阴气重，土性凉，土肥土厚多打粮。(大黑土)〔天水〕(《甘肃选辑》《中国农谚》)

阴山的红土贵如金，阳山的红土贫死人。〔天水〕(《甘肃选辑》《中国农谚》)

阴山黑土多出颗，羊粪骨肥必施多。(《会宁汇集》《定西汇编》)

油费上，灯不亮，籽种人力白搭上。(红砂土)〔临夏〕(《甘肃选辑》《中国农谚》)

有白针针[①]的垆土瘦，无白针针的垆土肥。〔平凉〕(《甘肃选辑》)

有气没水，有水没气，不是干死，就是闷死。(胶泥土)〔天水〕(《甘肃选辑》)

有钱难买烟熏土[②]。〔平凉〕(《甘肃选辑》《中国农谚》《集成》)

有砂耕作难，耐湿耐旱肯长田。(黑砂土)(《甘肃选辑》)

有雨不涝，无雨不旱，天旱有油，天下有水。(黑石渣土)〔天水〕(《甘肃选辑》)

雨停地干，十年九旱。(黑板板土)〔定西〕(《甘肃选辑》)

雨下七昼单八夜，太阳一出就能耱。(潮沙地)〔兰州〕(《甘肃选辑》《中国农谚》)

雨住地干，十年九旱。(水白土)(《岷县农谚选》)

遇雨成泥干时板，种上庄稼干瞪眼。(黑板板土)〔定西〕(《甘肃选辑》)

---

① 白针针：原注指石灰菌丝。

② 烟熏土：《甘肃选辑》〔平凉〕作“熏焦土”。

遇雨成浓，天旱裂缝①。（青胶泥土）（《岷县农谚选》《甘肃选辑》《中国农谚》）

愿种黑土一盅，不种黄土一升。（《岷县农谚选》《甘肃选辑》）

早上湿的亦能种，晚上干的种不成。（黑砂土）〔张掖〕（《甘肃选辑》）

珍子土，颗颗圆，轻旱轻涝都丰产。（《静宁农谚志》）

中间隔层不透水，下有流砂不保墒。〔张掖〕（《甘肃选辑》）

种上庄稼不出苗，勉强出来如火烧。（白板土）〔天水〕（《甘肃选辑》）

种羊脑髓土实在难，年年种地不见田。（白羊脑髓土）（《岷县农谚选》《甘肃选辑》）

庄稼长得高，可惜颗不饱。（大黑土）〔定西〕（《甘肃选辑》）

庄稼种在漏沙地，不够吃顿干拌的。〔永昌〕（《集成》）

做去松活吃去愁。（黄善土）〔平凉〕（《甘肃选辑》《中国农谚》）

改　良

川地土壤易板结，分层施肥能解决。（《宁县汇集》）

大秋作物带种豆，改良土壤有增效。（《宁县汇集》）

地里发了红碱，把红碱挖尽，水要浇深，沙用三分，深犁浅种，不能上粪，地里没坝，不如种山洼。〔兰州〕（《甘肃选辑》）

地里有了黑碱，人要发狠，挖上一铣，地下刨尽，不能上粪，水要灌深，沙用五寸，把坑填平。〔张掖〕（《甘肃选辑》）

地下水位高，不生碱来就生硝。〔张掖〕（《甘肃选辑》）

二十车沙，三十车粪，它不长了我不信。〔张掖〕（《甘肃选辑》）

干碱怕泡，水碱怕排。（《敦煌农谚》）

干碱压草，水碱拉沙。（《甘肃选辑》《敦煌农谚》《中国农谚》）

刮碱压砂土，保苗不用补。〔张掖〕（《甘肃选辑》）

河沙压粘土，一亩顶二亩。（《中国农谚》《谚海》）

洪水干泥金窝窝，压碱肥地产量高。（《会宁汇集》）

黄泥配砂田，一年当两年。（《集成》）

黄土掺沙，最会长瓜。（《集成》）

黄土压了沙，孩子见了妈。（《集成》）

黄土压沙土，一亩顶二亩。〔张掖〕（《甘肃选辑》）

加沙地下不扎根，掏掉隔沙出黄金。〔张掖〕（《甘肃选辑》）

碱板板不长田，砂压碱，刮金板，地墒饱，肥料足，打下的粮食吃不完。

---

① 天旱：《甘肃选辑》〔定西〕作“干时”。

〔临夏〕(《甘肃选辑》)

碱地火气大，炕土粪少拉，青沙能贯底，沙子地能压。〔张掖〕(《甘肃选辑》)

碱地里铺沙，好像水盆里栽花。〔张掖〕(《甘肃选辑》)

碱地铺沙，种啥有啥，种瓜得瓜，种豆得豆。〔张掖〕(《甘肃选辑》)

碱地铺沙顶上粪，每年都有好收获。〔张掖〕(《甘肃选辑》)

碱地铺砂，种啥长啥。〔张掖〕(《甘肃选辑》《中国农谚》《集成》)

碱地上沙如泼油。〔张掖〕(《甘肃选辑》《中国农谚》)

碱地要开花，每亩要上三十车沙。〔张掖〕(《甘肃选辑》)

碱地要上百车沙，保险亩产一千八。〔张掖〕(《甘肃选辑》)

碱地用沙掺，冬天大水灌，碱气向下走，下年能长田。〔张掖〕(《甘肃选辑》)

僵地上沙比粪强。〔张掖〕(《甘肃选辑》)

苦死老子，舒坦儿子，饿死孙子。〔兰州〕(《甘肃选辑》《中国农谚》)

落砂鼓[1]天爷。(《谚语集》)

泥掺沙，打石八；沙掺泥，有马骑。〔华池〕(《集成》)

黏土掺了沙，不长不由它。(《集成》)

七车沙，八车粪，你不长，我不信。〔张掖〕(《甘肃选辑》《中国农谚》)

秋里水，压碱的鬼。〔兰州〕(《甘肃选辑》《中国农谚》)

秋天犁地，春天种放沙，强似多上粪。(碱地)〔张掖〕(《甘肃选辑》)

秋天犁地春天种，碱地放沙土变金。〔武威〕(《集成》)

三年不压砂，就是败坏家。(《谚语集》)

三秋作物间种豆，改良土壤又丰收。(《静宁农谚志》)

扫碱铺漏沙，种植作物插芽把。〔张掖〕(《甘肃选辑》)

沙倒在上，就会变成米粮仓。〔张掖〕(《甘肃选辑》)

沙地年年压，再晒也不怕。〔永登〕(《集成》)

沙地镇压要趁早，迟到磙子不出苗。〔张掖〕(《甘肃选辑》)

沙盖碱，刮金板。(《敦煌农谚》)

沙盖碱，刮金板，一亩能打四五石。(《甘肃选辑》《天祝农谚》)

沙刮三年富，沙过十年穷。〔张掖〕(《甘肃选辑》《中国农谚》)

沙压碱，刮金板，能抗旱，能增产。〔永登〕(《集成》)

沙压土，刮金板，保水保肥保收成；土压沙，漏沙坑，种植作物不扎根。〔张掖〕(《甘肃选辑》)

---

① 鼓：方言，要挟，不让步。

沙压土，刮金板，保水保肥能高产。〔武威〕（《集成》）

沙一层，粪一层，你不想长也不行。〔张掖〕（《甘肃选辑》《中国农谚》）

砂地刮金板。（《白银民谚集》）

砂盖板，刮金板。（《高台天气谚》）

砂田歌：干旱地区铺砂田，粮食增产最保险：第一保墒能抗旱，第二压碱出苗全，第三增温发芽快，第四省籽又增产，第五草少虫也少，第六耕作很简便，旱年稳产雨年丰，群众称它牛皮碗。（《谚语集》）

砂田晒死晒活晒不绝。〔皋兰〕（《谚语集》《集成》）

砂田是打不烂的牛皮碗。（《谚语集》）

砂田是金碟子银碗。（《谚语集》）

砂田是苦死老子，富死儿子，饿死孙子。（《谚语集》）

砂压碱，吃饭碗。（《会宁汇集》《定西汇编》）

砂压碱，瓜结满。（《会宁汇集》《定西汇编》）

砂压碱，刮金板。（《会宁汇集》）

砂压碱，刮金板，又保肥，又耐旱。〔定西〕（《甘肃选辑》）

砂压碱，赛金板。（《定西汇编》）

水碱怕挑，干碱怕泡。〔张掖〕（《甘肃选辑》《中国农谚》）

田里下石灰，仓里把金堆。〔张掖〕（《甘肃选辑》）

土盖沙，不用夸。〔张掖〕（《甘肃选辑》）

土里沙，沙里土，土里没沙白受苦。〔庆阳〕（《集成》）

土壤要变好，粪土要上饱。（《定西农谚》）

挖高垫低，取沙垫土①。〔张掖〕（《甘肃选辑》）

务砂如绣花。（《谚语集》）

压平不压陟，坡砂顺沟走。（《谚语集》）

压砂不能远处洒给，近处码给。（《谚语集》）

压砂碱，刮金板，一个石头四两水。（《谚语集》）

压砂九里来铺沙，保墒瓜苗出得好。〔兰州〕（《甘肃选辑》）

盐碱地上一层沙，顶住三年上油渣。（《中国农谚》《集成》）

要问砂田归来源，话要说到康熙年。只因当时连年旱，百草无籽人受难。一位老农忽发现，苗苗长在鼠洞边。仔细分析仔细看，老鼠掏砂铺洞前。一人传百百传千，铺砂逐渐就开展。代代考察年年试，确实保收好经验。砂田寿命有长短，注意耕作是关键。作务砂田如绣花，不能深来不能浅。抄通砂层不连土，切忌步犁入砂田。新砂保收三十春，中砂能种十五年。老砂还种

---

① 原注：改良漏沙。

十多年，再老要把新砂换。人民群众力量大，多铺砂田多增产。砂田小麦筋骨好，砂田糜谷出米高。砂田瓜类甜蜜沙，砂田香瓜一包渣。砂田辣子红又辣，砂田籽瓜板子大。（《谚语集》）

一层沙，一层粪，你不长，我不信。〔张掖〕（《甘肃选辑》《中国农谚》）

一潮加排水，碱地长得美。〔酒泉〕（《集成》）

一车新沙四两油，天旱不怕粮不收。（《集成》）

只要多铺[①]砂，吃的定不差。（《甘肃选辑》《定西汇编》）

整 地

翻 耕

边收边耕，野草不生。〔会宁〕（《集成》）

薄地犁三遍，穷汉变富汉。（《集成》）

薄地犁四遍，穷汉当富汉。（《岷县农谚选》）

薄地怕富汉，六月耕四遍；好地怕贫汉，十月里耕头遍。（《定西县志》）

薄地怕勤汉，肥地怕懒汉。〔陇西〕（《集成》）

薄地怕深耕，深耕当上粪。（《集成》）

川地深翻深耕麦苗胖，山地三犁三耱打粮多。〔临夏〕（《甘肃选辑》）

春耕不下犁，秋后饿肚皮。〔张掖〕（《甘肃选辑》《甘肃气候谚》《中国农谚》）

春耕多一遍，秋收多一石。（《宁县汇集》《平凉汇集》《集成》）

春耕深一寸，等于上遍粪。（《定西农谚志》）

春耕深一寸，顶上一遍粪。〔天水〕（《集成》）

春耕深一寸，顶上一次粪；春耕多一遍，秋后多一石。〔环县〕（《甘肃选辑》《中国农谚》）

春耕早，土地疏松保墒好；春耕迟，土地难耕疙瘩死。〔甘南〕（《甘肃选辑》《中国农谚》）

春耕抓得早，地里杂草少。（《集成》）

春耕准备有四条，水利耕牛种籽加肥料。〔天水〕（《甘肃选辑》）

春季深耕要失墒。〔甘谷〕（《集成》）

春季天气晴，土地不能耕。（《清水谚语志》）

春天耕三遍，潮气往上蹿。（《集成》）

---

① 铺：《定西汇编》又作“补”。

春天犁[1]一片，秋天收一石。（《山丹汇集》《中国农谚》）

春天刨一点，秋天收一碗。〔陇南〕（《集成》）

春天深翻一寸土，秋天多收一穗金。〔永昌〕（《集成》）

大牛深耕绵羊粪，庄稼不成人不信。〔华亭〕（《集成》）

带霜翻不起，刺芥锈成堆。（《宁县汇集》《甘肃选辑》）

当年三犁三耱，来年光吃白馍。（《集成》）

地不冬耕不收。（《集成》）

地不冻，犁不停。（《宁县汇集》《静宁农谚志》《山丹汇集》《甘肃选辑》《中国农谚》《谚语集》《集成》）

地不翻，苗不欢。（《集成》）

地不耕，草不生。（《清水谚语志》）

地不耕透杂草多。（《谚海》）

地翻二尺半，每亩打三石。〔张掖〕（《甘肃选辑》）

地翻三遍赛黄金，一寸深度一寸金。（《宁县汇集》《甘肃选辑》）

地肥怕懒汉，两年把样变。〔天水〕（《甘肃选辑》）

地耕二次如上油，籽种保丰收。（《宁县汇集》）

地耕三遍，黄金不换。（《静宁农谚志》《平凉汇集》《中国农谚》《集成》）

地耕三遍，金银不换。（《庆阳汇集》《中国农谚》）

地耕通，粪上匀，庄稼场不离人。〔定西〕（《甘肃选辑》《中国农谚》）

地犁八遍草无面。〔兰州〕（《甘肃选辑》）

地犁成线，粪打成面，每亩能打一万石。〔甘南〕（《甘肃选辑》）

地犁七遍，不怕吃穿。〔张掖〕（《甘肃选辑》）

地犁七遍，睡着吃饭[2]。〔兰州〕（《甘肃选辑》《中国农谚》）

地犁七遍饿死狗[3]。〔兰州〕（《集成》）

地犁七串耙八串，保证每亩打八石。〔张掖〕（《甘肃选辑》）

地犁三遍，粮食过石。（《定西农谚》）

地犁三遍吃干面，犁上六遍吃挂面。（《甘肃选辑》《中国农谚》《定西农谚》《谚海》）

地犁三遍五谷旺。（《酒泉农谚》）

地犁三次，黄金不换。〔张掖〕（《甘肃选辑》）

地里硬邦邦，田苗像黄香。（《甘肃选辑》）

---

① 犁：《中国农谚》作“刨”。

② 《甘肃选辑》注：对二阴地区休闲地而言。

③ 原注：过去一般以糠为狗的主食，此谓粮食颗粒饱满糠皮少。

地跷三串，不犁就成板滩。〔张掖〕(《甘肃选辑》)

地若耕得深，土里出黄金。(《集成》)

地是活宝，越种①越好。〔天水〕(《清水谚语志》《中国农谚》《谚海》《集成》)

地是一张皮，逐年深耕好。〔天水〕(《甘肃选辑》)

地挖三尺深，来年长黄金。〔灵台〕(《集成》)

地要耕，马要骑，熟粪上地才有力。〔合水〕(《集成》)

地要深翻，人要虚心。〔平凉〕(《甘肃选辑》)

地要深②耕，儿要亲生。(《甘肃选辑》《天祝农谚》《平凉汇集》《定西汇编》《中国农谚》《谚海》)

地要深犁，儿要亲生。(《山丹汇集》)

冬打光，春打墒。〔临夏〕(《甘肃选辑》)

冬打磙，春打光，迟打磙子不保墒。(《甘肃选辑》《白银民谚集》)

冬打墒③，春打光。〔皋兰〕(《谚语集》《集成》)

冬翻土，冻虫虫，年年粮食没处盛④。(《岷县农谚选》《甘肃选辑》《定西汇编》)

冬耕不要忙，压雪不压霜。(《集成》)

冬耕多一遍，夏收多一石⑤。〔天水〕(《甘肃选辑》《中国农谚》)

冬耕浅，春耕深。(《中国农谚》《谚海》)

冬耕深一寸，春天省堆粪。〔甘谷〕(《中国农谚》《集成》)

冬耕深一寸，等于上回粪。(《中国农谚》)

冬耕深一寸，等于卧层粪，既可疏松土，又能容水分。〔天水〕(《甘肃选辑》)

冬耕深一寸，顶上一次粪。(《中国农谚》)

冬耕深一寸，害虫无处存。(《谚海》《集成》)

冬耕一碗油，春耕吃狗球。〔天水〕((《甘肃选辑》《中国农谚》)

冬天不犁田，春上喊皇天。〔天水〕(《甘肃选辑》《谚海》)

冬天划个印，强如上季粪。〔天水〕(《甘肃选辑》)

多耕一遍，多收一石。〔兰州〕(《集成》)

多耕一寸土，多收一石五。〔天水〕(《甘肃选辑》)

---

① 种：《清水谚语志》作“耕”。

② 深：《谚海》作“亲”。

③ 《谚语集》注：石磙子镇压。

④ 《定西汇编》脱一“虫”字。年年：《岷县农谚选》作“丰收”。

⑤ 石：《中国农谚》作“担”。

多犁几遍，产量翻番。〔酒泉〕(《集成》)

多犁深翻，才能增产。〔张掖〕(《甘肃选辑》)

多犁一遍地，多打二[①]斗粮。(《宁县汇集》《静宁农谚志》《甘肃选辑》《天祝农谚》《谚海》)

多犁一寸，强如上粪。(《白银民谚集》)

儿要亲生，地要深耕。(《泾川汇集》《集成》)

儿要亲生，田要秋耕。(《中国农谚》)

二潮地要好，深翻冬水泡。〔张掖〕(《甘肃选辑》)

翻得深，耙得细，一亩要当十亩地。〔兰州〕(《甘肃选辑》)

翻地如翻金，深耕如上粪。(《天祝农谚》)

翻地如翻粮，黄土变粮仓。(《定西汇编》)

翻地如翻身，千年土地翻了身。〔兰州〕(《甘肃选辑》)

翻地早，吃到老。〔张掖〕(《甘肃选辑》《中国农谚》)

肥地怕懒汉，八月犁头遍；薄地怕勤汉，二月犁四遍。(《岷县农谚选》)

肥地怕懒汉，十月犁头遍。〔定西〕(《甘肃选辑》《中国农谚》)

干扳湿跷[②]，不如家里睡觉。(《定西汇编》《谚语集》)

干扳湿跷，不如睡觉。(《定西农谚志》《定西农谚》《集成》)

干扳湿跷，三年犁操[③]。〔兰州〕(《甘肃选辑》)

干扳湿壤，三年不长。(《定西农谚志》)

干不犁，湿不耕，干湿耕了土不松。(《谚语集》)

干地里犁地马刺葛多，湿地里犁地苦苦菜多。(《集成》)

干地越犁越湿，湿地越犁越干。〔张掖〕(《甘肃选辑》)

干耕地，湿种田。〔皋兰〕(《集成》)

干耕湿耕，不如不耕。(《会宁汇集》《定西汇编》)

干耕湿耱，不如在家闲坐。〔天水〕(《甘肃选辑》《中国农谚》)

干耕湿跷，不如家里睡觉。(《会宁汇集》)

干犁地，湿种田。(《谚语集》)

干犁湿跷，不如睡觉。〔临夏〕(《甘肃选辑》)

隔冬划道印，强如上道粪。(《中国农谚》)

隔年多翻一道犁，来年少锄三遍草。(《集成》)

---

① 二:《天祝农谚》作“几”。

② 干扳湿硗：农谚中有“干板湿跷”“干搬湿撬”“干板湿撬”等多种写法，今据其意，作“干扳湿跷”。凡遇此类者径改之，不再出校。跷：方言，踩踏意。

③ 原注：说明地太干或太湿时把地犁坏，则要经过三年，才能恢复地力。

跟着木犁往前看，犁下的地一条线。〔甘南〕（《甘肃选辑》）

耕不细，耱不绵，一见太阳就晒完。（《集成》）

耕得平，耙得光，碾了压了又保墒。（《谚海》）

耕得深，耱得好，粮食打的吃不了。（《宁县汇集》《静宁农谚志》《甘肃选辑》）

耕得深，耱得烂，明年必定吃饱饭。（《谚海》）

耕得深，耱得平，来年一定好收成。（《集成》）

耕得深，压得绵，来年一定吃饱饭。（《集成》）

耕得深，压得细，一季收入顶两季。（《集成》）

耕得细，耱得光，既抗旱，又保墒。〔景泰〕（《集成》）

耕得早，长得好。（《集成》）

耕得深，翻得匀，不留板块产金银。（《定西农谚》）

耕地不耕边，人人过来骂半天。〔定西〕（《甘肃选辑》）

耕地不及时，自讨苦来吃。（《定西汇编》）

耕地不深，难保墒情。〔天水〕（《集成》）

耕地不深，庄稼不收。〔天水〕（《集成》）

耕地耕得深[①]，黄土变成金。〔成县〕（《集成》）

耕地过冬，虫死土松。（《集成》）

耕地漏疙瘩，庄稼用手拔。（《宁县汇集》《甘肃选辑》《平凉气候谚》《中国农谚》）

耕地如上粪，耙地如浇水。（《定西汇编》）

耕地如线，土细如面。（《集成》）

耕地如绣花，庄稼笑哈哈。（《甘肃选辑》《清水谚语志》）

耕地三遍，黄金不换。（《定西汇编》）

耕地深入早，庄稼百样好。〔陇西〕（《集成》）

耕地四角到，地要打耱好。（《宁县汇集》《静宁农谚志》《甘肃选辑》）

耕地像妇女梳头，浇水像炒菜倒油。（《中国农谚》）

耕地要耕深，锄草要锄根。（《宁县汇集》《静宁农谚志》《甘肃选辑》《平凉气候谚》）

耕地要深，锄地要匀。（《集成》）

耕地要深，耙地要平。（《泾川汇集》）

耕地抓住深细早，存粮莫忘干净饱。（《集成》）

耕好一年收三年，湿耕一年看三年。〔天水〕（《甘肃选辑》）

---

① 耕:《集成》〔泾川〕作“翻”。

耕去容易耱去快，拔了半天没个腰。〔甘谷〕(《集成》)

耕三遍，金银不换。〔平凉〕(《甘肃选辑》)

耕山地人面倒，土壤疏松一致了，边里草能耕死，崖根草能耕倒。(《泾川汇集》)

耕深加一寸，等于多上粪。(《会宁汇集》)

耕深加一寸，粮食打满囤。(《会宁汇集》)

耕时方便耱时绵，一年到头不见田。(《定西汇编》)

耕时欢，耱时笑，割起庄稼搔头脑。(《定西汇编》)

耕雪不耕霜。(《集成》)

耕在深土，耙在松土，耘在湿土。(《定西汇编》)

过河得有船，增产开深田，没有深耕地，增产难上难。〔定西〕(《甘肃选辑》)

会耕的越耕越多，不会耕的越耕越少。(《谚海》)

会犁的一根[①]线，不会犁的蛇抱蛋。〔天水〕(《甘肃选辑》《谚海》)

会犁地的一根线，不会犁地的蛇抱蛋[②]。(《新农谚》《山丹汇集》《敦煌农谚》《定西汇编》《中国农谚》《集成》)

活铣翻地长三年，一扛一挖长五年，二扛二挖长十年。〔张掖〕(《甘肃选辑》)

加深耕作层，死土变活土。〔张掖〕(《甘肃选辑》)

家有万石粮，不忘秋杀地[③]。(《集成》)

今年溜楞坎[④]，来年吃白面。(《岷县农谚选》)

今年深耕一寸土，明年多结一穗金。(《中国农谚》)

今秋犁一驾，胜过明年犁半夏。(《集成》)

精耕细作，三犁四耱。〔皋兰〕(《谚语集》《集成》)

九犁十八耱，一定要挨饿。(《岷县农谚选》)

靠天不如深翻地。(《定西农谚》)

犁出生土，耙成碎土，种在湿土，锄在浮土，制造粪土。(《谚海》)

犁出生土，晒成阳土，种在湿土，多上粪土。(《集成》)

犁出阴土，晒成阳土，耙成绵土，种在湿土。〔张掖〕(《甘肃选辑》)

---

① 根：《谚海》作“条”。

② 《新农谚》无上句“的”字，《中国农谚》无两“的”字。

③ 秋杀：原作“秋煞”，当以“秋杀”为是（下同，不再出校）。方言中将耕翻收过庄稼的土地称为“杀茬”，是以将秋收之后及时翻犁蓄墒的土地称为“秋杀地”。

④ 溜楞坎：方言，指犁地。楞坎：地埂。

犁得深，耖得匀，土①里能长金和银。（《新农谚》《山丹汇集》《岷县农谚选》《敦煌农谚》《定西汇编》）

犁得深，翻得匀，地里能产②金和银。（《甘肃选辑》《定西汇编》）

犁得深，犁得平，三肥三水都有劲。〔张掖〕（《甘肃选辑》）

犁得深，犁得匀，土中能长金和银。〔天水〕（《甘肃选辑》）

犁得深，耱得烂，来年一定吃饱饭。（《定西汇编》）

犁得深，耙得光，磙子打了能保墒。（《天祝农谚》）

犁得深，耙得细，一亩能顶二亩地。〔酒泉〕（《集成》）

犁得深，耙得匀，土里长出金和银。（《甘肃选辑》《集成》）

犁得深，耙地平，一碗泥巴一碗银。〔张掖〕（《甘肃选辑》《中国农谚》）

犁得细，耕得深，耙得平，耱得光，榔头打了能保墒。〔张掖〕（《甘肃选辑》）

犁得细，耱得光，不走墒。（《白银民谚集》）

犁得细，耱得光，基子打绵不走墒。〔兰州〕（《甘肃选辑》）

犁得细，耙得光，磙子打了③不走墒。（《甘肃选辑》《集成》）

犁地不捣边，冰草往里钻。（《定西农谚》）

犁地功夫深，土能生黄金。（《谚语集》）

犁地空个坑坑，秋后少个冬冬④。（《山丹汇集》）

犁地犁到边，种地不留边。（《集成》）

犁地犁通，气死雷公。（《集成》）

犁地没隔墙，庄稼才肯长。（《定西农谚》）

犁地没窍，工夫下到。（《山丹汇集》）

犁地七遍，不怕吃穿。（《天祝农谚》）

犁地掏窟窟，长下粮食毛英英。（《天祝农谚》）

犁地掏窑窑，长的庄稼黄毛毛。（《岷县农谚选》）

犁地掏窑窑，种上田黄毛毛。〔张掖〕（《甘肃选辑》）

犁地掏窑窑，庄稼长得黄毛毛。〔定西〕（《甘肃选辑》）

犁地要深，耙地要平。（《中国农谚》《集成》）

犁耕细，槎耱光，害虫无处把身藏。〔华亭〕（《集成》）

犁工长身架，粪工长籽粒。〔张掖〕（《甘肃选辑》《中国农谚》）

---

① 土：《岷县农谚选》《敦煌农谚》作“地”。

② 产：《定西汇编》作“长”。

③ 了：《集成》作“下”。

④ 冬冬：原注指馍馍。

犁两遍，耙三遍，不怕老天晒半年。〔永昌〕（《集成》）

犁耙三遍如上水，碌碡底下出潮气。（《集成》）

犁三遍，锄三遍，不愁老天晒半年。（《定西农谚》）

犁三遍，耱三遍，不怕来年天大旱。（《集成》）

犁三遍，耱三遍，不怕来年五月旱。（《集成》）

犁三遍，碾三遍，不怕老天晒半年。（《集成》）

犁三遍，耙三遍，不怕来年天气旱。（《甘肃选辑》《天祝农谚》《中国农谚》）

犁头多带劲，来年粮满囤。（《集成》）

犁细犁深，如攒黄金。〔甘南〕（《甘肃选辑》）

犁细耙光，磙子打，好保墒。〔张掖〕（《甘肃选辑》《中国农谚》）

粮食要翻番，土地要深翻。（《定西农谚》）

粮食要增产，土地得深翻。（《泾川汇集》）

毛头下三板，地下三犁深。（《宁县汇集》）

没有耕耘，哪来[①]收获。（《谚海》《集成》）

能吃稀留留，不断留留稀。（《泾川汇集》）

泥里踏一遍，地要薄三年。（《定西农谚》）

你有万斤粮，我有秋杀地[②]。（《庆阳汇集》《宁县汇集》《平凉气候谚》《集成》）

宁叫干，不叫湿，一年庄稼二年务；宁叫地里大土块，不叫地里撒一条。〔张掖〕（《甘肃选辑》）

宁叫干犁一遍，不叫湿犁十遍。（《甘肃选辑》《天祝农谚》《中国农谚》）

贫耕不耙，耽误一夏。〔定西〕（《甘肃选辑》）

七耕金，八耕银，九钢十铁，多耱当的肥。（《泾川汇集》）

七金八银九钢十铁[③]。〔天水〕（《甘肃选辑》《中国农谚》）

七犁金，八犁银，九月犁地饿死人。（《甘肃选辑》《中国农谚》《定西农谚》《集成》）

七犁金，八犁银，犁过十遍强似人。（《新农谚》《山丹汇集》《岷县农谚选》《临洮谚语集》）

七犁金，八犁银，十犁强如人。（《宁县汇集》《甘肃选辑》《平凉汇集》）

七犁银，八犁金，犁过十遍赛天神。（《谚海》）

---

① 来：《集成》作“得”。

② 斤：《集成》〔甘谷〕作“石”。秋杀：《平凉气候谚》作“秋翻”。

③ 指各月份耕地效果。

起阴土，撒阳土，漫上水，如浇油。（《甘肃选辑》《白银民谚集》）

千斤犁，万斤肥。（《集成》）

千军万马闹深翻，明年粮食堆成山。（《谚海》）

千年黄土大翻身，不长庄稼人不信。〔张掖〕（《甘肃选辑》）

千顷沃野田，首在一张犁。〔甘南〕（《甘肃选辑》）

巧想千条计，不如多犁一遍地。（《定西农谚》）

穷汉爬富汉，地要犁四遍；富汉爬穷汉，二月犁头遍。〔甘南〕（《甘肃选辑》）

秋地都翻过，明年吃馍馍。（《中国农谚》）

秋地划一道印，强如春季上一层粪[①]。（《甘肃选辑》《平凉汇集》）

秋冬把地翻，害虫没处钻。〔庆阳〕（《集成》）

秋翻地，不用问，树叶草根顶上粪。〔正宁〕（《集成》）

秋翻地，顶上粪，来年庄稼不用问。〔定西〕（《集成》）

秋翻多一遍，粮食多一半。（《集成》）

秋翻土，劲头大，禾苗生长穗头大。（《集成》）

秋耕地，顶篓油。（《中国农谚》《谚海》）

秋耕多一遍，夏收[②]多一石。（《甘肃选辑》《定西农谚》）

秋耕拉满犁，春耕划破皮。（《集成》）

秋耕没犁，春耕破皮。（《定西农谚》）

秋耕深，春耕浅，旱涝不用管。〔庆阳〕（《中国农谚》《集成》）

秋耕深一寸，抵上一茬粪。（《集成》）

秋耕深一寸，顶上一遍粪。（《泾川汇集》）

秋耕施下粪，庄稼大小都得劲。（《定西汇编》）

秋耕一尺三，蓄水保墒地不干[③]。（《定西农谚》）

秋耕早一天，仓里冒个尖。（《集成》）

秋谷地，早深耕，蓄水保苗第一功。（《集成》）

秋季划道印，强如春季上层粪。（《中国农谚》）

秋犁地，春里种，上砂强土多上粪。〔定西〕（《甘肃选辑》）

秋犁望春种。（《谚语集》）

秋里打破头，强如春里挣死牛。〔定西〕（《甘肃选辑》《中国农谚》）

秋里划过皮，恰好春用杠子犁。（《白银民谚集》）

---

① 《平凉汇集》无两“一”字。

② 收：《定西农谚》作“田”。

③ 干：又作“板”。

秋里深耕田，赛如水浇田。（《陇南农谚》）

秋天割破皮，强如春天耕一犁。（《静宁农谚志》）

秋天耕地如灌水，春天无水不能种。〔华亭〕（《集成》）

秋天耕下地，春天好作苗。（《泾川汇集》）

秋天划破地皮，强如春天十犁。（《天祝农谚》）

秋天划破皮，强如夏天耕十犁。（《山丹汇集》）

秋天划破皮，胜过春天犁十犁。（《集成》）

秋天深翻三尺三，蓄水保墒地不坚。〔张掖〕（《甘肃选辑》）

秋天弯一腰，胜过冬天转十遭。（《泾川汇集》）

人忙地也忙，终究有一场。〔清水〕（《集成》）

人勤多耕地，墒好多打粮。〔天水〕（《集成》）

人人一张锨，亩亩都深翻。（《谚海》）

人要心诚，地要冬耕。（《集成》）

若想吃干面，豆茬翻三翻。〔张掖〕（《甘肃选辑》《中国农谚》《谚海》）

若要产量高，三年往上撬，一年弯到腰。〔甘南〕（《甘肃选辑》）

若要明年大增产，所有耕地都深翻。（《庆阳汇集》《泾川汇集》）

若要种庄稼，勤犁上粪多薅拔。〔甘南〕（《甘肃选辑》）

若要庄稼长得好，保耕上粪多锄草。（《静宁农谚志》）

三道犁头三道耙，穗子长成狼尾巴。（《集成》）

三分耕，七[①]分盖，边耕边盖，出齐长快。（《静宁农谚志》）

三分耕，七分盖，边耕边盖长得快。（《临洮谚语集》）

三分耕，七分盖，多封[②]多盖，出齐长快。（《岷县农谚选》《宁县汇集》《甘肃选辑》《谚海》）

三分耕，七分盖，种得迟，出得快。（《谚海》）

三分耕，七分盖。（《新农谚》）

三分种，七分盖。（《山丹汇集》）

三铧一礤子，只打粮食没蓊子。〔武威〕（《集成》）

三犁不如一锨，深翻一年顶三年。（《甘肃选辑》《天祝农谚》《谚海》）

三犁不如一锨，深翻一锨，顶耕三年。（《谚海》）

三犁不如一锨。（《泾川汇集》）

三犁六耙十打礤，做的不到开裂缝。〔张掖〕（《甘肃选辑》）

三犁三耱，庄稼长得不错。〔临夏〕（《甘肃选辑》）

---

① 七：原作“三”，今据以下各县市通行农谚正之。

② 封：《岷县农谚选》作“耙”。

三犁三耱九车粪，庄稼不成人不信。〔酒泉〕(《集成》)
三犁三耙，杂草难发。〔甘谷〕(《集成》)
三犁四耖五打耱，米粒又饱面又多。(《定西汇编》)
三犁一耱宽，辈辈当穷汉。(《甘肃选辑》《清水谚语志》)
三年不翻粪成土，土翻三年也成粪。(《集成》)
三年两头挖，定出好庄稼。(《集成》)
三秋勤耕田，丰收在来年。〔和政〕(《集成》)
上半年犁地，下半年耖地。(《谚语集》)
深播浅埋能保墒。〔甘谷〕(《集成》)
深翻二尺半，粮食打三石。(《天祝农谚》)
深翻加一寸，顶上一遍粪。(《定西汇编》)
深翻加一寸，粮食增百斤。(《天祝农谚》)
深翻密植多上粪，增产粮食有保证。(《泾川汇集》)
深翻赛上粪，收阳又收阴。(《敦煌农谚》)
深翻三遍，黄金不换。(《宁县汇集》)
深翻细耙，旱涝不怕。(《天祝农谚》)
深翻细种，等于薄地里上粪。(《集成》)
深翻细作不怠慢，保证产量向上翻。〔张掖〕(《甘肃选辑》)
深翻要好，粪土上饱。(《定西农谚》)
深翻一尺半，亩产两双千。〔兰州〕(《甘肃选辑》)
深翻一尺三，粮食堆成山。〔张掖〕(《甘肃选辑》)
深翻一寸，强似上粪。(《天祝农谚》)

深翻一寸田，赛过水浇园；深翻加一寸，顶上一茬粪；冬耕加一寸，春天省堆粪。〔徽县〕(《集成》)

深翻一年，顶耕三年。(《泾川汇集》)
深耕除虫，虫当肥料。(《平凉气候谚》)
深耕除虫害，草根当肥料。〔平凉〕(《甘肃选辑》)
深耕多加一寸，粮食似增百斤。〔张掖〕(《甘肃选辑》)
深耕多施肥，禾苗出秧一崭齐。(《泾川汇集》)
深耕多一寸，顶上一遍粪。〔天水〕(《甘肃选辑》)
深耕多一寸，秋收多一石。〔张掖〕(《甘肃选辑》)

深耕二尺半，粮食打三[①]石。(《庆阳汇集》《平凉汇集》《定西汇编》《谚海》)

---

① 三：《定西汇编》作“二”。

深耕二寸土，多打两石五。(《集成》)

深耕粪大庄稼好。(《会宁汇集》)

深耕好又好，只长庄稼不长草。(《定西农谚》)

深耕加一寸，春天省粪堆。(《天祝农谚》)

深耕加一寸，顶上一遍粪。(《甘肃选辑》《谚海》)

深耕加一寸，顶①上一茬粪。(《宁县汇集》《中国农谚》《定西农谚》《集成》)

深耕加一寸，强如上层粪。(《静宁农谚志》《甘肃选辑》)

深耕靠细，松土地肥。(《谚海》)

深耕靠细，松土上粪。(《平凉汇集》)

深耕密植多上粪，增产粮食有保证。(《庆阳汇集》《平凉气候谚》)

深耕浅耩苗儿壮。(《中国农谚》)

深耕浅种，薄地里上粪，你若不信，囤底子为证。〔张掖〕(《甘肃选辑》)

深耕浅种，薄地里上粪。(《会宁汇集》)

深耕浅种，薄地上粪，懒汉②不信，粪底是干证。〔定西〕(《甘肃选辑》)

深耕浅种，薄地上粪，你我不信，粪堆干证③。(《清水谚语志》《集成》)

深耕浅种，薄地里上粪，若还不信，粪底子就是干证。(《定西县志》)

深耕浅种，草草锄尽。(《谚海》)

深耕浅种，等于薄地上粪。(《定西农谚志》)

深耕浅种，顶如④上粪。(《宁县汇集》《静宁农谚志》《泾川汇集》)

深耕浅种，强如上粪。〔天水〕(《甘肃选辑》《中国农谚》)

深耕浅种，强比上粪。(《平凉汇集》)

深耕浅种，赛过薄地里上粪。(《定西农谚》)

深耕浅种，深田耐旱，浅田好冻。(《集成》)

深耕勤锄草，水肥两件包，要得庄稼好，牢记这四条。(《平凉汇集》)

深耕如上粪。(《甘肃选辑》《会宁汇集》《中国农谚》《集成》)

深耕三尺半，粮食打几石。(《宁县汇集》《泾川汇集》)

深耕深，重重耙，多收麦，没二话。〔平凉〕(《甘肃选辑》)

深耕深翻肥力大，保墒耐旱苗健壮。〔张掖〕(《甘肃选辑》)

深耕深苗，蜡黄。(《静宁农谚志》)

---

① 顶：《定西农谚》《集成》作“胜”。

② 懒汉：《甘肃选辑》〔天水〕作“若要”。

③ 粪堆干证：《集成》〔武威〕作“粪场为证”。

④ 顶如：《泾川汇集》作“顶住”。

深耕是个宝，长麦不长草。(《定西农谚》《集成》)

深耕土地有三宝，保墒灭虫又除草①。(《酒泉农谚》《清水谚语志》《定西农谚》《集成》)

深耕土地有三好，防旱防虫又放倒。(《泾川汇集》)

深耕万石粮，浅耕饿断肠。(《宁县汇集》《静宁农谚志》《泾川汇集》《甘肃选辑》《平凉气候谚》)

深耕细耙，不收麦子收啥。〔天水〕(《甘肃选辑》《中国农谚》《谚海》)

深耕细耙，旱涝不怕。(《平凉汇集》《中国农谚》)

深耕细挖，勤学多问。〔甘南〕(《甘肃选辑》)

深耕细作，赶夏无错。〔张掖〕(《甘肃选辑》)

深耕细作，广种多收。(《谚海》)

深耕细作，旱涝不怕。(《宁县汇集》《甘肃选辑》)

深耕细作。(《定西农谚》)

深耕细作保好墒，来年小麦堆满仓。〔泾川〕(《集成》)

深耕细作多打粮。(《宁县汇集》)

深耕细作多上粪，打不下粮食我不信。(《宁县汇集》)

深耕细作肥料大，才会②长出好庄稼。(《庆阳汇集》《宁县汇集》《平凉气候谚》《集成》)

深耕叶茂，防旱防涝。〔甘谷〕(《集成》)

深耕一尺半，粮食翻几番。〔天水〕(《甘肃选辑》)

深耕一尺半，神仙要下凡。(《泾川汇集》)

深耕一尺翻三遍，小麦增产千万石。(《泾川汇集》)

深耕一寸，顶如③上粪。(《庆阳汇集》《宁县汇集》《清水谚语志》《庆阳县志》)

深耕一寸，顶上一遍粪；深耕一尺，打粮万斤。(《泾川汇集》)

深耕一寸，耐旱三日。(《平凉汇集》《谚海》)

深耕一寸，胜上一层粪。(《平凉汇集》)

深耕一寸顶上粪，深耕二寸顶黄金④。〔张掖〕(《甘肃选辑》《集成》)

深犁尺五如加油，穗子长得像扫帚头。〔张掖〕(《甘肃选辑》)

深犁浅种，薄⑤地里上粪。(《酒泉农谚》《山丹汇集》《甘肃选辑》《谚

---

① 《集成》〔甘谷〕无“土地”二字。又除草：《定西农谚》作“除杂草”。

② 才会：《集成》〔华亭〕作“才能”。

③ 顶如：《宁县汇集》作“顶似”，《清水谚语志》作“强如”，《庆阳县志》作“等于”。

④ 顶黄金：《集成》作“地生金”。

⑤ 薄：《酒泉农谚》作“白”，《谚海》无此字。

海》《集成》)

深犁浅种，薄地上粪。(《山丹汇集》《甘肃选辑》《高台天气谚》《中国农谚》)

深犁浅种，出苗有劲。(《甘肃选辑》《天祝农谚》)

深犁浅种，强如上粪，不犁不种，苗黄籽轻。〔临夏〕(《甘肃选辑》)

深犁浅种，赛过①上粪。〔西和〕(《集成》)

深犁三尺半，天不下雨也不旱。〔张掖〕(《甘肃选辑》)

深犁深翻能抓紧，麦子长得半人深。〔张掖〕(《甘肃选辑》)

深犁细耙，种子结到根下。〔张掖〕(《甘肃选辑》)

深深耕，多上粪，不成庄农人不信。(《静宁农谚志》)

深深犁，重重耙，不收粮食收个啥。(《谚海》)

生土变活土，一亩顶二亩。(《甘肃选辑》《敦煌农谚》《中国农谚》)

生土盖②熟土，一亩顶几亩。(《宁县汇集》《静宁农谚志》《甘肃选辑》《平凉气候谚》《中国农谚》)

生土压熟土，一耱顶二耱。(《泾川汇集》)

生土压熟土，一亩顶一亩。〔陇西〕(《集成》)

湿耕一遍地，三年不见利。〔甘谷〕(《甘肃选辑》《中国农谚》《集成》)

事要亲身，地要深耕。(《集成》)

瘦地瘠岭不可丢，只要深耕都能收。(《谚海》)

书要苦读，田要深耕。(《集成》)

熟土盖生土，一亩顶二亩。(《岷县农谚选》《甘肃选辑》)

死土变活土，活土变油土。(《定西农谚》)

死土变活土，一亩打石五。(《宁县汇集》《静宁农谚志》《泾川汇集》《甘肃选辑》)

死土不养苗，活土能增产。〔兰州〕(《甘肃选辑》)

四犁四耙，天旱不怕。〔甘南〕(《甘肃选辑》)

随割随深翻，收成在明年。〔酒泉〕(《集成》)

随收随倒茬③，等于施次肥。〔甘南〕(《甘肃选辑》《中国农谚》)

随收随耕有三好，肥田灭虫除杂草。(《集成》)

天怕浮云地怕荒，深④耕细作多打粮。(《庆阳汇集》《静宁农谚志》《泾

---

① 赛过：一作“胜似”。

② 盖：《甘肃选辑》《中国农谚》作“压”。

③ 倒茬：此处指翻地，使作物割茬埋在土中。

④ 深：《集成》〔华亭〕作“精”。

川汇集》《甘肃选辑》《中国农谚》《集成》）

天怕浮云地怕荒。（《宁县汇集》《平凉气候谚》）

田地耕得深，瘦土变黄金。〔庆阳〕（《集成》）

田地一深耕，瘠地变成金。〔兰州〕（《甘肃选辑》）

田耕三遍，黄金不换。（《宁县汇集》《甘肃选辑》《中国农谚》）

田耕深一寸，春天省堆粪。〔张掖〕（《甘肃选辑》）

田要多耕，豆要多种。（《谚海》）

铁铣翻地有三好，保墒防旱又除草。〔天水〕（《甘肃选辑》）

铁锨翻地有三好，防风抗旱又取草。（《新农谚》《山丹汇集》《谚海》）

头遍打破皮，二遍搭饱犁。（《甘肃选辑》《平凉气候谚》）

头遍刮，二遍挖，三遍平疙瘩。（《中国农谚》）

头遍刮，二遍挖，三遍四遍如绣花。（《中国农谚》）

头遍划破皮，二遍按重犁。〔酒泉〕（《集成》）

头遍划破皮，二遍挂住犁，三遍拉出泥。（《白银民谚集》）

头遍划破皮，二遍深深犁。〔兰州〕（《甘肃选辑》《中国农谚》）

头遍浅，二遍深，三遍连粪一齐耕。〔天水〕（《甘肃选辑》《中国农谚》）

头遍抓破皮，二次揭断犁。（《中国农谚》）

头茬划破皮，二茬看使犁，三茬犁个笔杆直。（《新农谚》《山丹汇集》《中国农谚》）

头掺打破皮，二掺搂出泥。（《宁县汇集》）

头串划破皮，二串深里犁[①]。〔张掖〕（《甘肃选辑》）

头次打破皮，二次放深犁，三次光犁草，四次犁地表。（《定西汇编》）

头次打破皮，二次揭出泥。（《中国农谚》《谚海》）

头次打破头，二次耕出油。〔天水〕（《甘肃选辑》）

头次耕破皮，二次折断犁。（《谚海》）

头次刮，二次挖。（《谚海》）

头次划[②]坏皮，二次搭深犁，三次不粗又不细，四次一犁靠一犁。〔张掖〕（《甘肃选辑》《中国农谚》）

头次划破皮，二次深里犁，三次筛子底，四次手又细。〔张掖〕（《甘肃选辑》《中国农谚》）

头次划破皮，二次着实犁，三次不见犁，四次不见牛，五次提起犁，六次细细犁。〔张掖〕（《甘肃选辑》《中国农谚》）

---

① 原注：指犁歇地而言。

② 划：《中国农谚》作“稍”。

头次深，二次浅，三次来个猫洗脸。(《岷县农谚选》)

头道浅，二道深，三道土壅根。(《定西汇编》)

头道深，二道浅，苗子长得欢，穗子熟到尖。(《集成》)

头犁二种三拔草。〔甘南〕(《甘肃选辑》)

头年冬耕保住墒，来年丰收有保障。(《谚海》)

土倒土，两石五。(《甘肃选辑》《天祝农谚》《谚海》)

土地不偷懒，只要经常管。(《集成》)

土地翻一翻，粮食堆成山。〔甘谷〕(《集成》)

土地耕得深，瘦土出黄金。(《定西汇编》)

土地加工莫放松，积肥要在夏和秋。〔张掖〕(《甘肃选辑》)

土地年年整，产量年年增。〔酒泉〕(《集成》)

土地深翻，既保墒，又长田。(《定西农谚》)

土地深翻二尺半，产量可以翻几番。(《谚海》)

土地深翻三四遍，金子银子都不换。〔天水〕(《甘肃选辑》)

土地深翻一尺半，不怕来年天气旱。(《天祝农谚》)

土地深翻一尺五，不怕雨涝日头晒。〔张掖〕(《甘肃选辑》)

土地深耕二尺半，产量翻一番。(《泾川汇集》)

土地优良，耕作仔细，一不小心，就会出病，若要犁湿，无法可治，一年犁出病，三年没收成。〔张掖〕(《甘肃选辑》)

土换土，一石五。(《谚海》)

土是宝，地是金，深翻就是聚宝盆。(《宁县汇集》)

握起土一把，放下开了花，正是犁地时，套犁把地下。(《甘肃选辑》《敦煌农谚》《中国农谚》)

洗脸洗耳朵，耕田耕角落。(《集成》)

夏犁金，秋犁银。(《定西农谚》)

夏里抄一摻，秋后打石三。(《山丹汇集》)

新铧大牛犁三遍，碱滩荒地出富汉。(《集成》)

新犁耕四遍，不长不由天。(《宁县汇集》《静宁农谚志》《泾川汇集》)

要吃饭勤做工，要求粮快深耕。(《宁县汇集》《平凉气候谚》)

要吃粮勤做工，要打粮快深耕。(《泾川汇集》)

要得多打粮，不干不湿耕合埫。〔天水〕(《甘肃选辑》《中国农谚》)

要得秋收好，深耕上粪多锄草。〔张掖〕(《甘肃选辑》)

要看庄稼好，秋里墒保好。(《白银民谚集》)

要使糜茬比麦茬强，秋耕卧肥保好墒。(《会宁汇集》《定西汇编》)

要使明年大增产，所有耕地都深翻。(《宁县汇集》)

要使庄稼长得好，深耕上粪多锄草。(《宁县汇集》)

要想产量变，犁地如吃饭。〔酒泉〕(《集成》)

要想多打粮，春耕早些忙。(《集成》)

要想丰收年，冬天深耕田。〔甘谷〕(《集成》)

要想收成好，深翻上粪多锄草。(《甘肃选辑》《天祝农谚》)

要想收成好，深耕上粪勤锄草。(《定西汇编》)

要想庄稼好，多犁粪上饱。〔兰州〕(《甘肃选辑》)

要想庄稼好，勤犁歇地早[1]锄草。(《山丹汇集》《集成》)

一遍破，二遍过，三遍耕深，四遍耕通。(《定西汇编》)

一遍顺，二遍横，三遍耕深地有劲。(《会宁汇集》《定西汇编》)

一寸黄土一寸金，快快地里献金身。〔天水〕(《甘肃选辑》)

一寸深耕一寸金，深翻三遍赛黄金。(《平凉汇集》《谚海》)

一翻二粪三浇水，庄稼长得如墨黑。(《宁县汇集》《静宁农谚志》)

一翻两不收。〔泾川〕(《集成》)

一耕一尺半，一亩打一石。〔华亭〕(《集成》)

一犁二耙三薅草，没耙没犁拉不倒。〔张掖〕(《甘肃选辑》)

一犁二耙三上粪。〔甘南〕(《甘肃选辑》)

一犁二歇，保险多结。〔山丹〕(《集成》)

一犁二歇，保险拿下；只有犁坏的牛，没有犁坏的地。(《山丹汇集》)

一犁加两犁，明年才长哩。〔泾川〕(《集成》)

一年一层皮，十年深一犁。〔泾川〕(《集成》)

一年庄稼二年做，今年翻的秋杀地，明年粮食装满仓。〔平凉〕(《甘肃选辑》)

一要耕，二要粪，三要锄饱，四要净。(《会宁汇集》《定西汇编》)

一栽犁，二栽剿，三栽摆开，四栽劈开，五栽收着[2]。〔张掖〕(《甘肃选辑》)

衣服不洗就会脏，地不耕耱就会荒。〔天水〕(《甘肃选辑》)

衣服不洗要脏，田地不耕要荒。(《集成》)

阴土换阳土，一亩顶二亩。(《甘肃选辑》《集成》)

原上土壤肥力壮，深翻土地要加强。(《宁县汇集》)

月耕三遍，黄金不换。(《平凉汇集》)

越耕地越好。(《集成》)

---

① 早：《集成》〔山丹〕作“勤”。

② 原注：指犁杀地而言。

早春耕，晚秋耕。(《费氏农谚》《中国农谚》《谚海》)

早耕地[①]不用问，树叶草根顶茬粪。〔张掖〕(《甘肃选辑》《中国谚语资料》《谚海》)

早耕强似晚上粪。(《定西汇编》《中国农谚》)

早耕湿耕，不如不耕。(《临洮谚语集》)

早耕种不用问，树叶草根顶茬粪。〔天水〕(《甘肃选辑》)

早刨地气暖，深刨地不板，多刨能抗旱。(《敦煌农谚》)

早秋耕，晚春耕。〔华亭〕(《集成》)

早上割，中午晒，下午趁热再翻盖。(《集成》)

早有挣坏的牛，没有种坏的地。(《宁县汇集》)

债不好借莫借，田不好耕要耕。〔天水〕(《中国农谚》)

整地保墒，管叫增产。(《山丹汇集》)

只怕地不耕，没有黄土不变金。(《集成》)

只怕懒汉不耕，不怕黄土不生。〔积石山〕(《集成》)

种地不问人，深耕多上粪。(《岷县农谚选》)

种地不要问，浇水深翻多上粪。〔张掖〕(《甘肃选辑》)

种地不要问，深翻浇水多上粪。(《宁县汇集》)

种地不用问，精耕多上粪。(《山丹汇集》《天祝农谚》《中国农谚》《集成》)

种田不用问，精耕多上粪。(《中华农谚》《新农谚》《中国农谚》《集成》)

种田不用问，细作和上粪[②]。〔甘谷〕(《集成》)

庄稼靠三宝，深翻上粪勤锄草。〔榆中〕(《集成》)

庄稼三件宝，深翻施肥勤锄草。(《静宁农谚志》)

庄稼要翻身，土地要深耕。〔临夏〕(《甘肃选辑》)

庄稼要好，犁深[③]粪饱。(《宁县汇集》《甘肃选辑》《中国农谚》《定西农谚》)

庄稼要三犁三耱，买卖要说说笑笑。〔临夏〕(《甘肃选辑》)

庄稼要三犁三耱哩，生意要照本做哩。〔甘南〕(《甘肃选辑》)

庄稼要有好收成，头要犁，二要种，三要锄刨四要粪。(《岷县农谚选》)

庄稼要做成，离不了大牛深犁绵羊粪。〔平凉〕(《集成》)

壮苗先壮根，壮根先翻深。(《集成》)

纵使良田千万顷，收成多少在于耕。〔甘南〕(《甘肃选辑》)

---

① 《甘肃选辑》无“地”字。

② 《集成》〔清水〕下句前有“全靠”二字。

③ 犁深：《定西农谚》作“深翻”。

作庄稼要细发，深耕细作粪又大，才会长出好庄稼。(《定西农谚志》)

耙 耱

包蛋胡基[①]爱跑墒。(《会宁汇集》《定西汇编》)
冰消地皮软，耙和磙子不能闲。(《敦煌农谚》)
不怕苗儿黄，就怕土块搅。〔天水〕(《甘肃选辑》)
不怕苗儿小，就怕土块咬。(《天祝农谚》《中国农谚》)
不怕苗小，就怕疙瘩咬。(《集成》)
不怕苗子小，最怕土块荒草咬。〔兰州〕(《集成》)
不怕亩小，就怕坷垃咬。〔张掖〕(《甘肃选辑》)
耖平耱光，磙子打了保墒。(《谚语集》)
成套的保墒措施是：秋耙[②]夏耱冬碾春耱。(《会宁汇集》)
川地土壤水分足，抓紧耱地是前提。(《宁县汇集》)
春地一耙，多打石八。〔兰州〕(《甘肃选辑》《中国农谚》)
春耕不耱地，好比蒸馍馍跑了气。(《集成》)
春季碾一遭，穗齐粒大又抗倒。(《集成》)
春里多一耱，粮食多可靠。(《宁县汇集》《甘肃选辑》)
春耱如上粪。〔甘南〕(《甘肃选辑》《中国农谚》)
打不平，耱不细，种上庄稼顶狗屁。〔天水〕(《甘肃选辑》《中国农谚》)
地不平不长，人不婚不养。〔甘谷〕(《集成》)
地打平，耱得光，碾子压了又保墒。(《宁县汇集》《甘肃选辑》)
地打平耱光，耱耘镇压能保墒。(《静宁农谚志》)
地里磙子，提水桶子。〔甘谷〕(《集成》)
冬碾墒，春碾光。(《定西汇编》)
冻前不耱地，好比蒸馍跑了气。(《集成》)
多耱一遍地，好比多下一场雨。(《集成》)
干打胡基如[③]上粪。(《甘肃选辑》《定西农谚》《集成》)
干打土块如上粪。〔兰州〕(《集成》)
耕地不耱，不如闲坐。(《宁县汇集》《静宁农谚志》《泾川汇集》《平凉气候谚》)
耕地不耱地，不如闲着去。(《定西农谚》)

---

① 包蛋胡基：指埋在地里的土块。
② 耙：又作“耧”“耖”。
③ 如：《甘肃选辑》〔天水〕作“顶”。

耕地不耙不耱，不如家里闲坐。（《岷县农谚选》《甘肃选辑》《中国农谚》）

耕了不耱不保墒，割了不摞不出粮。（《甘肃选辑》《中国农谚》）

光耕不耙，枉费[1]犁铧。〔兰州〕（《中国农谚》《谚海》）

光犁不耙，枉把力下。（《天祝农谚》《中国农谚》）

光犁不耙，枉费犁铧。〔兰州〕（《甘肃选辑》《中国农谚》）

光耱不耙，耽误一夏。〔甘南〕（《甘肃选辑》《中国农谚》）

旱耱地，涝浇园。（《泾川汇集》）

胡基打碎地耱平，苗儿一定长得争[2]。（《庆阳汇集》《宁县汇集》《静宁农谚志》《甘肃选辑》《平凉气候谚》）

胡基打碎地耱平，庄稼不长不由人。（《集成》）

基子打光，耱地收墒。（《集成》）

基子打细能收墒。〔甘谷〕（《集成》）

看不见坷垃看全苗，找不到茬子看齐苗。（《中国农谚》）

犁地不耱地，不如家里闲坐去。〔甘南〕（《甘肃选辑》）

耱得光，能保墒。（《集成》）

耱得勤，基子细碎底粪匀。〔甘谷〕（《集成》）

耙得平，耱得光，打碎土块能保墒。〔张掖〕（《甘肃选辑》）

耙得平，耱得光，磙子[3]压了能保墒。（《山丹汇集》《甘肃选辑》《敦煌农谚》）

耙得平，耱得光，磙子压了能保墒；榔头大，磙子压，保证粮食大丰收。（《新农谚》）

耙平耱光，收苗磙子保墒。〔张掖〕（《甘肃选辑》）

秋耕不带耙，误了来年夏。（《集成》）

秋耕不挂磨，不如家里坐。（《集成》）

秋耕不耱，不如家里闲坐。〔泾川〕（《集成》）

秋耕不耱，不如闲坐。（《清水谚语志》）

秋犁地不耱，不如家里闲坐。（《定西农谚》）

若要出苗全，地必打耱绵。（《会宁汇集》）

三分秋，七分盖；多耕多盖，出齐长快。（《中国谚语资料》）

三个胡基一炉火。（《会宁汇集》）

---

① 费：《谚海》作“磨”。

② 耱：《庆阳汇集》作“耙”，《甘肃选辑》作“耕”。争：《庆阳汇集》作“增”，《静宁农谚志》作“净”。

③ 磙子：《甘肃选辑》作“碾子”。

深耙细耙，旱涝不怕。〔张掖〕（《甘肃选辑》《中国农谚》）

湿打胡基干锄地。（《庆阳汇集》《甘肃选辑》《中国农谚》）

十亩地里一伙雁①，离了白雨不得散。〔甘谷〕（《集成》）

贪耕不打，耽误一夏。〔兰州〕（《甘肃选辑》）

贪耕不耙，耽误一夏。（《岷县农谚选》《中国农谚》）

贪犁不耙，耽误一夏。（《新农谚》《山丹汇集》《敦煌农谚》）

土地保墒，丰收有望。〔甘南〕（《甘肃选辑》）

土块压不细，等于睡觉不盖被。〔西峰〕（《集成》）

压得硬，犁得深，它不长，我不信。（《甘肃选辑》《天祝农谚》）

秧畈做得平，秧苗儿扎得深。（《谚海》）

耘得平，耙得光，碾了压了又保墒。（《平凉汇集》）

种地不耘，不如闲坐。（《庆阳汇集》）

肥　料

概　说

爱粪如爱金，才算②庄稼人。（《新农谚》《山丹汇集》《甘肃选辑》《敦煌农谚》《临洮谚语集》《定西汇编》《甘肃农谚集》《中国农谚》《集成》）

把粪当成宝，庄稼一定好。（《泾川汇集》）

薄地粪多苗壮，瘦马料多添膘。（《集成》）

薄地见粪，当年见功。（《中国农谚》）

薄地怕富汉，雇工不得闲，上的猪羊粪，还说富汉的命。（《会宁汇集》）

薄地上粪，当年见工③。（《新农谚》《山丹汇集》《甘肃选辑》《会宁汇集》《集成》）

薄地上粪，立见效应。（《天祝农谚》《中国农谚》）

薄地上熟土，一亩顶二亩。〔张掖〕（《甘肃选辑》）

不上万担肥，难打百石粮。（《集成》）

不上万斤肥④，难打千斤粮。（《甘肃选辑》《定西汇编》）

不施肥，收一半；不治虫，光眼看。（《集成》）

不施万斤肥，难得千斤粮。（《集成》）

---

① 雁：喻大干土块。

② 《敦煌农谚》《临洮谚语集》“才算”后有“是”字。

③ 工：《甘肃选辑》作“效”。

④ 肥：《定西汇编》作“粪”。

柴多火焰高，粪足田禾好。(《山丹汇集》《中国农谚》《甘肃农谚集》)

柴多火焰高，粪足田苗好。〔武山〕(《甘肃选辑》《集成》)

柴多火焰高，粪足庄稼好。(《定西汇编》)

长口的要吃，长根的要肥。〔临夏〕(《甘肃选辑》)

长嘴的要吃，生根的要肥。(《朱氏农谚》《费氏农谚》《泾川汇集》《甘肃选辑》《天祝农谚》《定西汇编》《甘肃农谚集》《中国农谚》《集成》)

成家之子看粪如金，败家之子看粪如泥。(《静宁农谚志》)

成家子，粪似宝；败家子，财似草。(《中国农谚》)

城粪下乡，庄稼发旺。〔兰州〕(《甘肃选辑》)

吃饭娃娃离了娘，庄稼没肥不肯长。(《庆阳汇集》)

吃奶娃娃不离娘，庄稼缺粪不肯长；大粪赛过黄金贵，辛勤积肥多积粮。(《定西汇编》)

吃奶娃娃不离娘，庄稼缺粪不生长。(《甘肃农谚集》)

臭粪换来五谷香。〔庆阳〕(《集成》)

臭粪强庄稼。〔兰州〕(《甘肃选辑》《中国农谚》)

臭了屁股香了嘴，嫌臭就要饿肚皮。〔定西〕(《甘肃选辑》)

臭了屁股香了嘴。(《中国农谚》)

春看粪堆，秋看粮堆。(《甘肃选辑》《中国农谚》《集成》)

春里的粪堆，夏里的土堆，秋里的粮堆。〔张掖〕(《甘肃选辑》《中国农谚》)

春送万担量，秋收千担粮。(《定西汇编》)

担粪斗粮。〔甘谷〕(《集成》)

当年的粪堆，来年的粮堆。〔张家川〕(《集成》)

当年富，务粪土；十年富，栽树木。(《集成》)

刀无钢不利，地无粪不长①。(《静宁农谚志》《平凉汇集》《甘肃农谚集》《中国农谚》)

灯里有油火光亮，地里有肥多打粮。(《定西汇编》)

地靠粪养，苗靠粪长。〔定西〕(《甘肃选辑》)

地里不上粪，等于瞎胡混。(《庆阳汇集》《平凉气候谚》)

地里多上粪，粮食堆满囤。〔张掖〕(《甘肃选辑》)

地里多上粪，庄稼长得俊。(《定西农谚》)

地里粪土多，粮多②没处搁。〔张掖〕(《甘肃选辑》《甘肃农谚集》)

---

① 长：《甘肃农谚集》作“肥”。

② 粮多：《甘肃农谚集》作“粮食”。

地里上的牛[1]羊粪，还说富汉点子顺。（《定西农谚》《集成》）

地里一泡尿，庄稼一道腰[2]。（《平凉汇集》）

地凭粪长，苗凭粪养。〔泾川〕（《集成》）

地凭粪土，苗靠地长。（《庆阳汇集》）

地凭粪养，苗凭粪长。（《甘肃选辑》《中国农谚》《定西农谚》）

地是活宝，越肥越好。（《宁县汇集》《静宁农谚志》《甘肃选辑》《定西汇编》《集成》）

地是老子粪是娘，粪多水足多打粮。（《甘肃选辑》《会宁汇集》）

地是铁，饭是钢，一顿不吃心发慌。（《泾川汇集》）

地是铁，粪是钢，多上肥料胀破仓。〔天水〕（《甘肃选辑》）

地是铁，粪是钢，磙子[3]打了能保墒。〔张掖〕（《甘肃选辑》《甘肃农谚集》）

地是铁，粪是钢，离了粪，地不长。（《岷县农谚选》）

地是铁，粪是钢，离了粪土苗不长。（《庆阳汇集》《平凉气候谚》）

地是铁，粪是钢，若要庄稼旺，多把粪来上。（《宁县汇集》）

地是铁，粪是钢，铁无钢不利，地无粪不长。（《甘肃农谚集》）

地是铁，粪是钢，要使[4]庄稼旺，多把肥料上。（《甘肃选辑》《天祝农谚》）

地是铁，粪是钢，要想庄稼旺，多把粪来上。（《定西汇编》）

地是铁，粪是钢，要庄稼长，多把粪上。（《定西农谚志》）

地是铁，粪是钢，庄稼缺粪少打粮。（《会宁汇集》）

东奔西跑，不如上粪锄草。（《宁县汇集》《静宁农谚志》）

读书爱纸，种田爱粪。〔张掖〕（《甘肃选辑》）

读书人要惜纸，种田人要惜粪。〔定西〕（《甘肃选辑》）

多尿一[5]泡尿，多捆一道腰。（《庆阳汇集》《宁县汇集》《泾川汇集》《甘肃选辑》《平凉气候谚》《平凉汇集》《中国农谚》《谚海》）

多贪不如少种，少种不如上粪；如若不信，粪盘为证。（《谚海》）

饭少肚不饱，粪少苗不好。〔天水〕（《甘肃选辑》《甘肃农谚集》）

饭少人不饱，粪少田不足。（《集成》）

肥大水勤，不用问人。〔张掖〕（《甘肃选辑》）

肥多粮多。（《定西农谚》）

---

① 牛：《集成》〔通渭〕作“猪”。

② 腰：农谚中有“要”“腰”“葽”“靿”四种写法，今统一正之为“腰”，指用所收割作物打结或拧成的用来捆束的绳子。

③ 磙子：《甘肃农谚集》作“碾子”。

④ 要使：《天祝农谚》作“若要”。

⑤ 《谚海》无“一”字。

肥料肥料，庄稼地里不可缺少。〔张掖〕(《甘肃选辑》)

肥料肥料，庄稼地里不能缺少；你若不信，粪底子是对证。(《敦煌农谚》)

肥上十万担，粮食打过万。〔天水〕(《甘肃选辑》)

肥是庄稼宝，没肥①长不好。(《庆阳汇集》《宁县汇集》《静宁农谚志》《平凉气候谚》)

肥是庄稼宝，缺它长不好。〔张掖〕(《甘肃选辑》)

肥是庄稼宝中宝，粪是地里金中金。(《甘肃农谚集》)

肥瘦土，各一碗，肥比瘦土轻半斤。(《平凉汇集》)

肥水不落外人田。〔白银〕(《集成》)

肥土又绵又油，瘦土又涩又苦。〔平凉〕(《甘肃选辑》《中国农谚》)

粪饱多犁拉，粮食手里抓。〔张掖〕(《甘肃选辑》)

粪草粪草，庄稼之宝。(《定西农谚》)

粪大水勤，不用问人。(《农谚和农歌》《泾川汇集》《中国农谚》《集成》)

粪大水足。(《会宁汇集》)

粪堆长，镰刀响。(《清水谚语志》)

粪堆有多大，粮堆有多大。(《宁县汇集》《静宁农谚志》)

粪多水勤，不用问人。(《新农谚》《宁县汇集》)

粪多水足，不用问人。〔天水〕(《甘肃选辑》)

粪绵多出苗。〔张掖〕(《甘肃选辑》《中国农谚》)

粪上肥足，深翻二尺，要不增产，太阳西出。(《甘肃选辑》)

粪上足，力出尽，它不长，我不信。〔张掖〕(《中国农谚》)

粪生千斤粮，没粪饿肚肠。〔张掖〕(《甘肃选辑》《甘肃农谚集》)

粪是地里虎，能增一石五。〔张掖〕(《甘肃选辑》)

粪是地内②金，猪是家中宝。(《泾川汇集》《集成》)

粪是饭，水是汤，深翻土地建谷仓。(《甘肃农谚集》)

粪是金，尿是银，便所好比聚宝盆。〔徽县〕(《集成》)

粪是田的爹，水是田的娘，无爹无娘命不长。(《集成》)

粪是庄稼宝。(《定西汇编》)

粪是庄稼宝，没肥长不好。(《泾川汇集》《会宁汇集》《甘肃农谚集》)

粪是庄稼宝，千万不要少。〔张掖〕(《甘肃选辑》《甘肃农谚集》)

粪是庄稼宝，缺了长不好。(《平凉汇集》《定西农谚》)

官凭印，将凭令，庄稼凭的一泡粪。〔甘谷〕(《集成》)

---

① 肥：《宁县汇集》《静宁农谚志》作“粪”。

② 内：《集成》〔文县〕作“里”。

锅里有油炒，田要粪上饱。〔西和〕(《集成》)

锅内没油菜不香，炉内没柴火不旺，孩子没奶长不胖，田禾没粪苗不长。(《静宁农谚志》)

好地不上粪，种上三年瞎籽种。〔张掖〕(《甘肃选辑》《中国农谚》)

好地里放粪多打粮，瞎地里放粪庄稼旺。〔张掖〕(《甘肃选辑》)

好庄稼不用[①]问，全靠多上粪。(《庆阳汇集》《平凉气候谚》)

好做手顶不上三锨粪。〔天水〕(《甘肃选辑》《中国农谚》)

今年比粪堆，明年比粮堆。(《定西农谚》)

看不上一泡粪，不为一个庄稼汉；看不起一分钱，不为一个买卖人。〔临夏〕(《集成》)

看粪如看金，才有好收成。〔华亭〕(《集成》)

看粪如看金，金筐银筐不如粪筐。(《庆阳汇集》)

懒人不信，粉底就是干证。(《定西汇编》)

懒人不信，粪底见证。〔陇西〕(《集成》)

懒人怕发狠，瘦田怕上粪。(《谚海》)

粮食是个向人草，粪大犁深水浇好。(《中国农谚》)

买卖看货堆，庄稼看粪堆。〔张掖〕(《甘肃选辑》《甘肃农谚集》《中国农谚》)

买卖人看的是货架，庄稼人看的是粪摊。〔山丹〕(《集成》)

买卖人看架板，庄稼人看粪摊。(《山丹汇集》)

没有大粪臭，哪有五谷香。〔天水〕(《集成》)

没有千车肥，难打万石粮。〔永昌〕(《集成》)

没有万担粪，难收万斤[②]粮。(《庆阳汇集》《甘肃选辑》《平凉气候谚》《集成》)

母缺奶，儿脸黄；地缺肥，苗不长。(《定西汇编》)

奶多娃娃壮，肥多庄稼旺。〔庆阳〕(《集成》)

娘没奶，儿面黄；地没粪，田苗黄。(《静宁农谚志》)

娘没奶，儿面黄；田没[③]粪，苗不长。(《宁县汇集》《平凉汇集》《中国农谚》)

巧做还得多上粪。(《中国农谚》《定西汇编》)

圈里有粪，庄稼有劲。〔陇南〕(《集成》)

---

① 《平凉气候谚》无“用”字。

② 万斤：《平凉气候谚》作“千斤”。

③ 没：《平凉汇集》《中国农谚》作“无”。

人不吃饭饿得慌，地不上粪苗儿黄。（《甘肃农谚集》）

人不吃饭饿肚肠，地不上粪不打粮。（《宁县汇集》《甘肃选辑》《平凉气候谚》）

人不吃饭饿肚肠，地不上粪少打粮。（《中国农谚》《定西汇编》）

人不吃饭饿断肠，地不上粪苗不长。（《静宁农谚志》）

人不吃饭活不了，地不上粪打粮少。（《岷县农谚选》《甘肃选辑》《甘肃农谚集》《集成》）

人不吃饭脸上黄，地不上粪不打粮。〔天水〕（《甘肃选辑》《中国农谚》）

人不吃油盐没力，地不上肥料没劲。〔甘谷〕（《集成》）

人不离饭，地不离肥。〔甘谷〕（《集成》）

人吃香地吃壮，粪土肥足苗长旺。（《平凉汇集》）

人靠吃饭，地靠肥料。（《中国谚语资料》）

人靠饭，地靠肥；人不吃饭饿肚肠，地不上粪不打粮。（《庆阳汇集》）

人靠饭饱，地靠粪肥。（《定西汇编》）

人靠饭来养，地靠粪来[①]长。（《宁县汇集》《泾川汇集》《平凉汇集》）

人靠饭力，地靠肥力；人靠地养，地靠人养。〔天水〕（《甘肃选辑》）

人靠饭养，地靠粪长[②]。（《岷县农谚选》《静宁农谚志》《甘肃选辑》《临洮谚语集》《中国农谚》《定西农谚》）

人靠饭养[③]，地靠粪长；柴多火焰高，粪足田禾好。（《新农谚》《甘肃选辑》《天祝农谚》）

人靠饭养，地凭粪长。（《山丹汇集》《集成》）

人民公社化，粪堆比天大。（《甘肃农谚集》）

人疲面发黄，地疲不打粮。（《静宁农谚志》）

人凭饭力，地凭粪力。〔张掖〕（《甘肃选辑》）

人凭粮食地凭粪，肥少庄稼没有劲。〔张掖〕（《甘肃选辑》）

人勤不如地近，地近不如上粪。〔正宁〕（《集成》）

人勤无粪土，种地枉受苦。〔正宁〕（《中国农谚》《集成》）

人缺粮，面皮黄，地缺粪[④]，少打粮。（《泾川汇集》《定西汇编》《中国农谚》）

人是饭力，地是粪力。（《泾川汇集》《中国农谚》）

---

① 粪来：《平凉汇集》作“肥料”。

② 粪：《定西农谚》作“肥”。长：《临洮谚语集》作“养”。

③ 养：《天祝农谚》作“长”。

④ 粪：《定西汇编》作“肥”。

人是铁，饭是钢，地里没粪庄稼荒。(《泾川汇集》《甘肃农谚集》《中国农谚》)

人是铁，饭是钢，要想庄稼旺，多把粪来上。(《定西农谚》)

人是铁，饭是钢，庄稼有粪长得壮。(《中国谚语资料》《谚海》)

人瘦脸皮黄，地薄不打粮。(《平凉汇集》)

人瘦了脸皮黄，地瘦了不打粮。〔酒泉〕(《集成》)

人瘦面皮黄，地瘦不打粮。(《宁县汇集》《甘肃选辑》《中国农谚》)

人无饭没劲，地无粪不长。(《泾川汇集》)

人有病，面皮黄；地没肥，少打粮。(《新农谚》《山丹汇集》)

人有病，面皮黄；地没粪，少打粮①。(《甘肃选辑》《天祝农谚》《会宁汇集》《中国农谚》《集成》)

人越扶越老呢，地越扶越长呢。〔张掖〕(《甘肃选辑》)

刃无钢不利，地无粪不长。(《宁县汇集》)

入口粮食身体强，庄稼上粪长得旺。(《白银民谚集》)

若要庄稼长得好，粪土发过头一条。(《天祝农谚》)

若要庄稼壮，多把粪来上。(《泾川汇集》)

三不哄：粪不哄地，草不哄牛，饭不哄人。(《宁县汇集》《甘肃选辑》)

山地上多粪，就是粮食囤。(《泾川汇集》)

山地土浅不上粪，一年到头缸里空。〔西和〕(《集成》)

商人看货堆，农人看粪堆。〔合水〕(《集成》)

上粪不上粪，粪底子为证。(《平凉汇集》《中国农谚》)

上粪如吃饭，加沙如加菜。〔张掖〕(《甘肃选辑》)

烧香不见上粪见，若要不信，粪底为证。(《宁县汇集》)

舍不得孩子打不住狼，舍不得粪肥打不下粮。〔山丹〕(《集成》)

谁家门口有粪堆，谁家场上有粮堆。〔张掖〕(《甘肃选辑》《甘肃农谚集》)

水地没粪，不如不种；如若不信，粪底为证。〔兰州〕(《甘肃选辑》)

水地没有粪，不如不要种。〔兰州〕(《集成》)

水深好划船，地肥好种田。(《集成》)

虽勤无粪土，种地枉受苦。(《泾川汇集》《定西汇编》《甘肃农谚集》)

田里无粪苗不长。〔甘谷〕(《集成》)

田怕胎里富②。(《谚语集》)

田土不肥，五谷不收。〔甘谷〕(《集成》)

---

① 面皮：《天祝农谚》作“面孔”，《会宁汇集》作“脸皮”。没：《中国农谚》作“无”。

② 富：又作“荒”。

土地虽然不说话，当面就把人戏耍，若要不信，粪底见证。〔张掖〕（《甘肃选辑》）

土地无粪，不如不种；懒汉不信，粪底子为证。〔兰州〕（《甘肃选辑》）

土地无粪不长，牲口无料不肥。〔正宁〕（《集成》）

娃娃离不了奶，庄稼离不了粪。（《谚海》）

务农没技巧，肥料就是宝。（《泾川汇集》）

务庄稼没窍，粪大墒饱。（《谚语集》）

写文章凭笔纸，作庄稼凭尿屎。（《中国农谚》《谚海》）

要见庄稼堆和好，先看肥料多和少。（《甘肃农谚集》）

要叫庄稼长得欢，粪要上饱地打绵。（《会宁汇集》）

要看粮堆，先看粪堆。（《定西农谚》）

要看庄稼坏和好，先看肥料多和少。（《中国谚语资料》《谚海》）

要使庄稼旺，多多把粪上。（《平凉汇集》）

要想打破高产关，没有肥料过不了关。〔天水〕（《甘肃选辑》）

要想来年庄稼好，抓住肥料这个宝。（《甘肃农谚集》）

要想庄稼好，粪是第一宝。（《宁县汇集》《会宁汇集》）

要想庄稼好，上粪捉虫勤锄草。〔甘谷〕（《集成》）

要想庄稼旺，多把粪①来上。（《山丹汇集》《甘肃选辑》《天祝农谚》）

要想庄稼旺，粪往地里上。（《甘肃选辑》《定西汇编》）

要有好庄稼，肥料要当家。（《岷县农谚选》《甘肃选辑》《定西汇编》《甘肃农谚集》）

要增产肥当先，水地没粪不如不种。（《天祝农谚》）

一点粪，一点尿，上到地里一把腰。（《岷县农谚选》）

一泡粪，一滴水，上到地里一把肥。〔定西〕（《甘肃选辑》）

一泡尿，打个腰。（《定西农谚》）

一泡尿，一根腰。（《甘肃选辑》《定西农谚》）

一泡尿，一根腰；若要庄稼旺，多把粪来上。（《静宁农谚志》）

油多菜香，肥多苗壮。〔陇南〕（《集成》）

有本生意好经营，粪多庄稼好收成。〔正宁〕（《集成》）

有薄人哩没有薄地。（《定西农谚》）

有个瘦人，没有②瘦地。〔甘南〕（《甘肃选辑》《中国农谚》）

有油的灯亮，有粪的粮多。〔酒泉〕（《集成》）

---

① 粪：《甘肃选辑》又作“肥”，《天祝农谚》作“肥”。

② 有：《中国农谚》作“个”。

雨是老子粪是娘，水饱粪足多打粮。(《临洮谚语集》)

旱胜街里上粪哩，丁深沟里打囤哩①。(《宁县汇集》《甘肃选辑》)

灶里无柴难烧饭，田里无肥难增产。(《谚海》)

增产没有诀窍，全凭化学肥料。(《定西农谚》)

增产有诀窍，巧施化学肥料。(《定西农谚》)

增产有门道，全凭化肥好。(《定西农谚》)

增产增收，化肥领头。(《定西农谚》)

盏里有油灯光亮，地里有粪多打粮。〔甘谷〕(《集成》)

种地不上粪，不如不要种。〔张掖〕(《甘肃选辑》)

种地不上粪，到底不中用。(《庆阳汇集》《甘肃选辑》《平凉气候谚》)

种地不上粪，到老不中用。(《泾川汇集》《中国农谚》)

种地不上粪，等于没有种。〔甘南〕(《甘肃选辑》《中国农谚》)

种地不上粪，等于瞎胡混②。(《新农谚》《山丹汇集》《泾川汇集》《甘肃选辑》《平凉汇集》《中国农谚》《庆阳县志》)

种地不上粪，等于瞎子没拄棍。〔正宁〕(《集成》)

种地不上粪，干了一年白费劲。〔张掖〕(《甘肃选辑》)

种地不上粪，后悔没人问。〔天水〕(《甘肃选辑》《甘肃农谚集》《中国农谚》)

种地不上粪，就是瞎胡混。(《会宁汇集》《天祝农谚》《定西汇编》)

种地不用问，除了功夫就是粪。〔泾川〕(《集成》)

种地不用问，粪土贵似金，猪粪和大粪，收成增三分。〔张掖〕(《甘肃选辑》)

种地没粪，不如不种；如若不信，粪底子为证。〔酒泉〕(《集成》)

种地没粪，等于瞎子没棍。(《临洮谚语集》)

种地没粪，瞎子没③棍。(《新农谚》《山丹汇集》《甘肃选辑》《定西汇编》《中国农谚》)

种地没窍，肥多就好。〔陇西〕(《集成》)

种地没种鬼，全凭粪和水。(《泾川汇集》)

种地虽有巧，粪是地里宝。(《甘肃农谚集》)

种地无别巧，肥料第一宝。〔甘南〕(《甘肃选辑》)

种地无巧，只怕肥少。(《定西汇编》)

---

① 《宁县汇集》“哩”误作“里”，且脱“粪”字。

② 胡混：《山丹汇集》作“胡弄”。

③ 没：《中国农谚》作“无”。

种地无师傅，总要粪水足。〔定西〕（《甘肃选辑》）

种田不上粪，一年到头白费劲。〔临夏〕（《集成》）

种田不用问，全靠水牛粪。〔泾川〕（《集成》）

种田没窍，粪要上到。（《定西农谚》）

种田没窍，粪足水饱。（《山丹汇集》）

种田三大宝：草子河泥和猪粪。〔张掖〕（《甘肃选辑》）

种田无师傅，总要灰粪足。〔张掖〕（《甘肃选辑》）

种田无师叔，总要粪水足。（《定西汇编》）

种庄稼不离三堆：粪堆土堆粮堆。〔张掖〕（《甘肃选辑》）

种庄稼没窍，臭粪壅饱。（《宁县汇集》《静宁农谚志》）

种庄稼没窍，粪多水饱。（《平凉气候谚》）

抓粮不抓粮，输赢在粪上。〔武山〕（《集成》）

抓抓粪，三年长不尽。〔兰州〕（《甘肃选辑》《中国农谚》）

庄家一朵花，全靠粪当家。（《平凉汇集》）

庄稼百样巧，粪是第一宝。（《新农谚》《山丹汇集》《岷县农谚选》《甘肃选辑》《天祝农谚》《临洮谚语集》）

庄稼百样巧，粪是无价宝。（《山丹汇集》《定西汇编》《中国农谚》《集成》）

庄稼不长要上粪，若要不信粪底为证。（《泾川汇集》）

庄稼不会种，粪土是师傅。〔甘南〕（《甘肃选辑》）

庄稼不离粪土，买卖不离市口。〔临夏〕（《甘肃选辑》）

庄稼不上粪，等于瞎胡混。（《清水谚语志》）

庄稼不要问，粪底是干证。〔甘南〕（《甘肃选辑》《中国农谚》）

庄稼不用问，先看土堆后看粪。〔张掖〕（《甘肃选辑》《中国农谚》）

庄稼不用问，种田全凭粪。（《山丹汇集》）

庄稼长好，粪大水饱。（《高台天气谚》）

庄稼长好，粪多肥饱。〔张掖〕（《甘肃选辑》）

庄稼汉，粪如宝；买卖人，钱如命。〔正宁〕（《集成》）

庄稼汉比粪堆，买卖人看①货堆。（《庆阳汇集》《泾川汇集》《平凉气候谚》《集成》）

庄稼好坏不用问，先看土堆后看粪。（《甘肃农谚集》）

庄稼好像②一枝花，全靠肥料来当家。（《甘肃选辑》《敦煌农谚》《定西汇编》）

---

① 看：《泾川汇集》《集成》作“比”。

② 像：《敦煌农谚》《定西汇编》作“比”。

庄稼靠粪长，娃娃[①]靠奶养。(《定西农谚》《集成》)

庄稼离了粪，顶如瞎子离了棍[②]。〔定西〕(《甘肃选辑》《甘肃农谚集》)

庄稼没肥不长，人不锻炼不壮。(《集成》)

庄稼没粪，不如不种，如若不信，粪底[③]就是干证。(《定西农谚》《谚海》)

庄稼没粪，不如不种，要是不信，粪底子就是对证。(《新农谚》《山丹汇集》)

庄稼没粪，不如不种，若要不信，粪底子[④]为证。(《天祝农谚》《中国农谚》)

庄稼没有粪，顶如瞎子离了棍。(《岷县农谚选》)

庄稼没有粪，跟上胡球混；若要不相信，粪底为干证。(《静宁农谚志》)

庄稼没有粪，跟上球混。(《宁县汇集》)

庄稼没有粪，好比买卖没有本。〔张掖〕(《甘肃选辑》)

庄稼没有粪，来年没籽种。(《集成》)

庄稼是朵花，全凭肥料来当家。〔兰州〕(《甘肃选辑》)

庄稼是家中宝，离开油土长不好。〔临夏〕(《甘肃选辑》)

庄稼是摇钱树，粪是聚宝盆。(《定西农谚》)

庄稼无粪，不如不种。(《集成》)

庄稼无粪，不如不种；若要不信，粪底是干证。(《临洮谚语集》)

庄稼行里百样巧，肥料就是第一件宝。(《敦煌农谚》)

庄稼行里不用问，除过雨水就是粪。(《泾川汇集》)

庄稼要长好，肥料是个宝。〔甘南〕(《甘肃选辑》)

庄稼要长好，粪土要上饱。〔甘南〕(《甘肃选辑》)

庄稼要肥料，买卖要本钱。〔临夏〕(《甘肃选辑》)

庄稼要好，肥料要饱。(《泾川汇集》)

庄稼要好，粪足水饱。(《甘肃选辑》《清水谚语志》)

庄稼要胜人，除非粪广和人勤[⑤]。(《山丹汇集》《泾川汇集》《甘肃农谚集》)

庄稼要旺，多把粪上。(《宁县汇集》《平凉气候谚》)

庄稼要旺，多把粪上；若要不信，粪底为证。(《庆阳汇集》《中国农谚》)

庄稼要想好，粪土要饱。〔定西〕(《甘肃选辑》)

庄稼要种好，粪堆需积大；苗子长得旺，全靠肥当家。(《庆阳汇集》)

---

① 娃娃:《集成》作“猫娃”。

② 顶如:《甘肃农谚集》作“好比”。《甘肃农谚集》“瞎子”后有“耕地”二字。

③ 粪底:《定西农谚》又作“粪窠子”。《定西农谚》一无下二句,《谚海》无下二句。

④ 《中国农谚》无“子”字。

⑤ 《甘肃农谚集》无“除非”二字。粪:《泾川汇集》作“肥”。

庄稼一朵花，全靠粪当家。(《白银民谚集》《清水谚语志》《定西农谚》《集成》)

庄稼一朵花，全靠粪当家，一亩十车粪，不长人不信。(《会宁汇集》)

庄稼一枝花，全靠肥当家。(《庆阳汇集》《平凉气候谚》)

庄稼一枝花，全靠粪当家。(《新农谚》《山丹汇集》《宁县汇集》《静宁农谚志》《泾川汇集》《甘肃选辑》《临洮谚语集》《中国农谚》《庆阳县志》)

庄稼一枝花，全靠粪当家，若要不信，粪底为证。(《岷县农谚选》)

做活凭劲，庄稼凭粪。〔甘谷〕(《甘肃选辑》《甘肃农谚集》《集成》)

积　肥

巴肚子犍牛绵羊粪，增加粮食有保证。(《庆阳汇集》)

半年锅台当年炕，熏透的烟洞顶粪上。(《集成》)

避日晒防雨淋，肥料越放越有劲；若不要走劲，粪堆盖土二三寸。(《宁县汇集》)

便后一铲土，必然节节富。〔永昌〕(《集成》)

不沤不熟，不翻不烂。〔平凉〕(《甘肃选辑》)

厕所不安门，辈辈要受穷。〔武威〕(《集成》)

厕所大粪缸，攒粪多打粮。〔张掖〕(《甘肃选辑》)

厕所设粪缸，肥劳少，产量强。(《甘肃农谚集》)

厕所下粪缸，产粪多打粮。〔天水〕(《甘肃选辑》)

拆锅头换灶，庄稼长得定好。(《甘肃选辑》《天祝农谚》)

常垫猪圈掏鸡窝，脚勤手快积肥多。〔天水〕(《甘肃选辑》《甘肃农谚集》)

场面要平，粪坑要深。〔定西〕(《甘肃选辑》《中国农谚》)

出门不背背篼，庄稼务到人后头。〔甘谷〕(《集成》)

出门不空走，随带粪背篼。〔甘谷〕(《集成》)

出门不离粪担子，庄稼长成蒜辫子。(《甘肃选辑》《天祝农谚》《中国农谚》《集成》)

春季多积一筐粪，秋后多收一筐籽。〔定西〕(《甘肃选辑》)

春里积肥没处找。(《中国谚语资料》《中国农谚》《谚海》)

春天比粪堆，秋天比粮堆。〔兰州〕(《集成》)

打炕换锅台，有肥就丰收。〔泾川〕(《集成》)

大粪赛过黄金贵，辛勤积肥多打粮。〔定西〕(《甘肃选辑》)

大粪一季，油渣一年。〔甘谷〕(《集成》)

氮长枝叶磷长颗，钾肥抗病妥。(《会宁汇集》《定西汇编》)

东奔西跑，不如拾粪锄草。(《新农谚》《山丹汇集》《庆阳汇集》《岷县

农谚选》《甘肃选辑》《会宁汇集》《平凉气候谚》《定西汇编》)

东跑西跑，不如拾粪弄草。(《泾川汇集》《中国农谚》)

冬不弯腰，夏不着刀①。(《甘肃选辑》)

冬春不要闲，秋季粮食堆成山。(《天祝农谚》)

冬积一根草，春天就是宝。〔张掖〕(《甘肃选辑》)

冬季拾根草，春季就是宝。(《中国农谚》)

冬里②积肥不弯腰，春里积肥没处找。(《新农谚》《山丹汇集》《集成》)

冬里积肥够，春里加油。(《山丹汇集》)

冬天比粪堆，秋后比粮堆③。(《新农谚》《山丹汇集》《甘肃选辑》《会宁汇集》《中国农谚》)

冬天多积肥，夏天不着急。(《甘肃农谚集》)

冬天里臭疙瘩，春天里香疙瘩。〔甘南〕(《甘肃选辑》《中国农谚》)

冬天攒下粪，莫待来年瞎胡混。(《谚海》)

冬闲变冬忙，积肥多打粮。〔张掖〕(《甘肃选辑》《甘肃农谚集》)

冬闲变冬忙，来年多打粮。(《谚语集》《定西农谚》《集成》)

冬闲变冬忙，夏秋粮满仓。(《集成》)

多肥多打粮，积肥如积金。(《平凉汇集》)

多积肥，多种田，搂住一年顶两年。〔合水〕(《集成》)

多拾粪，多下田，搂住一年顶两年。(《中国农谚》)

多拾粪，多种田，一年的庄稼顶两年。〔天水〕(《甘肃选辑》)

多养二畜④多积肥，人勤畜壮地有力。〔合水〕(《集成》)

多攒一泡尿，多捆一道腰。(《甘肃农谚集》)

凡吃糌粑人，都要拾猪粪。〔甘南〕(《集成》)

肥堆高如山，粮食戳破天。(《甘肃农谚集》)

肥料到处有⑤，就怕不动手。(《甘肃选辑》《定西汇编》《甘肃农谚集》)

肥料胜似黄金贵，严防雨淋和日晒。(《静宁农谚志》)

肥源处处有，大家动手寻。(《山丹汇集》)

肥源挖不尽，边积边又生。〔合水〕(《集成》)

粪捣三遍，不打自烂。〔正宁〕(《中国农谚》《集成》)

粪堆拿土盖，不叫雨淋和日晒。〔甘谷〕(《集成》)

---

① 原注：形容懒汉冬天不拾粪，夏天不锄草。

② 冬里：《集成》〔山丹〕作“冬天”。

③ 粮堆：《会宁汇集》作“粮仓”。

④ 二畜：原注指猪和羊。

⑤ 肥料：《定西汇编》作“肥源”。到处：《甘肃选辑》〔兰州〕作“处处”。

粪堆压好，肥劲不跑。〔甘谷〕（《集成》）

粪堆压上三层土，风吹日晒劲不走。（《庆阳县志》）

粪翻三遍，不打自烂。（《泾川汇集》《甘肃选辑》《定西汇编》《甘肃农谚集》）

粪放三年变土，土放三年变粪。（《定西汇编》）

粪搁三年成土，土搁三年成粪。〔张掖〕（《甘肃选辑》《中国农谚》）

粪过三年变成土，土过三年变成粪，土粪十年变成金。〔张掖〕（《甘肃选辑》）

粪坑加个盖，肥劲全都在。〔甘谷〕（《集成》）

粪烂三年成土，土烂三年成粪。（《静宁农谚志》《临洮谚语集》）

粪上乱泼，不如丢锅。〔合水〕（《集成》）

粪虽多，保不好，上①在地里力量小。（《宁县汇集》《静宁农谚志》《甘肃选辑》）

粪土沤不好，地里尽是草。（《定西汇编》）

粪土朽不好，地里尽长草。（《岷县农谚选》《甘肃选辑》）

粪要好，操拌早。（《静宁农谚志》）

粪折八遍，不拍自烂。（《定西汇编》）

干粪不见尿，不如隔墙倒。〔泾川〕（《集成》）

干灰一泡尿，不如沟里倒。（《泾川汇集》）

赶脚赚钱，不如拾粪肥田。（《泾川汇集》）

管粪如管家，才是庄稼汉。（《平凉汇集》《谚海》）

灰土和炕土，都是地里虎。〔陇西〕（《集成》）

会计凭的账，庄稼汉凭的圈。（《甘肃选辑》《敦煌农谚》）

会计凭的账，庄稼凭的圈。（《甘肃农谚集》《谚海》）

积肥不保肥，两回顶一回。〔正宁〕（《集成》）

积肥不单积粪肥，垃圾堆里就是肥。（《定西汇编》）

积肥不盖土，损失无法补。（《定西汇编》）

积肥如囤粮，肥多粮满仓。（《甘肃农谚集》）

积肥如积粮，粪是地里王。〔张掖〕（《甘肃选辑》《甘肃农谚集》）

积肥如积粮，积粮如积金。〔定西〕（《甘肃选辑》）

积肥如积粮，粮在肥中藏。〔灵台〕（《集成》）

积肥如积粮，粮在粪里藏，工业缺电没动力，农业缺肥不打粮。（《定西汇编》）

积肥如积粮，拾粪如拾金。（《甘肃农谚集》）

---

① 上：《宁县汇集》作“施”。

积肥如积粮，有粪多打粮。〔华亭〕（《集成》）

积肥如攒粮。（《甘肃选辑》《定西农谚》）

积肥拾粪经常做，养猪养鸡也要抓。（《山丹汇集》）

积粪如积金。（《朱氏农谚》《岷县农谚选》）

积好肥，不能懒，草木灰，要另攒。〔甘谷〕（《集成》）

积一泡尿，长一道腰。（《敦煌农谚》）

家肥积攒黄金贵，分开保管要注意。（《宁县汇集》）

家肥积攒黄金贵，分开保管要注意：避日晒，防雨淋，肥效越放越有劲，若要不走劲，粪堆盖上两三寸。（《庆阳汇集》）

家肥积攒黄金贵，分开保管要注意：避日晒，防雨淋，肥效越放越有劲，若要不走劲，粪堆压土两三寸，草木灰也不坏，零积零攒把田肥。〔平凉〕（《甘肃选辑》）

家里的土，地里的虎。〔平凉〕（《甘肃选辑》）

家里的土，地里的虎，有银难买熏焦土。（《宁县汇集》）

家里土[1]，地里虎。（《张氏农谚》《岷县农谚选》《甘肃选辑》《天祝农谚》《中国农谚》《集成》）

家里土，山里虎，有钱难买熏炕土。（《静宁农谚志》）

家土强似野粪。〔合水〕（《集成》）

家有金满斗，粪筐不离手。〔环县〕（《集成》）

见青就是粪[2]。（《中国农谚》《集成》）

芥子烧灰麻杈棵，老墙也能把地壮。〔张家川〕（《集成》）

今年多冬沤一根草，春天就是宝。（《甘肃农谚集》）

今年积下粪，明年粮满囤。〔泾川〕（《集成》）

今年有粪，明年有粮。（《山丹汇集》）

金缸缸，银缸缸，不如提个粪筐筐。〔合水〕（《集成》）

金缸缸，银缸缸，不如我的粪筐筐。（《甘肃农谚集》《集成》）

金筐银筐，不如粪筐。（《岷县农谚选》《宁县汇集》《静宁农谚志》《甘肃选辑》《平凉气候谚》《定西汇编》《中国农谚》）

金筐银筐，不如粪筐；东奔西跑，不如攒粪弄草。〔华亭〕（《集成》）

拉土垫圈是翻锨之利。〔张掖〕（《甘肃选辑》）

劳动人背背篼，庄稼不落人后头。〔天水〕（《甘肃选辑》）

---

① 土：《集成》〔泾川〕作“肥”。

② 粪：《集成》〔正宁〕作“肥”。

流不尽的水，积不完的肥①。(《新农谚》《岷县农谚选》《宁县汇集》《静宁农谚志》《山丹汇集》《泾川汇集》《甘肃选辑》《天祝农谚》《甘肃农谚集》《中国农谚》)

路上土，地里虎。(《定西汇编》)

路土一把，秋后粮食背一搭②。(《宁县汇集》《平凉汇集》)

绿肥是个宝，又肥地来又长草。〔武威〕(《集成》)

马莲一寸长，懒汉上粪场。〔临夏〕(《甘肃选辑》《中国农谚》)

每天勤扫屋，一年顶个猪。〔张掖〕(《甘肃选辑》《中国农谚》)

每天早上拾次③粪，地黑粮食打满囤。〔定西〕(《甘肃选辑》《甘肃农谚集》)

门前粪堆，场上粮堆。(《定西农谚》)

门前粪堆④像山岗，家里粮食憋破仓。(《甘肃农谚集》《谚海》)

你有万石米，不如我有尿脬灰。(《平凉汇集》《谚海》)

念书要认字，积肥要养猪。(《山丹汇集》)

尿见灰，氮素飞。〔华池〕(《集成》)

尿见灰，肥效飞。(《集成》)

农家肥，是根本，一年四季要抓紧。〔陇西〕(《集成》)

起早睡晚担粪筐，保证每亩万斤粮。〔张掖〕(《甘肃选辑》)

千筐粪，万筐粪，不如家里打土盖。〔兰州〕(《甘肃选辑》《中国农谚》)

千年的阳土，当年的墒土。〔张掖〕(《甘肃选辑》)

千年土为粪，千年粪为土。〔正宁〕(《集成》)

勤起勤垫，十天一圈。(《甘肃选辑》《定西汇编》《中国农谚》)

勤扫垃圾多积肥，家里清洁地里肥。(《新农谚》《定西汇编》)

勤扫院，勤垫圈，三个五更顶一天。(《酒泉农谚》)

勤扫院子常积粪，家里清洁地里肥。〔张掖〕(《甘肃选辑》)

勤扫院子常拾粪，打的粮食吃不尽。(《新农谚》《山丹汇集》《甘肃选辑》《定西汇编》)

勤施肥保盖严，臭气冒掉不长田。〔张掖〕(《甘肃选辑》)

青草沤成粪，越长越有劲。(《岷县农谚选》《甘肃选辑》《中国农谚》)

青苗沤粪，越长越有劲。〔张掖〕(《甘肃选辑》《甘肃农谚集》)

秋天庄稼比谷堆，冬天庄稼比粪堆。(《中国农谚》)

---

① 完：《泾川汇集》作“光”。肥：《静宁农谚志》作“粪”。

② 搭：《宁县汇集》注指毛袋子。

③ 次：《甘肃农谚集》作“回”。

④ 粪堆：《谚海》作“堆堆”。

人粪莫掺灰，掺灰不如灰。〔正宁〕（《集成》）

人粪尿，发小苗；草木灰，长老苗。（《宁县汇集》）

人粪尿，胜药料，严加保管第一条。（《庆阳汇集》《宁县汇集》《平凉气候谚》）

人勤猪肥粪多，粪多田肥粮丰。〔天水〕（《集成》）

人人当了净街王，打的粮食没处藏。（《定西汇编》）

若要不走劲，粪堆盖上二三寸。（《静宁农谚志》）

若要吃香的，先要拾脏的。（《岷县农谚选》《甘肃选辑》《甘肃农谚集》）

若要得个好收成，清早起来拾大粪。（《甘肃选辑》《天祝农谚》）

若要地壮，拆锅台换灶。（《定西农谚》）

若要肥料好，精密保管第一条。（《静宁农谚志》）

若要粪好，盖上土草。（《定西汇编》）

若要庄稼长得欢，粪担不离肩。〔天水〕（《甘肃选辑》）

若要庄稼长得旺，走动粪筐不离膀。（《岷县农谚选》）

若要庄稼长得凶，一家一个沤粪坑。（《定西汇编》）

扫帚响，粪堆长。（《朱氏农谚》《酒泉农谚》《甘肃选辑》《会宁汇集》《天祝农谚》《清水谚语志》《平凉汇集》《中国农谚》）

扫帚响，粪堆长，地有粪，苗儿壮。〔甘谷〕（《集成》）

扫帚响，粪堆长，粪堆长，庄稼旺。（《岷县农谚选》《谚海》）

扫帚响，粪堆长，积好肥料粮满仓。（《庆阳汇集》《宁县汇集》）

扫帚响，粪堆长，既讲卫生又打粮。（《新农谚》《山丹汇集》《敦煌农谚》《定西汇编》《谚海》）

扫帚响，粪堆长，卫生好，粮满仓。（《静宁农谚志》）

扫帚响，粪堆长，庄稼旺。（《泾川汇集》）

拾粪如拾金。（《定西汇编》）

拾粪如拾金，粮食换金数不清。（《泾川汇集》）

拾粪如拾金，挖土如挖参。〔正宁〕（《集成》）

拾骨头沤肥，粮食打满囤。（《定西汇编》）

拾骨头沤粪，打的粮食背不动。（《岷县农谚选》《甘肃选辑》）

收成好坏不用问，先看草圈压的粪。〔酒泉〕（《集成》）

土放三年如粪，粪放三年如土。（《定西农谚》）

土粪要晒，大粪要盖。〔甘谷〕（《集成》）

土烂三年成粪，粪烂三年成土。（《岷县农谚选》）

土烂三年自成粪，粪烂三年变成土。（《甘肃选辑》）

土晒三年变成粪，粪晒三年不如土。〔兰州〕（《甘肃选辑》《甘肃农谚集》）

土卧三年成粪，粪放①三年成土。(《集成》)

土闲三年可肥田。〔张掖〕(《甘肃选辑》)

推粉不赚钱，只图攒粪种田。(《定西农谚》)

挖牛粪，拔黑豆，庄稼行里苦到头。(《集成》)

屋内扫帚响，屋外粪堆长。〔甘谷〕(《集成》)

无事不赶集，抽空多拾粪。〔定西〕(《甘肃选辑》《甘肃农谚集》)

夏季沤野草，秋季就是宝。(《定西汇编》)

夏天莫在屋里困，割来青草就是粪。〔甘谷〕(《集成》)

闲时不必去赔钱，收秋拾犁好种田。(《泾川汇集》)

闲时积肥忙时用，渴了挖井不现成②。(《甘肃选辑》《甘肃农谚集》《中国农谚》)

闲时攒粪忙时用。〔定西〕(《甘肃选辑》)

闲土三年可肥田。(《中国农谚》)

现在多积一筐粪，秋后多收筐粮。(《定西汇编》)

享近福，攒粪土；享远福，栽树木。〔武山〕(《集成》)

想要庄稼像个样，粪筐放在肩头上。(《平凉气候谚》)

修圈如修仓，积肥就是粮。〔定西〕(《甘肃选辑》)

羊圈摇钱树，猪圈聚宝盆。〔合水〕(《集成》)

养猪不见钱，回头看在田。(《宁县汇集》)

要产粮食多，先看粪堆大。〔甘南〕(《甘肃选辑》)

要使庄稼长得好，氮磷钾是宝。(《平凉汇集》)

要使庄稼长得旺，就要锅头烟熏炕。〔张掖〕(《甘肃选辑》)

要想吃饱饭，背上背篼转。〔临夏〕(《甘肃选辑》《中国农谚》)

要想吃个香的，就得拾个脏的。(《中国农谚》)

要想多打粮，家家换老墙。(《甘肃农谚集》)

要想粪土好，必须到处找。〔张掖〕(《甘肃选辑》)

要想积肥好，必得到处找。(《甘肃选辑》《定西汇编》)

要想家有宝，青草沤肥料。(《天祝农谚》)

要想庄稼长，粪筐不离膀。(《宁县汇集》《甘肃选辑》《定西农谚志》《定西汇编》《中国农谚》)

要想庄稼长得好，出门不离大粪笼。(《泾川汇集》)

要想庄稼长得强，粪筐不离胯骨旁。(《山丹汇集》《集成》)

---

① 放：又作“上”。

② 肥：《中国农谚》作“粪”。不现成：《甘肃农谚集》作“跟不上”。

要想庄稼长得旺，勤拆锅台勤换炕。〔酒泉〕(《集成》)
要想庄稼长得旺，我刨烟囱你打炕。(《定西汇编》)
要想庄稼成，粪斗不离身。〔定西〕(《甘肃选辑》)
要想庄稼好，猪儿满地跑。(《集成》)
要想庄稼好，猪养满圈跑。(《谚海》)
要想庄稼旺，粪筐吊背上。(《静宁农谚志》)
要想庄稼旺，粪笼上肩膀。(《新农谚》)
要想庄稼旺，积肥要经常。(《甘肃选辑》)
要想庄稼像个样，粪筐放在肩头上。(《庆阳汇集》)
一堆粪，长个垛子底。〔天水〕(《甘肃选辑》《中国农谚》)
一口猪，养一年，至少也肥一亩田。(《谚海》)
一年富，拾粪土；十年富，栽树木。(《中国农谚》《定西农谚》)
一年庄稼两年务，粪堆就是粮食库。〔甘南〕(《甘肃选辑》)
一年庄稼两年种，闲时攒粪忙时用。〔庆阳〕(《集成》)
有了合作化，粪堆比山大。(《新农谚》《中国谚语资料》《谚海》)
有钱难买猪踩泥。〔天水〕(《甘肃选辑》)
又黑又臭是好粪。〔定西〕(《甘肃选辑》)
雨淋日晒，肥劲不在。(《集成》)
只要不偷懒，肥料堆成山。(《山丹汇集》)
只要动动手，肥源到处有。〔甘谷〕(《集成》)
只要手勤，不怕没粪。〔张掖〕(《甘肃选辑》《中国农谚》)
只有存粮，没有存粪。〔酒泉〕(《集成》)
种前看粪堆，收后看粮堆。(《定西农谚》)
种田无他巧，只要红花草。〔张掖〕(《中华农谚》《中国农谚》)
猪粪红花草，农家两个宝。〔张掖〕(《甘肃选辑》《中国农谚》)
猪粪年年富。〔白银〕(《集成》)
猪粪真正好，农家首一宝。(《谚海》)
注意卫生多积肥，家里干净地里肥。(《甘肃农谚集》)
庄稼汉再忙把圈垫着，买卖人再忙把账算着。〔武威〕(《集成》)
庄稼老，冬无闲，今年拾下粪，明年好肥田。(《中国农谚》)
庄稼人凭的圈，买卖人凭①的账。〔临泽〕(《集成》)
庄稼要壮，一年一换炕。(《定西汇编》)
庄稼一枝花，全靠粪当家，扫帚铁锨响，粪堆呼呼长。〔张掖〕(《甘肃

① 《集成》〔武威〕无“凭”字。

选辑》)

做买卖离不开市口，种庄稼凭粪笼。(《中国农谚》)

做买卖凭账本，做庄稼凭粪笼。(《甘肃农谚集》《谚海》)

施肥

春天多上一车粪，秋田多打千斤粮。〔张掖〕(《甘肃选辑》)

春天粪底子上得足，一年收成顶二年。(《甘肃农谚集》)

春天粪堆密，秋后粮铺①地。(《泾川汇集》《集成》)

大牛长纤羊的粪，还说是天旱的命。〔甘南〕(《甘肃选辑》)

大窝小窝，全靠粪多。(《定西农谚》)

底肥不足苗不长，顶肥不足苗不旺。〔清水〕(《集成》)

底肥不足苗不壮，追肥不足苗不旺。(《定西农谚》)

底肥要饱，追肥要早。〔陇南〕(《集成》)

底肥足，接小苗，庄稼必然长得好。〔天水〕(《集成》)

底肥足，苗肥轻，节肥重，重穗肥，要猛攻。〔泾川〕(《集成》)

底粪不施苗不长，苗肥不施苗不旺。(《定西汇编》)

地铺三年秆，胜过猪油碗。〔合水〕(《集成》)

地若瘦，臭粪沤。(《庆阳汇集》《平凉气候谚》)

地淤一寸，强过上粪。(《中国农谚》)

顶好上羊粪蛋，温水浸草灰拌。(《宁县汇集》)

冬不暖，夏不收。(《静宁农谚志》)

冬不暖②，夏不收；秋不雨，春种愁。(《宁县汇集》)

多垫一层土，顶上十担粪。〔陇西〕(《集成》)

多肥倒，少肥黄，不多不少多打粮。〔甘谷〕(《集成》)

多沤绿肥地有劲，来年丰收扎下根。〔甘谷〕(《集成》)

多施农肥能养墒。〔甘谷〕(《集成》)

肥多肥好施不好，庄稼只有一把草。〔甘谷〕(《集成》)

肥料挂帅当家，因地施肥潜力大。(《平凉汇集》《谚海》)

粪多庄稼好，还看施得巧不巧。〔合水〕(《集成》)

粪和灰，肥效飞。〔宁县〕(《集成》)

粪加草木灰，肥料吃大亏。〔平凉〕(《集成》)

粪铺千层毡，粮食堆成山。(《甘肃农谚集》)

---

① 铺：《泾川汇集》作“补”。

② 暖：原注指暖苗粪。

粪生上，没希望；粪熟上，粮满仓。（《庆阳汇集》《静宁农谚志》《甘肃选辑》《平凉气候谚》《甘肃农谚集》《中国农谚》）

粪熟不透，苗苗发瘦。〔武山〕（《集成》）

干牛粪上地，不如放个屁。（《岷县农谚选》《宁县汇集》《平凉气候谚》）

干牛粪上地，不如母牛[1]放屁。〔张掖〕（《甘肃选辑》《集成》）

钢要加到刀刃上，粪要上到时节上。〔正宁〕（《集成》）

疙瘩粪，三年劲。〔张家川〕（《集成》）

刮崖溜畔顶上粪。（《中国农谚》《谚海》）

旱地上粪深，庄稼长得凶。（《定西汇编》）

旱地要上猪粪，水地要上羊粪。（《定西汇编》）

好酒好肉待女婿，好肥好水上秧田。〔泾川〕（《集成》）

好酒好肉待女婿，好水好肥上到地。〔合水〕（《集成》）

红粪[2]上了地，等于哄地皮。〔通渭〕（《集成》）

花草花料，养分全到。（《谚语集》《集成》）

灰粪不同家，全家要打架。（《定西汇编》）

灰要陈，粪要新。〔泾川〕（《集成》）

火不烧地地不肥[3]，货不到门身不贵。〔天水〕（《甘肃选辑》）

家土拌野土，一亩顶一亩。〔陇西〕（《集成》）

家土变野土，一亩一石五。〔天水〕（《甘肃选辑》）

家土换地土，一亩顶三亩。（《天祝农谚》）

家土换野土，一亩顶两亩。（《宁县汇集》《甘肃选辑》《中国农谚》）

家土换野土，一亩顶十亩。（《新农谚》《岷县农谚选》《甘肃选辑》《中国农谚》《谚海》）

看土施肥，增产百倍。（《甘肃选辑》《甘肃农谚集》《庆阳县志》）

看庄稼，巧上粪。〔定西〕（《甘肃选辑》）

炕灰搅粪尿，肥劲全跑掉。〔合水〕（《集成》）

炕土粪，三年劲。（《甘肃选辑》《清水谚语志》《中国农谚》）

炕土上一年，能长好几年。〔张掖〕（《甘肃选辑》）

凉地上热肥，热地上凉肥。〔甘南〕（《甘肃选辑》）

凉土上热粪，热地上凉粪。（《甘肃农谚集》）

凉性地里上猪粪，不长秆子不长穗。〔定西〕（《甘肃选辑》）

---

① 牛：《集成》〔泾川〕作“羊”。

② 红粪：原注指生粪。

③ 原注：指山区烧地种田。

凉性土地上热肥，好似蒸馍加灰水。（《定西农谚》）

驴粪上地，不如羖羊[①]放屁。〔临夏〕（《甘肃选辑》《中国农谚》）

驴马粪上地，不如蹲在地里放屁。〔金塔〕（《集成》）

驴马粪上一地，不如羖䍽[②]放个屁。（《定西农谚》）

绿肥施得饱，明年庄稼好。〔甘谷〕（《集成》）

绿肥压三年，薄田变肥田。〔合水〕（《集成》）

绿肥种三年，坏田变好田。（《定西汇编》）

马粪热，牛粪凉，唯有羊粪劲儿长。〔泾川〕（《集成》）

马粪热，牛粪凉，猪粪上地三年壮。〔泾川〕（《集成》）

马粪上地，不如羊放屁。〔甘南〕（《甘肃选辑》）

年里施肥施根线，抵过年外施三遍。（《甘肃选辑》《定西汇编》）

年内施根线，胜过年外施三遍。〔合水〕（《集成》）

宁可肥等水，不可水等肥。〔泾川〕（《集成》）

宁上熟肥一勺，不上生粪一车。〔正宁〕（《集成》）

宁上羊粪一担土，不用牛粪一担粪。〔平凉〕（《甘肃选辑》）

宁上羊圈底层，不上牛圈里粪。（《静宁农谚志》）

宁上羊圈土，不上驴[③]圈粪。（《平凉汇集》《中国农谚》《集成》）

宁上羊圈一担土，不用牛圈一担粪。〔平凉〕（《中国农谚》）

宁施一窝，不施一坡。〔泾川〕（《集成》）

牛粪冷，马粪热，羊粪两年把力得。〔合水〕（《集成》）

牛粪冷，马粪热，羊粪能得两年力。〔泾川〕（《集成》）

牛粪马粪上一地，不如羊羔放个屁。（《岷县农谚选》）

牛粪牌子排满地，不如臊胡[④]放个屁。〔宁县〕（《集成》）

牛粪上地，不如羝羊放屁。〔陇西〕（《集成》）

牛筋扒，苦菜花，上到水地顶呱呱。〔合水〕（《集成》）

牛马的尿，母猪的粪，庄稼不长我不信。〔定西〕（《甘肃选辑》《甘肃农谚集》）

牛马粪上地，不如羊羔放屁。〔定西〕（《甘肃选辑》）

牛羊粪和炕土，必须仔细搭配匀。〔天水〕（《甘肃选辑》）

---

① 羖羊：原作“羖鹿”。

② 羖䍽：山羊的俗称，又作“羖羊”。《集韵》：“羖䍽，山羊。”《说文》：“夏羊牡曰羖。”羖，《广韵》：“俗作羖，䍽羊。”

③ 驴：《集成》〔正宁〕作“牛”。

④ 臊胡：方言，指公山羊。胡，原作“狐”。

千层万层，不及初春一层。（《中国农谚》《谚海》）

千层万层，不如[1]底粪一层。（《天祝农谚》《中国农谚》）

千层万层，不如脚底一层。（《定西汇编》）

千层万层，不如落脚肥一层。〔合水〕（《集成》）

千车万车，不及初春一车。（《中国农谚》《谚海》）

千年的墙土，不如当年的炕土。〔张掖〕（《甘肃选辑》《中国农谚》）

青草大车拉，施[2]在地里劲头大。（《宁县汇集》《甘肃选辑》）

青草粪，大车拉，上在地里顶呱呱。（《静宁农谚志》）

青石头是个宝，上到地里当肥料。〔天水〕（《甘肃选辑》）

秋施肥，冬灌水，来年庄稼长得美。（《集成》）

人吃五谷粮，地上多样粪。（《山丹汇集》《集成》）

人忌生水，地忌生粪。〔甘谷〕（《集成》）

人要补，吃猪蹄；田要肥，吃猪泥。〔正宁〕（《集成》）

撒粪要均匀，才有好收成；撒粪不匀，等于胡弄。（《新农谚》）

三追不如一底。〔甘谷〕（《集成》）

散粪不耙地，肥效保不住。（《山丹汇集》）

散粪不匀，等于胡弄。（《山丹汇集》）

散粪要均匀，才有好收成。（《山丹汇集》）

山坡陡地，上粪不算；光种不见，平地一石。（《宁县汇集》）

山阴地里施热粪，庄稼不成你把我来问[3]。〔临夏〕（《甘肃选辑》《甘肃农谚集》《中国农谚》）

上的粪，必[4]要熟，免得上后虫子出。（《静宁农谚志》《甘肃选辑》）

上粪不灌水，庄稼干噘嘴。〔华池〕（《集成》）

上粪不浇水，田苗噘着嘴。（《定西农谚》）

上粪不浇水，在家噘着嘴。〔平凉〕（《集成》）

上粪多上羊板粪，每亩能产一千斤。〔张掖〕（《甘肃选辑》《中国农谚》《谚海》）

上粪看天看地看庄稼。〔定西〕（《甘肃选辑》）

上粪一大片，不如上粪一条线。（《甘肃选辑》）

上粪一大片，不如一条[5]线。（《泾川汇集》《甘肃选辑》《中国农谚》）

---

① 不如：《中国农谚》作“勿如”。

② 施：《甘肃选辑》作“上”。

③ 你把我来问：《中国农谚》作“把我问”。

④ 必：《静宁农谚志》作“定”。

⑤ 条：《泾川汇集》作“根”。

上粪一大片，不如一条线，最好不过围苗转。〔甘谷〕（《集成》）

上炕[①]土，明年多收石五。（《定西农谚》《集成》）

生粪不发酵，土地光长草。〔清水〕（《集成》）

生粪上，虫兴旺；熟粪上，粮满仓。〔华亭〕（《集成》）

生粪上地，不如瞎混。〔张掖〕（《甘肃选辑》）

生粪上地，庄稼断气。〔合水〕（《集成》）

生粪上地连根坏。〔正宁〕（《集成》）

生马粪上地，不如羝羊放屁。（《天祝农谚》《中国农谚》）

生马粪上地，不如臊羊放屁。（《甘肃选辑》）

生牛粪上地，老臊胡放屁。（《山丹汇集》）

施肥灌水要得法，看天看地看庄稼。（《定西汇编》）

施肥过了头，花钱买忧愁。〔正宁〕（《集成》）

施肥拉墙土，土壤能变质，庄稼丰收毫无向。〔张掖〕（《甘肃选辑》）

施肥要腐化，免得生虫吃庄稼。（《宁县汇集》）

施肥一大片，不如施肥[②]一条线。（《宁县汇集》《平凉气候谚》）

施肥一大片，不如一条线。（《甘肃选辑》《高台天气谚》《定西汇编》《甘肃农谚集》）

施肥又深耕，明年好收成。〔甘谷〕（《集成》）

十个会种的，不如一个上粪的。〔正宁〕（《集成》）

事在人为，地在追肥。（《甘肃农谚集》）

瘦地背炕土，一亩顶两亩。〔临夏〕（《集成》）

瘦地要改变，施肥是关键。（《会宁汇集》《定西汇编》）

瘦地种苲草，胜如上肥料。〔清水〕（《集成》）

熟土压根，生土盖顶，栽百亩活一顷。（《中国农谚》）

污泥上了地，亩产一千一。（《定西汇编》）

沿埂挖塄坎，边上铲土边，中间上羊粪，长得一样欢。〔天水〕（《甘肃选辑》）

扬粪养地，溜粪先得地利。〔定西〕（《甘肃选辑》《甘肃农谚集》）

扬粪要均匀，才有好收成。（《宁县汇集》《静宁农谚志》《甘肃选辑》《平凉气候谚》《平凉汇集》《谚海》）

扬施养地力，条施现得利。〔天水〕（《甘肃选辑》《中国农谚》）

羊粪当年富。〔甘谷〕（《集成》）

---

① 炕：《定西农谚》作“灶”。

② 《平凉气候谚》无“肥”字。

羊粪当年富，猪粪年年强。（《甘肃选辑》《定西汇编》《甘肃农谚集》《中国农谚》）

羊粪隔年富，猪粪当年强。〔正宁〕（《集成》）

羊粪灰粪是好粪，上到地里不发症①。（《宁县汇集》《甘肃选辑》《平凉汇集》《平凉气候谚》《中国农谚》《谚海》）

羊粪能得两年力。〔华亭〕（《集成》）

羊粪是土，土地是虎。〔临夏〕（《集成》）

羊圈里土，上地如虎。〔华亭〕（《集成》）

羊圈里土，猪圈里泥。〔泾川〕（《集成》）

阳山上粪要凉，阴山根，上热粪。（《静宁农谚志》）

阳山上凉粪，阴山根，上热粪。（《宁县汇集》《平凉气候谚》）

阳山上凉粪，阴山上热粪。（《甘肃选辑》《平凉汇集》《中国农谚》《谚海》）

要收千斤粮，须施万担肥。（《庆阳县志》）

要想庄稼长得好，各种肥料少不了。（《岷县农谚选》）

要想庄稼好，底肥要上饱。〔合水〕（《集成》）

一斗田，一车粪，它不长，我不信。（《中国农谚》）

一粪二灰三污泥，十年壮土顶油渣。〔甘谷〕（《集成》）

一个驴粪蛋，多吃一碗饭。〔兰州〕（《甘肃选辑》）

一个驴粪蛋，一碗小米饭。（《新农谚》《山丹汇集》《庆阳汇集》《宁县汇集》《静宁农谚志》《泾川汇集》《甘肃选辑》《天祝农谚》《平凉气候谚》《平凉汇集》《定西汇编》《中国农谚》《集成》）

一个羊粪蛋，一碗黄米饭。（《岷县农谚选》）

一颗臭粪蛋，吃碗香米饭。〔天水〕（《甘肃选辑》《中国农谚》）

一颗驴粪蛋，一碗小米饭。（《会宁汇集》《定西农谚》）

一颗羊粪蛋，一勺稠搅团。〔西和〕（《集成》）

一亩地，百车粪，你不长，我不信。〔张掖〕（《甘肃选辑》）

一亩地，十车粪，它不长，我不信。（《谚海》）

一亩地，十车粪，庄稼不长人不信。（《新农谚》）

一亩地，万斤粪，庄稼不成人不信。（《山丹汇集》《集成》）

一亩地，一车粪，他不长，我不信。（《谚海》）

一亩田，十车粪，庄稼不长我不信。（《中国农谚》）

一年的羊粪三年的劲。〔临夏〕（《集成》）

---

① 发症：《宁县汇集》《平凉气候谚》作“受症”，《平凉汇集》作“生病”，《谚海》作“生症”。

一年锅头当年炕，烟熏①烟囱顶粪上。（《庆阳汇集》《宁县汇集》《静宁农谚志》《甘肃选辑》《甘肃农谚集》《中国农谚》《定西汇编》）

一年羊粪三年粮，三年羊粪盖新仓。〔正宁〕（《集成》）

一头牛的粪，三亩地的肥。〔陇西〕（《集成》）

淤泥一寸，强如②上粪。〔平凉〕（《甘肃选辑》《集成》）

淤土一寸深，胜镀一层金。〔甘谷〕（《集成》）

在家是土，进地是虎。（《泾川汇集》）

早上拧绳，下午散粪。（《山丹汇集》）

早上土，晚间粪，地里粮食打满囤③。（《泾川汇集》《定西汇编》）

灶洞土，赛如虎。（《定西汇编》《集成》）

种地不用问，全靠上底粪。（《中国农谚》《谚海》）

种地无别巧，只要红花草。〔张掖〕（《甘肃选辑》）

种肥施好，追肥施早。〔泾川〕（《集成》）

种田想好，粪要上早。（《泾川汇集》）

种庄稼没巧，全靠底肥上饱。〔天水〕（《甘肃选辑》《甘肃农谚集》）

猪粪肥，羊粪壮，驴粪马粪跟着逛。〔平凉〕（《甘肃选辑》《中国农谚》）

猪粪肥，羊粪壮，牛马粪儿跟着逛。〔甘谷〕（《集成》）

猪粪冷，马粪热，羊粪能④得两年力。（《定西汇编》《中国农谚》）

猪粪尿，养分全，上一次，壮两年。〔合水〕（《集成》）

猪尿和土粪，庄稼增三分。（《庆阳汇集》《宁县汇集》《中国农谚》）

庄稼没有巧，粪上足，水浇饱。（《定西农谚》）

庄稼没有巧，施肥灭虫多除草。（《定西农谚》）

庄稼若要好，粪土三遍倒。〔天水〕（《甘肃选辑》《甘肃农谚集》《集成》）

庄稼上粪分季节，秋季上底粪，冬季上暖粪，夏季按苗上追肥，若要都做到，粮食满窖窖。〔平凉〕（《甘肃选辑》）

庄稼要长好，底肥要上饱。（《定西农谚》）

庄稼要壮⑤，粪土勤上。（《甘肃农谚集》《中国农谚》）

组织劳力齐出勤，突击运粪不消停。（《山丹汇集》）

---

① 《中国农谚》《定西汇编》“烟熏”下有“的”字。

② 如：《集成》作“过”。

③ 间：《定西汇编》作“敛”。囤：《泾川汇集》误作“圈”。

④ 能：《中国农谚》作“继”。

⑤ 壮：《中国农谚》作“旺”。

水　利

概　说

吃饭离不开嘴，种田离不开水。〔华池〕(《集成》)

出产过千，水肥当先。〔永登〕(《集成》)

川地要浇，山地要操①。〔甘南〕(《甘肃选辑》《中国农谚》)

春水比油强，积水如积粮。〔甘谷〕(《集成》)

春水老子秋水娘，黄冰水②浇了不打粮。〔永昌〕(《集成》)

春天多下一分小雨，秋后多收一分好粮。(《谚海》)

春雨贵如油，不让一滴往外流。(《中国农谚》)

春雨贵如油，多下农人愁。(《鲍氏农谚》《中国农谚》)

春雨贵如油，万物齐抬头。(《平凉气候谚》《平凉汇集》《中国农谚》《谚海》)

春雨贵如油，下得多了③却发愁。(《农谚和农歌》《朱氏农谚》《中国农谚》)

春雨贵如油，秋雨④遍地流。(《甘肃选辑》《定西农谚》)

春雨贵如油，准下不准流⑤。〔天水〕(《甘肃选辑》《中国农谚》)

春雨渐渐，给人利益；秋雨凄凄，夺人收益。(《集成》)

春雨降至空中，草木从地下萌生。〔天祝〕(《集成》)

春雨农家宝，积蓄顶重要。(《谚海》《中国气象谚语》)

春雨如小偷，一去再不来。〔定西〕(《甘肃选辑》)

春雨如油，冬雪如玉。〔甘南〕(《甘肃选辑》《中国农谚》《甘肃天气谚》《集成》)

春雨少⑥，用水浇；夏雨多，开渠道。(《静宁农谚志》《中国农谚》《集成》)

大河里有水，小河里水满；大河没水，小河里干。(《泾川汇集》)

大河有水小河满，大河没水小河干。(《山丹汇集》)

地多水勤，不用问人。(《山丹汇集》)

---

① 操：《中国农谚》作“燥”。

② 黄冰水：原注指春雪融化的水。

③ 了：《农谚和农歌》《朱氏农谚》作“咧”。

④ 秋雨：《甘肃选辑》〔张掖〕作“下雨”。

⑤ 准：《中国农谚》作“许”。

⑥ 《静宁农谚志》“春雨少”下衍“雪”字。

地凭文书官凭印，丰收全凭水和粪。（《集成》）

儿要奶足，田要水肥。（《山丹汇集》《中国谚语资料》《中国农谚》《谚海》）

儿要喂奶，田要水养。（《定西农谚》）

干山苦水，水能闹[①]死蛤蟆。〔兰州〕（《甘肃选辑》）

积水如积金，囤水是囤粮。（《定西汇编》）

积水如积粮，水饱谷满仓。（《中国农谚》《谚海》）

稼没底没规律[②]，灌水上粪为第一。（《岷县农谚选》《甘肃选辑》）

今年漫洪水，明年粮满仓。〔甘南〕（《甘肃选辑》）

九月重阳下了雨，墒保明年五月底[③]。（《集成》）

粮是人的命，水是粮的命。〔庆阳〕（《集成》）

没水不顶用，有水才出劲。〔甘谷〕（《集成》）

奶足娃娃胖，水足田苗旺。（《甘肃选辑》《定西汇编》）

男女老少一起上，盆盆罐罐变池塘。（《谚海》）

你有千石粮，我有隔年墒。（《谚语集》）

你有钱和粮，我有隔年墒。〔甘谷〕（《集成》）

盆罐一齐上，井底[④]变海洋。（《谚海》）

秋里得了墒，来年粮满仓。〔兰州〕（《集成》）

人靠饭养，田[⑤]靠水长。（《山丹汇集》《中国谚语资料》《定西农谚》《集成》）

人靠粮食养，田[⑥]靠水肥长。（《定西农谚》）

人靠粮养，麦靠水长。〔甘谷〕（《集成》）

人靠米养，地靠水长。（《岷县农谚选》）

人靠米养，田靠水养。（《新农谚》）

人靠亲养，田靠水养。〔张掖〕（《甘肃选辑》）

人力胜过天，要水上高山。（《谚海》）

人少不了血，地离[⑦]不了水。〔泾川〕（《集成》）

若要庄稼好，水肥是个宝。〔天水〕（《集成》）

三年水不淹，老母猪戴金项圈。（《中国农谚》）

---

① 闹：方言，味苦之意。

② 没规律：《甘肃选辑》作“有规矩”。

③ 原注：重阳落雨，秋田主涝，次年麦子墒情好。

④ 井底：又作“泉井”。

⑤ 田：《集成》〔庆阳〕作“秧”。

⑥ 田：又作“粮”。

⑦ 离：又作“少”。

水不上山，人不下山。（《谚海》）

水成田，衣成人。（《定西农谚》）

水过田肥。（《鲍氏农谚》《中国农谚》）

水好苗壮，奶好儿胖。〔庆阳〕（《集成》）

水浇根，雨淋心。（《甘肃选辑》《中国农谚》《集成》）

水勤肥又足，种地不要劲。〔兰州〕（《甘肃选辑》）

水渗多深，根扎多长。〔甘谷〕（《集成》）

水是地的宝，无水庄稼长不好。（《岷县农谚选》《甘肃选辑》）

水是地里银，粪是地里金。（《甘肃农谚集》）

水是地里油，没水白挣牛。（《中国农谚》《谚海》）

水是活宝，越多越好。（《山丹汇集》）

水是老子粪是娘，粪厚水足多打粮。（《宁县汇集》《静宁农谚志》《平凉气候谚》《平凉汇集》）

水是老子粪是娘，粪足水饱多打粮。（《新农谚》《山丹汇集》《庆阳汇集》《甘肃选辑》《天祝农谚》《定西汇编》《集成》）

水是命，粪①是劲。（《甘肃选辑》《甘肃农谚集》《中国农谚》《定西农谚》）

水是农业的命脉。（《定西农谚》）

水是田的娘，无娘命不长。（《新农谚》《山丹汇集》）

水是田的娘，无水地②不长。（《岷县农谚选》《静宁农谚志》）

水是田的娘，无水命不长。（《宁县汇集》《定西汇编》）

水是铁，粪是钢，少了一样田瘠荒。〔庆阳〕（《集成》）

水是土地娘，没娘命不长。〔张掖〕（《甘肃选辑》）

水是血，粪是粮，深翻土地谷满仓。（《酒泉农谚》）

水是血，粪是粮，深翻土地建谷仓。（《甘肃选辑》《定西汇编》）

水是油，粪是钢，地是刮金板。〔兰州〕（《甘肃选辑》）

水是庄稼宝，旱地缺水③长不好。（《宁县汇集》《泾川汇集》《平凉汇集》）

水是庄稼宝，缺水长不好。〔甘谷〕（《集成》）

水是庄稼宝，四季少不了。〔甘谷〕（《集成》）

水是庄稼宝，庄稼缺水长不好。（《静宁农谚志》）

水是庄稼的宝，旱地缺水长不好。（《新农谚》《定西汇编》）

水是庄稼的命脉，肥是庄稼的筋骨。（《集成》）

---

① 粪：《定西农谚》作“肥”。

② 地：《静宁农谚志》作“苗”。

③ 缺水：《平凉汇集》作“无水”。

水是庄稼命，肥是庄稼娘。〔庆阳〕（《集成》）
水是庄稼命，时时都要用。〔甘谷〕（《集成》）
水是庄稼娘，无娘命不长。〔华池〕（《集成》）
水足粪饱，庄稼一定长得好。（《甘肃农谚集》）
水足宜稀，水少宜密。〔甘谷〕（《集成》）
水足庄稼旺，旱地缺雨少打粮。〔张掖〕（《甘肃选辑》）
天下十三种，种地全凭水粪工。（《朱氏农谚》《鲍氏农谚》《中国农谚》）
田里无水没收成，河里没水船难行。（《定西农谚》）
田是主人水是客，保住水就有好收获。（《新农谚》《山丹汇集》《定西汇编》）
务田不用问，全靠水和粪。（《泾川汇集》）
一担水，一担粮，庄稼一定长得强。（《定西汇编》）
一担水，一堆粮。（《岷县农谚选》《谚海》）
一分水，一分粮。〔山丹〕（《集成》）
一筐冰，一筐粮，冰雪归田粮满仓。（《集成》）
一碗水，一碗油，不让河水往外流。（《岷县农谚选》）
一碗水，一碗油；一滴水，一颗粮。〔张掖〕（《甘肃选辑》）
一碗水来贵似油，不让滴水向外流。〔平凉〕（《甘肃选辑》）
一碗水似一碗油，不让河水向外流。（《新农谚》《定西汇编》《谚海》）
有收无收在于水，多收少收在于肥①。（《高台农谚志》《泾川汇集》《甘肃选辑》《中国农谚》《谚语集》》《庆阳县志》《定西农谚》《集成》）
有水没肥一半收，有肥没水望着丢②。〔酒泉〕（《集成》）
有水要防天旱时，吃饱莫忘肚饿时③。（《新农谚》《定西汇编》）
有水一片青，无水一片黄。〔庆阳〕（《集成》）
攒水如攒粮，水饱谷满仓。（《谚海》）
只有一分水，会产万斤粮。〔兰州〕（《甘肃选辑》）
种地不用问，全靠水和粪。〔平凉〕（《集成》）
庄稼甭问，全靠水粪。（《谚海》）
庄稼不用问，全凭④水和粪。（《宁县汇集》《山丹汇集》《静宁农谚志》）
庄稼地里不用问，除了水就是粪。〔张掖〕（《甘肃选辑》）

---

① 肥：《甘肃选辑》又作“粪”。
② 丢：又作“哭”。
③ 肚饿时：《定西汇编》作“饿肚时”。
④ 凭：《山丹汇集》作“靠”。

庄稼没巧，水足肥饱。（《定西农谚》）
庄稼要好，水足粪[①]饱。（《宁县汇集》《静宁农谚志》《集成》）
庄稼要喝水，暑暑要下雨。〔武威〕（《集成》）
庄稼种好，水足粪饱。〔兰州〕（《甘肃选辑》）

水 利

坝上无豁豁，场上无摞摞。（《谚语集》）
补一个壑壑，吃一个馍馍。（《定西汇编》）
朝朝对天望，不如挖个塘。（《新农谚》《中国农谚》）
打井开渠道，不怕旱和涝。（《谚海》）
打井能防旱，增产不靠天。（《岷县农谚选》《甘肃选辑》《谚海》）
打井如修仓，积水如积粮。〔华池〕（《集成》）
地埂不修，有田亦丢。（《定西汇编》）
地没唇，吃死人。〔甘谷〕（《集成》）
地没埂，水跑尽。（《庆阳县志》）
地平如镜，土碎如面，埂直如线，一亩十石。〔张掖〕（《甘肃选辑》）
地平三分长，土厚庄稼好。（《集成》）
地平三分仰，土肥庄稼旺。（《集成》）
地平墒足出苗齐。〔张掖〕（《甘肃选辑》）
地平一张纸，打粮如手取。（《甘肃选辑》《敦煌农谚》）
地无唇，饿死人。（《甘肃选辑》《定西汇编》《中国农谚》）
地硬培一寸，等于上三担粪。（《宁县汇集》）
地整平，出苗齐；地整方，装满仓。（《新农谚》《山丹汇集》）
冬季修好渠坝，雨季洪水不怕。（《谚海》）
冬土如铁好修塘，修塘就是修粮仓。（《谚海》）
翻山倒海水上山，披星戴月修梯田。（《山丹汇集》）
肥土不还原，修田穷当年。〔甘谷〕（《集成》）
赶集上店，不如挑土垒[②]堰。（《中国农谚》《谚海》）
高山低头，河水倒流。（《谚海》）
高山修江，平地建仓。（《谚海》）
旱地变水田，年年丰收；分散成集体，家家富裕。（《谚海》）
旱地变水田，幸福万万年。（《谚海》）

---

① 粪：《静宁农谚志》《集成》作“肥”。
② 垒：《中国农谚》作“叠”。

旱地改水地，一亩九石七。(《谚海》)

旱田变水田，一年顶几年①。〔定西〕(《甘肃选辑》《中国谚语资料》《谚海》《集成》)

旱田改水田，一年顶三年。(《山丹汇集》《定西汇编》《中国谚语资料》《集成》)

换土如换金，挖塄如挖银。(《集成》)

金刚车水，不如瘦子打埂②。(《中国农谚》《谚海》)

井掏三遍吃水甜，井打三眼不怕旱。(《中国农谚》)

开渠打坝，不怕不下。(《中国农谚》《定西农谚》)

靠天不如修梯田。(《定西农谚》)

那怕天旱十年，只要修渠地深翻。(《会宁汇集》)

平时不修塘，天旱喊老娘。〔华亭〕(《集成》)

平田整地修梯田，产量赛过大平川。(《定西农谚》)

坡地修梯田，一年顶两年。(《集成》)

坡田不平，下雨不存。〔甘谷〕(《集成》)

人治水，水利人，人不治水水害人。〔华池〕(《集成》)

若要粮食打得多，就要雨水不下坡。(《宁县汇集》《集成》)

山地不打堰，饿死庄稼汉。(《中国农谚》)

山地多培埂，陡坡自然平。(《谚海》)

山地修平滩，收成胜过川。〔陇西〕(《集成》)

上粪不如修埝。(《甘肃选辑》《中国农谚》)

水利不修，有田也丢。(《定西汇编》)

水利水利，无水无利，见水得利。〔华池〕(《集成》)

水利修好了，一年吃饱了。(《谚海》)

水路不修，好地也丢。〔永昌〕(《集成》)

水路不修，有田也丢。(《新农谚》《山丹汇集》《岷县农谚选》《甘肃选辑》《中国农谚》《定西农谚》)

水满塘，谷满仓，塘里无水仓无粮。(《定西汇编》)

水满塘，谷满仓，塘里有水才有粮。(《谚海》)

水泥上山，打粮无边。〔天水〕(《甘肃选辑》)

水平好行船，地平好种田。(《集成》)

水平梯田金饭碗，天旱雨涝都增产。〔甘谷〕(《集成》)

---

① 顶:《谚海》作“抵”。几年:《集成》〔甘谷〕作“三年”。

② 此谓筑田埂蓄水比车水省力有效。

水土不出田，粮食吃不完。〔甘谷〕（《集成》）

水土不下坡，粮食打得多。〔陇西〕（《集成》）

水土不下山，庄稼能增产。（《集成》）

水土出了田，粮食四成减。〔庆阳〕（《集成》）

踏遍山野找水源，千军万马修水田。（《山丹汇集》）

梯田就是放的碗，啥饭都能盛得满。〔甘谷〕（《集成》）

梯田修得好，产量节节高。（《定西农谚》）

天晴不开沟，雨水[1]遍地流。（《新农谚》《岷县农谚选》《山丹汇集》《甘肃选辑》《中国农谚》）

天晴不挖[2]沟，涨水没处流。（《新农谚》《中国农谚》）

天晴不误薅，天下不误浇。〔兰州〕（《集成》）

天晴不修沟，下雨遍地流。（《集成》）

天晴挖阴沟，下雨不发愁。〔定西〕（《甘肃选辑》）

天晒不误薅，天下不误操。〔兰州〕（《甘肃选辑》《中国农谚》）

天上望百遍，不如地上挖个泉。〔华池〕（《集成》）

天阴下雨无事干，不打地埂便修埝。〔平凉〕（《甘肃选辑》）

田边开条流水沟，旱年也有八成收。（《定西汇编》）

土地要平整，蓄水保墒产量稳[3]。（《定西农谚》）

挖个土坎，吃碗硬饭。〔天水〕（《甘肃选辑》）

挖个堰子，吃软卷子。〔陇南〕（《集成》）

挖好地边，多长一圈。（《谚海》）

挖渠开水道，保收[4]防旱涝。（《定西农谚》《集成》）

挖一个椤盖，吃一年稠饭。〔甘南〕（《甘肃选辑》《中国农谚》）

闲时做下忙时用，渴了挖井不现成。（《新农谚》《谚海》）

小孩要娘，种田要塘。（《定西汇编》）

兴修水利保增产，气死龙王和老天。（《山丹汇集》）

修不好水利一辈子穷，种不好庄稼一年穷。（《山丹汇集》）

修个沟，打个堰，不收八斗打一石。〔天水〕（《甘肃选辑》）

修沟打坝要抓紧，积肥拾粪别松劲。（《新农谚》《山丹汇集》）

修好塘河坝，旱涝都不怕。（《定西汇编》《谚海》）

---

① 雨水：《中国农谚》作“雨落”。

② 挖：《中国农谚》作“掏”。

③ 稳：又作“增”。

④ 收：《集成》〔岷县〕作“救”。

修渠如修仓，积水如积①粮。(《定西汇编》《集成》)

修渠筑坝，旱涝不怕。〔酒泉〕(《集成》)

修水塘和坝，旱涝都不怕。〔华亭〕(《集成》)

修塘筑坝，天旱不怕。(《新农谚》《中国农谚》)

蓄水如囤粮②，水足粮满仓。(《定西汇编》《集成》)

蓄水如蓄粮，水饱谷③满仓。(《甘肃选辑》《定西汇编》《谚海》)

蓄水如蓄粮，修库如修仓。(《山丹汇集》)

堰塘犹如黄金库，蓄水即是蓄米粮。(《定西汇编》《谚海》)

堰塘装满水，不怕田张嘴。(《中国农谚》)

要想粮食吃不完，就得雨水不出田。〔华池〕(《集成》)

一块地，三道堰，该打八斗打一石。〔天水〕(《甘肃选辑》)

一糖三道堰，该打八斗打一石。(《泾川汇集》)

一亩地，三道埝，不打八斗打一石。(《静宁农谚志》)

一亩地，三道埝④，当收八斗打一石。〔庆阳〕(《集成》)

一亩地，三道堰，该打八斗打一石。(《谚海》《定西汇编》)

一亩地，三个坪，该打八斗打千斤。〔天水〕(《甘肃选辑》)

一亩地里十道堰，不打八斗打一石。(《宁县汇集》)

一亩三道埝⑤，该打八斗打一石。(《甘肃选辑》《平凉汇集》《中国农谚》)

一声号召地动山摇，千渠万坝水生涛涛。(《山丹汇集》)

一眼井，一锭银，十眼井水值千金。〔庆阳〕(《集成》)

有田无塘，好比婴儿没娘。(《定西汇编》)

有田无塘，小孩无娘。〔华池〕(《集成》)

雨水不下坡，必定粮食打得多。(《宁县汇集》《甘肃选辑》)

雨水不下坡，粮食必定收得多。(《泾川汇集》)

雨水不下坡，粮食打得多。(《静宁农谚志》《平凉汇集》)

整地修沟⑥，十种九收。(《新农谚》《山丹汇集》《岷县农谚选》《甘肃选辑》《定西汇编》《谚海》《集成》)

只靠双手不靠天，修好水利甜万年。(《定西汇编》)

治水不治顶，万事一场空。〔庆阳〕(《集成》)

---

① 积:《集成》〔天水〕作“储”。

② 囤粮:《集成》〔灵台〕作“蓄粮”。

③ 谷:《甘肃选辑》作“粮”。

④ 埝:又作“堰”,指田地里用来挡水的土埂。

⑤ 埝:《平凉汇集》作“堰”。

⑥ 整地:《定西汇编》作“正在”。沟:《甘肃选辑》〔张掖〕作“畦”。

种地不打沟，十年九不收。(《中国农谚》)

种地不开沟，强如贼来偷。〔天水〕(《甘肃选辑》《中国农谚》)

种地不刨沟，好比贼来偷。(《集成》)

种地不掏沟，胜似贼来偷。(《山丹汇集》)

种田靠塘，养命养娘。(《新农谚》)

筑库修坝，天旱不怕。〔张掖〕(《甘肃选辑》)

抓土不抓水，天旱要吃亏。〔华亭〕(《集成》)

庄稼人对个坝，郎子转一夏。(《山丹汇集》)

庄稼要增产，地埂梯田是关键，开渠引水紧相连，低洼排水记心间。〔天水〕(《甘肃选辑》)

做土不挖沟，犹如强盗偷。(《中国农谚》)

灌 溉

按时喂奶娃娃胖，合理用水禾苗壮。〔庆阳〕(《集成》)

不愁头水缓，全凭二水赶。(《定西农谚》)

不打磙子浇不好水，多好的地里也要出来碱。〔张掖〕(《甘肃选辑》)

不冻不淌，冬灌嫌早。〔甘谷〕(《集成》)

不怕头水旱，二水跟着漫，三水吃饱饭。(《中国农谚》)

不怕头水缓，全靠二水赶。(《中国农谚》《谚海》)

不怕头水漫，只怕二水赶不上。〔张掖〕(《甘肃选辑》《中国农谚》)

不怕头水晚，就怕二水短①。(《定西农谚》)

底水②不透，枉把苦受。(《山丹汇集》《谚语集》《集成》)

冬灌春不灌，产量减一半。(《定西农谚》《集成》)

冬灌打一石，春灌打一半。〔庆阳〕(《集成》)

冬灌接春灌，产量翻三番。(《定西汇编》)

冬灌深，杀虫又扎根。〔天水〕(《甘肃选辑》《中国农谚》)

冬灌一遍，增产一石。〔甘谷〕(《甘肃选辑》《集成》)

冬季灌一遍，来年庄稼翻一番。〔定西〕(《甘肃选辑》)

冬水灌得好，明年颗儿饱。〔兰州〕(《甘肃选辑》《中国农谚》《谚海》)

冬水灌得好，强如上粪草。〔皋兰〕(《谚语集》《集成》)

冬水灌满田，来年是丰年。(《谚语集》)

冬水老子春水娘，灌了秋水多打粮。〔武威〕(《集成》)

---

① 怕：均又作“愁”。

② 底水：《谚语集》注指冬灌。

冬水老子春水娘，浇不上冬水打不下粮。（《定西农谚》）

冬水老子春水娘，浇好春水多打粮。（《新农谚》《山丹汇集》《宁县汇集》《甘肃选辑》《定西汇编》《中国农谚》《定西农谚》《谚海》）

冬水老子秋水娘，浇好水来多打粮。（《静宁农谚志》）

冬天一灌，多打一石。〔天水〕（《中国农谚》）

多浇一分地，多打几斗粮。（《新农谚》《山丹汇集》）

多浇一分地，多打万石粮。（《岷县农谚选》）

肥冬水，薄春水，十春不如一冬水①。〔皋兰〕（《谚语集》《集成》）

肥冬水，薄春水。（《山丹汇集》）

灌饱翻好晒两晒，庄稼长得喜人爱。（《甘肃选辑》《敦煌农谚》《中国农谚》）

灌不灌，天上看。（《定西汇编》）

灌冬水又不旱，少拿山水灌。〔张掖〕（《甘肃选辑》）

灌溉不整地，费水又费力。〔天水〕（《集成》）

灌浆秆高，水要少浇，水多泡倒，反而不好。〔永昌〕（《集成》）

灌水不整地，费水又费力。（《谚语集》）

灌水有三看：看地看水看时间。〔临洮〕（《集成》）

灌水有三看：看需看天看时间。〔天水〕（《甘肃选辑》）

灌田灌几下，看天看地看庄稼。（《定西汇编》）

旱地要操，水地要浇。〔兰州〕（《甘肃选辑》）

好苗也得勤浇水。〔华池〕（《集成》）

洪水漫地爱长田，打下粮食吃不完。〔平凉〕（《甘肃选辑》）

黄冰水不透，青苗不厚。（《山丹汇集》）

黄冰水洗脸，二姑娘过水。（《山丹汇集》）

黄了叶子干了梢，缺肥缺水快要浇。〔华池〕（《集成》）

浇地不保墒，白白浇一场。〔庆阳〕（《集成》）

浇地不保墒，水分跑个光。〔庆阳〕（《集成》）

浇后不锄地裂缝，北风一吹要了命。（《集成》）

浇水浇个坑坑，增产一个盅盅。（《岷县农谚选》《甘肃选辑》《中国农谚》）

浇水浇个坑坑，增加一个墩墩。（《新农谚》《中国农谚》《谚海》）

浇水没有窍，全靠整地坝对好。（《新农谚》《山丹汇集》《中国谚语资料》）

浇水没有窍，全靠整地好。（《中国农谚》）

① 《谚语集》无末尾“水”字。

浇水挖个坑坑，增加一个墩墩[①]。(《山丹汇集》《集成》)

浇水要浇透土壤的心，上粪要靠近庄稼的根。(《敦煌农谚》)

浇死收不成，旱死收三成。〔张掖〕(《甘肃选辑》)

九浇十锄，又肥又熟。〔华池〕(《集成》)

两头放水是金田，一头放水是银田，无头放水是死田。(《集成》)

能灌冬季灌，不必留春灌。(《谚语集》)

你有千石粮，我有秋水地。〔张掖〕(《甘肃选辑》《中国农谚》)

破冰冬灌，渠道整烂。(《谚语集》)

勤浇水能保墒，一亩能打万斤粮。〔张掖〕(《甘肃选辑》)

秋水老子冬水娘，按种水浇不好不打粮。(《山丹汇集》)

秋水老子冬水娘，浇不上冬水打不下粮。(《新农谚》《山丹汇集》《岷县农谚选》《定西汇编》《中国农谚》《谚海》)

秋水老子冬水娘，浇好春水多打粮。〔张掖〕(《中国农谚》)

秋水老子冬水娘，少籽庄稼难保墒。(《甘肃选辑》《中国农谚》《谚海》)

秋水是油，春水是醋。〔张掖〕(《甘肃选辑》《中国农谚》)

人要吃饱，地要灌好。(《谚语集》)

人要好，多吃饭；田要好，肥水灌。(《定西汇编》)

入冬一场水，不怕开春老天晒。〔武山〕(《集成》)

三个叶叶浇，四个叶叶薅。(《甘肃选辑》《中国农谚》《谚海》)

三个叶一薅，四个叶一浇。(《酒泉农谚》)

十春不如一冬。(《山丹汇集》)

十春不如一秋[②]。〔通渭〕(《集成》)

十水根不如一水心。〔华池〕(《集成》)

水从门前过，不浇意不过[③]。(《谚语集》)

水多不养家[④]。(《甘肃选辑》《中国农谚》)

水漫来年富。〔庆阳〕(《集成》)

水是老子地是娘，浇深犁透多打粮。(《山丹汇集》)

水是油，灌到田里不发愁。〔甘南〕(《甘肃选辑》)

水是植物宝，半月一水能长好。〔酒泉〕(《集成》)

水是庄稼的油，按时灌溉保[⑤]丰收。(《新农谚》《岷县农谚选》《甘肃选辑》)

---

① 墩墩：《山丹汇集》作“冬冬”，指馍馍、馒头。

② 原注：秋灌，十次春水不如浇透一次秋水。

③ 意不过：方言，指舍不得，不忍心。

④ 《甘肃选辑》注：灌水应适时适量。

⑤ 保：《甘肃选辑》作“得”。

水是庄稼油，灌好[1]保丰收。(《集成》)

水要浇深，地要耕深，耕得要深，犁得要平，土块打碎，强如用粪。〔张掖〕(《甘肃选辑》)

淌水[2]防寒，赶在霜前。〔华池〕(《集成》)

天旱浇田，下雨浇园。〔华池〕(《集成》)

挑水不用功，种地也落空。〔华池〕(《集成》)

头水薄，二水厚，三水漫过见土头。〔甘南〕(《甘肃选辑》《中国农谚》)

头水到，二水饱[3]，三水四水看需要。〔皋兰〕(《谚语集》《集成》)

头水浇，二水赶，三水浇上籽饱满，四水浇上再不管。〔兰州〕(《甘肃选辑》《中国农谚》)

头水浇，二水满，三水洗个脸。(《新农谚》《山丹汇集》)

头水浇得轻，二水跟得紧。〔永昌〕(《集成》)

头水扣，二水紧，三水要看天地情。(《甘肃选辑》《中国农谚》)

头水漏，二水灌，三水浇得不见面。(《甘肃选辑》《中国农谚》)

头水慢，二水赶，三水饱满。(《中国农谚》)

头水漫，二水缓，三水四水紧相连。〔酒泉〕(《集成》)

头水没，二水灌，三水埋得看不见。〔瓜州〕(《集成》)

头水泡，二水靠，只怕三水放不到。〔甘谷〕(《集成》)

头水浅，二水赶，三水洗个脸。〔张掖〕(《甘肃选辑》《中国农谚》)

头水浅，二水满，三水过来洗个脸。〔永登〕(《集成》)

头水浅，二水满，三水四水洗个脸。(《中国农谚》)

头水浅，二水满[4]，三水洗个脸。(《岷县农谚选》《宁县汇集》《临洮谚语集》《中国农谚》)

头水勤，二水连。〔甘南〕(《甘肃选辑》《中国农谚》)

头水深，二水浅，保证庄稼不哄你。〔庆阳〕(《集成》)

头水深，二水浅，浇三水去洗个脸。〔酒泉〕(《集成》)

头水深，二水浅，三水四水洗个脸。(《会宁汇集》《定西农谚》)

头水洗个脸，二水要灌满，三水紧跟上，四水憋沿沿[5]。〔玉门〕(《集成》)

头水小，二水满，三水浇个地不干。(《甘肃选辑》《中国农谚》《谚海》《定西农谚》)

---

① 灌好：又作“有水”。

② 淌水：原注指冬灌。

③ 饱：《集成》作“泡”。

④ 满：《宁县汇集》作“漫”。

⑤ 憋沿沿：方言，水满的样子，此谓灌足。憋，读如“撇”。

头水早，二水赶，三水以后地不干。〔武山〕（《集成》）
头水早，二水晚，三水赶。（《定西汇编》）
小苗要旱，大苗要灌。（《集成》）
小水产量高，大水苗不牢。〔甘南〕（《甘肃选辑》）
夜冻昼消，冬灌正好。〔华池〕（《集成》）
一浇二年[①]。〔兰州〕（《甘肃选辑》）
一漫三年墒。（《白银民谚集》）
一年没冬水，三年没饭吃。（《山丹汇集》）
一年能浇六七水，保你庄稼长得美。〔华池〕（《集成》）
一碗水似一碗油，不让河水向外流。（《中国谚语资料》）
引洪漫一回，顶上千斤肥。〔华池〕（《集成》）
引水灌田，享福万年。〔陇南〕（《集成》）
引水上高山，吃饭不靠天。（《谚海》）
雨下心，水浇根。（《酒泉农谚》）
只要冬天浇好水，来年不收活见鬼[②]。（《岷县农谚选》《甘肃选辑》《定西汇编》）
中午浇地苗烫干，早晚浇地长得欢。〔华池〕（《集成》）
种地不浇水，庄稼会捣鬼。〔华池〕（《集成》）
种地不用问，适时浇水多上粪。（《岷县农谚选》）
种地不用问，水肥打头阵。〔庆阳〕（《集成》）
种田不放水，真是胡日鬼。（《中国农谚》《谚海》）
种田不浇水，一年白日鬼。（《中国农谚》）
抓好冬灌，增产一半。（《定西农谚》）
座水窝播能添墒[③]。〔甘谷〕（《集成》）

栽　培

概　说

薄田出大地，好田收一坨。（《谚语集》）
不懂庄稼的脾气，枉费一年的力气。（《定西农谚》《集成》）

---

① 原注：洪水漫一次，能丰收二年。
② 活见鬼：《甘肃选辑》又作“何归结”。
③ 原注：干旱地区旱作农业采用挖窝浇水、随窝点种办法，节省墒。

多种不如少务劳①。(《甘肃选辑》《白银民谚集》《会宁汇集》《集成》)

紧连的庄稼，消停的买卖。(《岷县农谚选》)

近田无瘦地，远田不富人。〔西峰〕(《集成》)

宁要产得少，不能连窠搅。(《谚海》)

宁在川里巧绣花，不在山上抱个金娃娃。〔泾川〕(《集成》)

宁在河湾围个窝，不在山上挖个坡。(《集成》)

宁在山里摇尾巴，不在家里吃米糠。〔永昌〕(《集成》)

宁种阳坡一寸土，不种阴坡一尺深。(《集成》)

宁种一点窝窝，不种一片坡坡。(《静宁农谚志》)

宁种一个坝，不种十个洼。〔定西〕(《甘肃选辑》《中国农谚》)

宁种一个坝坝②子，不种十个屲屲子。(《会宁汇集》)

宁种一个坑坑，不种一个垒垒③。〔清水〕(《集成》)

宁种一个窝，不种十个坡。(《白银民谚集》)

宁种一个窝，不种一片坡；三分平地长过七分坡。〔天水〕(《甘肃选辑》)

宁种一个窝窝，不种十个坡坡④。(《甘肃选辑》《平凉气候谚》《中国农谚》《集成》)

宁种一个窝窝，不种一层坡坡。(《宁县汇集》)

宁种一块平，不种三个塄。〔清水〕(《集成》)

宁种一亩坝，不种十亩坬⑤。〔甘谷〕(《集成》)

宁种一坡，不种一窝。〔天水〕(《甘肃选辑》)

宁种一窝，不种一坡。〔天水〕(《中国农谚》《集成》)

平地一窝，陡地一坡。〔陇南〕(《集成》)

若要富，地里开个杂货铺⑥。(《集成》)

三个坡坡，不顶一个窝窝。(《宁县汇集》《泾川汇集》《甘肃选辑》《平凉汇集》《谚海》)

三耕下种，薄地上粪，天旱无雨，也收八成。(《集成》)

三年好收成，不怕田里荒。(《谚海》)

三秋顶不住一夏。〔武威〕(《集成》)

山地的滩滩子，油馍馍的边边子。(《会宁汇集》)

---

① 劳：《白银民谚集》无此字，《会宁汇集》作“艺”。

② 坝坝：又作“滩滩”。

③ 垒：方言，平地凸起的地方。

④ 十个：《平凉气候谚》作“三个”。《集成》〔武威〕“窝窝”“坡坡”后有“子”字。

⑤ 一亩坝：又作“一个滩”“一亩滩”。十亩坬：又作“十亩山”“十架山”。

⑥ 杂货铺：原注指套种。

十陡不如一平。〔甘谷〕(《集成》)

四月看川，五月看山。(《定西县志》)

掏钱难买四坳[1]土。(《宁县汇集》)

天旱三年，不舍阳坡湾湾。(《宁县汇集》《静宁农谚志》《甘肃选辑》《平凉气候谚》《中国农谚》《集成》)

天旱十年，不离阳山。〔天水〕(《甘肃选辑》)

天旱十年，不抢阴山。(《中国农谚》)

天旱十年，不舍阳山[2]。(《会宁汇集》《平凉汇集》《谚海》)

头犁二种三拔草。(《甘肃选辑》)

夏田比秋田保险，秋田比夏田高产。(《谚语集》)

阳坡怕干旱，地主怕清算。〔天水〕(《甘肃选辑》)

阳坡怕雨淋，穷人怕有病。〔天水〕(《甘肃选辑》)

要想收成多，多种不如少务落。(《岷县农谚选》)

一个窝窝，要顶十个坡坡。〔甘谷〕(《集成》)

一耕二锄三上粪，庄稼种的有保证。(《宁县汇集》《静宁农谚志》)

一耕二粪三倒茬。(《会宁汇集》)

一耕二种三上粪，这个秘诀不用问。〔正宁〕(《集成》)

一亩滩滩子，十亩⿱一山⿱一山子。(《会宁汇集》)

一亩窝窝，能顶十亩坡坡。〔兰州〕(《甘肃选辑》《中国农谚》)

一年树谷，十年树木。(《定西农谚》)

一年树谷，十年树木，百年树人。(《张氏农谚》《鲍氏农谚》《中国农谚》)

一年庄稼两年务。(《定西县志》《甘肃选辑》《会宁汇集》《谚语集》《定西农谚》)

一年庄稼两年务，精耕细作粮满库。〔天水〕(《集成》)

一破三不收[3]。(《定西县志》)

有钱不买河湾地，风里来，风里去。〔临夏〕(《甘肃选辑》)

远地不养家。〔灵台〕(《集成》)

远地不养家，近地猪糟踏。(《谚海》)

种地不用问，全靠[4]工夫粪。(《庆阳汇集》《岷县农谚选》《泾川汇集》《平凉气候谚》《中国农谚》)

---

① 坳：原注指原上稍洼的地方。

② 阳山：《平凉汇集》作“阴山”，《谚海》误作“阿山”。

③ 原注：苗不好破之另种，因地力已尽，即来年种者，亦不成也。

④ 全靠：《岷县农谚选》作“全是”，《泾川汇集》作“就看”。

种地不用问，全凭工与粪。〔张掖〕（《甘肃选辑》）

种地长粮就好看，牲口长膘就值钱。（《集成》）

种地种到头，到处都是油。（《集成》）

种地种滩滩，锅盔吃边边。（《静宁农谚志》《甘肃选辑》《定西汇编》《中国农谚》）

种好一亩川，顶过三亩山。（《集成》）

庄稼不用问，全凭工夫粪。〔天水〕（《甘肃选辑》）

庄稼不用问，一半功夫一半粪。（《集成》）

庄稼汉识不完谷，打鱼人识不完鱼。（《集成》）

庄稼一枝花，科技要当家。（《谚语集》）

庄稼在人种，粪上足，力出尽，它不长，我不信。〔张掖〕（《甘肃选辑》）

倒　茬

白茬田地不过冬①。（《集成》）

不怕你有千石粮，但怕我有歇煞地。〔张掖〕（《甘肃选辑》《中国农谚》）

不怕种重茬，单怕种照茬。（《庆阳汇集》）

步地如攒粮。〔甘南〕（《甘肃选辑》《中国农谚》）

菜茬有火，杂草不活。（《天祝农谚》）

茬播不顺，不如不种。（《山丹汇集》）

茬不顺，不能种，即使种，死收成。（《宁县汇集》《静宁农谚志》《甘肃选辑》）

茬不顺，不能种；茬口顺，顶上粪。〔武山〕（《集成》）

茬打茬种，只吃一顺。（《会宁汇集》）

茬倒好，米面饱。（《集成》）

茬倒乱，两不见。（《平凉汇集》）

茬地犁七串，穗子如锤头。〔张掖〕（《甘肃选辑》）

茬口不倒换，丰年变歉年。（《定西农谚》）

茬口不换，丰年变歉。〔甘谷〕（《集成》）

茬口不顺，不如不种。（《岷县农谚选》《泾川汇集》《甘肃选辑》《清水谚语志》《平凉汇集》《定西汇编》《中国农谚》《庆阳县志》《定西农谚》《集成》）

茬口倒顺，顶如上粪。（《定西农谚》）

茬口倒顺，强似上粪。〔定西〕（《甘肃选辑》《中国农谚》）

---

① 原注：茬地必须当年耕过。

茬口调得顺，粮食打满囤。〔定西〕（《甘肃选辑》）

茬口顺，强如粪。（《岷县农谚选》）

茬田种茬田，等于不种田。（《集成》）

茬有火，杂草不活。〔张掖〕（《甘肃选辑》）

茬种三年，瞎瞎[1]搬家。（《谚海》）

茬子不顺，不如不种。（《会宁汇集》《天祝农谚》《集成》）

茬子倒得顺，比粪还有劲。（《会宁汇集》《定西汇编》）

茬子倒得顺，顶上一遍粪。（《天祝农谚》）

茬子调不顺，见人就要问。〔张掖〕（《甘肃选辑》）

茬子调得顺，庄稼打满囤。（《岷县农谚选》）

茬子换好，米面吃饱。（《中国农谚》）

差茬子再种没，连种玉米起异迹。〔平凉〕（《甘肃选辑》）

吃饭在牙口，种地在茬口。〔酒泉〕（《集成》）

春种三年要倒茬，豆子地里长庄稼。（《平凉汇集》《谚海》）

倒茬的[2]地，发酵的面。〔甘南〕（《甘肃选辑》《中国农谚》）

倒茬顶上粪。（《平凉汇集》）

倒茬乱，两不见。（《中国农谚》）

倒茬强如上粪。（《泾川汇集》《甘肃选辑》）

倒茬如倒金。〔陇南〕（《集成》）

倒茬如上粪。（《会宁汇集》《定西汇编》《庆阳县志》《谚语集》）

倒茬如上粪，不生病虫害，庄稼长得好，粒粒熟得饱。（《宁县汇集》）

倒茬如上粪，茬不顺，不能种，即使种，无收成。（《庆阳汇集》）

倒茬如上粪，茬倒乱，两不见。〔平凉〕（《甘肃选辑》）

倒茬如上粪，舍茬[3]如舍命。（《甘肃选辑》《中国农谚》《定西农谚》《集成》）

倒茬要合理，照茬产量低。（《宁县汇集》）

倒茬要合理，照茬没出息。（《宁县汇集》）

地不倒茬，苦力白下。（《定西农谚》）

豆茬禾茬，顶住歇茬。〔张掖〕（《甘肃选辑》《中国农谚》《谚海》）

豆茬上粪，保险满囤。（《定西汇编》）

---

① 瞎瞎：方言中华鼢鼠的俗名，读如“哈哈”。华鼢鼠为哺乳动物，身体灰色，尾短眼小，由于其眼睛在有光线的情况下几乎不起作用，故方言中有“瞎瞎”之谓。

② 《中国农谚》无“的”字。

③ 舍茬：《集成》作“重茬”。

豆茬上粪，必收满囤。(《中国农谚》《谚海》)

豆茬庄稼肥上肥。(《集成》)

瓜茬菜茬豌豆茬，赛过上粪的胡麻茬，麦子棉花为肥茬，瘦不过当年的荞麦茬。(《敦煌农谚》)

瓜茬豆茬，赛过歇茬。〔酒泉〕(《集成》)

旱地一年回茬穷三年。(《定西汇编》)

好茬长好田，种下的粮食吃不完。(《定西农谚》)

回茬①无粪，不如不种。〔山丹〕(《集成》)

今年没歇地，明年没饭吃②。(《山丹汇集》《集成》)

轮作倒茬不用问，强如年年上底粪。〔永登〕(《谚语集》《集成》)

轮作间作要合理，人不哄地地满意。(《平凉汇集》)

轮作轮种，防虫防病。〔广河〕(《集成》)

糜茬三年没节，瓜茬三年不结。(《宁县汇集》《静宁农谚志》《平凉气候谚》《集成》)

你有千石粮，我有陈歇地。(《山丹汇集》)

你有千石③粮，我有豆茬地。〔张掖〕(《甘肃选辑》《中国农谚》《定西农谚》《集成》)

你有千石粮，我有秋茬地。〔张掖〕(《甘肃选辑》)

你有千万粮，我有晒下地。(《酒泉农谚》)

你有万石粮，我有豆茬地。〔甘谷〕(《集成》)

你有万石粮，我有秋茬地，秋茬地是活宝，长下粮食比人④高。(《平凉汇集》《谚海》)

你有万石粮，我有秋茬⑤地。(《天祝农谚》《中国农谚》《集成》)

你有万石粮，我有歇杀⑥地。〔环县〕(《集成》)

宁种一亩老麻地，不种十亩新麻地⑦。(《宁县汇集》《甘肃选辑》《中国农谚》《谚海》《集成》)

秋茬不耘，不如家里坐。(《平凉汇集》《谚海》)

热倒茬，勤糖地，天下雨来有吃的。〔甘南〕(《甘肃选辑》)

---

① 回茬：原注指同一块地内当年种的第二茬。

② 没饭吃：《集成》作“没好饭”。

③ 千石：《集成》〔甘谷〕作“万石”。

④ 人：《平凉汇集》作“天”，当为形近而误。

⑤ 秋茬：《集成》作“秋杀”。

⑥ 歇杀地：原注指当年春、夏只耕不种，让地歇缓。

⑦ 老麻地：《集成》注指重茬地。十亩：《集成》作“一亩”。

人对脾气地对茬，重茬地里庄稼瞎。〔天水〕(《甘肃选辑》《中国农谚》)

人对脾气地对茬。〔正宁〕(《集成》)

若要穿绸缎，秋茬翻十石。(《甘肃选辑》《天祝农谚》《中国农谚》)

若要收成好，必须把茬倒。〔平凉〕(《甘肃选辑》)

若要庄稼长得好，必定要把茬倒好。(《平凉汇集》)

三年老谷茬，病虫要大发。(《集成》)

山地不倒茬，白把苦力下。(《定西农谚》)

上粪不如倒茬。(《甘肃选辑》《集成》)

上粪不如调茬子。(《甘肃选辑》《中国谚语资料》《中国农谚》《谚海》)

生茬白点，粮食一个点。(《甘肃选辑》《定西汇编》)

生意人的打划，庄稼人的倒茬。〔西和〕(《集成》)

事有真理地有茬，茬口不顺不种它。(《宁县汇集》《静宁农谚志》《甘肃选辑》《平凉汇集》《定西汇编》《谚海》)

豌豆茬是上茬，高粱胡麻是下茬。(《宁县汇集》《甘肃选辑》《中国农谚》《谚海》《集成》)

豌豆茬是上茬，胡麻茬是下茬。(《定西农谚》)

歇茬如上粪，粮食打万斤。(《庆阳汇集》《宁县汇集》《甘肃选辑》《中国农谚》)

歇地不歇空，一年顶着两年工。(《谚语集》《集成》)

歇地不歇空，一年赶的①两年工。〔定西〕(《甘肃选辑》《中国农谚》)

歇地当年没利钱，来年一年顶二年。(《甘肃选辑》《中国农谚》《定西农谚》)

歇地加沙粪，定有好收成。(《甘肃选辑》《中国农谚》《集成》)

歇一半，种一半②。〔兰州〕(《甘肃选辑》《中国农谚》)

歇一年，种三年。(《中国农谚》)

歇一年，种一年，歇煞一年顶两年。〔张掖〕(《甘肃选辑》)

阳山倒垡，阴山上粪。(《平凉汇集》《中国农谚》《谚海》)

洋芋茬子爱长粮，肥料充足地有墒。(《会宁汇集》《定西汇编》)

要使庄稼长得好，必把茬来倒。(《宁县汇集》)

要使庄稼长得好，合理把茬倒。(《静宁农谚志》)

要想吃的饭饱，茬口一定调好。〔张掖〕(《甘肃选辑》)

要想能吃饱，茬口定调好。(《天祝农谚》)

---

① 赶的：《甘肃选辑》《中国农谚》〔兰州〕作“赶了”，《白银民谚集》作“赶上”。

② 原注：指干旱区的休闲地。

要想庄稼长得好，必须把茬来倒。(《泾川汇集》)

要想庄稼好，茬口先调好。(《岷县农谚选》《甘肃选辑》)

一茬种两茬，增产好办法。〔民乐〕(《集成》)

一年茬不顺，十[①]年不如人。(《静宁农谚志》《集成》)

一年茬倒不顺，几年庄稼没种。(《会宁汇集》)

一年倒错茬，十年不如人。(《宁县汇集》《甘肃选辑》《中国农谚》)

一歇三丰收。〔兰州〕(《甘肃选辑》《中国农谚》)

一歇三年收，歇一年种三年。〔兰州〕(《甘肃选辑》)

油见油，不够头。(《定西农谚》)

油见油，十年愁。(《中国农谚》《谚海》)

攒粮不如步地。〔甘南〕(《甘肃选辑》《中国农谚》)

种地不倒茬，白把功夫花。(《宁县汇集》《静宁农谚志》《泾川汇集》《甘肃选辑》《平凉气候谚》《定西汇编》《中国农谚》《集成》)

种地不倒茬，白把功夫花；事有真理地有茬，茬口不顺不种它。(《庆阳汇集》)

种地不倒茬，不如把田搁下。〔张掖〕(《甘肃选辑》)

种地不倒茬，三年一个大疙瘩。(《宁县汇集》)

种地不倒茬，十有九成瞎。〔天水〕(《甘肃选辑》《敦煌农谚》)

种地不倒茬，枉磨几片铧。(《岷县农谚选》)

种地不倒茬，一年的工夫顶如白搭。(《定西农谚》)

种地没窍，三年一倒。(《山丹汇集》《甘肃选辑》)

种地无巧，三年一倒。(《陇南农谚》《中国农谚》《集成》)

种地要巧，三年一倒。(《宁县汇集》《静宁农谚志》《泾川汇集》)

种田如绣花，倒茬如上粪。〔灵台〕(《集成》)

重茬见重茬，来年没有啥。(《集成》)

重茬三年又一丢，倒茬三年有一收。(《甘肃选辑》《敦煌农谚》)

庄稼不倒茬，薄了没抓挖[②]。(《宁县汇集》《静宁农谚志》)

庄稼不倒茬，十年没庄稼。(《会宁汇集》《定西汇编》)

庄稼不倒茬，自把饭碗砸。〔兰州〕(《集成》)

种　子

拌匀搅到，强如上料。(《中国农谚》)

---

① 十：《集成》作“三”。

② 了：《静宁农谚志》作“得”。抓挖：方言，指庄稼长势太差，收割困难。

拌匀撒到，强似加料。(《谚海》)

保苗如保命，留种如留金。〔天水〕(《甘肃选辑》)

播[1]前把种晒，播后发芽快。(《集成》)

不怕不打粮，就怕种不良。(《集成》)

不熟透，苗黄瘦。〔平凉〕(《甘肃选辑》)

场里选不如地里选。(《泾川汇集》)

场选不如块选，块选不如穗选[2]。(《定西农谚》)

成熟结果多，粮食板破空。(《宁县汇集》)

城里省种子，饿折[3]脖梗子。〔金塔〕(《集成》)

吃了十粒种，失了一石粮。(《集成》)

出苗弱与壮，全在种子上。〔武山〕(《集成》)

出苗要齐全，种子用药拌。(《集成》)

大旱三年，不舍耧里籽。(《宁县汇集》)

饿死爷娘，不吃籽墒。(《集成》)

惯养出娇子，薄田出瘪籽。〔甘谷〕(《集成》)

灌浆有墒，籽饱穗方。〔泾川〕(《集成》)

好花结好桃，好籽出好苗。〔定西〕(《甘肃选辑》《中国农谚》)

好娘养的好儿郎，选好种子多打粮。(《集成》)

好树结好桃，好种出好苗，一选二拌，保险齐全。(《新农谚》)

好树结好桃，好种出好苗。(《山丹汇集》《庆阳汇集》《岷县农谚选》《宁县汇集》《甘肃选辑》《白银民谚集》)

好媳妇要拣，好种子要选。(《集成》)

好种才有好收成。(《定西汇编》)

好种出好苗，好葫芦结好瓢。(《会宁汇集》《中国农谚》)

好种出好苗，好母生好儿。〔景泰〕(《集成》)

好种出好苗，好树结好桃。(《甘肃选辑》《平凉气候谚》《定西汇编》《中国农谚》《庆阳县志》)

好种出好苗，好树结好桃；籽种年年选，产量节节高。(《会宁汇集》)

好种出好苗，良种产量高。〔西和〕(《集成》)

好种出好苗，优良籽种产量高。(《定西农谚》)

好种好收成。〔甘南〕(《甘肃选辑》)

---

① 播：又作“种”。

② 穗选：又作“株选”。

③ 折：《集成》〔酒泉〕作“断”。

好籽长好苗，好树结好桃。（《谚语集》）

换地不如换种，换种好比施肥。〔泾川〕（《集成》）

家选不如场选，场选不如地选。（《集成》）

家有十[①]样种，不怕老天哄。〔清水〕（《集成》）

今年不留种子田，明年白白忙一年。（《会宁汇集》）

浸种出苗早，干种苗不育。（《泾川汇集》）

精选种子效力大，保证出苗很齐茬。（《宁县汇集》《甘肃选辑》）

粒大苗儿壮，身大力不亏。〔靖远〕（《集成》）

良种出好苗。（《集成》）

留好种子田，年年保丰产。〔白银〕（《集成》）

留种要晒干，放种要常翻。〔甘谷〕（《集成》）

龙生龙，凤生凤，好种才有好收成。（《山丹汇集》《甘肃选辑》《天祝农谚》）

龙生龙，凤生凤，好种就有好丰收。（《定西汇编》）

没有十成种，难得十成收。（《集成》）

苗要种好，树要根好。（《集成》）

母大子肥。（《定西汇编》《中国农谚》）

母肥儿胖。（《会宁汇集》《中国农谚》）

母肥儿壮，土肥[②]苗旺。〔定西〕（《甘肃选辑》《中国农谚》）

母肥儿壮，种[③]大苗旺。（《岷县农谚选》《定西农谚》）

母肥儿壮，籽大苗胖。（《天祝农谚》）

母肥子壮。（《岷县农谚选》《甘肃选辑》《中国农谚》）

母强儿肥，籽大苗壮。（《会宁汇集》）

母壮儿肥，好种苗壮。〔兰州〕（《甘肃选辑》）

能丢娘老子，不丢干种籽。〔天水〕（《甘肃选辑》）

年年换种子，顿顿吃饼子。（《集成》）

年年有良种，岁岁有收成。〔酒泉〕（《集成》）

宁吃隔年屎，不吃当年籽。（《集成》）

宁吃屎，不吃籽。〔灵台〕（《集成》）

宁叫借籽，不叫借苗。〔陇南〕（《集成》）

宁叫种在地，不叫吃在肚。（《谚语集》）

---

① 十：又作“三”。

② 土肥：《甘肃选辑》作“肥土”。

③ 种：《定西农谚》作“籽”。

宁叫籽撒在坡里，不叫籽烂在锅里。〔定西〕(《甘肃选辑》《中国农谚》)

宁可吃屎，也不吃籽。(《定西农谚》)

宁可饿死老子，不可吃掉种子。(《集成》)

宁让拌桶冒浆，不叫田里生秧。(《中国农谚》)

宁舍孩子娘，不舍种子粮。(《集成》)

牛粪拌种成熟早，霜打不了，油渣更好。〔甘南〕(《甘肃选辑》)

千算万算，不如[1]良种合算。〔陇南〕(《集成》)

千算万算，药剂拌种保险。(《集成》)

任你会锄会种，不如籽里拦粪。〔合水〕(《集成》)

若想庄稼好，挑选的种子要挂高。(《庆阳汇集》)

若要多打粮，种籽选优良。(《定西农谚》)

若要防治病虫害，先把种子用药拌。(《定西汇编》)

三年不选种，产量[2]要落空。〔天水〕(《甘肃选辑》《集成》)

舍不得种子收不成粮。〔酒泉〕(《集成》)

省种子，饿折脖根子。〔张掖〕(《甘肃选辑》《中国农谚》)

师好出贤徒，种好出壮苗。(《集成》)

什么葫芦锯什么瓢，什么种子长什么苗。(《集成》)

什么样的葫芦什么样的瓢，什么样的种子什么样的苗[3]。(《甘肃选辑》《定西汇编》《中国农谚》)

什么样的种长什么样的苗，什么样的葫芦结什么样的瓢。(《山丹汇集》)

什么样葫芦什么样瓢。(《岷县农谚选》)

水浸五谷种，来年不出虫。〔甘谷〕(《集成》)

穗选千遍有万一，粒选一遍是一万。(《谚海》)

天旱不舍耧里籽，得苗就有三分收。(《会宁汇集》)

天旱不舍耧里籽，干打胡基湿耱地。〔甘南〕(《甘肃选辑》)

天旱不识耧里籽。(《泾川汇集》《集成》)

天旱三年，不舍耧里籽。(《庆阳汇集》《甘肃选辑》)

田间选好种，明年好收成。〔甘谷〕(《集成》)

歪嘴葫芦斜把瓢，种子不强没好苗。〔白银〕(《集成》)

万选千选，关键在眼[4]。(《谚海》)

---

① 不如：又作“选留”。

② 产量：《集成》〔兰州〕作“增产”。

③ 葫芦：《定西汇编》作“西瓜”。《甘肃选辑》〔定西〕无“的”字。

④ 眼：原注指芽眼。

温水浸良种，预防黑穗病。（《谚海》）

瞎种长不出好苗来。（《集成》）

歇地不如换种子。〔酒泉〕（《集成》）

选大穗，挂窑头，没灰包，子实饱。〔平凉〕（《甘肃选辑》）

选得好，晒得干，出苗容易保丰产。（《会宁汇集》）

选得好，晒得干，来年多打没黄疸。（《集成》）

选得好，晒得干，应稼一定长得欢。（《集成》）

选好一粒种，增产千斤粮。（《集成》）

选好种，出好苗；栽好树，结好桃。（《山丹汇集》《甘肃选辑》《天祝农谚》《中国农谚》）

选种拌种要抓紧，节气①一到马上种。（《新农谚》《山丹汇集》）

选种吃得苦，种上省得补。（《谚海》）

选种积肥搞生产，修渠打井防灾荒。（《谚海》）

选种忙几天，换来丰收田。（《集成》）

选种没有枉费工，籽粒饱满打得净②。（《宁县汇集》《静宁农谚志》《泾川汇集》《甘肃选辑》）

选种如上粪，多打粮食没疑问。（《定西农谚》）

选种如上粪，多收不用问。（《集成》）

选种要选好，生儿要生巧。（《山丹汇集》）

盐水选种，苗不生虫。〔天水〕（《甘肃选辑》）

药剂拌种，来年好收成。〔甘谷〕（《集成》）

要叫籽撒在坡里，不叫籽烂在锅里。（《岷县农谚选》）

要使庄稼长得好，选晒良种第一条。〔张掖〕（《甘肃选辑》）

要想产量高，必须种杂交。（《集成》）

要想产量高，种籽要选好。（《天祝农谚》）

要想粮食打千斤，选好种子是根本。（《集成》）

要想收成保，先把种选好。（《岷县农谚选》）

要想收成好，选种不能少。（《集成》）

要想种子保险，自留自繁自选。（《集成》）

要想种子不受症，选好种子要挂高。（《平凉气候谚》）

要想庄稼长得好，选晒良种第一条。（《天祝农谚》）

要想庄稼好，挑选的种子要挂高。（《宁县汇集》）

---

① 节气：《山丹汇集》作“季节”。

② 净：《泾川汇集》作“多”。

要想庄稼好，先把种选好。(《山丹汇集》《甘肃选辑》)

要想庄稼好，先把种选好；选好种出好苗，栽好树结好桃。(《新农谚》)

要想庄稼好，种子要选好。(《宁县汇集》《静宁农谚志》《甘肃选辑》《平凉气候谚》)

一拌赛力散，灰穗不见面。(《定西汇编》)

一粒好种，千[1]粒好粮。(《中国农谚》《集成》)

一粒粮，一粒金，颗颗还家要当心。(《集成》)

一年选，二年繁，三年推广到大田。〔华亭〕(《集成》)

一抢二药三手段。(《岷县农谚选》)

一选二拌，保险齐全。(《山丹汇集》《定西汇编》)

一选二拌，出苗齐全。(《岷县农谚选》《甘肃选辑》《中国农谚》)

一选二拌，壮苗出全。〔临夏〕(《集成》)

一选一晒加一拌，保险苗苗出得全。(《天祝农谚》)

一要质，二要量，田间[2]选种不上当。(《宁县汇集》《静宁农谚志》《甘肃选辑》)

有钱买[3]种，无钱买苗。(《宁县汇集》)

有种就有粮，种子是亲娘。(《集成》)

增肥不如换种。(《集成》)

只要选用优良种，少费力气好收成。〔泾川〕(《集成》)

只要种子选得好，秆粗穗大籽粒饱。(《集成》)

种大苗肥，母壮子胖。(《定西汇编》)

种大苗肥，种强苗壮。〔甘谷〕(《集成》)

种大芽粗，籽大苗旺。(《会宁汇集》)

种地不选种，土里把苗寻。(《庆阳县志》)

种地多选种，不怕风雨虫。(《岷县农谚选》《甘肃选辑》《中国农谚》)

种地选好种，等于土地多几亩。〔天水〕(《甘肃选辑》)

种地选好种，等于土地多两垄。〔甘南〕(《甘肃选辑》《中国农谚》)

种好出好苗，种坏尽长草。〔永登〕(《集成》)

种好三分收，种坏三分丢。〔武威〕(《集成》)

种良苗壮，母壮儿胖。(《定西农谚》)

种强苗壮，母肥子胖。(《集成》)

---

① 千：《集成》作“十”。

② 田间：《甘肃选辑》作“田里”。

③ 买：原作“卖”，据通行者改。

种如留留根，保种如保命。(《集成》)

种田不选种，等于白费工。〔民乐〕(《集成》)

种籽年年选，产量步步高。〔天水〕(《甘肃选辑》)

种籽选不好，出产一定少。(《岷县农谚选》)

种籽匀，地犁深。〔张掖〕(《甘肃选辑》)

种子不饱，种地成草。(《集成》)

种子不好难出苗，种一葫芦打一瓢。(《中国农谚》《谚海》)

种子不选好，出产一定少。(《甘肃选辑》《鲍氏农谚》《中国农谚》《定西汇编》)

种子斗斗选，产量节节高。〔华亭〕(《集成》)

种子放不好，棵棵都是草。〔陇西〕(《集成》)

种子干，出苗全。〔武山〕(《集成》)

种子过筛，杂草不见，苗绿如海。〔甘谷〕(《集成》)

种子换一换，多收一两石。〔酒泉〕(《集成》)

种子经过晒，苗苗长得快。(《集成》)

种子乱放，一定[①]上当。(《集成》)

种子年年选，产量步步高。(《中国农谚》《庆阳县志》)

种子年年选，产量年年赶。〔秦安〕(《集成》)

种子年年选，好种多打粮。(《定西汇编》)

种子年年选，没粪也增产。〔秦安〕(《集成》)

种子是宝，越选越好。(《集成》)

种子田，好经验，种一罐，打一石，种一千，打一万。〔泾川〕(《集成》)

种子洗个澡，庄稼生病少。〔甘谷〕(《集成》)

种子选不好，产量一定少。(《山丹汇集》)

种子选太早，来年喂雀鸟。〔平凉〕(《集成》)

种子芽子粗，籽饱苗儿壮。〔宁县〕(《集成》)

种子要精选，穗齐定增产。〔酒泉〕(《集成》)

庄户人不吃断籽粮。(《集成》)

庄稼长得好，良种就是宝。(《甘肃选辑》《天祝农谚》)

庄稼惜籽，饿破肚皮。(《集成》)

籽饱苗儿壮，母瘦儿难肥。〔酒泉〕(《集成》)

籽儿不饱，苗儿不好；树儿不良，果儿不甜。〔临夏〕(《甘肃选辑》)

籽肥苗壮，母肥子胖。(《集成》)

---

① 一定：又作“来年”。

籽瘦苗如线，种秕苗儿黄。（《集成》）
籽种不晒病株多，种前不试危险多。〔陇西〕（《集成》）
籽种年年选，产量年年高。（《定西农谚》）
籽种三年不换，产量要减一半。（《定西农谚》）
籽种优良产量高，面多皮又少。（《定西农谚》）
籽壮苗肥秸秆粗。（《集成》）

播　种

矮秆早熟要密些，高秆晚熟可稀些。〔甘谷〕（《集成》）
八粒入土，万粒入仓。（《泾川汇集》）
拨开种深，晒起有劲。〔兰州〕（《甘肃选辑》）
播种赶早一天，收获提前七日。（《集成》）
播种晚一天，秋收晚十天。〔泾川〕（《集成》）
不怕种田功夫精，总要田土犁得深。（《天祝农谚》《中国农谚》）
不稀不密，囤满仓溢。〔甘谷〕（《集成》）
不种八斗，哪有八石。〔甘南〕（《甘肃选辑》《中国农谚》）
不种百斤子，难收万斤粮。〔天水〕（《甘肃选辑》）
不种百亩，难收万石。（《谚语集》）
不种百垧①，不打百石。〔平凉〕（《集成》）
不种百籽，不收百谷。〔天水〕（《甘肃选辑》）
趁墒不下种，后悔无②人问。（《中国农谚》）
迟下山不迟上山，迟阳山不迟阴山③。〔兰州〕（《中国农谚》）
迟种一晌田，货郎箱箱背半年。〔西和〕（《集成》）
稠好看，稀吃饭，合理下种是关键。（《集成》）
稠苗吃饱饭，稀苗图好看。〔天水〕（《甘肃选辑》）
稠苗好看长得齐，收起庄稼气破人肚皮。〔清水〕（《集成》）
稠苗呛死草。（《岷县农谚选》）
稠苗呛死草，稀苗饿死鸡。（《甘肃选辑》《定西汇编》）
稠撒籽，早收田；稀撒④籽，等半年。〔天水〕（《甘肃选辑》《中国农谚》）
稠田好看，稀田吃饭。（《定西农谚》）

---

① 垧：又作“亩”。
② 无：又作“没”。
③ 原注：山上和阴山地气候寒，应早些播种。
④ 稀撒：《中国农谚》作“撒稀”，按上句“稠撒”例，当以“稀撒”为是。

稠田图好看，稀田吃饱饭。(《集成》)
稠在把里，稀在空里。(《甘肃选辑》《中国农谚》《定西农谚》《谚海》)
川地要种一九田。(《会宁汇集》)
春播深，夏播浅。(《泾川汇集》)
春缺一棵苗，秋缺半斤粮。〔泾川〕(《集成》)
春天早种，秋天①早收。(《山丹汇集》《泾川汇集》《中国农谚》)
春种深，夏种浅。(《集成》)
春种晚一天，秋收晚十天。(《中国农谚》)
春种夏锄秋收藏，耕三余一心不慌。〔酒泉〕(《集成》)
春种一粒籽，秋收万石②粮。(《谚语集》《定西农谚》)
春种早，土墒饱。(《集成》)
从春不下雨，下雨就见春③。(《中国农谚》《谚海》)
粗犁粗种，不如不种。(《岷县农谚选》《甘肃选辑》)
寸土不空，粮食满囤。〔瓜州〕(《集成》)
大颗深，小颗浅，最小的种子藏个脸。(《集成》)
大扬④出苗少，条播长得好。〔永昌〕(《集成》)
低杆套高杆，旱涝双保险。(《集成》)
地肥宜密，地薄宜稀。(《定西农谚》)
地尽其力田不荒，合理密植多打粮。(《集成》)
地里撒稀籽，必定饿出屎。(《岷县农谚选》)
地里稀籽，饿出稀屎。(《定西农谚》)
地里种不多，家里没吃喝。(《甘肃选辑》《天祝农谚》)
地湿不种，种白费劲。(《集成》)
冬水墒气好，出苗早来土块小。〔甘南〕(《甘肃选辑》)
多种一个坨坨，多吃一个馍馍。〔泾川〕(《集成》)
多种一天，早收十天。(《临洮谚语集》)
肥田晚种，薄田早种。〔泾川〕(《集成》)
肥田沃土适当密，瘦田瘠土适当稀。(《集成》)
肥田栽密，瘦地栽稀。(《集成》)
干种深，湿种浅，苗儿齐，苗儿胖，一年的收成有保障。〔天水〕(《甘肃

① 天：《泾川汇集》作“田”。
② 石：《定西农谚》作“颗”。
③ 原注：春季落雨虽晚，但落后尚可播种庄稼。
④ 大扬：方言，撒播。

选辑》）

干种湿种，不如不种。（《定西农谚》）

跟墒不下种，多得一年等。（《庆阳汇集》《宁县汇集》《甘肃选辑》《平凉气候谚》《中国农谚》）

过了闰年，走马种田。（《集成》）

过了闰月年，走马早种田。（《集成》）

旱地宜稀，水地宜密。（《定西农谚》）

旱地种墒，水地种粪。〔兰州〕（《甘肃选辑》）

合理密植多打粮，过分稀植多杂草。（《集成》）

河坝抢墒不抢时，山上抢时不抢墒。〔天水〕（《甘肃选辑》《中国农谚》）

河边种田，娘家攒钱。〔平凉〕（《集成》）

脚踩胡基手摇耧，两个眼睛盯稀稠。（《集成》）

脚蹬胡基手摇耧，两只眼睛看稀稠。〔兰州〕（《甘肃选辑》《中国农谚》）

脚踏胡基手提耧，眼睛不住定①稀稠。（《宁县汇集》《静宁农谚志》《甘肃选辑》《平凉气候谚》《中国农谚》）

脚踏胡基手摇耧，两个眼睛观稀稠。（《庆阳汇集》）

脚踏胡基手摇耧，两②眼不住观稀稠。（《会宁汇集》《平凉汇集》《中国农谚》）

脚踏塄干手摇耧，两眼不住看稀稠。（《谚语集》）

脚踏土块手摇耧，眼睛看得稀嘛稠，嘴里唱的压压油。（《天祝农谚》《中国农谚》）

脚踏土块手摇耧，眼睛看得稀和稠。（《新农谚》《山丹汇集》）

紧插耧，慢出头。（《中国农谚》《集成》）

紧紧摇，慢慢摇，宽窄行子要看好。〔兰州〕（《中国农谚》）

紧三把，慢三把，防止两头把籽洒。（《谚语集》）

紧三下，慢三下，不紧不慢又三下③。〔平凉〕（《甘肃选辑》《中国农谚》）

进地三摇摇，出地三不摇。（《山丹汇集》）

抗旱先下种，靠时不靠墒。（《谚语集》）

口松要早，口紧要迟。〔平凉〕（《甘肃选辑》）

连旱三年，不能随雨种田。（《集成》）

林地种庄稼，粮丰果茂两不差。（《集成》）

---

① 定：《静宁农谚志》作“盯”。

② 两：《会宁汇集》作“两个”。

③ 下：《中国农谚》又作“摇”。

留稀好看，留稠吃饭。(《庆阳汇集》《宁县汇集》《静宁农谚志》)

没雨不莳田，没雪不过年；夹雨夹雪，无休无歇。(《谚海》)

蒙春年广种田，怕的鸡猴饿狗年。〔天水〕(《甘肃选辑》)

密密密，两石一；稀稀稀，一簸箕。〔兰州〕(《甘肃选辑》《中国农谚》《谚海》)

密植是个宝，全凭掌握好。(《定西农谚》《集成》)

密植要合理，看种看地力。(《集成》)

能种干板，不能湿板，种上干板，保墒耐旱。〔张掖〕(《甘肃选辑》)

宁叫薄在地里，不叫蹲在家里。〔定西〕(《甘肃选辑》)

宁叫浪种，不叫失种。(《谚语集》)

宁种隔夜地，不插隔夜秧。〔陇南〕(《集成》)

宁种十日早，不种一日迟。(《集成》)

宁种在黄红地里，不种在稀泥糊里。〔张掖〕(《甘肃选辑》)

盼苗如盼子，见苗收三分。(《谚语集》)

起早不慌，种早不忙。(《泾川汇集》)

千个头万个脑，要想丰收密植是法宝。〔天水〕(《甘肃选辑》)

千撒不如一点。(《定西农谚》《集成》)

浅种出苗快，深种能耐旱。〔永昌〕(《集成》)

浅种深耥，粮食满仓。(《中国农谚》)

抢墒如上粪，得苗收三分。(《会宁汇集》)

秋田长热墒，夏田长底墒。〔定西〕(《甘肃选辑》《中国农谚》)

秋夏种亭，一辈子不受穷①。(《宁县汇集》《静宁农谚志》《平凉气候谚》)

热犁热种，强如上粪。〔兰州〕(《甘肃选辑》《中国农谚》)

人多手稠，种地不愁。〔定西〕(《甘肃选辑》)

入耧三步快，出耧三步慢。(《中国农谚》)

闰月年，早种田。(《张掖气象谚》《集成》)

若要种稀田，不如家里转。(《岷县农谚选》《甘肃选辑》)

若遇闰年早种田，个子虽小结的艽。〔天水〕(《甘肃选辑》)

撒稀田，来个老鸡钱；撒稠田，来个老牛钱。〔甘南〕(《甘肃选辑》《中国农谚》)

三指深，一指浅，二指出苗最保险。(《集成》)

山地宜稀，川地宜密。(《定西农谚》)

山坡朝阳地发暖，春栽宜早不宜晚。(《集成》)

---

① 不受穷：《静宁农谚志》作“不穷”。

少种不如多种，多种不如种好。〔张掖〕(《甘肃选辑》)
深田耐旱，浅田好看。〔张掖〕(《甘肃选辑》)
深种一寸，多打一升。(《中国农谚》《谚海》)
是英雄是好汉，夏种夏收抢先干。(《谚海》)
霜不落，地不冻，庄稼有籽只管种。(《中国农谚》)
水地肥地要密些，旱地薄地可稀些。〔甘谷〕(《集成》)
提耧胳肘乢加鸡蛋，种田行子才能端。(《谚语集》)
提耧下籽褥麦尖，吆车打的转弯鞭。(《庆阳汇集》)
天旱播种宜深，逢雨播种宜浅。〔甘谷〕(《集成》)
天旱不忘早抢种，下地不忘洗菜园。〔定西〕(《甘肃选辑》)
天旱三春，不能泥里下种。〔陇西〕(《集成》)
土地抢墒不抢茬，水地一年种两茬。(《谚语集》)
晚种一时，迟收十天。〔定西〕(《甘肃选辑》)
窝窝要密，窝里要稀。(《集成》)
稀不长，稠是粮。(《中国农谚》《谚海》)
稀的吃饭，稠的好看。(《谚海》)
稀干不顾，不如不作。〔甘南〕(《甘肃选辑》)
稀犁一趟，种上不望。(《岷县农谚选》)
稀了苗，害了苗，合理密植最重要。〔天水〕(《集成》)
稀是粮食稠是草。〔张掖〕(《甘肃选辑》《中国农谚》)
稀田吃饭，稠田好看。〔兰州〕(《集成》)
稀田叶叶宽，稠田角角繁。〔甘南〕(《甘肃选辑》《中国农谚》)
稀稀稀，一簸箕；密密密，二石一。〔定西〕(《甘肃选辑》)
细犁[①]细种，强如上粪。(《岷县农谚选》《甘肃选辑》)
下种三分收。(《定西农谚》)
夏季早种一天，秋季早熟几天。(《集成》)
现犁现种，顶住上粪。〔兰州〕(《甘肃选辑》)
腰勒金沙带[②]，种水不种旱。〔张掖〕(《甘肃选辑》《中国农谚》)
要吃庄稼饭，犁沟一条线。(《甘肃选辑》《天祝农谚》《中国农谚》)
要打多，一棵挨一棵。(《中国农谚》)
要得庄稼好，早种丰收了。(《酒泉农谚》)
要种田，春天前。〔张掖〕(《甘肃选辑》)

---

① 犁：《甘肃选辑》作“耕”。
② 金沙带：原注谓土层中间有塘沙泥，应适时播种。

一季早，季季早，十年庄稼九年好。（《集成》）

一粒落地，万粒入仓。〔华亭〕（《集成》）

一粒入土，万籽归仓。（《山丹汇集》）

一粒下籽，万粒归仓。（《定西农谚》）

一年的庄稼在于春，抓紧时机忙下种。（《会宁汇集》）

一年庄稼二年种。〔兰州〕（《甘肃选辑》）

一手压七，不稠不稀。（《集成》）

一早三不忙，一晚三着慌。（《谚海》）

一早三分旺，一晚①三分薄。〔甘谷〕（《集成》）

一籽落地，万籽归仓。（《会宁汇集》）

一籽入地，万籽归仓。〔天水〕（《甘肃选辑》）

一籽下种，万籽归仓。〔张掖〕（《甘肃选辑》）

有落完的雨，没种完的庄稼。（《谚海》）

有墒必种，无墒干种，雨后抢种。（《谚语集》）

有墒不等时。（《集成》）

雨后播种，安锅下米。〔甘南〕（《甘肃选辑》《中国农谚》）

早田扎根深，晚田扎根浅。〔积石山〕（《集成》）

早一日，早一春，早一个时辰早生根。〔永昌〕（《集成》）

早种背住晒，迟种不背晒。〔甘南〕（《甘肃选辑》）

早种不架田，不愁吃和穿。〔甘南〕（《甘肃选辑》）

早种的庄稼，上门的买卖。〔张掖〕（《甘肃选辑》《中国农谚》）

早种强如晚施肥。〔甘谷〕（《集成》）

早种强似晚施粪。（《定西汇编》）

早种十天不算早，迟种一天不得了。（《集成》）

早种一仓米，迟种一把糠。〔甘谷〕（《集成》）

早种一架田，肩上②买卖跑半年。（《临洮谚语集》《定西农谚》）

早种一架③田，强如苦半年。（《甘肃选辑》《天祝农谚》《定西汇编》《中国农谚》）

早种一架田，强如跑半年。（《中国农谚》《谚海》）

早种一架田，胜似苦半天。（《集成》）

早种一架田，松活多半年。（《集成》）

---

① 一晚：又作“迟种”。

② 肩上：《定西农谚》作“生意”。

③ 架：《定西汇编》作“日”。

早种一节气，强如苦半年。(《白银民谚集》)

早种一亩田，胜过商人跑半年。〔天水〕(《甘肃选辑》)

早种一日，早收十日。(《甘肃选辑》《天祝农谚》《清水谚语志》《集成》)

早种一晌田，经济买卖做半年。〔临夏〕(《甘肃选辑》《中国农谚》)

早种一天，早收十天。(《甘肃选辑》《定西汇编》《中国农谚》)

早种早管，苗齐粮满。〔陇南〕(《集成》)

早种早收，迟种担忧。(《集成》)

种不好庄稼一季穷，修不好塘堰一世穷。(《定西汇编》《中国农谚》)

种到冰上，结到根上。〔玉门〕(《集成》)

种得早了响[1]铃铛，种得迟了被虫伤。〔张掖〕(《甘肃选辑》《中国农谚》)

种地不种边，耗地耗中间。〔天水〕(《甘肃选辑》《中国农谚》)

种地[2]多花种，不怕风雨虫。(《新农谚》《山丹汇集》《泾川汇集》《甘肃选辑》《中国农谚》)

种地种在冰上，打粮打在心上。(《中国农谚》)

种多不如种好，种好不如种少。(《会宁汇集》)

种多不如种少，种少不如种好。(《岷县农谚选》《宁县汇集》《静宁农谚志》《甘肃选辑》《中国农谚》)

种好收不尽，不算庄稼人。(《谚海》)

种田惜籽，饿出稀屎。〔陇南〕(《集成》)

种田种到冰上，打粮打在心上。〔张掖〕(《甘肃选辑》)

种夏过三年，杂草连根完。(《静宁农谚志》)

种夏抢着种，种秋爽着[3]种。〔永昌〕(《甘肃天气谚》《集成》)

种夏田要抢，种秋田要爽。〔张掖〕(《甘肃选辑》)

种一亩，保一亩。(《岷县农谚选》)

种一年，歇一年，不靠老天吃饱饭。〔临夏〕(《甘肃选辑》)

种在冰上，收在火上。(《中国农谚》)

种在九里，多少有呢。(《甘肃选辑》《白银民谚集》)

种在九里，收在斗里。〔陇西〕(《中国农谚》《集成》)

种在犁，收在镰，收不尽，欠打算。(《谚海》)

种在犁上，收在锄上。〔酒泉〕(《集成》)

庄稼不惜种，惜种少收成。(《定西农谚》)

---

① 《甘肃选辑》无“响”字。

② 地：《泾川汇集》作“子”。

③ 爽着：《甘肃天气谚》作“等着”。

庄稼人早种一层田，强如尕货郎跑半年。(《会宁汇集》)

庄稼要难，勤劳人耕种。〔临夏〕(《甘肃选辑》)

庄稼要种好，收成定不少。(《会宁汇集》)

庄稼种得早，籽粒长得饱。〔甘南〕(《甘肃选辑》)

走一步，摆三摆，种下种子不断条。(《宁县汇集》《静宁农谚志》《甘肃选辑》《中国农谚》)

走一步，摇三摇。(《平凉汇集》《中国农谚》《谚海》)

田 管

百钱能买种，千金难买苗。(《集成》)

半吐半咽，要锄一遍。(《中国农谚》《谚海》)

边锄边长，不锄不长。〔甘谷〕(《集成》)

边种边管，保证增产；只种不管，打破金碗①。〔陇南〕(《集成》)

边种边管，保证增产；只种不管，休想增产。〔陇南〕(《集成》)

播后下雨出硬盖，耙松表土出苗快。(《泾川汇集》)

播后镇压能提墒，播前浅耕能踏墒。〔甘谷〕(《集成》)

不除草的庄稼长不好，不剪毛的羊膘上不了。(《集成》)

不经七十二道手，粮食难得吃到口。(《集成》)

不怕迟种，只②怕晚锄。(《中国谚语资料》《定西农谚》《谚海》《集成》)

不怕锄得浅，但怕锄不远。(《中国农谚》)

不怕地气凉，只要勤锄草。(《岷县农谚选》《甘肃选辑》)

杈头上有火哩，锄头上有水哩。(《会宁汇集》)

杈头有火，锄头有水。(《平凉汇集》)

铲子底下三分水。(《定西农谚》)

铲子头上三滴水，除草以后粮食翠。〔张掖〕(《甘肃选辑》)

出苗三分喜，无苗一场空。〔天水〕(《甘肃选辑》)

除掉田边草，病虫自然少。(《庆阳县志》)

锄把握得紧，务农不亏本。〔甘谷〕(《集成》)

锄板亮，苗儿旺。〔甘谷〕(《集成》)

锄铲③响，庄稼长。(《定西农谚》《集成》)

锄地不保墒，远望一片光。(《岷县农谚选》)

---

① 打破金碗：又作“如丢饭碗”。

② 只：《定西农谚》《集成》作“就”。

③ 铲：《集成》作“板”。

锄地不留草，打的粮食吃不了。(《集成》)

锄地不要忙，净草松土能保墒。〔天水〕(《集成》)

锄地多几遍，防涝又抗旱。(《集成》)

锄地想蹲下，割麦想站下，只想熬过去，没想秋后咋。(《集成》)

锄地有三好，催苗防旱又耐涝。(《集成》)

锄尽草，吃不了；不锄草，不够搅。〔甘南〕(《甘肃选辑》《中国农谚》)

锄了头草收一半，不锄头草不得见。(《集成》)

锄秋要在忙头里，麦后锄黄口里。(《宁县汇集》)

锄三遍，草谷子也能磨成面。〔临夏〕(《甘肃选辑》《中国农谚》)

锄上三分水，犁上一层粪。(《定西农谚》)

锄上有水，越锄越美。〔天水〕(《甘肃选辑》)

锄上有水，越锄越美；锄上有粪，越锄越嫩。(《甘肃农谚集》)

锄田不论遍，越锄越好看。(《定西农谚》)

锄田莫怕压，苗苗翻身长一拃①。〔武山〕(《集成》)

锄田如绣花，越锄越好看。(《定西农谚》)

锄头板上带水火。(《中国农谚》)

锄头本姓勤，入土见收成。(《谚海》)

锄头底下看年成。(《岷县农谚选》)

锄头底下看年成，锄头口里出黄金。(《中国农谚》)

锄头底下三滴水，锄了以后粮食翠。(《天祝农谚》)

锄头底下三滴水，庄稼越锄越长得美。(《会宁汇集》)

锄头底下三分水。(《甘肃选辑》《定西农谚志》《中国农谚》《谚语集》《定西农谚》)

锄头底下三分水，锄过三遍顶场雨。(《集成》)

锄头底下三分水，多锄几遍长得美。(《中国农谚》)

锄头底下三分水，多锄抗旱苗发肥。〔天水〕(《甘肃选辑》)

锄头底下三分水，榔头底下三分墒。〔张掖〕(《甘肃选辑》《中国农谚》)

锄头底下三分水，连枷底下三分火。(《中国农谚》《谚海》)

锄头底下三件宝：防旱防涝除杂草。〔民乐〕(《集成》)

锄头底下无旱田。(《集成》)

锄头底下有水，锄头底下有火。(《谚语集》)

锄头过一遍，庄稼好一半。〔环县〕(《集成》)

锄头口上带粪桶。(《中国农谚》)

---

① 拃：量词，表示张开的大拇指和中指（或食指）之间的距离。

锄头能抵三分雨。(《中国农谚》)

锄头能抗旱。(《谚海》)

锄头上面有水分，多动一锄多金银。(《集成》)

锄头上有水，杈头上有火。(《岷县农谚选》《甘肃选辑》《中国农谚》《庆阳县志》)

锄头下面带粪桶。(《谚海》)

锄头下面三分水，多锄几遍长得美。(《谚海》)

锄头响，苗儿长。(《集成》)

锄头一响，黄金万两。(《集成》)

锄头有火，锄头有水。〔平凉〕(《甘肃选辑》)

锄头有水，杈[①]头有火。(《鲍氏农谚》《集成》)

锄头有水，锄头有火。(《朱氏农谚》《中国农谚》《谚海》)

锄头有水，越锄越美。(《静宁农谚志》《泾川汇集》《甘肃选辑》《定西汇编》《中国农谚》《谚语集》)

锄头有水有火。〔甘南〕(《甘肃选辑》)

锄头有油，吃穷不愁。(《泾川汇集》《甘肃选辑》)

锄头自带油。(《中国农谚》《谚海》)

锄下三分水，犁上一层粪。〔华亭〕(《集成》)

锄下有三宝，一水二火三去草。(《集成》)

锄也要平，不要有坑，下雨存水，容易烂根。(《泾川汇集》)

锄一遍草顶上一次肥。〔积石山〕(《集成》)

春不出嫌迟，秋不出嫌早。〔平凉〕(《甘肃选辑》)

春不到地里走，秋后饿得满街跑。(《泾川汇集》)

春锄泥，夏锄皮。(《集成》)

春上出不去，秋上回不来。(《集成》)

春上耘一耘，秋后家里坐。(《平凉汇集》)

春天锄一把，沟平粒儿大。(《谚海》)

寸草不生，五谷丰登。(《集成》)

寸苗不生长，颗粒也难收。(《静宁农谚志》)

大管大增产，小管小增产。(《谚语集》)

大庄稼的小庄稼，婆娘地里把草拔。〔甘南〕(《甘肃选辑》《中国农谚》)

得苗三分收。(《定西农谚》)

地边培一寸，等于多上三担粪。(《定西汇编》《集成》)

---

① 杈:《鲍氏农谚》误作“钗”。杈乃两齿或多齿农具，用以翻、晒作物秆或柴草。

地边杂草都锄了，来年庄稼病虫少。(《岷县农谚选》《甘肃选辑》)

地锄三遍，黄金不换。(《集成》)

地锄三遍如加油，庄稼长的冒人头。(《清水谚语志》)

地干锄草回老家，地湿锄草搬搬家。(《集成》)

地里多锄三次草，打出粮米格外好。(《谚海》)

地里没草，颗肥籽饱。(《集成》)

地是刮金板，庄稼长得好，八关要做到。(《宁县汇集》)

地要勤锄，场要勤翻。(《中国农谚》)

定苗如定命。(《中国农谚》《定西农谚》《谚海》)

定苗要均匀，小苗旱一旱，秋收多一石。〔镇原〕(《集成》)

多拔一遍草，多收一成粮。〔天祝〕(《集成》)

多拔一筐草，顶买十斤料。(《中国农谚》《定西汇编》)

多补一株苗，多收一把粮。(《集成》)

多除草，地皮松，打的粮食吃不尽。(《静宁农谚志》)

多耙多盖，出齐长快。(《新农谚》《山丹汇集》《定西汇编》)

多耙多盖，苗子出齐长快。〔天水〕(《甘肃选辑》)

多上地头，少逛街头。(《谚海》)

肥喂庄稼根，各层都要壅。(《敦煌农谚》)

粪足水饱地肥绵，下种以后打土块，保苗无损不挡铲，亩产千斤不为难。〔张掖〕(《甘肃选辑》)

丰产没有巧，多锄几遍草。(《会宁汇集》)

干锄草，湿锄地。(《会宁汇集》《定西汇编》)

干锄地发暖，湿锄地无力。〔广河〕(《集成》)

干锄湿壅，强如上油。〔华亭〕(《集成》)

干锄壮，湿锄旺。〔张掖〕(《甘肃选辑》《中国农谚》)

高产作物，头遍刮，二遍要挖。(《宁县汇集》)

管理不善就是减产。(《谚语集》)

过了端午节，锄头不能歇。〔华亭〕(《集成》)

孩儿不教不成人，庄稼不管无收成。(《集成》)

旱锄保墒，勤锄保苗。(《集成》)

旱锄地皮涝锄深，不旱不涝下半寸。〔庆阳〕(《集成》)

旱锄田，涝浇园。(《农谚和农歌》《朱氏农谚》《中国农谚》《谚海》《集成》)

旱了勤锄，锄头生水。〔甘谷〕(《集成》)

旱天锄头带雨，涝天锄头带火。(《中国农谚》)

禾锄三遍粒粒圆。〔酒泉〕(《集成》)

间苗如上粪。(《定西汇编》)

间苗如绣花。(《定西农谚》)

间苗心要狠，锄苗手要稳。(《集成》)

见苗三成收，无苗一场空。(《泾川汇集》)

见苗三分长。〔张掖〕(《甘肃选辑》《中国农谚》)

见苗三分喜，无苗一场空。(《中国农谚》)

见苗收一半。〔甘谷〕(《集成》)

碌碡底下有火哩，锄头尖上有水哩。〔天水〕(《甘肃选辑》《中国农谚》)

买卖人不离铺边，庄稼人不离地边。〔天水〕(《甘肃选辑》《中国农谚》)

买卖人靠一冬，庄稼人靠一春。(《集成》)

买种容易买苗难。(《甘肃选辑》《中国农谚》)

苗锄寸，如上粪。〔和政〕(《集成》)

苗龄老，穗头小；苗龄小，结实饱。〔泾川〕(《集成》)

苗苗稀，饿死鸡。(《岷县农谚选》)

苗苗壮，长得旺。〔武山〕(《集成》)

苗怕断根，秧怕干心。(《集成》)

苗怕枯心，草怕断根。(《定西汇编》)

苗怕胎里旱，人怕老来穷。(《集成》)

苗旁浅，行间深，头遍浅，二遍深，三遍培土发新根。〔泾川〕(《集成》)

苗在田里长，根在人身上。(《集成》)

男女老幼齐动员，锄草追肥紧相连。(《山丹汇集》)

培土如上粪。(《中国农谚》《定西农谚》)

勤锄草，到底好。(《山丹汇集》)

勤锄草，地皮松，打的粮食吃不尽①。(《庆阳汇集》《宁县汇集》《甘肃选辑》《平凉气候谚》《中国农谚》)

勤锄草，勤上粪，庄稼不好人不信。(《中国农谚》)

勤锄草，淤田好。〔张掖〕(《甘肃选辑》《中国农谚》)

勤锄地皮松，强似用粪壅。(《集成》)

勤锄如上粪。(《定西农谚》)

青田常干燥，青苗哈哈笑。〔天水〕(《集成》)

秋锄一株草，春少十日忙。(《谚海》《集成》)

秋收一张锄，夏收一张耱。〔平凉〕(《甘肃选辑》)

---

① 地皮松：《甘肃选辑》又作“地翻松”。吃不尽：《平凉气候谚》作“吃不了”。

缺一苗，补一苗。(《岷县农谚选》)

缺一苗，补一苗；种一亩，保一亩。(《谚海》)

缺一株少收几两，缺一斤少收百斤。〔泾川〕(《集成》)

人不认真地认真，锄头底下出黄金。(《甘肃选辑》《定西汇编》)

人不认真地认真，锄头上面[1]出黄金。(《泾川汇集》《甘肃选辑》《定西汇编》《中国农谚》)

入土粮食不露头，不如放在家里喂老牛。(《酒泉农谚》)

若要吃得饱，种地多锄草。(《会宁汇集》)

三分放种，七分管理。(《集成》)

三分种，七分管，人勤奋，地不懒。〔西和〕(《集成》)

三分种，七分管，十分收成才保险。(《庆阳县志》《谚语集》《定西农谚》《集成》)

山歌不唱忘记多，好田不锄草成窝。(《中国农谚》《谚海》)

少锄一遍，少收一石。〔兰州〕(《集成》)

十分收成，七分管理。〔武威〕(《集成》)

十犁不如一打糖。〔兰州〕(《甘肃选辑》《中国农谚》《集成》)

适时锄一寸，顶上一茬粪。(《集成》)

书要精读，田要细管。(《集成》)

天旱不误锄苗子，雨涝不误浇园子。(《中国农谚》)

天旱锄草雨锄粮。(《平凉气候谚》)

天旱锄田要锄毛。(《定西汇编》)

天旱锄头有水，天涝锄头有火。(《谚海》)

天旱锄有水，雨涝锄有火。(《集成》)

天时旱，多锄田。(《定西农谚》)

田间管理如绣花，功夫越细越到家。(《集成》)

田勤锄，地皮松，打的粮食吃不清。(《集成》)

田[2]咋晒，不误除草；天气咋下，不误浇水。(《甘肃选辑》《天祝农谚》)

头遍拔苗锄草，二遍壅根。(《平凉气候谚》)

头遍锄，二遍围，三遍过来堆成堆。(《集成》)

头遍锄地要刮，二遍锄地要挖，三遍锄地连壅带拉。〔天水〕(《甘肃选辑》《中国农谚》)

头遍放风，二遍锄深，三遍壅根。(《集成》)

---

① 上面：《中国农谚》作“口上”。

② 田：《甘肃选辑》〔张掖〕作“天气”。

头遍放风，二遍壅根。(《庆阳汇集》《宁县汇集》《静宁谚志》《中国农谚》)

头遍苗，二遍草，三遍顺垄跑。(《中国农谚》《谚海》)

头遍破土皮，幼苗出得齐；二遍满耕犁，杂草生命毕。〔天水〕(《甘肃选辑》)

头遍浅，二遍深，三遍不要伤着根。〔天水〕(《集成》)

头遍浅，二遍深，三遍土壅根。(《泾川汇集》)

头遍浅，二遍深，三遍壅到根。〔天水〕(《集成》)

头遍清垄，二遍清苗。(《中国农谚》)

头遍深，二遍挖，三遍把草刮。(《宁县汇集》)

头遍压草，二遍耕好。(《集成》)

头遍追肥一尺高，二遍追肥齐腰高，三遍追肥出帽帽。〔泾川〕(《集成》)

头茬①朝里剜哩，二茬扎花哩，三茬绣苗哩，四茬愣刨哩。〔渭源〕(《集成》)

头锄刮，二锄挖，三锄除草把土加，四锄轻轻刮，五锄松土加。(《泾川汇集》)

头锄浅，二锄深，三锄不伤根。(《定西农谚》)

头次锄草要挖根，免得二次草又生。(《集成》)

外暑不出头，割了喂老牛。(《平凉气候谚》)

无苗没盼望，有苗不愁长。〔兰州〕(《甘肃选辑》)

无钱能买种，有钱难买苗。〔兰州〕(《中国农谚》《集成》)

无钱能买籽，有钱买不到苗。〔天水〕(《甘肃选辑》《中国农谚》)

无雨不要怕，紧握锄杠把。(《中国农谚》)

稀锄稠，稠锄稀。(《谚海》)

稀留密，密留稀，不稀不密留大的②。(《中国农谚》《集成》)

下雨不锄草，锄草草搬家。〔天水〕(《甘肃选辑》)

夏锄深一寸，顶上一层粪。(《静宁农谚志》《定西汇编》)

夏是牛工，秋是锄工。(《静宁农谚志》《甘肃选辑》)

夏田成在犁沟里，秋田成在锄头里。(《集成》)

夏田出在犁头上，秋田出在锄头上③。(《甘肃选辑》《定西农谚》)

先锄草后浇水，抄犁歇地没消闲。(《山丹汇集》)

先散后耙，增产包下。(《山丹汇集》)

---

① 茬：原注指锄地的次数。

② 原注：锄草间苗。

③ 出：《定西农谚》又作“长”或“收”。

秧畈做得平，秧苗儿扎得深。(《谚海》)
羊牛年，光耘田。(《酒泉农谚》)
要吃饱饭，多锄几遍。(《中国农谚》)
要得庄稼好，全靠手脚到。(《集成》)
要使庄稼好，全凭手脚到。(《谚海》)
要想吃饱饭，每天地边转。〔天水〕(《甘肃选辑》)
要想吃得饱，种地多锄草。(《谚海》)
要想吃个饱，种田靠锄草。(《甘肃选辑》《定西汇编》)
要想杂草锄得净，必须起早爬五更。(《集成》)
要想庄稼长得好，精耕细作勤锄草。(《岷县农谚选》)
要想庄稼长得好，三锄四淌[①]离不了。(《集成》)
要想庄稼好，铲净地里草。(《谚海》)
要想庄稼好，地里多锄几次草。〔张掖〕(《甘肃选辑》)
要想庄稼好，多锄几遍草。(《集成》)
要想庄稼好，抗旱防涝不可少。〔华池〕(《集成》)
要想庄稼好，深耕细作勤除草。(《定西农谚》)
要想庄稼好，一年四季早。(《集成》)
一锄二耕三粪事。(《中国农谚》)
一锄二耕三上肥，打下粮食装满囤。〔定西〕(《甘肃选辑》)
一锄一道粪，三锄变成金。〔酒泉〕(《集成》)
一寸松土一寸墒。〔临夏〕(《集成》)
一道锄头二遍粪，三道锄头土变金。〔武威〕(《集成》)
一道浅，二道深，三道壅根根。(《中国农谚》《谚海》)
一浅二深三上堆，结合锄草上追肥。(《定西汇编》)
移苗补苗，收成定好。(《谚海》)
移苗补苗，收成牢靠。〔天水〕(《甘肃选辑》)
移苗要想活，必须带泥巴。〔天水〕(《甘肃选辑》)
壅堆顶上粪。(《集成》)
有草没草，卡个尿臊[②]。〔永昌〕(《集成》)
有草无草，地皮锄到。〔兰州〕(《甘肃选辑》《中国农谚》)
有苗不愁长，无苗哪里想。(《中国农谚》)
有苗就丰收，无苗一场空。(《宁县汇集》《甘肃选辑》《中国农谚》)

---

① 淌：原注指浇水。
② 卡个尿臊：从头上跨过一步，此谓锄草时遇见没有草的小片地皮也要轻锄过去。

有苗无苗在于种，收多收少在于管。〔甘谷〕（《集成》）

有收无收在于天，收多收少在于管。〔敦煌〕（《集成》）

有收无收在于种，收多收少在于管。（《庆阳县志》）

雨后不锄田，是个真懒汉。（《会宁汇集》）

雨后锄地，阴天培土。（《集成》）

早锄地发暖，勤锄地不板。（《集成》）

早锄一遍草，要比上粪好。〔永昌〕（《集成》）

早春巧锄青，秋后好收成。〔天水〕（《集成》）

早间苗，均留苗，适时定苗，粮食才能打的多。（《泾川汇集》）

早间苗，匀留苗，虫害多了晚定苗。（《集成》）

早间苗，早定苗，匀留苗，留好苗。（《谚海》）

早间苗儿壮，早追苗儿旺。（《集成》）

只种不管，不如睡下缓①。〔华亭〕（《集成》）

只种不管，打破金碗。（《集成》）

中耕不起劲，来年就要命。（《中国农谚》）

中耕锄草接好墒。（《集成》）

中午锄地强，草死庄稼旺。（《集成》）

种不管，打金碗。（《集成》）

种地不除草，必定打得少。〔酒泉〕（《集成》）

种地不锄草，别想收成②好。（《新农谚》《岷县农谚选》《甘肃选辑》《会宁汇集》《敦煌农谚》《定西汇编》）

种地不锄草，种子白丢掉。（《中国农谚》）

种地不锄苗，讨饭晒破瓢。（《中国农谚》）

种地不间苗，讨饭晒干瓢。（《集成》）

种地勤锄草，庄稼能长好。〔天水〕（《集成》）

种地如绣花。〔张掖〕（《甘肃选辑》）

种地如绣花，临完养人家。（《集成》）

种地无它巧，关键勤锄草。〔徽县〕（《集成》）

种地要勤锄，打场要勤翻。（《谚海》）

种好管好，丰收牢靠。（《集成》）

种好是基础，管好是关键。（《谚语集》）

种后把雨下，地板出苗差。〔天水〕（《甘肃选辑》）

---

① 缓：方言，休息。

② 收成：《甘肃选辑》〔定西〕作“庄稼”。

种田不锄草，到头啃野草。(《中国农谚》)
种田不要问，全靠功夫水和粪。〔武威〕(《集成》)
种田无他巧，只要勤锄草。(《谚海》)
种田要种早，锄草要锄小。〔甘谷〕(《集成》)
种庄稼没窍，只要勤锄草。(《宁县汇集》《甘肃选辑》)
庄稼不懒，全凭人管。(《集成》)
庄稼不认爹和娘，功夫到了长得强。(《集成》)
庄稼不认爹和娘，深翻细作多打粮。(《甘肃选辑》《定西农谚》)
庄稼不认爹和娘，收拾到了多打粮。(《中国农谚》)
庄稼不认人，功夫到了自然成。(《集成》)
庄稼不识爹和娘，勤锄勤浇多打粮。(《集成》)
庄稼不收，管理不休。(《集成》)
庄稼长得旺，需把草锄光。(《白银民谚集》)
庄稼出在锄头上。(《中国农谚》)
庄稼锄一遍，早熟两天半。(《集成》)
庄稼地里长满草，收到五成还算好。〔甘谷〕(《集成》)
庄稼多锄一遍，粮食多收一石。〔甘谷〕(《集成》)
庄稼根边草，赛过毒蛇咬。〔漳县〕(《集成》)
庄稼见了铁，一夜长一节。(《庆阳县志》)
庄稼怕的霸地草①，媳妇怕的小姑子搅。〔天水〕(《甘肃选辑》《中国农谚》)
庄稼培土一寸，等于上粪一寸。〔临夏〕(《集成》)
庄稼无别巧，惟有锄田及锄草。(《定西汇编》)
庄稼要丰收，田间管理不可丢。〔天水〕(《甘肃选辑》)
庄稼有病人不管，种得再多也变闲。〔西和〕(《集成》)
壮苗先壮根，壮根是根本。(《定西农谚》)
追肥不足苗不壮。〔甘谷〕(《集成》)
追肥凑巧，粒多籽饱。〔甘谷〕(《集成》)
追肥松土草锄净，洪水灌了打颗盛。(《会宁汇集》)
追肥要早，追肥要准。〔甘谷〕(《集成》)
自埂出齐，一苗不晕。〔张掖〕(《甘肃选辑》)

收　藏

八分黄，九分收，十分落个大噘嘴。(《定西农谚》)

---

① 霸：原作“拔”。当以“霸地草”为是，指蔓生于地或极难除尽之杂草。

拔田误一日，黄田失一半。(《定西汇编》)

半黄不收，风摇全丢。〔永昌〕(《集成》)

保卫秋收防破坏，抓紧时机来冬灌。(《山丹汇集》)

不怕不丰收，就怕地里丢。〔华池〕(《集成》)

不收是草，收起来是宝。〔临夏〕(《集成》)

蚕老一日，麦黄一时。(《中国农谚》《谚海》)

蚕老一时，麦黄一晌[①]。(《静宁农谚志》《集成》)

打场没窍，磙子碾到。(《新农谚》《山丹汇集》《中国农谚》)

打场要天晴，扬场要好风。〔武威〕(《张氏农谚》《中国农谚》《集成》)

带火进场，等于引贼进仓。(《谚海》)

等了一粒青，丢了十粒黄。〔张家川〕(《集成》)

顶风扬场，顺风簸箕。(《集成》)

丢了锨把，拿起杈把。(《集成》)

丢下耙儿捞扫帚。(《定西农谚》)

丰收丰收，颗粒还家。〔张掖〕(《甘肃选辑》)

丰收之年[②]，不收无苗之田。〔甘南〕(《甘肃选辑》《中国农谚》)

割到地里不算，拉进场里一半。〔永昌〕(《集成》)

割低收净增加一分，麦黄糜黄绣女下床。(《山丹汇集》)

割禾不轻手，粒粒都要走。(《中国农谚》)

割了不算，拉在场里一半，收在囤里才算。(《泾川汇集》)

割米见麦穗。(《酒泉农谚》)

割完田转一转，白拾一顿挂镰面。(《谚海》)

刮风扬场，下雨抹墙。(《中国农谚》)

花前受旱，减产一半。〔泾川〕(《集成》)

黄八成，收十成；黄十成，收八成。(《宁县汇集》《甘肃选辑》《平凉汇集》)

黄八分，收十分。(《陇南农谚》《定西汇编》《中国谚语资料》《中国农谚》)

黄金收，灰穗丢。(《定西汇编》)

黄金收一半，灰穗不见面。(《定西汇编》)

黄七成，收十成；黄十成，收七成。(《静宁农谚志》)

黄熟收，干熟丢。(《中国农谚》)

黄一丘，收一丘；黄一片，收一片。(《谚海》)

---

① 晌：《集成》作“夜”。

② 之年：《甘肃选辑》作“三年”。

会收的收上场，不会收的满地扬。〔张掖〕（《甘肃选辑》《中国农谚》《谚语集》《集成》）

九黄十收，十黄九收。（《定西农谚》）

就早不就晚，抢收如抢宝。（《谚海》）

颗粒归仓，寸草归场。〔泾川〕（《集成》）

快割快割，还有种禾。（《中国农谚》《谚海》）

快收快打快入仓，保证粮食不遭殃。〔张掖〕（《甘肃选辑》）

拉到场里一半，收到仓里才算。（《集成》）

拉到场里一半，装到囤里才算。（《中国农谚》）

连枷底下讨个宝。（《中国农谚》）

连枷鸟叫唤快打场。〔天水〕（《甘肃选辑》）

连枷一响三富贵[1]。（《定西农谚》《集成》）

粮进仓，莫忘灾和荒。（《泾川汇集》）

粮食不到口，管理甭松手。〔陇西〕（《集成》）

粮食不到口，管理不能丢。〔甘谷〕（《集成》）

粮食打进仓，莫忘灾和荒。（《谚海》）

龙口夺食。（《定西农谚》）

龙口夺食，颗粒还家。（《新农谚》《山丹汇集》）

拿到场里算庄稼，收到家里算粮食。〔庆阳〕（《集成》）

碾场没窍，磙子转到。〔武山〕（《集成》）

宁收伤链秋。（《静宁农谚志》）

七成收，八成得，十成落个大撅嘴。（《中国农谚》）

七成收，八成丢。（《中国农谚》）

七成熟，八成得。（《中国农谚》）

千斤草，百斤粮。〔通渭〕（《集成》）

前腿弓，后腿蹬，眼望木锨耳听风[2]。（《集成》）

抢种抢收，才能丰收。〔张掖〕（《甘肃选辑》）

抢种抢收，得种得收，种瓜得瓜，种豆得豆。（《泾川汇集》）

秋不凉，籽不黄。（《鲍氏农谚》《中国农谚》）

秋风凉，各样庄稼收[3]上场。（《岷县农谚选》《甘肃选辑》《定西汇编》《中国农谚》）

---

① 富贵：《定西农谚》又作“富汉”。

② 原注：粮食打碾时扬场的技术。

③ 收：《岷县农谚选》作“都”。

秋收计划订周全，下地上山查产量。(《山丹汇集》)
秋收有五忙，割打晒扬藏。(《中国农谚》)
秋田满了瓤，野禽看了忙。(《集成》)
取土打墙，顺风扬场。(《定西农谚》)
三春不如一秋忙，三秋不如一夏忙。(《集成》)
三春不如一秋忙，收割秋耕又打场。(《集成》)
三日青，三日老；三日收[①]，刚刚好。(《谚海》)
山高地冷，早霜薄收[②]。(《平凉府志》《华亭县志》)
收割工作要加强，龙王口里夺黄粱。(《谚海》)
收光拾尽，颗粒不胜。(《谚海》)
收秋没大小，一人一镰刀。〔泾川〕(《集成》《谚海》)
收五分，碾七分，收在仓里算十分[③]。(《定西农谚》《集成》)
熟七分，收十分；熟十分，收七分。(《定西农谚》《集成》)
随到随打，颗粒还家。(《新农谚》《山丹汇集》《甘肃选辑》)
随黄随收莫迟延，防止禾穗撒地内。(《山丹汇集》)
天开仓，地放粮，收不尽，受凄惶。(《谚海》)
天收一半，人收一半。〔泾川〕(《集成》)
田黄八分收十分，田黄十分收八分。(《集成》)
田黄不割，单等风摇。〔张掖〕(《甘肃选辑》《中国农谚》)
田黄七分收十分，田黄十分收七分。(《山丹汇集》《甘肃选辑》《谚语集》)
田黄一时，蚕老一晌，人老一年。(《谚语集》)
田黄一时，紧防暴雨横祸。〔兰州〕(《集成》)
田黄一时，龙口夺食。(《甘肃选辑》《中国农谚》《谚语集》《谚海》)
田黄一夜，人老一年。(《岷县农谚选》《甘肃选辑》《定西农谚》)
头次扬，二次抢[④]。(《中国农谚》)
头黄不等晌。(《岷县农谚选》)
五谷丰登，粮食满囤。(《新农谚》)
五谷五谷，五个月就熟。〔甘南〕(《甘肃选辑》)
媳妇不用夸，且等到婆家；庄稼不用夸，且等收到家。(《中国农谚》)

---

① 收：又作“割”。

② (嘉靖)《平凉府志》卷十一《华亭·风俗》：“华亭谚曰：‘云云。’民多居板屋，依岩隈，中间稍作瓦室，今皆市之，更结草庐，以便（流徙）。”(顺治)《华亭县志》卷上《方舆一·风俗》：“华亭谚曰：‘云云。’故民俗寒俭，居板屋，依岩隈。”

③《集成》注：指秋田作物。收在：《集成》作“放到”。

④ 扬、抢：皆为传统的扬场时的动作。

细收细打，颗粒还家。〔徽县〕（《集成》）

细水流成江，粒米汇成缸。〔定西〕（《甘肃选辑》）

细雨水落成河，粒米积成箩。（《山丹汇集》）

夏忙半月，秋忙四十。（《定西农谚》《集成》）

夏收两怕，刮风天下，若要不怕，紧握镰把。（《集成》）

夏收夏种一放松，秋天产量就会空。（《谚海》）

夏天的忙人冬日闲。（《集成》）

夏天流大汗，秋后粮万石。〔平凉〕（《甘肃选辑》）

夏种无闲耧，收割无闲镰。（《集成》）

先收低田后高田，收了阳山收阴山。〔陇南〕（《集成》）

现黄现割，紧防暴雨横祸。〔天水〕（《集成》）

旋黄旋割。（《中国农谚》）

旋黄旋割，以防白雨百祸。（《岷县农谚选》《甘肃选辑》）

旋黄旋割农家乐。（《谚海》）

旋黄旋收，寸草不丢。（《谚海》）

扬场没风，莫枉费工。（《定西农谚》）

扬场没风，枉费的人工。〔兰州〕（《集成》）

扬场没风，瞎费人工。（《中国农谚》《谚海》）

扬场如岭，抢场如冢。（《中国农谚》《谚海》）

扬场要成一条线，不能扬成一大片。（《谚海》）

要得粮食好，先看场里草。〔清水〕（《集成》）

要知仓里粮，先看垛上穰。（《谚语集》）

要知家中宝，先看场里草。〔清水〕（《集成》）

一粒粮食一滴汗，颗粒还家莫迟慢。〔定西〕（《甘肃选辑》《集成》）

一芒两芒，四十五天上场。〔兰州〕（《甘肃选辑》《甘肃气候谚》《中国农谚》《谚海》）

一芒两芒，一月上场。〔张掖〕（《甘肃选辑》）

一年好景在于秋，粮不进仓不算收。〔武威〕（《集成》）

一年辛苦在于秋，谷不进仓不算收。（《中国农谚》）

一年庄稼二年做。〔酒泉〕（《集成》）

一年庄稼两年务，按时收割没耽误。（《集成》）

一穗丢一颗，半亩一簸箕。（《谚海》）

一穗落一颗，一亩拣一箩[1]。（《集成》）

---

① 箩：又作“簸”。

一早三分收，一晚三分丢。（《集成》）
早割伤镰，晚割落镰。（《中国农谚》）
种在地，成①在天。〔临潭〕（《洮州歌谣》《集成》）
种在雪，收到霜，春节过了才上场②。（《甘肃选辑》）
庄稼不用夸，等到收回家。〔华亭〕（《集成》）
庄稼进了场，孩子没了娘。（《集成》）
庄稼上了场，孩子老婆一起忙。（《集成》）
庄稼种得多，还要细收割。〔武山〕（《集成》）

农　具

不怕天气旱，就怕锄头断。（《集成》）
长把镰，满把斧，镢头板壮了不钻土。〔临夏〕（《集成》）
场上能使左右掀，使车能打回头鞭。（《谚语集》）
锄怕三③张，牛怕两犋。（《岷县农谚选》《谚语集》）
春季水车响，秋冬粮满仓。（《定西汇编》）
二牛老杠头，种地不见收。〔天水〕（《甘肃选辑》）
各样农具齐检查，坏者修补缺的添。（《山丹汇集》）
各样农具作周全，套上黄牛犁冬水。（《山丹汇集》）
工欲善其事，必先利其器。（《山丹汇集》）
老犁耕铺地④，自己哄自己。（《岷县农谚选》《会宁汇集》）
犁辕长一寸，拉出老牛的稀粪。（《定西汇编》）
镰快就怕背篼漏。（《中国农谚》《谚海》）
满把镰刀半板锄。（《集成》）
没有新式农具，难以提高效率。（《谚海》）
磨镰三分快，抽烟七分灾。（《谚海》）
七分农具三分力，老牛拉车怪着气。〔临夏〕（《甘肃选辑》）
人快不如家当快。（《定西汇编》）
人快不如家具快，老汉能把青年赛。〔临夏〕（《甘肃选辑》）
若要种好田，农具拾掇全。〔华池〕（《集成》）

---

① 成：《集成》〔兰州〕作“收”。
② 原注：二阴地区种田收割季节。
③ 三：《岷县农谚选》作“二”。
④ 犁：《会宁汇集》作“铧”。铺地：休耕轮歇地。

三分农艺，七分工具。(《集成》)
深翻地要有犁，扬青稞要有风。〔甘南〕(《集成》)
手快不如家具快。〔定西〕(《甘肃选辑》)
水车转得欢，粮食堆成山。(《定西汇编》)
提起镢头，想起蔫中[①]。(《集成》)
弯镰直斧翘[②]镢头，工具顺手省劲头。〔岷县〕(《集成》)
修农具运肥料，春耕准备作周到。(《山丹汇集》)
要想干得巧，工具改良好。〔定西〕(《甘肃选辑》)
庄稼人爱的农具，当兵人爱的武器。〔天水〕(《甘肃选辑》)
庄稼要长好，劳力新农具少不了。(《新农谚》《定西汇编》)

---

① 蔫中：原注指干柴火。
② 翘：《集成》作“躁”。

作物编

粮食作物

大小麦

倒　茬

包谷茬种麦，穷人待客。〔天水〕（《中国农谚》《谚海》）

菜茬种麦子，不足糊裂子①。〔兰州〕（《甘肃选辑》《中国农谚》）

大豆茬里的麦，请着②来的客。〔兰州〕（《甘肃选辑》《中国农谚》《谚海》）

大豆地种麦，等于隔日请客。〔甘南〕（《甘肃选辑》《中国农谚》《谚海》）

豆茬倒③麦茬，长得七股八个杈。（《宁县汇集》《泾川汇集》）

豆茬倒麦茬，长得七股八柯杈。（《定西汇编》）

豆茬倒麦茬，长得七股八丫杈。〔张掖〕（《甘肃选辑》《中国农谚》《谚海》）

豆茬倒麦茬，七股八柯杈④。（《静宁农谚志》《定西农谚》）

豆茬倒麦茬，小麦结得像疙瘩。〔天水〕（《甘肃选辑》《中国农谚》《谚海》）

豆茬倒种，七股八丫杈。〔平凉〕（《甘肃选辑》《中国农谚》）

豆茬的麦，请到的客。（《定西汇编》《中国农谚》《定西农谚》《谚海》）

豆茬的麦，请下的客。（《甘肃选辑》《天祝农谚》《中国农谚》）

豆茬地里的麦，请来的客。〔临夏〕（《甘肃选辑》《中国农谚》《谚海》）

豆茬地里种麦，赛如蜂蜜蘸馍。（《甘肃选辑》《中国农谚》《定西农谚》《谚海》）

豆茬调麦茬，麦豆连把抓。（《白银民谚集》）

豆茬里的麦，头发里的蚤。（《岷县农谚选》）

豆茬麦，不得错。（《山丹汇集》）

豆茬麦，不得错；糜茬麦，望着哭；麦茬豆，请来的舅。〔山丹〕（《集成》）

豆茬麦，不怕苦；麦茬豆，亲如舅。〔兰州〕（《甘肃选辑》《中国农谚》《谚海》）

豆茬种麦，隔日请客。（《定西农谚》）

豆茬种麦，十保九收下。〔平凉〕（《甘肃选辑》《中国农谚》《谚海》）

---

① 裂子：将破旧衣服拆成一片片布，用糨糊一层层粘起来，用来纳鞋底或做鞋垫。

② 《谚海》无“着”字。

③ 倒：《泾川汇集》作“种”。

④ 柯杈：《静宁农谚志》作“个杈”。

豆茬种麦，十种九得[①]。（《定西农谚》）

豆茬种麦，收一大堆。（《中国农谚》《谚海》）

豆茬种麦茬，十保[②]九收下。（《宁县汇集》《泾川汇集》《平凉气候谚》）

豆茬种小麦，娃娃赶酒来。〔天水〕（《甘肃选辑》《中国农谚》）

豆地麦，起堆堆；麦地糜，如手提。〔灵台〕（《集成》）

谷地种麦，穷汉请客。（《天祝农谚》《中国农谚》《定西农谚》《谚海》《集成》）

谷后种麦，穷人请客。（《定西农谚》《谚海》）

谷后种麦，有去无回。〔天水〕（《甘肃选辑》《中国农谚》《谚海》）

谷连麦，买马匹；麦连谷，守着哭。〔兰州〕（《甘肃选辑》《中国农谚》《谚海》）

老砂麦茬倒秋茬，秋茬倒歇地，歇地倒麦茬，三年一换茬。（《谚语集》）

麦不病豆，豆不病[③]麦。〔武山〕（《集成》）

麦不倒茬，枉费犁铧。〔华亭〕（《集成》）

麦不离豆，豆不离麦。（《张氏农谚》《费氏农谚》《鲍氏农谚》《中国农谚》《定西农谚》《谚海》）

麦茬种麦茬，连枷打连枷。（《甘肃选辑》《中国农谚》《谚海》）

麦连麦，皮子薄。〔甘南〕（《甘肃选辑》《中国农谚》《谚海》）

麦要好，茬要倒。（《定西汇编》《定西农谚》《中国农谚》）

麦要好，地要倒。（《谚海》《定西农谚》《中国农谚》）

麦要好，地要倒，换种更比倒茬好。（《集成》）

麦种不过三四年，时间长了草长满。（《庆阳汇集》）

麦种不过三四年，时间再长草变田。〔民乐〕（《集成》）

麦种七八料，全是燕麦草。（《泾川汇集》）

麦种三年，茬口要变。（《集成》）

麦种三年没有皮。〔甘南〕（《甘肃选辑》《中国农谚》《谚海》）

麦种三年如火地，连年种麦必残地，轮种倒茬如歇地。（《集成》）

麦种三年要倒茬，豆子地里长庄稼。〔平凉〕（《甘肃选辑》《中国农谚》《谚海》《集成》）

麦种三年一包面，糜种三年一条线。（《甘肃选辑》《中国农谚》《定西农谚》《谚海》）

---

① 得：又作“收”。

② 保：《平凉气候谚》作“除”。

③ 病：方言，妨害。

麦种三年一条线，荞种三年一包面，糜种三年连根烂。(《集成》)

麦种三四料[1]，野燕麦加黄蒿；糜种三四料，全是一把草。〔华亭〕(《集成》)

麦种三四年，杂草遍地长。(《平凉汇集》《谚海》)

麦种十几料，全是燕麦草。〔平凉〕(《甘肃选辑》《中国农谚》《谚海》《集成》)

麦种十几料，全是燕麦草；糜种料数多，全是野糜草。(《庆阳汇集》)

麦种十年没颗，豆种十年没角[2]。(《定西农谚》)

麦种十年没颗儿，花种十年没[3]朵儿。(《中国农谚》《谚海》)

麦种十年没颗儿，糜种十年没朵儿。(《集成》)

麦种十年没颗儿，棉种十年没朵儿。(《定西汇编》《庆阳县志》)

麦子不倒茬，十种九年瞎。〔甘谷〕(《集成》)

麦子[4]好，茬要倒。(《岷县农谚选》《甘肃选辑》)

麦子要上石，茬口要倒换。(《定西农谚》)

麦子要上石，勤把茬口换。(《集成》)

糜茬的麦，请来的客。(《山丹汇集》)

糜茬种了麦，黄老鼠吃了雪。(《山丹汇集》)

苜蓿地种麦，一亩打五百。〔泾川〕(《集成》)

青稞地里种麦子，家家都能养骡子。〔临夏〕(《甘肃选辑》《中国农谚》《谚海》)

青稞地里种麦子，羊肉加包子。(《定西农谚》)

青稞种小麦，麻雀养不活。〔甘南〕(《中国农谚》《谚海》)

青稞种小麦，羊肉加包子。〔甘南〕(《甘肃选辑》《中国农谚》《谚海》)

青稞种小麦，阴山种松树。〔甘南〕(《甘肃选辑》)

三重茬，赛红花[5]。(《定西县志》《甘肃选辑》《定西农谚志》《中国农谚》)

舍豆抓麦[6]。(《会宁汇集》)

天不寒，地不冻，回茬麦，还能种。(《谚海》)

天花地[7]种麦，不务老自来。〔甘南〕(《甘肃选辑》《中国农谚》《谚海》)

---

① 料：方言，原注指一个种植年。

② 角：又作“荚”。

③ 没：《谚海》作“能”。

④ 麦子：《甘肃选辑》〔定西〕作“麦儿”。

⑤ 《定西县志》注：地连种麦三次，则收成更好。。

⑥ 原注：扁豆虽然产量低，可是扁豆茬种的麦子，能得到丰产。

⑦ 天花地：原注指大豆茬。

头茬豆子二茬麦，家家都不缺吃的。〔民乐〕（《集成》）

头茬豌豆二茬麦，三茬包谷四茬歇。（《定西农谚》）

头茬豌豆二茬麦，三茬玉米①四茬歇。〔天祝〕（《天祝农谚》《中国农谚》《谚海》）

头茬豌豆二茬麦，种过谷子不如歇。（《定西农谚》）

头年豆子二年麦，三年糜子没秕的。〔武威〕（《集成》）

头年豆子②二年麦，种过谷子不如歇。〔张掖〕（《甘肃选辑》《中国农谚》《谚海》）

头年豆子二年麦，种过糜子种荞麦。〔武威〕（《集成》）

想吃大窝窝，青茬种小麦。〔甘南〕（《甘肃选辑》《中国农谚》《谚海》）

歇地的麦，猪身的虱。〔甘南〕（《甘肃选辑》《中国农谚》《谚海》）

洋芋地里种麦子，一料就顶两料子。（《集成》）

一豆二麦三洋芋，糜谷荞麦抓着的。（《宁县汇集》）

一年豌豆，两年好麦；一年油菜，三年好麦。〔泾川〕（《集成》）

以前穷人待客，正如包谷茬种麦。〔天水〕（《甘肃选辑》）

油菜上茬麦。（《谚海》）

玉米地回茬麦，长起来颗颗密。（《宁县汇集》《甘肃选辑》《平凉气候谚》《中国农谚》《谚海》《集成》）

种麦不倒茬，十年九年瞎。（《定西汇编》《中国农谚》《定西农谚》《谚海》）

种麦不倒茬，枉费③犁和铧。（《中国农谚》《定西农谚》）

种麦不过三四年，时间长了草长满④。（《宁县汇集》《甘肃选辑》《平凉气候谚》）

种　子

麦种不选好，收成对半减。（《定西汇编》）

麦种浸得好，来年黑穗少。〔环县〕（《集成》）

麦种泡温水，不长黑包包。（《定西农谚》）

麦种如不选，产量对半减。（《定西农谚》）

麦种湿水泡，不生火烟泡。（《集成》）

麦种温水泡，不长黑包包⑤。（《岷县农谚选》《定西汇编》《甘肃选辑》

---

① 玉米：《天祝农谚》作“玉麦”。

② 豆子：《中国农谚》又作“豆”。

③ 费：《定西农谚》又作“磨”。

④ 长满：《甘肃选辑》作“遍地”。

⑤ 麦种：《定西汇编》作“麦穗”。黑包包：黑穗病。黑：《岷县农谚选》《甘肃选辑》作“墨”。

《中国农谚》)

麦籽常换种，顶如多上粪。(《定西农谚》)

麦籽调一调，好比上肥料。(《定西农谚》)

麦籽调一调，强如上肥料。(《集成》)

田里高低不平，麦子品种不纯。〔武山〕(《集成》)

盐水把种浸，麦苗绿又青。(《集成》)

种冬麦有三宝，颗粒大，产量高，调剂农活更重要，耐冬抗旱效果好。(《新农谚》《山丹汇集》)

种麦不选种，白把自己哄。(《集成》)

种麦选良种，一垄顶两垄。(《定西农谚》)

种前晒一晒，麦子出得快。(《集成》)

整　地

薄地里不出好麦子，土薄了长不出大萝卜。(《定西农谚》)

春耕不忙，麦天饿肠。〔天水〕(《甘肃选辑》)

打胡基种麦，捎话请客来。〔平凉〕(《甘肃选辑》《中国农谚》《谚海》)

冬天地冬翻，来年麦子打万石。(《平凉气候谚》)

伏里耕三遍，麦糜尽是面。(《会宁汇集》《定西汇编》)

伏里收底墒，收麦有希望。〔华亭〕(《集成》)

刮碱皮，多上沙，保证小麦能收下。〔张掖〕(《甘肃选辑》)

胡基大得像牛头，来年麦子咋能稠。〔泾川〕(《集成》)

胡基响，麦不长。(《定西汇编》)

扛黑碱，铺黄沙，种上大[1]麦打一千。〔张掖〕(《甘肃选辑》《中国农谚》《谚海》)

犁成的麦，锄成的秋。(《定西汇编》《集成》)

犁成的麦，种成的秋。(《中国农谚》《谚海》)

犁地掏窟窿，长下麦子没[2]影影。〔张掖〕(《甘肃选辑》)

犁地掏窑窑，种上春麦似黄毛。〔平凉〕(《甘肃选辑》《谚海》)

犁地掏窑窑，种上的麦子是黄毛毛[3]。(《新农谚》《山丹汇集》《定西汇编》《定西农谚》《谚海》)

六月初耕麦地，七月初收墒水。(《平凉汇集》《中国农谚》《谚海》)

---

① 《谚海》无“大”字。

② 没：原作“莫”。

③ 《定西农谚》无“是”字。《谚海》无“黄”字。

六月初耕麦地，七月初收上水，来年麦子如油色。(《庆阳汇集》《平凉气候谚》)

麦蝉叫唤耕麦地，秋蝉叫唤快收荞。〔天水〕(《甘肃选辑》《中国农谚》《谚海》)

麦地翻在伏里，好像收在缸[①]里。(《定西农谚》)

麦地翻在伏里，收在窑里[②]。(《宁县汇集》《静宁农谚志》《甘肃选辑》《平凉气候谚》《中国农谚》《谚海》《集成》)

麦地耕五遍，长的苗儿像罗汉。〔天水〕(《甘肃选辑》)

麦地犁三遍，必定打三石。〔兰州〕(《甘肃选辑》《中国农谚》《谚海》)

麦地三件宝，深翻施肥勤锄草。(《宁县汇集》)

麦地挖一遍，颗颗像鸡蛋。〔天水〕(《甘肃选辑》)

麦耕务早，越早越好。(《定西汇编》)

麦怕胡基荞怕踩。(《定西汇编》)

麦怕胡基荞怕草，豌豆怕的苋虫咬。(《集成》)

麦怕胡基荞怕柴[③]，谷子怕的不出来。(《中国农谚》《谚海》)

麦怕胡基荞怕柴[④]，谷子深了肯出来。(《甘肃选辑》《中国农谚》)《定西农谚》《谚海》)

麦怕胡基荞怕柴，娃娃怕的穿草鞋。(《静宁农谚志》《甘肃选辑》《中国农谚》《谚海》)

麦怕胡基荞怕柴，娃娃怕的穿烂鞋。(《宁县汇集》《谚海》)

麦怕胡基荞怕柴，豌豆缺枕不出来。〔景泰〕(《集成》)

麦怕胡基荞怕柴，莜麦种在板碴里不出来。(《会宁汇集》)

麦怕胡基荞怕柴，玉米高粱怕的一茬里。(《泾川汇集》)

麦怕胡基[⑤]荞怕柴。(《庆阳汇集》《甘肃选辑》《平凉气候谚》《平凉汇集》《临洮谚语集》《中国农谚》)

麦怕坷垃荞怕草。〔甘谷〕(《集成》)

麦怕土疙瘩，秋怕草围它[⑥]。(《中国农谚》《定西农谚》)

麦怕土块荞怕柴[⑦]，莜麦跌进板皮不出来。(《定西农谚》《集成》)

---

① 缸：又作“柜”。

② 《集成》此句前有“麦子”一词。

③ 柴：《谚海》又作“草”。

④ 柴：《定西农谚》又作“草”。

⑤ 胡基：《临洮谚语集》作“土基”。

⑥ 草围它：《定西农谚》作“草格坝”，指草害。

⑦ 土块：《集成》作“胡基”。柴：《定西农谚》又作“草”。

麦收当年墒，深翻顶上粪。〔武威〕（《集成》）

麦收隔年墒。（《定西农谚》）

麦收隔年墒，深耕要耱光。〔华亭〕（《集成》）

麦田出在犁头上，秋田出在锄头上。（《泾川汇集》）

麦田出在牛领[1]上，秋田出在锄头上。（《清水谚语志》）

麦要好，有四宝：深耕施肥防虫加锄草。（《集成》）

麦子不怕草，就怕干疙瘩咬。（《定西农谚》）

麦子不怕草，就怕胡基咬。（《定西汇编》《谚海》）

麦子不怕旱，就怕坷垃咬。〔天水〕（《甘肃选辑》《中国农谚》）

麦子长在牛领上，糜谷长在锄头上。（《陇南农谚》《定西汇编》）

麦子收在犁上。〔甘谷〕（《集成》）

麦子收在犁上，包谷[2]收在锄上。（《定西农谚》《中国农谚》《谚海》）

麦子喜欢土层厚，哪一个人不爱吃大肉。〔天水〕（《甘肃选辑》）

麦子要熟好，晒死伏里草。（《庆阳汇集》《中国农谚》《定西农谚》《谚海》）

秋出人力，麦出牛工。（《泾川汇集》）

秋田出在锄头上，麦田出在犁头上。（《中国农谚》《谚海》）

秋田是锄下的，麦子是犁下的。（《定西农谚》）

秋在打扮麦在犁。〔甘谷〕（《集成》）

若要麦子好，斩死伏里草。（《平凉汇集》《谚海》）

深深耕，细细耙，不收麦子还收啥。（《天祝农谚》《中国农谚》）

深深耕，重重耙，多收麦，没二话。（《庆阳汇集》《定西汇编》《中国农谚》）

深深耕种重施肥，多收麦，没二话。（《宁县汇集》）

深深犁，重重耙，多收麦[3]，没二话。（《岷县农谚选》《甘肃选辑》《中国农谚》）

深一尺，翻三遍，小麦亩产千万石。（《酒泉农谚》）

深一尺，挖三遍，小麦增产千万石[4]。〔定西〕（《甘肃选辑》）

头伏麦地三碗油，二伏[5]麦地三碗水。（《庆阳汇集》《宁县汇集》《平凉汇集》《甘肃气候谚》《中国农谚》《谚海》）

土地耕成波丝网，麦子才肯长。〔天水〕（《甘肃选辑》《中国农谚》《谚海》）

---

① 牛领：原误作“中岭”，“中”为形近而误，“岭”为同音别字，据文意正之。

② 包谷：《中国农谚》《谚海》又作“玉米”。

③ 麦：《甘肃选辑》又作“小麦”。

④ 石：原作“担”，今按旧时农村用升、斗、石之惯例，统一为“石”，后有类似者不再出校。

⑤ 二伏：《甘肃气候谚》作“三伏”。

想吃麦子犁三遍，想吃洋芋隔犁点。(《集成》)

小麦不收草，就怕疙瘩咬。(《集成》)

小麦出在犁头上，包谷出在锄头上。〔天水〕(《甘肃选辑》)

小麦米，惊蛰犁；芒种米，出土皮。(《酒泉农谚》)

小麦要叫长得摸着腰，到了中伏犁四遍，又肯长，又不旱，保证小麦打一千。〔张掖〕(《甘肃选辑》)

要吃馒头，把地耕①透。(《中国农谚》《定西农谚》《谚海》)

要使麦子饱，晒死伏里草。(《宁县汇集》《平凉气候谚》)

庄稼汉要吃面，麦伏把犁一遍。(《宁县汇集》)

施　肥

春麦若要长得好，秋天上粪少不了。(《定西汇编》)

冬季送粪堆满地，夏季小麦装满仓。〔平凉〕(《甘肃选辑》)

多和肥料，米麦如山。(《谚海》)

多施灰肥也有效，种下麦子打头好。(《宁县汇集》)

伏天积满三圈粪，明年小麦收满囤。〔合水〕(《集成》)

狗粪上②菜羊粪麦，洋芋喜欢炕土灰。(《中国农谚》《定西农谚》《谚海》)

旱地小麦要增产，饱施底肥加深翻。〔泾川〕(《集成》)

今冬能积三车粪，明秋麦子装满囤。(《中国农谚》《甘肃农谚集》)

麻渣麦子羊粪谷，大粪高粱不用数。(《定西汇编》)

麦地上粪二寸半，颗颗就像鸟儿蛋。(《宁县汇集》《甘肃农谚集》)

麦地上③绿肥，吃麦地又肥。〔张掖〕(《甘肃选辑》《甘肃农谚集》《中国农谚》)

麦豆没粪，不如不种。(《定西农谚》)

麦凭粪长。〔甘谷〕(《集成》)

麦前种绿肥，吃麦田又肥。(《定西汇编》)

麦收肥水足。(《定西农谚》)

麦收胎里富。(《岷县农谚选》《甘肃选辑》)

麦收胎里富，底肥要上够。〔灵台〕(《集成》)

麦收胎里富，一股劲儿促。(《谚语集》)

---

① 耕：《定西农谚》作“犁”。

② 《定西农谚》无“上”字。

③ 上：《中国农谚》作“种”。

麦种[①]胎里富。(《中国农谚》《定西农谚》)

麦子多上粪，长得比人俊。(《定西农谚》)

麦子上足粪，家里安大囤。〔陇南〕(《集成》)

麦子施肥重苗肥，油菜施肥重花肥。(《定西汇编》)

上粪不上粪，田麦是证明，如果春天哄了地，收割以后饿肚皮。〔张掖〕(《甘肃选辑》)

施肥污过，小麦生长好。(《宁县汇集》)

十里路上夹泡尿，麦子打得没处倒。〔玉门〕(《集成》)

熟地麦，生地瓜，谷子怕的是重茬。(《集成》)

熟地麦，生地瓜，芸芥种后要歇茬。(《集成》)

无肥莫种麦，无肉莫请客。(《定西农谚》)

小麦不上粪，等于瞎胡混。〔兰州〕(《集成》)

小麦喜的胎里富。〔武山〕(《集成》)

阳山地上[②]粪，麦子长得比人俊。〔甘南〕(《甘肃选辑》《中国农谚》《谚海》)

要看麦堆，先看粪堆。(《定西农谚》《集成》)

淤泥地肥力高，麦穗肥大颗粒饱。〔张掖〕(《甘肃选辑》)

种麦不上粪，等于瞎胡混。(《定西农谚》)

种麦不上粪，枉把天爷恨。(《定西汇编》)

抓粪种麦把子密，抓粪种荞把子稀。〔平凉〕(《甘肃选辑》《中国农谚》《谚海》《集成》)

播种、土宜

八九麦子九九豆。(《临洮谚语集》)

八月初一晴，麦子上老林；八月初一下，麦子下河坝。(《两当汇编》)

八月十五晴，麦籽撒进林；八月十五下，麦籽撒下坝[③]。(《中国谚语资料》《中国农谚》《谚海》《中国气象谚语》)

八月一，种早麦。(《中国农谚》《谚海》)

八月种麦铺满山，九月种麦旗一杆。(《集成》)

白露高山麦。(《甘肃选辑》《清水谚语志》《中国农谚》《甘肃天气谚》)

---

① 种：《定西农谚》又作“看”“生”，《中国农谚》作“要”。

② 上：《中国农谚》误作“土”。

③ 籽：《中国农谚》《谚海》作“子”。

白露高山麦，川道[①]跟秋风。(《平凉汇集》《定西农谚》)

白露高山麦，寒露都出来。(《定西农谚》《集成》)

白露过，小麦糖。〔泾川〕(《集成》)

白露可种高山麦，谷雨前后种芒麦。(《甘肃气候谚》)

白露偏早，种麦正好。〔西和〕(《集成》)

白露前后种小麦。〔庆阳〕(《中国农谚》《谚海》)

白露前十天不早，白露后十天不迟。〔平凉〕(《甘肃选辑》《中国农谚》《谚海》《集成》)

白露早，寒露迟，秋分麦子正[②]当时。(《泾川汇集》《甘肃选辑》《平凉气候谚》《定西汇编》)

白露早，寒露迟，秋分种麦正当时[③]。(《中华农谚》《张氏农谚》《费氏农谚》《陇南农谚》《泾川汇集》《甘肃选辑》《甘肃气候谚》《中国农谚》《定西农谚》《集成》《谚海》)

白露中间种小麦，保证来年有吃的。(《集成》)

北山麦子南山荞。〔武山〕(《集成》)

冰碴种麦子，高兴一辈子。(《集成》)

播种[④]要抢先，割麦要抢天。〔陇南〕(《集成》)

迟麦不迟扁豆，豌豆没时候。(《会宁汇集》)

迟麦不迟豆，麦靠的时候。(《临洮谚语集》)

迟麦不迟豆，青稞大麦没时候。(《定西农谚》)

迟麦不迟豆，青稞没时候。(《岷县农谚选》《定西农谚》)

迟麦不迟豆，青稞燕麦没时候。(《定西农谚志》)

迟麦不迟豆，洋芋没时候。(《定西农谚》)

迟麦不种豆，青稞种时候。〔定西〕(《甘肃选辑》《中国农谚》《谚海》)

迟麦换迟豆，青稞算时候。〔甘南〕(《甘肃选辑》)

稠麦豆，稀青稞，扁豆一个跟一个。(《甘肃选辑》《天祝农谚》《中国农谚》《谚海》)

稠麦浪豆撒青稞。〔甘南〕(《中国农谚》《甘肃选辑》)

稠麦浪豆稀青稞。(《甘肃选辑》《天祝农谚》《中国农谚》《谚海》)

稠麦稀豆浪[⑤]青稞，扁豆子一个跟一个，稠在一把接一把，稀在一把空一

---

① 川道：《定西农谚》作“平川”。

② 正：《甘肃选辑》作“还”。

③ 当时：《陇南农谚》作“合时”，《甘肃选辑》又作“适时”。

④ 播种：又作“栽秧”。

⑤ 浪：方言，指不稠不稀。

撒。〔武威〕(《集成》)

春分把麦种，寒食掩老鸹。(《集成》)

春分地气通，春麦快播种。〔天祝〕(《集成》)

春分过后，种麦种豆。(《中国农谚》《定西农谚》《谚海》《集成》)

春分横犁麦。〔武威〕(《集成》)

春分九九①头，麦子种在土里头。(《定西农谚》《谚海》)

春分麦，立夏糜，小满种谷刚合适。(《定西农谚》)

春分麦，芒种糜，小满种谷刚合适。〔张掖〕(《甘肃选辑》《甘肃气候谚》《中国农谚》)

春分麦入土，清明地头青。(《集成》)

春分前，忙种麦。(《谚海》)

春分前，种麦种豆。(《甘肃气候谚》《谚海》)

春分前后，种麦种豆。(《甘肃气候谚》)

春分以前，麦子种完。(《酒泉农谚》《甘肃气候谚》《谚海》)

春分有雨万家忙，先种春麦后插秧。〔兰州〕(《集成》)

春分种春麦。(《中国农谚》《定西农谚》《谚海》)

春分种春麦，立夏种瓜豆。(《集成》)

春分种春麦，秋风糜子寒露谷。〔定西〕(《甘肃选辑》)

春分种麦，迟了半月。(《集成》)

春分种庄稼，麦苗一齐发。(《甘肃气候谚》《谚海》)

春麦豌豆种在九里头，收不收②打几斗。(《甘肃选辑》《平凉气候谚》《中国农谚》)

春麦要种在冰上，收在火上。(《定西汇编》)

春麦种在三月半，不如把种子吃凉面。〔陇西〕(《集成》)

大麦不过芒种，小麦不过夏至。(《鲍氏农谚》《中国农谚》《谚海》)

大麦不过年，小麦不过冬③。(《张氏农谚》《鲍氏农谚》《中国农谚》《谚海》)

大麦不过小满，小麦不过芒种。(《中国农谚》《谚海》)

大麦豌豆不出九。(《泾川汇集》)

大暑早，白露迟，立秋冬麦种合适。(《山丹汇集》)

到了霜降，种麦瞎撞。(《集成》)

---

① 九九：《谚海》作“九尽”。

② 收不收：《甘肃选辑》〔平凉〕作“成不成”。

③ 原注：指大小麦播种时间，冬指立冬。

冬麦不离八月土，荞麦最迟六月种。(《集成》)

冬麦深，春麦浅。(《定西农谚》)

冬麦种到白露后十天，平安过冬不受寒。(《岷县农谚选》《甘肃选辑》)

冬扎根，春长身，扬花以后看收成。〔泾川〕(《集成》)

二指浅，四指深，麦种三指正当心。〔陇西〕(《集成》)

伏里有雨地皮凉，提前十天种麦忙；伏里无雨地皮热，迟种十天还可歇。〔甘谷〕(《集成》)

伏里有雨地皮凉，小麦早种十[1]天强。(《陇南农谚》《甘肃气候谚》)

伏里雨多好种麦。(《集成》)

高山不种白露麦。(《集成》)

高是湖，低是地[2]。〔张掖〕(《甘肃选辑》)

隔月种，同月收。〔甘谷〕(《集成》)

狗蹄花儿一寸长，大麦小麦都种上。〔通渭〕(《集成》)

狗娃草，开花花，种上麦子没麻达[3]。〔兰州〕(《集成》)

枸杞来年信，种麦不用问。(《集成》)

谷雨后种麦，有去无归。(《甘肃气候谚》)

谷雨前，麦豆完。〔甘南〕(《甘肃选辑》《甘肃气候谚》《谚海》)

寒露到霜降，种麦要紧张。(《中国农谚》《谚海》)

和泥的麦，杠上的荞。〔甘南〕(《甘肃选辑》《中国农谚》《谚海》)

和泥的麦子，干种的荞，豌豆干种没有苗。〔天水〕(《甘肃选辑》《中国农谚》《谚海》)

和泥麦子干种荞，豌豆干种没有苗。(《定西农谚》)

黑麻土，真正好，天旱雨涝跑不了；种其他，都能行，惟有小麦长得凶。(《静宁农谚志》)

黑土爱长田，种下麦子[4]吃不完。(《岷县农谚选》《甘肃选辑》《中国农谚》《定西农谚》《谚海》)

黑土黄麻土真好，天旱雨涝跑不了；种植小麦特别好，秆子壮，穗子长，粒子肥的像个花麻枣，颗粒还场装不了。(《宁县汇集》《甘肃选辑》)

黑土黄麻土真正好，种上小麦长得好。(《平凉气候谚》)

红不红，黄不黄，百草不生不打粮，割死麦客子[5]笑死驴，掌柜的叫唤没

---

① 十：《甘肃气候谚》作“一”。

② 原注：指油�地麦田适时早播。

③ 原注：白露、秋分间种麦。麻达：方言，麻烦。

④ 麦子：《定西农谚》又作“庄稼”。

⑤ 麦客子：揽工割麦的人。

吃的。〔天水〕(《甘肃选辑》《中国农谚》)

红胶泥节子[①]，年年种麦子；身身不大穗穗长，天旱雨涝都无妨。〔张掖〕(《甘肃选辑》《中国农谚》《谚海》)

黄菊花儿开，快种小麦来。〔清水〕(《集成》)

黄土宜禾，黑土宜麦，红土宜豆。〔甘谷〕(《集成》)

火眼上麦子火眼上的豆。〔甘南〕(《甘肃选辑》)

加九的麦，请来[②]的客。(《新农谚》《山丹汇集》《中国农谚》《谚海》)

惊蛰的麦子清明的豆，叶叶儿长得绿油油[③]。〔临夏〕(《甘肃选辑》《甘肃气候谚》《中国农谚》)

九里的麦，隔了夜的客。〔兰州〕(《甘肃选辑》《中国农谚》)

九里的麦，请下的客。(《高台农谚志》《敦煌农谚》《中国农谚》)

九里的麦不得错。〔张掖〕(《甘肃选辑》《中国农谚》)

九月麦，勤早克。(《酒泉农谚》)

九种麦子夏种糜，谷雨谷子最适时[④]。(《会宁汇集》《定西汇编》)

立冬不种麦。(《甘肃气候谚》)

立土口朝上，下雨浇水全渗光，土厚松软根扎深，种麦种棉全能行。〔张掖〕(《甘肃选辑》)

立土口朝上，下雨浇水全渗光，土头厚，土性松，种麦种棉全能行。(《敦煌农谚》)

连割带打一齐作，收拾农具种冬麦。(《山丹汇集》)

麦不出九，春分粮入土。(《甘肃气候谚》《谚海》)

麦地泥挖挖[⑤]，淋死荞麦花。(《平凉汇集》《中国农谚》《谚海》)

麦过寒露要加籽。〔甘谷〕(《集成》)

麦见阎王豆见天，种起荞麦掩半边。〔天水〕(《甘肃选辑》《中国农谚》《谚海》)

麦耩黄泉谷露糠，糜子耩[⑥]在地皮上。〔平凉〕(《中国农谚》《谚海》)

麦耩黄泉谷露糠，棉花耩[⑦]在地皮上。(《中国农谚》)

麦可种泥条，谷要种黄墒。(《谚海》)

---

① 节子：《甘肃选辑》注指此乃群众形容土壤肥沃之意。

② 来：《山丹汇集》作“下”。

③ 《中国农谚》无“的”字，《甘肃气候谚》无“儿”字。

④ 夏：立夏。适时：《定西汇编》作“适宜”。

⑤ 泥挖挖：方言，指地里潮湿、道路泥泞的样子。

⑥ 耩：又作“种”，原注指用耧播种。

⑦ 棉花：又作“芝麻”。

麦凭牛工，秋凭人工。〔陇南〕（《中国农谚》《谚海》《集成》）

麦跷泥，干燥糜。〔平凉〕（《集成》）

麦荞只盖半个脸。（《集成》）

麦是耕工荞是粪，谷子不锄不要种。〔天水〕（《甘肃选辑》）

麦是耕工荞是粪，糜谷不锄不要种。（《中国农谚》《定西农谚》《谚海》）

麦是牛工，秋是锄工。（《宁县汇集》《平凉气候谚》）

麦是种，荞是粪，谷子不锄不要种。（《清水谚语志》）

麦稀不好看，麦稠吃饱饭。〔平凉〕（《集成》）

麦稀不黄，荞稀不长。〔华亭〕（《集成》）

麦稀长叶子，豆稀长角子。〔通渭〕（《集成》）

麦稀自薄，麦收三九月里墒。（《宁县汇集》《静宁农谚志》）

麦要种成，谷要锄成。（《会宁汇集》《定西汇编》）

麦在种，秋在锄。〔泾川〕（《集成》）

麦种白露口，一升打一斗。（《集成》）

麦种黄田谷露糠，糜子种在地皮上。（《宁县汇集》《甘肃选辑》）

麦种莫怕种，惜种减收成。（《定西汇编》）

麦种泥窝，保[①]吃白馍。（《宁县汇集》《静宁农谚志》《甘肃选辑》《平凉气候谚》《中国农谚》《谚海》）

麦种清明前后，肚子吃成石头。〔甘南〕（《甘肃选辑》《中国农谚》《谚海》）

麦种深，谷种浅，荞麦盖上半边脸。（《中国谚语资料》《中国农谚》）

麦种深，糜种浅，荞麦只种半个脸。〔永昌〕（《集成》）

麦种稀籽，饿坏妻子。（《定西农谚》）

麦种一石，绿收一半。（《集成》）

麦种一月，麦收几天。（《谚海》）

麦种一月，收麦几天[②]。（《中国农谚》《定西农谚》）

麦子不过春分，豆子不过清明。〔酒泉〕（《集成》）

麦子不离九月土，包谷不离三月节。〔天水〕（《甘肃选辑》《中国农谚》《谚海》）

麦子不往清明种，春麦跟社不在家。（《集成》）

麦子稠，谷子稀，大豆地里卧下鸡。（《集成》）

麦子稠了一堵墙，糜谷稠了一把糠。（《定西汇编》《集成》）

麦子地薄宜早种。〔天水〕（《甘肃选辑》《中国农谚》《谚海》）

---

① 保：《宁县汇集》作“包”，《平凉气候谚》作“要”。

② 几天：又作“一时”。

麦子二分糜二寸，一尺谷子不走空。(《会宁汇集》)

麦子泡的黄豆大，满地没芽芽[1]。〔定西〕(《甘肃选辑》)

麦子清明十三加土旺，小麦胡麻一起扬。(《清水谚语志》)

麦子三条根，不怕你栽得深。(《甘肃选辑》《天祝农谚》《中国农谚》《谚海》)

麦子要好，必须种早。〔天水〕(《甘肃选辑》)

麦子要种成，谷子要锄成。(《集成》)

麦子种到九里，多呢少呢有哩。(《靖远农谚》)

麦子种到[2]九里，晒死晒活有哩。(《甘肃选辑》《中国农谚》《定西农谚》)

麦子种宽垄，黄疸会少生。(《中国农谚》《谚海》)

麦子种在冰上，丢在心上。(《酒泉农谚》)

麦子种在泥窝窝，狗也吃得白馍馍。(《定西农谚》)

麦子种在稀泥洞，豌豆种在胡基缝。〔成县〕(《集成》)

糜黄种麦，麦黄种糜。(《谚海》)

泥里埋麦[3]，十种九得。(《甘肃选辑》《中国农谚》《定西农谚》《谚海》)

七九麦子八九豆，光屁股娃娃背搭手。〔平凉〕(《集成》)

七九麦子八九豆，九九跟着早下手。〔临夏〕(《甘肃选辑》《中国农谚》《谚海》)

七九麦子八九豆，一九一芽生，九九遍地青。〔甘南〕(《甘肃选辑》)

七月白露八月麦，八月白露七月麦。(《甘肃天气谚》)

七月白露八月麦，八月白露种早麦。(《甘肃选辑》《清水谚语志》《中国农谚》《定西农谚》)

七月白露八月种，八月白露不敢等[4]。(《庆阳汇集》《平凉汇集》《平凉气候谚》《甘肃气候谚》《甘肃天气谚》《中国农谚》《庆阳县志》《定西农谚》《集成》)

七月白露八月种，八月白露不用问。(《甘肃选辑》《中国农谚》《定西农谚》)

七月白露八月种，八月白露早些种。(《陇南农谚》)

七月白露缓着种，八月白露赶[5]着种。(《泾川汇集》《平凉汇集》《中国

---

① 原注：指青胶泥土。

② 到：《定西农谚》作“在”。

③ 麦：《定西农谚》作“种”。

④ 等：《平凉汇集》《庆阳县志》作“停”。

⑤ 赶：《泾川汇集》作“抢”。

农谚》《谚海》《定西农谚》《集成》)

七月白露扬麦。(《中国农谚》)

七月白露扬麦，八月一种早[1]麦。(《中国谚语资料》《谚海》)

七月里白露缓着种，八月里白露赶着种。(《宁县汇集》)

齐头土红走平川，碧玛一号山腰缠[2]。〔天水〕(《甘肃选辑》《中国农谚》《谚海》)

前十天后十天，种麦不离八月间。〔天水〕(《甘肃选辑》)

青砂土，真糟糕，种上小麦不见苗，种上洋芋长得小；土质硬，犁不动，坷垃石头多得很。〔定西〕(《甘肃选辑》)

清明谷雨紧相随，播种麦豆莫迟延。(《集成》)

清明忙种麦，谷雨种大田；清明以后断了霜，不种谷子种高粱。〔合水〕(《集成》)

清明前，高山春麦快下田；清明后，既种包谷又种豆。〔兰州〕(《集成》)

清明前种麦，先扎根后发芽；清明后种麦，先发芽后扎根。(《甘肃天气谚》)

清明完，麦豆完[3]。(《集成》)

秋播麦子不能浅，防风保墒碾子碾。(《集成》)

秋分是麦节，紧种不可歇。(《集成》)

秋分种河川，秋社麦入土。〔山丹〕(《集成》)

秋分种麦，十种九得。(《集成》)

三伏有雨多种麦。(《中国农谚》《定西农谚》《集成》)

三月不在家，七月不在地[4]。(《酒泉农谚》《集成》)

沙大土松不耐旱，种上大麦来得快[5]。〔张掖〕(《甘肃选辑》《中国农谚》《谚海》)

砂石地土性软，麦根能扎三尺三，不怕地里不出粮，单怕肥料不上算。〔张掖〕(《甘肃选辑》)

山红皂角黑[6]，高山种小麦。〔天水〕(《甘肃选辑》《中国农谚》《谚海》)

山黄石头黑，积肥种小麦。〔天水〕(《甘肃选辑》《中国农谚》《谚海》)

山黄石头黑，农人种小麦。(《集成》)

山黄石头黑，正好种小麦。(《中国农谚》《谚海》)

---

① 《谚海》“种早”二字互倒。

② 齐头土红、碧玛一号：原注谓均系小麦品种名。

③ 完：此谓耕种结束。

④ 原注：春小麦种、收时间。

⑤ 原注：指漏沙地。

⑥ 红：原注指树叶。黑：《甘肃选辑》注指熟。

山黄皂角黑，燕儿下川种上麦。〔天水〕（《甘肃选辑》《中国农谚》《谚海》）

社前十天，社后十天，无[1]牛无籽的十天。（《定西县志》《定西农谚》）

社前十天，社后十天，有牛无籽迟十天[2]。〔甘谷〕（《集成》）

深翻一团糟，麦粒秕又小。（平土）〔张掖〕（《甘肃选辑》）

湿种麦子干种豆，胡麻种在泥里头。（《定西农谚》）

湿种麦子干种豆，青稞种在泥里头。（《天祝农谚》《甘肃选辑》《中国农谚》《定西农谚》《谚海》）

十月里路上牛喝水，不种迟麦发后悔。〔天水〕（《甘肃选辑》《中国农谚》《谚海》）

十月立冬迟麦好，九月立冬早麦好。〔甘谷〕（《集成》）

树叶黄，种麦忙。〔徽县〕（《集成》）

霜降立冬逢九月，兴修水利好时节；种麦碾场要抓紧，积肥拣粪别息懈。（《谚海》）

童子活了八百岁，忘不了早麦迟谷地[3]。（《宁县汇集》《平凉汇集》《中国农谚》《谚海》）

晚播弱，早播旺，适时播种麦苗壮。〔泾川〕（《集成》）

无雨莫种麦[4]。（《群芳谱》《甘肃农谚》）

稀麦不可看，稠麦吃饱饭。（《宁县汇集》《甘肃选辑》《中国农谚》《谚海》）

稀麦稠谷饿死人。〔甘谷〕（《集成》）

稀麦稠谷没收成。（《定西农谚》）

稀麦图好看，稠麦吃饱饭。（《定西农谚》）

夏田要种早，麦禾一定好。〔定西〕（《甘肃选辑》）

夏至百日种麦。（《集成》）

小麦播种没顺序，记住先后就可以：先阴山，后阳山；先塬边，后平川；先薄地，后肥地；先旱地，后水田。（《集成》）

小麦不离八月土，十月的麦子不出土。〔天水〕（《甘肃选辑》）

小麦不离八月土，十月种的不出土。（《谚海》）

小麦跟清明，保证大丰收。（《静宁农谚志》《临洮谚语集》）

小麦过来霜降，不如数到墙上。〔天水〕（《甘肃选辑》《中国农谚》《谚海》）

小麦夏田扎根长，深耕浅种多打粮。〔甘谷〕（《集成》）

---

① 无：《定西农谚》作“没”。

② 原注：两麦种在春社和秋社前后最好。

③ 谷地：《宁县汇集》作“污地”。

④ （明）王象晋《群芳谱·谷谱》：“种麦宜肥地土，有雨佳，谚云：‘云云。’”

小麦种在泥窝里，狗也吃的白面米。(《临洮谚语集》)

杏花脱裤子，收拾种麦子。(《定西农谚》)

锈沙锈沙，种麦不如种瓜。〔张掖〕(《甘肃选辑》《中国农谚》《谚海》)

阳坡麦子阴坡谷。(《集成》)

阳山麦子阴山荞。(《清水谚语志》《集成》)

要尝麦香，种在冰上。(《集成》)

要吃白面馍，一脚一个泥窝窝。(《甘肃天气谚》)

一寸浅，三寸深，麦种二寸正当心。(《集成》)

阴山种麦白露前，到了白露种平原，川地秋分前五天。〔崇信〕(《集成》)

塬跟白露川跟社①。(《甘肃选辑》《平凉汇集》《甘肃气候谚》《中国农谚》《谚海》《集成》)

早麦年年好，晚麦碰年头。(《集成》)

早麦要稀，晚麦要密。(《集成》)

早种麦，根扎深，保证有个好收成。〔张掖〕(《甘肃选辑》)

早种麦，扎根深，保证有个好收成。〔武威〕(《集成》)

枣儿红尻子，麦倒耧斗子②。(《集成》)

枣儿红尻子，麦显耧沟子。(《宁县汇集》)

枣叶黄，种麦忙。〔庆阳〕(《集成》)

正月十五雪打灯，八月种麦有连阴。(《集成》)

种麦不过清明，种豆不过春分。〔酒泉〕(《集成》)

种麦子捏泥窝窝，保证明年吃白馍馍。(《庆阳汇集》《中国农谚》《谚海》)

种其他都能行，唯有小麦长得凶，秆子粗，穗子大，颗子又多又有胖。(《平凉气候谚》)

庄稼汉要吃白馍馍，把冬麦种到泥窝窝。(《中国农谚》《谚海》)

庄稼汉要吃白馍馍，一脚一个泥窝窝。(《定西农谚》《集成》)

雨水、灌溉

八月无雨难种麦。(《集成》)

春灌一遍，增产一石；想吃麦面饭，要用粪水换。(《甘肃农谚集》)

春雪积麦地，麦根见海水。(《庆阳汇集》《宁县汇集》《平凉气候谚》)

寸麦爱尺水，尺麦怕寸水。〔华池〕(《集成》)

寸麦不怕尺水，尺麦单怕寸水。〔兰州〕(《中国农谚》《集成》)

---

① 跟：《集成》〔平凉〕两字皆作“随”。社：《甘肃气候谚》作“秋”，指冬小麦秋播时间。

② 原注：冬小麦播种时间。

大暑不浇苗，小麦无好收。(《中国农谚》《谚海》)

得不得，麦芒水。(《中国农谚》《谚海》)

冬麦灌一遍，来年收万石。(《中国农谚》《定西农谚》《谚海》)

冬麦灌一遍，来年增一石。〔兰州〕(《集成》)

冬水麦，扎牙把；春水麦，不扎牙。(《山丹汇集》)

冬水透，麦苗厚。(《岷县农谚选》《甘肃选辑》《中国农谚》《定西农谚》《谚海》《集成》)

冬水透，青苗厚。(《新农谚》《山丹汇集》《中国农谚》)

冬天落雨麦的粪，春天落雨麦的病。(《朱氏农谚》《费氏农谚》《中国农谚》《谚海》)

冬天麦子吃的饱，来年收成必定[1]好。(《宁县汇集》《静宁农谚志》)

冬雪是麦被，春雪是麦害。(《中国农谚》)

伏里漫一遍，麦子堆成山。(《甘肃选辑》《中国农谚》《谚海》)

干不死大麦，饿不死[2]和尚。(《中华农谚》《鲍氏农谚》《中国农谚》《谚海》)

干不死的麦，肥不死的菜。(《集成》)

谷雨节，浇冬麦。(《甘肃选辑》《中国农谚》《谚海》)

今年的雪水大，明年的麦子好。(《中国农谚》《中国气象谚语》)

麦吃四季水，宜早不宜迟。(《谚海》)

麦出二九月的雨[3]。(《会宁汇集》)

麦出三九月雨。(《定西县志》)

麦出三月火，麦出三月水。(《清水谚语志》)

麦出三月雨。(《会宁汇集》《定西农谚》《集成》)

麦盖三层被，枕着馒头睡。(《陇南农谚》《定西汇编》)

麦盖三床被，头枕馍馍睡。(《宁县汇集》《平凉汇集》《中国农谚》)

麦灌四水胀破仓，瓜灌两水赛蜜糖。〔华池〕(《集成》)

麦黄浇秋，秋黄浇麦。〔泾川〕(《集成》)

麦浇杈，豆浇花。〔武威〕(《集成》)

麦浇黄芽谷浇老，大豆最怕霜降早。(《中华农谚》《鲍氏农谚》《中国农谚》《谚海》)

麦浇黄芽谷浇老。〔甘谷〕(《集成》)

---

① 必定：《静宁农谚志》作“必然”。

② 《谚海》“死”后有“的”字。

③ 指冬小麦。

麦浇苗，谷浇穗。(《中国农谚》《定西农谚》《谚海》《集成》)

麦浇三遍腹沟平。(《谚海》)

麦浇小，谷浇老。(《张氏农谚》《会宁汇集》《定西农谚》《中国农谚》)

麦浇小，谷浇老；浇水不到日，十有九成瞎。(《甘肃选辑》《中国农谚》《谚海》)

麦浇芽，豆浇花，包谷浇到尺七八。(《定西农谚》)

麦浇芽，豆浇花，青稞浇水盖老鸦。(《定西农谚》)

麦浇芽心菜浇花。(《朱氏农谚》《中国农谚》《谚海》)

麦浇叶，谷浇根。〔甘谷〕(《集成》)

麦苗盖被不怕冻，来年收获定然丰。(《谚海》)

麦生三月火，麦生三月雨。(《定西农谚》)

麦收八十三场雨。(《朱氏农谚》《张氏农谚》《费氏农谚》《宁县汇集》《甘肃选辑》《清水谚语志》《定西汇编》《中国农谚》《谚海》)

麦收八十三场雨，荞麦豆儿水里捞。(《泾川汇集》)

麦收三九月雨。(《白银民谚集》《集成》)

麦收三九月雨，糜收四月一风。(《谚语集》)

麦收三月雨，不下就是孬。〔天水〕(《甘肃选辑》《中国农谚》)

麦望四月雨，谷盼五月晴。〔秦安〕(《集成》)

麦子浇五遍，颗颗都像鸟儿蛋。(《谚海》)

麦子浇五次[①]，颗粒像鸡蛋。(《甘肃选辑》《定西农谚》)

麦子浇小不浇老，谷子浇老不浇小。〔永昌〕(《集成》)

麦子收着八十三场雨。〔环县〕(《集成》)

麦子要长好，冬灌不能少。(《定西农谚》)

麦子要长美，不离开花水。(《岷县农谚选》《甘肃选辑》《定西汇编》《中国农谚》《定西农谚》《谚海》《集成》)

人靠血养，麦靠水活。〔庆阳〕(《集成》)

头水灌的三个叶，二水灌的麦蹿节，三水灌的麦扬花，四水后半月就收割。〔金塔〕(《集成》)

头水看三个叶，二水看分叶，三水要看麦拔节。〔甘谷〕(《集成》)

头水漫苗二水深，三水接住[②]麦子根。(《甘肃选辑》《敦煌农谚》《中国农谚》《定西农谚》《谚海》)

头水三个叶，二水麦蹿节，三水麦扬花，四水下镰一个月。〔玉门〕

---

① 次：《定西农谚》作“遍”。

② 接住：《定西农谚》作“灌到”。

(《集成》)

头水要灌三个叶，二水要看麦蹿节，三水等得麦扬花，四月搭镰一个月①。(《甘肃选辑》《中国农谚》《定西农谚》《谚海》)

峡水响一阵，麦田灌水才放心。〔甘南〕(《甘肃选辑》《中国农谚》《谚海》)

小麦浇好过冬水，满地坷垃风吹碎。〔武山〕(《集成》)

小麦浇水到头，好比火上加油。(《甘肃选辑》《中国农谚》《谚海》)

要吃麦，九里三场雪。(《酒泉农谚》《甘肃气候谚》)

雨浇心，水浇根，麦浇三水必收成。〔酒泉〕(《集成》)

种麦不浇水，一定要捣鬼。〔泾川〕(《集成》)

种麦不浇水，庄稼就捣鬼。(《定西汇编》)

生　育

白露催田老，秋分麦粒饱。(《山丹天气谚》)

白露离秋社十八天，麦子成果；白露秋社相离远，麦子生长时间长，长得好。(《定西农谚志》)

出麦不怕火烧天。(《朱氏农谚》《鲍氏农谚》《中国农谚》)

春分不刮风，麦子不扎根。〔平凉〕(《集成》)

春分谷雨来到早，麦子谷子不掉苗。(《酒泉农谚》《甘肃气候谚》)

春分刮南风，小麦加三分。(《集成》)

春分麦起身，一刻值千金。〔甘谷〕(《集成》)

端午看早夏，麦子出穗豆扬花。(《集成》)

谷雨麦怀胎，立夏麦见芒。〔兰州〕(《集成》)

谷雨没雨，麦苗不起。〔陇南〕(《集成》)

过了三月二十八，麦子长得藏老鸦。〔泾川〕(《集成》)

好麦不见叶，好谷不见穗。(《定西汇编》)

惊蛰地气生，小麦要返青。(《集成》)

菊花开，麦出来。(《两当汇编》)

菊花绽，麦苗乱。〔灵台〕(《集成》)

立春三天暖洋洋，小满三天麦地黄。(《集成》)

立秋三天麦根死。〔临夏〕(《集成》)

立秋十日，麦秆自死。〔永登〕(《集成》)

立夏黄风吹，见芒不见麦。(《集成》)

立夏三天见麦芒，芒种三天见麦茬。(《集成》)

---

① 《谚海》“要灌”二字互倒。麦扬花：《谚海》作“麦花扬”。蹿：原皆作“穿”。

六月麦青尽是秕。(《集成》)

六月麦子要火焰山，六月荞麦要雨涝天。(《集成》)

麦不出嫌迟，秋不出嫌早。(《宁县汇集》)

麦菜出了苗，单怕鸡狗刨。(《定西农谚》)

麦出半夜子时，秋出正当午时。〔泾川〕(《集成》)

麦出伏里火，晒死豌豆花；糜出秋分水，阴死荞麦花。(《清水谚语志》)

麦出黄泥棉出沙，黑土地的[1]洋芋大。〔天水〕(《甘肃选辑》《中国农谚》《谚海》)

麦出火里秀[2]，还得水来救。〔甘谷〕(《集成》)

麦出火里秀，晒死豌豆花。(《定西农谚》)

麦出火里秀，晒死豌豆花；糜出水里秀，淋死荞麦花。〔平凉〕(《集成》)

麦出火山。(《集成》)

麦出泥里秀，淋了荞麦花；麦熟火里生[3]，晒死豌豆花。(《庆阳汇集》《平凉汇集》《中国农谚》《谚海》)

麦出牛工，秋出锄工。(《泾川汇集》)

麦出七天宜，麦出十天迟。(《集成》)

麦出三节，谷出八叶。(《宁县汇集》《甘肃选辑》《中国农谚》《定西农谚》《谚海》)

麦出土，二十五[4]。(《白银民谚集》)

麦到夏至根自死。(《集成》)

麦离立冬土，定要四十五。〔灵台〕(《集成》)

麦没二旺，秋旺春不旺。(《谚海》)

麦苗出土，收成一半。(《定西农谚》)

麦苗一时，糜苗半月。(《谚海》)

麦荞两不见，麦倒荞白，荞倒麦绿。〔通渭〕(《集成》)

麦入土，一百五[5]。(《集成》)

麦熟火里秀，晒死豌豆花。(《定西县志》)

麦无二旺，冬旺春不旺。(《费氏农谚》《鲍氏农谚》《中国农谚》《谚海》《集成》)

麦芽出脊背，来年麦子成。(《集成》)

---

① 《谚海》无“的”字。

② 秀：方言，谓农作物成熟、饱满。

③ 生：《庆阳汇集》作“秀”。

④ 原注：指二阴地区。

⑤ 原注：春麦播种到收割时间。

麦要风摆，豆要雨洒。（《集成》）

麦有穿山之力，就怕寸土当头。（《定西汇编》）

麦种稠，莫忧愁。（《定西汇编》）

麦种麦熟一百二。（《临洮谚语集》）

麦子出穗豆开花，天阴下雨笑哈哈。（《甘肃选辑》《中国农谚》《定西农谚》《谚海》）

麦子出在坪上，黄豆出在坡上。〔天水〕（《甘肃选辑》《中国农谚》《谚海》）

麦子豆子挂冰碴。〔甘南〕（《甘肃选辑》）

麦子返青堆满仓，谷子返青一把糠。（《中国农谚》《定西农谚》）

麦子返青收，谷子返青丢。（《中国农谚》《定西农谚》《谚海》）

麦子根，一丈深，洋芋壅堆长半斤。〔酒泉〕（《集成》）

麦子回青装满仓，谷子回青一把糠[1]。（《甘肃选辑》《中国农谚》《定西农谚》《谚海》）

麦子见苗三分收。（《集成》）

麦子就怕年前旺，年前旺了不打粮。（《集成》）

麦子开花火里烤，太阳晒死豌扁豆。（《甘肃天气谚》）

麦子开花火里秀，红日晒死豌扁豆。〔永昌〕（《集成》）

麦子入伏自死。〔白银〕（《集成》）

麦子晒得火扎把，晒死豌豆花。（《平凉汇集》《中国农谚》《谚海》）

麦子扬花一场风，颗子一定少三分。（《集成》）

麦子要熟好，晒死墙头草。（《集成》）

清明东风动，麦苗喜融融。（《中国谚语资料》《中国农谚》《谚海》《中国气象谚语》）

清明刮北风，麦豆透土生。〔西峰〕（《集成》）

清明有雨禾苗壮，小满有雨麦头齐[2]。（《定西农谚》《甘肃气候谚》）

清明有雨麦秆齐，立夏有雨麦秆长，夏至有雨打颗重，立秋有雨草没面[3]。（《岷县农谚选》《定西汇编》）

清明有雨麦秆齐，立夏有雨麦秆长，夏至有雨打粒重，立秋有雨草包田。（《甘肃选辑》《中国农谚》《谚海》）

清明有雨麦苗旺，小满有雨麦头齐。（《费氏农谚》《鲍氏农谚》《谚海》

---

① 装：《中国农谚》《定西农谚》又作“堆”。回：《谚海》作“还”，《中国农谚》《定西农谚》又作“还”。

② 麦头齐：《定西农谚》又作“麦苗旺”。

③ 草没面：《定西汇编》作“好泡田”。

《中国农谚》）

清明有雨麦子旺，小满有雨麦头齐，春分有雨家家忙。〔天水〕（《甘肃选辑》《中国农谚》《谚海》）

清明有雨麦子壮，小满有雨麦头齐。（《两当汇编》《集成》）

热麦冷青稞，大小豆腐离不开本山热。〔甘南〕（《甘肃选辑》）

晒出麦来，淋出秕来。（《集成》）

霜降麦出齐。（《鲍氏农谚》《集成》）

四月八，麦地[1]盖住黑老鸦。（《平凉汇集》《集成》）

四月八，麦地盖住黑老鸦；过了四月八，不怕黑霜杀。（《中国农谚》）

四月八，麦子蹿节[2]豆开花。（《谚语集》《集成》）

四月八，麦子盖老鸦。（《清水谚语志》《定西农谚》）

四月八，麦子遮住黑老鸦[3]。（《甘肃选辑》《中国农谚》《定西农谚》《谚语集》《谚海》）

四月半，麦穗乱。（《甘肃天气谚》）

五月八，麦子豌豆乱开花。（《定西农谚》）

五月半，出穗乱。（《谚语集》）

五月五，麦穗往出吐。（《集成》）

五月五，麦子乱打鼓。（《白银民谚集》）

夏至麦到口。（《中国农谚》《谚海》）

夏至麦子不出头，拔了喂老牛。（《甘肃天气谚》）

夏至麦子黄，不黄根子亡。〔广河〕（《集成》）

夏至麦自死。（《集成》）

夏至十八天，麦子变三黄。（《甘肃天气谚》）

夏至十天麦梢黄，再过十天就上场。〔甘谷〕（《集成》）

小麦立冬交股[4]。〔泾川〕（《集成》）

小麦下雨怕青黄，荞麦下雨怕种上。〔武山〕（《集成》）

小满麦秀齐。（《集成》）

小暑大麦黄，大暑小麦紧跟上。（《集成》）

一尺麦怕一寸水，一寸麦不怕一尺水。（《朱氏农谚》《鲍氏农谚》《谚海》）

---

① 麦地：《集成》〔武威〕作“麦苗”。

② 蹿节：《集成》作“串秆”。

③ 遮：《定西农谚》作“盖”。老鸦：《谚语集》《谚海》作“老鸹”。

④ 交股：原注指分蘖。

中　耕

锄成的秋，犁成的麦。(《集成》)

锄到的秋，犁到的麦。(《中国农谚》《谚海》)

春耙麦梳头，麦苗绿油油。(《定西汇编》《中国农谚》《谚海》)

底肥看茬口，追肥看麦苗。(《定西汇编》)

冬麦的磙子，提水的桶子。(《集成》)

谷雨除草，麦如马跑。(《会宁汇集》《定西汇编》)

惊蛰春雷响，麦田管理忙。(《集成》)

九里耱麦，粮打成堆。(《静宁农谚志》)

九里耱麦，强如上肥。(《集成》)

麦锄遍，沟变平。(《中国农谚》《谚海》)

麦锄七遍饿死狗，瓜锄七遍大似牛。(《甘肃选辑》《天祝农谚》《中国农谚》《谚海》)

麦锄三遍，打粮三石。(《甘肃选辑》《天祝农谚》《中国农谚》)

麦锄三遍，皮落出面。(《定西汇编》)

麦锄三遍仓仓满，豆锄三遍颗颗圆。(《定西农谚》)

麦锄三遍颗儿圆。(《中国农谚》《定西农谚》)

麦锄三遍没有沟。(《谚海》)

麦锄三遍面充斗，稻薅九遍饿死狗。(《中国农谚》《谚海》)

麦锄三遍面充斗，瓜锄三遍瓜上走。〔兰州〕(《集成》)

麦锄三遍无有沟，豆锄三遍圆溜溜。(《集成》)

麦锄三节，谷锄八叶。〔平凉〕(《集成》)

麦地锄够两三遍，撑风多杈又耐旱。(《中国农谚》)

麦地锄三遍，撑风多杈又耐旱。(《谚海》)

麦①耱在九里，打在斗里。(《宁县汇集》《甘肃选辑》《中国农谚》《谚海》《集成》)

麦上黄芽谷上节，玉米上的十片叶。〔合水〕(《集成》)

麦收一盘耙，秋收一张锄。(《中国农谚》)

麦要好，有三保：追肥深翻勤锄草。(《平凉汇集》)

麦子锄两遍，多打秆子多出面。(《谚海》)

麦子锄两遍，抗旱多②出面。(《中国农谚》《定西农谚》《谚海》)

---

① 麦：《集成》〔平凉〕作“麦子”。

② 多：《中国农谚》《定西农谚》又作“又”。

麦子锄两遍，能抗四月旱；麦子锄三遍，抗旱又出面；麦子锄四遍，麦皮①变成面。〔张掖〕（《甘肃选辑》《中国农谚》《谚海》）

麦子锄七遍，麸子变成面②。（《中国农谚》《谚海》）

麦子锄三遍，疙瘩长得像鸡蛋。〔天水〕（《甘肃选辑》）

麦子锄三遍，净吃上白面。（《定西农谚》）

麦子锄三遍，抗旱又③出面。（《岷县农谚选》《宁县汇集》《静宁农谚志》《中国农谚》《谚海》）

麦子锄三遍，颗颗像鸡蛋。（《岷县农谚选》《甘肃选辑》）

麦子锄三遍，能抗四月旱。（《宁县汇集》《静宁农谚志》《平凉气候谚》）

麦子锄三遍，能抗四月旱；麦子锄四遍，麦皮④磨成面。（《甘肃选辑》《中国农谚》《定西农谚》《谚海》）

麦子锄三遍，皮薄多出面。（《中国农谚》）

麦子锄三遍，屁股沟流面。（《中国农谚》《谚海》）

麦子锄四遍，颗子没皮尽是面。（《静宁农谚志》）

麦子锄四遍，麦皮磨成面。（《宁县汇集》《平凉气候谚》）

麦子过冬盖草灰，好比腊月盖棉被。（《定西汇编》）

麦子屁股痒，越压越肯长⑤。（《集成》）

麦子三遍颗⑥儿圆。（《谚海》）

十月糖麦巧上粪。（《中国农谚》《谚海》）

小麦锄三遍，隔着麸皮看见面。（《集成》）

要想麦子长得好，最少要锄三遍草。（《定西农谚》）

一九一掺碾，麦子长出坎。（《集成》）

早耘麦，七条根；晚种麦，三条根。（《酒泉农谚》）

灾　害

八月三卯全，早麦都死完。（《集成》）

春雪烂麦根⑦。（《中华农谚》《鲍氏农谚》《中国农谚》）

---

① 麦皮：《中国农谚》又作“麦子”。

② 子：《谚海》作“皮”。

③ 又：《中国农谚》《谚海》又作“多”。

④ 麦皮：《定西农谚》作“麦麸”。

⑤ 原注：小麦经碾压，蓄水保墒发苗快。

⑥ 颗：又作“粒”。

⑦ 《中国农谚》注：立春后火日下雪，其后一百二十日必有疾风骤雨，称为“雪报”或“春雪暴”，主麦损。

大风刮到三月三，十个麦子九个疸[①]。(《甘肃天气谚》《集成》)

冬麦早种病势多，胡麻迟种蛐蛐多，豌豆早了颗子多，扁豆早了叶子多，谷子迟了糠皮多，种子湿了黑穗多，湿地耕了柴草多，水肥足了粮食多。(《定西农谚》)

冬天落雪麦的粪，春天落雪麦的病。(《定西农谚》)

冬天没雪落，冬麦能干没。(《定西农谚》)

冬雪是麦被，春雪是麦害[②]。(《两当汇编》《集成》)

二麦不怕神和鬼，只怕立夏后夜雨。(《中国农谚》)

二月冻，麦受症。(《集成》)

二月受冻，麦子受症。(《定西农谚》)

二月阴，死麦根。(《集成》)

风相花玉折枝，雨相花[③]空塌塌。〔天水〕(《甘肃选辑》)

伏里东风如蒸笼，麦倒青秕棉落铃。(《甘肃选辑》《敦煌农谚》《中国农谚》《谚海》)

鬼麦[④]出了头，拔掉埋入沟。(《岷县农谚选》《甘肃选辑》《中国农谚》)

黑疸连根烂，黄疸见一半。(《谚海》)

惊蛰的雪，冬麦的害。(《集成》)

九尽不见雪，麦子拿犁揭。(《集成》)

九尽一场霜，麦子一包糠。(《中国农谚》《集成》)

九满[⑤]一场雪，麦子拿犁揭。(《中国谚语资料》《中国农谚》)

九月一场雪，麦子拿犁揭。(《庆阳汇集》)

立夏不下，旱到麦罢。(《集成》)

立夏东风摇，麦子水里涝。(《集成》)

立夏雨来到，麦子水里泡。(《集成》)

六月六，南风流，来年麦子起黄锈。(《集成》)

麦吃四季雨，只怕清明一夜雨。〔张掖〕(《集成》)

麦出三月水，麦死六月火。〔清水〕(《集成》)

麦打青，豆打根，糜谷打的形无踪。〔张掖〕(《甘肃选辑》)

麦倒憋破仓，糜倒一把糠。〔金塔〕(《集成》)

麦倒茬茬白，荞倒麦苗绿。〔武山〕(《集成》)

---

① 个:《集成》〔永昌〕均作“分”。

② 害:《集成》作“鬼”。

③ 相花:原注指小麦在花传粉受精期间，风雨对作物的利害关系。

④ 鬼麦:原注指有病的植株。

⑤ 满:《中国农谚》作“尽”。

麦倒拿棒抬，荞倒一把柴，糜倒压塌场。(《集成》)

麦倒如柴，荞倒如糠。(《中国农谚》)

麦倒三件宝，苗多穗大颗籽饱。〔天水〕(《甘肃选辑》)

麦倒收把柴，荞倒收把糠。(《中国农谚》《谚海》)

麦倒一把草，糜倒压塌场。(《会宁汇集》)

麦倒一把草，荞倒吃不了。(《甘肃选辑》《中国农谚》《谚海》《定西农谚》)

麦倒一把草，青稞倒吃不了。(《定西汇编》)

麦倒一把糠，荞倒没处装。〔天水〕(《甘肃选辑》《中国农谚》《谚海》)

麦倒一把芒，豆倒不见粮。(《定西农谚》)

麦倒[1]一把芒，豆倒压塌场。(《岷县农谚选》《甘肃选辑》《中国农谚》《定西农谚》《谚海》)

麦倒一把芒，糜倒拿斗量。(《定西农谚》)

麦倒一把芒，糜倒压塌场。(《定西农谚志》《中国农谚》《定西农谚》《谚海》)

麦倒一把芒，糜倒一把糠。(《定西农谚》)

麦倒一把芒，有皮没有瓤。(《定西汇编》)

麦倒一把网，荞倒空壳囊，糜倒拿斗量，豆倒不见粮[2]。〔临夏〕(《甘肃选辑》《谚海》《中国农谚》《集成》)

麦苗要好，防虫要早。(《集成》)

麦怕二月雪，谷怕八月风。〔甘谷〕(《集成》)

麦怕黄金[3]稻怕瘟。(《定西汇编》《中国农谚》《谚海》)

麦怕老来雨，谷怕老来风。〔华池〕(《集成》)

麦怕连阴雨，荞怕种上雨。〔平凉〕(《集成》)

麦怕清明连阴雨，稻怕寒露一朝霜。(《集成》)

麦怕清明霜，谷怕老来旱。〔张掖〕(《甘肃选辑》《甘肃气候谚》《中国农谚》《谚海》)

麦怕三月寒。(《定西农谚》)

麦怕三月旱。(《集成》)

麦怕胎里风，谷怕胎里雨。〔皋兰〕(《集成》)

麦怕胎里旱，豆怕苗里荒。〔庆阳〕(《集成》)

麦怕胎里旱，棉怕秋里霜。(《甘肃选辑》《敦煌农谚》《中国农谚》《谚海》)

---

① 倒：《岷县农谚选》误作“茬”。

② 不见粮：《集成》作“棒抬上”。

③ 黄金：《中国农谚》《谚海》作“金”，《谚海》注指锈病。

麦怕杏黄，荞怕种上[1]。(《定西县志》)

麦怕杏黄雹[2]，荞怕种上雨。(《集成》)

麦怕杏黄雨。(《集成》)

麦怕扬花雨。(《定西汇编》)

麦怕正月暖，又怕二月寒，三月怕晚霜，四月怕天旱。〔庆阳〕(《集成》)

麦生黑穗头，拔了喂老牛[3]。(《定西农谚》)

麦收三月雨，单怕二月寒。(《集成》)

麦收三月雨，就怕二月雪。(《定西汇编》)

麦收三月雨，怕的四月风。(《集成》)

麦子不过九月节，单怕正月二月雪。(《集成》)

麦子不过九月节，只怕来年二月雪。(《集成》)

麦子不怕九月节，单怕清明前一场雪。〔甘谷〕(《集成》)

麦子倒了一把糠，荞麦倒了压坏仓。(《定西汇编》)

麦子倒了一把网，豆子倒了压塌场。〔甘南〕(《甘肃选辑》《中国农谚》《谚海》)

麦子怕的三月寒，棉怕八月连阴天。(《朱氏农谚》《鲍氏农谚》《中国农谚》《谚海》)

人老怕瘫，麦地怕胎里干。(《平凉气候谚》)

人怕老来穷，麦怕胎里旱。(《陇南农谚》)

人怕老了瘫，麦地怕胎里干。(《宁县汇集》)

人怕老了瘫，麦怕胎里干。〔平凉〕(《甘肃选辑》《中国农谚》《谚海》《集成》)

三月风，四月雨，麦子黄疸[4]谷子秕。(《集成》)

三月响雷灰穗多，四月响雷麦子多。〔甘谷〕(《集成》)

霜降见霜，麦烂陈仓。(《平凉气候谚》)

四月八，黑霜杀，又冻麦子又冻瓜。(《定西农谚》)

四月十二湿了老鸭毛，麦子[5]水里捞。(《两当汇编》《定西农谚》)

西南风，杀麦刀[6]。(《集成》)

---

① 原注：麦杏黄，雨则秕，荞种后，雨则板。

② 原注：杏黄时候正是小麦灌浆成熟时节。

③ 喂老牛：又作“不喂牛”。

④ 黄疸：原注指发生在植物茎叶片上一种深褐色疾病，严重影响粮食产量，对小麦危害最大。

⑤ 子：《定西农谚》作“从”。

⑥ 原注：麦到成熟季节需要天晴干热，而西南风多引起天阴多雨。

夏刮东南风，小麦生蚜虫。(《集成》)

夏至东风摇，麦子生水牢。(《集成》)

小麦不怕神和鬼，只怕四月初八夜里雨。〔定西〕(《集成》)

小麦害怕四月霜，糜谷害怕八月霜。(《平凉汇集》《中国农谚》《定西农谚》《谚海》)

小麦是个鬼，单怕四月初八夜里雨。〔灵台〕(《集成》)

小满山头雾，小麦变成糊[①]。(《两当汇编》)

小满一场雪，麦子拿犁揭。(《宁县汇集》《甘肃选辑》《平凉气候谚》《甘肃气候谚》)

雨打春甲子，秧烂麦苗死。(《集成》)

早禾最怕午时风，小麦只怕五更雨。(《集成》)

正月打春，冻死麦根。〔环县〕(《集成》)

种麦不怕九月节，但怕来年三月雪。(《中国农谚》《谚海》)

年　成

八十两月雨水多，来年小麦收成好。〔甘谷〕(《集成》)

八月不见雨，来年麦苗稀。(《集成》)

八月初一晴，麦子收老林；八月初一下，麦子收河堤。(《甘肃选辑》《文县汇集》《中国农谚》)

八月十五晴，麦子钻了云；八月十五下，河坝的庄稼成。〔天水〕(《甘肃选辑》《中国农谚》)

春分在前社在后，来年[②]麦子割不透。(《岷县农谚选》《甘肃选辑》《中国农谚》《谚海》)

春寒麦薄收[③]。(《费氏农谚》《鲍氏农谚》《中国农谚》《集成》)

春里吹南风，小麦长得凶。(《甘肃选辑》《会宁汇集》《定西汇编》《中国农谚》《谚海》)

春雨过河，两麦必薄[④]。(《集成》)

春雨溢了垄，麦子扁豆丢了种。(《马首农言》《农谚和农歌》《朱氏农谚》《鲍氏农谚》《中国农谚》《谚海》)

大旱吃小麦，小旱吃大麦。(《中国农谚》《谚海》)

---

① 此指小麦倒伏腐烂。

② 来年：《岷县农谚选》作“过年”。

③ 麦薄收：《集成》作“薄收麦”。

④ 两麦：原注指冬小麦和春小麦。谓麦子拔节生长期，雨水过多会减产。

大雪满山梁，明年麦子装满仓。(《集成》)

当年枸杞结得繁，来年小麦割坏镰。(《集成》)

冬不冷，麦不结。(《甘肃天气谚》)(《集成》)

冬干湿年，憋破麦箣[①]。(《甘肃选辑》《白银民谚集》《清水谚语志》《临洮谚语集》《中国谚语资料》《两当汇编》《定西农谚》《中国气象谚语》)

冬天地冻翻，来年麦子打万石。(《庆阳汇集》《宁县汇集》《甘肃选辑》《甘肃天气谚》)

冬天化冰流成河，来年麦子收成薄。(《集成》)

冬天没雪，麦子不结。(《集成》)

冬无雪，麦不成。(《平凉汇集》《谚海》)

冬无雪，麦不成[②]；雪花大，熟庄稼。(《庆阳汇集》《谚海》)

冬无雪，麦不结[③]。(《种树书》《农政全书》《农谚和农歌》《张氏农谚》《甘肃农谚》《费氏农谚》《鲍氏农谚》《清水谚语志》《中国农谚》《谚海》《集成》)

冬无雪，没麦吃。(《中国农谚》)

端午阴晴搅，麦子吃不了。(《集成》)

二月二，南风游，麦子豌豆喂老牛。〔宁县〕(《集成》)

二月雷，坟骨堆；三月雷，麦骨堆。〔武威〕(《集成》)

二月雷，一包灰；三月雷，麦骨堆。(《张掖气象谚》)

二月里响雷麦骨堆，八月里响雷屎骨堆[④]。〔酒泉〕(《集成》)

二月响雷麦骨堆[⑤]，三月响雷糜骨堆。(《白银民谚集》)

伏天三场雨，猪狗也吃麦。(《集成》)

干冬湿年，憋破麦箣。〔定西〕(《中国农谚》《谚海》)

干冬湿年，麦子憋破草箣。(《会宁汇集》)

干冬湿年，胀[⑥]破麦箣。(《甘肃农谚》《两当汇编》)

---

① 憋：《中国谚语资料》作“涨”。箣：有“船”“栓”“箣”等多种写法，今统一正之为“箣”，方音读如“栓”，指用作物秸秆编成的盛粮食的圆囤，旧时多用之，一般称之为“麦箣”“草箣”。麦箣：《清水谚语志》作“麦篮”。

② 成：《谚海》作“结”。

③ （明）俞宗本《种树书·种树方》：“麦最宜雪。谚云：‘云云。’”（明）徐光启《农政全书》卷二十六《树艺·大小麦》云：“谚云：‘云云。’玄扈先生曰，雪可必乎？秋冬宜灌水令保泽，可也。”冬：《甘肃农谚》作“冬天”。

④ 屎骨堆：原注指八月内响雷多有冰雹，粮食发霉受灾，意为人无粮吃。

⑤ 骨堆：原有“谷堆”“鼓堆”“骨堆”多种写法，当以“骨堆”为是。方言，指一堆东西。典出《礼记》卷十《檀弓》，孔子曰：“骨肉归复于土，命也。”后遂以“土骨堆”指坟墓，乃其形而言，方言中故将堆状物以“某骨堆”称之。

⑥ 胀：《两当汇编》作“憋”。

鸽子爱进门，来年麦子成。〔泾川〕（《集成》）

枸杞子成，麦子成。（《甘肃天气谚》）

枸杞子结得繁，来年多麦田。（《集成》）

枸杞子结得繁，来年麦子憋破圈。（《集成》）

谷雨之前有大风，麦子决定减收成。（《中国农谚》《谚海》）

观赏中秋月，来年麦不多。（《集成》）

槐知来年麦，杏知当年田。（《朱氏农谚》《费氏农谚》《鲍氏农谚》《集成》）

今年的雪水大，明年的麦子好。（《中国谚语资料》）

今年冬雪不断，明年好吃白面。〔徽县〕（《集成》）

惊蛰有雨并闻雷，麦积场中如土堆。（《朱氏农谚》《两当汇编》）

九不冻，麦不收。（《清水谚语志》）

九九飘凌雪，麦子长得像叮铛。（《定西农谚》）

九九雪不断，麦子打过石。（《两当汇编》）

九九一场雪，来年好吃麦。（《张掖气象谚》）

九里风，伏里雨，吃了麦子有了米。（《集成》）

九里落白霜，麦子长成糠。（《甘肃天气谚》）

九里雪，三月雨，来年好种麦。（《酒泉农谚》）

九月好[①]雨水，来年必收麦。（《静宁农谚志》《平凉气候谚》）

九月菊花好，来年麦子好；九月菊花赖，来年光景坏。（《集成》）

九月路上牛唱水，不种麦子发后悔。（《平凉汇集》《中国农谚》《谚海》）

九月路上牛喝水，来年必定收好麦。（《宁县汇集》《甘肃选辑》《平凉气候谚》《中国农谚》《谚海》）

九月路上牛喝水，种不上麦[②]发后悔。（《宁县汇集》《庆阳县志》）

九月路上牛喝水，种不上麦子别后悔。〔崇信〕（《集成》）

九月小，烂麦草。（《集成》）

九月一场雪，麦子拿犁耕。（《庆阳汇集》）

腊前三白，来年吃麦。（《定西汇编》）

腊月麦抬头，必定饿死牛。（《集成》）

腊月三白，埂楞上长出麦来。（《定西农谚》）

腊月三场雪，鸡狗要吃麦。（《甘肃选辑》《民勤农谚志》）

腊月三场雪，猪狗也[③]吃麦。（《中国农谚》《定西农谚》）

---

① 好：《平凉气候谚》作“时”。

② 《庆阳县志》“麦”后有“的”字。

③ 也：《定西农谚》作“都”。

立冬下场封冻雨，又有麦收又有秋。(《集成》)

六月六，晴天北风，来年麦成。(《集成》)

麦冻身，胀破仓。(《集成》)

麦盖三床被，头枕[1]馒头睡。(《定西农谚》《集成》)

麦盖三床被，头枕馍馍睡。(《甘肃选辑》《两当汇编》)

麦苗盖被不怕冻，来年收获定然丰。(《谚海》)

麦苗盖上雪花被，娃娃抱着馍馍睡[2]。(《定西农谚》)

麦田盖上雪花被，来年枕着馒头睡。〔清水〕(《集成》)

麦子种下地，下雪少收的。(《酒泉农谚》)

芒种的水，麦成堆；夏至的水，一泡灰。(《甘肃选辑》《敦煌农谚》《中国农谚》《谚海》)

芒种没雨麦不收，夏至没雨豆子丢。(《集成》)

农人要吃麦，九九要下雪。(《甘肃选辑》《民勤农谚志》《甘肃气候谚》《中国农谚》《谚海》)

浓霜照满[3]山，麦兆丰收年。(《静宁农谚志》《平凉气候谚》)

清明明一明，小麦好收成。(《集成》)

若要麦子饱，一九一场雪。(《谚语集》《集成》)

三九不冷麦[4]不收，三伏不热秋不收。(《清水谚语志》《谚海》)

三九不冷夏[5]不收，中伏不热秋不收。(《甘肃气候谚》《甘肃天气谚》《中国气象谚语》)

三九拉浓霜，麦成；九月晚霜，麦满仓。(《静宁农谚志》)

三九里尘土埋着驴蹄子，来年收的好麦子。(《甘肃气候谚》)

三九天的风，三伏天的雨，吃了麦子存了米。(《集成》)

三月打雷麦堆堆。(《文县汇集》《武都天气谚》)

三月沟里白，莎草变成麦。(《甘肃农谚》)

三月雷，麦骨堆。(《酒泉农谚》)

三月里一声雷，麦子骨堆堆。〔张掖〕(《集成》)

三月响雷麦成堆，四月响雷糜成堆。(《甘肃天气谚》)

三月响雷麦骨堆，四月响雷没骨堆。〔天祝〕(《天祝农谚》《中国农谚》《谚海》)

---

① 头枕：《集成》作“枕着”。

② 睡：又作“笑”。

③ 满：《平凉气候谚》作“沟”。

④ 麦：《谚海》作“夏”。

⑤ 夏：《甘肃天气谚》作“麦”。

十月里雷麦骨堆，正月里雷人骨堆。〔泾川〕(《集成》)

十月雪雨流，一麦分九头。(《集成》)

四九过年，能旱半年；三九过年，憋破麦圈。(《集成》)

四月初三四，下雨吃白面。(《静宁农谚志》)

四月打雷麦骨堆，五月打雷热风吹。(《张掖气象谚》)

四月逢盛雨，麦收有保证。(《庆阳汇集》《宁县汇集》《甘肃选辑》《甘肃天气谚》)

四月芒种收了麦，五月芒种麦不收。(《集成》)

四月三四雨，麦子泥里取。〔平凉〕(《集成》)

四月雾，米麦[①]满仓库。(《两当汇编》《集成》)

四月响雷麦成堆，五月响雷[②]热风吹。(《甘肃选辑》《敦煌农谚》《中国农谚》《甘肃天气谚》《集成》)

四月一二黄金蛋[③]，初三初四吃白面。〔天水〕(《集成》)

岁首见瑞雪，当年吃白馍。(《集成》)

头九热，麦子秕，二九冷，豆子滚。〔甘南〕(《甘肃选辑》《中国农谚》《谚海》)

头九热，麦子憋。(《甘肃天气谚》)

头九热，麦子憋；二九冷，豆子滚。(《甘肃天气谚》)

头雪落到川，麦堆顶破天。〔华亭〕(《集成》)

五月初五六，下雨粮减仓，有雨下到初十头，狗儿啃的麦面大馒头。〔环县〕(《集成》)

雾罩五月头，麦子胀破头。(《集成》)

夏凉不收秋，夏热隔年麦。(《集成》)

先下雪，后下霜，一个麦穗两人扛。(《集成》)

小满晴，麦子响铃铃。(《朱氏农谚》《中华农谚》《费氏农谚》《鲍氏农谚》《中国农谚》《集成》)

小满有雨收麦子，芒种有雨豌豆宜。(《中国农谚》《谚海》)

小暑天无雨，麦子不得秕。(《定西农谚》)

小雪不见雪，麦粒瘦成窝。〔金昌〕(《集成》)

小雪大雪雪花飞，来年小麦堆成堆。(《集成》)

小雪山头晴，来年小麦难望成。(《朱氏农谚》《中国农谚》)

---

① 米麦：《集成》作“春米”。

② 响雷：《中国农谚》〔张掖〕作“打雷”。

③ 原注：四月初一、初二两天下雨，夏田丰收。

杏收当年谷，槐收来年麦。(《集成》)

雪多下，麦不差。(《中国农谚》《谚海》)

雪盖山头一半，麦子多打一石。(《集成》)

雪水化成河，麦子收成箩。(《费氏农谚》《鲍氏农谚》《中国农谚》)

要吃来年麦，九九一场雪。〔永昌〕(《集成》)

要吃来年麦，立冬前后三场雪。〔敦煌〕(《集成》)

要吃来年麦，先看伏里雨。〔宁县〕(《集成》)

要吃麦，九里三场雪。(《酒泉农谚》《甘肃气候谚》)

要吃麦，九里雪；要吃米，伏里雪。(《定西农谚》)

要看明年麦，就看近年槐。(《中国谚语资料》)

要知来年麦，先看当年槐。〔天水〕(《集成》)

要知来年农事，全看十一月二十一二三的潮气①。(《定西县志》《定西农谚》)

一冬无雪麦不结，雪花大，收棉花。(《两当汇编》)

一九南风喜洋洋，来年麦子堆满仓。(《白银民谚集》《甘肃天气谚》)

一九一场雪，来年好吃麦。(《甘肃选辑》《敦煌农谚》《定西农谚》)

一九一场雪，来年好种麦。(《酒泉农谚》《高台农谚志》《甘肃气候谚》《中国农谚》《谚海》《集成》)

一年八十三场雨，麦子收到我家里②。(《朱氏农谚》《集成》)

一年九投九，麦子冲破斗。(《岷县农谚选》《甘肃选辑》《中国农谚》《谚海》)

有麦三日香，没麦喝稀汤。(《山丹汇集》)

有雨下到四月八，鸡狗不吃麦麸啦。〔山丹〕(《集成》)

榆钱饱，麦必好。(《费氏农谚》《鲍氏农谚》《谚海》)

雨洒清明节，麦子满地结。(《甘肃农谚》《甘肃气候谚》)

雨水有水庄稼好，大麦小麦全成了。(《集成》)

雨下清明，小麦必空。(《集成》)

雨下清明节，麦子遍地结。(《清水谚语志》)

正月不冻二月冻，麦子豌豆空了囤。〔泾川〕(《集成》)

正月二十五，黄风③吹起土，麦子憋破仓，荞麦压折股。(《集成》)

---

① 《定西农谚》注：两日是麦生日，潮气盛来年必成。《定西农谚》“全”作“先”，且无“三的”二字。

② 《集成》注：小麦需雨时间集中在八月、十月和三月。

③ 黄风：又作“北风”。

正月二十五，黄风刮起土，麦豆打石五[1]。(《定西农谚》《集成》)

正月二十五，黄风刮起土，麦子放卫星，荞麦压折株。(《庆阳汇集》)

正月二十五翻云浪，麦子打得没处放。(《静宁农谚志》)

正月二十云翻浪，麦子豌豆打了没处放。〔宁县〕(《集成》)

正月雷，坟堆堆；二月雷，麦堆堆。〔合水〕(《集成》)

正月里响雷灰穗穗，二月里响雷人命催，三月里响雷麦骨堆。〔陇西〕(《集成》)

正月十五晴，麦子收老林；正月十五下，麦子收河坝。(《集成》)

正月响雷灰堆堆，二月响雷病堆堆，三月响雷麦堆堆。〔天水〕(《甘肃选辑》)

正月响雷麦骨堆[2]。(《白银民谚集》《会宁汇集》)

正月响雷墓骨堆，二月雷响麦骨堆。(《甘肃农谚》)

收　藏

椿树落花，麦子上家；椿树落棍，谷子上囤。〔华亭〕(《集成》)

椿树落了花[3]，麦子收到家。(《中国农谚》《谚海》)

打春一百，搭[4]镰割麦。(《费氏农谚》《中国农谚》《谚海》)

大麦上场，小麦发黄。(《谚语集》《定西农谚》《集成》)

大麦上了场，小麦发了黄。(《张氏农谚》《费氏农谚》《鲍氏农谚》《中国农谚》《谚海》)

割麦如救火。〔华亭〕(《中国农谚》《集成》)

割麦要快，镰刀朝外。(《定西农谚》《集成》)

蛤蟆叫在端午前，大麦豌豆要开镰。〔靖远〕(《集成》)

核桃半瓤，麦子上场。〔平凉〕(《集成》)

黄瓜鹿叫唤，割麦忙。〔天水〕(《甘肃选辑》)

紧收麦，慢收秋。(《定西农谚》)

九尽杏花开，芒种就有麦。(《鲍氏农谚》《中国农谚》)

九九杨花不落，芒种麦子不割。(《中国气象谚语》)

快收快打，麦粒不撒。(《定西农谚》)

六月麦豆黄，姑娘下楼房。(《定西农谚》《集成》)

---

① 起土：《定西农谚》误作“起风”。麦豆：作“麦子豆子”。

② 骨堆：《会宁汇集》作“垛堆”。

③ 落了花：《谚海》作“开落花”。

④ 搭：《费氏农谚》误作“打”。

麦长地时你别笑，收回入仓才牢靠。(《集成》)

麦到芒种秫到秋。(《中国农谚》《谚海》)

麦割九成黄，才能不丢粮。(《集成》)

麦黄八分收十分，黄十分收八分。(《甘肃选辑》《中国农谚》《定西农谚》《谚海》)

麦黄不留，留了掉头。(《定西农谚》)

麦黄谷黄，绣女下床。(《中国农谚》《定西农谚》《谚海》)

麦黄就下手，不在地边瞅。〔武山〕(《集成》)

麦黄看节，豆黄看荚[①]。(《泾川汇集》《定西汇编》《中国农谚》《定西农谚》《谚海》)

麦黄看节，谷黄看穗。(《定西农谚》《集成》)

麦黄六月，空了绣阁。(《定西农谚》)

麦黄糜黄，绣女下床。(《岷县农谚选》《宁县汇集》《甘肃选辑》《平凉气候谚》《中国农谚》《谚语集》《定西农谚》《集成》)

麦黄糜黄，绣女下床。(《宁县汇集》)

麦黄若不收，白雨一场空。(《定西农谚》)

麦黄若不收，大风一场空。(《中国农谚》《谚海》)

麦黄十分收七分，秋黄七分收十分。(《中国农谚》《谚海》)

麦黄一场雨，糜黄一场风。(《中国农谚》《定西农谚》《谚海》)

麦黄一日，杏黄一夜。(《集成》)

麦黄一晌[②]，蚕老一时。(《泾川汇集》《定西汇编》《谚海》)

麦黄一晌，杏黄一时。(《山丹汇集》)

麦黄一时，虎口夺食。〔定西〕(《甘肃选辑》《中国农谚》《集成》)

麦黄一时，节气不饶人。〔正宁〕(《谚海》)

麦黄一时，龙口夺食。(《甘肃选辑》《定西汇编》《中国农谚》《谚海》)

麦黄一时，糜黄半月。(《中国农谚》《定西农谚》《谚海》《集成》)

麦[③]黄一夜，人老一年。(《定西农谚》《集成》)

麦黄最怕白雨打，若要不怕，抓紧镰把。(《定西农谚》)

麦见芒，四十天黄。(《清水谚语志》)

麦见芒，四十五天搬[④]上场。(《白银民谚集》《定西农谚》《集成》)

---

① 荚：《中国农谚》《定西农谚》又作“叶”。

② 一晌：《定西汇编》作“一夜”。

③ 麦：又作“田”。

④ 搬：《白银民谚集》作“拉”。

麦见芒，再过四十五天要上场。（《甘肃天气谚》）
麦捆根，谷捆梢，胡麻捆在半中腰。（《集成》）
麦捆根，谷捆梢，芝麻捆在正中①腰。（《泾川汇集》《谚海》）
麦老不长留，长留有秆子无头。（《泾川汇集》）
麦老不宜留，留了会断头。（《中国农谚》《谚海》）
麦六十，稻一百，成事的扁豆只两颗。〔张掖〕（《集成》）
麦六十，豆八颗，成破的扁豆只两颗。（《集成》）
麦六十，豆八颗，丰收扁豆是两颗。（《庆阳汇集》《宁县汇集》《中国农谚》）
麦六十，豆八颗，好死的②扁豆将两颗。（《定西农谚》）
麦六十，豆八颗，糜一千，谷一万，顶好的扁豆四颗。〔兰州〕（《甘肃选辑》《中国农谚》《谚海》）
麦六十，豆八颗，糜一千③，谷一万。（《定西农谚》）
麦六十，豆八颗，莜麦扁豆只三颗。（《静宁农谚志》）
麦六十，豆八颗，最好的④扁豆是两颗。（《平凉汇集》《中国农谚》《谚海》）
麦磨十八遍，遍遍都有面。（《山丹汇集》）
麦碾节，豆碾蔓，菜籽碾的稀巴烂。（《中国农谚》《谚海》）
麦七十，豆八颗，再成的扁豆是⑤两颗。〔甘南〕（《甘肃选辑》《集成》）
麦收不让场，豆收不过晌。（《谚海》）
麦收六月尽是秕，谷收九月尽是米。（《集成》）
麦收忙，割运打碾和贮藏。（《中国农谚》）
麦收没大小，一人一镰刀。（《中国农谚》）
麦收嫩，谷收老，荞麦收割要趁早。（《集成》）
麦收七，不收八；七成收，八成丢。（《谚海》）
麦收如救火。（《中国农谚》《定西农谚》）
麦收三件宝，棵高穗大籽粒饱。（《中国农谚》）
麦收三件宝，苗齐穗大籽粒饱。（《定西农谚》）
麦收三件宝，穗多穗大籽粒饱。（《定西汇编》）
麦收三件宝，株多穗大颗粒饱。（《谚语集》）
麦收时间停一停，风吹雨打一场空。（《甘肃选辑》《中国农谚》《集成》）
麦收有五忙，割运碾晒藏。（《定西农谚》）

---

① 中：《谚海》作“当”。
② 好死的：又作“顶好的”“丰收的”。
③ 一千：又作“三千”。
④ 《平凉汇集》无“的”字。
⑤ 是：《集成》作“只”。

麦收在伏。(《定西农谚》)

麦熟不收等天来，饭熟不吃等客来。〔天水〕(《甘肃选辑》《中国农谚》《谚海》)

麦熟一晌，蚕老一时。(《张氏农谚》《鲍氏农谚》《岷县农谚选》《中国农谚》《谚海》《集成》)

麦熟一晌，瓜熟一时。(《集成》)

麦熟一晌，麦黄一时。〔甘南〕(《甘肃选辑》)

麦熟以后停一停，风吹雨打一场空。〔天水〕(《甘肃选辑》《中国农谚》)

麦天不算忙，要忙还是桑叶黄。(《鲍氏农谚》《中国农谚》《谚海》)

麦子成熟不等人，耽误收割减收成。〔西和〕(《集成》)

麦子发了黄，绣女也下床。(《定西农谚》)

麦子收上场，小孩三天没有①娘。(《中国农谚》《定西农谚》)

麦子熟了不等人，耽误收割减收成。(《定西农谚》)

麦子压断腰，一棵打一锹。〔张掖〕(《甘肃选辑》《中国农谚》《谚海》)

麦子一捆踏一脚，糜子一捆头上②摸。(《谚语集》《集成》)

满把麦子半把荞，糜谷指头抓上挠③。〔清水〕(《集成》)

芒种割一半，收麦如救火。(《谚海》)

宁④吃伤刀麦，不吃伤刀糜。(《山丹汇集》)

宁割刀上麦，不割刀上米。(《酒泉农谚》)

宁让麦落，不让麦缩。(《中国农谚》)

宁收伤链麦，不收伤链秋。(《宁县汇集》)

抢秋夺麦，一时一刻。(《中国农谚》)

秋熟一时，麦熟一晌。〔平凉〕(《甘肃选辑》)

入伏小麦节，收麦不停歇。〔陇南〕(《集成》)

三星上来四星落，亮明星出来好割麦。〔酒泉〕(《集成》)

三月不光场，麦子土里扬。〔泾川〕(《集成》)

生割麦子出好面，生砍高粱好煮饭。〔天水〕(《集成》)

湿麦装仓，烂个精光。(《定西农谚》)

收麦没大小，一人一镰刀。〔泾川〕(《集成》《谚海》)

---

① 没有：《定西农谚》作“不见”。

② 上：《集成》作“一”。

③ 原注：指收割作物时的手势技巧。

④ 宁：原作“硬”，当为方言音近而误。

收麦如救火[①]。(《群芳谱》《农政全书》《三农纪》《张氏农谚》《岷县农谚选》《甘肃选辑》《定西汇编》《中国农谚》)

收麦如救火，观望必遭殃。〔张掖〕(《甘肃选辑》)

收麦如救火，龙口把食夺。(《集成》)

收麦如救火，一时没错过；麦黄一时，龙口夺食。(《泾川汇集》)

收麦如拾宝，播种如赶考。(《集成》)

收麦有五忙，割拉碾晒藏。(《泾川汇集》《集成》)

四月芒种麦割完，五月芒种麦开镰。(《张氏农谚》《费氏农谚》《中国农谚》)

四月芒种麦在场，五月芒种麦在地。(《张氏农谚》《费氏农谚》《中国农谚》)

天河朝南北，收拾快割麦。(《甘肃农谚》)

天河朝南朝北，收拾割麦。(《集成》)

天河东西，正穿冬衣；天河南北，逢黄打麦。(《中国农谚》《谚海》)

天河南北，收拾割麦。〔天水〕(《甘肃选辑》《中国农谚》)

天河正东正西，正穿冬衣；天河正北正南，逢夏打麦。(《文县汇集》)

天河正南正北，收拾搭镰割麦。(《集成》)

田禾怕种上，麦子怕杏黄。(《集成》)

田黄一夜，收麦如救火。〔甘南〕(《甘肃选辑》)

五月南风麦子黄，六月割的背上场。(《中国农谚》《谚海》)

夏至十二遍山黄，小暑大暑割麦忙。(《定西农谚》)

夏至西风刮，麦子干场打；夏至东风摇，麦子水中捞。(《集成》)

小麦遍山黄，绣女请下床。〔陇南〕(《集成》)

小麦发了黄，绣女也下床。(《中国农谚》《谚海》)

小麦连年收，就在一条沟。(《定西汇编》)

小满割不得，芒种割不及。(《朱氏农谚》《中华农谚》《费氏农谚》《中国农谚》《谚海》)

小满三天望麦黄。(《费氏农谚》《中国农谚》)

小暑大麦黄，大暑大麦捞上场。〔张掖〕(《甘肃选辑》《中国农谚》《谚海》)

---

① (明) 王象晋《群芳谱·谷谱》:“大抵农家之忙，无过蚕麦，若迁延过时，秋苗亦误锄治。谚云:‘云云。’诚然。”(明) 徐光启《农政全书》卷七《农事》:“故《韩氏直说》云:五六月麦熟……大抵农家忙并，无似蚕麦。古语云:‘云云。’若少迟慢，一值阴雨，即为灾伤。迁延过时，秋苗亦误锄治。”(清) 张宗法《三农纪》卷七《麦》:“大抵农家之忙，莫过麦蚕。若迁延迟时，秋苗亦误耘治，故老农云:‘云云。’”

小暑大麦黄，大暑小麦上了场[①]。（《甘肃气候谚》《甘肃天气谚》《集成》）

小暑见割，大暑见落[②]。（《白银民谚集》）

小暑杏子黄，大暑麦上场。〔武威〕（《集成》）

杏子[③]黄，麦上场。（《中国农谚》《谚海》《定西农谚》）

一麦抵三秋[④]。（《榆巢杂识》《甘肃农谚》《费氏农谚》《鲍氏农谚》《中国农谚》）

一年难收三麦[⑤]。（《集成》）

一月见芒，一月上场[⑥]。（《白银民谚集》）

用嘴割麦腰不疼。（《谚海》）

枣红肚，磨镰割麦。（《张氏农谚》《中国农谚》《谚海》）

枣花开，割小麦。（《张氏农谚》《鲍氏农谚》《中国农谚》）

正东正西，正穿冬衣；正南正北，逢黄打麦[⑦]。（《高台农谚志》《平凉汇集》）

粟

倒　茬

不怕重茬谷，只怕谷重茬。（《中国农谚》）

菜籽地里种谷，送饭姐抱头哭，送饭姐你哭，秋后再看菜籽谷。（《宁县汇集》《甘肃选辑》《中国农谚》《谚海》）

豆茬谷，必有福。（《定西农谚》）

豆茬谷，享大福。（《集成》）

豆茬种谷，必定有福。〔兰州〕（《中国农谚》《集成》）

高粱地里谷[⑧]，秆高梢又轻，收了抱着哭。（《宁县汇集》《甘肃选辑》《平凉气候谚》）

高粱地种谷，收了抱着哭。〔平凉〕（《中国农谚》《谚海》《集成》）

谷地种谷，趴倒就哭。〔清水〕（《集成》）

---

① 小麦：《集成》作“粮食”。上：《甘肃气候谚》作“收”。

② 原注：指大小麦之收获。

③ 杏子：《定西农谚》作“杏儿”。

④ （清）赵慎畛《榆巢杂识》卷下：“北方麦收最重，故农谚云：‘云云。’”抵：《中国农谚》作“当”。

⑤ 三麦：原注指冬麦、春麦、荞麦。

⑥ 原注：沿河地区麦见芒后一月成熟收割。

⑦ 原注：指按天河方向确定天气变化与冷暖。

⑧ 谷：《甘肃选辑》作“种谷”。

谷后谷，吼着哭。(《定西汇编》)

谷后谷，坐着哭；豆后谷，享大福。〔天水〕(《甘肃选辑》《中国农谚》《谚海》)

谷黍不交茬。(《中国农谚》)

谷种谷，坐着哭；豆种谷，享大福。〔张掖〕(《甘肃选辑》《中国农谚》《谚海》)

谷种一料就出茬①，如果重茬必定瞎。(《庆阳汇集》《宁县汇集》《中国农谚》《谚海》《集成》)

谷子重了茬，莠子大量发。〔环县〕(《集成》)

黑豆茬种谷，十种九不收。(《中国农谚》《谚海》)

糜茬谷，望着哭。(《山丹汇集》)

糜茬谷，坐着哭。〔天祝〕(《中国农谚》《谚海》)

糜地谷，吼着哭；谷地糜，买马骑。〔平凉〕(《甘肃选辑》《中国农谚》《谚海》)

荞地谷，睡下哭。(《集成》)

荞地谷，一亩打石五。(《静宁农谚志》《甘肃选辑》《中国农谚》)

荞麦地里谷，别看我的苦，秋后再看我的谷。(《庆阳汇集》《中国农谚》《谚海》)

荞麦地里②种谷，人人有福。(《宁县汇集》《甘肃选辑》《平凉气候谚》《中国农谚》《谚海》)

荞麦地里种上谷，没粮没草见了哭。(《集成》)

荞麦地种谷，一亩地打石五。(《宁县汇集》)

秋茬种谷，收时你哭。(《定西农谚》)

洋芋茬种谷愣长③哩，麻茬地种谷泪淌哩。(《集成》)

有福没福，豆茬地里种谷。(《岷县农谚选》)

有福没福，豆茬种谷。(《定西农谚》《集成》)

有福没福，花茬种谷。(《中国农谚》《谚海》)

有福没福，洋芋地里种谷。〔甘谷〕(《集成》)

有福没福豆茬谷。(《泾川汇集》)

有福没福多种谷。(《定西农谚》)

---

① 出茬：《集成》作“倒茬”。

② 《宁县汇集》《平凉气候谚》无“里”字。

③ 愣长：方言，指长势特别好。

种了糜子种谷子，连种①三年没吃的。（《甘肃选辑》《中国农谚》《定西农谚》《谚海》《集成》）

重茬谷，白受苦。〔平凉〕（《中国农谚》《谚海》《集成》）

重茬谷，到处哭。（《泾川汇集》）

重茬谷，吼着哭。〔定西〕（《甘肃选辑》《中国农谚》《谚海》）

重茬谷，搂着哭。（《天祝农谚》《中国农谚》《谚海》）

重茬谷，趴到地里哭。（《集成》）

重茬谷，人受苦。（《中国农谚》《谚海》）

重茬谷，望着哭；重茬糜，买②马骑。〔张掖〕（《甘肃选辑》《中国农谚》）

重茬谷，坐着哭。（《天祝农谚》《庆阳县志》）

肥　水

出门不离粪担子，谷子长成③蒜辫子。（《新农谚》《宁县汇集》《静宁农谚志》《泾川汇集》《甘肃选辑》《会宁汇集》《临洮谚语集》《定西汇编》《中国农谚》《定西农谚》《谚海》）

出门就拿粪担子，谷子长成蒜瓣子。〔平凉〕（《甘肃选辑》《中国农谚》《谚海》）

春季比粪堆，秋季比谷堆④。（《庆阳汇集》《宁县汇集》《静宁农谚志》《平凉气候谚》）

春天多积一滴水，秋天多收一粒谷。〔庆阳〕（《集成》）

多上一筐粪，多打一斗谷。〔泾川〕（《集成》）

肥料足，多收⑤谷，一熟顶两熟。（《甘肃选辑》《定西汇编》《中国农谚》）

伏里三场雨，你再看荞麦地里谷。（《宁县汇集》《甘肃选辑》）

伏里有雨，谷里有米；伏里无雨，谷里没米。（《集成》）

伏里有雨，谷里有米；伏里雨多，谷里米多。（《中国农谚》）

伏里雨多，谷子米多。（《庆阳汇集》《甘肃选辑》《平凉汇集》《中国农谚》《定西农谚》《集成》）

伏里雨多，田里谷多；伏里雨多，谷里米多。（《两当汇编》）

谷子吃薄地，糜子吃厚地。（《集成》）

谷子浇老不浇小，麦子浇小不浇老。〔张掖〕（《甘肃选辑》《中国农谚》）

---

① 连种：《集成》作“种过”。

② 买：《中国农谚》作“有”。

③ 长成：《谚海》倒作“成长”，《静宁农谚志》作“出成”。

④ 谷堆：《宁县汇集》作“粪堆”。

⑤ 收：《甘肃选辑》作“打”。

谷子开花大水拉，麦子开花大风刮。（《集成》）

谷子生得乖，无水不怀胎。（《定西汇编》《中国农谚》《谚海》）

门前不断土，仓里不断谷。（《宁县汇集》《静宁农谚志》《甘肃选辑》《甘肃农谚集》《中国农谚》《定西汇编》）

三月有粪挑，谷子压弯腰；三月无粪挑，谷子如牛毛。（《集成》）

小满雨，肥谷米。（《集成》）

要吃谷的米，伏天三场雨。（《甘肃选辑》《中国农谚》《定西农谚》《谚海》）

要吃明年米，头伏一场雨。〔临夏〕（《集成》）

一把水，一堆谷。（《新农谚》）

一担塘泥半斤粮，塘泥就是大谷仓。（《定西汇编》）

一粒谷，七[①]担水。（《中华谚海》《朱氏农谚》《费氏农谚》《鲍氏农谚》《中国农谚》《谚海》）

一捧水，一堆谷。（《中国农谚》）

有水没肥一半谷，有肥没水望着丢。〔酒泉〕（《集成》）

有水无肥一半谷，有肥无水坐着哭。（《定西农谚》）

种肥压青，谷打满囤。〔正宁〕（《集成》）

种子、播种

白露谷子秋分豆。（《集成》）

布谷布谷，赶快种谷。〔甘南〕（《甘肃选辑》《中国农谚》《谚海》）

布谷鸟儿叫，种谷时候到。（《定西农谚》）

稠谷好看，稀谷吃饭。（《定西农谚》）

春谷稀，夏谷稠。（《集成》）

春谷宜晚，夏谷宜早。（《集成》）

椿树抱娃娃，种谷种糜子。（《平凉气候谚》）

打胡基种谷子，抱鸡娃种糜子。（《宁县汇集》《甘肃选辑》《平凉气候谚》《中国农谚》《定西农谚》《谚海》《集成》）

打瓦谷，干燥糜。（《谚海》）

儿要养的亲，谷要种得深。〔平凉〕（《集成》）

干掺谷子黄壤糜。〔泾川〕（《集成》）

高山谷，低山糜，荞麦胡麻梁顶去。（《集成》）

高山谷子低山糜，荞麦胡麻梁顶地。〔平凉〕（《甘肃选辑》《中国农谚》《谚海》）

---

① 七：又作“九”。

高山谷子低山糜，荞麦胡麻种梁顶。(《静宁农谚志》)

谷稠好看，稀能吃饭。(《天祝农谚》《中国农谚》《谚海》)

谷稀麦稠，高粱地里卧[1]牛。〔天水〕(《甘肃选辑》《中国农谚》)

谷要深，糜要浅，荞麦盖的半个脸。(《中国农谚》《谚海》)

谷要深，糜要浅，荞麦种个[2]半个脸。(《甘肃选辑》《中国农谚》《谚海》《定西农谚》)

谷要稀，麦要稠。(《定西汇编》)

谷要稀，麦要稠，高粱地里卧下牛。(《会宁汇集》《中国农谚》《谚海》)

谷要种的深，儿自养的亲。(《谚海》)

谷要种深，儿要亲生。(《中国农谚》《定西农谚》《谚海》)

谷宜稀，麦宜稠，到头保丰收。〔华亭〕(《集成》)

谷宜稀，麦宜稠，高粱地里[3]卧下牛。(《鲍氏农谚》《中国农谚》《谚海》)

谷雨谷，不收谷；小满谷，收满屋。(《集成》)

谷雨谷，种了胡麻迟了谷。(《集成》)

谷雨加土旺，谷子胡麻一齐扬[4]。(《甘肃选辑》《甘肃气候谚》《中国农谚》《定西农谚》《谚海》)

谷雨耩谷好种棉。(《中国农谚》《谚海》)

谷雨种谷子。(《酒泉农谚》)

谷雨种谷子，立夏种糜子。(《甘肃气候谚》《定西农谚》《集成》)

谷种不调，病害难饶。(《集成》)

谷种不换，收成减半。(《集成》)

谷种不一，穗子不齐。〔庆阳〕(《集成》)

谷种黄墒麦种泥，洋芋湿了不保苗。(《甘肃选辑》《中国农谚》《定西农谚》《谚海》)

谷种黄墒麦种泥。(《中国农谚》《谚海》)

谷种黄墒麦种泥，洋芋湿了苗不齐。(《定西农谚》)

谷子深，糜子浅，荞麦种下半个脸。(《甘肃选辑》《会宁汇集》《中国农谚》《谚海》)

谷子稀，长大穗。(《集成》)

谷子稀，糜子稠，高粱地里卧下牛。(《中国农谚》《谚海》)

---

① 卧:《中国农谚》作“歇”。

② 种个:《定西农谚》作“种下”。

③《鲍氏农谚》无“里”字。

④ 扬:《定西农谚》又作“种”。

谷子稀，糜子稠，玉米地里带豆豆。(《集成》)

谷子稀，糜子稠，玉米地里卧老牛。(《集成》)

谷子种高坡，穗大粒粒多。(《集成》)

谷子种岭坡，穗大颗颗多。(《集成》)

谷子种在谷雨头，走走站站不发愁。〔张掖〕(《甘肃选辑》《甘肃气候谚》《中国农谚》《谚海》《集成》)

过了芒种不种谷，过了夏至不种糜。(《集成》)

槐芽歇阴凉，种谷刚跟上。(《宁县汇集》《甘肃选辑》《平凉气候谚》《中国农谚》《谚海》《集成》)

懒汉不能推时间，大谷子种在谷雨前六天。(《定西汇编》)

立夏不立夏，谷子种了七八架。(《山丹汇集》)

柳叶谷，枣叶麻，枣叶发，种棉花。〔平凉〕(《甘肃选辑》)

柳叶谷，枣叶糜。(《平凉汇集》《中国农谚》《谚海》)

毛杏塞鼻子，种谷种糜子①。(《宁县汇集》《静宁农谚志》)

毛杏脱裤，四月种谷。(《酒泉农谚》)

毛杏子，脱裤子，家家户户种谷子。〔临泽〕(《集成》)

七十年谷，八十年糜②。(《集成》)

巧谷子，黄壤糜，要吃麦子跳成泥。(《静宁农谚志》)

清明种早谷。(《集成》)

热荐谷子冷荐糜，干种糜子拖泥谷。(《定西农谚志》)

沙谷子，黄壤糜，要吃麦子跳成泥。(《庆阳汇集》《宁县汇集》《平凉气候谚》《中国农谚》《谚海》)

山头有雪不种谷。(《集成》)

深谷子，浅糜子，菜子种在表皮子。〔永登〕(《集成》)

深谷子，浅糜子，胡萝卜种在表皮子。(《甘肃天气谚》)

深谷子，浅糜子，胡麻芸芥地皮子。〔平凉〕(《甘肃选辑》《中国农谚》《谚海》)

深谷子，浅糜子，胡麻种在浮皮子③。(《岷县农谚选》《静宁农谚志》《甘肃选辑》《会宁汇集》《定西农谚志》《清水谚语志》《敦煌农谚》《临洮谚语集》《中国农谚》《定西农谚》《集成》)

---

① 《静宁农谚志》“种谷”前有“不”字。

② 原注：七八十年还可发芽。

③ 种：《定西农谚》又作“撒”。浮皮子：《清水谚语志》作“土皮子”，《临洮谚语集》作“地皮子”。

深谷子，浅糜子，荞麦种在浮皮子。(《庆阳汇集》《宁县汇集》《泾川汇集》《甘肃选辑》《平凉气候谚》《平凉汇集》《中国农谚》《定西农谚》《谚海》《集成》)

生地立夏种谷子，熟地立夏种糜子。〔天水〕(《甘肃选辑》《中国农谚》《谚海》)

头雷打在谷雨前，高高山上去种田。(《集成》)

稀谷浪秆，三穗一碗[1]。(《集成》)

稀谷密麦。(《中国农谚》《谚海》)

稀谷匀麦稠豌豆，高粱地里夹死狗。(《集成》)

稀谷子，稠麦子。(《中国农谚》《定西农谚》)

小谷行里踏得鞋，高粱行里捆得柴。(《集成》)

杏儿塞鼻子，种谷种糜子。〔平凉〕(《甘肃选辑》)

杏花满树浸谷种。(《谚海》)

杏塞鼻子，种谷种糜子。(《庆阳汇集》《中国农谚》《谚海》)

阳地谷，一亩打石五。〔平凉〕(《集成》)

阴山谷阳山糜，芥麦种在山头里。(《平凉气候谚》)

阴山谷子阳山糜，荞麦种在高山地[2]。(《宁县汇集》《甘肃选辑》《平凉汇集》《中国农谚》《谚海》《定西农谚》《集成》)

早种谷子晚种糜。(《中国农谚》)

种田有谷，养猪有肉。(《中国农谚》)

生　育

白露谷子不低头，不如拔回喂老牛。(《集成》)

谷不见穗，糜不见叶。(《定西农谚》)

谷出黄墒。〔甘谷〕(《集成》)

谷出黄墒麦出泥。〔天水〕(《甘肃选辑》《中国农谚》《谚海》)

谷出泥里秀，淋死荞麦花；麦熟火里生，晒死豌豆花。(《中国农谚》《定西农谚》)

谷出三个耳，头锄还适时。〔平凉〕(《甘肃选辑》《中国农谚》《谚海》)

谷出正当午时，麦出半夜子时。(《静宁农谚志》)

谷出正午，荞麦出半夜子时。(《平凉气候谚》)

谷出正午时，麦出半夜子时。(《宁县汇集》)

---

① 原注：种谷间距要秆不碰秆、叶不碰叶，可获好收成。浪：又作“壮”。

② 山地：《宁县汇集》作“山头地”。

谷子开花大水拉，麦子开花大雨刮，高粱开花竞过火瓜瓜。(《泾川汇集》)

好谷不见穗，好糜不见叶。(《宁县汇集》《甘肃选辑》《静宁农谚志》《中国农谚》《定西农谚》《谚海》)

好谷子不见穗，好糜子不见叶。(《集成》)

芒种忙忙栽，夏至谷怀胎。(《谚海》)

中　耕

八月八，把谷抓。(《中国农谚》《谚海》)

锄倒的谷子，打[1]倒的棉花。(《岷县农谚选》《甘肃选辑》《定西汇编》《中国农谚》)

锄倒的谷子，打杈的棉花。〔定西〕(《中国农谚》《谚海》)

锄谷不见谷，锄过一遍绿。(《定西汇编》)

春天多锄草，秋谷颗粒饱。(《集成》)

多除草，谷粒饱。(《定西农谚》)

干锄谷子湿锄花，不干不湿锄芝麻。(《中国农谚》《谚海》)

干锄谷子湿锄花，不湿不干锄芝麻。(《甘肃选辑》《定西汇编》)

耕三耙四锄八遍，打下谷子不用碾。(《中国农谚》)

谷锄八遍吃圆米。(《中国农谚》《谚海》)

谷锄八遍饿死狗，麦锄四遍平了沟。(《中国农谚》《谚海》)

谷锄八遍尽是米。(《定西农谚》)

谷锄八遍自成米，稻锄七遍没有皮。(《中国农谚》《谚海》)

谷锄寸，顶上粪。(《中国农谚》《定西汇编》《谚海》)

谷锄九，饿死狗。(《集成》)

谷锄七遍，多打八石。(《静宁农谚志》)

谷锄七遍，米像鸡蛋。(《泾川汇集》)

谷锄七遍变成米。(《清水谚语志》)

谷锄七遍饿死狗。(《中国农谚》《谚海》)

谷锄七遍尽是米。〔礼县〕(《集成》)

谷锄七遍碾九米。(《张氏农谚》《中国农谚》《谚海》)

谷锄七遍自成米。(《定西县志》《中国农谚》《谚语集》《定西农谚》)

谷锄七遍自成米，萝卜锄三遍[2]变成梨。(《宁县汇集》《静宁农谚志》《平凉气候谚》)

---

① 打：《岷县农谚选》作“打尖”。

② 三遍：《静宁农谚志》作“三”。

谷锄七遍自成米，萝卜三遍赛过梨。(《中国农谚》《谚海》)

谷锄三遍，打粮三石。〔张掖〕(《谚海》)

谷锄三遍，多打一石。(《清水谚语志》)

谷锄三遍，米汤比胶粘。(《天祝农谚》《中国农谚》《谚海》)

谷锄三遍，一垧一石。(《定西农谚》)

谷锄三遍不见糠。〔永昌〕(《集成》)

谷锄三遍饿死狗。(《集成》)

谷锄三遍谷无糠，麻锄三遍马无缰。(《集成》)

谷锄三遍尽是米，糜锄三遍尽是秕。(《中国农谚》《谚海》《集成》)

谷锄三遍米汤甜，谷锄四遍颗颗圆。(《集成》)

谷锄三遍面充斗，稻薅九遍饿死狗。(《中国农谚》)

谷[①]锄三遍自成米。(《会宁汇集》《定西汇编》)

谷锄三绽尽是米。〔平凉〕(《甘肃选辑》《中国农谚》)

谷锄十遍饱死狗。(《岷县农谚选》《定西汇编》)

谷锄四次，八米二糠。(《中国谚语资料》《中国农谚》《谚海》)

谷锄四次，二糠八米。〔酒泉〕(《集成》)

谷锄一寸，等[②]于上粪。〔武山〕(《集成》)

谷锄一寸，强似上粪，谷七遍，米像鸡蛋。(《宁县汇集》)

谷锄一寸，强似[③]上粪。(《费氏农谚》《鲍氏农谚》《静宁农谚志》《甘肃选辑》)

谷锄一寸，胜过上粪。(《中国农谚》《谚海》《定西农谚》)

谷地锄九饿死狗。〔张掖〕(《甘肃选辑》《中国农谚》《谚海》)

谷薅七道没有叶，棉薅八道白如雪。(《中国农谚》《谚海》)

谷间寸，顶上粪。〔泾川〕(《集成》)

谷没苗，赶紧抛[④]。(《定西县志》)

谷苗间一寸，胜似上大粪。(《集成》)

谷收锄上，麦收犁上。(《岷县农谚选》《定西农谚》)

谷收犁上，麦收锄上。(《中国农谚》《谚海》)

谷要锄成。(《中国农谚》《谚海》)

谷要锄成，糜要种成。(《庆阳汇集》《泾川汇集》《中国农谚》《定西农

---

① 谷:《定西汇编》作“谷子”。

② 等：又作“强”。

③ 强似:《甘肃选辑》又作“强如”。

④ 原注：谷宜早锄也。

谚》《谚海》)

谷子不间苗，长成老爷毛。(《集成》)

谷子出来间得稀，穗头长得棒槌粗。〔张掖〕(《甘肃选辑》《中国农谚》《谚海》)

谷子锄八遍，皮子薄得像鸡蛋。〔临夏〕(《甘肃选辑》)

谷子锄过四遍，每斗碾米七升半。(《庆阳汇集》《甘肃选辑》《中国农谚》《谚海》)

谷子锄七遍，熟得像鸡蛋。(《平凉汇集》《谚海》)

谷子锄七遍，作饭似油拌。(《中国农谚》《谚海》)

谷子锄上七八遍，颗粒饱满像鸡蛋。〔陇西〕(《集成》)

谷子锄四遍，每斗碾①米七升半。(《宁县汇集》《静宁农谚志》)

谷子锄一寸，等于上遍粪。(《定西农谚》)

谷子间得苗苗稀，穗穗长得棒槌粗。(《定西农谚》)

谷子三间，长得就像鸡蛋。(《定西汇编》)

谷子收在锄上。〔甘谷〕(《集成》)

谷子要挖，糜子要扎。(《庆阳汇集》《宁县汇集》《静宁农谚志》《甘肃选辑》《平凉气候谚》《中国农谚》《谚海》)

谷子一寸长，锄往地里扛。(《会宁汇集》《定西汇编》)

瓜锄八遍瓜上走，谷锄八遍饿死狗，高粱八遍低下头，麦锄八遍屁股没沟沟。〔金昌〕(《集成》)

旱锄谷子涝锄麻，下过雨锄芝麻。(《泾川汇集》)

七遍谷子八遍糜，锄的多了没有皮。(《会宁汇集》《定西汇编》《中国农谚》《定西农谚》《谚海》)

七遍谷子八遍糜，米颗憋得像鸡蛋。(《定西农谚》)

七遍谷子八遍糜，米颗憋破皮。(《定西农谚》)

七遍谷子八遍糜，十遍萝卜不淤泥②。(《甘肃选辑》《清水谚语志》《中国农谚》《谚海》《集成》)

四遍谷子三遍糜，七③遍稻子没有皮。(《中国农谚》《谚海》)

头伏锄谷如浇油，二伏锄谷如浇水。(《定西汇编》)

夏天不锄谷，秋天守着哭。(《甘肃选辑》《中国农谚》《定西农谚》《谚海》)

秧薅三道出好谷。(《中国农谚》《谚海》)

---

① 碾：《静宁农谚志》作“出”。

② 淤泥：《集成》〔平凉〕作“洗泥”，《清水谚语志》作“沾泥”。

③ 七：又作“一”。

灾 害

端午有雨谷心坏，河内水浅生虫害。(《集成》)

谷倒一包糠，麦倒如茴香。〔酒泉〕(《集成》)

谷黄怕虫豆怕荚。(《定西农谚》)

谷怕黄眼豆怕荚，芝麻怕的逢放花。(《中国农谚》)

谷怕黄眼豆怕荚，芝麻怕的开白花。(《谚海》)

谷怕蝗虫豆怕荚，芝麻怕的正开花。(《中国农谚》《谚海》)

谷怕卡脖旱。(《集成》)

谷怕胎里旱，人怕老来穷。〔皋兰〕(《集成》)

谷怕午时风，老羊怕过冬。(《集成》)

谷是宝，耐寒草。(《定西农谚》)

人怕老来穷，谷怕秋后虫。(《定西农谚》)

年 成

白露天气晴，谷米白如银。〔天水〕(《甘肃选辑》《甘肃气候谚》《中国农谚》《谚海》)

白露天气晴，谷米白如银；白露雨绵绵，家里缺米粮。〔合水〕(《集成》)

春干谷满仓，秋干[①]断种粮。(《两当汇编》《集成》)

东风吹，谷子堆满仓[②]；西风吹，谷子一包糠。(《甘肃选辑》《敦煌农谚》《中国农谚》《谚海》)

伏里多雨，谷子米多。(《宁县汇集》)

伏里西北风，谷子颗颗[③]空。(《两当汇编》《集成》)

谷雨雷一雷，谷米成大堆。(《集成》)

谷雨无雨无谷米。(《集成》)

惊蛰雷雨[④]大，谷米无高价。(《集成》)

惊蛰落雨，谷米如泥。(《集成》)

九里塘土盖驴蹄，不成谷子就成糜。(《静宁农谚志》《平凉气候谚》)

九里有风，伏里有雨；伏里没雨，谷里没米。〔武威〕(《集成》)

九月初霜，谷米满仓。(《临洮谚语集》《甘肃天气谚》)

---

① 干：《集成》〔庆阳〕作“旱”。

② 仓：《甘肃选辑》作“堆”。

③ 颗颗：《集成》〔庆阳〕作“一场”。

④ 雨：又作“声”。

雷打秋，谷丰收。(《集成》)

立夏无雷动，谷豆皆成空。(《集成》)

六月不晒，无谷还债。(《集成》)

六月盖被，有谷无米。(《朱氏农谚》《中国农谚》)

南山头上光又光，一斗谷子十升糠；南山头上冒白云，今晚定会雨来临。(《集成》)

三伏满一月，谷米用车拽。〔临夏〕(《甘肃选辑》《中国农谚》)

三九天，塘土陷住驴蹄子；开春后，不种谷子种糜子。(《中国农谚》《谚海》)

三月响雷，谷子成堆；二月响雷，庄稼吃亏。(《集成》)

收谷不收谷，全看五月二十六。(《定西农谚》)

四月八日雨下足，高山顶上都收谷。〔武山〕(《集成》)

四月初一寒，谷仓一定满。〔环县〕(《集成》)

塘土掩住驴蹄子，不成谷子成糜子[①]。(《集成》)

头伏看秧哭啼啼，二伏看秧笑嘻嘻，三伏满一月，谷米用车拽。〔临夏〕(《谚海》)

晚禾不过秋[②]，过秋无谷收。〔泾川〕(《集成》)

五月连阴雨，谷穗不出来。〔武威〕(《集成》)

夏至满塘谷满仓。(《集成》)

夏至西北风，谷子颗颗空。(《集成》)

小满五日湿，谷仓全塞实。(《集成》)

雪姐久留住，明年好谷收。(《鲍氏农谚》《中国农谚》《谚海》)

收　藏

从小旱个死，到老一包子。(《张氏农谚》《中国农谚》《谚海》)

打场打场，打了谷子打高粱。(《中国农谚》《谚海》)

谷打三遍不丢本。(《中国农谚》《谚海》)

谷三千，麦六十，丰收的豌豆八角子。(《定西农谚》)

谷收三千，麦收六十。(《定西农谚》)

谷子迟收掉头，芸芥迟收没油。(《集成》)

谷子迟收风磨，糜子迟收折头。〔庆阳〕(《集成》)

谷子吊，糜子窖。〔张掖〕(《甘肃选辑》)

---

① 原注：过于干旱的情况下种不成谷。

② 秋：指秋分。

旱地谷似龙，十年九不空。〔定西〕（《集成》）

九月初霜，谷米满仓。（《临洮谚语集》《甘肃天气谚》）

抢收如抢宝，黄谷不过夜。（《中国农谚》《谚海》）

田头压了青，一窝谷子打一升。〔合水〕（《集成》）

一滴血，一滴汗，谷不到家心不安。（《中国农谚》）

一年劳动在于秋，谷不到家不算收[①]。（《谚海》）

与其春天搂干草，莫如秋天拣谷穗。〔灵台〕（《集成》）

糜

概　说

三秋跌不住一夏，秋糜子不如叫闲人。〔张掖〕（《甘肃选辑》）

天旱年，多种糜谷度荒年。〔清水〕（《集成》）

秃地不秃糜。〔张掖〕（《甘肃选辑》）

土块地里的糜子，庄稼人的儿子。〔张掖〕（《甘肃选辑》《中国农谚》《谚海》）

要想富，种糜谷。（《山丹汇集》）

倒　茬

倒茬强如上粪，麦地[②]糜如手提。（《宁县汇集》《平凉气候谚》）

倒茬强如上粪，重茬不如不种。（《静宁农谚志》）

豆茬糜，买马骑。（《中国农谚》《定西农谚》《谚海》）

谷茬[③]糜，买马骑。（《山丹汇集》《中国农谚》《定西农谚》《谚海》）

谷茬糜，买马骑；重茬燕，不得见。（《陇南农谚》）

谷地里的糜，买马骑；糜地里的谷，守着哭。（《定西农谚志》）

谷地里糜，如手提；糜地里谷，抱头哭。（《中国农谚》《谚海》）

谷地糜，买马骑；糜地谷，吼着哭。（《静宁农谚志》）

谷地[④]糜，如手提；糜地谷，吼着哭。〔天水〕（《甘肃选辑》《中国农谚》《谚海》）

谷地糜，如手提；糜地谷，守着哭。（《会宁汇集》《集成》）

谷地种糜买马骑，糜地种谷吼着哭。（《定西农谚》）

---

① 谷：又作“粮”。家：又作“仓”。

② 《平凉气候谚》无“地”字。

③ 茬：《谚海》作“地”。

④ 地：《中国农谚》《谚海》又作“地里”。

谷连[①]糜，买马骑。（《甘肃选辑》《会宁汇集》《中国农谚》《谚海》）

连茬糜谷上三年，只苦人畜不见田。〔甘谷〕（《集成》）

连种三年糜子，遍地全是站糜子。（《静宁农谚志》）

麦茬糜，不用提。（《泾川汇集》）

麦地糜，买马骑；糜地糜，如手提。〔漳县〕（《集成》）

麦地糜，如手提；豆地麦，起堆堆。（《静宁农谚志》《甘肃选辑》《中国农谚》《谚海》）

麦种糜，买马骑。（《定西农谚》）

糜茬重糜驮死驴。〔临夏〕（《甘肃选辑》《中国农谚》《谚海》）

糜谷三年没节，瓜茬三年不结。〔平凉〕（《甘肃选辑》《中国农谚》《谚海》）

糜种料数多，全是野糜草。〔平凉〕（《甘肃选辑》《中国农谚》《谚海》）

糜种糜，如手提；麦种糜，买马骑。〔平凉〕（《甘肃选辑》《中国农谚》《谚海》）

糜子种糜如手[②]提。（《定西农谚志》）

前茬糜子再种糜，连种玉米起异迹。（《宁县汇集》）

荞茬种糜子，掩住牛蹄子。〔平凉〕（《甘肃选辑》《中国农谚》《谚海》《集成》）

头茬糜子二茬瓜，三茬麦子连把抓[③]。（《甘肃选辑》《中国农谚》《谚海》《定西农谚》《集成》）

头茬种糜，二茬种谷。（《集成》）

豌豆地里[④]种糜子，来年靠着吃麦子。（《宁县汇集》《甘肃选辑》《平凉气候谚》《中国农谚》《谚海》）

小麦糜，露肚皮。（《酒泉农谚》）

洋芋地种糜，好得没底。〔武山〕（《集成》）

重茬糜，买马骑。（《天祝农谚》）

重茬糜，买马骑；重茬谷，到处哭。（《宁县汇集》《甘肃选辑》《平凉气候谚》《中国农谚》《谚海》）

重茬糜，买马骑；重茬谷，收[⑤]着哭。（《庆阳汇集》《平凉汇集》《定西农谚》）

重茬糜，买马骑；重茬荞，不见得。〔平凉〕（《集成》）

---

① 连：《会宁汇集》作“种”。

② 手：原误作“平”，据意正之。

③ 连把抓：《集成》〔泾川〕作“手里抓”。

④ 《宁县汇集》《平凉气候谚》无“里”字。

⑤ 收：《平凉汇集》作“守”。

重茬糜，满斗提；重茬谷，白受苦。(《定西农谚》)

重茬糜，驮死驴。(《集成》)

重茬糜子打一石，重茬谷子不见面。(《宁县汇集》《静宁农谚志》《甘肃选辑》《中国农谚》《定西农谚》《谚海》)

重茬糜子还较好，重茬玉米净。(《静宁农谚志》)

整地、施肥

糜地犁三掺，必能打三石。(《山丹汇集》)

糜谷不上粪，枉把天爷恨。(《天祝农谚》《中国农谚》《定西农谚》《谚海》)

糜谷没粪，不如不种。(《定西县志》)

糜谷收上七月墒，麦收三九十月墒。(《庆阳汇集》《宁县汇集》《甘肃选辑》《中国农谚》《谚海》《集成》)

糜谷收上四月墒。(《静宁农谚志》)

糜谷要好，粪要上饱。(《定西农谚》)

糜谷要好，水足肥饱。(《天祝农谚》《中国农谚》《谚海》)

杏儿塞鼻孔，庄稼汉发糜粪。(《定西农谚》)

杏儿塞鼻子，庄农人发糜粪。(《定西县志》)

播种、土宜

摆成的糜，锄成的谷。(《宁县汇集》《甘肃选辑》《平凉气候谚》《中国农谚》)

布谷来了立夏呢，赶紧下种糜谷呢。〔甘南〕(《甘肃选辑》《中国农谚》《谚海》)

打破花儿焦头子，庄稼人收拾种糜子。(《定西农谚志》)

大白土，土质好，种上糜子籽头好，种上麦子面有饱。〔兰州〕(《甘肃选辑》)

二月二，老龙哭，满山满洼扬①糜谷。(《集成》)

尕杏塞鼻子，赶紧种糜子。〔临夏〕(《甘肃选辑》《中国农谚》《谚海》)

干耧糜子湿耧谷，豆子种的泥溜溜。(《集成》)

干撒的糜谷拖泥的麦。〔酒泉〕(《集成》)

干烫糜儿托泥谷②。(《定西县志》《定西农谚》)

干燥糜，麦搅泥。(《平凉汇集》《中国农谚》《谚海》)

---

① 扬：方言，撒播。

② 烫：《定西县志》作“汤”。糜儿：《定西农谚》作“糜子”。

干燥糜子杠火荞。〔定西〕(《甘肃选辑》《中国农谚》《谚海》)

干扎糜子上寿呢，湿扎糜子要命呢。(《会宁汇集》)

干种糜子湿种谷。(《会宁汇集》《集成》)

干种糜子拖泥谷。(《中国农谚》《谚海》)

干种糜子拖泥谷，迟荞早麦稀谷穗。〔定西〕(《甘肃选辑》)

高山立夏糜，小满透土皮。(《定西汇编》)

疙里疙瘩种的好糜子。(《集成》)

谷雨糜，突破皮。〔甘南〕(《甘肃选辑》《中国农谚》《谚海》)

槐芽谷子枣芽糜，梨花开了种玉米。〔灵台〕(《集成》)

黄墒糜子干燥谷，不干不湿种萝卜。(《集成》)

碱地里糜谷不出，种上胡萝卜只粗不细。〔张掖〕(《甘肃选辑》)

立了夏，偷偷摸摸七八架[1]。〔靖远〕(《集成》)

立夏不种高山糜，低着头儿把地犁。(《临洮谚语集》)

立夏不种高山糜，种上没颗一包皮。(《集成》)

立夏高山糜，小满出[2]土皮。(《甘肃选辑》《清水谚语志》《甘肃气候谚》《中国农谚》)

立夏高山糜，小满[3]顶破皮。(《庆阳汇集》《宁县汇集》《静宁农谚志》《甘肃选辑》《中国农谚》《谚海》)

立夏高山糜，小满透土皮。(《定西县志》《白银民谚集》《会宁汇集》《定西农谚志》《平凉气候谚》《临洮谚语集》《中国农谚》《定西农谚》《谚海》《集成》)

立夏高山糜，小燕麦顶地表[4]。〔兰州〕(《甘肃选辑》《中国农谚》)

立夏高山糜，小燕麦透土皮。(《定西农谚》)

立夏高山云，糜子满遍山坡。(《白银民谚集》)

立夏种高山糜，燕麦顶地皮。(《甘肃气候谚》)

立夏种糜子。(《酒泉农谚》)

柳毛飞，糜谷扬。(《中国农谚》《谚海》)

麦黄种糜，糜黄种麦。(《宁县汇集》《泾川汇集》《甘肃选辑》《平凉气候谚》《清水谚语志》《平凉汇集》《中国农谚》《谚海》)

芒不种高山的糜，平川的豆。(《定西农谚志》)

---

① 架：方言，每架为一垧，每垧合三亩或五亩。此谓播种糜谷。

② 出：《甘肃气候谚》作“顶”。

③ 小满：《宁县汇集》作“小苗”。

④ 表：《中国农谚》作“皮”。

芒不种荞先种糜。(《会宁汇集》)

芒种不种荞麦[1]，先种糜。(《白银民谚集》《甘肃气候谚》)

芒种糜，买马骑。〔永昌〕(《集成》)

芒种糜子不种谷。(《集成》)

芒种种糜粮满仓，夏至种糜一场光。(《集成》)

毛杏蛋儿塞鼻子，赶忙收拾种糜子。(《天祝农谚》《中国农谚》《谚海》)

毛杏塞鼻子，收拾种糜子[2]。(《陇南农谚》《定西汇编》)

毛杏塞鼻子，庄稼人种糜子。〔兰州〕(《甘肃选辑》《中国农谚》《谚海》)

糜稠一把草，谷稠连根倒。(《集成》)

糜谷抢时不抢墒。(《会宁汇集》)

糜谷稀，麦子稠，高粱玉米地里卧小牛。(《集成》)

糜要深，谷要浅，荞麦盖的[3]半个脸。(《新农谚》《岷县农谚选》《中国农谚》《定西汇编》《谚海》)

糜要深，谷要浅，荞麦盖没半个脸。(《中国农谚》《谚海》)

糜要种稠，谷要种稀。(《定西农谚》)

糜子不驮土[4]。(《集成》)

糜子稠了一把糠。(《集成》)

木瓜塞鼻子，收拾种糜子。〔灵台〕(《集成》)

泥跷的糜，干撒的谷。(《集成》)

清明谷雨忙种糜，小满糜子顶破皮。(《集成》)

清明栽子谷雨树，芒种前三天一定[5]种糜子。〔张掖〕(《甘肃选辑》《中国农谚》《谚海》)

热砂种糜子，新砂连年种麦子。(《谚语集》)

沙枣花儿[6]喷鼻子，家家户户种糜子。(《甘肃选辑》《敦煌农谚》《中国农谚》《集成》)

沙枣杏儿扑鼻子，庄稼人收拾种糜子。(《甘肃天气谚》)

深糜子，浅豆子，胡麻种到[7]浮皮子。(《新农谚》《山丹汇集》《中国农谚》《定西汇编》《谚海》)

---

① 荞麦:《甘肃气候谚》作“荞”。

② 《陇南农谚》无“子”字。

③ 盖的:《岷县农谚选》作“种上”。

④ 原注:糜子播种宜浅不宜深。

⑤ 《中国农谚》《谚海》无“一定”二字。

⑥ 花儿:《集成》〔金塔〕作“花香”。

⑦ 到:《定西汇编》作“在”。

升底糜子斗底谷，玉米地里卧牛犊。（《庆阳县志》《集成》）

酸杏塞住牛鼻子，收拾种糜子。〔灵台〕（《集成》）

唐僧[①]活了八百岁，阴山种糜总不对。（《甘肃选辑》《平凉汇集》《中国农谚》《谚海》）

土旺种小苗，小满种糜谷。（《庆阳汇集》《中国农谚》《谚海》）

夏至不种高秆糜[②]，低着腰儿把地犁。〔定西〕（《甘肃选辑》《甘肃气候谚》《中国农谚》《谚海》）

夏至不种高梁[③]糜，低着头儿把地犁。〔武威〕（《集成》）

夏至不种高山糜。〔皋兰〕（《中国谚语资料》《中国农谚》《谚海》《集成》）

小满糜，慢慢犁。〔武威〕（《集成》）

小满糜，芒种谷，没米没籽守着哭。〔甘谷〕（《集成》）

小满糜谷，芒种荞麦[④]。（《集成》）

小满前后种糜子，谷雨前后种谷子。（《甘肃选辑》《平凉汇集》《甘肃气候谚》《中国农谚》《定西农谚》《谚海》）

小满前后种糜子，谷雨前后种谷子；清明前后种高粱，白露前后种小麦。（《庆阳汇集》）

小满前后种糜子。（《平凉气候谚》）

杏儿塞鼻子[⑤]，收拾种糜子。（《白银民谚集》《平凉汇集》《中国农谚》《谚海》《定西农谚》）

杏儿塞住牛鼻子，不种谷子种糜子。（《定西农谚》）

杏儿塞住牛鼻子，庄稼人收拾种糜子。（《会宁汇集》）

杏花飘，脱裤子，收拾种糜子。〔张掖〕（《甘肃选辑》《中国农谚》《谚海》）

杏子塞鼻子，收拾种糜子。（《甘肃天气谚》）

杏子脱裤子，收拾种糜子。（《甘肃天气谚》）

阳坡糜谷，阴坡洋芋。（《宁县汇集》《静宁农谚志》《甘肃选辑》《中国谚语资料》《中国农谚》《集成》）

阳坡种糜谷，阴坡种洋芋。（《中国农谚》《谚海》）

早种糜子空忙，迟种糜子不黄。（《白银民谚集》）

枣花碰鼻子，收拾种糜子。〔灵台〕（《集成》）

枣塞鼻子，收拾种糜子。（《泾川汇集》）

---

① 唐僧：《平凉汇集》作“童子”。

② 《甘肃选辑》〔兰州〕无下句。

③ 高梁：方言，此谓高山。

④ 荞麦：又作“荞”。

⑤ 鼻子：《定西农谚》作“鼻孔”。

针拶[①]糜子卧牛芸，高粱地里驴打滚。〔灵台〕（《集成》）
种糜见麦穗，割麦见糜穗。〔酒泉〕（《集成》）

生　育

处暑糜子不出头，干脆拔了喂老牛。（《甘肃气候谚》）
冬不冷，夏不热，糜子谷子不蹿节。（《集成》）
二月桃花三月梨，小满糜子顶破皮。〔张掖〕（《集成》）
立秋两耳儿，指望锅里下米儿。（《谚语集》）
立秋糜子四指高，拔节出穗缠上腰。（《集成》）
六月半，糜谷出穗乱。（《定西县志》《甘肃选辑》《白银民谚集》《定西汇编》《中国农谚》《谚语集》《定西农谚》《谚海》）
六月半，糜谷探。（《中国谚语资料》《中国农谚》《谚海》）
六月半头，糜谷探头。（《中国农谚》《定西农谚》《谚海》《集成》）
芒种糜[②]，出土齐。（《甘肃选辑》《酒泉农谚》《中国农谚》《谚海》）
芒种糜，出土齐；夏至糜，顶土皮。（《定西农谚》）
芒种糜，拿手提。〔张掖〕（《甘肃选辑》《甘肃气候谚》《中国农谚》《谚海》）
芒种糜，透土皮。（《山丹汇集》）
芒种糜子盖土皮。（《甘肃选辑》《敦煌农谚》《中国农谚》《谚海》）
糜不见叶，谷不见穗。（《中国农谚》《谚海》）
糜成不见叶，谷成不见穗。（《集成》）
糜出拖泥穗，淋死荞麦花。（《定西农谚》）
糜谷白露不出头，拔掉喂了牛。（《中国农谚》《谚海》）
糜谷白露不出头，只有拔了喂老牛。（《定西农谚》）
糜谷出穗一拳高，拔节曳项到人腰。（《定西县志》）
糜谷出土顶破砖。（《集成》）
糜谷立秋不出头，拔了喂老牛。（《甘肃天气谚》）
糜谷拖泥秀，淋死荞麦花[③]。（《定西县志》）
糜好不露头，稻好不露叶。（《中国农谚》《谚海》）
糜三儿，谷四儿。〔张掖〕（《甘肃选辑》《中国农谚》《谚海》）
糜三谷四，胡麻掉在地下就出。〔玉门〕（《集成》）
糜三谷四当日麻，胡麻抓在手里就发芽。〔酒泉〕（《集成》）

---

① 针拶：喻播种下籽很稠。
② 糜：《酒泉农谚》作“米”。
③ 原注：糜谷熟时应雨，而荞麦则否。

糜子不出问磙子。〔张掖〕(《甘肃选辑》《中国农谚》《谚海》)
糜子出穗一拳高，谷子拔节到人腰。(《定西农谚》)
糜子立秋不出头，不如割了去喂牛。(《甘肃气候谚》)
糜子立秋不出土，不如割下喂老牛。(《酒泉农谚》)
糜子立秋一拳高，出秋也能长半腰。(《甘肃天气谚》)
糜子晒成柴，见水长成崖。(《山丹汇集》)
七月半，糜谷穗儿乱。(《集成》)
秋分不见糜子，寒露不见谷子。(《定西农谚》)
秋分糜儿不勾头，拔的喂老牛。(《白银民谚集》)
秋后一伏，糜谷不熟。(《中国农谚》《定西农谚》《谚海》)
黍子出地怕雷雨。(《鲍氏农谚》《中国农谚》《谚海》)
夏至糜，顶土皮。〔临夏〕(《甘肃选辑》《中国农谚》《谚海》)
夏至糜子出土齐。(《高台天气谚》)
小满糜，顶破皮。(《宁县汇集》《静宁农谚志》《甘肃气候谚》)
小满糜，透土皮①。(《岷县农谚选》)
小暑糜，透土皮。(《文县汇集》)

田　管

锄糜糜，溜皮皮。(《集成》)
瓜压三把大似斗，糜锄七遍饿死狗。(《谚语集》)
旱耪黍子涝耪麻，雨下过②后耪芝麻。(《中国农谚》《谚海》)
亮根糜，壅根谷。(《集成》)
六月六，浇糜谷。(《集成》)
麻雀上万，吃糜一石。(《定西农谚》)
马耳扎瞎糜，不打一石走那里。(《静宁农谚志》)
糜出三个耳，头锄正适时。(《庆阳汇集》《中国农谚》《谚海》)
糜锄顶，谷锄针。〔平凉〕(《中国农谚》《集成》)
糜锄两耳③谷锄针。(《宁县汇集》《会宁汇集》《平凉气候谚》《定西汇编》《中国农谚》《定西农谚》)
糜锄两耳谷锄针，高粱不能过三寸。(《集成》)
糜锄两耳谷锄针，麻子锄的四叶整。(《集成》)

---

① 皮：原误作“坡”，当为形近而误，今据文意及用韵正之。
② 《中国农谚》无“过”字。
③ 两耳：《定西农谚》又作“马耳”。

糜锄两耳谷锄针，麦子锄的四寸高。(《集成》)

糜锄七遍尽是米，谷锄十遍饿死狗。(《定西农谚志》)

糜锄三遍谷四遍，一亩能打四石三[1]。〔平凉〕(《甘肃选辑》《中国农谚》《谚海》《集成》)

糜锄心，谷锄针。(《庆阳汇集》《甘肃选辑》《中国农谚》《谚海》)

糜倒一把糠，麦倒惊破仓。〔张掖〕(《甘肃选辑》《中国农谚》《谚海》)

糜谷出在锄把上，荞麦出在犁地上。(《甘肃选辑》《中国农谚》《定西农谚》《谚海》《集成》)

糜谷出在人手上，荞麦出在牛领[2]上。(《清水谚语志》)

糜谷[3]锄在人力上，荞麦锄在时间上。(《会宁汇集》《定西汇编》)

糜谷种在铲头上，荞麦种在牛领上。(《定西农谚志》)

糜子锄得跌仰绊[4]，一亩打两石。(《中国农谚》《谚海》)

糜子锄得跌仰绊，一亩能打一两石。〔康县〕(《集成》)

糜子锄七遍，憋的像鸡蛋。〔定西〕(《甘肃选辑》《定西汇编》)

糜子锄三遍，米颗憋的像鸡蛋。(《定西农谚》)

糜子锄三遍，圆得像鸡蛋。〔华亭〕(《集成》)

糜子两耳锄头忙。(《会宁汇集》)

糜子怕灌耳。〔兰州〕(《甘肃选辑》《中国农谚》《谚海》)

糜子一寸长，忙把肥追上。(《会宁汇集》《定西汇编》)

七次糜，八次谷，越打越肯出。〔张掖〕(《甘肃选辑》《中国农谚》《谚海》)

湿锄糜子干锄谷，露水地里锄豆豆。(《宁县汇集》《甘肃选辑》《中国农谚》《谚海》《集成》)

湿锄糜子干锄谷子，露水地里刨[5]豆子。(《定西农谚》)

头遍浅，二遍深，三遍不要锄断根。(《定西汇编》)

头遍啄，二遍挖，三遍四遍如绣花。(《定西汇编》)

小糜子，显早晚。(《集成》)

杏子塞鼻子，庄稼耘糜子。(《民勤农谚志》)

雨打端午节，虫吃糜谷叶。(《集成》)

种糜不怕迟，只要地耕熟。(《会宁汇集》)

---

① 四石三：《集成》作“三四石”。

② 牛领：原误作“中岭”，“牛”系形误，“岭”为音近误记，今据文意正之。

③ 糜谷：《定西汇编》作“糜子”。

④ 跌仰绊：《中国农谚》作“跌绊”。

⑤ 刨：又作“锄”。

年　成

布谷虫儿立夏十日前叫，糜谷丰收；布谷虫儿立夏十日后叫，糜谷歉收。〔武山〕(《集成》)

布谷立夏当日叫，糜谷多得没人要；布谷立夏三日叫，糜谷连糠粜。〔天水〕(《集成》)

春分一声雷，黄米贱如泥。(《平凉汇集》《中国农谚》《谚海》)

二月二，刮大风，糜子谷子收十分。(《朱氏农谚》《定西农谚》)

二月二日晴，黑霜落三层；二月二日下，糜谷搭成架。〔陇南〕(《集成》)

伏蝉秋后叫，黄米没人要。(《集成》)

伏里多雨糜谷够。(《静宁农谚志》)

九层河不开，黄米麦子压塌街。(《甘肃农谚》)

立夏没雨，糜谷没米。(《集成》)

两头不见春，黄糜贵似金。(《张掖气象谚》)

麦死糜窖开。(《集成》)

七月小，牛吃烂糜草。(《集成》)

秋分在社前，糜谷憋破篅；秋分在社后，糜谷熟不透。(《定西农谚》)

秋后一伏，糜谷不熟。〔临夏〕(《甘肃选辑》《中国农谚》《定西农谚》《谚海》)

三伏热死狗，糜子没有糠。〔镇原〕(《集成》)

三九里塘土埋着驴蹄子，来年收的好糜子。(《宁县汇集》《甘肃选辑》《中国农谚》《谚海》)

三九路上湿土过三寸，来年糜谷撑破囤。(《宁县汇集》《甘肃选辑》《中国农谚》《谚海》)

三九塘土烂住驴蹄子，来年成得好糜子。(《甘肃天气谚》)

三月初，四月八，晴天早晨刮南风，糜谷一定好。(《白银民谚集》)

三月六日刮北风，糜子长得好。(《定西农谚志》)

四月一日北风稍，庄稼人收拾挖糜窖。(《会宁汇集》)

五月二十五，南风刮起土，糜子压弯腰，荞麦压折股。(《集成》)

要吃糜，伏内三场雨。(《酒泉农谚》)

要想吃糜，四月里不见雨。(《甘肃天气谚》)

一伏三场雨，糜子尽是米。〔庆阳〕(《集成》)

一年两夹春[1]，黄米贵似金。〔甘南〕(《中国农谚》《谚海》)

---

① 《谚海》〔甘南〕“夹两”二字互倒。

一年两头春，黄米贵似[1]金。（《甘肃选辑》《张掖气象谚》《甘肃天气谚》《集成》）

正月二十五，黄风刮起土，糜子打石五。（《甘肃天气谚》）

正月二十一，北风呼噜噜，糜子压死驴。〔正宁〕（《集成》）

正月二十一，北风罩了渠，糜子压死驴。（《平凉气候谚》《平凉汇集》）

正月二十一，烟雾罩了渠，糜子压死驴。（《中国农谚》《谚海》）

正月逢三寅，黄米黄似金。（《甘肃农谚》）

正月十七八，黄风刮起沙，糜子拿手刮[2]。（《集成》）

正月十五雪打灯，黄米麦子打万斤。（《定西汇编》）

正月十五雪打灯，黄米麦子贵如金。〔兰州〕（《集成》）

庄稼汉要吃米，伏里三场雨。（《岷县农谚选》《定西农谚》）

庄稼人要吃米，伏里三场雨。（《定西县志》《甘肃选辑》《定西农谚》）

收　藏

白露糜子寒露谷。（《定西农谚志》）

九月里，九重阳，糜子谷子都上场。（《定西农谚》）

糜绿是秕，谷绿是米。（《集成》）

糜一千，谷一万，麦子四十要过石。（《定西农谚》）

糜子迟收折头，谷子迟收风磨，荞麦迟收掉子，豆子迟收炸裂。（《中国农谚》《谚海》）

糜子一千，谷子一万，麦子四十就过石。〔张掖〕（《甘肃选辑》《中国农谚》）

秋分的糜子寒露的谷。（《甘肃天气谚》）

秋分糜，寒露谷，熟不熟，一齐收。（《定西农谚》）

秋分糜[3]，寒露谷。（《白银民谚集》）

秋分糜黍寒露谷。（《中国农谚》《谚海》）

秋分糜子割不得，白露稻子等不得。（《中国农谚》）

秋分糜子寒露谷。（《酒泉农谚》《高台农谚志》《平凉气候谚》《清水谚语志》《中国农谚》《谚语集》）

秋分糜子寒露谷，过了霜降一齐收。（《庆阳县志》）

秋分糜子寒露谷，麦子收获奔上伏。（《定西汇编》）

---

① 似：《张掖气象谚》《甘肃天气谚》作“如”，《集成》作“成”。

② 十七八：又作“二十八”。手：又作“斗”。

③ 糜：又作“糜儿”。

秋分糜子寒露谷，收割季节要及时①。（《新农谚》《甘肃选辑》《山丹汇集》）

秋分糜子寒露谷，霜降到了拔豌豆。（《定西农谚》）

秋分糜子寒露谷，霜降冻干白杨树。〔武威〕（《集成》）

秋分糜子寒露谷，霜降黑豆守着哭。（《集成》）

秋分糜子寒露谷，霜降来了拔豆豆②。（《庆阳汇集》《宁县汇集》《静宁农谚志》《甘肃选辑》《平凉气候谚》《甘肃气候谚》《中国农谚》《谚海》《集成》）

秋分糜子寒露谷，霜降梨儿下了吃。（《集成》）

秋分糜子寒露谷，霜降麻子定生熟。（《集成》）

秋分糜子寒露谷，一过③霜降拔萝卜。（《山丹汇集》《甘肃气候谚》《集成》）

秋分糜子活不上两三夜。〔酒泉〕（《集成》）

秋分前后快收糜，寒露前后忙收谷。（《集成》）

秋分收糜子，寒露收谷子。（《甘肃气候谚》）

秋分收黍子，寒露割谷子。（《中国农谚》《谚海》）

秋社糜，寒露谷。（《定西农谚》）

秋社糜，寒露谷，黄也收，绿也收。（《定西农谚》）

秋社糜儿寒露谷，黄也拔，绿也拔。（《定西县志》）

荞　麦

倒茬、整地、肥水

荞地耕三遍，一粒一包面。（《集成》）

荞地有了粪，重茬也能种。（《定西农谚》）

荞耕三遍没有棱，麦耕④三遍没有沟。（《甘肃选辑》《中国农谚》《定西农谚》《谚海》）

荞麦长在牛领上⑤，耕得深了长得壮。〔陇西〕（《集成》）

荞麦出在牛领上，糜谷出在锄头⑥上。（《会宁汇集》《集成》）

荞麦没粪，不如不种。（《定西农谚志》《定西农谚》《集成》）

荞麦施上猪狗粪，一夜要长二三寸。（《会宁汇集》《定西汇编》）

---

① 及时：《甘肃选辑》〔天水〕作“适时”。

② 霜降来了：《集成》作“到了霜降”。拔：《庆阳汇集》作“剥”。

③ 一过：《集成》〔武威〕作“过了”。

④ 耕：《中国农谚》又作“犁”。

⑤ 牛领上：原注指荞地要耕好。

⑥ 锄头：《集成》〔清水〕作“人手”。

荞麦收在牛尾上，糜谷收在锄头上。〔天水〕（《甘肃选辑》《中国农谚》《谚海》）

荞麦无粪，不如不种，若要不信，粪场为证。〔合水〕（《集成》）

荞麦喜灰粪，豆子上背[1]粪。（《宁县汇集》《平凉气候谚》）

荞麦一朵花，全靠粪当家。〔平凉〕（《集成》）

荞喜雨，麦喜晒。（《集成》）

荞重三年没楞楞，燕麦三年没铃铃。（《甘肃选辑》《中国农谚》《定西农谚》《谚海》）

三年的荞茬是小铺地。（《会宁汇集》）

要吃白荞面，开年就把荞地铲。（《宁县汇集》《平凉气候谚》）

要吃好荞面，隔年把地铲。（《集成》）

种荞无[2]粪，不如不种。（《甘肃选辑》《会宁汇集》《中国农谚》《谚海》）

重茬荞，花对花，一把抓。（《定西农谚志》）

播　种

边种荞麦边种菜，种了荞麦误了菜。（《集成》）

迟荞早麦。（《集成》）

迟荞早麦烂糜穗。（《会宁汇集》）

迟荞早麦晚上云。（《定西县志》）

迟荞早麦稀谷穗。（《定西汇编》《中国农谚》《谚海》《定西农谚》）

迟荞早麦稀谷穗，童子活了八十岁。（《会宁汇集》）

二月春分快种荞，过了季节就不好。〔天水〕（《甘肃选辑》《中国农谚》《谚海》）

伏不全，种黑田[3]。（《定西县志》）

伏前荞麦要种多少，前十天不早，后十天不迟。（《平凉气候谚》）

伏前种荞麦，前十天不早，后十天不迟。〔平凉〕（《甘肃选辑》《中国农谚》《谚海》《集成》）

梨树开花种早荞。（《文县汇集》）

柳絮潮，种苦荞。（《清水谚语志》《集成》）

麦黄种荞，荞黄种麦。（《清水谚语志》）

麦子杏黄，荞麦种上。（《集成》）

---

① 背：《平凉气候谚》作“袋”。

② 无：《会宁汇集》作“没”。

③ 原注：言伏中种甜荞也。

芒不种荞且种着，青糜子地里送粪着。(《定西农谚》)

芒种不种荞。(《甘肃气候谚》)

芒种的荞跟横跳。〔甘南〕(《甘肃选辑》)

芒种苦荞，夏至甜菜。(《定西农谚》)

芒种鸟叫，快种快刨，今年的荞。〔天水〕(《甘肃选辑》《中国农谚》《谚海》)

飘柳毛，种苦荞。(《集成》)

七月荞麦八月花，九月荞麦割到家。(《朱氏农谚》《张氏农谚》《定西农谚志》《中国农谚》《谚海》)

荞稠十分收。〔天水〕(《甘肃选辑》《中国农谚》《谚海》)

荞麦两不见。(《定西农谚》)

荞麦糜子，划破皮子。(《集成》《定西农谚》)

荞麦洒成黑圪瘩，每亩能打石七八。(《宁县汇集》)

荞麦深浅，杀倒麦茬。(《宁县汇集》)

荞麦喜阴凉，种在阴坡上。〔天水〕(《甘肃选辑》《中国农谚》《谚海》)

荞麦一把土。(《集成》)

荞麦一把土，扁豆亮晴天①。(《甘肃选辑》《会宁汇集》《中国农谚》《谚海》《定西农谚》)

荞麦一把土，扁豆埋不严。(《中国农谚》《谚海》《定西农谚》)

荞麦油料上山峁②，小麦种在平台阴山好。(《庆阳汇集》《宁县汇集》《甘肃选辑》《中国农谚》《谚海》《集成》)

荞麦种在空里，豌豆打在囤里。(《宁县汇集》《静宁农谚志》)

荞麦种在三伏口，三撮就能收一斗。〔天水〕(《甘肃选辑》《中国农谚》《谚海》)

荞稀不长，麦稀不好。〔天水〕(《甘肃选辑》《中国农谚》《谚海》)

荞稀不长，麦稀不黄。(《中国农谚》《定西农谚》)

荞稀不老，麦稀不好。(《中国农谚》《定西农谚》)

荞种迟了先苗无根。(《临洮谚语集》)

人忙没有八只手，早荞迟荞到手，快挖洋芋谨防朽。〔天水〕(《甘肃选辑》)

三步一把③，荞麦长得像娃娃。〔平凉〕(《甘肃选辑》《中国农谚》《集成》)

湿种的荞麦，干揢的糜谷。〔天水〕(《集成》)

---

① 亮晴天：《会宁汇集》作“看青天”。

② 山峁：《宁县汇集》作“山顶”。

③ 一把：《集成》作“抓一把”。

湿种的荞麦要散哩，干锄的糜谷要软哩。〔天水〕（《集成》）

烫灰的荞，合泥的麦，黄墒子种包谷。〔天水〕（《甘肃选辑》《中国农谚》《谚海》）

天干种荞子，必定有收获。（《鲍氏农谚》《谚海》）

天河南北，早种荞麦。（《集成》）

童子活了八百岁，迟荞早麦稀谷穗。（《甘肃选辑》《中国农谚》《定西农谚》《谚海》）

头伏荞二伏菜，萝卜种在两夹界。〔张掖〕（《甘肃选辑》《中国农谚》）

头伏荞二伏菜，三伏四伏种花菜。（《中国农谚》《谚海》）

头伏荞二伏菜，三伏四伏种花芥。（《清水谚语志》《甘肃选辑》）

头伏荞二伏芥，三伏种白菜。（《中国农谚》《谚海》）

头伏荞麦二伏菜。（《庆阳县志》）

头伏荞麦二伏菜，冬萝卜种在两家间。（《酒泉农谚》）

头伏荞麦二伏菜，萝卜种在两头儿。〔永登〕（《集成》）

头伏荞麦二伏菜，三伏萝卜长得快。（《中国农谚》《定西农谚》《谚海》）

头伏荞麦二伏菜，三伏萝卜两夹盖①。〔定西〕（《甘肃选辑》《中国农谚》《谚海》）

头伏荞麦二伏菜，三伏荞麦一把柴。（《庆阳汇集》《平凉气候谚》《甘肃气候谚》《中国农谚》《谚海》）

头伏荞麦二伏菜，三伏扬文芥。（《定西汇编》）

头伏荞麦黑油光，二伏荞麦正赶上，三伏荞麦碰当当。（《集成》）

头伏荞麦末伏菜，萝卜种在两夹隔。（《会宁汇集》）

头伏荞麦三伏糜，三伏萝菜两夹豆。（《白银民谚集》）

头伏荞麦一根棍，二伏荞麦一块林②，三伏荞麦打满囤。（《泾川汇集》《甘肃气候谚》）

头伏荞麦一根棍儿，二伏荞麦疙瘩穗儿。（《集成》）

头伏荞麦中伏菜，三伏到来倒花芥。（《静宁农谚志》）

头伏荞麦中伏菜，三伏里头种花荞。（《宁县汇集》）

头伏荞麦中伏菜，三伏荞麦一把柴。（《平凉汇集》）

头伏荞麦中伏菜，三伏种下都有害。（《宁县汇集》《甘肃选辑》《中国农谚》《谚海》）

夏至苦荞，芒种甜荞。（《岷县农谚选》《甘肃选辑》《中国农谚》《谚海》）

---

① 夹盖：《谚海》作“夹界”。

② 林：《甘肃气候谚》作“秋”。

夏至荞麦[1]小满雨，白露种麦有根据。(《宁县汇集》《甘肃选辑》《平凉气候谚》《甘肃气候谚》《中国农谚》《谚海》)

夏至荞麦小满雨。〔环县〕(《谚海》)

杏花白，种荞麦。(《集成》)

杏子黄，荞种上；麦割开，荞出来。〔天水〕(《集成》)

一遍荞，二遍糜，三遍四遍大洋芋。〔武山〕(《集成》)

一步三把，荞麦长得像娃娃。(《宁县汇集》《谚海》)

一瓢二瓢，高山种荞。〔定西〕(《甘肃选辑》《中国农谚》《谚海》《集成》)

中伏荞麦末伏菜。(《平凉汇集》《中国农谚》《谚海》)

生育、田管

八月初一乌云块，霜杀荞麦虫吃菜。〔庆阳〕(《集成》)

高山地里有水蒿，爱长水蒿爱长荞。〔天水〕(《甘肃选辑》《谚海》)

连种荞麦病害多。(《集成》)

荞出水来浇，麦花火来烧。(《集成》)

荞倒不见，糜倒一石。〔灵台〕(《集成》)

荞倒一把柴，豆倒用椽[2]抬。(《定西农谚》《谚海》《中国农谚》《集成》)

荞麦不通火南风。(《集成》)

荞麦顶上开白花，七十五天收到家。〔兰州〕(《集成》)

荞麦旱上畔，一亩打八石。(《谚海》)

荞麦火里秀，晒死豌豆花。〔天水〕(《甘肃选辑》)

荞麦见霜，籽儿脱光。(《集成》)

荞麦荞麦，遇霜完结。(《酒泉农谚》)

荞麦是个女儿，开花要滴[3]雨儿。(《谚海》《集成》)

荞麦是个女儿，三天两天要个雨儿。(《中国农谚》)

荞麦扬大花，核桃退褂褂。〔华池〕(《集成》)

荞麦一遍就能收，谷子一遍连籽丢。(《谚海》)

荞怕开花雨，麦怕胎里旱。〔华池〕(《集成》)

荞怕种上，麦怕杏黄[4]。〔天水〕(《集成》)

荞怕种上雨，麦怕杏黄雨。〔天水〕(《甘肃选辑》《中国农谚》《谚海》)

---

① 荞麦：《甘肃气候谚》作“荞”。

② 用椽：《集成》〔甘谷〕作“拿棒”。

③ 滴：《集成》作“点”。

④ 原注：荞麦只要出苗，小麦只要扬花灌浆，就有丰收希望。

秋荞遇霜，颗颗脱光。〔陇南〕(《集成》)

若要长好荞，头伏出了苗。〔天水〕(《甘肃选辑》《中国农谚》《谚海》)

年　成

北风吹廿五[1]，荞麦压断股；南风一阵子，荞麦光棍子。〔静宁〕(《集成》)

北风幽幽雨，荞麦结得美。(《集成》)

处暑打雷，荞麦有去无回。(《两当汇编》《集成》)

处暑到秋社六十天，荞麦压断铁扁担。(《会宁汇集》)

处暑离社三十三，荞麦压坏铁扁担[2]。(《宁县汇集》《静宁农谚志》《甘肃选辑》《平凉气候谚》《甘肃气候谚》《中国农谚》)

处暑秋社三十三，荞麦压折铁扁担。(《集成》)

二伏够一月，荞麦熟得像个鳖。(《集成》)

二月北风刮起土，荞麦压折梗。(《中国农谚》《谚海》)

伏社六九天，荞麦必定有。(《会宁汇集》)

伏暑三十三，荞麦压坏铁扁[3]担。(《庆阳汇集》《中国农谚》《谚海》)

惊蛰刮起土，荞麦压断股。(《集成》)

荞麦两避[4]。(《定西县志》)

秋社三十三，荞麦压折铁扁担。(《中国农谚》《谚海》)

若吹半月火南风，荞麦再高无收成。(《集成》)

四七月一顺子，荞麦它是老秆子。(《白银民谚集》)

五八一顺子，荞麦光棍子。(《集成》)

五八一顺子，荞麦光棍子：大顺子，憋屯子；小顺子，光棍子。[5]〔灵台〕(《集成》)

五把一顺子，荞麦打得满[6]囤子。(《宁县汇集》《甘肃选辑》《平凉气候谚》《中国农谚》《谚海》)

正月二十五，北风刮起土，荞麦张勾股。(《白银民谚集》)

正月二十五，黄风刮地土，荞麦糜子压断骨。(《张掖气象谚》)

---

① 廿五：原注指正月二十五日。

② 离：《甘肃选辑》〔天水〕作“到”。压坏：《平凉气候谚》作“压破”，《中国农谚》作“压断”。

③ 《庆阳汇集》《中国农谚》脱“扁”字。

④ 原注：荞成则麦不收，麦成则荞不收。

⑤ 原注：农历五、八月大小月相同为一顺子，大月为大顺子，小月为小顺子。

⑥ 满：《平凉气候谚》作“一”。

正月二十五，黄风刮起土，荞麦压[1]断股。(《平凉汇集》《平凉气候谚》《中国农谚》《谚海》)

正月二十五，黄风刮起土，荞麦压折股[2]。(《定西县志》《会宁汇集》《靖远农谚》《中国谚语资料》《定西农谚》《中国气象谚语》)

正月二十五，狂风刮起土，荞麦压实库。(《定西农谚志》)

正月十五乱黄风，今年的荞麦烂一层。(《高台天气谚》)

收　藏

立秋荞麦白露花，寒露荞麦收到家。(《费氏农谚》《鲍氏农谚》《中国农谚》)

镰利轻拉斜搭镰。(《中国农谚》《谚海》)

麦倒荞白，荞倒麦青[3]。(《中国谚语资料》《中国农谚》《定西农谚》《谚海》)

荞麦旱[4]得跌仰绊，一亩打两石。(《庆阳汇集》《宁县汇集》《中国农谚》《谚海》)

荞麦压坏股，糜谷打石五。(《宁县汇集》《甘肃选辑》《中国农谚》《谚海》)

荞麦早上畔，一亩打八石。(《中国农谚》《谚海》)

荞三千，麦八十，豌豆八颗早收拾。〔天水〕(《甘肃选辑》)

叶叶绿，割荞麦。〔华亭〕(《集成》)

燕　麦

白杨树叶包儿大，大小燕麦种上了头一半。〔甘南〕(《甘肃选辑》)

白杨树叶圆，大小燕麦齐种完。(《临洮谚语集》)

白杨树叶绽，大小燕麦种一半[5]。(《甘肃选辑》《中国农谚》《定西农谚》《谚海》《集成》)

大暑小暑隔半月，大家动手捋燕麦。(《山丹汇集》)

丹蔓花[6]，一寸长，大小燕麦都种上。(《定西县志》《定西农谚》)

冬麦上场，燕麦发黄。〔平凉〕(《甘肃选辑》《中国农谚》《谚海》《集成》)

---

① 压：《平凉气候谚》作“折”。

② 黄风：《中国谚语资料》作“狂风”。折：《定西县志》作“破”。

③ 青：《定西农谚》作“绿”。

④ 旱：《宁县汇集》作“晒”。

⑤ 一半：《集成》〔临夏〕作“不断”。

⑥ 丹蔓花：《定西县志》作“丹蔓花儿”。俗称“打碗花”或“打破碗碗花”，即野生狼毒。俗称当为音近讹变而来，民俗忌小孩触碰，言接触后会将家中碗打破。

狗蹄花儿[①]一寸长，大小燕麦都种上。(《中国谚语资料》《谚海》《集成》)

狗尾花儿一寸长，大小燕麦都种上。(《宁县汇集》《静宁农谚志》《甘肃选辑》《平凉气候谚》《平凉汇集》《中国农谚》《谚海》)

立夏的燕麦，清明的青稞。〔甘南〕(《甘肃选辑》《甘肃气候谚》《中国农谚》《谚海》)

立夏燕麦，疙瘩链锤。(《岷县农谚选》《甘肃选辑》《中国农谚》《谚海》《集成》)

立夏种燕，疙瘩连串。〔甘南〕(《甘肃选辑》《中国农谚》《谚海》)

立夏种燕麦，疙瘩链锤[②]。(《定西农谚》)

麦子上场，燕麦发黄。(《定西农谚》)

山高地亮，大燕麦不黄。〔甘南〕(《甘肃选辑》)

豌豆地种燕麦，强似囤里倒。〔平凉〕(《甘肃选辑》《中国农谚》《谚海》)

一步一撮子，一撮八九粒。〔平凉〕(《甘肃选辑》《中国农谚》《谚海》)

正月初一鸦儿出窝早，燕麦必定好。(《集成》)

重茬燕麦重荞，人有口粮牛有草。(《谚海》)

重阳无雨一冬晴，重阳有雨燕麦成。(《集成》)

莜 麦

二月初一吹南风，莜麦能丰收。(《白银民谚集》)

二月十二，莜麦[③]子的生日。(《定西县志》《定西农谚》)

二月十二刮东南风，莜麦长得好。(《定西农谚志》)

高山莜麦，堆成堆。(《静宁农谚志》)

狗蹄子花儿一寸长，大小莜麦都种上。(《会宁汇集》)

红玉麦，青玉麦，红沙土洋芋长得肥。(《平凉汇集》)

梨花灿[④]，莜麦窜。(《甘肃选辑》《清水谚语志》《中国农谚》《谚海》)

牛症花儿黄，玉麦种个样。〔天水〕(《甘肃选辑》《中国农谚》《谚海》)

清明前后，莜麦豌豆。(《中国农谚》《谚海》《定西农谚》)

一道锄浅，二道深，三道护到根。(《定西农谚志》)

莜麦上场，核桃满瓤。〔清水〕(《集成》)

---

① 狗蹄花儿：《谚海》无“儿”字，《集成》误作“枸杞花儿”。

② 链锤：又作“连串”。

③ 莜麦：《定西县志》作“蔚麦”。“莜”“蔚”方言皆读如“玉”。

④ 灿：《清水谚语志》作“绽”。

玉　米

倒　茬

好耕好做豆茬，包谷长成猫尾巴。〔天水〕（《甘肃选辑》）

玉米茬口顺①，强如上好粪。〔甘谷〕（《集成》）

玉米种玉米，产量也可以。（《宁县汇集》《静宁农谚志》《平凉气候谚》）

玉米种重茬，棒棒长得大。〔平凉〕（《集成》）

玉米种重茬，结得好又大；一连种三年，颗颗结出尖。（《庆阳汇集》《甘肃选辑》《中国农谚》《谚海》《集成》）

重茬玉米倒茬谷，重茬糜子②打得少。（《宁县汇集》）

肥水、土宜

包谷不上粪，只收一根棍。（《定西农谚》《集成》）

包谷要求高，土深水足肥料饱。〔天水〕（《甘肃选辑》）

处暑里的水，包谷里的米。〔庆阳〕（《集成》）

大红土，土不良，包谷只长二寸长。〔天水〕（《甘肃选辑》）

地肥能抗旱，包谷小麦都能长，上头松，下头硬，深翻才能吃饱饭。〔临夏〕（《甘肃选辑》）

干了就是硬板板，包谷长成个光板板。〔天水〕（《甘肃选辑》）

耕去吃力种去难，长的包谷吃不完。（《集成》）

若要包谷长得好，先要粪土上的饱。（《定西农谚》）

若要包谷好，先要肥料饱。〔徽县〕（《集成》）

小红土性质绵，作务耕种没困难，若是种上包谷秆，产量它在小麦前。〔天水〕（《甘肃选辑》）

要得玉米长得好，施肥锄草不可少。（《定西汇编》）

玉米没粪，不如不种。〔西和〕（《集成》）

玉米莫早浇，早浇不发苗。〔华池〕（《集成》）

播　种

白杨叶子藏老鸹，忙把包谷种子下。（《集成》）

包谷不离三月，麦子不离八月。〔天水〕（《甘肃选辑》《中国农谚》《谚海》）

---

① 茬口顺：谓前茬地好于本茬，如豆地、麦地等为上茬。

② 糜子：原注指大糜子。

包谷地里能跑马。〔甘谷〕(《集成》)

包谷地里卧下牛，还嫌包谷稠；豆子地里钻进鸡，还嫌豆子稀。〔酒泉〕(《集成》)

春树尖开了就种包谷，要得萝卜长得大，五月五日把籽下。(《中国谚语资料》)

春树尖开了就种苞谷。(《谚海》)

杜梨子开花种玉米。〔平凉〕(《甘肃选辑》《中国农谚》《谚海》)

干种玉米湿种麦。〔华亭〕(《甘肃天气谚》《集成》)

谷雨之后立夏前，快种包谷莫迟延。〔兰州〕(《集成》)

过了立夏，不论①高山河坝。〔天水〕(《甘肃选辑》《文县汇集》)

皇后玉米要早种，籽粒饱满分量重。(《宁县汇集》《甘肃选辑》《平凉气候谚》《平凉汇集》)

梨树开②花种玉米。〔天水〕(《甘肃选辑》《中国农谚》《谚海》《集成》)

立夏不种蜀黍。〔甘谷〕(《集成》)

立夏前几天种玉米，能熟到尖尖。〔平凉〕(《甘肃选辑》)

清明早，立夏迟，谷雨玉米正当时。(《集成》)

若要包谷大，不要叶子乱打架。〔庄浪〕(《集成》)

若要玉米结，不要叶搭叶。(《集成》)

若要玉米结，除非叶对叶；若要玉米大，不可叶打架。(《集成》)

深包谷，浅糜子，胡麻芸芥地皮子。(《定西农谚》)

深包谷，浅糜子，胡麻种在浮皮子。〔定西〕(《甘肃选辑》《中国农谚》《谚海》)

杨柳树叶圆，玉米忙下田。〔华亭〕(《集成》)

要叫玉米大，不叫叶打架；要叫玉米结，不叫叶撞叶。〔泾川〕(《集成》)

阴山包谷阳山麦，南麦③指到二阴地。〔天水〕(《甘肃选辑》《中国农谚》《谚海》)

玉米地里带绿豆，天上地下都能收。(《集成》)

玉米地里卧下狗，一亩多打好几斗。(《集成》)

玉米地里卧下鸡，也不稠来也不稀。(《集成》)

玉米要多结，叶叶对叶叶。(《集成》)

玉米种在立夏前。(《甘肃气候谚》)

---

① 不论：《文县汇集》作“不分”。《文县汇集》注：指播种包谷结尾工作。

② 开：《集成》作“挂”。

③ 南麦：原注指是小麦品种之一。

田管、收藏

包谷锄得老，秋收一捆草；包谷锄得嫩，强如上次粪。〔平凉〕(《集成》)

包谷锄嫩，强如上粪。〔天水〕(《甘肃选辑》)

包谷锄上四五遍，一垧能收好几石。(《定西农谚》)

包谷薅得嫩，强如上次粪。〔天水〕(《中国农谚》《谚海》)

包谷能锄三四遍，棒子结得没尖尖。〔甘谷〕(《集成》)

包谷能锄四五遍，粮食能打千万担。〔天水〕(《甘肃选辑》《中国农谚》《谚海》)

包谷取了头，力气大如牛。〔天水〕(《甘肃选辑》)

包谷收在锄上。(《集成》)

包谷[①]要长好，勤掰毒霉包。(《中国农谚》《谚海》)

包谷要长好，要锄五遍草。(《定西汇编》)

包谷壅堆根扎牢。(《集成》)

锄包谷颗颗密，去雄后熟得齐。(《平凉气候谚》)

丢两头，种中间，玉米熟的没有尖[②]。〔平凉〕(《甘肃选辑》《中国农谚》《谚海》)

秆子粗，穗子长，颗子又多又有胖。(《静宁农谚志》)

秆子胖，个子大，天旱雨涝都不怕。〔天水〕(《甘肃选辑》)

立秋处暑八月到，玉米掰开肚皮笑。(《中国农谚》)

六月半，天花乱[③]。〔华亭〕(《集成》)

四月八，黑霜杀，不冻包谷就冻瓜。〔兰州〕(《甘肃选辑》《中国农谚》《谚海》)

五锄包谷颗颗密，去雄以后熟得齐。(《宁县汇集》《静宁农谚志》《甘肃选辑》《中国农谚》《谚海》)

五锄包谷颗颗密，人工授粉熟得齐。(《静宁农谚志》)

要想包谷长的好，时时刻刻掰霉包。(《中国农谚》《谚海》)

要想消灭玉米螟，心里灌上六六六粉。(《谚海》)

玉米挂秆，最怕天旱。(《集成》)

玉米见了铁，一天长一节。(《集成》)

玉米靠的中伏雨，玉米最怕中伏旱。(《甘肃天气谚》)

---

① 包谷：《谚海》作“包米”。

② 没有尖：《中国农谚》作“没空尖”，《谚海》作“没空钻”。

③ 原注：天花指玉米的雄花穗，因长在植株顶部，故叫天花；乱指盛开时期。

玉米去了头，力气大如牛。〔甘谷〕（《中国农谚》《谚海》《集成》）

玉米授粉，收成会稳。（《集成》）

玉米授足粉，颗颗结到顶。（《集成》）

玉米要得好收成，三次锄草不放松。〔华亭〕（《集成》）

玉米一遍光净，麦子三遍还剩。（《谚海》）

正月初一鸡叫包谷成，乌鸦叫荞成，麻雀叫糜谷麦子成。〔天水〕（《甘肃选辑》）

稻

白虹下降，稻花受伤。（《中国农谚》）

白露看花秋看稻。（《朱氏农谚》《费氏农谚》《鲍氏农谚》《中国农谚》）

大暑不浇苗，到老无老稻。（《中国农谚》）

稻锄九，饿死狗。（《中国农谚》《谚海》）

稻黄一月，麦黄一夜。（《鲍氏农谚》《中国农谚》《谚海》）

稻老要养，麦老要抢。（《鲍氏农谚》《中国农谚》《谚海》）

稻耥三遍谷满仓，棉锄七遍白如霜。（《中国农谚》《谚海》）

稻田不养猪，田里瘦如骨。（《甘肃农谚集》）

稻子怀苞，大水拦腰。（《定西汇编》）

灯没油不亮，稻无水不长。〔陇南〕（《集成》）

东风生虫，西风杀虫，南风的命，北风的病①。（《中国农谚》《谚海》）

二月二打雷，稻尾重如锤②。（《集成》）

二月清明不要慌，三月清明早栽秧。〔永登〕（《集成》）

肥料不下，稻子不大。（《鲍氏农谚》《中国农谚》《谚海》）

谷雨之前，水稻下种。（《集成》）

寒露到，割秋稻，霜降到，割糯稻。（《朱氏农谚》《鲍氏农谚》《中国农谚》《谚海》）

立夏种稻子，小满种芝麻。（《泾川汇集》《甘肃气候谚》）

柳毛江，水稻扬。（《宁县汇集》《甘肃选辑》）

六月小，河边不栽稻。〔天水〕（《甘肃选辑》《中国农谚》《谚海》）

南风吹来快收稻。（《中国农谚》《谚海》）

青杨叶儿圆，撒稻种秋田。〔武山〕（《集成》）

秋前干草，秋后干稻。（《谚海》）

---

① 原注：指插秧后言。

② 原注：早稻丰收。

秋天干旱，秋后收稻。(《中国气象谚语》)

人多讲出理来，稻多打出米来。(《新农谚》)

人怕老来苦，稻怕秋后旱。(《鲍氏农谚》《中国农谚》)

人热则跳，稻热则笑。(《鲍氏农谚》《中国谚语资料》《中国农谚》)

水稻玉米走平川，小麦豆类走半山，洋芋高缠顺山转。〔天水〕(《甘肃选辑》《中国农谚》《谚海》)

田中无好稻，怪你上粪少。〔张掖〕(《甘肃选辑》《甘肃农谚集》《中国农谚》《谚海》)

五月蚊虫多，稻谷盛破箩。(《集成》)

五月小，河边地里不种稻。(《集成》)

夏至二更后，停秧先种豆。〔天水〕(《甘肃选辑》《中国农谚》《谚海》)

夏至五[1]月后，停秧先种豆。〔天水〕(《甘肃选辑》《中国农谚》《谚海》)

夏至栽老秧，不如种豆强。(《谚海》)

燕子来，齐插秧；燕子走，稻花香[2]。(《平凉气候谚》《中国农谚》《谚海》)

燕子来，种田忙；燕子去，稻秋黄。(《平凉汇集》《中国农谚》《谚海》)

要吃大米饭，一天绕三遍。〔定西〕(《甘肃选辑》《中国农谚》)

要吃大米饭，一天转三转。(《中国农谚》《谚海》)

要想多收稻，就得多上蒿。〔张掖〕(《甘肃选辑》《中国农谚》《谚海》)

一成太阳一成雨，不怕来年没米吃。〔张掖〕(《中国农谚》《谚海》)

易晴易雨，稻成白米。(《中国农谚》《谚海》)

栽禾莫在前，割禾莫在后。(《中国农谚》《谚海》)

早黄晚青，夏不停秧。〔天水〕(《甘肃选辑》)

做到老，学到老，九月南风好收稻。(《中国农谚》《谚海》)

高　粱

倒　茬

葱地种高粱，省肥又省墒。(《宁县汇集》《甘肃选辑》《平凉气候谚》《中国农谚》《谚海》《集成》)

高粱不能种重茬，种了重茬苗全瞎。(《庆阳汇集》《宁县汇集》《中国农谚》《集成》)

高粱不能种重茬，重茬穗全瞎。〔平凉〕(《甘肃选辑》《中国农谚》《谚海》)

---

① 五:《甘肃选辑》误作“三”。

② 稻花香:《平凉气候谚》又作“稻子枣”。

高粱种重茬，收成必定差。〔康县〕(《集成》)

糜地种高粱，不长灰穗多打粮。〔武山〕(《集成》)

糜子地里种高粱，不长灰包多打粮。(《宁县汇集》《甘肃选辑》《平凉气候谚》《中国农谚》《谚海》《集成》)

糜子地里种高粱，黄得早，多打粮。(《静宁农谚志》《甘肃选辑》《中国农谚》《谚海》)

豌豆地里种高粱，苗粗又肯长。(《庆阳汇集》《甘肃选辑》《中国农谚》《谚海》)

一年高粱，地穷三年。〔甘谷〕(《集成》)

播　种

稠倒高粱稀倒谷。(《朱氏农谚》《中国农谚》)

顶风岭，顺风沟，高粱十种九不收。(《集成》)

高粱包谷种得深，根稳穗大长得凶。〔甘谷〕(《集成》)

高粱地里驴打滚。〔甘谷〕(《集成》)

高粱地里驴打滚，针扎胡麻卧牛花。(《中国农谚》《平凉汇集》《谚海》)

高粱地里卧下狗，一亩可多收几斗。(《集成》)

高粱地里卧下牛，还嫌高粱稠。(《集成》)

高粱阴天种，必生黑疸病①。(《中国农谚》《集成》)

高粱玉米川台地②，糜谷种在山腰里。(《庆阳汇集》《宁县汇集》《静宁农谚志》《甘肃选辑》《平凉气候谚》《中国农谚》《集成》)

高粱种在月口，不在三九在九九。(《庆阳汇集》《中国农谚》《谚海》)

谷雨前，清明后，高粱苗儿要出露。(《集成》)

谷雨前后种高粱。(《平凉气候谚》《甘肃气候谚》《谚海》)

立夏高粱小满谷，小满棒子芒种黍③。(《泾川汇集》《集成》)

立夏十日前，高粱要种完。(《清水谚语志》)

柳絮扬，种高粱。(《清水谚语志》《集成》)

柳絮扬，种高粱；梨花白，种番麦④。〔天水〕(《甘肃选辑》《中国农谚》《谚海》)

清明高粱谷雨谷，十年换茬保有福。(《集成》)

---

① 黑疸病：《集成》〔甘谷〕“黑穗病”。

② 川台地：《集成》作“川谷地”。

③ 《甘肃气候谚》“棒”误作“椿”，“种”误作“加”，且“芒”作“接”。

④ 番麦：玉米，乃国外传入故有此谓，甘肃以苞谷称之。

清明谷雨两节连，浸种耩地莫迟延；清明高粱赶节种，谷雨耩谷好种棉。（《中国农谚》）

清明前后[①]种高粱，白露前后种小麦。（《宁县汇集》《甘肃选辑》《平凉汇集》《中国农谚》《谚海》《集成》）

清明种高粱。（《甘肃气候谚》《谚海》）

土旺头上不能[②]种高粱，种下高粱不发旺。（《宁县汇集》《甘肃选辑》《中国农谚》《谚海》《集成》）

小满的高粱芒种的谷，没牛没籽的守着哭。〔天水〕（《甘肃选辑》《中国农谚》）

小满高粱芒种谷。（《泾川汇集》）

小满高粱芒种谷，没米没籽白受苦。（《甘肃气候谚》）

小满高粱芒种谷，没米[③]没籽守着哭。（《甘肃气候谚》《谚海》）

小满种高粱，不用再商量。〔天水〕（《甘肃选辑》《中国农谚》《谚海》《集成》）

杏姑娘脱衣裳，庄户人种高粱。（《集成》）

一步三棵高粱苗。（《集成》）

一尺高粱半指谷，密倒高粱稀倒谷。〔环县〕（《集成》）

中　耕

干锄高粱湿锄谷。（《谚海》）

干锄秫秫湿锄谷。（《鲍氏农谚》《中国农谚》《谚海》）

高粱锄三遍，小麦都不换。〔和政〕（《集成》）

高粱刨根如上粪。（《集成》）

活锄高粱死锄谷。（《中国农谚》《谚海》）

活翻高粱死翻谷。〔平凉〕（《中国农谚》《谚海》《集成》）

两遍秫秫三遍谷。（《中国农谚》）

湿锄高粱干锄花，不干不湿锄芝麻。（《中国农谚》）

一遍浅，二遍深，三遍把土壅到根[④]。（《甘肃选辑》《中国农谚》《定西农谚》《谚海》）

一次胡挖，二次乱扎，三次壅土，四次锄草打杈[⑤]。（《宁县汇集》）

---

① 前后：《平凉汇集》作“前”。

② 《集成》〔平凉〕无“不能”二字。

③ 米：《谚海》〔天水〕作“牛”。

④ 《甘肃选辑》注：指高粱、玉米的中耕。

⑤ 原注：指高粱、玉米。

一次胡挖，二次乱扎，三次壅土[1]。〔平凉〕（《甘肃选辑》）《中国农谚》《谚海》《集成》）

种田不间苗，讨饭晒干瓢。（《岷县农谚选》《甘肃选辑》《定西汇编》《中国农谚》）

灾害、收藏

白露高粱到了家，秋分豆子离了垅。（《集成》）

白露高粱秋分豆。（《中国农谚》《集成》）

白露镰刀响，秋分砍高粱。（《集成》）

高粱花开不要雨。〔榆中〕（《集成》）

高粱花期怕雨淋。（《集成》）

高粱开花地裂纹，家里坐下高粱囤。（《鲍氏农谚》《中国农谚》《谚海》）

高粱开花地皮干，家里粮食堆成山。（《集成》）

高粱开花连日旱，坐在家里吃好饭。（《集成》）

高粱开花遇天旱，坐在家里好吃饭。（《鲍氏农谚》《中国农谚》《谚海》）

高粱耐旱不耐涝，豌豆耐涝不耐旱。（《庆阳汇集》《宁县汇集》《静宁农谚志》《甘肃选辑》《中国农谚》《集成》）

旱看高粱雨看豆。（《集成》）

立秋三天遍地红。（《农谚和农歌》《朱氏农谚》《费氏农谚》《中国农谚》《谚海》）

生砍高粱熟砍谷。（《集成》）

十年九收旱高粱。（《集成》）

夏天若有东南风，高粱一定生油虫；不怕油虫长得大，只盼西风吹过来。（《中国农谚》《谚海》）

青　稞

倒　茬

当归地里种青稞，好得不能说。（《定西农谚》）

当归种青稞，好的不会说。（《岷县农谚选》《甘肃选辑》《定西汇编》《中国农谚》）

豆茬种青稞，不如闲蹲着。（《定西农谚》）

豆茬种青稞，穷人一松活。（《岷县农谚选》《甘肃选辑》《中国农谚》

---

① 《甘肃选辑》注：指高粱、玉米田间管理。

《定西农谚》《谚海》）

谷茬种青稞，鸡儿养不活。〔天祝〕（《集成》）

麻地种青稞，鸟儿养不活。（《定西农谚》）

麦茬种青稞，不如闲蹲着。〔张掖〕（《甘肃选辑》《中国农谚》《谚海》）

麦茬种青稞，鸡儿也养不活[①]。（《岷县农谚选》《天祝农谚》《中国农谚》《谚海》《集成》）

麦茬种青稞，麻雀养不活。〔甘南〕（《甘肃选辑》《中国农谚》）

麦子地种青稞，鸟儿养不活。〔兰州〕（《甘肃选辑》《中国农谚》《谚海》）

糜茬地里种青稞，鸡狗养不活。（《定西农谚》）

糜茬种青稞，鸡儿养不活。（《定西农谚》）

糜茬种青[②]稞，鸡狗养不活。〔临夏〕（《甘肃选辑》《中国农谚》《谚海》）

糜茬种青稞，鸡娃都难活。〔平凉〕（《甘肃选辑》《中国农谚》）

糜茬种青稞，鸡也养不活。〔张掖〕（《甘肃选辑》《中国农谚》）

糜地种青稞，鸡儿也养不活。（《中国农谚》《谚海》）

糜谷地种青稞，鸟儿都养不活。（《陇南农谚》《定西汇编》）

糜种青稞，鸡娃都难活。（《宁县汇集》《平凉汇集》）

青稞地里种青稞，一个腰把也找不着。〔甘南〕（《甘肃选辑》《中国农谚》）

青稞种青稞，养不活老鸡婆。（《甘肃选辑》《中国农谚》《定西农谚》《谚海》）

三遍歇地种青稞，牛奶茶里调酥油。〔张掖〕（《甘肃选辑》《中国农谚》《谚海》）

三遍歇地种青稞，它不长来有啥说。（《天祝农谚》《中国农谚》《谚海》）

山药茬豆茬种青稞，来年定吃厚馍馍。（《中国农谚》）

山药茬青稞糜茬麦，谷茬山药索落落。（《天祝农谚》《中国农谚》《谚海》）

想吃花馍馍，豆茬种青稞。（《定西农谚》《集成》）

小麦地茬种青稞，一窝鸡娃养不活。〔甘南〕（《集成》）

歇地种青稞，打下粮食没处收[③]。〔甘南〕（《甘肃选辑》《中国农谚》《谚海》）

药茬豆茬[④]种青稞，来年定吃厚馍馍。（《岷县农谚选》《甘肃选辑》《定西汇编》《定西农谚》《谚海》）

---

① 麦茬：《集成》作“麦地”。鸡儿也：《岷县农谚选》作“鸡都”，《谚海》《集成》无“也”字。

② 《谚海》脱“青”字。

③ 收：《甘肃选辑》作“放”。

④ 豆茬：《定西汇编》作“花茬”。

玉米地种青稞，盖不住老鸡婆。(《定西农谚》)

玉米种青稞，盖不了麻鸡婆。(《岷县农谚选》《甘肃选辑》《中国农谚》《谚海》)

播种、土宜

春分过后地消通，青稞小麦接着种。(《定西农谚》)

春分一过土消通，青稞小麦接连种①。(《岷县农谚选》《甘肃选辑》《定西汇编》《中国农谚》《谚海》)

谷雨种青稞，穗子长得多。〔甘南〕(《甘肃选辑》《甘肃气候谚》《中国农谚》《谚海》)

黑土青稞白土麦，僵土地里没指望。(《甘肃选辑》《天祝农谚》《中国农谚》《谚海》)

黑土青稞白土麦，沙土②山药结得多。(《甘肃选辑》《天祝农谚》《中国农谚》《谚海》)

黑土青稞白土麦，沙土洋芋大又肥。(《定西农谚》)

立夏前的青稞，后十的麦，到老也不得错。〔张掖〕(《甘肃选辑》)

若要松活，广种青稞③。(《临泽县志》《集成》)

头伏青稞中伏麦，三伏过了豌豆黑。(《中国农谚》)

弯子地里种青稞，青稞雨多就是没收割。〔甘南〕(《甘肃选辑》)

杏花开，青稞迟了种大麦。〔肃南〕(《集成》)

生育、灾害、收藏

白露过了的青稞，八十岁的阿婆。〔甘南〕(《甘肃选辑》《中国农谚》《谚海》)

白露过了的青稞，七八十的老婆。(《甘肃气候谚》)

麻雀一万吃粮多，青稞虫吃没收割。(《岷县农谚选》)

末伏的青稞，八十岁的阿婆④。(《岷县农谚选》)

末伏青稞，绿黄割过。(《定西农谚》)

七月青稞八月麦，按时收割没有错。〔永昌〕(《集成》)

青稞出穗豆开花，麦子冷冷已掉下。(《白银民谚集》)

---

① 种：《定西汇编》作“耘”。

② 沙土：《甘肃选辑》〔张掖〕作“沙地”。

③ (民国)《临泽县志》卷一《物产》：“青稞：……吾县农人谚云：‘云云。’”广：《集成》作“多”。

④ 原注：青稞到了末伏要赶紧割。

青稞倒，产量少；麦子倒，一把草。（《定西农谚》）

青稞青稞，麻黄就割；你若不割，要撒一坡。〔临潭〕（《集成》）

头顶毛毛山，脚踏秦王川，吃的青稞大麦面，若要一改变，凉水加炒面①。（《白银民谚集》）

头伏青稞死，二伏麦根烂。（《酒泉农谚》）

头伏青稞死，立秋麦根烂。（《高台农谚志》《甘肃气候谚》）

头伏青稞中伏麦，三伏过了②豌豆黑。（《甘肃气候谚》《中国农谚》《定西农谚》）

头暑青稞死，二暑根麦乱，三暑收个不见面③。（《新农谚》《山丹汇集》）

头暑青稞死，二暑麦根烂。〔临泽〕（《集成》）

小暑青稞大暑麦。（《集成》）

小扁豆④

倒　茬

大麻地⑤种豆子，产量更比往年高。（《庆阳汇集》《甘肃选辑》）

豆地年年倒，豆子年年好。（《集成》）

豆谷地倒茬，气死老邻家。（《集成》）

豆见豆，必定瘦。（《集成》）

豆见豆，九十六。（《集成》）

豆种十年没有角。（《集成》）

豆子地里种豆子，三年不得够种子⑥。（《定西农谚》《集成》）

豆子种三遍，豆角长成串。（《定西农谚志》）

谷茬种豆子，赶紧挖窑子。（《会宁汇集》）

谷地种豆子，准备挖窨子。（《集成》）

胡麻地种豆子，没有老婆指后人。（《会宁汇集》）

今年小麦明年豆，顶上料料九车九。（《天祝农谚》《中国农谚》）

麦茬的豆，请来的舅。（《山丹汇集》）

麦茬地里种豆儿，趁早挖窑儿。（《定西农谚》）

---

① 原注：二阴地区地势一头近川，一头近山，气候寒冷，但民国九年地动后转暖，可种麦子，因而当地人吃上了炒面。

② 过了：《定西农谚》作“过后”。

③ 小暑、大暑、处暑合称“三暑”，即农谚之头暑、二暑、三暑。

④ 小扁豆：又名滨豆、兵豆、洋扁豆、鸡眼豆等。甘肃农家多以“豆子”“扁豆”称之。

⑤ 地：《甘肃选辑》〔平凉〕作“地里”。

⑥ 够种子：《集成》又作“见豆子”。

麦茬豆，结根瘤。〔华亭〕（《集成》）

麦茬豆，亲如舅。（《定西农谚》）

麦茬种豆，贴骨挨肉。（《中国农谚》《谚海》）

麦茬种豆，贴骨奶①肉。（《甘肃选辑》《天祝农谚》《中国农谚》《谚海》）

麦茬种豆亲骨肉。（《定西农谚》）

麦倒豆茬，长得七股八丫杈②。〔天水〕（《甘肃选辑》《中国农谚》《谚海》）

麦地不种豆，豆地种豆将③够豆。〔甘谷〕（《集成》）

麦地种豆，有骨有肉。（《甘肃选辑》《中国农谚》《定西农谚》《谚海》）

糜茬的豆，锅里的肉。〔兰州〕（《甘肃选辑》《中国农谚》《谚海》）

糜茬地里种扁豆，强如装到窑里头。（《会宁汇集》）

糜地豆，甥见舅。（《集成》）

糜地里种豆儿，赶紧挖窖儿。（《定西农谚》）

糜地里种豆儿，全家准备挖窖儿。〔定西〕（《甘肃选辑》《中国农谚》《谚海》）

糜地种豆儿，准备挖窑窑。（《定西农谚》）

糜地种豆角角稠。〔临夏〕（《甘肃选辑》《中国农谚》《谚海》）

重茬地里种扁豆，有吃头着没烧头。（《集成》）

重茬豆，打个够；重茬谷，守着哭；重茬糜，买马骑；重茬荞麦无楞楞。（《集成》）

整地、施肥

豆地里上尿，不如调料。〔永昌〕（《集成》）

豆儿一条根，只要犁得深。〔定西〕（《甘肃选辑》）

豆麦没粪，不如不种。〔临夏〕（《甘肃选辑》《中国农谚》《谚海》）

豆子少要粪，只要鸡屎粪。（《定西汇编》）

豆子是一个根，只要你犁得深。（《谚海》）

豆子一条根，全靠犁得深。（《定西农谚》）

豆子一条根，全凭地犁深。（《山丹汇集》）

豆子一条根，只要④犁得深。（《新农谚》《山丹汇集》《甘肃选辑》《临洮谚语集》《定西汇编》《中国农谚》《谚海》）

豆子一条根，只要扎得深。（《岷县农谚选》）

---

① 奶：《谚海》作“如”。

② 丫杈：《甘肃选辑》作“柯杈”。

③ 将：方言，仅仅、刚刚。

④ 《甘肃选辑》〔天水〕“只要”后有“你”字。

没粪不种豆。(《甘肃农谚集》《中国农谚》《定西农谚》《谚海》)

秋田上羊粪，扁豆豌豆上灰粪。〔平凉〕(《甘肃选辑》《甘肃农谚集》《中国农谚》《谚海》)

种子、播种

扁豆扁，喜欢浅，只要粘住半个脸。(《集成》)

扁豆扁，要种浅；豌豆一条根，只要种得深。〔定西〕(《甘肃选辑》)

扁豆扁，种得浅。(《甘肃选辑》《中国农谚》《定西农谚》《谚海》)

扁豆扁，种得浅，出得早，黄得简①。(《会宁汇集》)

扁豆不出九，出九空摆手。(《集成》)

扁豆不出九，柳树发芽种豌豆。〔清水〕(《集成》)

扁豆不离九，过了惊蛰不停牛。〔天水〕(《集成》)

扁豆种在冰上，角角②结在根上。(《甘肃选辑》《会宁汇集》《敦煌农谚》《中国农谚》《谚海》)

冰碴扁豆春分麦，种的迟了一把柴。(《定西农谚》)

冰碴扁豆九九麦。(《定西农谚》)

川地土壤盐碱多，套种豆子要结合。(《宁县汇集》《平凉气候谚》)

豆稀长角子，麦稀长叶子。(《定西农谚》)

豆种在冰上，角结在根上。(《高台农谚志》)

豆子地里卧鸡下，还嫌豆子稀。(《中国农谚》《谚海》)

豆子地里卧下鸡，还嫌豆子种得稀。(《宁县汇集》《甘肃选辑》《平凉气候谚》)

豆子苗要齐，种子压地皮。(《集成》)

豆子一年种得早，出下苗儿长得好。(《宁县汇集》《静宁农谚志》《甘肃选辑》《平凉气候谚》《平凉汇集》《中国农谚》《谚海》)

豆子宜稀麦宜稠，菜籽地里能卧牛。〔敦煌〕(《集成》)

豆子再多不霸地。(《宁县汇集》)

豆子种在冰上，豆角结在根上。(《酒泉农谚》《甘肃选辑》)

豆子种在冰上，荚荚③结在根上。(《中国农谚》《谚海》)

豆子种在冰上，角角结在根上。〔定西〕(《甘肃选辑》《中国农谚》)

赶上芒种④种豆子，夏至不种高杆糜。(《天祝农谚》《甘肃选辑》《中国

---

① 黄得简：原注指黄得早。

② 《敦煌农谚》“角角”后有“儿”字。

③ 荚荚：又作“角子”。

④ 芒种：《谚海》作“忙忙”。

农谚》《谚海》)

高田带豆豆，一亩顶二亩。(《宁县汇集》《甘肃选辑》《平凉气候谚》《中国农谚》)

九九尽，阴山阳山把扁豆种。〔甘谷〕(《集成》)

九九头，种扁豆。(《甘肃选辑》《中国农谚》《定西农谚》)

九里豆，结得厚。(《集成》)

雷打惊蛰后，低田好种豆；雷打惊蛰前，高山①好种田。(《集成》)

青豆豆②，种扁豆，有吃头，没烧头。〔甘南〕(《甘肃选辑》)

清明豆儿，疙瘩棍儿。(《定西农谚》《集成》)

清明后，不种豆。(《岷县农谚选》)

清明种扁豆，谷雨种豌豆。(《集成》)

清明种豆，打一个够。(《酒泉农谚》《甘肃气候谚》《谚海》)

头雷打在清明前，高山顶上去种田；头雷打在清明后，坑坑洼洼去种豆。(《集成》)

杏花③脱裤子，收拾种豆子。(《甘肃选辑》《白银民谚集》《会宁汇集》《定西汇编》《中国农谚》《谚海》)

要叫④豆儿圆，种在清明前。(《酒泉农谚》《甘肃气候谚》《谚海》《集成》)

要食豆，种在清明前后。(《鲍氏农谚》《中国农谚》《谚海》)

要想豆儿圆，种在立夏前。(《集成》)

榆钱绽，种豆慢；榆钱黄，种豆忙。(《集成》)

塬地土壤结构紧，套种豆子最要紧。(《宁县汇集》《平凉气候谚》)

种豆豆，半边露。〔秦安〕(《集成》)

种豆豆用油拌，鸽子不拧长得欢。(《庆阳汇集》《宁县汇集》《甘肃选辑》)

种豆撒上灰，豆角结成堆⑤。(《定西农谚》)

种豆要用清油拌，鸽子不拧长得欢。〔华亭〕(《集成》)

种豆有一窍，溜种最为妙。(《山丹汇集》)

田　管

扁豆不锄也可收，一亩能收九升九。(《谚海》)

---

① 高山：又作“高地”。

② 青豆豆：原注指砂子。

③ 杏花：《白银民谚集》《会宁汇集》作“杏儿”。

④ 叫：《集成》〔酒泉〕作“想”。

⑤ 撒：又作“拌”。角：又作“荚”。

豆锄三遍，荚生[①]连串。(《中国农谚》《谚海》《集成》)

豆锄三遍花成团，荚子上下结成串。(《集成》)

豆锄三遍颗颗圆。(《集成》)

豆锄三遍满仓金。(《集成》)

豆锄三道颗颗圆[②]，谷锄三遍米汤甜。(《中国农谚》《定西农谚》《集成》)

豆灌花，麦灌芽，青稞灌的盖老鸦。(《临洮谚语集》)

豆薅三遍，荚生连串。(《中国农谚》《谚海》)

豆薅三道颗颗圆，谷薅三道米汤甜。(《中国农谚》《谚海》)

豆见草，难长好。(《集成》)

豆浇花，麦浇杈，青稞浇的盖老鸦。〔张掖〕(《甘肃选辑》《中国农谚》)

豆浇花，麦浇芽，胡麻浇的两朵花。(《会宁汇集》)

豆浇花，麦浇芽，胡麻浇着两个荚。(《集成》)

豆浇花，麦浇芽，青稞浇水盖老鸦[③]。(《新农谚》《山丹汇集》《中国谚语资料》《中国农谚》《谚海》《集成》)

豆浇花，麦浇芽，青稞浇水朽老芽。(《岷县农谚选》)

豆浇花，麦浇芽，青苗浇水盖老鸦。(《宁县汇集》《平凉气候谚》)

豆浇花，麦浇芽，玉米浇到尺七八。(《静宁农谚志》《甘肃选辑》《中国农谚》《谚海》)

豆苗好，三次草。(《集成》)

豆子爱听锄头声。〔天水〕(《集成》)

豆子锄三遍，豆角结成串[④]。〔定西〕(《甘肃选辑》《中国农谚》《集成》)

豆子锄三遍，角角长成串。(《会宁汇集》《中国农谚》《谚海》)

端午下雨虫吃豆。(《高台农谚志》)

禾锄[⑤]三遍仓仓满，豆锄三遍粒粒圆。(《泾川汇集》《甘肃选辑》《中国农谚》《定西汇编》)

麦牛麦牛，吃了扁豆，不吃豌豆。(《定西县志》)

芒种见锄头，夏至见豆花。(《集成》)

霜杀豆子，隔山闻见臭的。(《定西农谚》)

雨后豆儿伤镰麦。〔武山〕(《集成》)

---

① 荚生：《集成》〔兰州〕作“荚荚”。

② 道：《定西农谚》又作“遍”。颗颗：《集成》作“颗粒”。

③ 浇水：《谚海》〔张掖〕又作“浇的”。老鸦：《集成》〔永昌〕作“老鸹”。

④ 结成串：《集成》〔天水〕作“成串串”。

⑤ 禾锄：《泾川汇集》作“苗锄”，《中国农谚》作“禾耘”。

生育、年成、收藏

白杨叶儿圆，种下[①]豆子繁。(《甘肃选辑》《中国农谚》《定西农谚》《谚海》《集成》)

白杨叶子圆，种下豆子繁。(《岷县农谚选》《甘肃选辑》)

扁豆进了土，一百一十五[②]。(《集成》)

扁豆束子两道腰。(《集成》)

冰豆不过九，一垧打八斗。〔天水〕(《甘肃选辑》《中国农谚》《谚海》)

冬至清明百零六，家家豆子囤满屋。(《鲍氏农谚》《中国农谚》《谚海》)

豆杆是命杆。〔天水〕(《甘肃选辑》《中国农谚》《谚海》)

豆根里有九缸水。(《中国谚语资料》《谚海》)

豆怕苗里荒。(《集成》)

豆收不过夜，麦收不过晌。(《集成》)

豆子迟收炸开，荞麦迟收掉籽。(《集成》)

豆子打到囤子里，荞麦种在空里。(《集成》)

豆子立了夏，一天一个杈。(《集成》)

二月二，北风号，种的扁豆不起苗。(《集成》)

二月逢三卯，扁豆薄不了。(《定西农谚》)

二月逢三卯，扁豆一定好。(《定西县志》《定西农谚》)

冷装豆子热装麦。(《中国农谚》《谚海》)

清明不见风，豆子芝麻好收成。(《集成》)

收豆不收豆，单看正月二十六。(《集成》)

头伏豆儿中伏麦。(《定西农谚》)

头九冷，豆子滚。(《甘肃天气谚》)

夏至冷，一棵豆子收一捧。(《中国农谚》)

夏至无雨三伏热，夏至有雨豆子肥。(《集成》)

夏至有雨豆子肥。(《集成》)

一年两头春，豆子贵如金。(《集成》)

雨打清明节，豆儿拿手捏[③]。〔兰州〕(《朱氏农谚》《中华农谚》《费氏农谚》《集成》)

---

① 下：《集成》作“的”。

② 原注：从下种到收割的天数。

③ 捏：原注指以此形容颗粒饱满，谓丰收。

雨洒清明节，豆儿①拿镰割。(《会宁汇集》《定西农谚》《集成》)

雨刷清明节，豆儿拿镰割。(《甘肃气候谚》《谚海》)

豌　豆

白杨树叶绽，大小豌豆种一半。(《定西农谚》)

白杨叶儿圆，种下豌豆繁。(《定西农谚》)

冰碴豌豆，九里的麦。〔兰州〕(《甘肃选辑》《中国农谚》《谚海》)

春分吹南风，豌豆缠人身。〔武山〕(《集成》)

春分豌豆压折蔓，一垧要打八九石。〔天水〕(《甘肃选辑》《甘肃气候谚》《中国农谚》《谚海》)

二阴子地种豌豆，大豌豆就像连架山，小豌豆就像竹笼罐。〔天水〕(《甘肃选辑》《中国农谚》)

二月二，吹北风，豌豆扁豆收十分②。〔庆阳〕(《集成》)

寒露之前是秋风，培育庄稼要认真，豌豆苞米勤锄草，粮食增产有保证。(《中国谚语资料》)

花田茬地种花田，收成好，吃不完。(《定西农谚》)

花种花，把窑挖。(《定西农谚》)

黄墒豌豆产量高。(《甘肃选辑》《中国农谚》《定西农谚》《谚海》)

灰黑土，开红花，结下豌豆角儿大。(《甘肃选辑》《天祝农谚》《中国农谚》)

交九霜不断，豌豆扁豆堆成山。(《集成》)

狼牙刺开花种豌豆。(《中国农谚》《谚海》)

立春上午刮南风，当年豌豆好收成。(《集成》)

立夏不种夏，种上豌豆熟不下。〔天水〕(《甘肃选辑》《中国农谚》)

绿割豌豆带花荞，乌坠子③胡麻你莫饶。(《集成》)

芒种有雨豌豆宜，夏至有雨豌豆稀。(《集成》)

母鸡抱蛋，豌豆扯蔓。〔平凉〕(《集成》)

清明对立夏，豌豆角儿结疙瘩。(《岷县农谚选》)

清明头的豌豆，躲过伏里的日头。〔天水〕(《甘肃选辑》《甘肃气候谚》《中国农谚》《谚海》)

秋田地上羊粪，豌豆扁豆上灰粪。(《宁县汇集》)

---

① 豆儿:《定西农谚》作“扁豆”。

② 十分:又作“三分”。

③ 乌坠子:原注指未全成熟，泛青色。

秋田地上羊粪，豌豆上灰粪。(《平凉气候谚》)

秋田上羊粪，豌扁豆上灰粪。(《定西农谚》)

闰年闰，忙清明，豌豆扁豆好收成[1]。〔西峰〕(《集成》)

三月有三卯，豌豆麦子吃不了。(《甘肃农谚》)

山鸡抱蛋蛋，豌豆扯蔓蔓。(《庆阳汇集》《宁县汇集》《甘肃选辑》《平凉气候谚》《平凉汇集》《中国农谚》《谚海》)

生荚豌豆带花荞，乌嘴子胡麻定不饶。(《定西县志》)

生角豌豆带花荞，乌锤子胡麻再不饶。(《定西农谚》)

生角子豌豆带花荞，乌锤子[2]胡麻往倒撂。〔通渭〕(《集成》)

双月双[3]清明，豌豆必定成。(《集成》)

四月八，豌豆麦子乱开花。〔清水〕(《中国农谚》《谚海》《集成》)

豌豆不出九，就下[4]摘一斗。(《泾川汇集》《平凉汇集》)

豌豆不出九，坐在地里摘一斗。〔泾川〕(《集成》)

豌豆不要粪，只用灰来拼。〔合水〕(《集成》)

豌豆不择地，瘦坡结好籽。(《集成》)

豌豆黄墒产量高。(《定西农谚》)

豌豆拣茬不拣粪，羊粪不能种。(《谚海》)

豌豆开花，一水到家。〔华池〕(《集成》)

豌豆立了夏，一日一夜一个杈。(《谚海》)

豌豆立了夏，一天一个杈。(《中国农谚》《定西农谚》)

豌豆密似夯，稀了不肯长。〔甘谷〕(《集成》)

豌豆能肥田。〔甘谷〕(《集成》)

豌豆能肥田，只可种一年。〔庆阳〕(《集成》)

豌豆荞麦灰粪头。(《宁县汇集》《甘肃选辑》《中国农谚》《定西农谚》《谚海》《集成》)

豌豆稀，扁豆稠，蚕豆地里能卧牛。〔高台〕(《集成》)

豌豆小麦轮流种，九成变成十成收。(《中国农谚》《定西农谚》《谚海》)

豌豆小麦轮流种，九成变十成。〔天水〕(《甘肃选辑》)

豌豆小麦齐下地，青稞大麦就开始。(《山丹汇集》)

豌豆要现收现拿，糜子要随黄随割。(《集成》)

---

① 原注：闰年春季节气紧，要赶在清明节及时播种。

② 乌锤子：方言，原注指胡麻果实颜色发乌沉重，外观未成熟。

③ 双月双：原注指月份和日期均为偶数。

④ 就下：《平凉汇集》作“坐下”。

豌豆一条根，地要耕得深。(《集成》)

豌豆一条根，全凭地耕通。(《会宁汇集》)

豌豆一条根，只①要种得深。(《甘肃选辑》《会宁汇集》《清水谚语志》《中国农谚》《定西农谚》《集成》)

豌豆一条根，总要耕地深。(《定西农谚志》)

豌豆种在冰上，荚荚②结在根上。〔定西〕(《中国农谚》《谚海》)

豌豆种在九里，收不收打几斗。〔平凉〕(《甘肃选辑》)

豌豆种在九里头，楼上楼下角角稠。〔镇原〕(《集成》)

豌豆抓成牛笼嘴。〔平凉〕(《甘肃选辑》《中国农谚》《谚海》)

鲜青的豌豆带花的荞。〔平凉〕(《甘肃选辑》《中国农谚》《谚海》)

消灭豌豆象，要用开水烫；浸种种下地，一定长得旺。(《中国农谚》《谚海》)

要吃豌豆麦，大粪炕土灰。(《定西农谚》)

野鸡下蛋蛋，豌豆扯蔓蔓。〔华亭〕(《集成》)

阴山豌豆阳山麦。(《静宁农谚志》)

阴山豌豆阳山糜，高山的小麦堆成堆。〔平凉〕(《甘肃选辑》《中国农谚》)

阴山豌豆阳山糜，高山小麦堆成堆。〔平凉〕(《中国农谚》《谚海》《集成》)

阴山豌豆阳山糜，平川③小麦堆成堆。(《定西农谚》)

雨洒五月五，豌豆如猛虎。(《集成》)

正月不冻二月冻，豌豆小麦满了瓮。〔陇南〕(《集成》)

正月二十④云翻浪，豌豆麦子打的没处放。〔平凉〕(《宁县汇集》《甘肃选辑》《中国农谚》《谚海》《集成》)

正月十八九，开始种豌豆。(《清水谚语志》)

正月十五云翻浪，打的豌豆无处放。(《庆阳汇集》《中国农谚》《谚海》)

中伏豌豆末伏麦。(《定西县志》)

杂　豆

八月雷响豆裂荚。〔天水〕(《甘肃选辑》《中国农谚》《谚海》)

巴山豆不嫌肥，阳山坡种上保险的。〔天水〕(《甘肃选辑》《中国农谚》《谚海》)

---

① 只：《集成》作“籽”。

② 荚荚：又作“角角”“角子”。

③ 平川：又作“平地”。

④ 二十：《宁县汇集》作“二十五”。

白土地种小豆，稠稠密密好收入。（《岷县农谚选》）

薄地种豇豆，十种有九收。（《集成》）

打胡基，抢石头，缝儿里加白豆。（《中国农谚》）

大豆结到顶，一棵打一捧。〔临泽〕（《集成》）

大豆水罐罐，水足结串串。〔华池〕（《集成》）

大豆西瓜清明前，玉米高粱谷雨间。（《集成》）

大豆一条根，只要耕得深。〔甘谷〕（《集成》）

大豆最怕降霜早。（《中国农谚》）

大暑前，小暑后，庄稼老汉打绿豆。（《集成》）

爹娘能离得，青豆茬舍不得。〔兰州〕（《甘肃选辑》《中国农谚》《谚海》）

端阳有雨是丰年，小豆子不成一样甜。（《张掖气象谚》）

高山阴坡，常吃杂面豆角。〔甘南〕（《甘肃选辑》《中国农谚》《谚海》）

谷雨不点豆，十种九不收。〔酒泉〕（《集成》）

谷子上了场，豆子看了忙。（《集成》）

旱绿豆，涝小豆。〔天水〕（《朱氏农谚》《鲍氏农谚》《集成》）

河开地开种豆豆。〔定西〕（《甘肃选辑》《中国农谚》《定西农谚》《谚海》）

黑豆不识羞，五月开花结到秋。（《集成》）

黑豆双多多，当中没荚荚。〔平凉〕（《甘肃选辑》《中国农谚》《谚海》）

红土肥，白土瘦，碱土地里种大豆。（《集成》）

胡豆种在白露口，一碗打一斗。（《中国农谚》《谚海》）

豇绿豆，地宜瘦①。（《集成》）

立夏不种豆，种个够大够。（《山丹汇集》）

立夏不种豆，种下喂老牛。（《甘肃天气谚》《集成》）

立夏后，好点豆。〔甘谷〕（《集成》）

绿豆瓜茬要发家，荞麦黑豆是冤家。（《集成》）

糜地打破头，赛如葫芦倒过油，种上小豆角角稠。〔临夏〕（《甘肃选辑》《中国农谚》《谚海》）

七水豆子②八水麻，菜籽地里养虾蟆。〔兰州〕（《甘肃选辑》《中国农谚》《谚海》）

荞麦地里种黑豆，大花压小花。〔平凉〕（《甘肃选辑》《中国农谚》）

荞麦地里种黑豆，是大花压小花，颗颗把枝压。（《宁县汇集》）

入伏不点豆，点豆也难收。（《张氏农谚》《费氏农谚》《鲍氏农谚》《中

---

① 原注：豇豆、绿豆不择地。

② 豆子：《甘肃选辑》注指蚕豆。

国农谚》)

三个顶九，一个小豆子束子一斗。〔定西〕(《甘肃选辑》《中国农谚》)

沙地不离豆，碱地不离稷。(《中国农谚》)

上年蝗虫闹成灾，今年多把黑豆栽。(《鲍氏农谚》《中国农谚》《谚海》)

霜杀的豆子，隔山闻着臭的。(《集成》)

四月八，冻了黑豆荚。(《集成》)

天河调角，烧吃豆角。(《集成》)

稀大豆，稠高粱，包谷地里把狗藏。〔酒泉〕(《集成》)

小豆不离九，一升打[①]一斗。(《岷县农谚选》《甘肃选辑》《中国农谚》《定西农谚》《谚海》)

小豆锄三遍，荚子[②]长成串。(《中国农谚》《定西农谚》《谚海》)

小豆地里卧下狗，还嫌苗子稠；小豆地里卧下鸡，不稠也不稀。(《谚海》)

小豆地里卧下鸡，还嫌小豆锄得稀；高粱地里卧下牛，还嫌高粱锄得稠。(《谚海》)

小豆种在冰上，角角结到根上。〔金塔〕(《集成》)

小雪就见雪，蚕豆很少结。(《集成》)

正月十五风吹灯，豆类粮食没收成。〔环县〕(《集成》)

薯　类

马铃薯

白土地里种洋芋，又大又沙又熟早。〔甘南〕(《中国农谚》《谚海》)

不收天豆收地豆。(《中华农谚》《费氏农谚》《鲍氏农谚》《中国谚语资料》《谚海》)

场里连枷响，地里洋芋长。(《定西农谚》《集成》)

场上碾子响，地里洋芋长。(《甘肃天气谚》)

多施草木灰，洋芋长成堆。〔西和〕(《集成》)

多种洋芋蛋，不怕天气旱。(《定西农谚》)

多种洋芋多种菜，又能吃来[③]又能卖。(《中国农谚》《定西农谚》《谚海》)

粪土不下，洋芋不大[④]。(《甘肃选辑》《定西农谚》)

---

① 打：《定西农谚》又作“收”。

② 荚子：《定西农谚》作“豆角”。

③ 吃来：《定西农谚》又作“吃”。

④ 大：《定西农谚》又作“胖”。

高深一尺多，粪要填满窝，上边盖细土，大籽五六个①。〔平凉〕（《甘肃选辑》）

黑土上小灰，大黄洋芋一大堆。（《岷县农谚选》）

黑瓦土，耕地燥，挖洋芋，如下窖。〔天水〕（《甘肃选辑》）

红沙土，土质松，种下洋芋长得凶，灰粪上最适中。（《平凉汇集》）

黄土轻，黑土重，鸡粪土内种洋芋。〔天水〕（《甘肃选辑》）

黄土轻，胶泥重，鸡粪土上把洋芋种。〔天水〕（《甘肃选辑》）

灰粪洋芋猪粪②菜，羊粪麦子人人爱。（《定西农谚》《集成》）

结铃期间浇头水，地面水深到二寸；开花期间浇二水，二水等到三寸深；青铃时间浇三水，轻轻漫过两三寸。〔张掖〕（《甘肃选辑》《中国农谚》）

炕灰洋芋猪粪养，人尿粪玉米来了包包。（《静宁农谚志》）

炕土洋芋，猪粪荞麦。（《宁县汇集》）

六月六，滴一点，秋后洋芋烂。（《集成》）

六月六日阴，洋芋贵如金。（《集成》）

麦茬种洋芋，能结碗口大。（《定西农谚》）

芒种洋芋重一斤，夏至洋芋光根根。（《集成》）

糜地洋芋赛鸡蛋，又光又绵味儿鲜。〔华亭〕（《集成》）

齐咕嘟③叫唤种洋芋。〔天水〕（《甘肃选辑》《中国农谚》《谚海》）

荞地洋芋是冤家。〔甘谷〕（《集成》）

清明时节雨纷纷，洋芋当归赶快种④。（《岷县农谚选》《甘肃选辑》《中国农谚》《定西农谚》《谚海》）

清明种，立夏出，小暑开花大暑吃⑤。〔武威〕（《集成》）

三月里来三月三，种罢洋芋把棉栽，犁的犁来栽的栽，不怕春耕有困难。〔张掖〕（《甘肃选辑》）

三月里种，九月里挖，洋芋长得牛头大。（《谚海》）

三月种，九月挖，洋芋长得有头大。〔酒泉〕（《集成》）

收天豆⑥不收地豆。（《朱氏农谚》《费氏农谚》《中国农谚》）

霜降霜降，洋芋地里不放。（《定西农谚》《集成》）

洋芋不倒茬，重茬长不大。（《定西农谚》）

---

① 原注：镇原洋芋亩产万斤经验。

② 猪粪：《集成》〔正宁〕作“人粪”。

③ 齐咕嘟：原注指斑鸠。

④ 时节：《定西农谚》作“前后”。赶快：《岷县农谚选》作“速快”。

⑤ 原注：马铃薯播种收获时间。

⑥ 天豆：《朱氏农谚》注指槐树荚。

洋芋不用粪，炕灰就顶用。〔合水〕(《集成》)
洋芋长出土，锄头不松手。(《定西农谚》)
洋芋地要松，粪多结得凶。〔华亭〕(《集成》)
洋芋多锄秧，收时用车装。(《定西农谚》)
洋芋跟立夏，蛋子结得大。(《集成》)
洋芋跟立夏，颗子非常大。(《集成》)
洋芋开花，晚疫病发。(《定西农谚》《集成》)
洋芋能抗旱，是个宝贝蛋。(《定西农谚》)
洋芋勤锄塝，收时用车装。〔岷县〕(《集成》)
洋芋勤摘花，挖时拿[1]车拉。〔甘谷〕(《甘肃选辑》《中国农谚》《谚海》《集成》)
洋芋喜欢地绵，娃娃喜欢过年。(《甘肃选辑》《中国农谚》《定西农谚》《谚海》)
洋芋喜欢土质松，灰粪炕土最适中。(《定西农谚》)
洋芋要长大，刀口要朝下。(《定西农谚》《集成》)
洋芋要壅土，一亩能顶一亩五。(《集成》)
洋芋一把灰，结得起堆堆。〔正宁〕(《集成》)
洋芋种三茬，都是病疙瘩。〔甘谷〕(《集成》)
洋芋种深结得大。〔甘谷〕(《集成》)
洋芋种在半沙坡，没有灾害收得多。(《平凉汇集》《中国农谚》《谚海》)
洋芋籽儿小，一定长不好[2]。(《定西农谚》)
要想洋芋大，种在清明到立夏。(《定西农谚》)
一棵洋芋一把灰，洋芋结成一大堆。〔泾川〕(《集成》)
有了洋芋做粉条，有了麦秆编草帽。〔通渭〕(《集成》)
雨水多，气温高，洋芋易生晚疫病，要早挖。(《文县汇集》)
种洋芋，要换茬，年年连种长不大。〔甘谷〕(《集成》)
种洋芋没巧，全靠粪多粪好。(《定西农谚》)

红　薯[3]

白薯见湿泥，一天长一皮。(《中国农谚》《谚海》)
白薯要好，养苗要早。(《中国农谚》《谚海》)

---

① 拿：《甘肃选辑》〔甘谷〕作“用”。
② 好：又作“大”。
③ 红薯：又名甘薯、白薯、地瓜、红芋、山芋、番薯、红苕等。

地松栽[①]红苕。(《中国农谚》《谚海》)

火烧冬芽[②]心不死，红薯坏心不坏皮。〔陇南〕(《集成》)

麦茬种山芋，能结碗口大。〔张掖〕(《甘肃选辑》《中国农谚》《谚海》)

山芋山芋，种在三月。〔张掖〕(《甘肃选辑》)

薯地要深挖，白薯块块大。(《中国农谚》《谚海》)

四月种芋，一本万利；五月种芋，一本一利。(《集成》)

要想山芋长的大，一碗蒿子一碗沙。〔张掖〕(《甘肃选辑》《中国农谚》《谚海》)

要想山芋大，坑粪要上下。〔张掖〕(《甘肃选辑》)

做瓦靠坯，薯类靠灰。〔天水〕(《甘肃选辑》)

山　药

多种山药蛋，不怕天气旱。(《中国农谚》《谚海》)

旱山药，水胡麻，石头坷垃里种甜瓜。〔皋兰〕(《集成》)

麦茬种山药，结得大又多。(《天祝农谚》《中国农谚》《谚海》)

三月三耘山药蛋。(《酒泉农谚》)

山药地要松，甘蔗行要齐。(《中国农谚》《谚海》)

山药片子小，一定长不好。〔张掖〕(《甘肃选辑》《中国农谚》《谚海》)

山药勤摘花，挖的时候用车拉。(《新农谚》《山丹汇集》《谚海》)

山药山药，种在三月。(《天祝农谚》《中国农谚》《谚海》)

夏至小暑是同月，集中力量种山药。(《山丹汇集》)

要想[③]山药大，种在端阳下。(《甘肃天气谚》《集成》)

经济作物

胡　麻

倒　茬

顶茬胡麻死得凶。(《谚海》)

肥豆茬，瘦谷茬，麦子地里种胡麻。〔酒泉〕(《集成》)

胡麻豆茬，顶个歇茬。(《山丹汇集》《集成》)

---

① 栽：《谚海》作“好栽”。

② 冬芽：原注指俗称“茅草”，多年生草本，地下有长的根状茎，可入药。

③ 想：《集成》作“吃”。

胡麻种重茬，头上没疙瘩。(《集成》)

花连花，不见花，荞[①]地不能种胡麻。(《甘肃选辑》《定西农谚志》《中国农谚》《谚海》)

麦茬种胡麻，七股八个杈。〔清水〕(《集成》)

麦茬种胡麻，千斤能达到。〔甘南〕(《甘肃选辑》《中国农谚》《谚海》)

麦茬种胡麻[②]，油籽一把抓；秋茬种胡麻，树小不坐花。〔临夏〕(《甘肃选辑》《中国农谚》《谚海》《集成》)

麦地里种胡麻，缸底里捞蛤蟆。(《定西农谚》)

麦地种胡麻，抱个金娃娃。(《谚海》)

麦地种胡麻，缸里捉蛤蟆。〔定西〕(《甘肃选辑》《中国农谚》《谚海》)

重茬胡麻病害多。(《集成》)

播　种

稠种胡麻稀种瓜，玉米地里种豆角。(《宁县汇集》《甘肃选辑》《中国农谚》《谚海》)

春分胡麻社前谷，豌豆种在九里头。(《宁县汇集》《甘肃气候谚》《集成》)

谷雨加土旺，胡麻谷子一起扬。〔张家川〕(《集成》)

谷雨天，胡麻高粱种在前。(《集成》)

谷雨种胡麻，七股八个杈；立夏种胡麻，头顶一朵花。(《泾川汇集》)

谷雨种胡麻，七股八个杈；立夏种胡麻，头顶一朵花；四月种胡麻，头里一疙瘩。(《定西农谚志》)

胡麻不离九，一亩打四斗。〔徽县〕(《集成》)

胡麻的根子单[③]。(《会宁汇集》)

胡麻上九[④]，十垄一斗。〔武山〕(《集成》)

立夏后，种胡麻，一股一个杈。(《中国农谚》《谚海》)

立夏种胡麻，当头一朵花。(《清水谚语志》)

立夏种胡麻，九股八丫叉；小满种胡麻，头顶一枝花。(《山丹汇集》)

立夏种胡麻，露头一枝花。(《酒泉农谚》)

立夏种胡麻，七股八个杈。(《静宁农谚志》)

立夏种胡麻，秋后还开花。〔平凉〕(《甘肃选辑》《中国农谚》《谚海》)

---

① 荞：《定西农谚志》作“荞麦”。

② 麦：《集成》作“夏”。

③ 原注：要求播种前地要整好，以利出苗扎根。

④ 上九：种在九里头。

立夏种胡麻，十月才开花。(《清水谚语志》)

立夏种胡麻，十月里禄[①]枝下。〔定西〕(《甘肃选辑》《中国农谚》《谚海》)

立夏种胡麻，十月绿疙瘩。(《定西农谚》)

立夏种胡麻，头顶一朵[②]花。(《岷县农谚选》《定西汇编》《中国农谚》)

立夏种胡麻，头顶一朵花；不但不结子，熟的不齐差。〔平凉〕(《甘肃选辑》《中国农谚》《谚海》)

立夏种胡麻，头顶一枝花。(《宁县汇集》《平凉气候谚》《甘肃气候谚》《甘肃天气谚》《中国农谚》《定西农谚》)

立夏种胡麻，头顶一枝花；土旺种胡麻，七股八卡杈。(《庆阳汇集》)

芒种种胡麻，究终不回家。〔甘谷〕(《集成》)

宁叫羊毛，不叫没苗。〔平凉〕(《甘肃选辑》《中国农谚》《谚海》)

清明胡麻谷雨谷，种了胡麻耽搁了谷。(《定西农谚》)

清明以前种胡麻，长成九股八柯杈[③]。(《中国农谚》《谚海》)

清明种胡麻，不怕寒霜[④]杀。(《酒泉农谚》《甘肃气候谚》《谚海》)

清明种胡麻，九股八个杈。〔张掖〕(《甘肃选辑》《中国农谚》《谚海》)

清明种胡麻，九股八丫叉。(《酒泉农谚》《高台农谚志》)

清明种胡麻，七股八柯杈，立夏种胡麻，头顶一朵花。〔环县〕(《集成》)

清明种胡麻，头顶一枝花。(《陇南农谚》)

闰年闰月不种瓜，留下地儿种胡麻。(《集成》)

三月种胡麻，月月开兰花。〔泾川〕(《集成》)

四月种胡麻，到老不开花。(《集成》)

四月种胡麻，十月扬大花。(《会宁汇集》)

土旺胡麻谷雨谷，清明前后，莜麦豌豆。〔定西〕(《甘肃选辑》)

土旺胡麻谷雨谷，种了胡麻迟了谷。(《甘肃选辑》《定西农谚》)

土旺胡麻谷雨谷，种了胡麻误了谷。(《会宁汇集》《定西农谚志》《中国农谚》《定西农谚》《集成》)

土旺种胡麻，黑霜不怕雪不怕。(《甘肃选辑》《中国农谚》《定西农谚》《谚海》)

土旺种胡麻，七股八个杈，立夏种胡麻，头顶一枝[⑤]花。(《平凉汇集》《临洮谚语集》《谚海》)

---

① 禄：方言，丰收之意。

② 一朵：《定西汇编》作“几朵”。

③ 柯杈：原作“棵杈”。

④ 寒霜：《甘肃气候谚》作“黑霜”。

⑤ 枝：《临洮谚语集》作“朵”。

土旺种胡麻，七股八个杈。(《甘肃选辑》《清水谚语志》《平凉汇集》《临洮谚语集》《定西汇编》《中国农谚》《谚海》)

土旺种胡麻，七股八根杈。(《宁县汇集》《平凉气候谚》)

土旺种胡麻，七股八柯杈。(《定西县志》《岷县农谚选》《会宁汇集》《甘肃气候谚》《定西农谚》)

土旺种胡麻，七股八柯杈，立夏种胡麻，头顶一朵花。(《甘肃选辑》《庆阳县志》《集成》)

五月里种胡麻，十月大放花。(《定西农谚志》)

稀泥胡麻干沙谷，滩土窝里种糜子。〔武威〕(《集成》)

稀泥胡麻还墒谷，糜子地里冒土土。〔张掖〕(《甘肃选辑》《中国农谚》《谚海》)

稀泥胡麻黄墒豆，扁豆一个望着一个哭。〔玉门〕(《集成》)

硝铵种胡麻，缸底捉蛤蟆。(《定西农谚》)

小满种胡麻，到老还开花。(《集成》)

小满种胡麻，七股八柯杈①。(《甘肃气候谚》《甘肃天气谚》《定西农谚》)

小满种胡麻，秋后不开花。(《定西农谚》)

小满种胡麻，头顶一枝花。〔天水〕(《新农谚》《甘肃选辑》《中国农谚》《谚海》)

要想吃香油，胡麻种在清明前。(《集成》)

针搊胡麻卧牛豆，高粱地里行车路。〔兰州〕(《集成》)

针搊胡麻卧牛谷，扁豆一个望着一个哭。〔山丹〕(《集成》)

针扎的胡麻卧牛的谷。(《甘肃选辑》《定西汇编》《中国农谚》《谚海》)

针扎的胡麻卧牛的谷，扁豆子一个望着一个哭。(《山丹汇集》)

针扎胡麻卧牛谷。(《定西县志》《甘肃选辑》《会宁汇集》《中国农谚》《定西农谚》)

针扎胡麻卧牛谷②，小豆子稀了望着哭。(《甘肃选辑》《中国农谚》《定西农谚》《谚海》)

田　管

胡麻的茬干。(《会宁汇集》)

胡麻点了头，浇水如浇油。〔泾川〕(《集成》)

胡麻浇了头，浇水如浇油。〔张掖〕(《甘肃选辑》《中国农谚》《谚海》)

---

① 柯杈：《甘肃天气谚》作“丫杈”。

② 《定西农谚》作“针扎的胡麻卧牛的谷”。

胡麻认锄，锄了的[1]油多。(《会宁汇集》《定西汇编》)

立夏种胡麻，防止四月八的[2]黑霜杀。〔甘南〕(《甘肃选辑》《甘肃气候谚》《中国农谚》《谚海》)

清明对立夏，不种胡麻也可怕。(《酒泉农谚》)

三月廿八种胡麻，单怕四月初八霜来杀。(《集成》)

三月三的胡麻，单怕四月八的黑霜杀。〔张掖〕(《甘肃选辑》《中国农谚》《谚海》)

三月三的胡麻，害怕四月八霜杀。〔定西〕(《甘肃选辑》《中国农谚》《谚海》)

三月三的神胡麻，单怕四月八的黑霜杀[3]。(《定西农谚志》《敦煌农谚》《两当汇编》《定西农谚》)

三月三日神胡麻，最怕四月八日黑霜杀。(《定西县志》)

三月三神胡麻，怕的四月八黑刀[4]杀。(《甘肃农谚》《白银民谚集》《会宁汇集》)

晒不死的胡麻，饿不死的喇嘛。〔临夏〕(《甘肃选辑》)

湿锄胡麻干锄谷，毛毛雨里锄萝卜。(《静宁农谚志》《临洮谚语集》)

四月八，有一九，冻死胡麻和黑豆[5]。(《平凉汇集》《中国农谚》《谚海》《集成》)

土旺耘胡麻，五谷把芽插。(《酒泉农谚》)

走水胡麻渗水谷。(《会宁汇集》)

走水胡麻渗水麻。(《宁县汇集》)

年成、收藏

大雨不拔胡麻。〔渭源〕(《集成》)

伏里晒日头，要吃胡麻油。〔定西〕(《甘肃选辑》)

旱不死的油籽胡麻，饿不死的乌龟王八[6]。(《集成》)

胡麻长成林，万物定不成。〔西和〕(《集成》)

胡麻夹头，锅里煮肉。(《山丹汇集》)

胡麻起塔塔，地里养鸭鸭。〔张掖〕(《甘肃选辑》《中国农谚》《谚海》)

---

① 《定西汇编》无“的”字。

② 《甘肃选辑》无“的”字。

③ 《两当汇编》首句无“的”字。单怕:《定西农谚志》作“害怕”,《敦煌农谚》作“当怕”。

④ 黑刀:《白银民谚集》《会宁汇集》作“黑霜”。

⑤ 黑豆:《集成》作“蚕豆”。

⑥ 乌龟王八：原注指形容偷抢哄骗胡混吃喝的人。

胡麻是顶母田。(《会宁汇集》)

胡麻一条根，断了没撩成。(《定西农谚》)

惊蛰刮了风，十个胡麻九个空。(《集成》)

乌嘴的胡麻带花荞，白肚子豌豆并不饶。(《宁县汇集》)

乌嘴子胡麻带花的荞，粉白的莜麦不要摇。〔天水〕(《甘肃选辑》《中国农谚》《谚海》)

细雨下，拔胡麻。(《定西县志》)

夏至五月头，不吃馍馍光喝汤；夏至五月中，十个胡麻九个空。(《集成》)

夏至五月头，不吃馍馍尽喝油①；夏至五月中，十个油房九个空；夏至五月底，十个油房九个挤。(《甘肃选辑》《天祝农谚》《甘肃天气谚》《中国农谚》《谚海》)

想吃胡麻油，三伏旱出头②。(《甘肃选辑》《中国农谚》《定西农谚》《谚海》)

要吃胡麻油，伏里晒出头。(《中国农谚》)

要吃胡麻油，伏里晒日头③。(《定西县志》《会宁汇集》《甘肃选辑》《清水谚语志》《甘肃气候谚》《甘肃天气谚》《定西农谚》《谚海》)

要吃胡麻油，伏里晒日头；要吃缸里米，一伏三场雨。〔岷县〕(《集成》)

要吃胡麻油，伏天晒日头。(《甘肃选辑》《定西农谚志》《平凉气候谚》《临洮谚语集》《中国农谚》)

要吃胡麻油，六月晒日头。(《静宁农谚志》)

要吃胡麻油，三伏晒日头。(《中国农谚》《谚海》)

要吃胡麻油，暑里晒日头。〔武山〕(《集成》)

要吃胡麻油，五月④晒日头。(《宁县汇集》《甘肃选辑》《中国农谚》《谚海》)

正月初七刮南风，十个胡麻九个空。(《集成》)

正月十五风打灯，一个胡麻打五斤⑤。(《中国农谚》《谚海》《定西农谚》《集成》)

正月十五雪打灯，胡麻铃铃半截空。(《集成》)

---

① 尽喝油：《谚海》作“尽吃油”，《甘肃天气谚》作“九个愁”。

② 《定西农谚》注：指二阴地区。旱：《定西农谚》作“晒”。

③ 日头：《清水谚语志》作“热头”。

④ 《宁县汇集》“五月”后有“里”字。

⑤ 一个：《定西农谚》作“一根”。五：《集成》作“九”。

棉　花

倒茬、土宜

瓜种三年莫望收，棉种三年有一丢。(《敦煌农谚》)

黄土长棉花，杆高棉桃大，桃儿多得密杈杈。〔天水〕(《甘肃选辑》《中国农谚》《谚海》)

立土地，土质松，种上棉花根扎得凶。〔张掖〕(《甘肃选辑》《中国农谚》《谚海》)

立土种棉花，棉桃鸡蛋大；平土①种棉花，头顶一朵花。(《甘肃选辑》《敦煌农谚》《中国农谚》《谚海》)

沙土地，种棉花，生长旺盛棉桃大。〔武威〕(《集成》)

沙土地里种棉花，长得盛，结得旺，收后一定堆满仓。〔张掖〕(《甘肃选辑》)

沙土地种棉花，生长旺盛棉桃大。〔张掖〕(《甘肃选辑》《中国农谚》《谚海》)

山芋糜谷胡麻茬，都不适宜种棉花。〔张掖〕(《甘肃选辑》《中国农谚》《谚海》)

上土薄，底土硬，中间一层砂，渗水一干种棉花②。〔张掖〕(《甘肃选辑》《中国农谚》《谚海》)

要种棉啥茬好，小麦禾禾和豆茬，重茬棉花也③能种，种过三年要倒茬。〔张掖〕(《甘肃选辑》《中国农谚》《谚海》)

整地、施肥

骨灰④上棉花，狗粪上菜瓜。(《甘肃选辑》《平凉气候谚》《甘肃农谚集》《中国农谚》《谚海》)

骨上棉花肯开花，猫粪狗粪上菜瓜。(《庆阳汇集》《宁县汇集》《中国农谚》《谚海》)

棉花是铁脚汉，旱⑤死还有一半。〔甘南〕(《甘肃选辑》《中国农谚》)

棉花喜的土肥向阳，哪一个姑娘不爱穿花衣裳。〔天水〕(《甘肃选辑》)

---

① 平土：《敦煌农谚》作“板土”。

② 《甘肃选辑》注：指腰漏沙。

③ 《中国农谚》《谚海》无“也”字。

④ 灰：《平凉气候谚》作“肥”。

⑤ 旱：《中国农谚》作“干”。

平土地，翻二尺，每亩上粪几万斤，安根水浇七八寸，棉花定能收千斤。〔张掖〕（《甘肃选辑》）

一翻二平三上粪，安根水浇个七八寸，每亩留上一刀苗，保证每株结百桃。〔张掖〕（《甘肃选辑》）

播　种

春水种棉花，七股八个杈。（《甘肃选辑》《中国农谚》《谚海》）

椿抱绽，种棉蛋，每亩地，能上万。（《宁县汇集》）

椿树抱娃娃，地里种棉花。（《岷县农谚选》《甘肃选辑》《定西汇编《中国农谚》《谚海》）

椿树抱娃娃，收拾种棉花。（《宁县汇集》《集成》）

椿树抱娃娃，准备种棉花。（《庆阳汇集》《甘肃选辑》《中国农谚》《谚海》）

椿树菁葵似莲花，收拾种子种棉花。（《中国农谚》）

椿树叶子似莲花，收拾土地种棉花。〔天水〕（《甘肃选辑》《中国农谚》）

谷雨棉，不用谈。〔天水〕（《甘肃选辑》《中国农谚》《谚海》）

谷雨前，不种棉；谷雨后，不种豆。（《中国农谚》）

谷雨前，点种棉。〔定西〕（《甘肃选辑》《中国农谚》《谚海》）

谷雨前，好种棉。〔张掖〕（《甘肃选辑》《甘肃气候谚》《中国农谚》）

谷雨前，好种棉；谷雨后，好种豆。（《鲍氏农谚》《平凉汇集》《中国谚语资料》《中国农谚》《定西汇编》《谚海》）

谷雨前，快种棉。（《清水谚语志》）

谷雨前，先种棉。〔张掖〕（《甘肃选辑》《中国农谚》《集成》）

谷雨前，先种棉；谷雨后，乱点豆。（《甘肃选辑》《敦煌农谚》）

谷雨前，先种棉；谷雨后，种瓜豆。（《中国农谚》）

谷雨前，要种棉；谷雨后，要种豆。〔徽县〕（《集成》）

谷雨前，种丝棉。（《白银民谚集》《会宁汇集》）

谷雨早，小满迟，立夏①棉花正当时。（《泾川汇集》《甘肃气候谚》）

谷雨种棉花，七股八个杈；立夏种棉花，开花不见花。〔玉门〕（《集成》）

谷雨种棉花，七股八丫杈。（《甘肃天气谚》）

谷雨左右立夏前，正是种棉②好时间，适宜时间不抓紧，错过时间悔半年。〔张掖〕（《甘肃选辑》《甘肃气候谚》《中国农谚》《谚海》）

谷雨左右立夏前，正是种棉好时间。〔河西〕（《谚海》）

---

① 《甘肃气候谚》“立夏”后有“的”字。

② 《甘肃选辑》“种棉”后有“的”字。

立夏种棉花，不如把[①]地闲下。〔张掖〕(《甘肃选辑》《中国农谚》《甘肃气候谚》)

立夏种棉花，有柴无[②]疙瘩。(《白银民谚集》《中国农谚》)

立夏种棉花，有花没疙瘩。〔甘南〕(《中国农谚》)

立夏种棉花，有棉无疙瘩。(《高台天气谚》)

立夏种棉花，有树没疙瘩[③]。〔甘南〕(《甘肃选辑》《甘肃气候谚》《中国农谚》《集成》)

芒种不见苗，到老不结桃[④]。(《集成》)

棉花种在谷雨前，开得利索苗儿全。(《甘肃选辑》《敦煌农谚》《中国农谚》《谚海》)

棉花种早，半花就少。〔张掖〕(《甘肃选辑》《中国农谚》《谚海》)

棉花转开身，一窝摘半斤。〔张掖〕(《甘肃选辑》《中国农谚》)

清明前，不种棉。(《岷县农谚选》)

清明前，不种棉；清明后，不种豆。〔天水〕(《甘肃选辑》《中国农谚》《谚海》)

清明前后种棉花，秋后能收一百八。(《甘肃气候谚》《谚海》)

清明前种棉花，分的七股八柯杈。(《甘肃气候谚》《谚海》)

清明以后种棉花，种子结到棉花能收一百八。〔张掖〕(《甘肃选辑》)

清明早，谷雨迟，立夏种棉正当时。(《集成》)

清明早，立秋迟，谷雨种棉正当时。(《甘肃天气谚》)

清明种棉花，分的七股八卡杈[⑤]。(《庆阳汇集》《中国农谚》《谚海》)

清明种棉花，七股八柯杈。(《甘肃气候谚》)

土旺种棉花，七股八丫杈；立夏后种棉花，有树没疙瘩。(《敦煌农谚》)

土旺种棉花，七股八丫杈；立夏种棉花，棉花不见花。〔张掖〕(《甘肃选辑》《中国农谚》《谚海》)

想穿棉，种的立夏前。〔张掖〕(《甘肃选辑》《中国农谚》《谚海》)

榆挂钱，好种棉。〔天水〕(《甘肃选辑》《中国农谚》《谚海》)

枣儿发，种棉花。〔定西〕(《甘肃选辑》)

枣发芽，种棉花。(《中华农谚》《甘肃选辑》《会宁汇集》《平凉汇集》)

枣发芽，种棉花，谷雨前后把粪拉。〔平凉〕(《甘肃选辑》《中国农谚》

---

① 《甘肃气候谚》无“把”字。

② 无：《中国农谚》作“没”。

③ 树：《集成》〔金塔〕作“秧”。没：《甘肃气候谚》又作“无”。

④ 原注：错过种棉时间。

⑤ 八卡杈：《谚海》作“八个杈”。

《谚海》）

枣发芽，种棉花；谷雨前，早种棉。（《文县汇集》）

枣树发芽种棉花，谷雨前后把粪拉。（《宁县汇集》《平凉气候谚》《甘肃气候谚》《谚海》）

枣芽发，种棉花。（《张氏农谚》《费氏农谚》《鲍氏农谚》《泾川汇集》《中国农谚》）

枝芽圆，种丝棉。（《白银民谚集》）

种棉要多产，必得把种选。（《宁县汇集》）

田 管

不怕棉儿小，就怕蝼蛄咬。（《中国农谚》）

锄花无需[①]巧，勤锄泥土净锄草。（《中国农谚》《谚海》）

锄棉不论遍，越锄越好看。（《中国农谚》《谚海》）

锄头薅得勤，棉花像白银。（《中国农谚》《谚海》）

打杈的棉花锄到的谷。（《中国农谚》《谚海》）

打杈又搬芽[②]，再看棉花结疙瘩。（《中国农谚》《谚海》）

二伏花摘顶，立夏一齐揪。（《泾川汇集》）

伏里棉花锄八遍，绒线好纺多出线。（《新农谚》）

伏天棉花锄八遍，绒细好纺多出线。（《中国农谚》）

干锄棉花湿锄瓜[③]。（《鲍氏农谚》《中国农谚》《谚海》）

干锄棉花湿锄麻，雾露小雨锄芝麻。（《张氏农谚》《鲍氏农谚》《中国农谚》）

谷雨棉花两把抓。〔泾川〕（《集成》）

留一粒虫[④]子，害几株棉苗。（《中国农谚》《谚海》）

麦茬浇棉花，十年九不差。（《中国农谚》《谚海》）

棉锄八遍白如银，树锄七遍活如林。〔天水〕（《甘肃选辑》《中国农谚》）

棉锄七遍，桃子连串。（《中国农谚》）

棉锄七遍白如银。（《中国农谚》）

棉花锄八遍，长的桃子像鸡蛋。〔天水〕（《谚海》）

棉花锄八遍，疙瘩赛蒜瓣。（《中国农谚》）

---

① 需：又作“它”。

② 搬芽：《谚海》作“搬家”。

③ 瓜：《中国农谚》又作“豆”。

④ 《谚海》无“虫”字。

棉花锄八遍，结的疙瘩像蒜瓣。(《中国农谚》《谚海》)

棉花锄八遍，结的桃儿像鸡蛋。(《岷县农谚选》《甘肃选辑》)

棉花锄八遍，绒长多出线。(《中国农谚》)

棉花锄八遍，绒长线又多。(《谚海》)

棉花锄八遍，绒线好纺多出线。(《定西汇编》)

棉花锄八次，结桃如蒜瓣。〔张掖〕(《甘肃选辑》《中国农谚》)

棉花锄七遍，结下棉桃像鸡蛋。(《宁县汇集》《甘肃选辑》《谚海》)

棉花锄七遍，棉桃似鸡蛋。(《庆阳汇集》《中国农谚》)

棉花锄七遍，棉桃像鸭蛋。〔张掖〕(《甘肃选辑》)

棉花锄七遍，桃子赛鸡蛋。(《中国农谚》《谚海》)

棉花锄七遍，桃子像蒜瓣。(《中国农谚》)

棉花锄三遍，长的棉桃像鸡蛋。(《新农谚》)

棉花锄三遍，疙瘩①长得像鸡蛋。〔天水〕(《中国农谚》《谚海》)

棉花锄十遍，伸手采一篮。(《中国农谚》《谚海》)

棉花锄十遍，左一提篮，右一提篮。(《谚海》)

棉花锄一遍，长的桃子像鸡蛋。(《泾川汇集》)

棉花打椿椿，井水流淌淌。〔张掖〕(《甘肃选辑》《中国农谚》《谚海》)

棉花冬耕，冻死害虫。(《中国农谚》《谚海》)

棉花拿疯杈，耳子②要捋光。(《中国农谚》)

棉花耪八遍，桃子像鸡蛋。(《中国农谚》《谚海》)

棉花勤锄草，秋后拾得③早。(《中国农谚》《谚海》)

棉花取三杈，疙瘩像鸡蛋。〔甘南〕(《甘肃选辑》《中国农谚》《谚海》)

棉花现行，锄头乱扬。(《敦煌农谚》)

棉花小苗刨三遍，结下的棉桃象鸡蛋。(《敦煌农谚》)

棉花越锄越好看，结的桃子像蒜瓣。(《中国农谚》《谚海》)

棉花种稠锄稀，长高卡低。(《庆阳汇集》《宁县汇集》《平凉气候谚》)

棉桃④锄八遍，结的桃子赛鸡蛋。〔天水〕(《甘肃选辑》《中国农谚》)

清明的瓜长斗大，谷雨的花两把抓。〔临夏〕(《甘肃选辑》《甘肃气候谚》《中国农谚》《谚海》)

树锄七道长成林，棉锄七道白如银。(《中国农谚》)

---

① 疙瘩：《中国农谚》又作“棉桃”。

② 耳子：原注指小疯杈。

③ 得：《谚海》作“花”。

④ 棉桃：《中国农谚》作“棉花”。

务劳棉花没有巧，多创地皮勤锄草。（《敦煌农谚》）

小暑前后把水浇，棉长尺五高。（《甘肃选辑》《中国农谚》《谚海》）

要棉好[①]，有三宝，捉虫施肥勤锄草。（《新农谚》《山丹汇集》《甘肃选辑》《定西汇编》《中国农谚》《谚海》）

要想棉花长得好，上粪捉虫多锄草。（《中国农谚》《谚海》）

要想棉花卖上价，拾花莫要揪疙瘩。（《中国农谚》《谚海》）

种稠拔稀，长高打低，锤实捣虚。（《甘肃选辑》《中国农谚》《谚海》）

种稠锄稀，长高卡低。〔庆阳〕（《中国农谚》《谚海》）

种棉花，锄八遍，结的棉桃赛蒜瓣。（《谚海》）

种棉无它巧，只要勤除草。（《中华农谚》《中国农谚》《谚海》）

年成、收获

八月八，花见花。〔甘南〕（《甘肃选辑》《中国农谚》《谚海》）

稠花拾棉花，稀花看疙瘩。〔天水〕（《甘肃选辑》）

二月二日阴，棉花贵如金；二月二日下，棉花搭上架。（《集成》）

花对花，用手抓。（《集成》）

花见花，不见花；豆见豆，还收豆。（《谚海》）

花见花，四十八[②]。（《高台天气谚》）

惊蛰闻雷米似泥，春分有雨病人稀，月中若有逢一卯，到处棉花豆麦宜。〔临洮〕（《集成》）

腊月八晴，棉花长成林。（《文县汇集》）

腊月八晴，棉花长成林；腊月八阴，棉花贵如金。（《文县汇集》）

腊月八下雪，棉花水疙瘩。〔甘南〕（《甘肃选辑》《中国农谚》《谚海》）

腊月八阴，棉花贵如金。（《文县汇集》）

棉花立了秋，大小一齐揪。（《中国农谚》《谚海》）

棉花无底麦无头[③]。〔甘南〕（《甘肃选辑》《中国农谚》《谚海》）

棉花要摘好，不能满地跑。（《中国农谚》）

七月暑，八月旱，棉花桃子累成蒜。（《甘肃气候谚》）

七月雨，八月旱，棉花桃儿[④]赛鸡蛋。（《庆阳汇集》《平凉气候谚》《中国农谚》《谚海》）

---

① 要棉好：《甘肃选辑》〔天水〕作“棉要好”，《定西汇编》作“棉花好”。

② 原注：棉花一般开花到收获需一月半。

③ 《中国农谚》注：指棉花、小麦增产潜力大。

④ 桃儿：《庆阳汇集》作“桃子”。

七月雨，八月旱，棉花桃子累过蒜。(《宁县汇集》)
三朵棉花抵种麦。(《中国农谚》)
稀花看疙瘩，稠花拾棉花。〔天水〕(《中国农谚》《谚海》)
小暑开黄花，白露摘棉花。〔张掖〕(《甘肃选辑》《中国农谚》《谚海》)
雪花大，熟棉花。(《朱氏农谚》《鲍氏农谚》《中国农谚》《谚海》)

菜籽、 芝麻

菜籽扬脑粪，清油出得凶[①]。〔兰州〕(《甘肃选辑》《中国农谚》《谚海》)
春打六九头，不种芝麻也吃油；春打五九尾，不种谷子也吃米。(《集成》)
旱收芝麻涝收豆。(《集成》)
芒种芝麻夏至豆，不忙时候种小豆。(《中国农谚》《谚海》)
芒种芝麻夏至豆。〔天水〕(《中国农谚》《谚海》)
七水油籽八水麻。(《谚语集》)
浅种油菜苗苗旺，麻子撒在地皮上。〔甘谷〕(《集成》)
浅种油菜苗苗旺，深点南瓜爱死人。〔甘谷〕(《集成》)
双春[②]芝麻无春豆。(《集成》)
四月芒种五月至，急忙动手种菜籽。(《山丹汇集》)
天干的芝麻，雨涝的棉花。(《谚海》)
头伏芝麻二伏粟，三伏还可种大粟。(《新农谚》《中国农谚》《谚海》)
头日青，二日黄[③]。〔甘谷〕(《集成》)
土里芝麻泥里豆。(《鲍氏农谚》《中国农谚》《谚海》)
小满菜籽芒种荞。(《岷县农谚选》《甘肃选辑》《中国农谚》《谚海》《定西农谚》)
小满芝麻芒种谷，芒种芝麻夏至豆。〔天水〕(《甘肃选辑》《甘肃气候谚》)
小满芝麻芒种黍。〔天水〕(《中国农谚》《谚海》)
油菜浇三遍，产量高一半。〔兰州〕(《集成》)
油菜老来富，萝卜一生肥。(《集成》)
油菜是个宝，人人离不了。(《集成》)
油籽油，不够头。〔甘南〕(《甘肃选辑》《中国农谚》《谚海》)
芝麻不论遍，越锄越好看。(《鲍氏农谚》《中国农谚》)
种过一年油菜，可种三年粮食。〔甘谷〕(《集成》)

---

① 《甘肃选辑》注：菜籽追肥出油率高。凶：原作“雄”，今正之。
② 双春：原注指一年内有两个立春节气出现。
③ 原注：油菜成熟时间。

种了油菜肥了田。(《集成》)

大麻、 黄豆等

处暑拔麻摘老瓜。(《中国农谚》《谚海》)

大麻不出九，一棵打一斗。(《集成》)

大麻种在春风前，叶大皮厚又耐寒。(《甘肃选辑》《甘肃气候谚》《中国农谚》《定西农谚》《谚海》)

大麻种在清明前，叶大皮厚又耐旱。(《平凉汇集》《中国农谚》《谚海》《集成》)

贷我东墙，偿我田粱①。(《齐民要术》)

伏里不下雨，黄豆贵过米。(《中国农谚》《谚海》)

过了立夏不种麻，种了麻七股八柯杈。〔西和〕(《集成》)

喝了一杯茶，烂了一池麻。〔武山〕(《集成》)

喝了一盅茶，误②了一池麻。(《甘肃选辑》《定西汇编》《中国农谚》《定西农谚》《谚海》)

黄豆不让晌，麦子不让场。(《中国农谚》《谚海》)

黄豆打七遍，还够买针钱。(《集成》)

黄豆肥田底，棉花拔田力。(《中国农谚》)

黄豆肥田地。(《集成》)

黄豆要密，高粱要稀。〔甘谷〕(《集成》)

抗旱如救火，锄麻如绣花。(《谚海》)

雷打谷雨前，坑坑涨水好种田；雷打谷雨后，娘娘顶子③种黄豆。(《集成》)

立夏刮东风，必定禾头空，黄豆不结荚，小豆胎苗瞎。(《集成》)

立夏种麻，数伏就拔。(《集成》)

麻油拌青菜，各人心里爱。(《新农谚》)

清晨烧霞，晚上沤麻。〔陇南〕(《集成》)

三伏不见雨，黄豆籴不起。(《集成》)

十年富，栽树木；当年发，种葵花。〔静宁〕(《集成》)

四月四，种麻子。〔华池〕(《集成》)

听见蝼蛄叫④，黄豆不敢祟。(《集成》)

---

① (北魏)贾思勰《齐民要术》卷十《东墙》："《广志》曰：'东墙，色青黑，粒如葵子；似蓬草。十一月熟。出幽、凉、并、乌丸地。'河西语曰：'云云。'"

② 误：《定西农谚》作"耽搁"。

③ 娘娘顶子：方言，形容极为干旱之地。

④ 蝼蛄叫：原注指此兆灾年要到。

头草锄，二草挖，三四道草如绣花①。(《中国农谚》)

要吃麻子连枷打，要吃麦子碌碡砸。(《谚海》)

要想有钱花，家家种葵花。〔静宁〕(《集成》)

雨打纸钱头，麻麦不见收；雨打墓头钱，今年好种田②。(《田家五行》《农政全书》《授时通考》《张氏农谚》《费氏农谚》《鲍氏农谚》《中国农谚》《谚海》)

早上见霞，晚上沤麻。(《朱氏农谚》《两当汇编》)

折麻先折烂，耕地先耕畔。〔清水〕(《集成》)

烟、茶、药、草

白露采紫苏，秋分收白芷。〔庆阳〕(《集成》)

不耐旱，不耐下，种上苜蓿长得差。(白青土)〔天水〕(《甘肃选辑》)

采茶摘尖，铲草除根。(《中国农谚》《谚海》)

端午前是草，端午后是药③。〔平凉〕(《集成》)

黑毛土，性子凉，多施羊粪最为强，长下的当归一尺长。〔天水〕(《甘肃选辑》)

黑油砂的当归，累了的瞌睡。(《岷县农谚选》《甘肃选辑》)

花钱若要宽，赶快种草烟。〔正宁〕(《集成》)

荒埂栽艾，废塘插蒲。(《集成》)

家种一园药，银钱永不缺。(《集成》)

抗黑碱，铺黄沙，种大黄，打石八。〔永昌〕(《集成》)

立夏忙种烟，烟叶长如鞭。〔正宁〕(《集成》)

漏沙地，没出息，种上苜蓿最适宜。〔张掖〕(《甘肃选辑》)

麻土栽当归，胜如上好肥。(《岷县农谚选》《甘肃选辑》《定西汇编》)

莫把菖蒲当废草，到了端午变成宝。(《集成》)

苜蓿要好，五年一倒，不稀不稠，保证丰收。〔甘谷〕(《集成》)

若种庄稼稀里把拉，若种苜蓿密密匝匝④。(《宁县汇集》)

---

① 原注：指花生。

② (元)娄元礼《田家五行》卷上《二月类》仅引下两句，云："寒食前清明二日，是其日必雨，甚准。……谚云：'云云。'或云：'射角好撑船。'此说不验。若言清明之雨，却合占法，墓头钱，以纸钱挂墓上谓之摽［扫］墓。此盖馀荒垅，亦欲视人有子孙在之意也。"(明)徐光启《农政全书》卷十一《农事·占候》、(清)鄂尔泰《授时通考》卷三《天时·春》引录，不以谚称之。

③ 原注：指艾叶、菖蒲等。

④ 原注：指在白疝土中种植。

三九三，挖锁阳，挖上锁阳好半年，挖不上锁阳霉半年。(《集成》)
三月红花四月麻，西瓜种在四月八。〔张掖〕(《甘肃选辑》)
沙蓬成了赶快走，黄蒿成①了安心守。(《集成》)
山地土壤分布广，多种牧草有保证。(《宁县汇集》)
梯田好种烟，杀虫又肥田。〔正宁〕(《集成》)
天干种芥子，必定有收获。(《中国谚语资料》)
天麻种在春分前，叶大皮厚又耐寒。(《集成》)
头伏羊草中伏菜，三伏里头种黄芥。(《定西农谚》)
小暑出生地，大暑出牛漆。(《集成》)
烟叶加肥皂，害虫跑不掉。(《集成》)
烟叶棉油皂，治虫好药料。(《谚海》)
一年苜蓿三年田，再种三年用不完。〔甘谷〕(《集成》)
园里栽药材，银钱滚滚来。(《集成》)
早采三天是个宝，迟采三天是根草。(《集成》)
早晨不割叶，晌午不摘瓜。〔正宁〕(《集成》)
种一亩大田，不如栽一分旱烟。(《集成》)

园艺作物

果 树

概 说

背风向阳栽干果，沙场土柳石头松。(《集成》)
当中空堂堂，四周闹嚷嚷②。(《集成》)
地头果树河滩柳。〔临泽〕(《集成》)
冬至天气晴，果子好收成。(《集成》)
多种果子树，必定能致富。(《定西农谚》)
二月初二下，果木搭架起。(《甘肃天气谚》)
高果不繁低果繁。〔武山〕(《集成》)
果树不剪，年年光秆。〔陇南〕(《集成》)
果树长满山，不愁吃和穿。〔天水〕(《集成》)
果园要养蜂，瓜地不栽葱。(《集成》)

---

① 成：方言，指作物长势好。
② 原注：树的剪枝留形叫大开膛，多指桃树类。

好树开好花，好籽结好瓜。〔天水〕(《甘肃选辑》《中国农谚》)

花见花，一身疤①。〔平凉〕(《集成》)

慌树不结果，慌苗不打粮②。〔泾川〕(《集成》)

家有半亩园，不缺零花钱。(《集成》)

家有五亩花果园，男婚女嫁不愁钱。(《集成》)

家有一亩园，赛过③十亩田。(《定西农谚》《集成》)

家中有个花果园，天上地下都是钱。〔酒泉〕(《集成》)

惊蛰晴，果成林。(《集成》)

科学种园，越种越甜。(《庆阳县志》《集成》)

冷肥果木热肥菜，生粪上地连根坏。(《岷县农谚选》《甘肃选辑》《中国农谚》)

冷粪果木热粪菜，生粪上地连根坏。(《新农谚》《宁县汇集》《山丹汇集》《甘肃选辑》《天祝农谚》《平凉气候谚》《中国农谚》《谚海》《集成》)

冷粪果木热粪菜，生粪上了连根坏。(《陇南农谚》《定西汇编》)

立夏东风少疾病，初八④天晴果木成。(《集成》)

两亩果园一箱蜂，蜜旺果肥吃不空。(《集成》)

林园林园，上结果子下种田，既能收来又增产。(《定西农谚》)

林园林园，上栽果子下种田，能走亲戚能卖钱。(《定西农谚》)

清明雨，百果损。(《集成》)

若要富，好水地里栽果树。(《谚语集》)

三月初八下一点，果子结得枝头满。〔环县〕(《集成》)

十亩田，不如一亩园；十亩园，不如一亩烟。〔酒泉〕(《集成》)

死狗埋在树底下，秋后果子用车拉。〔合水〕(《集成》)

细肥施在二月间，保花保果是关键。(《集成》)

小满风，果树空。〔兰州〕(《集成》)

小暑若逢天下雨，虽然结果也难留。〔陇西〕(《集成》)

要想长远富，多栽花⑤果树。(《定西农谚》)

要想富，房前屋后种果树。(《集成》)

要想水果长得好，还得蜂蝶把花咬。(《中国农谚》《谚海》)

一棵果树三分田，百棵果树十亩田。(《定西农谚》)

---

① 原注：果实存放不宜超过第二年花期。

② 慌树、慌苗：原注指空开花不结果实。

③ 赛过：《集成》又作“胜过”。

④ 初八：谓四月初八日。

⑤ 花：又作“水”。

一棵果树一分园，百样果树十亩园。〔武山〕(《集成》)

一棵树，三分田；百棵树，十亩园。(《集成》)

一亩园，十亩田。(《农谚和农歌》《朱氏农谚》《中华农谚》《张氏农谚》《费氏农谚》《定西县志》《甘肃选辑》《白银民谚集》《中国农谚》《定西农谚》)

一亩园，十亩田，日日收的万万元。(《宁县汇集》)

一亩园，十亩田，上结果子下种田，能走亲戚能卖钱。〔陇南〕(《谚海》)

一亩园，十亩田，上结果子下种田，又送亲戚又卖钱。(《谚语集》)

一亩园，十亩田，十亩园子是聚宝坛。(《会宁汇集》)

一亩园，十亩田；十亩园，吃不完。(《谚海》)

一亩园，十亩田；一亩药，十亩园。〔庆阳〕(《集成》)

栽个花果山，强如①米粮川。(《甘肃选辑》《中国农谚》《定西农谚》《谚海》《集成》)

正月上粪长花，七月上粪长果，十月上粪长身。〔酒泉〕(《集成》)

种上半亩园，货郎儿跑半年。〔陇西〕(《集成》)

桃、杏、梨

春天桃树有汗来，夏秋主干旱。(《集成》)

大麦生杏小麦桃。(《中国农谚》《谚海》)

干榆湿柳水白杨，核桃树栽在沟底上。〔武山〕(《集成》)

干榆湿柳水白杨，桃杏栽在山坡上。(《中国农谚》)

干榆湿柳水白杨，杏树栽在崖头上。〔武威〕(《集成》)

谷雨杏花开，小满叶儿圆。(《集成》)

今年栽下一株桃，他年果子吃不了。(《费氏农谚》《鲍氏农谚》《中国农谚》《谚海》)

九尽桃花开，农活一起来。〔永昌〕(《庆阳县志》《集成》)

腊八天晴，来年杏红。(《集成》)

前院桃李后院柳，槐树栽在门前头。(《集成》)

若要好，桃杏枣。(《谚语集》)

三月四月杏花繁，七月八月西瓜甜。〔灵台〕(《集成》)

桃饱杏伤人，李子树下抬死人。(《中国农谚》)

桃饱杏伤人。(《中国农谚》)

桃吃饱，李吃少。(《中国农谚》《谚海》)

---

① 强如：《谚海》作“强似”，《定西农谚》作“胜过”。

桃花开，梨花开，田里青苗长出来。(《泾川汇集》)

桃花开，杏花绽，急得梨花把脚绊。〔临夏〕(《集成》)

桃花开，杏花绽，梨花气得把脚绊。〔通渭〕(《集成》)

桃花满园红，最怕西北风。(《集成》)

桃花三月开，菊花九月开，各自等时来。(《鲍氏农谚》《中国农谚》《谚海》)

桃梅杏多实，来年秋禾善。(《中国农谚》《谚海》)

桃南杏北梨东西，石榴藏在枝叶里。(《中国农谚》《谚海》)

桃南杏北梨东西①。(《定西农谚》)

桃三年，杏四年，核桃枣儿十八年②。(《定西农谚》)

桃三年，杏四年，桃杏结李得五年，枣子当年见现钱。〔泾川〕(《集成》)

桃三年，杏四年，要吃核桃十八年③。(《甘肃选辑》《中国农谚》《谚语集》《谚海》)

桃三年，杏四年，要吃梅子等五年。〔天水〕(《甘肃选辑》《中国农谚》《谚海》)

桃三杏四梨六年，要吃核桃得九年。(《庆阳县志》)

桃三杏四梨五年，花红果子七八年。〔武威〕(《集成》)

桃三杏四梨五年，花椒当年还本钱。〔陇南〕(《集成》)

桃三杏四梨五年，柿子当年赚利钱。〔甘谷〕(《集成》)

桃三杏四梨五年，想④吃核桃等九年。(《新农谚》《中国农谚》《谚海》)

桃三杏四梨五年，想吃核桃十五年。〔岷县〕(《甘肃选辑》《中国农谚》《谚海》《集成》)

桃三杏四梨五年，想吃糖李子十八年。〔永昌〕(《集成》)

桃三杏四梨五年，要想吃核桃十八年。〔甘南〕(《甘肃选辑》)

桃三杏四梨五年，枣儿当年就见钱。(《宁县汇集》《甘肃选辑》《平凉气候谚》《中国农谚》)

桃三杏四梨五年，枣树当年能卖钱。〔天水〕(《集成》)

桃三杏四梨五年，枣树开花在眼前。(《谚海》)

桃三杏四梨五年，枣树栽下当年甜。(《中国农谚》《谚海》)

桃三杏四梅九年，爱吃核桃十五年。(《中国农谚》)

---

① 东西：又作“正枝“。

② 十八年：又作“十五年”“六七年”“七八年”“十九年”。

③ 要：《中国农谚》《谚海》作“想”。十八：《谚语集》作“七八”，“七”当为形近而误。

④ 想：《谚海》作“要”。

桃杏开花结子呢，铲子头上有雨呢。(《山丹汇集》)
天河正，吃黄杏。(《集成》)
五月小，生瓜梨枣吃不了；五月大，生瓜梨枣剩不下。〔嘉峪关〕(《集成》)
夏至前杏熟，立秋前桃熟。(《集成》)
仙桃谨防兜里烂，树林最怕内蛀空。〔陇南〕(《集成》)
小满杏花冻。(《集成》)
杏花放，播种忙。(《集成》)
杏花开，种瓜菜。〔兰州〕(《甘肃选辑》)
杏花满树春种忙。(《集成》)
杏花叶苞耧地忙，杨花落地插犁忙。(《集成》)
杏看当年秋，槐看来年夏。(《集成》)
杏子黄了摇一摇，沙枣熟了拿棒敲。〔酒泉〕(《集成》)
要吃梨，刮树皮。(《集成》)
要吃梨，刮树皮；要吃枣，打步曲①。〔兰州〕(《中国农谚》《谚海》)
要想吃桃②，先得栽苗。〔皋兰〕(《集成》)
榆杏满山跑，杨柳沟渠道。〔泾川〕(《集成》)
种好树结好桃，好籽长好苗。③〔天水〕(《甘肃选辑》《集成》)

枣　树

白露枣儿两头红。(《朱氏农谚》《费氏农谚》《中国农谚》《谚海》)
北风送九九，干死枣树气死柳。(《集成》)
旱枣涝栗子，不旱不涝收柿子。(《朱氏农谚》《中国农谚》)
家有千株枣，又有蜂蜜又收枣。(《谚海》)
七月十五花红枣，八月十五打个了。〔武威〕(《集成》)
七月十五枣红遍④，八月十五枣晒干。(《费氏农谚》《中国农谚》《谚海》)
七月十五枣红圈，八月十五枣落秤。(《集成》)
七月枣，八月梨，九月柿子红了皮。(《平凉汇集》《平凉气候谚》《中国农谚》《谚海》《集成》)
沙土枣树黄土柳，百棵能活九十九。(《定西农谚》《集成》)
砂里枣树泥里柳，一定要活九十九。〔平凉〕(《新农谚》《中国谚语资料》)

---

① 步曲：原注指尺蠖。
② 桃：原注指各类树木。
③ 长：《集成》作“出”。
④ 红遍：又作“红圈”。

砂土枣树黄土柳，一定能[1]活九十九。(《岷县农谚选》《甘肃选辑》《中国农谚》)

枣到白露两头红。(《中国农谚》《谚海》)

枣多年岁熟，梨多年岁荒。(《鲍氏农谚》《中国农谚》《谚海》)

枣儿不害羞，当年红溜溜[2]。〔甘南〕(《甘肃选辑》《中国农谚》《谚语集》《谚海》)

枣树不害羞，当年抱个毛丫头。〔金塔〕(《集成》)

枣树当年不算死，杨柳当年不算活。(《集成》)

枣树发芽霜期过。(《白银民谚集》)

枣树发芽晚，秋季水涟涟。(《集成》)

枣树发芽芽，呱啦鸡抱娃娃。(《集成》)

枣芽黄，种谷忙。(《集成》)

枣子红肚，磨镰割谷。(《谚海》)

枣子空了枝，粮食断了市；枣子头碰头，粮食穗接穗。(《集成》)

枣子五花六小七疙瘩，结果时间早，成熟时间早。(《集成》)

核　桃

高山松柏低山柳，沟坡核桃阳坡梨。〔泾川〕(《集成》)

核桃避风山，刺槐挂阳湾，臭椿守崖头，桑柿护地畔，榆杏跑满山，杨柳沟渠边，山腰种果树，坳埝楸桐椒。〔正宁〕(《集成》)

核桃避山风，刺槐向阳弯。〔泾川〕(《集成》)

立秋核桃白露梨，寒露柿子红了皮。(《集成》)

麦子上场，核桃满[3]瓤。(《中国农谚》《谚海》)

七月核桃八月梨，九月柿子红了皮。(《中国农谚》《谚海》)

七月核桃八月梨，九月柿子来赶集。(《谚海》)

七月核桃八月梨，九月枣儿甜蜜蜜。(《集成》)

七月核桃八月梨，沙枣子熟在九月里。〔酒泉〕(《集成》)

其　他

不务椒树懒汉人。〔甘南〕(《甘肃选辑》)

谷子进囤，沙枣挨棍。〔酒泉〕(《集成》)

---

① 能：《岷县农谚选》作“要”。

② 红溜溜：《谚语集》作“红丢丢”。

③ 满：《谚海》作“半”。

花椒下地牛粪拌，出苗又壮又齐全。〔灵台〕（《集成》）

椒树不耐冻，阳暖之处种。（《宁县汇集》《甘肃选辑》《平凉气候谚》《中国农谚》）

立秋摘花椒，秋分打红枣①。（《中国农谚》《谚海》）

六月六，压石榴。（《张氏农谚》《费氏农谚》《中国农谚》）

枇杷开花吃柿子，柿子开花吃枇杷。（《朱氏农谚》《中国农谚》《谚海》）

苹果性喜寒，栽树不宜南。〔泾川〕（《集成》）

七月石榴八月枣，九月柿子吞破口。〔陇南〕（《集成》）

千年的松树万年的槐，柿子树再老叫大爷。〔天水〕（《集成》）

秋栽苹果春栽槐。（《集成》）

三红上了街，光光耍不开②。（《集成》）

沙枣树叶立冬时落光，冬雪勤；反之则冬雪少。（《张掖气象谚》《甘肃天气谚》）

沙枣树叶落得迟，次年秋雨多。（《甘肃天气谚》）

山腰柿林，坳岭楸桐。（《集成》）

小满三新见，樱桃茧和蒜。（《中国农谚》）

樱桃好吃树难栽，小曲好唱口难开。（《中国农谚》《谚海》）

雨水节，接柑橘。（《甘肃气候谚》）

猪尿气味臊，苹果干了梢。〔合水〕（《集成》）

蔬　菜

概　说

边边角角不要丢，种颗瓜子就有收。（《集成》）

不愁卖瓜难，就怕瓜不甜；不愁销路少，就怕质不好。（《谚语集》）

不说年成荒得恶，只要园中有豆角。〔临夏〕（《集成》）

布衣暖，菜饭饱。（《新农谚》）

菜虫躲在菜叶，单怕草木灰撒。（《集成》）

菜出一垞。〔张掖〕（《集成》）

菜当二分粮。〔皋兰〕（《集成》）

菜花黄，蜂闹房。（《集成》）

菜苗个性娇，时常要洗澡。（《中国农谚》《谚海》）

---

① 红枣：又作“枣儿”。

② 三红：红花、枸杞和红枣。光光：方言，谓不务正业爱打架闹事之人。

菜苗壮，长得旺。(《定西农谚》)

菜上[①]人粪尿，三天就会笑。(《定西农谚》)

菜水菜水，全凭灌水。〔陇南〕(《集成》)

菜要好，防虫早。〔临泽〕(《集成》)

菜要数量丰满，质量新鲜，品种齐全。(《谚语集》)

菜要用油炒，田要粪土保。〔民乐〕(《集成》)

菜园要去得勤，亲戚家要去得稀。(《中国农谚》《谚海》)

菜子断花，二十天归家。〔甘谷〕(《集成》)

菜子三分粮，菜根滋味香。(《中国农谚》《谚海》)

春天多种菜，能吃也能卖。(《集成》)

淡季不淡，旺季不烂，一年四季，从不断线。(《谚语集》)

地膜代砂，科学种瓜。(《谚语集》)

多种菜，少拉[②]债。(《定西农谚》)

多种蔬菜[③]，能吃能卖。(《定西农谚》)

二月二十五晒，石上能长菜。(《中国农谚》《谚海》)

二月十五晒，石上能长菜。〔甘南〕(《甘肃选辑》《甘肃天气谚》)

房前房后，栽瓜种豆。(《集成》)

狗粪瓜豆猪粪菜，生粪上地连根坏。(《定西农谚》)

谷雨后，种瓜豆。(《定西农谚》)

谷雨立夏，种豆点瓜。(《高台农谚志》)

谷雨前后，点瓜种豆。(《宁县汇集》《山丹汇集》《中国农谚》《谚海》)

谷雨前后，栽瓜点豆。(《静宁农谚志》《泾川汇集》《清水谚语志》《中国农谚》《定西农谚》)

谷雨前后，栽瓜种豆。(《岷县农谚选》《泾川汇集》《甘肃选辑》《中国农谚》)

谷雨前后，种瓜点豆。(《农谚和农歌》《朱氏农谚》《费氏农谚》《鲍氏农谚》《定西县志》《岷县农谚选》《甘肃选辑》《谚海》《中国农谚》)

谷雨前后，种瓜种豆。(《甘肃气候谚》《中国农谚》《集成》)

瓜菜半年粮。(《定西农谚》《集成》)

瓜菜代，饿不坏。(《定西农谚》)

瓜茬瓜，没钱花。〔甘谷〕(《集成》)

---

① 上：又作“施”。

② 拉：又作“欠”。

③ 蔬菜：又作“瓜菜”。

瓜地铺石砂，一棵结七八。〔白银〕(《集成》)

瓜地种瓜不结瓜。(《定西农谚》)

瓜根瓜，不结瓜。〔高台〕(《集成》)

瓜见瓜，四十八。(《集成》)

瓜怕浇，菜怕晒。〔兰州〕(《集成》)

瓜上三次粪，瓜儿长成瓮。〔靖远〕(《集成》)

瓜压头把不做瓜，二把结小瓜，三把结大瓜。(《谚语集》)

瓜要结得大，清明把籽下。〔金塔〕(《集成》)

瓜重三年莫望收。〔张掖〕(《甘肃选辑》《中国农谚》《谚海》)

好籽结好瓜，一个能长百七八。〔天水〕(《甘肃选辑》《中国农谚》《谚海》)

家有一亩菜园子，胜过十亩薄田子。(《集成》)

酒肉常常有，瓜果只一秋。(《集成》)

立冬不拔菜，一定[1]受霜害。〔甘谷〕(《费氏农谚》《集成》)

立冬不起菜，冻死你别怪。(《定西农谚》)

立秋不拔菜，一定霜杀坏。(《中国农谚》《定西农谚》)

立秋小雨雨水匀，立秋打雷一场空。(《定西农谚》)

立秋要拔菜，不拔受霜害。(《定西农谚》)

立秋要拔菜，不拔霜杀坏。(《定西农谚》)

凉粪草木热粪菜，生粪土地连根坏。(《甘肃选辑》《定西农谚》)

六月菜，小灰盖[2]。〔环县〕(《集成》)

年年种菜，能吃能卖。(《中国农谚》《谚海》)

农家不种菜，白饭莫要怪。(《费氏农谚》《鲍氏农谚》《谚海》)

品种多几个，不收这个收那个。(《山丹汇集》)

清明点瓜，不开空花。(《集成》)

清明瓜，长斗大。(《集成》)

清明前，种瓜园。(《定西农谚》)

清明前后，点瓜种豆。(《陇南农谚》《庆阳汇集》《宁县汇集》《甘肃选辑》《白银民谚集》《临洮谚语集》《文县汇集》《中国农谚》《庆阳县志》)

清明前后，耘瓜点豆。(《酒泉农谚》)

清明前后，栽瓜点豆。(《会宁汇集》《平凉汇集》《中国农谚》《定西农谚》)

清明前后，种瓜点豆。(《张氏农谚》《费氏农谚》《鲍氏农谚》《静宁农谚志》《甘肃选辑》《定西农谚志》《天祝农谚》《平凉汇集》《甘肃气候谚》

---

① 一定：《集成》又作“必定”。

② 原注：在虫害繁殖的季节，将草木灰撒在鲜菜叶上可杀虫防病，谓小灰盖。

《中国农谚》《定西农谚》）

清明前后，种瓜种豆。（《白银民谚集》《甘肃天气谚》）

清明种瓜，人背车拉。（《集成》）

人不吃苦瓜不甜。（《谚海》）

日子长似路，青菜煮豆腐。（《谚海》）

若要不拔草，就把蔓菁煮。〔甘南〕（《甘肃选辑》）

三月刮大风，瓜果一场空。（《平凉气候谚》）

三月种瓜尽蛋蛋，四月种瓜尽蔓蔓。〔陇南〕（《集成》）

蔬菜平日保鲜嫩，节日保丰满，淡季保供应，全年保均衡。（《谚语集》）

蔬菜三分粮。（《定西农谚》）

蔬菜施入人粪尿，三天就会笑。〔甘谷〕（《集成》）

霜降不起菜，冻死你别怪。（《定西农谚》）

霜降不晒菜，必定有一[1]坏。（《泾川汇集》《平凉汇集》《中国农谚》）

霜降要起菜，不起要冻坏。（《定西农谚》）

水到渠成，瓜熟自落。（《谚语集》）

四边地塄不能丢，种上瓜菜也有收。（《集成》）

四月八，乱点瓜。（《酒泉农谚》《山丹汇集》《甘肃选辑》《中国农谚》《谚海》《集成》）

四月初八晴，瓜果好收成。（《朱氏农谚》《费氏农谚》《两当汇编》《集成》）

头茬糜子二茬瓜，三茬麦子连把抓。（《中国农谚》）

土头没坝，不如种瓜。〔定西〕（《甘肃选辑》《中国农谚》《谚海》）

万斤肥料万斤菜，吃菜不向外地买。〔定西〕（《甘肃选辑》）

五月小，瓜瓜菜菜吃不了。（《集成》）

五月小，瓜果菜蔬吃不了。（《甘肃农谚》）

五月小，生瓜梨枣吃不了；五月大，生瓜梨枣剩不下。〔嘉峪关〕（《集成》）

夏至吹南风，瓜果一场空。（《静宁农谚志》）

夏至风从东北起，瓜果桑田受熬煎。〔天水〕（《集成》）

夏至风从东南起，瓜田果园惹晦气。（《集成》）

夏至南风瓜果瞎。〔平凉〕（《甘肃选辑》）

夏至南风瓜果瞎，立夏不下，犁把高挂。（《宁县汇集》）

夏至无风，瓜果定成[2]。〔皋兰〕（《集成》）

夏至西北风，菜园一扫空。（《中华农谚》《两当汇编》）

---

① 一：《泾川汇集》作“出”。

② 定成：《集成》〔玉门〕作“成功”。

小菜半年粮。〔皋兰〕(《集成》)

小满前后，点瓜种豆。(《平凉气候谚》)

小雪不起菜，冻了没要。(《泾川汇集》)

小雪不起菜，冻死你别怪。(《定西农谚》)

杏花败，种瓜菜。(《会宁汇集》)

杏花开，种瓜菜。(《中国农谚》《定西农谚》《谚海》)

压市品种按月抓，上市数量天天抓。(《谚语集》)

眼前抓瓜田，长期建果园。(《谚语集》)

要得瓜果长得好，就得养蜂把花咬。(《集成》)

要想多结瓜，早把蔓儿压。〔金塔〕(《集成》)

一背砂，一个瓜；一碗水，一朵花。〔定西〕(《甘肃选辑》《中国农谚》《谚海》)

一斤肥，一斤菜。〔甘谷〕(《集成》)

一亩菜，半年粮，种比不种强。(《定西农谚》)

一亩园，十亩田，十亩菜园赚大钱。(《集成》)

一年粮食半年菜，保险饿不坏。(《谚海》)

一日三浇，十八好动刀。(《鲍氏农谚》《中国农谚》)

一日三浇，十八日好开刀。(《谚海》)

一园菜地三分粮。(《中国农谚》《谚海》)

有菜能顶粮，没菜饿断肠。(《定西农谚》)

有菜三分粮，没菜饿断肠。(《中华农谚》《鲍氏农谚》《谚海》)

只有抓好菜园子，才能保住菜篮子。(《谚语集》)

中伏下菜秧，寒露取菜苗。(《鲍氏农谚》《中国农谚》)

中砂麦茬倒瓜茬，瓜茬倒麦茬，两年一换茬。(《谚语集》)

种菜把三关：计划关、淡季关、收运贮藏关。(《谚语集》)

种菜不必问，勤浇水多上粪。(《山丹汇集》《定西农谚》《集成》)

种菜的想多卖钱，吃菜的想少花钱，卖菜的想不赔钱。(《谚语集》)

种菜如绣花。(《定西农谚》)

种菜如种粮。(《定西农谚》)

种菜是扯皮的买卖，吵嘴的生意。(《谚语集》)

种菜要排开播种，合理倒茬。(《谚语集》)

种瓜得瓜，种豆得豆。(《马首农言》《鲍氏农谚》《谚语集》《定西农谚》)

种瓜没有窍，边边角角找。〔泾川〕(《集成》)

种好瓜果菜，能吃又能卖。〔甘谷〕(《集成》)

重茬瓜，必定瞎。〔天水〕(《甘肃选辑》《中国农谚》《谚海》)

重茬瓜，永不发。〔嘉峪关〕（《集成》）
庄前屋后，栽瓜点豆。（《定西农谚》）

葱

八月葱，粪着壅。（《会宁汇集》）
八月葱，拿粪壅。（《集成》）
八月中，种大葱。〔泾川〕（《集成》）
不怕楼里冒烟，但怕泥里插葱。〔永登〕（《集成》）
吃葱吃白胖，吃瓜吃黄瓤。（《集成》）
葱怕露水韭怕晒。（《朱氏农谚》《费氏农谚》《鲍氏农谚》《中国农谚》《定西农谚》《谚海》）
葱怕霜，韭怕晒。（《定西农谚》）
葱怕雨淋韭怕晒。〔武威〕（《集成》）
葱怕雨淋韭怕晒，伏天有雨多种菜。（《谚海》）
葱秧子韭菜，装粪的口袋。（《定西农谚》）
葱要粪上饱，韭要尿上浇。（《集成》）
冻不死的葱，干不死的蒜。〔武威〕（《集成》）
寒露不刨[1]葱，必定心里垫。（《泾川汇集》《平凉汇集》《甘肃气候谚》《中国农谚》《谚海》）
寒露不收葱，霜降必定空。（《集成》）
旱葱水茄子。（《集成》）
立冬不拔葱，落得一场空。（《集成》）
立秋三天雨，葱蒜萝卜一齐收。（《鲍氏农谚》《中国农谚》《谚海》）
立秋栽葱，白露栽蒜。（《费氏农谚》《鲍氏农谚》《中国农谚》《谚海》）
立夏一场风，夏天晒死葱。（《集成》）
六月初一响雷公，有雨好种葱。（《集成》）
七月葱，八月空。（《集成》）
秋分不收葱，霜降必定空。（《集成》）
晒不死的葱，饿不死的兵。〔泾川〕（《集成》）
霜降不起葱，越长心越空。（《宁县汇集》《静宁农谚志》《山丹汇集》《平凉气候谚》《中国农谚》《定西农谚》《集成》）
霜降不挖葱，越长越心空。（《甘肃气候谚》《中国农谚》《谚海》）
想吃葱，见个雨雨壅。（《集成》）

---

[1] 刨：《甘肃气候谚》作“挖”。

想吃葱，往高壅。（《定西农谚》）

要吃葱，深深壅；要吃蒜，泥里陷。（《集成》）

韭　菜

家有二亩韭，锄把不离手。〔甘谷〕（《集成》）

九九尽，地韭出。（《集成》）

九月韭菜臭死狗，十月韭菜佛开口。（《集成》）

韭菜和葱，来香去香。（《集成》）

韭菜黄瓜两头香。（《朱氏农谚》《费氏农谚》《鲍氏农谚》《中国农谚》《集成》）

韭菜需要劲，割茬韭菜铺层粪。（《集成》）

韭菜要茂盛，多上灰和粪。（《定西农谚》）

韭菜园子，捞钱的盘子。（《集成》）

韭怕露根葱露心。（《定西农谚》）

韭一亩，四千五。（《集成》）

六月的韭驴不瞅，十月韭菜佛开口。（《集成》）

六月韭，臭死狗。〔陇西〕（《费氏农谚》《鲍氏农谚》《中国农谚》《集成》）

六月韭，驴不瞅。（《集成》）

清明后，栽新韭。（《定西农谚》）

上不死的韭菜，晒不死的葱。（《定西农谚》）

要想韭菜好，多施灰和粪。〔定西〕（《甘肃选辑》《甘肃农谚集》）

要想韭菜盛，多多上灰粪。〔甘谷〕（《集成》）

要想韭菜盛，多施灰与粪。〔定西〕（《中国农谚》《谚海》）

蒜

春分不在家，小暑不在地①。〔兰州〕（《甘肃选辑》）

见苞半月抽蒜薹。（《集成》）

惊蛰不在家，入伏不在地②。（《集成》）

惊蛰春分，栽蒜当紧。（《集成》）

七叶出蒜薹。（《集成》）

七月半，点大蒜。（《集成》）

七月半，早栽蒜。〔天水〕（《甘肃选辑》《中国农谚》《谚海》）

---

① 原注：指蒜的生长期。

② 原注：大蒜收藏时间。

清明不在家，立秋不在地[1]。〔兰州〕（《甘肃选辑》《中国农谚》《谚海》《集成》）

社不在家，秋不在外。（《临洮谚语集》）

蒜见蒜，烂一半。（《集成》）

夏至不挖蒜，过了季节烂了瓣。（《集成》）

要吃大头蒜，地里挖八遍。〔华亭〕（《集成》）

要吃蒜，鸡粪灌。（《甘肃农谚集》）

要想吃大蒜，地里挖八遍[2]。〔甘谷〕（《集成》）

一脚三蒜，一亩一万[3]。（《宁县汇集》《中国农谚》《谚海》）

一脚三蒜，一亩一万，麦出牛工，秋出人工。（《平凉汇集》）

一脚一瓣蒜，一亩点三万。（《集成》）

栽蒜不出九，春分春入土[4]。（《泾川汇集》）

重茬蒜，连根烂。（《集成》）

白　菜

白菜长得大，来年小麦产量高。（《白银民谚集》）

白菜萝卜半年粮。（《定西农谚》）

白菜宜稠不宜稀。（《定西农谚》）

白菜栽根，青菜栽心。（《集成》）

冰碴响，白菜长。（《甘肃选辑》《敦煌农谚》《中国农谚》《定西农谚》《谚海》《集成》）

吃菜要吃白菜心，参军要参解放军。（《新农谚》）

底粪百担，亩产过万。（《定西农谚》）

割过小麦点白菜，过了霜降长得快。（《甘肃选辑》《中国农谚》《定西农谚》《谚海》）

狗粪白菜羊粪麦，洋芋喜欢炕土灰。（《甘肃农谚集》）

立冬白菜肥。（《中华农谚》《费氏农谚》《鲍氏农谚》《中国农谚》《谚海》）

立冬白菜赛羊肉。（《费氏农谚》《鲍氏农谚》《中国农谚》《谚海》《集成》）

立夏一十八，白菜结疙瘩。（《平凉气候谚》《临洮谚语集》）

树叶响，白菜长。（《定西农谚》）

---

① 《中国农谚》注：指大蒜播种和收获的时期。

② 原注：地要疏松。

③ 《宁县汇集》上句脱“三”字，下句“一”作“上”。

④ 春分：原误作“春风”。第二个“春”原注指大麦、春麦。

四七月小，薄了白菜羊羔草。(《会宁汇集》)

淹不死的白菜，旱不死的葱。(《鲍氏农谚》《中国农谚》《集成》)

杨柳尖青桃花开，白菜萝卜一齐栽。(《平凉汇集》《中国农谚》《谚海》)

杨柳稍青桃花开，白菜萝卜一齐栽。(《泾川汇集》《平凉气候谚》)

摇头白菜甕脖子葱。(《集成》)

摇头的白菜，甕脖子的葱。(《定西农谚》)

要想吃白菜，晒死缓过来。〔武威〕(《集成》)

栽树不过清明节，杨柳稍青桃花开，白菜萝卜一齐栽。(《甘肃气候谚》《谚海》)

萝卜

八九萝卜九九蒜。(《定西农谚》)

八月小，萝卜白菜吃不了。(《集成》)

白萝卜，斗底子；胡萝卜，升底子[①]。〔甘谷〕(《集成》)

暴性萝卜娇性菜，时常灌水长得快。〔庆阳〕(《集成》)

冰碴响，萝卜白菜长。〔酒泉〕(《集成》)

冰碴响，萝卜菜根子长。〔兰州〕(《集成》)

场里连枷响，地里萝卜长。〔临夏〕(《集成》)

初伏萝卜末伏菜，荞麦种个两夹界。(《中国农谚》)

春分萝卜清明蒜。(《定西农谚》)

端午萝卜初伏菜，荞麦种在两夹里。〔天水〕(《集成》)

多种萝卜，赛种人参。(《定西农谚》)

粪[②]大萝卜粗。(《费氏农谚》《宁县汇集》《甘肃农谚集》《中国农谚》《集成》)

粪多萝卜粗。(《甘肃农谚集》《定西农谚》)

干锄壮，湿锄旺，萝卜三遍，锄如罐壮。(《泾川汇集》)

根不好苗不好，空心萝卜长不好。〔天水〕(《甘肃选辑》)

谷黄种冬萝，萝黄种谷子。(《临洮谚语集》)

谷雨到立夏，种的萝卜能长大。(《集成》)

立冬的萝卜立秋的瓜。(《中国农谚》《谚海》)

立冬萝卜小雪菜。(《中国农谚》《定西农谚》《谚海》《集成》)

---

① 原注：叶子占地面积决定下籽稀稠。

② 粪：《集成》〔甘谷〕作“肥”。

梿枷响，萝卜长。(《集成》)

萝卜白菜葱，多用大粪壅。(《集成》)

萝卜锄三变成梨。〔平凉〕(《甘肃选辑》《中国农谚》《谚海》)

萝卜地里套种麻，好比金娃配银娃。(《集成》)

萝卜是根，耕地要深。〔甘谷〕(《集成》)

萝卜水不断，又嫩味又甜。〔华池〕(《集成》)

萝卜性情暴，常要水来浇。(《中国农谚》)

萝卜腰腰大[1]，种在端午下。〔张掖〕(《甘肃选辑》《中国农谚》《谚海》)

萝卜种稀菜种密。(《定西农谚》)

七耕萝卜九耕麻。〔平凉〕(《甘肃选辑》《中国农谚》《谚海》)

七耕萝卜九耕麻，沙土地里种西瓜。〔清水〕(《集成》)

青皮萝卜紫皮蒜，吃着香来卖着快。(《集成》)

若要萝卜长得大，五月十三把种下。〔天水〕(《甘肃选辑》《中国农谚》《谚海》)

深种萝卜浅种葱。〔永登〕(《集成》)

生土萝卜熟土葱。〔陇西〕(《集成》)

树毛儿落，冬萝卜戳[2]。〔武威〕(《集成》)

霜降萝卜，立冬白菜，小雪蔬菜都收回[3]。(《平凉汇集》《中国农谚》《谚海》)

霜降萝卜立冬菜。(《定西农谚》)

头伏萝卜二伏菜，荞麦种在两夹盖[4]。(《敦煌农谚》《临洮谚语集》)

头伏萝卜二伏菜，三伏到了种花芥[5]。(《定西农谚》)

头伏萝卜二伏菜，三伏的荞麦繁得快。(《集成》)

头伏萝卜二伏菜，三伏蔓菁长成怪。(《集成》)

头伏萝卜二伏菜，三伏四伏种荞麦。(《甘肃气候谚》)

头伏萝卜二伏菜，三伏以后种早麦。(《中国农谚》《谚海》)

头伏萝卜二伏菜，三伏种的鸡毛菜。(《集成》)

头伏萝卜二伏菜，三伏种的老盖菜。(《集成》)

头伏萝卜二伏菜，三伏抓紧种麦菜。(《集成》)

头伏萝卜二伏菜，无时无节种酸菜。〔天水〕(《甘肃选辑》《中国农谚》

---

① 原注：指冬萝卜。

② 原注：树毛儿，方言，指树叶；戳，竖立，形容萝卜开始生长。

③ 回：《中国农谚》《谚海》作“回来”。

④ 两夹盖：《临洮谚语集》作“两中间”。

⑤ 到：又作“过”。花：又作“芸”。

《谚海》)

头伏萝卜二伏姜，三伏的[1]白菜能赶上。〔天水〕(《甘肃选辑》《甘肃气候谚》《中国农谚》《谚海》)

头伏萝卜二伏荞，三伏种的好白菜。(《甘肃天气谚》)

头伏萝卜末伏菜，荞麦种在[2]两夹界。〔兰州〕(《甘肃选辑》《中国农谚》《谚海》)

五月大，萝卜跟肉一个价。(《集成》)

五月十三，萝卜[3]鸡嚼。(《定西农谚》)

稀种萝卜密种菜。〔甘谷〕(《集成》)

杨柳青青桃花开，萝卜白菜一齐栽。〔泾川〕(《集成》)

要得萝卜长，五月十三快种上。〔徽县〕(《集成》)

要得萝卜大，七月把种下。(《集成》)

要得萝卜大，五月十三把雨下。〔陇南〕(《集成》)

要得萝卜长得大，五月五日把籽下。(《中国农谚》《谚海》)

中伏里头种萝卜。(《张氏农谚》《费氏农谚》《鲍氏农谚》《中国农谚》)

茄子、辣椒

大粪长瓜，鸡粪长辣，鸽粪长花。〔正宁〕(《集成》)

大粪长瓜鸡粪辣，羊粪长的好棉花。(《中国农谚》)

伏里茄子摘不迭。〔兰州〕(《集成》)

谷雨茄子立夏瓜，小满萝卜娃娃大。〔武威〕(《集成》)

鸡粪好辣子，大粪结好瓜。(《甘肃农谚集》)

鸡粪辣子大粪瓜。(《甘肃选辑》《中国农谚》《定西农谚》《谚海》)

辣对辣，叶不发。(《集成》)

辣见辣，永不发。(《定西农谚》)

辣子七红八不红。(《集成》)

辣子种重茬，种上苗好抓。〔华亭〕(《集成》)

辣子种重茬，种下苗好抓，结得快，角角大。(《庆阳汇集》《宁县汇集》《中国农谚》《谚海》)

茄子烟叶山药蛋，种咧重茬饿死老汉。(《中国农谚》)

茄子越大越嫩。(《鲍氏农谚》《中国农谚》)

---

① 《谚海》无“的”字。

② 在:《谚海》作“个”。

③ 萝卜:又作“冬萝卜”。

茄子栽花烟栽芽。(《集成》)

清明的茄子立夏的瓜，小满的萝卜娃娃大①。〔张掖〕(《甘肃选辑》《民勤农谚志》《甘肃天气谚》《中国农谚》《谚海》)

砂田种辣，又红又辣。(《谚语集》)

深栽茄子浅栽葱。(《费氏农谚》《鲍氏农谚》《中国农谚》《谚海》)

深栽茄子浅栽烟。〔华亭〕(《集成》)

深种茄子浅栽葱，白菜萝卜浮皮种。(《集成》)

十年茄子九年瓜，怕的芝麻地里种西瓜。〔临泽〕(《集成》)

十年茄子九年瓜，芝麻就怕种重茬。(《中国农谚》)

西　瓜

瓜离母，四十五。(《白银民谚集》《集成》)

麻土麻，长庄稼，砂土砂，种西瓜。〔定西〕(《甘肃选辑》)

苜蓿地里种西瓜，吃得人们笑哈哈。〔兰州〕(《集成》)

七月西瓜八月梨，九月柿子来赶集。(《中国农谚》《谚海》)

若要富，卖砂种瓜跑运输。(《谚语集》)

若要富，卖砂种瓜栽果树。(《谚语集》《集成》)

沙地种瓜，又甜又沙。〔酒泉〕(《集成》)

沙土沙②，种西瓜。(《中国农谚》《谚海》)

砂田种瓜，又甜又沙。(《谚语集》)

砂土砂，种西瓜。〔定西〕(《甘肃选辑》)

山坡上种茴香，沙质土儿③种西瓜。(《宁县汇集》《平凉气候谚》)

山坡上种茴香，砂土里种西瓜。〔平凉〕(《甘肃选辑》《中国农谚》《谚海》)

西瓜开花钮子大，苦死苦活得一夏。〔张掖〕(《甘肃选辑》)

西瓜全靠务作哩，椒茄全靠粪土哩。〔武山〕(《集成》)

西瓜要压哩，甜瓜要掐哩，黄瓜要架哩。〔武威〕(《集成》)

西瓜种西瓜，十年重一茬。〔武威〕(《集成》)

西瓜重茬，功夫白搭。〔甘谷〕(《集成》)

小豆茬，种西瓜，黑子红瓤真不差。(《中国农谚》《谚海》)

要发家，种西瓜。〔玉门〕(《集成》)

---

① 《民勤农谚志》“萝卜”后有“有”字。《甘肃天气谚》无“的”字。

② 沙土沙：又作“田里沙”。

③ 土儿：《宁县汇集》作“土口”。

雨打中秋，西瓜皮擦尻①。(《集成》)

早穿棉袄午穿纱，抱着火炉吃西瓜。〔兰州〕(《中国谚语资料》《谚海》)

早穿皮袄午穿纱，晚围火炉吃西瓜。(《谚语集》)

芝麻瓜，怕重茬。(《中国农谚》)

种上黑锈皮②，遍地一片猪。〔兰州〕(《甘肃选辑》)

黄瓜、葫芦

谷雨前后种葫芦。(《集成》)

瓜菜葫芦半年粮。〔武威〕(《谚海》《集成》)

黄瓜下槽，草帘盖牢。(《中国农谚》《谚海》)

黄瓜下槽，草帘盖严。(《平凉汇集》)

金瓜要摘枝，葫芦要摘头。(《鲍氏农谚》《中国农谚》)

梨花绽，黄瓜下大半。(《平凉汇集》《中国农谚》《谚海》)

六月大，瓜瓜葫芦结不下。(《集成》)

偏嘴葫芦拐把瓢，品种不好不怪苗。(《集成》)

三月三，葫芦倭瓜往家担。(《泾川汇集》)

水地葫芦旱地瓜。(《集成》)

水葫芦，旱西瓜。(《费氏农谚》《鲍氏农谚》《中国农谚》《谚海》)

水葫芦旱瓜。〔瓜州〕(《集成》)

五月小，瓜葫芦茄子吃不了；五月大，瓜葫芦茄子结不下。〔临夏〕(《集成》)

淹不死的黄瓜，旱不死的葱。(《集成》)

雨打白露，旱死葫芦。(《集成》)

其　他

不是好汉不出乡，不是肥土不栽姜。(《中国农谚》)

大麦上场，木瓜③满瓢。〔灵台〕(《集成》)

胡萝卜用肥少，白萝卜吃个饱。〔甘谷〕(《集成》)

哭不死的娃娃，旱不死的南瓜。(《集成》)

拉发菜，不起眼，天天去拉卖大钱。〔高台〕(《集成》)

---

① 此谓雨涝导致西瓜滞销。

② 黑锈皮：原注指西瓜品种。

③ 木瓜：原注指陇东一带一种野生灌木的果实，形如石榴。

六月六，西葫芦熬羊肉。(《集成》)

马莲花，紫茵茵，家家户户种洋葱。〔酒泉〕(《集成》)

平凉百合敦煌瓜，郇家湾的黄韭芽①。(《中国谚语资料》《谚海》)

芹菜籽，不驮土。〔甘谷〕(《集成》)

三月茵陈四月蒿，五月六月当柴烧②。〔平凉〕(《帝京岁时纪胜》《集成》)

上山拉发菜，银钱跟着来。〔靖远〕(《集成》)

生姜老的辣，甘蔗老的甜。(《鲍氏农谚》《中国农谚》《谚海》)

四月八，种南瓜。〔张掖〕(《中国农谚》《谚海》)

甜瓜必须摘，西瓜必须压。(《集成》)

养羊种姜，子利相当③。(《农政全书》《鲍氏农谚》《中国农谚》)

要想吃甜瓜，年年压新沙。(《集成》)

要想发得快，家家拉发菜。〔景泰〕(《集成》)

只要节气一到，蘑菇穿破草皮。(《集成》)

种得稀，长得粗④。〔张掖〕(《甘肃选辑》)

花　卉

春四月的布谷，不唤也会飞来；夏六月的金莲，不种也会开的。〔甘南〕(《集成》)

杜鹃树杆子虽矮，却长在山峰尖上。〔甘南〕(《集成》)

梅占百花先，麦在百粮前。(《谚海》)

梅占百花先。(《费氏农谚》《鲍氏农谚》《中国农谚》《谚海》)

七九八九，种花插⑤柳。(《中国农谚》《谚海》)

燕北来，迎花开。(《集成》)

养花不如种菜。(《谚海》)

月季花开朵朵红。(《鲍氏农谚》《中国农谚》《谚海》)

种竹养花千倍利，栽花养鸟一场空。(《中国农谚》)

---

① 芽：《谚海》作“菜”。

② (清) 潘荣陛《帝京岁时纪胜》：“青蒿为蔬菜，四月食之，三月则采入药为茵陈；七月小儿取作星灯。谚云：‘云云。’”

③ (明) 徐光启《农政全书》卷二十八《树艺》曰：“至春，择其芽之深者，如前法种之。为效速而利益倍。谚云：‘云云。’”

④ 原注：指胡萝卜。

⑤ 插：《中国农谚》作“栽。

灾害编

气象灾害

旱 灾

日月虹霞

北虹出来主旱哩。(《宁县汇集》)

朝霞暮霞，无水煎茶[①]。(《田家五行》《农政全书》《中华农谚》《张氏农谚》《甘肃农谚》《鲍氏农谚》《中国农谚》)

春天日晕多，今年旱。(《张掖气象谚》《甘肃天气谚》)

红霞红霞，无水煎茶。(《集成》)

火星入河主大旱。〔张掖〕(《集成》)

青霞白霞，无水烧茶。(《朱氏农谚》《中华农谚》《鲍氏农谚》《中国农谚》)

日圈过午不散，无雨天旱；日圈[②]过午散，阴雨不过三。(《武都天气谚》《甘肃天气谚》)

日圈过午不散，无雨天旱；日圈午前消散，阴雨不过三天。(《中国农谚》《中国气象谚语》)

日食那一年，天旱[③]。(《张掖气象谚》《甘肃天气谚》)

蚀后三天不下，旱过百天不止。(《集成》)

天狗吃月要还原，三日不下要主旱。〔金塔〕(《集成》)

天旱星星稀，雨涝星星密。(《集成》)

天上星星稀又稀，地上干死老母鸡。〔甘谷〕(《集成》)

雨虹三天不下，旱过百天。(《庆阳汇集》)

月打伞[④]，天大旱；日打伞，田头烂。(《集成》)

早上红云多，主旱。(《甘肃天气谚》)

风 云

白云飘飘晃动，是无雨干旱的先兆；天空出现日晕，是年成不好的凶兆。〔天祝〕(《集成》)

---

① (元) 娄元礼《田家五行》卷中《天文类》：“谚云：‘云云。’主旱，此言久晴之霞也。”(明) 徐光启《农政全书》卷十一《农事·占候》引同。

② 日圈：《甘肃天气谚》作“日晕”。

③ 原注：三个月内少雨。

④ 打伞：原注指出现晕圈。

朝西暮东风，正是旱天公①。（《田家五行》《鲍氏农谚》《中国农谚》《武都天气谚》《甘肃天气谚》）

春夏旋风多，雨水少，旱期长。（《张掖气象谚》《甘肃天气谚》）

冬刮西风火焰山，夏刮东风水涟涟。〔酒泉〕（《集成》）

风刮三月三，十道河川九道干。〔临泽〕（《集成》）

六月刮大北风主旱。（《甘肃天气谚》）

六月旱风吹，七月满天灰。（《集成》）

六月里②南风吹干井。（《集成》）

女穷莫望娘家人，天旱莫望疙瘩云。〔庆阳〕（《集成》）

三月南风不由天，四月南风井底干。〔崇信〕（《集成》）

三月南风下大雨，四月南风晒河底。（《集成》）

天旱层层云，雨涝夜夜晴。〔定西〕（《甘肃选辑》《中国气象谚语》）

天旱刮冷风，当年遭年成。〔陇南〕（《集成》）

天旱怕西风，雨涝怕东风。〔庄浪〕（《集成》）

天旱怕西风，雨涝怕东风，久雨下破头，久旱来报仇。（《集成》）

天旱起早云③，雨涝夜夜晴。（《定西农谚志》《两当汇编》《集成》）

天旱早生云，雨水涝了一夜晴。（《庆阳汇集》《中国农谚》）

天黄刮风，浮白旱，晴朗下雨。（《张掖气象谚》）

五月东风刮干海。（《集成》）

五月南风大水叫，六月南风板凳翘。（《集成》）

五月南风下大雨，六月南风海也枯。（《集成》）

五月南风下大雨，四月南风晒河底。（《集成》）

西北风，天气旱。（《白银民谚集》）

夏东风，井底空。（《武都天气谚》《甘肃天气谚》《中国气象谚语》《集成》）

夏东风，一场空。（《集成》）

夏刮东南井底干，秋刮东南水连天。（《朱氏农谚》《中华农谚》《集成》）

夏刮南风海底干，秋刮南风地不干。〔灵台〕（《集成》）

有风刮在三月三，十条河沟九条干。（《张掖气象谚》《甘肃天气谚》《集成》）

月初刮北风，一月旱死人。（《集成》）

正月初一刮西风，天旱，刮东风，雨多。（《甘肃天气谚》）

---

① （元）娄元礼《田家五行》卷上《五月类》："每晚转东南必晴。此说却准。谚云：'云云。'"

② 《集成》〔镇原〕无"里"字。

③ 起：《集成》〔清水〕作"发"。早：《两当汇编》作"暴"。

正月初一看四边，哪边清亮哪边干。(《集成》)

晴 雨

八月初八，大雨大旱，小雨小旱，无雨不旱。(《集成》)
八月底，下了雨，来年的犁铧高挂起，要想再下雨，等到五月底。(《集成》)
八月十五下一场，旱到来年五月中。(《两当汇编》)
八月十五下一阵，旱[①]到来年五月尽。(《甘肃农谚》《谚语集》《集成》)
八月十五下一阵，一直晒到明年五月尽。(《定西农谚》)
八月十五阴一阴，旱到明年打了春。(《集成》)
初一黑的四边无，大雪纷纷是旱年。(《宁县汇集》《甘肃选辑》)
春潮夏旱，冬暖夏湿。(《甘肃天气谚》)
春潮夏旱。(《张掖气象谚》《甘肃天气谚》)
春甲子下雨定天旱，秋甲子下雨平地行船。〔甘南〕(《甘肃选辑》)
春旺必夏旱，秋旺一冬干。(《甘肃天气谚》)
春旺夏干。(《定西农谚志》)
春旺夏旱，夏涝冬寒。(《集成》)
春旺夏旱秋雨涝[②]。(《靖远农谚》《甘肃天气谚》《集成》)
春雨纷纷是旱年。〔甘南〕(《甘肃选辑》)
大旱独怕麻花雨，好雨落在荒田里。(《两当汇编》)
大年初一初二初三晴，则当年天不旱。(《张掖气象谚》)
端午没雨等十三，十三没雨旱半年[③]。(《酒泉农谚》《集成》)
端午有雨伏里旱。(《集成》)
二月二，天气晴，天旱树叶落几层。〔环县〕(《集成》)
旱年雨浇山。(《张氏农谚》《鲍氏农谚》《中国谚语资料》《中国农谚》《中国气象谚语》)
今年冰雹多，明年旱得叫哥哥。〔广河〕(《集成》)
九月初九不打伞，一冬无雪干到年。(《集成》)
九月初一不下看十三，十三不下一冬干。(《集成》)
九月九看十三，十三不下一冬干。(《定西农谚志》)
九月怕重阳，重阳怕十三，十三无雨一冬旱。(《洮州歌谣》)
九月秋风刮到十三，十二有雨冬不干。(《集成》)

---

① 旱：《谚语集》作“晒”。
② 旺：《集成》又作“潮”。旱：《靖远农谚》作“晒”。涝：《集成》作“多”。
③ 旱半年：《集成》作“大旱年”。

九月十二晴，皮匠老婆要嫁人；九月十二落，皮匠老婆戴金镯。(《集成》)

九月十三，无雨冬干。(《甘肃天气谚》)

九月十三晴，钉靴挂断绳。(《甘肃农谚》《两当汇编》《集成》)

九月重阳看十三，十三不下①一冬干。(《山丹天气谚》《高台天气谚》《甘肃选辑》《临洮谚语集》《张掖气象谚》)

腊月初一雪，来年旱三月。(《定西农谚》)

六月六日下雨，天干二十四天。(《文县汇集》)

六月有一场大雨，七八月必旱。(《甘肃天气谚》)

南山多雨北山旱。(《临洮谚语集》)

七月十五定②旱涝，八月十五定年成。(《中国农谚》《谚海》)

秋里雨多，明年不旱，三年两头旱。(《张掖气象谚》《甘肃天气谚》)

秋水不缺不旱。(《张掖气象谚》)

壬戌癸亥，旱地作海③。(《集成》)

三月不下，四月晒死蛤蟆。〔泾川〕(《集成》)

三月不下雨，四月晒河底。(《集成》)

三月初三晴，草鞋挂断绳；三月初三雨，草鞋磨破底④。(《集成》)

三月初一晴，则当年天不旱。(《张掖气象谚》)

三月连阴四月旱，五月连阴吃饱饭，六月连阴穿绸缎，七八连阴吃挂面⑤。(《天祝农谚》《高台天气谚》《中国农谚》《甘肃天气谚》)

三月下雨不好。(《张掖气象谚》)

三月下雨四月旱，五月落雨吃饱饭。〔张掖〕(《甘肃选辑》《中国农谚》)

三月有雨四月旱，五月有雨吃饱饭。(《山丹天气谚》《甘肃天气谚》《集成》)

十二十三路不干，大旱不过二十五。(《甘肃天气谚》)

十月十五下一阵，晒到明年五月尽。〔永登〕(《集成》)

四月八日晴，山林树木落两层⑥。(《文县汇集》)

四月初八不要雨，有雨大旱四十天。(《宁县汇集》《甘肃选辑》《中国农谚》《中国气象谚语》)

四月初十下了雨，有四十八天大旱天。(《靖远农谚》)

---

① 不下:《甘肃选辑》作“无雨”,《临洮谚语集》作“后雨”。

② 定:《谚海》作“看”。

③ 原注:每月逢壬戌、癸亥日下雨，主涝。

④ 原注:三月初三晴、雨，预示当年旱、涝。

⑤ 旱:《高台天气谚》作“干”。挂面:《高台天气谚》《甘肃天气谚》作“芽面”。

⑥ 原注:天旱的预兆。

四月初一下了雨，绳索犁铧高挂起，再下要到五月底。〔华池〕（《集成》）

四月初一有雨旱当年，八月初一有雨旱来年。（《甘肃天气谚》）

四月下雨五月旱，六月连阴吃饱饭。（《泾川汇集》《集成》）

岁朝宜黑四边天，大雪纷纷是旱年。〔兰州〕（《中华农谚》《集成》）

天旱[①]日日阴，雨涝夜夜晴。（《静宁农谚志》《清水谚语志》《甘肃天气谚》《定西农谚》）

天旱日日雨，雨涝夜夜晴。〔通渭〕（《集成》）

天阴下雨难行路，天晴日晒啥没有。（《天祝农谚》）

五月初一下一阵，要雨除非九月尽。（《定西农谚》）

五月初一一场雨，晒到明年八月底。（《集成》）

五月端午下了雨，旱到来年五月底。（《集成》）

五月南风涨大水，六月北风遭天旱。（《集成》）

五月十三定旱涝。（《集成》）

五月天旱看十三，十三不下一月干。〔平凉〕（《集成》）

下烂南山，旱死北山[②]。〔定西〕（《甘肃选辑》）

下了七月七，犁头高挂起，媳妇送到娘家去。（《集成》）

下了夏甲子，遍地都生烟。〔徽县〕（《集成》）

夏天本是窟窿天，一方下雨一方干[③]。（《岷县农谚选》《甘肃选辑》《定西汇编》《中国气象谚语》）

夏天雨水大，秋天旱个怕。（《集成》）

夜晴没好天，天旱刮怪风。〔甘谷〕（《集成》）

一涝三年旱。（《集成》）

元宵无雨春多旱。（《集成》）

正月初一有大雪，是烤年。（《甘肃天气谚》）

正月二月雪水流，三月四月渴死牛，三月不下雨，四月晒河底。〔临夏〕（《集成》）

正月雨连绵，四月要干旱。（《两当汇编》）

重阳不下看十三，十三不下一冬干。（《宁县汇集》《静宁农谚志》《泾川汇集》《甘肃选辑》《武都天气谚》《中国气象谚语》）

重阳不下看十三，十三不下一冬干，到底灵不灵，再看十月十五的亮光晴。（《定西农谚》）

---

① 旱：《静宁农谚志》作“晴”。

② 原注：指灿阴地和干旱区的特点。

③ 干：《甘肃选辑》《中国气象谚语》作“旱”。

重阳无雨看十三，十三不下一冬干，十三没雨看十四，十四不下一冬晴。（《集成》）

重阳无雨望十三[①]，十三无雨一冬干。（《甘肃农谚》《定西县志》《甘肃选辑》《两当汇编》《中国农谚》《甘肃天气谚》《定西农谚》）

重阳下了雨，春旱不咋地[②]。（《集成》）

旱　涝

不怕旱年，单怕靠天。〔张掖〕（《甘肃选辑》）

不怕窟窿天，就怕旱得宽。（《两当汇编》）

不怕五月小，最怕逢三卯[③]。〔天水〕（《集成》）

春旱不算旱，秋旱减一半。（《农谚和农歌》《朱氏农谚》《中华农谚》《两当汇编》《中国农谚》）

春旱不算旱，秋旱连根烂[④]。（《山丹天气谚》《集成》）

春旱垒仓，冬旱绝粮。（《集成》）

春旱秋不旱，秋旱春不旱。（《甘肃天气谚》）

春旱秋涝。（《集成》）

春甲子赤地千里，夏甲子土焰生光，秋甲子滥死牛羊，冬甲子冻死牛羊。（《平凉汇集》《谚海》）

大[⑤]旱不过二十五，二十六日没干土。（《定西县志》《定西农谚志》《甘肃天气谚》《定西农谚》《集成》）

大旱不过二十五。（《泾川汇集》《定西农谚》《谚海》《集成》）

大旱不过五月二十三。（《定西农谚》）

大旱不过五月二十五，二十六日无干土。〔西峰〕（《集成》）

大旱不过五月十三，小旱不过五月端阳。（《张掖气象谚》《甘肃天气谚》）

大旱二年，忘不了五月十三。（《集成》）

地怕根本旱，人怕老来穷。〔张掖〕（《甘肃选辑》《中国农谚》）

冬干春旱。（《甘肃天气谚》）

冬干的结果，必然引起春旱。（《谚语集》）

冬旱春不旱，秋旱冬必旱。（《集成》）

躲过大龙年，躲不过小龙年，躲过小龙年，赛过活神仙。〔张掖〕（《集成》）

---

① 望：《定西县志》作“看”，《甘肃选辑》《甘肃天气谚》《中国农谚》又作“看”。

② 不咋地：方言，不严重。

③ 原注：旧历以干支纪日，逢卯日主旱，五月逢三卯大旱。

④ 烂：《集成》作“干”。

⑤ 大：《定西农谚》又作“天”。

防旱抗旱，有备无患。(《谚语集》)

庚不变辛变哩，辛不变天旱哩。(《集成》)

旱荒一大片，水涝一条线。(《集成》)

甲子丰年丙子旱，壬子雨涝水连天。(《清水谚语志》)

甲子丰年丙子旱，戊子蝗虫庚子乱，惟有壬子水滔天，俱在正月上旬看。(《甘肃农谚》)

经得起半月旱，经不起十天涝。〔徽县〕(《集成》)

久旱有久雨，大旱必有大涝。(《谚语集》)

连旱不连涝。(《集成》)

六月卯，山头不见草；十二月卯，山头直渺渺①。(《集成》)

宁叫窟窿天，不要叫旱得宽。(《谚语集》)

七月十五看旱涝，八月十五定收成。(《谚海》)

千过万过，天旱的过。(《酒泉农谚》)

秋潮，夏旱。(《张掖气象谚》《甘肃天气谚》)

秋旱两年半。(《张掖气象谚》《甘肃天气谚》)

秋旺一冬干。(《甘肃天气谚》)

人怕老来难，苗怕掐脖子旱。〔华池〕(《集成》)

人怕老来难，田怕秋里旱。〔积石山〕(《集成》)

人怕老来穷，地②怕秋来旱。(《中国农谚》《谚海》)

人怕老来穷，田怕胎里晒。(《岷县农谚选》)

三年两头旱。(《张掖气象谚》)

三日断，连旱一百天。(《甘肃天气谚》)

十年逢九旱，三年一大旱，特旱次年雨水多。(《张掖气象谚》)

十年一大旱，三年两头旱③。(《甘肃天气谚》《集成》)

十五年一小旱，三十年一大旱。(《谚海》《中国气象谚语》《集成》)

受旱一大片，受涝一条线。(《谚语集》)

水旱成饥荒，防灾当积粮。(《谚海》)

水荒头，旱荒尾。(《中国农谚》)

四月旱川，五月旱山。(《集成》)

四月晒，川受害；五月晒，山受害。(《集成》)

四月晒川，五月晒山。(《临洮谚语集》《甘肃天气谚》《集成》)

---

① 直渺渺：原注指看不见，因长时干旱，草木庄稼什么也没有。

② 地：《谚海》作“天”。

③ 两头旱：《集成》〔陇南〕作“一小旱”。

天旱不过二十五。〔甘南〕(《甘肃选辑》)

天旱逢庚变，雨涝逢甲晴。〔环县〕(《集成》)

天旱收山，雨涝收川，不旱不涝收半山。〔天水〕(《甘肃选辑》《中国农谚》)

天旱有雷炮打，天涝虽雷炮不发。(《谚海》)

天怕秋里旱，人怕老来穷。〔酒泉〕(《集成》)

田怕秋干人怕老。(《中国农谚》《谚海》)

田怕秋来旱。(《中国气象谚语》)

五月受旱，每[①]亩打过石。(《平凉汇集》《中国农谚》)

夏旱不算旱，秋旱连根烂。(《张掖气象谚》《谚语集》《集成》)

夏旱不算旱，秋旱两年半[②]。(《酒泉农谚》《天祝农谚》《中国农谚》《定西农谚》《集成》)

夏甲子火焰生光，秋甲子泡死牛羊。〔平凉〕(《甘肃选辑》)

夏甲子木里生火，秋甲子平地撑船。〔永登〕(《集成》)

小旱不过初九，大旱不过二十五。〔庆阳〕(《集成》)

小旱不过端阳，大旱不过十三，端阳没雨等十三，十三没雨是个大旱年。(《甘肃天气谚》)

小旱不过端阳，大旱不过十三[③]。〔张掖〕(《甘肃选辑》《中国农谚》《中国气象谚语》《集成》)

淹，淹一条线，旱，旱一大片。(《中国农谚》)

正月曙，六月旱。(《甘肃天气谚》)

庄稼就怕起秋旱。(《鲍氏农谚》《中国谚语资料》《中国农谚》《谚海》《中国气象谚语》)

雾霜雷雹

八月初一雷声发，旱到来年八月八。(《集成》)

八月雷声发，大旱一百八。(《张氏农谚》《费氏农谚》《两当汇编》)

八月雷声发，大旱一百八；九月雷声发，旱到来年八月八。〔灵台〕(《集成》)

八月雷声发，旱到来年八月八。(《甘肃天气谚》《武都天气谚》)

八月雷声旱三冬。(《集成》)

雹下十天旱。(《集成》)

---

① 《中国农谚》无“每”字。

② 两年半：《集成》〔皋兰〕作“减一半”。

③ 端阳：《集成》〔酒泉〕作“端午”。十三：指农历五月十三。

初霜晚，明年旱。(《集成》)

春雷百日旱，春寒多春雨。〔合水〕(《集成》)

春雷打的早，夏季旱期长。(《张掖气象谚》)

春霜多，必主旱。(《集成》)

冬前霜多来年旱，冬后霜多晚禾宜[①]。(《两当汇编》《集成》)

独雷一声干半月。〔环县〕(《集成》)

孤雷主旱。(《费氏农谚》《中国农谚》《谚海》)

旱天雷声大。(《集成》)

九月打雷空江，十月打雷空仓。(《集成》)

九月雷声发，大旱一百八。(《定西农谚》《集成》)

九月雷声发，天旱一百八。(《武都天气谚》《甘肃天气谚》《中国气象谚语》)

九月十三看积石山，积石山拉雾一冬干。〔积石山〕(《集成》)

九月十三雾石山，雾了石山一冬干。〔临夏〕(《甘肃天气谚》)

九月一场雾，晒死川里兔。(《集成》)

雷打九月四月旱。(《甘肃天气谚》《集成》)

十月拉雾，晒死庄稼兔[②]。〔甘南〕(《甘肃选辑》《中国农谚》)

十月拉雾来年旱。(《甘肃天气谚》)

十月雷声发，旱到来年八月八。(《定西农谚》)

十月里拉雾[③]，来年六月晒死兔。(《定西农谚》《集成》)

十月头上一声雷，旱到三月还不回。(《集成》)

十月雾，晒死来年五月[④]兔。(《甘肃天气谚》《集成》)

十月一声雷，来年千里白[⑤]。(《集成》)

土雾不过三，过三旱十八。(《甘肃天气谚》)

正月初一霜，一春直旱光。(《集成》)

重阳遇雾一冬干。(《两当汇编》)

气　温

春寒夏旱。(《甘肃天气谚》)

春寒夏涝兆秋旱。〔兰州〕(《集成》)

---

① 宜：《集成》作“收”。

② 兔：《中国农谚》作“户”。

③ 雾：《集成》作“烟雾”。

④ 《集成》无“五月”二字。

⑤ 千里白：原注指因大旱农作物歉收或绝收的面貌。

春冷夏旱。(《张掖气象谚》《甘肃天气谚》)

春天寒个够，夏天旱个透。(《集成》)

春夏天气暖和，风力大，容易干旱。(《甘肃天气谚》)

冬冷春不旱。(《张掖气象谚》《集成》)

冬冷夏旱。(《张掖气象谚》《甘肃天气谚》)

冬冷夏旱，冬暖夏湿。(《张掖气象谚》)

冬暖春旱，冬冷春湿。(《张掖气象谚》《甘肃天气谚》)

黄梅寒，井底干。(《甘肃天气谚》)

腊月暖，三月旱；腊月寒，三月水。(《集成》)

日暖夜寒，东海也干①。(《田家五行》《农政全书》《鲍氏农谚》《中国农谚》《两当汇编》《甘肃天气谚》《定西农谚》《集成》)

日暖夜寒，江湖干。(《泾川汇集》《平凉气候谚》)

日暖夜寒，江湖枯②干。〔甘南〕(《甘肃选辑》《中国农谚》《中国气象谚语》)

四月日暖夜寒，东湖也要变干。(《谚海》)

五月寒，井底干。〔临潭〕(《集成》)

物　候

布谷鸟叫声少，地里庄稼要晒焦。〔甘南〕(《甘肃选辑》)

草绿有白点是旱象。(《临洮谚语集》)

地里蜘蛛稠，天旱无水流。(《集成》)

果树秋天花，来年旱到家。(《集成》)

蝗多旱，蚊多雨，苍蝇多了热破皮。(《集成》)

蓬来淹，马来旱③，艾蒿来了吃饱饭。〔平凉〕(《集成》)

七月落树叶，不旱三月旱四月。〔临夏〕(《集成》)

蛇上山天旱。(《武都天气谚》《甘肃天气谚》)

喜鹊门朝上开是旱年。(《甘肃天气谚》)

喜鹊门朝上是旱年，朝南开，雨水多。(《甘肃天气谚》)

喜鹊窝口对着天，没风没雨一年干。〔皋兰〕(《集成》)

---

① (元)娄元礼《田家五行》卷上《四月类》:“月内日暖夜凉，主少水。谚云:‘云云。’老农云:‘大抵立夏后到夏至前，皆不要热，热则必主暴水。’”(明)徐光启《农政全书》卷十一《农事·占候》引同，无后“老农云”两句。

② 枯:《中国农谚》作“晒”。

③ 蓬、马:原注指骆驼蓬和马莲。来:指长势好。

冰　雹①

日星虹

雹季星稠明亮，旱天三日内有雹。(《武都天气谚》《甘肃天气谚》)
虹霓并列是阴雨，只虹无霓是雹雨。(《武都天气谚》《甘肃天气谚》)
日落乌云接，明日有冰雹。(《甘肃天气谚》)
太阳白，麦秆响，禾苗要提防。(《两当汇编》《张掖气象谚》)
太阳下山两边长耳子，明天有雹。(《武都天气谚》)
晚烧日头早烧雨，午时烧了发雹雨。〔陇西〕(《集成》)
银河东西向，来天有雹降。(《武都天气谚》《甘肃天气谚》)
银河星红有雹。(《武都天气谚》《甘肃天气谚》)

风　云

白云黑云对着跑，这场雹子免不了。〔徽县〕(《集成》)
白云黑云对着跑，这场冷子少不了。(《集成》)
白云头，黑云条，就会下冰雹。〔徽县〕(《集成》)
雹怕回头云。(《集成》)
雹前都有风，无风雹子轻。〔甘南〕(《集成》)
雹云就地生，雷雨带着风。(《集成》)
不怕黑云长，就怕云磨响②。〔陇南〕(《集成》)
不怕黑云凶险，就怕白云翻脸。(《集成》)
不怕乌云场块大，就怕黑白云打架。〔宕昌〕(《集成》)
不怕西北恶云生，就怕碰上东南风。(《集成》)
不怕云发黑，就怕云发黄。〔天水〕(《集成》)
不怕云里黑，就怕云里红，最怕黄云下面长白虫。(《集成》)
常刮东风天不潮，不刮南风不降雹。(《集成》)
大风接着吹，雹子下一堆。(《集成》)
淡黄云下雹。(《临洮谚语集》)
东南风主雹，西南风主雨。(《集成》)

---

① 冰雹：甘肃方言又称为冷子、雹子、刀子、蛋子等。冰雹与雷雨又是一而二、二而一的关系，故有“雹雨”之谓，又因其破坏性巨大而称为“窟窿天”。冰雹历来为甘肃主要的农业灾害之一，严重威胁着农业生产，特别是夏收作物的安全。

② 黑云：又作“乌云”。云磨响：指云行时发出推石磨般的声响。

恶云翻蛋，雹砸一片。（《集成》）

风吹①一大片，雹打一条线。（《两当汇编》《定西农谚》）

风的来向，就是冰雹来向。（《甘肃天气谚》）

风急风大风向乱，一场冰雹在眼前。〔合水〕（《集成》）

风卷一条沟，雹打一条线。〔甘谷〕（《集成》）

风拧云转，雹子一片。〔西和〕（《集成》）

刮过黑风黄风之后，说不定还有一场雹。〔甘南〕（《集成》）

刮黄风，刮搅云，冰雹要砸人。〔宁县〕（《集成》）

黑头红毛尾巴白，一场冰雹防不及。（《集成》）

黑云不怕黄云怕，黄云底下有疙瘩。〔环县〕（《集成》）

黑云带红丝，雹灾害不浅。（《张掖气象谚》）

黑云戴白帽，必定下冰雹。〔陇南〕（《集成》）

黑云戴红帽，冷子要来到。（《集成》）

黑云发黄挂红边，准有冰雹像鸡蛋。（《集成》）

黑云红梢子②，必定下刀子。（《甘肃天气谚》）

黑云红云上下翻，冰雹就在眼跟前。（《集成》）

黑云黄边子，必定下蛋子③。（《武都天气谚》《定西农谚》《集成》）

黑云黄梢子，必定下刀子。（《中国气象谚语》）

黑云黄梢子，里面有刀子。（《集成》）

黑云黄梢子，一定下刀子。（《庆阳汇集》《宁县汇集》《静宁农谚志》《甘肃选辑》《平凉气候谚》《平凉汇集》《中国农谚》《谚海》）

黑云黄云并头跑，冰雹少不了。〔清水〕（《集成》）

黑云黄云上下翻，恶风暴雨在眼前。（《泾川汇集》《张掖气象谚》《甘肃天气谚》《集成》）

黑云黄云上下翻，狂风暴雨在眼前。（《中国农谚》《谚海》《中国气象谚语》）

黑云黄云向山翻，恶风暴雨在眼前。（《平凉汇集》《武都天气谚》）

黑云金边子，必定下雹子。（《集成》）

黑云乱翻花，冰雹打在家。〔静宁〕（《集成》）

黑云闷雷有冰雹。（《甘肃天气谚》）

黑云起了烟，雹子下当天。（《集成》）

---

① 吹：《定西农谚》作“刮”。

② 梢子：方言，梢头、顶端。

③ 蛋子：《集成》作“刀子”，《定西农谚》作“冷子”。

黑云绕青山，雹子在当天。〔庄浪〕（《集成》）

黑云如马跑，上下翻卷，雷声哑，雹雨就要下。（《岷县农谚选》）

黑云闪电有冰雹。（《甘肃天气谚》）

黑云尾，黄云头，冰雹打死①羊和牛。（《定西农谚》《集成》）

黑云尾，黄云头，冷子打死老黄牛。（《集成》）

红白黑云搅，雹子小不了。（《集成》）

红黄黑白乱跑，这场冰雹少不了。（《甘肃天气谚》）

红云不好，恶雨带雹。（《中国谚语资料》《中国农谚》《谚海》《中国气象谚语》）

红云打转转，下场冰蛋蛋。（《集成》）

红云恶雨带雹来。〔两当〕（《集成》）

红云下雹，黑云带白圈下雹。（《临洮谚语集》）

红云走，黑云钻，拳大冰雹要打山。（《集成》）

黄边黑心的云里，会带来可憎的冰雹；亲切婉转的布谷，会带来温暖的春天。〔甘南〕（《集成》）

黄风连二日，雹打十日晴。（《集成》）

黄云翻，冰雹天。〔徽县〕（《集成》）

黄云翻滚云头恶，雨水冰雹多。（《甘肃天气谚》）

黄云风，白云雨，红云雹子下不起②。（《集成》）

黄云黑边边，冷子像鸡蛋。（《集成》）

黄云黑梢子，必定下刀子。（《泾川汇集》）

立云中午生，起晌满天空，雷响风一起，雹子就落地。（《集成》）

乱搅云，雹成群。（《集成》）

明雪暗雨，黄是③雹雨。（《庆阳汇集》《静宁农谚志》《宁县汇集》《甘肃选辑》《平凉气候谚》《平凉汇集》《中国农谚》《谚海》《中国气象谚语》）

浓云发红，雹子不轻。（《集成》）

披头散发黄云挂，冰雹要有鸡蛋大。（《集成》）

起晌西北云彩翻，有雨定是冰雹天。（《集成》）

三天断云四天晴，必有冷子结成群。（《集成》）

三月肯刮西北风，乌鸦成群乱飞腾，若是出自后半月，立秋以后雹子稜。（《集成》）

---

① 冰雹打死：《集成》作“雹子砸死”。

② 下不起：原注指灾情重得承受不起。

③ 黄是：《静宁农谚志》作“黑黄”。

数九北风多，来年雹子多。(《集成》)

霜怕春雨，雹怕秋风。〔临夏〕(《集成》)

顺沟风，来回刮，立云起后冰雹下。(《集成》)

天长骆驼云，雹子在临门。(《集成》)

天黄闷热乌云翻，天河水吼防雪弹。(《张掖气象谚》《甘肃天气谚》)

天黄西北风，冰雹不落空。(《集成》)

天上白云翻，防雹莫迟延。〔文县〕(《集成》)

天上泛红云，必定有冰雹。(《费氏农谚》《鲍氏农谚》《谚海》)

天上泛红云，冰雹必定凶。(《谚海》)

天上骆驼云，雹子要来临。〔徽县〕(《集成》)

天上闹红云，冰雹将来临。(《集成》)

天上有云像羽毛，地上猛风雨夹雹。(《集成》)

乌云翻滚塔云转，大风一起雹子见。(《集成》)

乌云满天飞，雹子随后追。〔庆阳〕(《集成》)

乌云透红云，就有雹子淋。(《集成》)

西北恶云长，雹子在后晌。(《集成》)

西北恶云黑，随风往前推；东南风一顶，雹子下不轻。(《集成》)

西北风，雹子精。(《朱氏农谚》《张氏农谚》《费氏农谚》《鲍氏农谚》《两当汇编》《集成》)

西北风，疙瘩云，忽雷闪电雹来临。(《集成》)

西北风，雷声响，下冰雹，不过晌。(《集成》)

西北风，冷子根。〔漳县〕(《集成》)

西北红黄云，雹子要来临。(《集成》)

西北来云没好雨，常有雹砸庄稼地。〔华亭〕(《集成》)

西北乌云大风起，必下冰雹和暴雨。(《集成》)

西边起云东边接，雹雨来临一定恶①。(《武都天气谚》《甘肃天气谚》《中国气象谚语》《集成》)

下雹前，风头乱。(《集成》)

下雹有大风，风大冰雹到。(《甘肃天气谚》)

下冰雹的云带有黑黄色。(《山丹天气谚》)

夏日积云黑心带红边，天下大雨有冰块。(《张掖气象谚》《甘肃天气谚》)

夏天乌云带红边，下雨必把冰雹牵。〔成县〕(《集成》)

夏天云彩黑心带红边，下雨可有冰雹块。(《山丹天气谚》)

---

① 《中国气象谚语》无“临”字。一定：《集成》作“必定”。

夏天云彩有红边，雷雨必定有雹蛋。(《集成》)

旋风多，雹子多。(《集成》)

烟云沸腾西北角，雷风搅雨带冰雹。(《集成》)

阴天看云，黑顶灰底，上下翻动，定有雹雨。(《岷县农谚选》)

有雹无风，雹子稀松。(《集成》)

远看一座山，中部云滚翻，云色一片黄，冰雹落满场。〔泾川〕(《集成》)

远山云雾罩，三天无冰雹。(《集成》)

云彩带红边，必是冰雹天。(《集成》)

云彩挂白边，必有冰雹块。(《集成》)

云彩黑心带红边，下雨必带冰雹蛋；不怕乌云浓滚滚，就怕黑云挂金边。(《集成》)

云彩红缸缸，雷声加加响，必定下疙瘩。(《白银民谚集》)

云打云，雹要下；云接云，雹成群。〔崇信〕(《集成》)

云带红色闪直电有冰雹。(《甘肃天气谚》)

云顶长头发，雹子就要下。(《集成》)

云赶云，雹雨灵。(《岷县农谚选》)

云根断，雹成群。(《甘肃天气谚》)

云黄云红有冰雹。〔民乐〕(《集成》)

云脚发白，雹子要来。(《集成》)

云里像奶，雹子要来。(《集成》)

云乱翻，红黄掺，冷子大得像鸡蛋。(《集成》)

云色恶，必有雹。(《鲍氏农谚》《两当汇编》)

云头翻滚似水浪，不久冰雹响当当。(《甘肃天气谚》)

云遇风飞，雹见风大。(《集成》)

早晨红云照，不是大雨就是雹。(《甘肃天气谚》)

早起疙瘩云①，下午冰雹临。(《高台天气谚》)

早上②勾云排，下午雹要来。(《武都天气谚》《甘肃天气谚》《中国气象谚语》)

早上扫帚云不收尾，当天要下雹雨。(《定西农谚志》)

早上云彩发红后变黑，当天有冰雹。(《甘肃天气谚》)

---

① 疙瘩云：原注指絮状云，在六、七月间。

② 上：《中国气象谚语》误作“下”。

晴　雨

雹打三日晴，雷雨三后晌。〔环县〕（《集成》）

雹前有雨，霜前有风。（《集成》）

春涝雨多冰雹少，春旱风大冰雹多。〔西峰〕（《集成》）

春雪多，夏雹多。（《武都天气谚》《甘肃天气谚》《中国气象谚语》）

打过春下雪，四月五月冰雹连接①。（《文县汇集》《武都天气谚》《甘肃天气谚》《中国气象谚语》）

冬雪多，冰雹少。（《中国气象谚语》）

冬雪多，凌霜多，明年一定冷子多。（《集成》）

冬雪少，冰雹少。（《武都天气谚》《集成》）

二三月里春雪多，六七月里冰雹多。（《甘肃天气谚》）

久晴久旱，有雨带蛋。（《集成》）

日出太阳暴，午后要下雹。（《甘肃天气谚》）

天气恶，雹子落。（《集成》）

西北没好雨，冰雹狂风起。（《集成》）

阴天不见雾，冰雹走老路。（《集成》）

阴雨猛晴后，三四天内有冰雹。（《甘肃天气谚》）

雨点大又凉，小心冰雹降。（《集成》）

雨点铜钱大，雹子跟着下。〔华池〕（《集成》）

雨多冰雹少，旱风冰雹多。（《集成》）

雨多下半年②。（《甘肃天气谚》）

雾露霜雹

雹打百花心，百样无收成。（《谚海》）

雹打梁干，霜杀窝蛇。（《白银民谚集》）

雹打山冈霜杀洼。〔正宁〕（《集成》）

雹打一条线。（《武都天气谚》《甘肃天气谚》）

雹打一条线，风刮一大片。〔民乐〕（《集成》）

雹打一条线，旱雨沿山走。（《集成》）

雹打一条线，霜打半边天。（《谚海》）

雹打一条线，霜杀一大片。〔民乐〕（《集成》）

---

① 过、四月：《文县汇集》分别作“了”“四”。

② 原注：指雹多。

雹回头，情不留。(《甘肃天气谚》)
雹来顺山走，遇山就扭头。(《集成》)
雹沿山河走。(《集成》)
雹雨翻不过塄。(《集成》)
雹雨逢山加强过山猛。(《武都天气谚》)
雹雨隔地埂。(《定西汇编》)
雹子本地生，外来就稀松。(《集成》)
雹子回头不留情。(《集成》)
冰雹打青苗，根牢长势好。〔永登〕(《集成》)
冰雹打日不打夜。(《集成》)
冰雹来得早，伏里冰雹少。(《集成》)
冰雹早，当年伏里冰雹少。(《武都天气谚》)
草尖露水大，起晌雹子下。(《集成》)
草心白露冒，下午要下雹。(《甘肃天气谚》)
今年霜雪罕见，明年雹子提前。(《集成》)
露水掉尖尖①，必定下蛋蛋。(《集成》)
露水繁，滴滴圆，午后雹子打破坛。〔镇原〕(《集成》)
露水上了树，雹子猛如虎。(《集成》)
马莲花树有露水下雹。(《临洮谚语集》)
前节子冰雹少，后节子冰雹多。(《甘肃天气谚》)
晴天四周有雾气，一到两天有冰雹。(《甘肃天气谚》)
西山发红衣，冰雹要降临。〔张家川〕(《集成》)
下雹不下雹，看看西北角。(《集成》)
早凉露水重，白雨跟得紧。(《集成》)
早上有雾，下午冰雹。(《甘肃天气谚》)

雷　电

八月无情雷，有雷必有雹。〔灵台〕(《集成》)
八月响雷无空雷，定有雹子在后随。(《集成》)
不怕炸雷响破天，就怕闪电挤磨眼②。〔天水〕(《甘肃天气谚》《集成》)
初雷带冷子，当年冷子少。(《集成》)

---

① 尖：指草、苗的叶尖。
② 眼：《甘肃天气谚》作“碾”，方言同音，当为眼。

初雷响在哪[1]一方，当年哪方冰雹多。（《武都天气谚》《甘肃天气谚》《集成》）

初雪早，冷子多；初雪迟，冷子少。（《集成》）

串雷炒豆豆，打了上头打下头[2]。（《集成》）

串子雷，带子闪，庄稼汉，变了脸。（《集成》）

脆雷下急雨，闷雷下冰雹。〔平凉〕（《集成》）

打磨雷，雹成堆。〔庆阳〕（《集成》）

东边闪电出日头，南边闪电晒死猴，西边闪电雨淋淋，北边闪电冰雹稠。（《集成》）

干炸雷雨多，推磨雷雹多。（《甘肃天气谚》）

横闪雷雨立闪雹。（《武都天气谚》）

黄风云闪磨子雷，眼下就有雹子捶。（《集成》）

拉磨雷，横电闪，冰雹就在你眼前。（《集成》）

拉磨雷，冷子凶；响炸雷，一场空。（《集成》）

雷电雹虹。（《集成》）

雷电告不断，冰雹要迎面。（《集成》）

雷轰天边，大雨连天；连头轰雷，多遇雹捶。（《集成》）

雷如烧开水有雹。（《临洮谚语集》）

雷声长，冰蛋扬。（《甘肃天气谚》）

雷声长，下冰雹。（《中国谚语资料》《中国农谚》《谚海》）

雷声滚滚如推磨，风雹交加躲不过。（《集成》）

雷声连，冰雹见。（《集成》）

雷声磨磨下蛋蛋。〔华池〕（《集成》）

雷声响不停，雹子随后行。（《集成》）

雷声源源不断，定有雹降。（《张掖气象谚》）

雷雨风相连，雹子下不完。（《集成》）

雷雨来时冷飕飕，雨中必定带冷子。（《集成》）

雷遇风，雹子生。（《集成》）

连天雷声叫，有雨多带雹。（《集成》）

连头轰雷多过雹。（《山丹天气谚》）

闷雷带横闪[3]，冷子大似碗。（《集成》）

---

① 哪：《集成》作“阿”。

② 原注：串子雷连声响，冰雹下到地面跳着的状态。

③ 带横闪：又作“加忽闪”。

闷雷横闪磨声响，云行风卷冰雹狂。（《集成》）
闷雷四方响，冷子后面跟。（《集成》）
磨盘雷，横打闪，后面准有雹子撵。（《集成》）
霹雷闪电，冰雹屡见。（《集成》）
起晌响雷是信号，不下雹子大雨浇。（《集成》）
闪电不停要下雹。（《甘肃天气谚》）
晌午打雷震山摇，风卷暴雨带冰雹。（《集成》）
竖闪雹子横闪雨。（《集成》）
竖闪电，雨成线；横闪电，雹成片。（《集成》）
太子山哑雷响有冰雹。〔临夏〕（《甘肃天气谚》）
天上横闪像银蛇，地上雹子赛蒸馍。（《集成》）
天上闷雷拉磨，转眼冰雹就落。〔西和〕（《集成》）
天上炸雷不断，有雨必带冰蛋。〔礼县〕（《集成》）
下午横闪连，冰雹在眼前。（《集成》）
响雷地皮湿，闷雷下蛋子。（《武都天气谚》《中国气象谚语》《集成》）
响雷没有事，闷雷下疙瘩①。（《白银民谚集》《甘肃天气谚》）
响雷早，白雨多②。（《甘肃天气谚》）
云彩腾翻，雹子横行。（《集成》）
云彩有响声，雹子过天空。（《集成》）
云头有响声，雹雨叫人惊。〔皋兰〕（《集成》）
云响打磨雷，雹子来做贼。（《集成》）
云中雷杂声，冰雹要形成。（《集成》）
云中有响声，冰雹到天空。（《集成》）
炸雷冰雹少，闷雷冰雹多。（《集成》）
炸天雷，不下雨；推磨雷，雹雨急③。（《平凉汇集》《中国农谚》）
炸天雷不下推磨，大雨冷雹倒的急。（《平凉气候谚》）
正午雷声响，冰雹在后晌。（《集成》）
纵雷雨，横雷雹。（《集成》）
纵闪雨，横闪多雹。（《甘肃天气谚》）

---

① 疙瘩：《甘肃天气谚》一作“蛋蛋”。
② 白雨：此处指冰雹。
③ 急：《中国农谚》作“随”。

气　温

冰雹闷热生，多是午后凶。(《集成》)
潮湿生雨，干热生雹。(《集成》)
春寒冰雹迟。(《集成》)
倒春寒，冷风吹，夏季雹子堆成堆。(《集成》)
冬暖防春寒，冬热春冷夏雹多。〔酒泉〕(《集成》)
冬热春冷，夏季冰雹多。(《甘肃天气谚》)
六月十五天气寒，冰雹要打几道川。(《集成》)
秋天凉天天不凉，雹子还要下几场。〔正宁〕(《集成》)
天气闷热，明日要下雹雨。(《定西农谚志》)
天气突变热似锅，往往雹子下得多。(《集成》)
夏季早上很凉，中午闷热，易下冰雹。(《甘肃天气谚》)
先热后凉，冰雹就降。(《中国农谚》《谚海》)
先热后凉，要下冰雹。(《高台农谚志》《平凉汇集》《中国气象谚语》)
先热后凉，有冰雹。(《张掖气象谚》《甘肃天气谚》)
夜间闷热，早上很冷，午后有雹雨。(《定西农谚志》)
早晨凉飕飕，下午白雨打破头。(《定西农谚》《集成》)
早寒午闷热，当日有冰雹。(《武都天气谚》《集成》)
早冷有雹，早热有雨。(《集成》)
早起天气分外凉，午后雹子来一场。(《集成》)
燥热黑云起，冰雹要落地。(《集成》)

物　候

布谷鸟在早晨叫有雹雨。(《定西农谚志》)
端午节夜晚，蛤蟆叫的欢，要下冰雹。(《酒泉农谚》)
蛤蟆早上叫，中午也叫有雹雨。(《定西农谚志》)
狗打滚，天雹下。(《平凉气候谚》)
瓜豆戴帽出土，今年雹子难数。(《集成》)
柳叶翻，冰雹天。(《集成》)
麦子响，雹雨降。(《中国气象谚语》)
牛羊不下坡，中午不卧梁，雹子不过晌。(《集成》)
青蛙上树，当天有雹雨。(《定西农谚志》)
人累无力肯下雹。(《临洮谚语集》)

山燕惊叫，雹前信号。（《集成》）

乌鸦走，雹雨有；乌鸦落，雹雨①没。（《岷县农谚选》《武都天气谚》《中国气象谚语》《集成》）

早晨蛤蟆叫，发起白雨有冰雹。（《定西农谚》）

其 他

不怕窟窿天，单怕窟窿宽。（《谚海》）

春旱夏雹多。〔泾川〕（《集成》）

大河水干，雹在眼前。〔岷县〕（《集成》）

地湿长庄稼，土干生冰雹。（《集成》）

地湿天黄，禾苗②遭殃。（《两当汇编》《集成》）

旱得越凶，冰雹越凶。（《甘肃天气谚》）

起晌多，傍晚少，别的时候难下雹。（《集成》）

四七月小，冰雹落不了。（《会宁汇集》）

天灰下蛋子，人灰闹乱子。〔庆阳〕（《集成》）

天闷有雨③，天黄有雹。（《集成》）

五月天气多变化，谨防冷子打庄稼。（《集成》）

下午五点雹子多，别的时候很稀落。〔康县〕（《集成》）

小河里水干，雹雨就在眼前。（《岷县农谚选》）

小河水干，冰雹④眼前。（《两当汇编》《张掖气象谚》《武都天气谚》《甘肃天气谚》）

雨打⑤火烧当日穷。（《定西农谚》）

远来雹子下一阵，当地雹子最可恨。（《集成》）

庄稼成熟，单怕冰雹。〔甘南〕（《甘肃选辑》）

雨 灾

日虹霞

八月十六云遮月，明年预防大水淹。（《集成》）

---

① 雹雨：《集成》作“冰雹“。

② 禾苗：《集成》作“庄稼”。

③ 闷：《集成》〔武都〕又作“燥”。

④ 冰雹：《武都天气谚》作“雹在”。

⑤ 雨打：原注指严重雹灾。

傍晚太阳挂胡，明天要发白雨[1]。(《武都天气谚》)

东虹日头西虹雨，南虹出来发白雨，北虹出来卖儿女。〔天水〕(《集成》)

东虹日头西虹雨，南虹出[2]来发白雨。(《岷县农谚选》《泾川汇集》《甘肃选辑》《甘肃天气谚》《中国气象谚语》)

东虹日头西虹雨，南虹出来下白雨[3]。(《庆阳汇集》《平凉汇集》《中国农谚》)

东虹日头西虹雨，显了南虹下白雨。(《山丹天气谚》)

东虹太阳西虹雨，南虹出来发白雨。(《武都天气谚》)

东虹太阳西虹雨，南虹出现发暴雨。(《清水谚语志》)

东虹太阳西虹雨，南虹日头下白雨。(《定西农谚志》)

东降日头西降雨，南降过来冒白雨。(《静宁农谚志》)

太阳下山天变黄，明日大雨定猖狂。(《定西农谚》)

天上出现紫红云，白雨就来临。(《文县汇集》)

晚烧日头早烧雨，烧不过了发白雨。(《定西农谚》)

晚霞不过顶，来日白雨淋。(《武都天气谚》《甘肃天气谚》)

现南虹，下白雨。(《高台天气谚》)

风云雷

东大山冒出疙瘩云，大雨将倾盆[4]。(《张掖气象谚》《甘肃天气谚》)

风静闷热，雷雨强烈。(《集成》)

黑风黄云山上翻，恶风暴雨在眼前。(《庆阳汇集》《宁县汇集》《静宁农谚志》《甘肃选辑》《中国农谚》)

黑云带白圈，白雨打满川。〔兰州〕(《集成》)

黑云黄云上下翻，狂风暴雨在眼前。(《定西农谚》)

黑猪过天河[5]，白雨漫山坡。(《集成》)

轰隆大，白雨小。(《庆阳汇集》《中国农谚》)

呼雷大，白雨下。(《集成》)

---

① 白雨：在甘肃方言中，多指阵雨、雷阵雨等强降雨，因其多伴有冰雹，故亦有将冰雹称之为白雨者。白雨降雨突然，强度大，且多伴有强风等，对坡地、农田、田间道路破坏较大，夏季田间劳动者常有“跑白雨”之举。如果持续时间较长，则严重影响农业生产，故凡预测白雨者辄入“雨灾”类。

② 出：《泾川汇集》《甘肃天气谚》作“过”。

③ 白雨：《平凉汇集》作“暴雨”。

④ 《张掖气象谚》注：张掖春秋适用。

⑤ 黑猪过天河：原注指意思与“天河架了桥”同，亦指满天无云，仅天河上有一块横云。

黄云黑云上下翻，恶风暴雨在眼前。(《平凉气候谚》)

雷声不断云头红，刹时暴雨就来临。(《谚语集》)

雷声大，白雨小。(《泾川汇集》)

雷声大，白雨小，一阵黄风吹晴了①。(《宁县汇集》《甘肃选辑》《平凉气候谚》《中国农谚》《中国气象谚语》)

雷声响不开，暴雨一定歪②。(《岷县农谚选》《甘肃选辑》《中国农谚》)

雷声哑，暴雨下。〔定西〕(《甘肃选辑》《中国农谚》)

明是雪，暗是雨，颜色黄的是暴雨。〔酒泉〕(《集成》)

炮口对云头，不让恶云满天游。(《谚海》)

清早断了云，后晌白雨生。〔正宁〕(《集成》)

上云日头回云雨，西云上来下白雨。(《两当汇编》)

四面子折③，泡塌炕。〔酒泉〕(《集成》)

岁朝西北④，大水害民；岁朝东北，五谷大熟。(《谚海》)

天空无云，四山闪电，三天内有暴雨。(《甘肃天气谚》)

天上有云像羽毛，地下风狂雨又暴。(《集成》)

乌云成片飞，暴雨紧跟随。(《平凉气候谚》《平凉汇集》《中国农谚》)

乌云接落日有白雨。(《甘肃天气谚》)

午后黑云翻成团，恶风暴雨一齐来。(《张掖气象谚》)

西北风猛，多下过雨。(《平凉汇集》)

西北天空浑又黑，粗风暴雨快马追。(《集成》)

西北乌云飞快长，大雨白雨一起响。(《甘肃天气谚》)

西北云堆又发黄⑤，降雨特别强。(《武都天气谚》《甘肃天气谚》《中国气象谚语》)

西风过来凉飕飕，白雨跟在风后头。(《泾川汇集》)

先雷备炮，后雷不要。(《谚海》)

一夜起雷三日雨，白雨打三场。(《两当汇编》)

云漆黑一团，雷声不断，准有暴雨。(《甘肃天气谚》)

早晨无云天气闷，下午白雨将来到⑥。(《静宁农谚志》《平凉气候谚》)

---

① 晴了：《平凉气候谚》作“天晴”。

② 歪：方言，表示厉害。

③ 折：原注指有云，光线偏暗。

④ 指春节时风向。

⑤ 又发黄：《甘肃天气谚》作“灰又黄”。

⑥ 将来到：《平凉气候谚》作“过”。

物　候

鳖探头，占晴雨，南望晴，北望雨。(《鲍氏农谚》《中国气象谚语》)

大蛇出洞，暴雨来临。(《集成》)

蛤蟆[①]哇哇叫，大水漏锅灶。(《朱氏农谚》《谚海》《中国气象谚语》)

蛤蟆往家跳，必定雨水涝。(《集成》)

狗先烂毛气死牛，狗先烂腿发大水[②]。(《集成》)

龟儿出来爬行，天将下雨。(《鲍氏农谚》《中国气象谚语》)

汗钻眼睛，白雨猛攻。〔陇南〕(《集成》)

旱蛤蟆叫，白雨到。(《武都天气谚》)

旱蛤蟆叫，大雨就到。(《定西农谚》)

麻叶翻白有白雨。(《武都天气谚》《定西农谚》《中国气象谚语》《集成》)

蚂蚁搬家下暴雨，乌鸦打闹刮大风。〔清水〕(《集成》)

泉水起泡，暴雨就到。(《集成》)

泉水起泡白雨到。(《武都天气谚》《中国气象谚语》)

蛇溜道，瓮浸油，山牛大叫暴雨[③]流。(《费氏农谚》《鲍氏农谚》《中国谚语资料》《中国农谚》《谚海》《中国气象谚语》)

燕子高飞天放晴，燕子低飞暴雨淋。(《集成》)

燕子扑地蛇过道，恶风暴雨紧跟着。(《庆阳汇集》《中国农谚》)

其　他

白雨打湾湾，黑霜杀滩滩[④]。(《定西农谚》)

白雨隔犁沟下。〔泾川〕(《集成》)

白雨来了大炮轰，叩头烧香不顶用。(《谚海》)

白雨连三天[⑤]。(《武都天气谚》《甘肃天气谚》《定西农谚》《集成》)

白雨忙，跑不过一面场。(《会宁汇集》《定西农谚》)

白雨跑不过塄。〔甘谷〕(《集成》)

白雨跷不过门槛。(《集成》)

白雨虽密炮不发。(《谚海》)

---

① 蛤蟆：《朱氏农谚》作“蝦蟆”。

② 原注：春夏之交，人们习惯以狗脱毛、烂腿看旱涝，先脱毛主旱，先烂腿主涝。

③ 雨：《谚海》作“风”。

④ 滩滩：又作“梁梁”。

⑤ 天：《甘肃天气谚》《集成》作“场”。

白雨下的半边场，冷子打的交界墙。(《集成》)
不怕白雨凶，连珠大炮轰。(《谚海》)
春寒夏涝。(《甘肃天气谚》)
地湿天黄，庄稼遭殃。(《张掖气象谚》)
东南来，和风细雨；西北来，粗风暴雨。〔张家川〕(《集成》)
东南来雨是溥雨①，西南来雨是过雨。(《集成》)
冬暖夏涝。(《集成》)
发起白雨，跨不了门槛。(《中国谚语资料》《中国农谚》《谚海》)
干净白雨邋遢雪。(《集成》)
旱年白雨少，但易发暴雨。(《甘肃天气谚》)
横闪雷雨竖闪雹。(《中国气象谚语》)
活雾雨，死雾晴，脱底雾，暴雨临。(《甘肃天气谚》)
久晴无白雨不下，久雨无②白雨不晴。(《武都天气谚》《中国气象谚语》)
离了白雨不下，离了白雨不晴。(《两当汇编》)
六月十三龙分道，哪儿下雨哪儿涝。〔张家川〕(《集成》)
溥雨下的是一片，白雨发的一条线。〔岷县〕(《集成》)
三月冷，白雨猛；四月八，黑霜杀。(《定西农谚》)
霜断早，白雨少。(《武都天气谚》《中国气象谚语》《集成》)
四七月小，白雨落不了。(《会宁汇集》)
天旱暴雨多。(《甘肃天气谚》)
天气闷，泡塌洞。〔永昌〕(《甘肃天气谚》《集成》)
天气猛晴，爱下白雨。(《定西农谚志》)
天爷是个日出怪③，发过白雨黑得快。(《集成》)
五年有一涝。(《集成》)
五月大，白雨下不下。(《集成》)
五月大是暴雨白雨少，五月小是暴雨白雨多。(《定西农谚志》)
五月小，逢三卯，忽雷白雨少不了。〔清水〕(《集成》)
早上露水打湿鞋，后晌白雨下塌崖。(《集成》)
早上露水大，晌午阵雨大。(《集成》)
早上露水大，午后白雨发。(《武都天气谚》《定西农谚》《中国气象谚

① 溥雨：方言，原注指下的面积较大，平稳的雨。
② 无：又作“没”。
③ 日出怪：方言，詈词，含责骂、变化无常、捉摸不定之意。

语》《集成》）

霜　冻

风　云

傍晚吹西风，凌晨有霜冻。（《集成》）

风吹岗岗子，霜杀趟趟子[①]。（《集成》）

风吹坡坡，霜冻窝窝。（《静宁农谚志》）

风刮骨堆[②]，霜杀低洼。〔酒泉〕（《集成》）

寒潮过后天转晴，一朝西风有霜冻。（《集成》）

南风多雾霜，北风多严霜。（《集成》）

日落无风云，明晨有霜冻。（《甘肃天气谚》）

天晴刮北风连冻带霜，刮南风无霜无冻。（《定西农谚志》）

天晴西北风，明天[③]有霜冻。（《两当汇编》《集成》）

无云静风，明日有霜冻；无风无浪，准备防霜。（《文县汇集》）

无云无风，明晨有冻；无风无浪，必要防霜。（《高台农谚志》）

晴　雨

春秋晴朗无风云，明天[④]早晨要防冻。（《武都天气谚》《中国气象谚语》）

二月初二晴，四月初八有霜冻。（《宁县汇集》《静宁农谚志》《甘肃选辑》《中国气象谚语》）

二月初二晴朗朗，四月头上有黑霜。（《武都天气谚》《甘肃天气谚》《集成》《定西农谚》《中国气象谚语》）

猛晴防霜冻。〔永靖〕（《集成》）

晴夜防霜，冬夜防狼。（《临洮谚语集》）

晴夜无风霜冻多。（《集成》）

晚雨猛晴，霜冻五更。（《集成》）

无风无雨晴朗朗，要防明天早上霜。（《定西农谚》）

无风无雨天晴朗，明天早上要防霜[⑤]。（《甘肃选辑》《定西农谚志》《定西汇编》）

---

① 趟趟子：方言，指平缓的山地。

② 骨堆：方言，原注指梁峁。

③ 明天：《集成》作“早晨”。

④ 明天：《武都天气谚》作“明年”。

⑤ 天晴朗：《定西农谚志》作“晴朗朗”。明天：《定西汇编》作“夜晚”。

无风无云晴朗朗，明天早晨要防霜①。(《宁县汇集》《白银民谚集》《平凉气候谚》《两当汇编》)

雨后天猛晴，霜冻要来临。〔天水〕(《集成》)

雨后无风天晴朗，明天早上要防霜。(《天祝农谚》)

正月二十晴，黑霜下一层。〔平凉〕(《甘肃选辑》《中国农谚》)

雾露霜

挨过一百八十天，定有黑霜冻庄稼。〔张掖〕(《甘肃选辑》)

八月半间就防霜，晚秋作物多打粮。(《会宁汇集》《定西汇编》)

不怕早春寒，就怕倒春寒。(《集成》)

草怕霜冻，霜怕雨淋。(《集成》)

草怕严霜，霜怕阳光。(《集成》)

初秋的露水末秋的霜。(《甘肃天气谚》)

初霜见晚霜，五个月②头上。〔东乡〕(《集成》)

初霜日期不用算，大雁过后十八天。(《集成》)

春霜迟，秋霜迟。(《张掖气象谚》《甘肃天气谚》)

防霜如防贼。(《谚语集》)

过了四月八，庄稼汉心放下。〔武山〕(《集成》)

过了四月八，不怕黑霜杀。(《平凉汇集》)

过了四月八，庄稼汉才把③心放下。(《宁县汇集》《静宁农谚志》《甘肃选辑》《平凉气候谚》《中国农谚》)

黑霜杀的土坑坑，冷子打的高塄塄。(《集成》)

节气过了四月八，庄稼不怕④黑霜杀。(《定西农谚》)

冷雾寒霜。(《岷县农谚选》)

六月六日露水大，来霜来冻早一些，没露水天不冻。(《高台天气谚》)

年年最怕四月八⑤。(《陇东农谚》)

秋霜迟，来年有黑霜⑥。(《武都天气谚》《甘肃天气谚》《集成》)

人怕重丧，田怕连霜。(《定西农谚》)

---

① 晴朗朗：《宁县汇集》《平凉气候谚》作“天明朗”。早晨：《两当汇编》作“早上”。

② 五个月：原注指秋霜距春霜的时间。

③ 《静宁农谚志》无“才把”二字。

④ 怕：又作“受”。

⑤ 原注：每年农历四月初八辄有降温，晚霜危害，必须慎防。

⑥ 黑霜：《集成》注指不结冰晶的露水霜。

霜打叶，风磨岭。(《集成》)

霜杀的湾湾，雨打的梁梁。(《会宁汇集》《定西汇编》)

霜杀低窝，雾拣高柳。(《谚海》)

霜杀低窝，雾掠高树。(《中国气象谚语》)

霜杀坑坑，雹打岭岭。〔平凉〕(《中国农谚》《中国气象谚语》)

霜杀坑弯道，雨打屋顶树梢。(《岷县农谚选》)

霜杀平川，雨打高山。(《会宁汇集》)

霜杀窝窝，雨打梁梁。〔庆阳〕(《集成》)

霜是庄稼的敌人，狼是羊群的敌人。(《集成》)

四月八，冻死鸭。(《甘肃农谚》)

四月八，冻一下。(《张掖气象谚》)

四月八，防备冻一下。(《甘肃选辑》《民勤农谚志》《中国气象谚语》)

四月八，黑霜打。(《中国谚语资料》《中国农谚》《谚海》)

四月八，黑霜杀。(《高台天气谚》《张掖气象谚》《甘肃天气谚》《集成》)

雾上高柳，霜下低洼。〔敦煌〕(《集成》)

雪里[①]加霜，冻死婆娘。(《朱氏农谚》《鲍氏农谚》《中国农谚》《集成》)

雪落高山，霜杀[②]平川。(《甘肃选辑》《清水谚语志》《集成》)

雪落高山，霜杀[③]洼地。(《宁县汇集》《甘肃选辑》《中国农谚》)

雪满高山，霜冻平川。(《甘肃天气谚》)

雪压的高山，霜杀的平川。(《岷县农谚选》《甘肃选辑》《定西汇编》《中国农谚》)

雨打高山，霜杀湾湾[④]。(《甘肃选辑》《定西汇编》《中国农谚》)

雨打湾湾，霜打梁梁。(《临洮谚语集》)

雨落高山，霜打平川。(《两当汇编》)

雷电雹

今春打雷早，秋后霜冻来得早。(《文县汇集》)

九月雷暴三月霜，八月雷暴二月霜，二月雷暴八月霜。(《集成》)

九月响雷二月霜，二月响雷八月霜。(《宁县汇集》《静宁农谚志》《甘肃选辑》《中国农谚》《甘肃天气谚》《中国气象谚语》)

---

① 里：《集成》作“上”。

② 杀：《集成》作“落”。

③ 杀：《中国农谚》作“打”。

④ 湾湾：《定西汇编》作“湾”。

开雷迟，秋霜迟。〔西峰〕(《集成》)
开雷一百八，庄稼挨霜打。(《集成》)
开雷一百八十天，下霜就在那几天。(《集成》)
雷响一百八。(《朱氏农谚》《白银民谚集》)
雷响一百八，必定霜来杀；雷卧九十九，人在冰上走。(《集成》)
雷响一百八，必有霜来杀；雷卧一百八，不怕霜来杀。〔环县〕(《集成》)
雷响一百八，遍地黑霜杀。(《岷县农谚选》)
雷响一百八十天后有霜杀。(《武都天气谚》《中国气象谚语》)
雷响一百五，霜冻就开始。(《甘肃选辑》《敦煌农谚》)

物　候

春里青蛙突不叫，明日霜冻定来到。(《高台农谚志》)
萝卜叶干，就要防霜。(《高台天气谚》)
霜蠓子，满天飞，谨防霜到来。(《集成》)
乌鸦成群飞叫，寒潮就要来到。(《集成》)
乌鸦洗澡风嚎叫，寒潮要来到。(《集成》)
猪拉草，寒潮到，燕子高飞晴天来。(《集成》)
猪衔[①]草，寒潮到。〔徽县〕(《中国气象谚语》《集成》)

其　他

八月十五大晴暖，来年霜冻不严重。〔岷县〕(《集成》)
初春热得快，必受早霜害。(《集成》)
春潮秋潮不算潮，夏潮来了不见苗。(《高台农谚志》)
今秋湿得轻，来年早霜冻。(《集成》)
宁挨春寒冻，不让秋霜打。(《集成》)
秋冻山梁春冻洼。(《中国农谚》《谚海》)
秋湿冷气生，霜冻必早行。(《集成》)
天河打坝当日下，霜杀地窝风吹岭。(《宁县汇集》《甘肃选辑》)
无风天角红，明朝寒霜浓。(《集成》)
雪怕太阳草怕霜。〔庆阳〕(《集成》)
雨打的梁干，霜杀的窟穴。(《谚语集》)
早种能避早霜冻，晚种等来晚霜冻。〔永昌〕(《集成》)

---

① 衔：又作“噙”。

干热风、雪害等

晨[①]间电飞，大飓可期。(《张氏农谚》《费氏农谚》《中国气象谚语》《集成》)

春潮厉害，干热风少，否则多。(《张掖气象谚》)

寸草遮大风，流沙走不动。〔武威〕(《集成》)

冬不冷，防热风。(《甘肃天气谚》)

冬冷，干热风不严重。(《张掖气象谚》)

冬暖，干热风严重。(《张掖气象谚》)

冬天冷些，夏天热些，干热风强些。(《张掖气象谚》)

冬天雾若重，来年有灾情。〔定西〕(《集成》)

冬天雪少，春天雨也少，肯定夏天干热风也多。(《张掖气象谚》《甘肃天气谚》)

冬雪多，夏雨勤，干热风少，不严重。(《张掖气象谚》)

二三月风雪骚扰，七八月阴雨连绵，九十月霜冻骚扰。〔甘南〕(《甘肃选辑》)

二月八，风是胶；四月八，霜是刀。(《甘肃农谚》)

二月八的风如胶，四月八的霜如刀。(《定西农谚》)

二月八的胶，四月八的刀[②]。〔兰州〕(《甘肃选辑》《中国农谚》)

二月八的雪是胶，四月八的霜是刀。(《甘肃选辑》《中国农谚》《谚海》《中国气象谚语》)

二月二，雪如胶；四月八，霜如刀。(《集成》)

二月二的风，赛如胶[③]。(《谚语集》)

二月二的风如刀，二月二的雪如胶。〔永登〕(《集成》)

二月二的风如胶，四月八的霜如[④]刀。(《甘肃选辑》《白银民谚集》《中国气象谚语》)

二月二的胶，三月三的蒿，四月八的刀[⑤]。(《宁县汇集》)

刮一场西风后，晴二至三天，就要刮干热风。(《甘肃天气谚》)

腊雪是被，春雪是鬼。(《农谚和农歌》《甘肃农谚》《费氏农谚》)

猛下猛晴，人感到困，有干热风。(《张掖气象谚》)

---

① 晨：《张氏农谚》《费氏农谚》作“辰”。

② 《甘肃选辑》注：形容晚雪晚霜对农作物的危害性。

③ 原注：指板田。

④ 如：《甘肃选辑》〔兰州〕作“赛”。

⑤ 原注：指晚霜。

年怕中秋月怕半，庄稼怕的连阴天。(《集成》)

气候不按季节变，全年各季灾情多。(《张掖气象谚》)

人怕种春雪。(《中国谚语资料》)

三月三的雪赛胶，四月八的霜赛刀。〔张掖〕(《甘肃选辑》《中国气象谚语》)

十月初一有风多疾病，更兼大雪有灾祸。〔泾川〕(《集成》)

天气雾腾腾，有干热风。(《张掖气象谚》)

西风吹沙是黄洞，打的禾苗形无踪，万籽下地一不还，气得农人无处喊，打柴插风折埂子，刮场黄风无影子，大力营造防沙林，秋天才有好收成。〔张掖〕(《甘肃选辑》)

西风打死苗，东风吹秕田。(《甘肃选辑》《民勤农谚志》《中国农谚》《谚海》)

西风紧，黄沙飞，嫩苗干黄根枯萎。〔张掖〕(《甘肃选辑》)

雪打高山，霜打平地。(《朱氏农谚》《中华农谚》《鲍氏农谚》《中国农谚》)

雪荡①高山，霜冻平川。(《武都天气谚》《中国气象谚语》)

夜夜防贼不怕贼，年年防灾不怕灾。(《谚海》)

一吹顶过十日晒。〔平凉〕(《集成》)

生物灾害

病虫害

病虫害，及早防，庄稼一定长得强。(《集成》)

捕捉一子蛾，增产加一萝。〔天水〕(《甘肃选辑》)

不怕苗儿②小，就怕蝼蛄咬。〔天水〕(《甘肃选辑》《中国农谚》《集成》)

不怕油虫长得大，西风一吹就完啦。(《中国农谚》)

虫死一条，保住全苗。(《集成》)

初一初二下黄疸，初三初四连根烂，初五初六吃白面，黑狗要吃白面馍，有雨下到初十头③。〔环县〕(《集成》)

初一二下黄疸，初三四连根烂。(《平凉气候谚》)

除虫没有巧，只要动手早。(《中国农谚》)

---

① 荡：《武都天气谚》作“涝”。

② 苗儿：《集成》作“苗苗”。

③ 原注：专指四月。

除虫没有[①]窍，只有动手早。(《庆阳汇集》《宁县汇集》《平凉气候谚》)

除虫灭草，定要趁早。(《集成》)

除虫如除草，一定多趁早，不让它蔓延，才能除得了。〔天水〕(《甘肃选辑》)

除虫无别窍，只要动手早。〔定西〕(《甘肃选辑》)

春甲子赤地千里，遍地生虫。〔夏临〕(《集成》)

春甲子下雨，遍地生虫；夏甲子下雨，遍地生火；秋甲子下雨，遍地行船；冬甲子下雨，遍地冻干。〔武山〕(《集成》)

春甲子下雨，遍地起虫；夏甲子下雨，石头生烟；秋甲子下雨，遍地行船；冬甲子下雨，冻死牛羊。(《定西农谚》)

春节生虫要脑袋，埋严发过不生虫。〔张掖〕(《甘肃选辑》)

春杀一个[②]，强如秋杀百个。(《岷县农谚选》《甘肃选辑》《定西汇编》)

敌百虫，敌敌畏，按比例，不吃亏。(《谚海》)

地老虎吃根，蛀虫螟钻心。(《谚海》)

冬杀一条虫，秋收万粒粮。〔天水〕(《甘肃选辑》)

冬无雨，虫子生。(《集成》)

端午一阵雨，虫子遍地起。(《集成》)

端午有雨，必生蝗虫。〔天水〕(《集成》)

端午遇到阴雨天，秋天虫子飞满天。(《集成》)

端阳下雨，黄锈满地。(《集成》)

防虫一遍，增产千石。〔天水〕(《甘肃选辑》)

防虫越早，庄稼越好。〔天水〕(《甘肃选辑》)

蛤蟆没牙，田里害虫都害怕。〔武山〕(《集成》)

黑病黄疸病，早种不产生。(《酒泉农谚》)

黑筋疸[③]，减一半。(《集成》)

黑穗出了头，拔掉[④]埋入沟。(《定西汇编》《定西农谚》)

横草不挖，竖草不抓[⑤]。(《集成》)

黄疸不算疸，黑疸不见面。(《宁县汇集》《静宁农谚志》《甘肃选辑》《平凉气候谚》)

---

① 没有：《平凉气候谚》作“没”。

② 《甘肃选辑》“一个”后有“虫”字。

③ 黑筋疸：原注谓亦叫黑疸、黑穗病、黑粉病。小麦等禾本科植物都能感染，受害部位产生黑色粉末，导致结籽减产，直至绝收。

④ 拔掉：《定西农谚》作“拔了”。

⑤ 原注：横草指扯蔓的草，不必挖根，锄后伏天自死；竖草：直立茎草，不挖根锄后会再生。

黄疸收一半，黑疸不见面。(《高台天气谚》)
黄疸收一半，黑疸连根烂。(《集成》)
黄筋疸，不见面。〔甘谷〕(《集成》)
蝗虫吃了田，少不了雇工的钱。(《定西县志》)
见病拔，见虫捉拿。〔定西〕(《甘肃选辑》)
见病株拔，见害虫拿。(《岷县农谚选》)
见灰就拔，见虫就拿。(《定西汇编》)
开春杀一个，强起秋后杀一百。(《中国农谚》)
烂叶枯草藏虫身，秋上黑矾春上信。(《中国农谚》)
六月旱，芽虫漫。〔正宁〕(《集成》)
毛桃①烟叶加灰草，防治蚜虫真正好。〔天水〕(《甘肃选辑》)
灭虫除草，抓紧抓早。(《定西农谚》)
腻虫一把灰，蝼蛄一桶水。(《中国农谚》)
年年防虫，时时防灾。〔甘谷〕(《集成》)
农药过量，奇形怪状。〔酒泉〕(《集成》)
农药上阵，杀虫灭病。〔广河〕(《集成》)
扑一蛾，增一箩。(《中国农谚》)
青苗不让咬，黄田不要盗。(《山丹汇集》)
秋季雨水少，来年蝗虫稀。(《中国农谚》)
秋上黑矾春上砒，壮地杀虫还去病。(《中国农谚》)
秋天雨水多，来年蝗虫少②。(《集成》)
秋无一只虫，春得一片粮。〔甘谷〕(《集成》)
人人一把火，螟虫没处躲。(《中国农谚》)
若要来年虫害少，冬季烧去地里草。(《平凉气候谚》)
三月一二下黄疸，三月三四下白面。(《集成》)
杀虫没有窍，只要动手早。(《静宁农谚志》)
杀虫一条保百亩。〔华亭〕(《集成》)
生肥要腐化，免得生虫吃庄稼。(《平凉汇集》)
生了螟虫有一半，生了蝗虫全完蛋。(《集成》)
四月初一吹北风，没有什么病虫。(《白银民谚集》)
四月初一二，下雨黄金斑。(《静宁农谚志》)

① 毛桃：原注指毛桃叶子。
② 少：又作“稀”。

四月初一二下黄疸，初三初四①连根烂。（《庆阳汇集》《平凉汇集》《谚海》）

四月初一下黄豆，初三初四连根拔拦。（《宁县汇集》）

天旱三年能吃饭，虫害一时饿死人。〔甘谷〕（《集成》）

田②要好，除虫草。（《定西农谚》）

无虫不怕没有巧，只怕下手早。〔张掖〕（《甘肃选辑》）

五月端阳下，庄稼黄疸大。〔甘南〕（《甘肃选辑》）

五月端阳下一阵，庄稼生百病。（《谚语集》）

五月雨多，庄稼病多。（《甘肃天气谚》）

务好庄稼三件宝，施肥灭虫勤锄草。（《定西农谚》）

下了春甲子，遍地都生虫。（《集成》）

下了春甲子遍地生虫，下了夏甲子遍地生荒，下了秋甲子菜头生耳，下终甲子③。〔天水〕（《甘肃选辑》）

夏季若有东南风，庄稼必定生油虫。（《集成》）

要想虫少，防治要早。〔广河〕（《集成》）

要想害虫少，锄尽田边草。〔武山〕（《集成》）

要想害虫少，冬天烧去地里草。〔灵台〕（《集成》）

要想来年虫害少，冬季烧去地里草。（《宁县汇集》《甘肃选辑》）

要想来年虫子少，冬天烧去地边草。（《泾川汇集》）

一株不治害一片，今年不治害明年；杂草是虫窝，杂草害虫多。（《谚海》）

一株不治害一片，今年不治祸明年。（《定西农谚》）

有虫治，无虫防，幼苗④一定长得旺。〔张掖〕（《甘肃选辑》《集成》）

治虫没窍，要早要少要了。〔和政〕（《集成》）

治虫药料准备好，莫叫害虫伤青苗。〔天水〕（《甘肃选辑》）

治虫有窍，下手要早。（《庆阳县志》）

治卵不治虫，活在卵高峰。〔康乐〕（《集成》）

种地不除虫，少收粮食当年穷。〔武威〕（《集成》）

庄稼病株要拔掉，架火烧毁最为妙。（《宁县汇集》《甘肃选辑》《平凉气候谚》）

庄稼好，看三宝：拉虫施肥勤除草。（《宁县汇集》《平凉气候谚》）

庄稼若要好，除去病虫和野草。〔泾川〕（《集成》）

---

① 初三初四：《平凉汇集》作“初三四”。

② 田：又作“菜”。

③ 末句似有缺文。

④ 幼苗：《集成》〔华亭〕作“庄稼”。

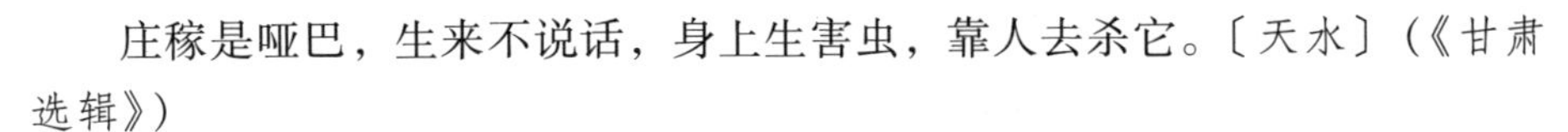

庄稼是哑巴，生来不说话，身上生害虫，靠人去杀它。〔天水〕(《甘肃选辑》)

庄稼要好，十防[1]来保。(《集成》)

庄稼要好，治虫要早。(《集成》)

庄稼最怕旱虫[2]灾。(《集成》)

草　害

拔草不拔根，日后还发生。(《谚语集》)

白刺根，真厉害，根子拔断还出来。〔天水〕(《甘肃选辑》《中国农谚》)

不怕青草害，就怕干草霸。〔武山〕(《集成》)

草锄净，茬拾光，害虫没处把身藏。(《谚海》)

草是百谷病，不除要送命。〔天水〕(《甘肃选辑》《中国农谚》)

草是虫的窝，无草虫不落。(《集成》)

草是园中敌，勤除增肥力。〔灵台〕(《集成》)

草是庄稼病，不锄要送命。(《山丹汇集》)

草无泥不烂[3]，泥无草不肥。(《甘肃选辑》《定西汇编》《中国农谚》)

草无脏水不烂，泥无烂草不肥。〔正宁〕(《集成》)

草药都是草，搞错受不了。(《集成》)

铲草不锄根，春风吹又生。(《定西汇编》)

铲除地边草，庄稼病虫少。(《定西农谚》)

除草要除根，免得草又生。(《定西农谚》)

锄草不铲根，来年草又生。(《定西农谚》)

锄草不锄根，锄后还会生。〔皋兰〕(《集成》)

锄草不锄根，明年依旧生。(《集成》)

锄草不锄埂子，留得当年的种籽。(《谚语集》)

锄草要斩根，免得雨后生。(《中国农谚》《谚海》)

锄草只锄头，二次上来大报仇。(《集成》)

春草开花，秋草结籽。(《谚语集》)

春甲子下，杂草丛生；夏甲子下，遍地生火；秋甲子下，禾头生耳；冬甲子下，冻死牛羊。(《定西农谚》)

春见馒头云，收拾杂草莫放松。〔定西〕(《甘肃选辑》《中国气象谚语》)

---

① 十防：原注指防虫、防病、防旱、防涝、防霜、防雹、防风、防沙、防害、防畜禽。

② 旱虫：即蚜虫。

③ 烂：《甘肃选辑》误作“竖”。

刺盖剃了头，弟兄七个来报仇。(《集成》)

地边草，都锄了，来年庄稼病虫少。(《集成》)

地长苦苦菜，鸡架跟里把粪撒；一年撒一遍，十年永不见。〔甘南〕(《甘肃选辑》)

冬季清除田边草，来年肥多虫害少。〔天水〕(《甘肃选辑》)

冬天铲去草，春天害虫少。(《集成》)

蒿子占山，血水子不干。(《谚语集》)

薅草不薅埂子，留下明年种子。〔兰州〕(《甘肃选辑》《中国农谚》)

今年锄草剩一棵，明年保你拉一车。〔泾川〕(《集成》)

今年漏锄一棵草，明年庄稼被草咬。(《集成》)

今年秋耕好，来年草虫少。(《集成》)

苦苣剃了头，赶上明早晒日头。(《定西农谚》)

苗多欺草，草多欺苗。(《定西汇编》《集成》)

千年草籽万年根，几时不锄几时生。(《中国农谚》《集成》)

千年草籽万年墒，锄头一停它就生。(《集成》)

穷宾草，富芦苇，肥沃地里长灰条。〔平凉〕(《甘肃选辑》《中国农谚》)

秋草留粒子，明年要吃死。〔康乐〕(《集成》)

秋季清除四边草，来年肥多杂草少。〔民乐〕(《集成》)

秋天总要锄田勤，害虫时时要操心。〔定西〕(《甘肃选辑》)

秋种三年，遍地草淹。(《集成》)

拾掉草根除杂草，害虫子孙跑不了。〔天水〕(《甘肃选辑》)

田间无杂草，作物无虫害。〔张掖〕(《甘肃选辑》)

田间一棵草，赛过毒蛇咬。〔漳县〕(《集成》)

头草不锄不发棵，二草不锄短一节。(《中国农谚》)

头草不锄根，过后又发青。(《集成》)

挖草不挖地埂子，全留下①的草根子。(《甘肃选辑》《中国农谚》《定西汇编》)

燕麦②拔掉头，后劲大如牛。〔酒泉〕(《集成》)

燕麦不挖根，见水它又生。(《集成》)

燕麦铲掉头，力气大如牛③。(《山丹汇集》《甘肃选辑》《中国农谚》《定西农谚》《集成》)

---

① 《定西汇编》无“下”字。

② 燕麦：野燕麦，是一种界性农田恶草。

③ 掉：《山丹汇集》作“了”。《集成》〔永昌〕下句作“力量大似牛”。

燕麦铲了头，穗穗大似牛[①]。（《甘肃选辑》《中国农谚》《定西农谚》《谚海》）

养草一夜，多锄三天。（《集成》）

要想庄稼长得好，地里燕麦收拾了。（《甘肃选辑》《定西汇编》）

野狼燕麦草，不除苗难保。〔酒泉〕（《集成》）

一年掉草，十年不了。〔甘南〕（《甘肃选辑》《中国农谚》）

一年谷，三年莠。〔甘谷〕（《集成》）

杂草铲净，除虫灭病。（《集成》）

早除一根，迟除一丛。〔甘谷〕（《集成》）

早除一刻草就死，晚除一刻荒田地。〔天水〕（《甘肃选辑》）

贼狼燕麦草，全部消灭掉。（《山丹汇集》）

种秋过三年，遍地是草原。（《静宁农谚志》）

自发谷子早拔净，落到地里是祸根。（《甘肃选辑》《定西汇编》）

走不完的天下路，薅不尽的田间草。〔酒泉〕（《集成》）

鼠鸟害

地里有瞎瞎，种茬不种瓜。（《谚海》）

高山庄稼糟蹋大，野熊盘窝瞎瞎拉。（《岷县农谚选》《定西汇编》）

高山庄稼糟蹋大，野熊盘窝瞎瞎拉，一年要吃二石八。〔定西〕（《甘肃选辑》）

见洞就塞，见鼠就捉。（《山丹汇集》）

麻雀上万，起落一石。（《定西农谚》）

麻雀上万[②]，一落一石。（《宁县汇集》《甘肃选辑》《平凉气候谚》《定西汇编》《集成》）

麻雀上万，一起一落一石。（《岷县农谚选》《甘肃选辑》）

麻雀上一万，起落一石。（《谚语集》）

麻雀上一万，一起一落一石。（《山丹汇集》）

男女老少齐出动，消灭四害逞英雄。（《山丹汇集》）

撤箱倒柜大扫除，墙角柜底找鼠窝。（《山丹汇集》）

鼠爱新土，挖坑好扑。（《谚海》）

天下十分田，人七鸟兽三。（《集成》）

窝口周围撒细灰，查看鼠踪找线索。（《山丹汇集》）

---

① 似：《定西农谚》作“如”。

② 上万：《集成》〔甘谷〕作“一万”。

瞎瞎很不大，一年要吃二石八。(《岷县农谚选》《定西汇编》)
瞎瞎为害大，水灌弓箭打。(《谚海》)
瞎瞎为害大，用水浇灌它。(《谚海》)
沿线放食喂几天，齐用石头把洞填。(《山丹汇集》)
夜晚掏窝捕捉尽，毁窝堵洞连根挖。(《山丹汇集》)
捉麻雀要先侦查，记住雀窝有办法。(《山丹汇集》)

地质灾害

水土流失

半山种牧草，沟底看水流。(《宁县汇集》)
半山种牧草，沟底清水流。〔张掖〕(《甘肃选辑》)
洪水拉成沟，十种九不收。〔兰州〕(《甘肃选辑》)
绿化荒山沟，山沟清水流。〔陇西〕(《集成》)
绿化秀山头，浊水变清流。〔平凉〕(《集成》)
绿了荒山头，干沟[①]清水流。(《定西农谚》《集成》)
山里上粪，川里交运。(《会宁汇集》)
山上和尚头，清水断了流。(《定西农谚》)
山上毁林开荒，川坝农田遭殃。(《集成》)
山上毁林开荒，山下必定遭殃。(《集成》)
山上开荒，山下遭殃。(《定西农谚》)
山上林草多，水土不下坡。〔兰州〕(《集成》)
山上绿油油，山下青水流。(《集成》)
山上没有树，水土保不住。(《定西农谚》《集成》)
山头个个光，年年多灾荒。(《集成》)
山头树木光，山下流泥浆。(《集成》)
石山上盖头，河水向东流[②]。〔永登〕(《甘肃选辑》)
小人沟小，人大沟大，人老沟深[③]。〔兰州〕(《甘肃选辑》)
沿山沿河不植树，有土有水保不住。(《集成》)
要保土，多植树。(《集成》)
要想山区吃饱饭，保持水土是大关。〔甘南〕(《甘肃选辑》)

---

① 干沟：《集成》〔陇西〕作“河沟”。
② 原注：永登红树屏农民形容水土流失。
③ 原注：形容水土流失严重。

要想山区吃饱饭，保持水土是大关。〔甘南〕(《甘肃选辑》)
有处挂爷，没处摆饭；下雨挂椽，沟吹千条①。〔天水〕(《甘肃选辑》)
造林封山，防水抗旱。(《集成》)
治沟要治根，从山上到山脚。〔定西〕(《甘肃选辑》)
治沟要治根，从山上到山中。(《宁县汇集》《甘肃选辑》)
治水先治山，治山先栽树。(《集成》)

地　震

春秋地震多，冬夏地震少。(《集成》)
大的地震声音沉，小的地震声音尖。(《集成》)
地怪叫，大震到。〔甘谷〕(《集成》)
地牛叫，天地闹。(《集成》)
地下不升水，天上不下雨，谨防大震起。〔庆阳〕(《集成》)
地震快来到，猪在圈里闹，鸡飞狗也叫，牲口棚里不吃草，老鼠机灵先跑掉。(《集成》)
地震来前多预兆：鱼浮水面向上跃，老鼠搬家向外逃，鸡飞上树猪外窜，狗在夜静狂奔叫，骡马惊慌拴不住，兔子竖耳狂奔跳，老牛发犟棚外闯，羊儿恐惧四处逃，鸽子当晚离巢去，鸭不下河崖上闯，赶快防震莫迟疑。〔庆阳〕(《集成》)
地震闹，大雨到，不是阴天就是暴。〔山丹〕(《集成》)
地震三日，必有大雪大雨。(《集成》)
地震三天大雨到，房屋倒塌水起泡。(《集成》)
地震站不稳，抱树莫靠墙。(《集成》)
房顶胡乱响，出外坐在平地上。(《集成》)
房子东西摆，地震南北来；房子南北摆，地震东西来。〔平凉〕(《集成》)
怪云兆震。(《集成》)
忽冷忽热，地震发作。(《集成》)
鸡闹狗跑猪羊叫，地震快来到。(《集成》)
井水猛枯，地震来到。(《集成》)
井水猛涨，地震要防。(《集成》)
井水起泡要地震。(《集成》)
井水是个宝，前兆来得早。(《集成》)
井水是个宝，前兆早来到：不是涨，就是落，水打旋，冒气泡，见到了，

① 指红胶土。原注：前两句形容坡陡地，后两句形容水土流失严重。

快相告。(《集成》)

井水是个宝，震兆来得早：无雨井水深，天干井水冒，有的漂油花，有的冒气泡。(《集成》)

六月六日下雪，一百八十天地震。〔临泽〕(《集成》)

三十年一小震，六十年一大震。〔天水〕(《集成》)

蛇云兆震。(《集成》)

水井是个宝，地震之前有预报，不是涨，就是落，又发浑，又翻花，水打旋，冒气泡，见了要报告。(《谚海》)

水涨三尺三，不出两三天。(《集成》)

天变黄，猛变红，地震就来临。(《集成》)

天变雨要闹，水变地要闹。(《集成》)

天出五色云，地震就来临。(《集成》)

天上蓝光闪，地震眨一眼。(《集成》)

先听响声后地震，听到响声快行动。(《集成》)

小震闹，大震到，地震一多一少快报告。(《谚海》)

有的变颜色，有的变味道。〔高台〕(《集成》)

猪不进圈狗狂叫，老鼠乱跑地震到。(《集成》)

猪在圈里窜，鸡飞狗出叫，牲口不进棚，老鼠先跑掉，地震快来到。(《集成》)

畜牧编

总　说

白天放羊做人，晚上守圈当狗。〔甘南〕(《集成》)
春买骨头秋买肉。(《中国农谚》)
春雨贵如油，利马不利牛①；秋雨如刀刮，利牛不利马。〔陇南〕(《集成》)
耕畜是农本。(《定西农谚》)
家畜是牧人的，野牲是猎人的。〔天祝〕(《集成》)
六畜兴旺，人强马壮。(《集成》)
六畜兴旺猪为首，五谷丰登粮领先。(《集成》)
农家第一宝，六畜挤满槽。〔甘谷〕(《集成》)
牲口无价宝，庄稼少不了。〔皋兰〕(《集成》)
牲畜身上淌金银，人的身上淌汗垢。〔肃南〕(《集成》)
牲畜是农本，畜能耕田地。(《谚语集》)
牲畜增多，奶油满锅。(天祝)(《集成》)
畜是农家宝，时时离不了。(《集成》)
要想富，养六畜。〔永登〕(《集成》)
要想富，养五母。(《定西农谚》)
一个牲口半个家，要凭牲口务庄稼。(《中国农谚》)
正月十五雪打灯，牲畜兴旺，五谷丰登。(《定西农谚》)
治贫要发展畜牧，要养鸡养兔。(《定西农谚》)
治贫要发展畜牧，致富要养鸡养猪。(《定西农谚》)
致富之路，发展畜牧。(《定西农谚》)

畜　种

牛

概　说

炒菜要油，耕地要牛。〔庆阳〕(《集成》)
点灯不用油，耕地不用牛。(《定西农谚》)
耕田有牛，庄稼不愁。〔陇南〕(《集成》)
计划不到头，一辈子使老牛。(《山丹汇集》)

① 利:《集成》〔庆阳〕又作“瘦”。

家有一对牛，不如一个滴溜溜[①]。〔岷县〕(《集成》)
家有一对牛，没地也不愁。(《岷县农谚选》)
将军一匹马，农民一头牛。(《定西农谚》《集成》)
扛起锄头，想起老牛。〔武山〕(《集成》)
栏里无牛空起早，养牛无力也糟糕。(《谚海》)
老牛不死，苦业不尽。〔岷县〕(《集成》)
老牛力尽刀尖死。〔武山〕(《集成》)
老牛破车疙瘩绳，庄稼咋能种得成。(《集成》)
老牛走得苦，死了剥皮鞔了鼓。〔武山〕(《集成》)
牦牛虽黑，是野牛的种族；犏牛虽美，是尕巴的种族[②]。〔甘南〕(《集成》)
牦牛生得苦，忌的清明谷雨五月五。〔武山〕(《集成》)
男不养牛是败子，女不养猪是呆子。(《集成》)
牛大三百斤，鱼大无秤称。(《集成》)
牛老一月，人老一年。(《朱氏农谚》《鲍氏农谚》《集成》)
牛马二十载，骡子一百年。(《集成》)
牛马是忠臣，好比家里一口人。(《集成》)
牛没上牙狗没肝，鸡肚子里有颗化石胆。(《集成》)
牛没上牙狗没肝，鸡子无牙用嘴鸽。(《集成》)
牛没上牙马没胆。(《集成》)
牛是无价宝，种地少不了。(《会宁汇集》)
牛为农本。〔武山〕(《集成》)
牛羊满圈，金银不换。〔酒泉〕(《集成》)
农民离了牛，好似机器离了油。(《庆阳县志》)
农人[③]离了牛，灯盏离了油。(《岷县农谚选》《甘肃选辑》)
秋风细雨如刀刮，瘦牛不瘦马。(《定西农谚》)
耍把戏凭猴，做庄稼凭牛。(《中国农谚》)
霜没来地没冻，少牛无籽只是种。〔天水〕(《甘肃选辑》)
图贱买老牛，祸害眼前头。(《集成》)
玩把戏离不开猴，种庄稼离不开牛。(《集成》)
无牛不成农，无猪不成家。(《定西农谚》)

---

① 滴溜溜：方言，指拖拉机。
② 犏牛：原注指母牦牛和公黄牛交配所生的第一代杂种牛。比牦牛驯顺，比黄牛力气大。产于我国西南地区。尕巴：杂交之意。
③ 农人：《甘肃选辑》作“农民”。

五月下雪，牦牛冻缩头。〔甘南〕（《甘肃选辑》《中国农谚》《中国气象谚语》）

想卖绒毛养牛，想吃青菜种田。〔甘南〕（《集成》）

一年打两春，黄牛贵似金。（《张氏农谚》《集成》）

一条黄牛半个娃。（《集成》）

有酒不嫌酸，有牛不嫌蔫。〔通渭〕（《集成》）

有牛无籽十垧，淡支淡苗。（《岷县农谚选》）

只养一种牲畜发家，不如牛马驼羊样样有。〔肃北〕（《集成》）

种地没牛，不如胡游。〔瓜州〕（《集成》）

种地没有牛，不如瞎胡游。〔酒泉〕（《集成》）

种庄稼，靠的是大犍牛；要把戏，靠的是毛猴猴。〔张掖〕（《甘肃选辑》《中国农谚》）

庄家汉，一头牛，全家性命在里头。（《中国农谚》《谚海》）

庄稼汉一头牛，性命在里头。〔酒泉〕（《集成》）

庄稼无牛空起早，致富无树枉费心。（《集成》）

相 牛

鞭子尾巴，案板脊梁；乌眼黑蹄，拉断铁犁。（《中国农谚》）

长毛牛，短毛马，大头骡子不用打。

长牛短马一膀子①驴。（《集成》）

弓腰子牛，船腰子马。（《集成》）

公牛看前，母牛看后。（《集成》）

好牛不站，好马不卧。〔肃南〕（《集成》）

好牛好马一身膘。（《集成》）

黑牛红蹄板，拉断铁犁辕。〔灵台〕（《集成》）

黑牛麻舌头，牲子躁的不叫逗。（《定西农谚》《集成》）

黑牛耐寒，白牛耐热。〔阿克塞〕（《集成》）

黑烟熏牛铁青马，凉州的驴儿不用打。〔武威〕（《集成》）

买牛不用愁，重点看外头：前裆钻进狗，后裆插进手，前裆放进斗，后裆插进手，前宽后扒衩，买下不会差。（《集成》）

买牛得会看口齿，九扫中渠十扫边，十一十二枣儿圆。（《集成》）

买牛要爬山虎，种地要种黑垆土。（《平凉汇集》）

没角的牛爱抵头。（《集成》）

---

① 一膀子：方言，人的两臂伸直的长度，约略与身高同。

牛大有力，猪大肥家。(《集成》)
牛好鼻上汗不断。(《集成》)
牛龄看口，牙黄口臭，不是十五，便是十六。(《集成》)
牛要脚圆，猪要腰粗。〔甘谷〕(《集成》)
怕牛虻的牛，跑得不要命。〔肃北〕(《集成》)
屈马吊骡子，好牛板颈一大扎。(《集成》)
乳牛下乳牛，三年五条[①]牛。(《庆阳县志》《集成》)
瘦牛不瘦头，四个蹄儿全[②]是油。(《集成》)
瘦牛角大，瘦马鬃长。(《集成》)
驼腰牛，弓[③]腰驴。(《中国农谚》《集成》)
弯脚黄牛好耕田，直脚猪儿早出圈。(《集成》)
弯脚黄牛直脚猪。(《集成》)
一平、二方、三圆、四尖、五长[④]。(《甘肃选辑》《中国农谚》)
有钱难买边口牙，此时牛龄正八岁。(《集成》)
种地要种黑垆土，买牛要买八扎虎[⑤]。(《庆阳汇集》《宁县汇集》《静宁农谚志》《甘肃选辑》《平凉气候谚》《中国农谚》《集成》)

饲　养

白露之后牛羊肥，寒露之前鸡换羽。(《集成》)
草长不过寸，牛吃更有劲。〔酒泉〕(《集成》)
出窖萝卜似毒药，老牛吃了落了犊。〔定西〕(《集成》)
春冰夏芦，吃的老牛尻子漏油。(《集成》)
蠢人放牛羊，草场一天光。〔阿克塞〕(《集成》)
地靠秋耕好，牛靠冬长膘。〔华亭〕(《集成》)
东牛西马北羊圈，猪娃圈在正南上[⑥]。〔武威〕(《集成》)
冬不喂好牛，夏天急白头。〔泾川〕(《集成》)
冬牛不瘦，春耕不愁。(《集成》)
冬牛的食，夏牛的力。〔徽县〕(《集成》)

---

① 条：《集成》〔武威〕作“头”。
② 全：又作“纯”。
③ 弓：《集成》作“弯”。
④ 原注：选择牛时，牛额要平，嘴要方，腰要圆，蹄要尖，尾要长。
⑤ 种地：《宁县汇集》作“种田”。黑垆土：《静宁农谚志》作“黑油土”。八扎虎：《集成》〔灵台〕作“爬叉虎”，原注指前裆宽能放进斗，后裆窄能插进手，胸膛满、屁股齐的外形。
⑥ 原注：旧习给牲畜建圈的方位。

冬牛喂盐，一天长一两八钱。(《集成》)

冬天不喂牛，春天没耕头。(《宁县汇集》《静宁农谚志》《甘肃选辑》《平凉气候谚》《中国农谚》)

冬天的料，春天的牛。(《谚海》)

多上油，少打牛。(《岷县农谚选》《甘肃选辑》《定西汇编》《中国农谚》)

多种一片草，多养一头牛，多上一车粪，多打一斗粮。〔张掖〕(《甘肃选辑》)

乏牛不卧，卧牛不乏。〔皋兰〕(《集成》)

肥牛壮地，不是一日功。(《宁县汇集》《甘肃选辑》)

肥牛壮地，不是一日之功。(《静宁农谚志》《中国农谚》)

隔年要犁田，耕牛要吃盐。〔泾川〕(《集成》)

耕牛要想长得好，天天夜里添足草。〔环县〕(《集成》)

耕牛有宿草，食鼠有余粮。〔永登〕(《集成》)

耕牛战马磨道驴，顶如家口善待哩。(《集成》)

股子蔓，老牛不吃马不看。〔武山〕(《集成》)

股子蔓，老牛过来扯长面。〔武山〕(《集成》)

九月九，乱撒牛，打死老牛赔小牛。〔永登〕(《集成》)

老牛老马，全凭吃耍。(《集成》)

牦牛赶到石滩上会磨损蹄子，绵羊拢进树林里会挂掉羊毛。〔甘南〕(《集成》)

美丽的草原，应防有毒草；肥壮的牛羊，应防掉膘日。〔甘南〕(《集成》)

年牛月马当日驴①。(《集成》)

年牛月马十天羊。(《集成》)

牛不吃饱草，拉犁满地跑。〔陇南〕(《集成》)

牛不吃脏草，马不饮脏水。(《集成》)

牛草一丈，马草半尺。〔武山〕(《集成》)

牛吃饱，田吃饱，种田老汉饿不了。(《集成》)

牛吃长，马吃短，骡子吃的细又软。(《集成》)

牛吃露水草，膘肥体格好。(《集成》)

牛吃露水草，一定能上膘。(《集成》)

牛吃水草一泡尿，马吃水草一合料。〔临夏〕(《集成》)

牛出蛮力驴吃料，养歪牛②不如种近地。〔酒泉〕(《集成》)

---

① 原注：喂草料长膘增力时间。

② 歪牛：品种差、力气小的牛。

牛到谷雨吃饱草，人到处暑吃饱饭。（《谚海》）

牛冻角，人冻脚。（《集成》）

牛房牛房，冬暖夏凉。（《集成》）

牛喝尿，如加料；羊喝尿，死期到。〔武山〕（《集成》）

牛靠草料，地靠肥料。（《集成》）

牛马不喂料，等于瞎胡闹。〔陇南〕（《集成》）

牛盼谷雨羊盼夏。（《集成》）

牛盼清早羊盼夏，人过小满说大话。（《谚海》）

牛圈通风，牛力大增。（《集成》）

牛圈要黑，猪圈要亮。（《集成》）

牛食尿，顶上料。（《谚海》）

牛瘦不吃草，马瘦脊梁高。〔张家川〕（《集成》）

牛瘦角不瘦。（《集成》）

牛似镰刀，羊似镊子[①]。〔甘南〕（《甘肃选辑》《中国农谚》）

牛舔马，如刀刮。（《集成》）

牛喂三九，马喂三伏。〔临夏〕（《集成》）

牛喂一气草，才能吃得饱。〔皋兰〕（《谚语集》《集成》）

牛无夜草不肥，菜不移栽不发[②]。（《鲍氏农谚》《谚海》）

牛羊踩粪踩满圈，骡马踩粪槽半边，猪儿踩粪窝前片，厕所积粪高尖尖。〔天水〕（《甘肃选辑》《中国农谚》）

牛羊见草肥，骡马吃料壮。（《集成》《定西农谚》）

牛羊离不开草原，江河离不开泉源。〔甘南〕（《集成》）

牛要放，猪要胀。〔酒泉〕（《集成》）

牛要满饱，马要夜草。〔陇西〕（《农谚和农歌》《中国农谚》《谚海》《集成》）

牛要满肚饱，马要夜里草。（《山丹汇集》）

牛要喂得好，时时勤添草。〔陇西〕（《集成》）

牛要喂好，圈干食饱露水草。（《集成》）

农人一千个早，瘦牛一千个饱。（《谚海》）

清明对立夏，牛羊不出凵。（《定西县志》《定西农谚》）

清明对立夏，牛羊不上凵[③]。（《甘肃农谚》《会宁汇集》《定西农谚志》

---

① 原注：指牛羊吃草。

② 《鲍氏农谚》上下句互倒。

③ 《集成》注：清明、立夏若在两个月的同一日，则主旱。凵：有“坬”“洼”“注”等多种写法，今统一作“凵”，指山坡。上凵：《会宁汇集》作“上山”，《定西农谚志》作“出外”。

《集成》)

清明对立夏，牛羊上不了山。(《定西农谚》)

入伏十日热死牛，立冬十日冻死狗。(《集成》)

若要食饱露水草，耕牛一定能养好。(《集成》)

若要喂好牛，一月半两油。(《谚海》)

若要养好牛，月月四两油。〔永昌〕(《集成》)

若要壮，牛羊满山狂。〔临夏〕(《集成》)

三九四九，保护耕牛。〔兰州〕(《集成》)

上午立了夏，下午把牛打上山。(《谚海》)

十月牛，满街游。〔漳县〕(《集成》)

瘦牛喂米汤，半月癞毛光。〔临夏〕(《集成》)

细心牛栏小心仓。(《中国农谚》)

养牛没有窍，水足草料饱。(《集成》)

养牛养冬膘，开春力气饱。〔陇南〕(《集成》)

要得使好牛，月月四两油。(《中国农谚》)

要想来年种好田，冬天牛要喂把盐。(《集成》)

早出圈，晚上山，牛羊吃成油蛋蛋。〔天祝〕(《集成》)

早上立了夏，下午老牛赶上山。〔泾川〕(《集成》)

庄稼汉使好牛，一月灌给四两油。〔庆阳〕(《集成》)

庄稼人养好牛，伏上要慌油。〔张掖〕(《甘肃选辑》《中国农谚》)

庄稼人养好牛，一月四两油。(《会宁汇集》)

役　使

鞭排牛，细犁地，竹根发苗出来好色气。〔张掖〕(《甘肃选辑》)

春牛如战马。(《集成》)

春雨贵如油，雨后不停牛。(《集成》)

春雨贵如油，庄稼不停牛。(《宁县汇集》《静宁农谚志》)

春雨贵如油，庄稼汉不停牛。(《平凉汇集》)

打牛千鞭，不成一粒米。〔天水〕(《甘肃选辑》)

打牛千鞭，不见一米。〔张掖〕(《甘肃选辑》)

打牛千鞭，不舍粟米一颗。〔定西〕(《甘肃选辑》)

打牛千鞭，难得粟米一颗①。(《定西农谚》)

大牛耕深，揭断柴草根。(《宁县汇集》)

---

① 颗：又作“粒”。

大牛好牵，小耗子难抓。(《集成》)

点灯爱油，耕地爱牛。〔庆阳〕(《集成》)

二八月摆条风，老牛老马驮一冬。〔天水〕(《甘肃选辑》)

二十四五头，月出便使牛。(《甘肃农谚》)

二十四五头，月亮上来正套牛。〔敦煌〕(《集成》)

二月二，教牛娃；三月三，马教鞍。〔陇南〕(《集成》)

二月二，龙抬头，大家小户使耕牛。(《集成》)

赶牛要知牛辛苦。(《集成》)

耕地爱牛，点灯惜油。〔兰州〕(《集成》)

耕地不回头，气死老黄牛。〔陇南〕(《集成》)

耕牛有歇有跑，十七八年不老。(《集成》)

过了惊蛰牛不闲。〔天水〕(《集成》)

黑牛哥，黄牛哥，白雨来了各顾各。〔天水〕(《集成》)

黑牛加红线，耕地如射箭。〔陇南〕(《集成》)

铧子点头，累死老牛。(《集成》)

犍牛半岁不饶[①]，母牛半岁不调。〔临夏〕(《集成》)

惊蛰和九九，耕牛遍地走。(《定西农谚》)

惊蛰乱架牛。(《会宁汇集》)

九九加一九，耕牛遍地走。(《岷县农谚选》《甘肃选辑》《中国农谚》《谚语集》)

九九加一九，黄牛遍地走。〔张掖〕(《甘肃选辑》《酒泉农谚》)

九九尽，收拾打牛棍。(《甘肃农谚》)

九月立冬，冬前站牛；十月立冬，冬后停犁[②]。(《集成》)

懒牛上套，不屎就尿。(《集成》)

老牛河坡地，用工就得利。〔张掖〕(《甘肃选辑》《中国农谚》)

老牛老马怕惊蛰。〔陇南〕(《集成》)

老牛犁地不站，推车到地里不转。〔张掖〕(《甘肃选辑》《中国农谚》)

雷打惊蛰遍地牛。(《集成》)

慢牛一步，能顶八把镢头[③]。(《集成》)

母牛岁半不饶，犍牛两岁不调。(《集成》)

牛大杠深，切断草根。(《静宁农谚志》)

---

① 不饶：原注指开始役使。

② 冬前、冬后：指立冬前后。

③ 原注：指二潮地。

牛大犁铧深，种地才放心。〔山丹〕（《集成》）
牛儿驴儿十载苦，清明谷雨五月五①。（《定西县志》）
牛赶十里倒，羊赶十里饱。〔甘南〕（《甘肃选辑》）
牛回来先歇歇，马回来啃草节。〔泾川〕（《集成》）
牛进地，人进地，头里犁，后头打。〔张掖〕（《甘肃选辑》）
牛怕种荞，狗怕脱毛。〔陇南〕（《集成》）
牛有千斤力，不能一时逼。〔天水〕（《集成》）
牛有千斤力，不以一时逼，不怕千次使，就怕一次累。（《集成》）
牛壮犁得深，种上也放心。〔张掖〕（《甘肃选辑》）
牛走十里倒，羊走十里跑。〔武山〕（《集成》）
千镢头，万镢头，不如老牛一镢头。〔陇南〕（《集成》）
轻车出快牛。（《中国农谚》）
清明前三后四，黄牛大马遍地。（《山丹汇集》）
三岁的牯牛②十八汉。（《集成》）
生牛③不拉，生瓜不甜。（《集成》）
十月牛，满街游。〔漳县〕（《集成》）
天旱不停牛，丰收在里头。（《集成》）
天旱不停牛，雨涝不套牛。（《集成》）
喂牛得犁，喂马得骑。（《定西农谚》《集成》）
夏田种在牛领上，秋田锄在人手上。〔武山〕（《集成》）
要吃粮和油，鸡叫套上牛。（《集成》）
有牛不耕八月土。（《集成》）
早胜牛，山羊粪，庄稼不长人不信。（《平凉汇集》《谚海》）
只有犁乏的牛，没有犁乏的地。〔张掖〕（《甘肃选辑》）
只有犁坏的牛，没有整坏的地。（《山丹汇集》）
只有犁垮的牛，没有犁坏的地。〔山丹〕（《集成》）
只有挣坏的牛，没有耕坏的地。（《静宁农谚志》《甘肃选辑》）
庄稼使死牛，牛在地里头。（《集成》）

繁殖、疫病

白露后，牛羊配。（《集成》）

① 原注：指此三时应稍休息也。
② 牯牛：原注指阉割过的公牛，多泛指牛。此谓力气大，十八条汉子也拉不动。
③ 生牛：原注指未经调使或不是同一套的牛。

成熟的雌牦牛进了圈，曾挤过奶的黄牛赶一边。〔甘南〕(《集成》)

春雷瘦牛马，瘟疫病死鸡。(《集成》)

春冷冻死牛。(《集成》)

雌牛下雌牛，三年五头牛。(《集成》《定西农谚》)

冬暖人畜瘟疫大。(《靖远农谚》)

姜汤水中掺，牛饮挡风寒。(《集成》)

老牛过冬，怕的北风。〔泾川〕(《集成》)

老牛难过冬，怕受西北风。(《朱氏农谚》《鲍氏农谚》《中国农谚》《集成》)

老配早来少配晚，不老不少在中间①。(《集成》)

雷打冬，十个牛栏九个空。(《鲍氏农谚》《中国农谚》)

两春夹一冬，十个牛栏九个空。(《集成》)

母牛母牛，三年五头。〔张掖〕(《甘肃选辑》)

母牛下母牛，三年五条牛。〔庆阳〕(《中国农谚》《集成》)

牛发情吊线哩，猪发情跑圈里，驴发情嘴拌哩，马发情吊骣哩。〔金塔〕(《集成》)

牛怀九月零十②天，不在今天在明天。(《集成》)

牛怕春冷，田怕浅耕。(《中国农谚》)

牛怕黑霜③，马怕夜雨。〔岷县〕(《集成》)

牛怕圈里水，马怕满天星④。〔泾川〕(《中国农谚》《谚海》《集成》)

牛怕深冬站，瘦倒在槽前。〔陇南〕(《集成》)

牛瘦长癣，地瘦长碱。〔合水〕(《集成》)

牛瘦生牛黄，蛇气生冰片⑤。(《集成》)

牛行犊吊线，猪打圈死叫唤。〔武山〕(《集成》)

牛越下越小，马越下越好。(《中国农谚》)

三月正当时，快配桃李驹。〔酒泉〕(《集成》)

四离不破圈，牛羊满山窜⑥。(《定西县志》)

瓦松花开混，拉牛把种配。〔甘谷〕(《集成》)

有人知道洋红扇，老牛老马都能灌。(《宁县汇集》《甘肃选辑》《中国

---

① 原注：指不同年龄的母牛宜交配的时间。

② 十：又作“四”。

③ 黑霜：又作“严霜”。

④ 《集成》注：牛槽下要干燥，便于牛卧下休息；马槽下垫土要细，不能满地土块。圈里：《谚海》又作“满圈”，《集成》又作“肚下”。

⑤ 牛黄：原注指病牛的胆汁凝结成的黄色粒状物或块状物，是珍贵的中药材。

⑥ 四离：“两分”“两至”前一日为“四离日”。原注：离日破圈则牛羊少，否则必多。

农谚》）

雨打秋头，无草饲牛。（《朱氏农谚》《中华农谚》《费氏农谚》《两当汇编》《中国气象谚语》《谚海》）

重阳下雨，冻死牛羊。（《两当汇编》）

羊

概　说

家喂十只羊，不愁庄稼长不壮。（《集成》）

家养百只羊，顶个小银行。〔平凉〕（《集成》）

家养千只羊，强如开银行。〔酒泉〕（《集成》）

家有百只羊，等于开个小银行。（《定西农谚》）

农家不养羊，缺少三月粮。（《中国农谚》）

农家养了羊，多出①三月粮。（《中国农谚》《集成》）

养过百只羊，顶了一年粮。〔陇南〕（《集成》）

养上一群羊，不怕有灾荒。（《集成》）

养羊不知富，养马不知穷。〔平凉〕（《集成》）

养羊能致富，养马腾仓库。〔庆阳〕（《集成》）

养羊实惠好，养马声望高。〔阿克塞〕（《集成》）

养羊拾金子，养马为的使。（《集成》）

养羊偷偷富，养马抬门户。〔岷县〕（《集成》）

养羊偷着富，骡马撑门户。（《定西农谚》）

养羊偷着富，骡马②腾仓库。（《定西农谚》）

一亩地，两只羊，打的粮食没处藏。（《庆阳县志》）

一亩地，十只羊，种下庄稼比人强。〔瓜州〕（《集成》）

饲　养

别的牲畜的草场尽管不够，山羊的草场却永远用不完。〔阿克塞〕（《集成》）

冰碴粘羖草芽鸡③。（《甘肃选辑》《中国农谚》）

冰碴羯羊草芽鸡。〔山丹〕（《集成》）

不怕狂风吼，就怕羊圈有豁口。〔阿克塞〕（《集成》）

草不好，羊乱跑。〔陇南〕（《集成》）

---

① 出：《集成》作“下”。

② 骡马：又作“养马”。

③ 原注：羊肥壮的季节。

春放背，夏放岭，寒露霜降沟底拱。（《中国农谚》《谚海》）

春放霜化夏放凉，秋放高坡冬放阳。（《谚海》）

春放阳，夏放凉，秋放茬子地，冬放背风冈。（《集成》）

春放阳坡夏放梁，秋放树林冬放场。〔酒泉〕（《集成》）

春放一条线，夏放一大片[1]。（《集成》）

春毛不过四月八，秋毛不过八月八[2]。（《集成》）

春天绵羊象病人，牧工是医生；夏天绵羊象强盗，牧工是追兵；秋天绵羊象角鹿，牧工象猎人；冬天绵羊象婴儿，牧工是母亲。（《中国农谚》）

春天喂盐羊不饱，伏天喂盐顶住雨，九月喂盐顶住风，冬天喂盐不吃草。（《集成》）

春羊似病人，牧人是医师；夏羊似盗贼，牧人如仆差；秋羊似大鹿，牧人像猎手；冬羊似新郎，牧人是情人。〔甘南〕（《集成》）

冬冰响，绵羊壮。（《山丹汇集》）

冬冰响，羊儿壮。（《集成》）

冬放近，夏放远，春天放的晚阳山。〔平凉〕（《集成》）

冬放阳坡夏放坬。〔天水〕（《集成》）

恶狼早已溜进羊圈，粗心汉却跑到荒野追赶。〔肃北〕（《集成》）

二八月放羊如号脉。（《集成》）

二齿羯羊的头大，母绵羊的岁数大。（《集成》）

二三月里放阳坡，七八月里放阴坡，九月十月放山窝，腊月正月又阳坡[3]。（《中国农谚》《谚海》）

二月羊，盘成场。（《中国农谚》）

二月羊，瘦断肠；三月羊，抛过墙。（《集成》）

放过三年羊，给个知县也不当。〔酒泉〕（《集成》）

放牧牛羊要水草好，谈论事情要朋友好。〔甘南〕（《集成》）

放牛得坐，放马得骑，放羊的走破脚板皮。（《集成》）

放羊打住头，放得满肚油；放羊不打头，放成瘦马猴。〔环县〕（《集成》）

放羊拿棒，越放越胖；放羊拿鞭，越放越干。（《集成》）

放羊人看草坡。〔天祝〕（《集成》）

放羊三年，懒得做官。〔永昌〕（《集成》）

放羊一溜风，母羊难吃饱，走走又停停，只剩一张皮。（《集成》）

---

① 原注：放羊的规律。

② 原注：剪羊毛时间。

③ 阳坡：《谚海》作“阴坡”。

伏里杀青草，牛羊一冬饱。〔岷县〕（《定西农谚》《集成》）
过了九月九，牛羊遍地走。〔灵台〕（《集成》）
过了清明节，羊腿晒成铁。（《集成》）
旱羊，涝马。（《中国农谚》）
好草喂不肥圈羊。〔武山〕（《集成》）
好羊倌的小羊羔换新毛，坏羊倌的三岁羯羊瘦伶仃。〔甘南〕（《集成》）
黑羊怕交九，白羊怕打春①。（《集成》）
精灵的头羊，会把羊群引到好草场。〔肃南〕（《集成》）
九月重阳，乱放牛羊；过了重阳，撒开牛羊。〔岷县〕（《集成》）
空着肚子的羊不要饮水，吃饱的羊不要猛追。〔天祝〕（《集成》）
离了群的孤羊是狼的口粮。〔肃南〕（《集成》）
劣种羊只一岁就老。〔甘南〕（《集成》）
六山羊，腊绵羊②。〔泾川〕（《集成》）
六月赶迟，七八月赶早，九月十月不吃露水草③。（《集成》）
露水放羊，羊屙稀屎汤。〔武山〕（《集成》）
没奶的母羊总爱叫。〔甘南〕（《集成》）
没养过羊的人一旦已有了羊，追前赶后除非把羊折腾光。〔肃南〕（《集成》）
没有好嘴不跑堂，没有好腿不放羊。（《集成》）
牧羊人如果贪茶好酒，小羊羔就会被狼叼走。〔肃北〕（《集成》）
牛羊不入山，树木长得欢。〔泾川〕（《集成》）
秋天的母羊得用草填饱，春天的母羊要用水灌饱。〔甘南〕（《集成》）
瘸腿羊，好上膘。（《集成》）
群里有山羊把头带，绵羊吃草时散得开。（《集成》）
绒毛短的山羊，怕天气寒冷。〔肃南〕（《集成》）
山麻羊乏，兔瘦羊肥④。〔庆阳〕（《集成》）
山羊不合绵羊群。（《集成》）
山羊不攀岩石蹄子发痒。〔阿克塞〕（《集成》）
山羊眷山，攀到红岩顶上；绵羊恋坪，走到绿野滩上。〔甘南〕（《集成》）
山羊喜钻山，绵羊喜沟滩。（《集成》）
适时剪毛，羊肯上膘。（《集成》）

① 原注：羊走向乏弱的时间。
② 原注：山羊、绵羊长膘的时间。
③ 原注：各月放羊的时间。
④ 原注：春季小草露尖，正是羊乏时间；夏季六月兔瘦，正是羊肥时间。

夏放阳坡秋放沟，五月六月放山头。(《集成》)

小山羊的叫声虽高，却是奶声奶气；大母羊的叫声虽低，却是老声老气。〔肃南〕(《集成》)

羊巴清明牛巴夏。(《洮州歌谣》)

羊巴清明牛巴夏，人巴过小暑也不怕①。(《定西县志》)

羊巴清明牛巴夏，人到小暑赞②大话。〔永登〕(《集成》)

羊巴清明牛巴夏，人过小暑就不怕。(《定西农谚》)

羊巴清明牛巴夏，人过③小暑说大话。(《谚语集》《定西农谚》)

羊奔清明牛奔麦，人奔小暑亮大活。(《白银民谚集》)

羊吃百样草，十里路上找。(《集成》)

羊吃百种草，皮毛肥肉都是宝。(《泾川汇集》)

羊吃回④头草。〔皋兰〕(《集成》)

羊吃田，连根烂；牛吃田，一大片。(《定西农谚》)

羊吃枣芽⑤上嫩膘。(《集成》)

羊吃扎扎草，牛吃一扎高。〔灵台〕(《集成》)

羊出圈，一条线；羊抢青，满天星。(《集成》)

羊儿吃草欢，次日没好天。(《谚海》)

羊儿一天，两饱一干。(《集成》)

羊放十里饱，牛放十里倒。(《中国农谚》)

羊肥全靠牧羊人。(《集成》)

羊过谷雨马立夏，牲畜草料喂到家。(《山丹汇集》)

羊过芒种马立夏，驴过清明全不怕。〔山丹〕(《集成》)

羊过清明牛过夏。(《山丹汇集》)

羊过清明牛过夏，老驴老马过四月八，人过小暑说大话。(《清水谚语志》)

羊过清明牛过夏，人过芒种也不怕。(《集成》)

羊过清明牛过夏，人过小满说大话。〔灵台〕(《集成》)

羊喝井水膘肥。(《集成》)

羊靠人养，膘靠草长。(《谚语集》《集成》)

羊毛剪在二八月。(《集成》)

---

① 巴：方言，盼。原作“爬”当以“巴”为是，下同，不再出校。《定西县志》注：清明草刚出土，羊可齿食，立夏草长，牛可舌掠，小暑豆熟，人可食也。

② 赞：方言，吹嘘、夸耀。

③ 巴：《定西农谚》又作“盼”。过：《谚语集》作“巴”。

④ 回：一作“碰”。

⑤ 枣芽：指枣树发芽时间。

羊怕青露，马怕夜雨。〔酒泉〕（《集成》）
羊盼清明马盼夏，老牛盼的四月八。（《集成》）
羊盼清明牛盼夏，老驴老马盼的四月八①。〔临泽〕（《集成》）
羊盼清明牛盼夏，人过小暑说大话。（《甘肃选辑》《中国农谚》）
羊盼清明牛盼夏，贮草抓膘没二话。（《庆阳县志》）
羊群上一千，头羊望不见。〔阿克塞〕（《集成》）
羊是伙伙虫，少了养不成。（《集成》）
羊蹄子上四两油，离了羊蹄子是个球。（《静宁农谚志》）
羊望清明牛望夏，庄稼人五月说大话。〔徽县〕（《集成》）
羊喂盐，夏一两，冬五钱。（《中国农谚》《集成》）
羊无碍口之草。（《中国农谚》）
羊吆十里饱了，牛吆十里倒了。（《集成》）
羊要胖，满山逛。（《集成》）
羊要散哩，猪要圈哩。〔武山〕（《集成》）
羊要养好，不吃回头草。（《集成》）
羊走千里能上膘，牛走千里带不住刀。（《集成》）
羊嘴如镊，连根带叶。〔临泽〕（《集成》）
养畜就养羊，碗里四季有肥汤；养狗就养看羊狗，保你圈里不丢羊。〔阿克塞〕（《集成》）
养羊不成群，白误一个人。（《谚语集》《定西农谚》）
养羊不成群，也要跟个人。（《集成》）
养羊不凑群，真是害死人。（《集成》）
养羊没巧招，圈大青草多。（《定西农谚》《集成》）
养羊要喂盐，每日二三钱。（《集成》）
一个羊一把草。〔岷县〕（《集成》）
一只羊不好赶，一群羊不难赶。〔甘南〕（《集成》）

繁　殖

白露前后羊交配，寒露前后鸡换毛。〔酒泉〕（《集成》）
谷茬羊羔，分外好活。（《中国农谚》）
好钢打的好刀子，好羊下的好羔子。（《集成》）
绵羊产双羔，草头也分杈。（《集成》）
母羊怀了羔，慎防赶着跑。（《集成》）

---

① 原注：清明过后百草发芽，羊可以吃饱肚子，老驴老马要吃饱则要等到四月八日以后。

母羊生[1]母羊，三年五个羊。(《中国农谚》《谚语集》)

母羊下母羊，三年一圈羊。(《集成》)

秋田忙在春种，放羊忙在羔中。〔临潭〕(《集成》)

三五一百五，小羊离了母[2]。〔皋兰〕(《中国农谚》《集成》)

羊吃带霜草，流了肚里羔。〔陇南〕(《集成》)

羊吃一个饱，连命都难保；羊吃两个饱，一年一茬羔；羊吃三个饱，一年两茬羔。(《集成》)

羊羔报恩，吃奶跪蹲。(《集成》)

羊羔落地，快擦口鼻。(《集成》)

羊跪乳，乌反哺。(《费氏农谚》《鲍氏农谚》《谚海》)

羊下母羔，三年五个羊。〔张掖〕(《甘肃选辑》)

一天能吃三个饱，一年能下两茬羔。〔高台〕(《集成》)

只要喂好奶水后，生的羊羔也能长快。〔肃南〕(《集成》)

屠　宰

二月羊，撂过墙，狗不吃，狼不尝。〔临夏〕(《集成》)

六月六，鲜羊肉。(《集成》)

六月羊，杀个尝。(《集成》)

四六不破群[3]。〔平凉〕(《集成》)

杏儿黄，吃羯羊。〔天水〕(《集成》)

养羊上千，血水子不干。(《谚语集》)

宰只羊，一瞬间；养只羊，得半年。(《集成》)

猪

概　说

不养猪和羊，仓里没有粮。(《定西农谚》)

不养猪鸡鸭，肥料无处发。(《中国农谚》)

大发财，靠读书；小发财，靠喂猪。(《集成》)

多养猪羊多积粪，人勤畜旺地有劲。〔天水〕(《甘肃选辑》《甘肃农谚集》《谚海》)

家家都养猪，粮多肉食足。〔酒泉〕(《集成》)

---

① 生：《谚语集》作“下”。

② 原注：羊怀胎时间。

③ 原注：旧俗农历四月六日羊不宰杀，亦叫“不出圈”。

教子不离书，种地不离猪。〔定西〕（《甘肃选辑》《中国农谚》《集成》）
教子读书，种田喂猪。〔张掖〕（《甘肃选辑》）
腊月八下，猪儿活成价；腊月八晴，猪儿送上门。〔天水〕（《甘肃选辑》）
栏里没有猪，屯里没有谷。（《谚海》）
栏中无猪，田中无谷。（《集成》）
农家多养猪，穷户变富户。〔武山〕（《集成》）
贫不离猪，富不离书。（《张氏农谚》《定西农谚》）
七十二行，不如喂猪放羊。（《中国农谚》）
穷不离猪，富不离书。〔庆阳〕（《集成》）
圈里没有猪，仓里没有谷。（《定西农谚》）
圈里没猪，地里没谷。〔华亭〕（《集成》）
缺钱了养猪，缺柴了栽树。〔酒泉〕（《集成》）
人养地，地养人，猪是家中宝，粪是地中金。（《宁县汇集》）
人养猪，猪养地，地养人。〔武山〕（《集成》）
若要发，四匠不离家；若要富，槽头不离猪。〔平凉〕（《集成》）
若要富，养猪磨豆腐。（《集成》）
扫盲不离书，增产不离猪。（《定西汇编》）
识字要读书，种地要养猪。（《谚海》）
识字要念书[①]，种田要喂猪。〔泾川〕（《甘肃农谚集》《集成》）
喂母猪，多栽树，三年就能穷变富。（《定西农谚》）
喂母猪，栽桐树，三年变成富裕户。〔合水〕（《集成》）
喂母猪，栽桐树，十年穷汉能变富。（《中国农谚》）
喂猪不见钱，回头看在田。〔平凉〕（《甘肃选辑》）
喂猪不为钱，肥了一块田。（《谚海》）
喂猪卖豆腐，三年成富户。（《集成》）
喂猪强过喂狗，养花不如养柳。（《中国农谚》）
喂猪养羊，本短利长。（《中国农谚》）
无豕不成家[②]。（《新纂康县县志》）
想要穷，提鸟笼；要想富，喂母猪。（《中国农谚》《谚海》）
秀才不离书，增产不离猪。（《泾川汇集》）
秀才不离书，种田不离猪。〔张掖〕（《甘肃选辑》）
养活母猪悄悄富。（《集成》）

---

① 念书：《集成》作“读书”。
② （民国）《新纂康县县志》卷十四《物产》：“猪：居民家户养之，……谚云：‘云云。’即此。”

养了三年蚀本猪，田里肥了无人知。(《中国农谚》)
养上肥猪一口，一年油盐不愁。(《中国农谚》)
养猪不见钱，回头看在田。〔平凉〕(《甘肃选辑》)
养猪不畏难，零钱凑整钱。(《集成》)
养猪不挣钱，回头望望田。〔天水〕(《集成》)
养猪不赚钱，肥了屋后一块田。(《中华农谚》《中国农谚》)
养猪不赚钱，回头看看田。(《泾川汇集》《中国农谚》)
养猪不赚钱，可肥几亩田。(《谚海》)
养猪当年益，种树千年利。(《集成》)
养猪好处有三利，吃肉肥田换机器。(《谚海》)
养猪实在好，猪粪地中宝。〔张掖〕(《甘肃选辑》)
养猪养牛，积粪不愁。(《山丹汇集》)
养猪养羊，本小利长。〔山丹〕(《集成》)
养猪养羊，有钱有粮。(《集成》)
养猪养羊，种地不愁。〔山丹〕(《集成》)
养猪一冬，不如一蜂。(《集成》)
养猪有肉，种田有收。(《谚海》)(《集成》)
养猪赚钱两合算，肥料房后种亩田。〔天水〕(《甘肃选辑》)
要得富，多养猪；要得住，多栽树。(《中国农谚》)
要得富，喂母猪。(《集成》)
要想[①]多打粮，多养猪和羊。(《定西农谚》《集成》)
要想富，多养猪。(《甘肃选辑》《定西农谚》)
要想穷变富，多喂几口猪。〔陇南〕(《集成》)
要想日子过得红，牛羊满圈猪哼哼。(《集成》)
要想[②]庄稼好，须在猪上找。(《山丹汇集》《中国农谚》《集成》)
一人一猪，一亩一猪。〔泾川〕(《集成》)
有儿读书，有地养猪。(《中国农谚》)
有猪有牛，攒粪[③]不愁。(《山丹汇集》《甘肃农谚集》《集成》)
有子要念书，有地要养猪。〔天水〕(《甘肃选辑》)
种地不养猪，等于秀才不读书。(《会宁汇集》)
种田不喂猪，田里瘦如骨，要想穷变富，多喂几口猪。(《定西汇编》)

① 想：《集成》〔合水〕作“得”。
② 想：《中国农谚》作“得”。
③ 攒粪：《集成》〔环县〕作“积肥”。

种田不养猪，必定有一输。(《新农谚》《山丹汇集》《敦煌农谚》《临洮谚语集》《中国农谚》)

种田不养猪，十种有九输。(《集成》)

猪不见钱，回头看在田。(《平凉气候谚》)

猪浮江，狗浮海，猫跌在河里摆两摆。〔临潭〕(《集成》)

猪贱买茬茬，猪贵卖茬茬[1]。(《集成》)

猪是出粪机，牛是种田宝。(《谚海》)

猪是过年钱，牛是农家本。(《集成》)

猪是家中宝，粪是地中[2]金。(《新农谚》《山丹汇集》《泾川汇集》《甘肃选辑》《平凉气候谚》《临洮谚语集》)

猪是家中宝，粪是庄稼命。(《静宁农谚志》)

猪是聚宝盆，遍地是金银。(《集成》)

猪是农家宝，粪是地里金。(《定西农谚》《集成》)

猪是农家宝，圈是聚宝盆。(《甘肃农谚集》《谚海》)

猪是钱口袋。(《定西农谚》)

猪是庄稼宝，粪是地内金。〔天水〕(《甘肃选辑》)

猪羊能赚钱，外肥八亩田。〔静宁〕(《集成》)

猪羊一道菜。〔陇西〕(《集成》)

猪羊猪羊你别怪，你是人间一道菜。(《集成》)

猪养田，田养猪，一亩一猪。(《谚语集》)

猪养田，田养猪。(《谚语集》《集成》)

庄稼汉不养猪，等于秀才不读书。(《定西汇编》)

庄稼人不养猪，好比秀才不读书。〔甘谷〕(《集成》)

庄稼要好，先从猪找。(《谚海》)

相　猪

肚吊嘴粗，一定口泼。(《集成》)

肥头大耳长尾巴，买回家中定不差。(《中国农谚》)

好猪身大腿短，尾巴不过半寸。(《谚海》)

买猪要会桃，体大脚要小。(《中国农谚》)

稀毛猪崽发大户。〔武山〕(《集成》)

选猪不用提：上选一层皮，下选四个蹄。(《集成》)

---

① 茬茬：方言，原注指母猪或种公猪。

② 地中：《泾川汇集》作“地里”，《甘肃选辑》又作“地里”。

养猪要养黄瓜头，耕地要耕黑垆土。(《庆阳汇集》)
要想买好猪，专拣四蹄粗。(《集成》)
种地要种黑垆土，养猪要养黄瓜头。(《甘肃选辑》《中国农谚》)
猪黑一身宝。(《集成》)
捉猪看母，相女看娘。〔武山〕(《集成》)

饲　养

扳着指头数，八个月①吃猪肉。(《中国农谚》《谚海》)
槽里没食猪咬猪。〔武都〕(《集成》)
打猪一棍，掉肉半斤。〔陇南〕(《集成》)
肥猪出好肉，好秧出好谷。〔泾川〕(《集成》)
和食槽刷净，猪吃了没病。(《集成》)
抢槽槽猪娃肯吃。(《集成》)
人懒穷，猪懒肥。〔陇南〕(《集成》)
人睡卖屋，猪睡长肉。(《集成》)
人越睡越懒，猪越喂越肥。(《集成》)
推粉不伤本，图个猪和粪。(《定西农谚》)
喂猪不打圈，不是庄稼汉。(《中国农谚》)
小猪要游，大猪要囚。〔酒泉〕(《集成》)
小猪游着长，大猪圈住肥。〔武山〕(《集成》)
养猪不起圈，肥分少一半。(《谚海》)
养猪不圈，白把料填。〔陇南〕(《集成》)
养猪不填圈，不是庄稼汉。〔合水〕(《集成》)
养猪不要本，猪草切成粉。(《中国农谚》《谚海》)
养猪没窍，栏干食饱。〔陇南〕(《集成》)
养猪无巧，圈干食饱。(《谚海》)
养猪养鸡养兔，全靠科学技术。(《定西农谚》)
养猪一口，用粮八斗。〔陇南〕(《集成》)
养猪有圈，攒粪方便。〔武山〕(《集成》)
要想庄稼长得强，还得喂猪开粉坊。(《定西农谚》《集成》)
游好的牲口圈好的猪。(《谚海》)
正月猪，五月牛。(《集成》)

---

① 《谚海》“月”下有“上”字。

猪不劁[①]不长，牛不劁不长。〔华池〕(《集成》)

猪草切得细，如同加白菜。〔玉门〕(《集成》)

猪吃百样草，看你找不找。(《甘肃选辑》《会宁汇集》《中国农谚》《定西农谚》《集成》)

猪吃百样草，全靠加工好。(《会宁汇集》)

猪吃百样草，煮熟效果好。〔灵台〕(《集成》)

猪吃百样草，就看找不找[②]。(《庆阳汇集》《宁县汇集》《甘肃选辑》《谚语集》)

猪吃千般草，只要你肯找。(《谚海》)

猪多肥多，肥多粮多。(《庆阳县志》《定西农谚》《集成》)

猪肥全靠人勤快，羊肥全靠人精心。(《集成》)

猪粪干，喂酵面。〔永昌〕(《集成》)

猪狗当日食。(《定西农谚》)

猪快肉迟，猪迟肉快。(《中国农谚》)

猪老自肥。〔泾川〕(《集成》)

猪喂三年，不够食钱。〔酒泉〕(《集成》)

猪要常睡，马要常立。〔华亭〕(《集成》)

猪要喂得饱，马要吃夜草。(《集成》)

猪壮四十五。(《定西农谚》《集成》)

猪仔不放不长。(《集成》)

繁殖、疫病

多次配，重交配，母猪产仔多一倍。〔武山〕(《集成》)

母猪好，好一窝；公猪好，好一坡。〔甘谷〕(《集成》)

胖人不生，肥猪不育。〔天水〕(《集成》)

若要猪无病，槽水料身净。(《集成》)

数不数[③]，一百一十五。(《中国农谚》《谚海》)

桃花开，猪瘟来。〔兰州〕(《谚语集》《集成》)

正月初三起东风，十个猪圈九个空。(《集成》)

猪儿打圈四处转。(《集成》)

猪狗离母四十五。〔平凉〕(《集成》)

---

① 劁：指阉割牲畜，一般猪称“劁”，马、驴等大牲畜称“骟”。

② 百样：《庆阳汇集》《谚语集》作“各样”。就看：《庆阳汇集》作“看你”。

③ 数不数：《谚海》作“数一数”，指猪的孕期。

猪生产，三三三[1]。〔陇南〕(《集成》)
猪四狗三猫儿[2]两单。(《定西农谚》《集成》)
猪四狗三猫儿两单，鸡娃子三七二十一天。(《谚语集》)
猪瘟来，要隔开。〔武山〕(《集成》)
猪五羊六牛十月。(《中国农谚》《谚海》《集成》)
猪下四，狗下三，猫儿对单单。(《集成》)

马

概　说

顶风找马，顺风找鸭。(《集成》)
老柴好烧，老马好骑。(《集成》)
马是人的翅膀，饭是人的粮食。〔肃南〕(《集成》)
马通人性，马能识主。(《集成》)
马有三分龙性。(《集成》)
母马前头马驹跑，母鸟前头雏鸟飞。〔甘南〕(《集成》)
宁买老马，不买老骡。(《中国农谚》《集成》)
秋水大鹿难渡过，秋夜良马难辨向。(《集成》)
身边有马不受累。(《集成》)
水马旱羊。〔天水〕(《集成》)
水马旱羊碱骆驼。(《集成》)
无林不养骏马，无水难育蛟龙。〔陇南〕(《集成》)
养马如待君子。(《中国农谚》)

相　马

槽口摸一把，嘴里再看牙。(《中国农谚》)
高灯低亮，马高腰壮。〔陇西〕(《集成》)
公马蹄子如铁锤，母马尾巴如利刃。(《集成》)
好马下好驹，好模子出好坯。〔临洮〕(《集成》)
近看大，是肉马；近看小，是筋马。(《中国农谚》)
看马不看口，全凭几步走。〔陇西〕(《中国农谚》《集成》)
良马无劣色。〔天祝〕(《集成》)

---

① 三三三：原注指猪孕期三个月三星期零三天。
② 《集成》〔泾川〕无“儿”字。

马笨鬃多，牛老角细。(《集成》)
马耳不怕短，驴耳不怕长。〔通渭〕(《集成》)
马看脖梗驼看峰。(《集成》)
马看牙板，树看年轮。〔武山〕(《集成》)
马瘦毛长尻子深。〔徽县〕(《集成》)
买马看牙，种地看茬。(《集成》)
青马不看口，全凭几步走。(《中国农谚》)
人看从小，马看四蹄。(《集成》)
选马应细看，前要胸膛宽，后要屁股齐。(《集成》)
远看大，是筋马；远看小，是肉马。(《中国农谚》)
种地不看土，买马不看牙。(《谚海》)
种田不倒茬，买马不看牙。(《中国农谚》)

饲　养

草长不过寸，马吃才有劲。〔天水〕(《集成》)
春雨赛如油，瘦马不瘦牛；秋雨如刀刮，瘦牛不瘦马。(《集成》)
刀快铡细草，人勤喂肥马。(《集成》)
分槽喂马，大圈喂猪。(《集成》)
好马不吃回头草。〔灵台〕(《费氏农谚》《鲍氏农谚》《集成》)
马不吃夜草不肥，猪不吃细食不胖。(《集成》)
马吃短，骡子吃的细又软。〔陇西〕(《集成》)
马乏不过道，骡乏二斗料，牛乏养半年，毛驴乏了一把草。〔定西〕(《集成》)
马没夜草不胖，地没粪土不长。〔张掖〕(《甘肃选辑》)
马没夜草不肥，人没偏财不富。〔岷县〕(《集成》)
马怕露水汰①，牛怕冻地趴。(《集成》)
马怕墙头风，牛怕肚里冰。〔灵台〕(《集成》)
马拴一尺，万无一失。(《集成》)
马无夜草不肥。(《会宁汇集》)
马无夜草不肥，菜不移栽不发。(《集成》)
马无夜草不肥，地无肥不长。〔天水〕(《甘肃选辑》)
马无夜草不肥，地无粪土不长②。(《泾川汇集》《甘肃选辑》《甘肃农谚集》《中国农谚》)

---

① 露水汰：方言，被露水浸湿。
② 长：《中国农谚》作“壮”

马无夜草不肥，牛无夜草不瘦。(《集成》)

人没偏财①不富，马没夜草不壮。(《定西农谚》)

人凭衣装，马凭料壮。(《定西农谚》)

人是衣打扮，马是料打扮。(《定西农谚》)

若要马儿好，夜里勤添草。(《定西农谚》)

若要马上膘，多放露水草。〔平凉〕(《集成》)

瘦马别再狠骑，赶快精心喂养，只要它能蹦挞，就是你的翅膀。〔肃北〕(《集成》)

瘦马喂好需半年，一日伤力归西天。(《集成》)

养马不喂料，惹人一场笑。〔山丹〕(《集成》)

养马人，一本经：草膘料力水精神。〔庆阳〕(《集成》)

养马无窍，夜草喂饱。(《集成》)

要想马不垮，天天要溜达。〔渭源〕(《集成》)

要想牛马肥，夜间不贪睡。(《集成》)

夜草能肥马，温水能肥牛。〔泾川〕(《集成》)

毡被保马膘，无膘也保命。〔阿克塞〕(《集成》)

醉马草叶子修长花儿鲜，真正的骏马不会去闻它。〔肃南〕(《集成》)

驭　使

赶马不离胯。(《中国农谚》)

过了闰历年，走马就种田。(《谚语集》)

好马不停蹄，好牛不停犁。〔永昌〕(《集成》)

老马要锥扎，奸牛②要鞭打。〔武山〕(《集成》)

立陵地上试好马。(《集成》)

马到崖前不加鞭。〔酒泉〕(《集成》)

马怕鞭子牛怕火，狗见拾砖就要躲。(《集成》)

马抓鬃，牛牵鼻。(《集成》)

牧马需用套杆，打猎要带猎犬。〔肃北〕(《集成》)

骗③马骗驼，毡被不多。〔肃北〕(《集成》)

秋天的马，壮如大鹿也要爱惜它；春天的马，瘦如小兔也要骑着跑。〔天祝〕(《集成》)

---

① 偏财：原注指副业生产。

② 奸牛：原注指躲着怕出力气的牛。

③ 骗：方言，原注指骑手动作，谓跳跃或侧身抬起一条腿骑上。

人服理，马服鞭，狼虫怕火烟。（《集成》）
无蹄则无马，无铁则无蹄。〔泾川〕（《谚语集》《集成》）
惜马者看地，惜鹰者看天。〔甘南〕（《集成》）
夏天别骑烂脊马，冬天别养淘汰羊。（《集成》）
养马为的使，养猪积攒碎银子。〔永昌〕（《集成》）
一个钉子救一只鞋掌，一个马掌救一匹骏马。（《集成》）

繁 殖

风流人种如神子，优良马种似鹿儿。〔迭部〕（《集成》）
郎枢女枢，十马九驹；安阳大角，十牛九犊[①]。（《太平寰宇记》《古今风谣》《甘肃通志》《古谣谚》）
马配骡子泥里栽葱，驴配骡子沙里澄金。（《集成》）
三月桃花马，八月秋水牛[②]。〔永昌〕（《集成》）

驴

跛驴过不了窟窿桥。〔武山〕（《集成》）
长脖驴，长尾马，见了就买下。（《集成》）
长牙驴，黄牙马。〔武山〕（《集成》）
春风吹不进驴耳朵。〔武山〕（《集成》）
粗蹄笨胯驴儿，出力的疙瘩儿。〔武威〕（《集成》）
弓腰驴，凹腰子马，牴角子牛不挨打。〔酒泉〕（《集成》）
叫驴不叫，买家不要。〔庆阳〕（《集成》）
懒驴上磨屎尿多。（《鲍氏农谚》《集成》）
老驴富寒家，老马富三家。（《集成》）
老驴老马富寒家。（《集成》）
驴拌嘴，马撒尿，猫儿情期光乱叫。〔永昌〕（《集成》）
驴儿生得怪，拉上不走骑上快。〔永昌〕（《集成》）
驴乏一把料，马乏不过套。〔天水〕（《集成》）
驴肥一年，马肥一月。（《集成》）

---

① 《太平寰宇记》卷一百五十一《陇右道二·渭州》：“土产：青虫、鹦鹉、龙虚席、麝香。彼谚有曰：‘云云。’即谓其地宜于畜牧也。”（乾隆）《甘肃通志》卷二十二《古迹》：“云下田，在县北，《舆地纪胜》云：‘陇西有耕天村，其田曰云下田。’又古谚云：‘云云。’谓其地宜于畜牧也。”（明）梅鼎祚《古乐苑》卷五十谓：“四地名皆在陇西，言宜畜牧也。”

② 原注：牲畜配种最佳时间。

驴耕田，薄三年；驴驮草，不够搅。（《集成》）
驴老牙长，马老牙黄。〔皋兰〕（《集成》）
驴牛骡马撑门户，十个绵羊偷偷富。（《定西农谚》）
驴骑后，马骑前，骡子骑在腰中间。〔庆阳〕（《集成》）
驴下骡子，沙里淘金；谷茬羊羔，分外好活。（《谚海》）
驴子不喝水，不能强按头。（《谚海》）
驴子不捂眼不推磨。〔陇南〕（《集成》）
驴子驮重不驮轻。（《中国农谚》）
毛驴是个怪，牵着没有骑着快。〔平凉〕（《集成》）
毛驴是个鬼，阴天不喝水。（《集成》）
前八字，后叉子，咕噜雁脖子羊胛子[①]。〔平凉〕（《集成》）
秋天的老驴没骨头。〔山丹〕（《集成》）
三月三，老驴老骡都脱鞍[②]。（《集成》）
善走的驴儿不用抽。（《集成》）
铁驴铜骡豆腐马。〔天水〕（《集成》）
凸腰驴，凹腰牛。（《集成》）
秃颈毛驴的后裔，是小蹄骡子；花斑黄牛的子孙，是白鹏犏牛。〔甘南〕（《集成》）
一声二角三斗四圆[③]。〔甘南〕（《甘肃选辑》《中国农谚》）
有饭休嫌淡，有驴休嫌慢。（《谚海》）

骡

春天的骡马夏天的牛[④]，秋天的老驴没骨头。（《山丹汇集》《集成》）
短脖骡，长尾马，见了就买下。（《集成》）
蹲蹄骡子趴蹄马。（《集成》）
黄芩黄连一大把，又治骡子又治马。（《集成》）
立鬃骡子垂鬃马，倒鬃毛驴不用打。〔庆阳〕（《集成》）
骡子驮重不驮轻。（《集成》）
七清八白九斑点，骡子毛色看年龄。（《集成》）

---

① 原注：买驴骡禁忌。
② 原注：传统习惯此日为役畜休息日。
③ 原注：选择种公驴，要选叫一声要有二十八个以上起伏的音节，耳朵要像牛角，蹄要像斗，两个睾丸要圆。
④ 《集成》注：骡马牛恢复体力的时间。《集成》无下句。

千里骡马一处牛[1]。〔渭源〕（《鲍氏农谚》《集成》）

屈骡子吊马，好牛脖子一大拃。（《中国农谚》）

屈骡子吊马秤砣牛[2]。〔陇南〕（《集成》）

上坡的骡子下坡的马，平地上的尕驴不挨打。〔临夏〕（《集成》）

上坡的骡子下坡的马，平路的驴子不要打。〔甘南〕（《甘肃选辑》《中国农谚》）

上山的骡子平川马，下山的毛驴不用打。（《集成》）

上山的骡子下山马，平川的毛驴不挨打。〔陇南〕（《集成》）

梢尾骡子使不稳。（《集成》）

先看四条蹄，后买一张皮[3]。（《中国农谚》《谚海》）

养活骡马显门户。〔武山〕（《集成》）

一岁骡子两岁马，三岁毛驴骑上耍。（《集成》）

有钱不买老骡子。（《集成》）

鸡鸭鹅

矮脚鸡，蛋起堆。〔高台〕（《集成》）

百日鸡，正好吃；百日鸭，正好杀。（《集成》）

常年养鸡鸭，不愁没钱花。〔民勤〕（《集成》）

春鸡腊鸭子。（《集成》）

独鸡肥，独鸭瘦。（《集成》）

多喂虫子多下蛋。（《集成》）

高粱晒红皮儿，小鸡会打鸣儿。（《集成》）

黑一百，麻八十，白鸡下蛋不踏实[4]。（《集成》）

鸡抱鹅，三十四天不用挪。（《定西农谚》）

鸡抱鸡，二十一；鸭抱鸭[5]，二十八。（《中国农谚》《定西农谚》）

鸡不喂食不下蛋，地不施肥不增产。〔泾川〕（《集成》）

鸡吃活食，鸭吃死食。（《中国农谚》）

鸡的蛋，拿食换，你没食，它没蛋。〔酒泉〕（《集成》）

鸡儿蛋，粮食换。〔武山〕（《集成》）

鸡儿暖嗉子，猫儿暖肚子。（《集成》）

---

① 一处牛：原注指牛一生只在喂养它和它耕作的范围内生活。

② 屈、吊：方言，指动物或物体的短长。

③ 《谚海》注：指选骡、马、牛。

④ 原注：黑鸡产蛋率高，麻鸡次之，白鸡最低。

⑤ 鸭抱鸭：《定西农谚》作“鸡抱鸭”。

鸡肥不生蛋。(《集成》)

鸡孵鸡，二十一；鹅孵鹅，四十八天不敢挪。〔金塔〕(《集成》)

鸡孵鸡，二十一；鸭孵鸭，二十八；鹅孵鹅，个多月。〔庆阳〕(《集成》)

鸡孵鸡，二十一；鸭孵鸭，二十八；鸡孵鹅，二十四；天数不到不敢挪。(《集成》)

鸡寒上树，鸭寒下水①。(《老学庵笔记》《张氏农谚》《鲍氏农谚》《中国农谚》《谚海》《集成》)

鸡猴饿狗年，爬过小龙年，就是活神仙。(《定西农谚》)

鸡叽叽，三七二十一。(《定西农谚》)

鸡是千日虫，再养白搭工。(《谚海》)

鸡是千日虫，再养就会穷②。(《中国农谚》《集成》)

鸡腿短，肯下蛋；鸡腿长，死费粮。〔武山〕(《集成》)

鸡鸭多下蛋，全凭谷粮换。(《集成》)

鸡鸭喂得全，家中不缺油和盐。(《泾川汇集》)

鸡鸭喂得全，家中有油盐。(《中国农谚》《集成》)

鸡鸭养成群，不缺零钱用。〔山丹〕(《集成》)

家养母鸡三只，不愁油盐开支。(《集成》)

家养三只鸡，胜喂一匹马。(《集成》)

家有鸡兔鸭，穷家变富家。(《集成》)

近年富，鸡鸭兔；远年富，多种树。〔陇南〕(《集成》)

买鸡看腿③，买鸭看嘴。〔酒泉〕(《集成》)

买鸭看嘴，买鸡看爪。(《中国农谚》)

每人养得三只鸡，打油买盐都不急。〔民乐〕(《集成》)

人不知春鸡知春。〔天水〕(《甘肃选辑》)

三月鸡，吱吱吱；三月鹅，肩上驮；三月鸭，动刀杀。(《朱氏农谚》《中国农谚》《集成》)

喂多少食，拣多少蛋。(《岷县农谚选》)

喂多少食，拣多少蛋；使多少力，打多少粮。(《谚海》)

夏天的鸡儿叫两遍，冬天的鸡儿叫六遍。〔通渭〕(《集成》)

小家子的鸡圈儿，油盐坛子酱罐儿。(《集成》)

---

① (宋)陆游《老学庵笔记》卷二："淮南谚曰：'云云。'验之皆不然。有一媪曰：'鸡寒上距，鸭寒下嘴耳。'上距谓缩一足，下嘴谓藏其喙于翼间。"

② 就会穷：《集成》作"富变穷"。

③ 腿：又作"爪"。

养鸡不养鸭，栽树不栽花。(《朱氏农谚》《鲍氏农谚》《中国农谚》《谚海》)
养鸡喂猪又放羊，土布换成的确良。〔庆阳〕(《集成》)
养鸡养鹅，零钱最活。〔武威〕(《集成》)
养鸡养兔，治穷致富。(《集成》)
养鸡养鸭，本小利大。〔酒泉〕(《集成》)
养鸡养鸭，花钱灵活。〔临潭〕(《集成》)
养鸡养鸭，致富发家。(《定西农谚》《集成》)
养上百只鸡，胜过做生意。(《集成》)
一日一颗蛋，不缺油盐钱。(《集成》)
一只鸡，赏一赏；一万鸡，吃一仓。(《岷县农谚选》)

兔 鸽

别看兔子小，卖钱不得了。(《定西农谚》)
别看兔子小，全身都是宝。(《定西农谚》)
丰年兔子歉年鱼。(《集成》)
家有百只兔，一年能变富。(《集成》)
家有半百兔，不愁袄和裤。(《集成》)
家有十只兔，不愁油盐醋。〔天水〕(《集成》)
鸠四两，鸽半斤，六钱麻雀不用称。(《中国农谚》)
六畜怀胎不用算：兔一猫二狗三猪四月，羊五牛十马十一，驴怀整整得一年。(《集成》)
若要富，多养兔。〔酒泉〕(《集成》)
若要富，养母兔。〔武威〕(《集成》)
兔儿不吃窝边草。(《集成》)
兔儿长得快，三个月就能卖。(《集成》)
兔儿是个怪，生下窝里埋。(《集成》)
兔窝经常晒，兔娃长得快。(《集成》)
兔子浑身宝，吃肉用皮积肥料。(《集成》)
兔子乱蹦跳，鸽子飞出巢。(《谚海》)
兔子生得快，一年生七代。〔古浪〕(《集成》)
小兔小鸽，一月一窝。(《集成》)
养兔没窍，地干不喂露水草。〔庆阳〕(《集成》)
养兔养羊，本短利长。〔泾川〕(《谚海》《集成》)
要得富，多养兔。(《定西农谚》)
一对兔，一年富。〔灵台〕(《集成》)

一九一阳生，三九兔儿吃饱青。(《谚语集》《集成》)
宰兔不用刀，耳根用力敲。(《集成》)

猫 狗

馋狗不肥。(《集成》)
儿不嫌娘丑，狗不嫌家穷，猫儿走的富家门。〔瓜州〕(《集成》)
狗不栓，鸡不圈，庄稼害一半。(《定西农谚》)
狗饿汪汪叫，畜饿胡乱跑。(《集成》)
狗机灵，狼进不了羊圈；人机灵，贼进不了家门。〔瓜州〕(《集成》)
狗记吃，不记打。(《集成》)
狗记老路，猫记家门。〔武山〕(《集成》)
狗记三千，猫记八百[①]。(《集成》)
狗冷暖嘴，鸭冷下水。〔秦安〕(《集成》)
狗怕猫腰，狼怕火烧。(《集成》)
狗惹跳蚤。〔武山〕(《集成》)
狗是百步王，只在家门狂。(《集成》)
狗守夜，鸡司晨。〔武山〕(《集成》)
狗吐舌头怕做活，鸡子抓子全迟了。〔天水〕(《甘肃选辑》)
好狗通人性。(《集成》)
好猫逼一方，懒狗钻灶膛。(《集成》)
腊狗正猪二月猫，三月叫驴满山嚎，四月牯牛吼塌窑。(《集成》)
老狗记得千年事。(《集成》)
猫奸狗义。(《集成》)
猫三狗四，猪五羊六，牛七马八，毛驴怀胎，整整一年[②]。〔庆阳〕(《集成》)
猫三狗四羊半年，骡子马年见年。(《中国农谚》)
门上恶狗叫，好货卖不掉。〔金塔〕(《集成》)
宁受猫的害，不受鼠的害。(《谚海》)
惹下猫儿踏破瓦。(《谚海》)
人暖腿，狗暖嘴。(《集成》)
人暖腿，狗暖嘴，猪暖脯蹄打鼾睡。〔灵台〕(《集成》)
日饲猫，夜饲狗。(《鲍氏农谚》《中国农谚》《谚海》)
瘦狗鼻子尖，懒驴耳朵长。〔庄浪〕(《集成》)

---

① 原注：指能辨识的距离。
② 原注：均指怀胎时间。

瞎五九，冻死狗。（《定西农谚》）

养狗看门，养鸡叫鸣。（《集成》）

相　畜

脊梁杆子像刀锋。（《中国农谚》）

角是钻子眼是铃，尾似串子嘴似盆。（《集成》）

看犊看娘，母肥儿壮。（《谚海》）

前看脖索，后看开裆。（《鲍氏农谚》《中国农谚》）

前看胸膛鼓，后看尻子齐。（《集成》）

前看一个嘴，后看两条腿。（《集成》）

前挑一张嘴，后挑四条腿。〔武山〕（《集成》）

人相五官，畜相口蹄。（《集成》）

上看一张皮，下看四只蹄。（《集成》）

上买一张皮，下买四只蹄。〔陇南〕（《集成》）

四蹄不正，使上没劲。〔永登〕（《集成》）

蹄细足底空，犁地不费功。〔泾川〕（《集成》）

腿短身子大，有个大尾巴。（《集成》）

先看吃的多少，再看它的跑跳。（《中国农谚》）

先看一步走，再看一张口。〔临夏〕（《集成》）

先买一张嘴，后买四条腿。（《中国农谚》）

腰长腿细，到老不成器。（《集成》）

一岁不扎牙，两岁扎对牙，三岁四个牙，五岁六岁边齿起，七岁八岁口正齐。〔庆阳〕（《集成》）

优良不优良，看它爹和娘。（《集成》）

远看一张皮，近看四只蹄；掰开看看口，知道值不值。（《中国农谚》）

嘴巴宽不宽，再看口齿年龄大小。（《中国农谚》）

嘴像个罐子，耳朵像个扇子，腿像个担子，蹄像个钳子，黑的像个缎子，尾巴像个鞭子。（《中国农谚》）

嘴像只罐子，耳朵像把扇子，腿像根担子，蹄像把钳子，黑得像匹缎子，尾巴像根鞭子。〔静宁〕（《集成》）

役　使

八牙齐，好拖犁。（《集成》）

饱不加鞭，饿不加套。(《中国农谚》)
饱不驮重，饥不饮水。(《定西农谚》)
不怕千次使，就怕一次累[①]。(《中国农谚》《集成》)
不怕千次使得，就怕一趟过累。〔临夏〕(《集成》)
不怕千日用，就怕一日挣[②]。〔皋兰〕(《集成》)
不怕千日用，只怕一日劳。(《谚语集》)
不怕千趟，单怕一侈[③]。〔张掖〕(《甘肃选辑》)
不怕三天使，就怕一鞭猛。〔西和〕(《集成》)
不怕使三天，就怕猛三鞭。〔临泽〕(《集成》)
不怕使十天，就怕猛一鞭。〔徽县〕(《集成》)
扯缰不要紧，牲口自然稳。(《中国农谚》)
吃饱不加鞭，饮后[④]不转弯。(《中国农谚》《集成》)
吃饱草，慢些跑。〔酒泉〕(《集成》)
冬拉短，夏拉长。(《中国农谚》)
慢拉沙子快拉坡。(《中国农谚》《谚海》)
能拉十步缓，不拉一步喘。(《中国农谚》)
宁叫驮一年，不叫驮一偏。〔陇南〕(《集成》)
宁拉十步远，不拉一步喘。〔酒泉〕(《谚语集》《集成》)
宁拉十里平，不拉一里坡。(《集成》)
轻不赶，重不打。(《中国农谚》)
轻不赶，重不打，病不打，瘦不打。(《谚海》)
三分喂，七分使。(《谚语集》)
三分喂手，七分使手。(《中国农谚》)
牲口[⑤]下了套，先要遛遛道。〔皋兰〕(《集成》)

饲　养

白天喂嘴，夜间喂腿。(《中国农谚》)
不怕阳光一大片，就怕贼风一条线[⑥]。(《集成》)

---

① 一次累：《集成》〔灵台〕作“千次累”。
② 挣：方言，指役使过度。
③ 原注：防止养坏的意思。
④ 饮后：《集成》〔泾川〕作“喝饱”。
⑤ 牲口：指马、骡、驴等役畜。
⑥ 原注：指牲畜采光方位。

草饱抖精神，水饮不到时候也不行。〔甘南〕(《甘肃选辑》)
草饱料力水精神。(《谚语集》)
草饱料足牛精神。〔张掖〕(《甘肃选辑》)
草膘料劲水毛眼。(《中国农谚》)
草膘料力水精神。(《中国农谚》)
草不过寸，牲口长劲。(《中国农谚》)
草长不过寸，吃上能有劲。(《定西农谚》)
草肥长一季，圈粪长一年。〔甘谷〕(《集成》)
草里头最坏的属中蒡[1]，难捉的牲畜永远长不胖。〔肃南〕(《集成》)
草料多拌，体力强壮。〔皋兰〕(《集成》)
草料多样，体强力壮。(《谚语集》)
草料一齐上，到老喂不胖。〔酒泉〕(《中国农谚》《集成》)
草料一齐上，永世喂不胖。〔酒泉〕(《集成》)
草水喂到，胜如添[2]料。〔徽县〕(《集成》)
草细牛马壮，料匀猪羊肥。〔酒泉〕(《集成》)
草细三分料。(《谚海》)
常喂喂在腿上，现喂喂在嘴上。(《中国农谚》)
春冰草，夏芦草，秋麻蒿，冬蓑草。(《集成》)
春防火，夏防热，秋防雨，冬防寒。〔徽县〕(《集成》)
春天多加盐，夏天多加矾。〔渭源〕(《集成》)
寸草切莫长，吃了能顶粮。(《谚语集》)
寸草铡三刀，没料[3]也上膘。(《中国农谚》《谚语集》《定西农谚》《集成》)
冬春莫放山，夏秋莫放滩，冬天放阳坡，夏天放阴山。(《集成》)
冬天的草[4]，春天的力。(《谚语集》《集成》)
冬天的料，夏天的力。(《集成》)
冬畜不瘦，春耕不愁。〔泾川〕(《集成》)
饿不急喂，渴不急饮，饱不加鞭，汗不挡风。(《集成》)
肥畜拔根毫毛也出油。〔天祝〕(《集成》)
麸子拌谷草，喂了就上膘。〔酒泉〕(《集成》)
干草切成细瓣瓣，牡口吃成肉蛋蛋。〔陇西〕(《集成》)

---

① 中蒡：白蒿、蓬蒿。
② 添：《集成》〔临夏〕作“吃”。
③ 没料：《集成》〔天水〕作“料少”。
④ 草：《集成》作“食”。

各族月份的叫法不同，有脚牲畜的牧地不同。〔阿克塞〕（《集成》）
会喂的喂腿，不会喂的喂嘴。（《集成》）
交九不喂料，来年不用[①]套。（《中国农谚》《集成》）
金子买，银子喂。（《定西农谚》）
精心喂养，膘肥体壮。〔白银〕（《集成》）
渴不急饮，饿不急喂。（《集成》）
快刀需要加钢，快马需要加料。〔甘南〕（《集成》）
料喂足，草铡细，牲口上膘壮力气。〔岷县〕（《集成》）
料要喂足草铡细，牲口壮膘壮力气。（《定西农谚》）
虑夏三日足，虑冬四十天。（《集成》）
麦草干，谷草甜，牲口吃了屁股圆。（《中国农谚》《谚海》）
没落过水的土地能吸水，没吃过奶的幼畜老想吃。〔肃北〕（《集成》）
没水的地方家畜不停留，有人的地方野畜不停留。〔肃北〕（《集成》）
每日刷三遍，又肥又好看。（《中国农谚》）
牧草打多了堆成银，弱畜喂好了变成金。〔肃北〕（《集成》）
你也打，他也揍，喂得再好也是瘦。〔酒泉〕（《集成》）
宁缺一把料，不缺一口水。〔皋兰〕（《谚语集》《集成》）
七八月的牲口不喂料，来年春天莫想套。（《集成》）
七分饲养三分长。〔白银〕（《集成》）
七分喂养，三分使唤。〔酒泉〕（《集成》）
巧买老，拙买少；冬买骨，夏买膘。（《中国农谚》《谚海》）
勤垫圈，勤打扫，圈通风，牲口好。〔平凉〕（《集成》）
勤换勤扫，快长爱好。（《谚海》）
勤添草，勤看槽，牲口必定能上膘。（《山丹汇集》）
勤添草，勤清槽，牲畜一定能上膘。〔永昌〕（《集成》）
青草晒干当饲料，牲口吃了能长膘。（《集成》）
秋冰草，夏芦草，春天撵着放黄毛[②]。〔永昌〕（《集成》）
秋天不饱膘，腊月剐皮条。（《中国农谚》）
人的心意凭感情，放牧牲畜凭草盛。〔天祝〕（《集成》）
若要牲口好，夜里勤添草。（《庆阳县志》）
三刮[③]三扫，强如一饱。（《谚语集》《集成》）

---

① 不用：《集成》〔兰州〕作“莫想”。
② 冰草、芦草、黄毛：原注指牲口按季节宜吃的草。
③ 刮：《集成》注指给牲畜梳毛专用的器具，铁制带齿，方言叫刮刮。

三九不上料，耕种难上套。(《集成》)

三刷两扫，能顶一饱。〔泾川〕(《集成》)

上槽不饮水，下槽不打滚。(《中国农谚》)

牲口吃干料，只吃不长膘。〔皋兰〕(《集成》)

牲口使得勤，草料要喂全。〔皋兰〕(《集成》)

牲口是银子买，金子喂。(《中国农谚》)

牲口要长膘，全凭草和料。(《定西农谚》)

牲口要好，夜里喂[①]饱。(《中国农谚》《集成》)

牲口饮了落套水，不出三日就见鬼。(《集成》)

牲畜的肥膘，牧工的辛劳。(《集成》)

牲畜的毡被有没有用，你自己脱掉皮大衣试一试；牧畜的饲料有没有用，你自己不吃饭试一试。〔肃南〕(《集成》)

牲畜靠草养，牧草靠水养。〔武威〕(《集成》)

牲畜披上毡被两条命，不披毡被命半条。〔肃南〕(《集成》)

牲畜卧在冻地上，瘦的只剩皮一张；牲畜卧在干粪上，活蹦乱跳好成长。〔甘南〕(《集成》)

牲畜在养，庄稼在种。(《集成》)

牲畜壮不壮，不在运气在喂养。(《集成》)

食水加盐，等于过年。(《集成》)

熟食暖圈，日长斤半。〔酒泉〕(《集成》)

数九不喂好，来春不用套。(《中国农谚》)

数九喂不好，春来不用套。(《谚语集》)

水草按时到，胜似吃好料。(《集成》)

水澄清，草铡短，脊背喂的象案板；草根长，水不清，脊梁杆子象刀锋。(《中国农谚》)

水开胃，草打底，料引路，盐收尾。(《集成》)

饲草饲料，拣净筛好。(《中国农谚》)

同样的草，同样的料，操心不到不上膘[②]。〔皋兰〕(《谚语集》《集成》)

头遍草，二遍料，三遍再饮到。(《中国农谚》)

头合水，二合料，三合吃拌料。(《谚语集》)

喂得早，喂在腿上；喂得迟，喂在嘴上。(《谚海》)

喂后不打滚，食饱不加鞭。〔天水〕(《集成》)

---

① 喂：《集成》作“要”。

② 《谚语集》无“的”字。

喂牲口设窍，细心周到。(《谚语集》)

细草加盐，四季安然。(《集成》)

细草三分料。(《中国农谚》《集成》)

夏不打杈，冬不揭鞍[①]。〔天水〕(《集成》)

夏季要喂好，冬季勤换草。(《集成》)

先草后料，不愁上膘。〔酒泉〕(《集成》)

先喂一槽草，再饮吃得饱。(《集成》)

闲了喂在腿上，忙了喂在嘴上[②]。(《山丹汇集》《集成》)

修棚搭圈，顶如热炕。(《山丹汇集》)

阳山的草，似狐皮毛梢般有劲；阴洼的草，如黄羊胸口般无力。〔天祝〕(《集成》)

养畜不铡草，真是瞎胡闹。〔武威〕(《集成》)

养畜冬保膘，春耕如马跑。(《集成》)

要叫牲口不得病，使后不宜马上饮。〔泾川〕(《集成》)

要看家中宝，先看门前草。〔张掖〕(《甘肃选辑》《中国农谚》)

要想吃酥油，月月四两油。〔永昌〕(《集成》)

要想互助长，必须勤算喂。(《岷县农谚选》)

要在向阳之处盖建房屋，要在草好的地方放牲畜。〔天祝〕(《集成》)

野草四季有，只要勤动手。(《谚海》)

夜间草，牲畜宝。〔甘谷〕(《集成》)

一寸草，铡三刀，不喂料[③]，也上膘。(《山丹汇集》《静宁农谚志》《甘肃选辑》)

一寸草斩三刀，没料也上膘。(《宁县汇集》《甘肃选辑》)

一顿一撬，一天一合。(《山丹汇集》)

一刮三扫顶一饱，勤刮勤扫如加料。(《会宁汇集》)

一天不喂，三天不长。(《集成》)

一天刨[④]三刨，顶上一升料。〔泾川〕(《集成》)

一天三饱，强似上料。(《中国农谚》)

一饮提三缰[⑤]。(《集成》)

游牧的牲畜能上膘，懒坐的主妇易发胖。〔天祝〕(《集成》)

---

① 原注：指家畜马、骡、驴饮水，夏天饮后不在通风的门口拴，冬天饮后不揭鞍，以确保健康。

② 了：《集成》〔酒泉〕均作“时”。

③ 不喂料：《静宁农谚志》作“没料吃”。

④ 刨：方言，指用铁刮或用手梳理畜毛。

⑤ 原注：牲口渴急了，应分几次饮饱才健康。

有料没料，四角都[①]搅到。(《张氏农谚》《谚海》《集成》)

有料无[②]料，一天三哨。(《鲍氏农谚》《中国农谚》《谚海》)

早喂喂在腿上，晚[③]喂喂在嘴上。(《岷县农谚选》《谚语集》)

斩草没法，高抬猛压。(《宁县汇集》《甘肃选辑》《中国农谚》)

繁殖、疫病

草房不净，牲口[④]多病。(《甘肃选辑》《庆阳县志》《集成》)

当冷不冷，人畜不稳。(《集成》)

干土垫圈，疾病不见。(《庆阳县志》)

公畜管一坡，母畜管一窝。(《谚海》)

公畜好，好一坡；母畜好，好一窝。〔泾川〕(《集成》)

姜片研细掺料喂，牲畜感冒能自退。〔永昌〕(《集成》)

姜汤拌麸草，能防牛感冒。(《集成》)

腊月初一吹东风，六畜必定疾病多，但逢大雪旱年来，人畜灾荒更难躲。(《集成》)

六畜发情有预兆：牛靠槽，马吊线，驴拌嘴，猪跑圈。(《集成》)

六畜改良种，一头顶两头。(《庆阳县志》)

鹿在山外过冬那年，牲畜大量死亡；鹿在深山过冬那年，六畜兴旺。〔阿克塞〕(《集成》)

圈垫干，槽扫净，牲口永不得疾病。〔武山〕(《集成》)

圈干槽净，牲畜不得杂病。(《谚语集》)

圈干草净，牲口没病。〔灵台〕(《集成》)

若要牲口把胎保，千万甭喂捂烂草。(《集成》)

若要牲口把胎保，千万不要喂霉草。(《集成》)

牲口把胎保，莫喂霉烂草。(《集成》)

牲口勤刷勤扫，疾病自然减少。(《庆阳县志》)

牲畜千万头，始于一只只。(《集成》)

牲畜无膘不产驹。(《集成》)

四蹄不定，必定有毛病。〔皋兰〕(《集成》)

自己渴了自奔泉，牲畜有病不安然。〔泾川〕(《集成》)

---

① 《集成》〔泾川〕无“都”字。

② 无：《谚海》作“没”。

③ 晚：《谚语集》作“迟”。

④ 牲口：《庆阳县志》作“牲畜”。

林副渔编

林　业

概　说

不怕不富，就怕没树。(《集成》)

处处树成林，好似聚宝盆。〔酒泉〕(《集成》)

大路好走要人开，大树乘凉要人栽。(《定西农谚》《集成》)

大路两旁多栽树，夏天烈日晒不住。〔永昌〕(《集成》)

大树长门前，修房不花钱。(《集成》)

多花钱，多栽树，延年益寿增财富。(《集成》)

多栽树，风沙住。(《集成》)

多栽树，勤护林，林木繁多护生灵。〔灵台〕(《集成》)

多栽树，少种花；多种豆，少种瓜。(《谚海》)

多种经济林，富国又富民。〔泾川〕(《集成》)

房前屋后多栽树，三辈穷汉也变富。〔泾川〕(《集成》)

房前屋后栽满树，三年换个新住处。〔兰州〕(《集成》)

房前屋后栽满树，五年以后建新屋。(《集成》)

风沙地埂子大，插柴挡风保庄稼，造林抗沙蓄水分，作务庄稼有保证。〔张掖〕(《甘肃选辑》)

风沙地易伤苗，植树造林最紧要。〔张掖〕(《甘肃选辑》)

富不富，先看庄子有无树。〔泾川〕(《集成》)

沟沟岔岔栽满树，不愁吃穿不愁住。〔临夏〕(《集成》)

过河要搭桥，造林要育苗。(《集成》)

旱塬斗天，草木当先。(《定西农谚》)

荒山变果园，先苦后有甜。(《集成》)

荒山变绿山，不愁吃和穿。(《庆阳县志》《定西农谚》)

荒山成林山，不愁吃和穿。〔天水〕(《集成》)

荒山荒坡栽刺槐，家里烧火不愁柴。(《集成》)

荒山造了林，治了灾害根。〔武山〕(《集成》)

荒滩造林，十年翻身。〔酒泉〕(《集成》)

毁林开荒，世代遭殃。(《集成》)

家藏银元宝，不如栽树好。(《集成》)

家有百株树，抵上小金库。(《集成》)

家有千棵树，不愁吃穿住。(《集成》)

家有千株树，不富也得富。(《集成》)
家有千株树，胜过暗财主。(《集成》)
家有万棵树，不走山里路。(《定西农谚》)
家中富不富，先看宅旁树①。(《谚语集》《集成》)
角里角脑②栽一棵，足够养个老婆婆。(《集成》)
揭了山皮，饿了肚皮。(《集成》)
今代多栽一棵树，后代增添一份福。(《集成》)
今年拴马桩，明年能乘凉。〔陇南〕(《集成》)
今人种树木，后人享幸福。〔永昌〕(《集成》)
开山三年，强比种田。(《谚海》)
开始造林人养树，日后树养人。(《谚语集》)
砍树是吃祖宗饭，植树是造儿孙福。〔临洮〕(《集成》)
靠山吃山，靠水吃水。(《定西农谚》《集成》)
靠山吃山要养山，荒山变成金不换。(《谚海》)
林带林网，赛过铜墙。(《集成》)
留得青山在，不怕没柴烧。(《定西农谚》)
绿地常茵，空气常新。〔武山〕(《集成》)
绿化赛过宝，一宝变百宝。(《集成》)
年年都栽树，月月有钱花。〔酒泉〕(《集成》)
宁栽一株活，不栽十株死。(《集成》)
农家要想富，勤劳多植树。〔泾川〕(《集成》)
平时多栽树，等于修水库。(《集成》)
前辈栽了树，子孙能乘凉。(《集成》)
前人多栽树，后人歇阴凉③。(《定西农谚》《集成》)
前人栽树，后人乘凉。(《朱氏农谚》《中国农谚》《庆阳县志》《定西农谚》)
前人种树，后人乘凉；节约粮食，人人应当。(《谚海》)
人活脸，树活皮。(《谚海》)
人要穿衣，山要栽树。(《集成》)
人要文化，山要绿化。(《集成》)
人要衣裤，山要树木。(《集成》)
若要长远富，一定要栽树。(《定西农谚》)

---

① 《谚语集》“旁”后有“的”字。宅：《集成》又作“四”。
② 角里角脑：方言，指房前屋后。
③ 歇阴凉：《集成》作“好乘凉”。

若要富，多栽树；若要穷，破坏林。(《集成》)

若要富，多植树。(《谚语集》)

若要富，快①栽树。〔兰州〕(《集成》)

若要富，农林牧。〔皋兰〕(《集成》)

若要富，农林牧；奔小康，抓工商。(《谚语集》)

若要富，少生娃娃多种树。(《集成》)

若要富，四旁都植树。(《谚语集》)

若要家里富，空地栽满树。〔庆阳〕(《集成》)

若要致富，种草种树。(《定西农谚》)

三秋树美，二月花新。〔天水〕(《集成》)

山不在高，栽树造林；田不在瘠，有水则灵②。(《鲍氏农谚》《谚海》)

山川没有林，有地不养人；山川有了林，黄土③变成金。(《鲍氏农谚》《定西农谚》)

山大好种树，水宽好养鱼。(《集成》)

山光光，年年荒。(《集成》)

山光光，年年荒；光光山，年年旱。(《中国农谚》)

山荒出宝，田荒出草。〔康乐〕(《集成》)

山里林是宝，有林能富饶。〔泾川〕(《集成》)

山坡没有林，子孙定受穷。(《集成》)

山坡种上树，好比修水库。(《庆阳县志》)

山区林是宝，没林富不了。〔陇南〕(《集成》)

山区要变富，发展农林牧。(《集成》)

山上不种树，就像人的精肚肚。〔永登〕(《集成》)

山上多栽树，等于修水库。(《定西农谚》)

山上光，年景荒。(《中国农谚》《定西农谚》)

山上没有树，庄稼保不住。〔甘谷〕(《集成》)

山上有水流，吃穿不发愁。(《谚海》)

山上栽了树，等于修水库。(《集成》)

山水蓄起来，河水引出来：井水抽出来，换出粮食来。(《谚海》)

十年栽树，百年歇凉。(《集成》)

---

① 快：又作“多”。

② 《鲍氏农谚》前两句与后两句互倒。

③ 黄土：《定西农谚》又作“沙土”。

树不括[①]不长，牛不放不壮。(《集成》)
树大树多连成片，不怕天干和水患。〔泾川〕(《集成》)
树大招风，树大荫深。〔华池〕(《集成》)
树大自然直，树大根系深。〔合水〕(《集成》)
树多林稠，风沙低头。〔永昌〕(《集成》)
树干长得牢，不怕风来摇。〔临夏〕(《集成》)
树满村庄，不怕年荒。〔酒泉〕(《集成》)
树木长成材，顶过做买卖。〔酒泉〕(《集成》)
树木长成墙，强如开银行。(《集成》)
树木成片，旱神瞪眼。〔临夏〕(《集成》)
树木连成一大片，不怕雨涝和干旱。(《集成》)
树木连片，不怕涝旱。(《集成》)
树木是个宝，没树富不了。〔武山〕(《集成》)
树植成林，风调雨顺。(《集成》)
四旁绿化，风沙不怕。(《集成》)
无灾人养树，有灾树养人。〔通渭〕(《集成》)
先人栽树，后人乘凉。〔高台〕(《集成》)
现在人养林，日后林养人。〔泾川〕(《集成》)
现在人养树，将来树养人。(《定西农谚》)
线多拧绳挑千斤，树多成林抗大风。〔武威〕(《集成》)
想要富，多栽树。(《定西农谚》)
袖大好遮风，树大好遮荫。(《谚海》)
养儿不教难成人，种树不护难成林。(《集成》)
养儿防顾老，栽树避阴凉。〔徽县〕(《集成》)
要当上户，栽好树木。〔岷县〕(《集成》)
要得住，先栽树；要得富，先修路。〔陇南〕(《集成》)
要叫山区富，就得多栽树。(《定西农谚》)
要叫田增产，山山打绿伞。〔临夏〕(《集成》)
要叫子孙富，年年多栽树。〔清水〕(《集成》)
要想长远富，空地多栽树。(《定西农谚》《集成》)
要想常年富，年年要栽树。(《定西农谚》)
要想代代富，年年要植树。(《集成》)
要想儿孙富，先人多栽树。〔武威〕(《集成》)

---

① 括：方言，原注指修剪。

要想风沙固，山川多栽树。〔临泽〕（《集成》）

要想风沙住，地上①多栽树。〔徽县〕（《集成》）

要远富，栽桐树；要近富，移粪土②。〔张掖〕（《甘肃选辑》）

一代栽树，万代享福。（《集成》）

一点星星火，可毁万亩林。〔酒泉〕（《集成》）

一点星星火，能毁百年林。〔西峰〕（《集成》）

一堵防风墙，十年丰收粮。〔泾川〕（《集成》）

一年烧山十年穷。〔临洮〕（《中国农谚》《集成》）

一年栽个绿娃娃，十年抱个金娃娃。〔酒泉〕（《集成》）

一年栽上万棵树，三年成了万元户。（《集成》）

一人栽，绿一点；人人栽，绿一片。〔华亭〕（《集成》）

一人栽树，万人乘凉。〔酒泉〕（《集成》）

一生孩子就植树，不愁没钱娶媳妇。（《集成》）

有林泉不干，天旱雨淋山。〔武山〕（《集成》）

有林山泉满，无树河里干。（《集成》）

远年富，多种树；近年富，拾粪土。（《庆阳汇集》《宁县汇集》《甘肃选辑》《平凉气候谚》《定西汇编》《甘肃农谚集》《中国农谚》）

远年富，栽树木；近年好，多种草。（《定西农谚》）

栽树不栽花，种豆不种瓜。（《中国农谚》）

栽树成了林，得了聚宝盆。〔泾川〕（《集成》）

栽树乘凉，养儿防老。（《定西农谚》）

栽树忙一天，利益上百年。（《集成》）

栽树如存钱，天天有利息。（《集成》）

栽树一棵，积银一两。〔临泽〕（《集成》）

栽树一天，收③益百年。（《定西农谚》《集成》）

栽下梧桐树，招来金凤凰。〔甘谷〕（《集成》）

造林固沙保水分，拉土上粪转土层④。〔张掖〕（《甘肃选辑》）

造林护田蓄水分，种上庄稼有保证。〔武威〕（《集成》）

造林如存钱，每年增十元。（《集成》）

这稳健雄伟的山林，是吉祥大地的院墙。〔甘南〕（《集成》）

---

① 地上：又作“平时，《集成》〔泾川〕作“山山”。

② 桐、近：原误作“相”“收”，据句意及其他谚语用例改。

③ 收：《集成》作“得”。

④ 原注：往风沙地里拉墙土，使沙、土混合，改良土壤结构。

植树又造林，国富民也富。〔兰州〕(《集成》)

植树造林，富国裕民。〔陇南〕(《集成》)

植树造林，满地金银。(《集成》)

植树种草两件宝，农业生产离不了。〔徽县〕(《集成》)

治贫之道，植树种草。(《定西农谚》)

致富三件宝：造林、梯田加种草。(《定西农谚》)

种草种树，治穷致富。〔甘谷〕(《集成》)

种活一棵树，建个小水库。(《集成》)

种树十年，强似[1]种田。(《朱氏农谚》《中华农谚》《鲍氏农谚》《定西农谚》)

种田眼前饱，植树万年福。(《集成》)

栽植管理

参天大树幼苗长。(《谚海》)

春天栽，秋天拔，冬天捣了罐罐茶。(《集成》)

冬天盘好根，春天才能长好身。〔泾川〕(《集成》)

独木难活。(《集成》)

儿不抚养不成人，树不抚育不成材。(《庆阳县志》)

儿不管教不成人，树不培植不成林。(《集成》)

儿不教，难成人；树不管，难成林。(《集成》)

儿要自管，树要自剪。(《集成》)

光栽不护，白费功夫。(《庆阳县志》《集成》)

过个腊八，长一杈把。(《白银民谚集》《谚海》)

好少年不剁千层[2]。(《集成》)

浇树浇根，交人交心。〔武山〕(《集成》)

井成群，树成林，沙子窝里不起尘。〔兰州〕(《集成》)

坑深看树根，深浅有区分。(《集成》)

路是人开，树靠人栽。(《集成》)

苗子要放正，土要踏得紧。(《集成》)

宁舍梢上一尺，不舍根上一寸。〔华亭〕(《集成》)

挪树不挪向，挪向活不长。(《集成》)

---

① 强似：又作“胜过”。

② 千层：原注指树木皮层。

起树不伤根，栽树不窝①根。(《集成》)
勤浇细护常修剪，林茂粮丰日子甜。〔兰州〕(《集成》)
勤浇细培，果实累累。〔徽县〕(《集成》)
秋天栽树树做梦，春天种树树换性。〔庆阳〕(《集成》)
秋栽不用忙，要等叶落光。(《定西农谚》《集成》)
秋栽树宜晚，要等叶落完。〔徽县〕(《集成》)
秋栽阳，春栽阴。〔酒泉〕(《集成》)
人活脸来树活皮。〔陇西〕(《集成》)
人活脸皮，树长靠皮。〔兰州〕(《集成》)
人靠心好，树靠根牢。(《定西农谚》)
人挪一步活，树挪一步死。(《集成》)
人怕伤心，树怕剥皮。〔酒泉〕(《农谚和农歌》《中国农谚》《集成》)
人怕伤心，树怕伤根。(《定西农谚》)
人勤树长，粪多苗壮。(《集成》)
人勤树长，人懒树荒。〔陇南〕(《集成》)
人在人下生，树在树下死。(《集成》)
三分造，七分管。(《庆阳县志》)
三分造，七分管，成林才保险。(《集成》)
三分造，七分护；一日种，千日管。(《集成》)
三年护林人养树，五年成林树养人。(《集成》)
山的高低，可看峰顶缭雾；树的长势，可瞧梢上凝露。〔甘南〕(《集成》)
深埋少露实踏，棒槌也能发芽。(《中国农谚》)
深埋实砸，棒槌发芽。(《中国农谚》)
深栽结实打，擀杖也发芽。〔永昌〕(《集成》)
深栽实砸，铁树发芽。(《集成》)
十年树木，百年树人。(《集成》)
十年一层林，十年一层人。〔陇南〕(《集成》)
十年栽了个绿海。〔酒泉〕(《集成》)
树不修，果不收。(《定西农谚》)
树不修不直，兵不练不精。(《集成》)
树苗下了坑，阳土要紧跟。(《集成》)
树木靠髓部吸收营养，平原靠河流形成肥壤。〔阿克赛〕(《集成》)
树怕剥光皮，人怕伤透心。(《谚海》)

---

① 窝：方言，蜷盘起来，不舒展。

树怕伤皮，人怕皱眉。〔环县〕（《集成》）
树桠上千条，根子是一个。〔平凉〕（《集成》）
树要栽深，儿要亲生。〔永昌〕（《集成》）
树有多高，根有多长。（《集成》）
树栽根，坑要深。（《谚语集》）
树栽根，坑要深；深栽实砸，铁树开花。（《定西农谚》）
树栽根，坑要深；树栽腰，不用浇。〔岷县〕（《集成》）
条儿要青，苗儿要新。（《集成》）
娃娃时时管，树要经常剪。（《集成》）
挖得深，筑得硬，它不活，我不信。（《甘肃选辑》《白银民谚集》）
瞎栽子不要，好栽子哪怕起上梢。〔灵台〕（《集成》）
夏不挪棵，冬不移窝。（《集成》）
小孩要管好，小树要剪好。〔酒泉〕（《集成》）
小树易弯，青年人易错。（《谚海》）
小娃要经管，小树要修剪。（《岷县农谚选》《甘肃选辑》）
要想树长大，三年不离锄头把。（《集成》）
要想栽好树，先得育好苗。（《庆阳县志》《集成》）
一分造，九分管；一日造，千日管。（《定西农谚》《集成》）
一年树谷，十年树木，百年树人。（《中国农谚》）
一年树谷，十年树木。（《定西农谚》）
移栽要记原方向，向阳肯活又肯长。〔华亭〕（《集成》）
栽得深，踏得硬，它不活，我不信。〔皋兰〕（《谚语集》《集成》）
栽前坑中先倒水，栽后三天芽努嘴。〔兰州〕（《集成》）
栽树不打堰，荒山变宝山。（《谚海》）
栽树不管，不如家里歇缓。〔皋兰〕（《集成》）
栽树不过清明节。（《泾川汇集》）
栽树根不弯，成活最保险。（《集成》）
栽树过腰，强如水浇。（《集成》）
栽树没法，踏实捣扎。（《集成》）
栽树莫透风，透风白费工。（《集成》）
栽树清明谷雨间，埋下一千活一千。（《集成》）
栽树先挖坑，采苗先育种。（《集成》）
栽树要巧，深窝实捣。〔临夏〕（《集成》）
栽树要栽深，至少齐黄根。（《集成》）
栽树要早，莫待春晓。（《集成》）

栽一株，活一株，树林里面出珍珠。(《集成》)
造林不护林，等于白费劲。(《定西农谚》《集成》)
造林一时，护林一世。(《定西农谚》《集成》)
直栽横栽，摆开劈开，地犁七串，保证吃饭。〔张掖〕(《甘肃选辑》)
植树不修剪，长大当柴砍。(《集成》)
植树造林，莫过清明。〔甘谷〕(《集成》)
只造不管，年年不见。(《集成》)
种树不护，力气白出。(《集成》)
种树不偷懒，半世也能赶。(《谚海》)
种树防旱涝。(《定西农谚》)
种树容易护树难。〔永登〕(《集成》)

树　种

杨

白杨上来节节高，柳树上来砍断腰。〔永昌〕(《集成》)
春栽杨柳夏栽桑，正月种松好时光。〔华亭〕(《集成》)
高处栽杨，低处栽柳。(《谚海》)
沟河栽杨柳，榆树进村庄，田间植泡桐，刺槐上山冈。(《集成》)
河边杨，泥里柳。〔华亭〕(《集成》)
家有百棵杨，不用把山上。(《谚海》)
家有百棵杨，不用打柴郎。〔临泽〕(《集成》)
立夏风不住，刮倒大杨树。(《集成》)
青杨过崾岘，白杨台台站，椿树跳下崖，柳丝渠边悬，杏树上埝畔，苹果绕着梯田转。(《集成》)
清明前后，栽杨插柳。〔武威〕(《中国农谚》《集成》)
三十栽青杨，赶死刚跟上。(《集成》)
沙地栽杨，泥里插柳。〔天水〕(《集成》)
沙杨土柳石头松，三五年内就成功。〔华亭〕(《集成》)
沙栽杨树泥栽柳。〔酒泉〕(《集成》)
四年椽，六年柱，十年长成大杨树。(《集成》)
杨朝北抬，一年还去十年债。(《甘肃农谚》)
杨柳砍坑，柏树留钉。(《中国农谚》)
杨柳冒新尖，下雨难过三。(《集成》)
杨柳下河滩，榆树上半山。(《中国谚语资料》《中国农谚》《谚海》)

栽杨栽柳，十年就有。〔临泽〕(《集成》)
种上千棵杨，不用打柴郎。(《中国农谚》)
种杨种柳，当辈两次收。(《中国农谚》)

柳

房前屋后多栽柳，烧柴就在灶门口。(《定西农谚》)
干栽柳树水白杨，桃杏栽在山坡上。〔泾川〕(《集成》)
河边插柳，河堤长久。〔泾川〕(《集成》)
河边洼地多种柳，砂地栽树好防风。〔平凉〕(《新农谚》《谚海》)
家有百棵柳，辈辈不往山里走。〔天水〕(《集成》)
家有百棵柳，不用绕山走。〔天水〕(《集成》)
家有百棵柳，斧把不离手。(《定西农谚》)
家有千棵柳，不怕柴没有。〔庆阳〕(《集成》)
家有千棵柳，不往林里走。(《定西农谚》)
家有千棵柳，不用进山走。〔酒泉〕(《集成》)
家有千棵柳，财神撵不走。(《集成》)
家有千棵柳，斧把不离手。〔清水〕(《集成》)
家有千棵柳，拾柴不远。〔陇南〕(《集成》)
家有千棵柳，一辈子不上南山岭。〔武威〕(《集成》)
家有三百柳，烧柴不发愁。(《谚海》)
家有三条柳，少往山里走。〔张掖〕(《甘肃选辑》)
柳活三年不算活，榆死三年不算死。〔皋兰〕(《谚语集》《集成》)
柳树不过清明节。(《平凉气候谚》)
柳树不耐晒，阴山之处栽。(《宁县汇集》《甘肃选辑》)
柳树不耐晒，阴天湿地栽。〔西和〕(《集成》)
柳树不怕淹，松树不怕干。(《集成》)
柳树长得再高，也在河坝里；苏橹[①]长得再矮，也在山顶上。〔甘南〕(《集成》)
柳树干了尖，今年必大旱。(《集成》)
柳树假活，杏树假死。(《集成》)
柳树尖儿嫩，风调雨又顺。(《集成》)
柳树绿，种葫芦。〔平凉〕(《集成》)
柳树怕晒，阴坡里栽。〔酒泉〕(《集成》)

① 苏橹：原注指一种灌木，可作燃料。

柳树下河滩，榆树上半山[①]。〔华亭〕（《集成》）
柳树栽河滩，白杨栽渠边。〔武山〕（《集成》）
沙里柳树泥里枣，一定要活九十九。〔张掖〕（《甘肃选辑》《中国农谚》）
湿柳沙白杨，榆树长在干崖上。〔临夏〕（《集成》）
湿柳沙白杨，榆树长在山梁上。（《定西农谚》）
水泡柳，旱白杨。〔临夏〕（《集成》）
一年四季可栽柳，看你动手不动手。〔陇南〕（《集成》）
有家三百柳，烧柴不用愁。〔兰州〕（《集成》）
有家三百柳，油盐酱醋样样有。〔兰州〕（《集成》）
院旁插上柳，十年盖新屋。〔临夏〕（《集成》）
种上千棵柳，不用满山走。（《中国农谚》）

松、柏、榆

冬栽松，夏栽柏，栽上一百活一百。（《中国农谚》《集成》）
干榆湿柳砂白杨。（《定西农谚》）
干榆湿柳水白杨，沙枣栽在碱滩上。〔永昌〕（《集成》）
高山松柏河岸柳。（《庆阳县志》）
高山松柏核桃沟，溪水两岸栽杨柳。（《集成》）
冷松热柏。（《中国农谚》）
千年松，万年柏。〔泾川〕（《鲍氏农谚》《中国农谚》《集成》）
前不栽松，后不栽柳，当院不栽鬼拍手[②]。（《集成》）
前榆后柳，不愁没有。〔临夏〕（《集成》）
勤不栽松，懒不种瓜。（《谚海》）
穷榆树，富柳树。（《集成》）
山上榆树半腰椿，洋槐栽在山脚根。（《中国农谚》）
松不浇不死，麻不锄不收。（《谚海》）
松树干死不下水，柳树涝死不上山。〔武山〕（《集成》）
松树喜欢挤，两棵[③]栽一起。（《定西农谚》）
松树喜欢挤，三株栽一起。〔天水〕（《集成》）
榆树虫儿多，大旱不用说。（《集成》）
榆树砍掉头，力气大如牛。〔永昌〕（《集成》）

---

① 半山：《集成》〔酒泉〕作“地边”。
② 松：又作“桑”。当院：又作“门前”。鬼拍手：原注指杨树。
③ 棵：又作“株”。

榆要稠，槐要稀，根顺摆，土砸实。(《集成》)
种上千棵松和桐，子孙不受穷。(《谚海》)
种下千棵松，万棵桐，到老不受穷。(《谚海》)

槐、椿、桐

臭椿守崖头，桑树护堤畔。〔泾川〕(《集成》)
椿不下水，柳不上山。(《谚海》)
椿树芽，四指长，离开棉袄不觉凉。(《集成》)
椿头发盘大，锄头放不下。(《中国农谚》)
椿栽疙瘩柳栽棒。(《庆阳县志》)
椿栽榾柮[①]枣栽芽，杨树栽的冰凌碴。(《中国农谚》)
干椿湿柳沙白杨，榆树吊在半崖上。(《定西农谚》《集成》)
槐栽榾柮柳栽棒，椿树疙瘩撞一撞。(《中国农谚》)
家有三亩桐，辈辈不受穷。(《集成》)
家有一亩桐，后辈不受穷。(《集成》)
门前一棵槐，不古自己来。〔甘谷〕(《集成》)
前槐后柳[②]，辈辈都有。〔泾川〕(《集成》)
骚槐臭柳，木匠见了就走。〔天水〕(《集成》)
要得暖，椿芽大似碗。(《鲍氏农谚》《谚海》)
种上百棵[③]桐，子孙不受穷。(《庆阳县志》《谚海》)

副　业

概　说

冬天搞副业，收人增加快。(《集成》)
副跟农，不受穷。(《集成》)
副养农，火样红。(《集成》)
副业到农家，户户有钱花。〔庆阳〕(《集成》)
副业门路多，要人会琢磨。(《集成》)
买卖人看市口，庄稼人看地头。〔酒泉〕(《集成》)
没有先穿，到底不穿；没有先富，到底不富。(《泾川汇集》)

---

① 榾柮：泛指根部。榾，指砍掉树干所剩下的连着根的部分。
② 前、后：原注指房前屋后。
③ 百棵：《谚海》作“三棵”。

农不兼商一世穷。(《定西农谚》)
农加副，能致富。(《集成》)
农民若要富，科技是出路。(《谚语集》)
农民若要富，要当专业户。(《定西农谚》)
农闲变农忙，副业有名堂。〔庆阳〕(《集成》)
农业丢，副业找。(《谚海》)
若要发，买卖加庄稼。(《定西农谚》)
若要富，广抓副。(《集成》)
手不闲，不缺钱。(《集成》)
松山滩下不种田，等着鞑靼吃半年①。(《甘肃选辑》)
务农经商，不缺钱粮。〔永登〕(《集成》)
要得发，行商加庄稼。(《定西农谚》)
要小康，农工商。(《定西农谚》)
要致富，农工副。(《定西农谚》)

捕 猎

不会布罗网的人，算不上好猎手。〔肃南〕(《集成》)
常用铁链拴的狗，打猎不知往哪里走。〔肃北〕(《集成》)
打狼要有像狼一样厉害的人，养马难得像马一样机敏的人。〔甘南〕(《集成》)
打兔子，打山鸡，野味卖钱最容易。〔庆阳〕(《集成》)
逮不住黄鼠狼，反惹了一身骚。(《谚海》)
冻冰狐子消冰狼，寒冬腊月打黄羊。(《集成》)
飞狐走兔，不见影子的狼。(《集成》)
风天打狼，雨天打羊②。〔平凉〕(《集成》)
狼怕绳，猴怕鞭。(《集成》)
狼无隔夜食，鼠无隔夜粮。(《集成》)
老鹰不吃架下食。〔玉门〕(《集成》)
猎人迟归，必有喜讯。(《集成》)
猎手没有冬天。(《集成》)
六月的大鹿防护茸角，十月的红狐惜爱毛梢。〔甘南〕(《集成》)
平常日子人人能打中，下雪天才显老猎手。〔肃南〕(《集成》)

---

① 原注：形容该地区风大天气冷，种不成庄稼，靠鞑鞑人来往，搞投机生意。
② 羊：原注指黄羊。

上山兔子，下山的狼。(《集成》)
上山一瞬间，打只黄羊得三天。(《集成》)
蔚蓝的天空看大地，八月的大鹿秀在角。〔肃南〕(《集成》)
野兽的凶性猎人深知，土地的肥薄农人深知。〔阿克塞〕(《集成》)
獐子和兔子睡处必是废墟，野牛和山羊走处必是岩峰。〔迭部〕(《集成》)
獐子兔子有座常卧的堡垒，黄脊野牛有座常去的山头。〔迭部〕(《集成》)

蚕 业

蚕宝不冷，收丝不可温。(《谚海》)
蚕老不宜留，留下断丝头。(《中国农谚》《谚海》)
蚕老一个闪，麦熟一眨眼。(《集成》)
蚕娘换次衣，就要睡一睡。(《集成》)
蚕娘身上亮一截，就要上山不吃叶。(《集成》)
蚕娘通身亮，上山吐丝忙。(《集成》)
蚕无夜桑不饱，马无夜草不肥。(《集成》)
蚕无夜食不长。(《集成》)
蚕无夜食不长，马无夜草不肥。(《中国农谚》《谚海》)
春蚕宜暖，秋蚕宜凉。(《集成》)
大麦发了黄，姑娘养蚕忙。(《中国农谚》《谚海》)
大麦发了黄，养蚕家家忙。(《鲍氏农谚》《谚海》)
多吃一口叶，多吐一口丝。(《集成》)
房前屋后，栽桑种豆。〔武山〕(《集成》)
男采桑，女养蚕，四十五天就见钱。(《张氏农谚》《中国农谚》)
宁叫蚕老叶不尽，不叫叶尽老了蚕。(《中国农谚》《谚海》《集成》)
勤采桑，勤养蚕，四十八天见现钱。(《集成》)
勤养蚕，三十五天穿绸缎。(《集成》)
清明前，就养蚕。(《中国农谚》)
三月三日雨，桑叶没人取。〔兰州〕(《集成》)
养蚕不栽桑，年年受饥荒。(《中国农谚》)
养蚕抽丝，穷家变富。(《集成》)
养蚕多栽桑，养鱼挖池塘。(《中国农谚》《谚海》)
养稠莫养稀，养蚕莫养鸡。(《谚海》)
要养蚕，先栽桑。(《集成》)
叶子嫩，吃得多，吃得尽；叶子老，剩得多，吃得少。(《中国农谚》)
一亩桑园，三亩庄田。(《朱氏农谚》《中国农谚》《费氏农谚》《谚海》)

一树桑叶一树钱。(《集成》)

栽桑养蚕，免受饥寒。(《集成》)

栽桑植桐，到老不穷[1]。(《鲍氏农谚》《中国农谚》《谚海》)

栽桑种桐，吃穿不穷。〔徽县〕(《集成》)

栽桑种桐，子孙不穷。(《中国农谚》《谚海》)

栽上百棵桑，不怕遭年荒。(《集成》)

种得一亩桑，可免一家荒；养得一季蚕，可抵半年粮。(《朱氏农谚》《鲍氏农谚》《中国农谚》《谚海》)

种桑三年，采桑一世。(《集成》)

种桑栽桐，子孙不穷。(《宁县汇集》《甘肃选辑》《平凉气候谚》《中国农谚》)

蜂　业

不扫螟虫和刀蜂，十笼蜂子九笼空。(《集成》)

冬天蛇出洞，蜜蜂乱嗡嗡。(《谚海》)

冬天阳，蜂满房；夏天阳，腿带金。(《中国农谚》《谚海》)

蜂怕烟火，蚕怕霜寒。(《谚海》)

蜂舔枣花，多产百八。(《集成》)

蜂王不动蜂不动，蜂王一动乱哄哄。〔平凉〕(《集成》)

蜂王不留双。(《集成》)

蜂窝响，雨就淌。(《谚海》)

蜂要旺，少育王。(《谚海》)

割糖割个空，蜂子过不了冬。(《集成》)

工蜂没懒虫，雄蜂不蜇人。(《集成》)

好蜂不采落地花。(《鲍氏农谚》《集成》)

家有十箱蜂，家当不算穷。(《集成》)

今年铲的扎，明年扫蜂渣。(《中国农谚》《谚海》)

今年铲一半，明年收半罐。(《中国农谚》)

惊蛰不放蜂，十箱九箱空。(《集成》)

两亩瓜田一箱蜂，蜜旺瓜圆吃不清。(《集成》)

蜜蜂射箭，点到就算。(《集成》)

蜜蜂无私心，甜了别人亡自身。〔两当〕(《集成》)

蜜蜂要采花蕊，牧民要放羊群。〔阿克塞〕(《集成》)

---

① 不穷：《谚海》作“不受穷”。

农人多养蜂，见钱粮也增。〔庆阳〕(《集成》)
七蜂八败[1]，九月蜂子割糖卖。(《集成》)
人不伤蜂，蜂不蜇人。(《集成》)
人勤蜂不懒，致富端金碗。(《集成》)
收蜂先收王，要不就瞎忙。〔两当〕(《集成》)
死蜂活箭。(《集成》)
养蜂不种花，一年[2]就搬家。(《中国农谚》《谚海》)
养蜂得蜜罐，蜜罐变钱罐。(《集成》)
要想家富，养蜂又养兔。〔两当〕(《集成》)
自由园里分工忙，有权无职是蜂王。(《集成》)

其　他

打筐编背斗，有盐又有油。〔庄浪〕(《集成》)
地基不要圆圆石，原墙短房最结实。(《谚海》)
地基好，振动小；地基牢，房难倒；选择场地很重要。(《谚海》)
地基要墙短，中震也心安。(《谚海》)
地面上长青苔，深挖下去水出来。(《谚海》)
斧头一响，黄金万两。〔天水〕(《集成》)
哈家咀，不种田，靠住盐地吃半年。〔永登〕(《甘肃选辑》)
家有豆腐坊，致富有指望。〔平凉〕(《集成》)
家有莲花转，不靠天吃饭。(《中国农谚》)
家有千贯，不如开个小店。(《定西农谚》)
开个豆腐坊，养猪不用粮[3]。(《定西农谚》《集成》)
两沟夹一嘴，必定有泉水。(《集成》)
两沟相交，泉水溜溜。(《集成》)
卖豆腐，赚渣子，养活一家子。(《集成》)
宁舍爹和娘，不舍豆腐坊。〔卓尼〕(《集成》)
农人看坟堆，商人看货堆。(《平凉汇集》)
千镒而家藏，不若铢两而时入[4]。(《甘肃通志》)

---

① 七蜂八败：原注指七月蜜蜂蜇人利害，八月就衰了。
② 一年：《谚海》作“每年”。
③ 粮：《集成》作“糠”。
④ (乾隆)《甘肃通志》卷四十六《艺文》：“今民间子弟入胄监者，例得输三百五十金。若使力田者于荒芜之野垦田三百五十亩，得比输三百五十金者而同科，则国家一时虽未得三百五十金之入，而岁收三百五十亩之税，岁岁积之，其得更倍，谚谓：‘云云。’此尤易晓也。”

荞麦地里养泥鳅，立秋有雨万物收。〔兰州〕(《集成》)
青柴难烧，娇子难教。(《谚海》)
人少卖豆腐，人多开粉坊。〔平凉〕(《集成》)
软土里能挖两遍蕨麻，浅水中可伸巴掌捉鱼。〔甘南〕(《集成》)
若要富，鸡叫三遍离开铺。〔天水〕(《甘肃选辑》)
三把一个蒜瓣儿，一踏一个糖扇儿。(《谚语集》)
山有山珍，海有海味。(《集成》)
山有无价宝，看你找不找；动手草是药，不采药是草。(《谚海》)
山嘴对山嘴，嘴嘴下面有泉水。(《谚海》)
师傅领进门，巧妙在各人。(《谚海》)
识得山里草，一世吃不了。(《集成》)
下雨泥墙，刮风扬场，半阴半晴，砸芨芨拧绳。(《集成》)
榨油磨面，富了不见。(《定西农谚》)
种养加，能快发。(《集成》)

渔　业

兵无粮自散，鱼无水自死。(《集成》)
草变青，鱼儿新；草变黄，鱼儿壮。(《集成》)
草籽树叶刷锅水，扔在塘里鱼儿肥。(《集成》)
池浅养不出大鱼。(《集成》)
池深鱼儿大，断水也不怕。(《中国农谚》)
出海要知鱼情，种地要知墒情。(《集成》)
春钓下午夏钓早，秋钓黄昏冬钓午。(《集成》)
打野牲不如好养鱼。(《集成》)
打鱼不利早收网。(《集成》)
大风钓大鱼，小风钓小鱼，无风不钓鱼。(《集成》)
地上水多路不平，河里鱼多水不清。(《集成》)
钓鱼不要慌，慌张鱼不上。(《集成》)
钓鱼沉着稳重，捉鱼心硬手狠。(《集成》)
钓鱼要分时，上午七至十，下午二至四。(《集成》)
豆角狗指甲，地里养鱼蛙。(《甘肃选辑》《中国农谚》《谚海》)
端午午时落了雨，个个鱼塘都关弃。(《集成》)
饿鱼钩上死，笨鸟套上亡。(《集成》)
放的线长，钓的鱼大。(《集成》)

肥水养嫩鱼，瘦水养饿鱼，污水养怪鱼。(《集成》)

旱生蛹子涝生鱼。(《中国农谚》)

急水不养鱼。(《集成》)

紧钓鱼，慢捉鳖。(《集成》)

近山知鸟音，靠水晓鱼性。(《集成》)

开塘养鱼，富富有余。(《集成》)

开塘养鱼，一本万利。(《集成》)

雷雨一阵，鱼长一寸。(《集成》)

漏了网的是大鱼。(《谚海》)

鸟靠树，鱼靠河，庄稼要靠好肥多。〔临夏〕(《集成》)

鸟站高枝，鱼抢上水。(《集成》)

清明鱼产籽。(《集成》)

人冷穿袄，鱼冷穿草。(《集成》)

人怕肺痨病，鱼怕烂肠瘟。(《集成》)

人争上游，鱼走顶水。(《集成》)

人争闲气，鱼争上水。(《集成》)

日头天亮，田螺张望；日头半晌，田螺放菜汤；日头昼过，田螺躲过；日头点心时，田螺炒菜丝；日头落山，田螺推摊①。(《中国谚语资料》)

若想养好一池鱼，先要管好一池水。(《集成》)

手里没网看鱼跳。(《集成》)

水宽鱼欢，水窄鱼跳。(《集成》)

水面鱼打花，天上有雨下。(《谚海》)

水热鱼靠边，水冷在中间。(《集成》)

水上起泡，水下有鱼。(《集成》)

水深鱼大，草足鱼丰。(《集成》)

四月初八晴，鱼儿上草坪。(《两当汇编》)

天上的龙肉，地下的鱼肉。(《集成》)

天上望一望，不如地下挖个塘。(《定西汇编》《中国农谚》)

下大雨农民休息，刮大风渔民休息。(《集成》)

夏钓滩，冬钓潭。(《集成》)

夏秋钓早晚，寒冬钓午时。(《集成》)

心急等不得人，性急钓不得鱼。(《集成》)

养鱼没有窍，饵足水质好。(《集成》)

---

① 躲、摊：原作“耽”“滩”，当为形近而误，据本书及《谚海》所收通行谚改。

养鱼先挖塘。(《集成》)
一场洪水一群鱼。(《集成》)
一寸水，一寸鱼，宽水养的好大鱼。(《集成》)
一亩鱼塘，抵上千斤粮仓。(《集成》)
有千斤鱼，没有千斤猪。(《集成》)
有水就养鱼，寸水养尺鱼。(《集成》)
鱼长三伏猪长秋。(《集成》)
鱼吃多种草，看你找不找。(《集成》)
鱼池背风向，鱼儿长得旺。(《集成》)
鱼池不换水，活着变成鬼。(《中国农谚》《谚海》)
鱼池不游鸭。(《谚海》)
鱼见生水，如子见母。(《集成》)
鱼靠水，树靠根，牲口靠的人操心。(《谚语集》)
鱼知三分水，不知几时亡。(《集成》)
鱼种不选好，产量一定少。(《中国农谚》)
鱼籽传千年，草籽传万年。(《集成》)
脏随浪而飘，鱼随脏而行。(《集成》)
炸鱼最省工，断了鱼祖宗。(《集成》)
涨水青蛙落水鱼。(《集成》)
种田看气候，打鱼看水流。(《集成》)
种田靠肥料，养鱼靠饵料。(《集成》)
抓鱼要抠腮。(《集成》)
捉鱼要狠，钓鱼要稳。(《集成》)

参考文献

一　古籍类

《齐民要术校释》(第2版),(北魏)贾思勰(生卒年不详)著,缪启愉校释,中国农业出版社,1998。

《太平寰宇记》,(宋)乐史(930~1007)撰,王文楚等校点,中华书局,2007。

《老学庵笔记》,(宋)陆游(1125~1210)撰,李剑雄、刘德权点校,中华书局,1979。

《鹤林玉露》,(宋)罗大经(1196~1252)撰,上海古籍出版社,2012。

《田家五行》,(元)娄元礼(生卒年不详)撰,《续修四库全书》第975册影印明嘉靖刊本,上海古籍出版社,1996。

《种树书》(明)俞宗本(生卒年不详)著,康成懿校注,辛树帜校阅,农业出版社,1962。

《便民图纂》,(明)邝璠(1465~1505)纂,明万历刻本。

《古今风谣》,(明)杨慎(1488~1559)纂,中华书局,1985。

《升庵经说》,(明)杨慎(1488~1559)撰,中华书局,1985。

《升庵诗话笺证》,(明)杨慎(1488~1559)著,上海古籍出版社,1987。

《古今医统大全》,(明)徐春甫(1520~1596)编集,崔仲平、王耀廷主校,人民卫生出版社,1991。

《药言》,(明)姚舜牧(1543~1622)著,中华书局,1985。

《月令广义》,(明)冯应京(1555~1606)纂辑,戴任增释,明万历秣陵陈邦泰刊本。

《二如亭群芳谱》,(明)王象晋(1561~1653)撰,明刻本。简称"《群芳谱》"。

《农政全书校注》,(明)徐光启(1562~1633)撰,石声汉校注,上海古籍出版社,1979年。

《玉芝堂谈荟》,(明)徐应秋(生卒不详)撰,上海古籍出版社,1993。

《卜岁恒言》,(清)吴鹄(生卒年不详)撰,《续修四库全书》第976册影印嘉庆八年刻本，上海古籍出版社，1996。

《授时通考校注》，（清）鄂尔泰（1677～1745）等撰，马宗申校注，农业出版社，1991。

《三农纪校释》，（清）张宗法（生卒不详）撰，邹介正等校释，农业出版社，1989。

《帝京岁时纪胜》，（清）潘荣陛（生卒不详）著，北京古籍出版社，1981。

《榆巢杂识》，（清）赵慎畛（1761～1825）撰，中华书局，2001。

《农候杂占》，（清）梁章钜（1775～1894）著，中华书局，1956。

《清嘉录》，（清）顾禄（1793～1843）撰，江苏古籍出版社，1999。

《马首农言注释》，（清）祁寯藻（1793～1866）著，高恩广、胡辅华注释，农业出版社，1991。

二　方志类

（嘉靖）《平凉府志》，（明）赵时春纂修，《四库全书存目丛书·史部》190册影印明嘉靖刻本，齐鲁书社，1996。

（顺治）《华亭县志》，（清）武全文、佟希尧修，马魁选纂，《中国方志集成·甘肃府县志辑》35，凤凰出版社，2008。

（康熙）《安定县志》，（清）张尔介、曹晟纂修，清康熙十九年（1680）抄本。

（乾隆）《静宁州志》，（清）王烜纂修，乾隆十一年（1746）修民国重印本。

（乾隆）《甘肃通志》，（清）许容等监修，清文渊阁四库全书本。

（民国）《重修镇原县志》，焦国礼总纂，贾秉机总编，1935年铅印本。

（民国）《新纂康县县志》，王士敏修，吕钟祥纂，1936年石印本。

（民国）《临泽县志》，王存德修，高增贵纂，1943年铅印本。

《重修定西县志校注》，郭汉儒（1886～1979）编撰，政协定西市安定区委员会据稿本校注，甘肃文化出版社，2011。简称“《定西县志》”。

《庆阳县志（公元1930年至公元1980年）》，庆阳县志编纂领导小组编印，1984。简称“《庆阳县志》”。

三　古近代谚语、农谚类

《古今谚》，（明）杨慎（1488～1559）纂，明嘉靖二十二年刊本，中华书局影印，1985。

《六语》，（明）郭子章（1543～1618）撰，《北京图书馆古籍珍本丛刊》65《子部·杂家类》，书目文献出版社，1996。

《古谣谚》，（清）杜文澜（1815～1881）撰，中华书局，1958。

《中华谚海》，史襄哉编，中华书局，1927。

《农谚和农歌》，国立北平大学农学院农业经济系编，1932。

《民间谚语全集》，朱雨尊编，世界书局，1933。改称“《朱氏农谚》”。

《中华农谚》，夏大山编，金陵大学，1933。

《农谚》，张佛编，商务印书馆，1934。改称“《张氏农谚》”。

《甘肃农谚》，李登瀛、司文明采集，载朱允明编《甘肃省立气象测候所五周年纪念册》，甘肃省立兰州气象测候所，1937。

《中国农谚》，费洁心著，中华书局，1937。改称“《费氏农谚》”。

《洮州农业及其歌谣》，陆泰安撰，载《西北通讯》1947年第10期，简称“《洮州歌谣》”。

《农谚》，鲍维湘编，中华书局，1948。改称“《鲍氏农谚》”。

四 1949年以后谚语、农谚类

《陇南农谚》，甘肃省甘谷农业试验区站，《西北农业科学》1957年第6期。

《陇东农谚》，王进金，《西北农业科学》1957年第2期。

《新农谚》，甘肃省群众艺术馆编印，1958年8月。

《酒泉市地区农业及天气谚语》，酒泉气象站编印，1959年1月。简称“《酒泉农谚》”。

《农时农谚汇集》（第一辑），中共山丹县委员会汇编印，1959年2月。改称“《山丹汇集》”。

《农谚汇集》，庆阳县人民公社联社农业部编印，1959年3月。改称“《庆阳汇集》”。

《农谚选》，岷县土壤普查办公室编印，1959年3月。改称“《岷县农谚选》”。

《农谚汇集》，中共宁县委农村工作部编印，1959年4月。改称“《宁县汇集》”。

《农谚志》，高台县气象站编印，1959年4月。改称“《高台农谚志》”。

《甘肃静宁县农谚志（初稿）》，甘肃静宁县工作组、水洛气象站、静宁气象站编印，1959年5月。简称“《静宁农谚志》”。

《天气谚语手册》，山丹县中心气象站编印，1959年5月。改称“《山丹天气谚》”。

《泾川县天气农谚汇集资料》，泾川县土壤普查办公室编印，1959年6月。简称“《泾川汇集》”。

《甘肃农谚选辑》，甘肃省农业厅编印，1959年6月。简称“《甘肃选辑》”。

《甘肃省白银市民谚集》，白银市中心气象站编印，1959 年 6 月。简称“《白银民谚集》”。

《会宁县农谚汇集》，1959 年 7 月。简称“《会宁汇集》”。

《农谚志》，定西气候站编印，1959 年 7 月。改称“《定西农谚志》”。

《民勤农谚志》，民勤气象站编印，1959 年 7 月。

《靖远农谚》，抄本，1959 年 7 月。

《千里农谚漫丰收》（第一集），天祝藏族自治县人民委员会编印，1959 年 7 月。改称“《天祝农谚》”。

《甘肃省平凉专区农业气候志气候区划农谚（初稿）》，平凉专员公署气象局编印，1959 年 7 月。简称“《平凉气候谚》”。

《谚语志》，清水回族自治县中心气象站编印，1959 年 7 月。改称“《清水谚语志》”。

《农谚汇集》平凉市农业科学研究所编印，1959 年 8 月。改称“《平凉汇集》”。

《农谚》（第一集），中国敦煌县委土壤普查办公室编印，1959 年 8 月。改称“《敦煌农谚》”。

《临洮谚语集》，临洮县气象站编印，1959 年 8 月。

《文县谚语汇集》，文县中心气象站编印，1959 年 9 月。简称“《文县汇集》”。

《天气谚语》，高台县气象站编印，1959 年 9 月。改称“《高台天气谚》”。

《定西专区农谚汇编》，临洮农学院编印，1959 年 11 月。简称“《定西汇编》”。

《肥多粮满仓（甘肃农谚集）》，甘肃省群众艺术馆编印，1960 年 4 月。简称“《甘肃农谚集》”。

《二十四节气与甘肃气候》，甘肃省气象研究所编，甘肃人民出版社，1960 年 4 月（1972 增补）。改称“《甘肃气候谚》”。

《中国谚语资料》（下），兰州艺术学院文学系 55 级民间文学小组编，上海文艺出版社，1961 年 12 月。

《中国农谚》（上、下）（1965 年编成），农业出版社编辑部，农业出版社，1980 年 5 月，1987 年 4 月。

《群众看天经验汇编（初稿）》，两当县革命委员会气象站编印，1969 年。简称“《两当汇编》”。

《张掖地区气象农谚汇编》，张掖地区气象局编印，1974 年。简称“《张掖气象谚》”。

《武都地区天气谚语集》，武都地区气象局编印，1975 年。简称“《武都天气谚》”。

《甘肃省天气谚语汇集》，甘肃省气象局业务处编印，1978 年。简称

“《甘肃天气谚》”。

《谚语集》，冯自多编，甘肃科学技术出版社，1989 年 2 月。

《定西地区农谚集》，赵棠编注，兰州大学出版社，1990 年 10 月。简称“《定西农谚》”。

《谚海》，杨亮才，董森主编，甘肃少年儿童出版社，1991 年 3 月。

《中国气象谚语》，熊第恕主编，气象出版社，1991 年 3 月。

《中国谚语集成·甘肃卷》（20 世纪 80 年代搜集，1994 初稿），中国民间文学集成全国编辑委员会编，中国 ISBN 中心，2009 年 8 月。简称“《集成》”。

图书在版编目（CIP）数据

甘肃农谚分类校录 / 吉顺平编．-- 北京：社会科学文献出版社，2020.4
ISBN 978 -7 -5201 -4152 -9

Ⅰ．①甘…　Ⅱ．①吉…　Ⅲ．①农谚 - 汇编 - 甘肃
Ⅳ．①S165

中国版本图书馆 CIP 数据核字（2019）第 018523 号

甘肃农谚分类校录

编　　者 / 吉顺平

出 版 人 / 谢寿光
组稿编辑 / 胡百涛
责任编辑 / 胡百涛　赵晶华

出　　版 / 社会科学文献出版社 · 人文分社（010）59367215
地址：北京市北三环中路甲 29 号院华龙大厦　邮编：100029
网址：www.ssap.com.cn
发　　行 / 市场营销中心（010）59367081　59367083
印　　装 / 三河市东方印刷有限公司

规　　格 / 开　本：787mm × 1092mm　1/16
印　张：42　字　数：785 千字
版　　次 / 2020 年 4 月第 1 版　2020 年 4 月第 1 次印刷
书　　号 / ISBN 978 -7 -5201 -4152 -9
定　　价 / 358.00 元